U0015660

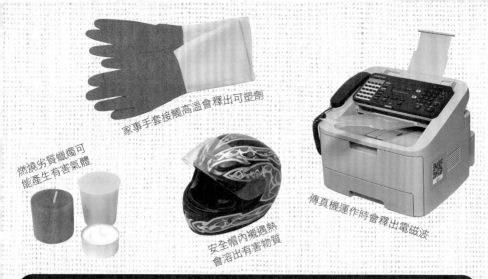

家事手套接觸高溫會釋出可塑劑

燃燒劣質蠟燭可能產生有害氣體

傳真機運作時會釋出電磁波

安全帽內襯遇熱會溶出有害物質

完整說明112種常見有害物質、110種日用品的正確用法

圖解日用品安全全書

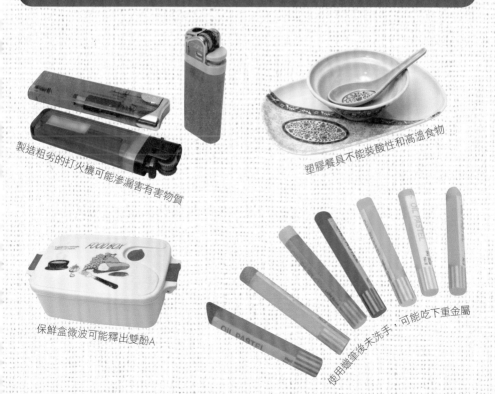

製造粗劣的打火機可能滲漏害有害物質

塑膠餐具不能裝酸性和高溫食物

保鮮盒微波可能釋出雙酚A

使用蠟筆後未洗手，可能吃下重金屬

Contents

目錄

❷ 聚合物

❸ 物理性物質

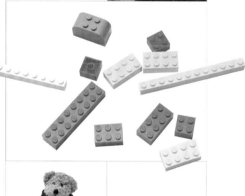

Chapter
3 買對、用對就安心

Contents

目錄

Chapter 4 日用品的選購指南與
正確用法

餐具容器類

清潔消毒用品類

目錄

● 美容沐浴用品類 ●

❶ 身體清潔

❷ 保養美妝

居家用品類

❶ 家電器具

❷ 服飾織品

❸ 文具玩具

Contents

目錄

交通用品類

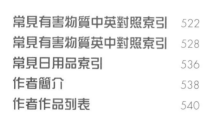

如何使用本書

本書是針對想了解日用品使用安全的讀者所製作。全書分為四大篇章，第一篇引領讀者進入日用品危害的知識領域，第二篇詳細介紹造成日用品危害的物質，第三篇進一步介紹安心購買、正確使用日用品的觀念，第四篇則為110種常見日用品的安心選購和正

顏色辨識

同一篇章以相同顏色標示，方便閱讀、查找。

標題

各篇分為若干個主題，以標題呈現必須掌握的要點。

前言

針對該大標的主題，以簡潔流暢的文字說明重點。

小標與內文

透過一目了然的架構，分項說明此主題的重要概念。

Chapter 3 買對、用對就安心

看懂商品標示

商品標示可說是產品的身分證和說明書，不僅能展現企業經營者的信譽，更是消費者選購與否的重要判準。性質特殊的日用品更應注意商品標示的指定標示項目，以便充分掌握商品的成分、正確用法和應避免的使用方式。耐心詳閱商品標示，才能買到適合的日用品並正確有效地運用。

什麼是商品標示？

商品標示就是在商品本身、內外包裝或說明書以文字、符號等記載商品相關資訊，不僅便於消費者迅速了解商品，也能藉此檢驗商家的信譽。目前我國規範日用品商品標示的法規主要是行政院經濟部制訂的〈商品標示法〉，商品標示應包含的資訊內容及呈現方式均有其相關規定，舉凡店家陳列或網路張貼販售的物件，都受到〈商品標示法〉的規範。商品標示一般應包含以下基本項目：

1.商品名稱：即內容物的名稱。現行法規對於商品名稱並沒有特殊限制，以供商家在行銷上的操作，但如此一來，廠商可能追逐誇大的名稱以吸引消費者青睞，甚至魚目混珠以仿冒知名品牌的同類商品名稱或商標。前者容易因誇大名稱而與實際內容物不符，後者甚至可能使消費者花冤枉錢高價買到贗品。因此消費者選購商品前，有必要注意名稱及商標是否有過度誇大或仿冒之嫌，以免花錢又吃虧。

2.廠商相關資訊：商品標示必須清楚寫出製造商名稱、電話、地址；屬進口商品者則應標示進口商名稱、電話、地址及商品原產地。

3.商品成分：商品標示要清楚說明此商品製造過程所使用的主要成分或材料，主成分的選取則由商家自行決定，唯化妝品於民國八十九年起應標示全成分（參見P.XX ch3大標3）。

4.商品的淨重、容量或數量：商品標示必須標示商品內容物的分量，並且盡量以法定度量衡單位來標示，例如：公克（g）、公斤（kg）、毫升（ml）、公升（l）等。

5.日期：國曆或西曆的製造日期是商品標示中的必備資訊，一般以年、月、日或月、日、年標示；有時效性的產品（如：洗衣粉、殺蟲劑等清潔消毒用品及沐浴乳、護唇膏等美妝沐浴用品），還必須加註有效日期或有效期間。部分市售產品（如：化妝品）會以不易解讀的批號代替製造日期，業者各有其標示方法，屬於廠商內部運作系統，政府不便強制統一。因此民眾選購時，若遇到商品帶有無法判讀的批號，可詢問銷售人員該批號所代表的製造日期。此外，部分商品製

確使用方法。本書以大量的圖解和清晰的表格做呈現，並特別設計簡明易懂的版面，以供讀者透過閱讀和查詢，輕鬆掌握日用品安全的知識，快速了解各種日用品的選購、使用和致毒的成因。

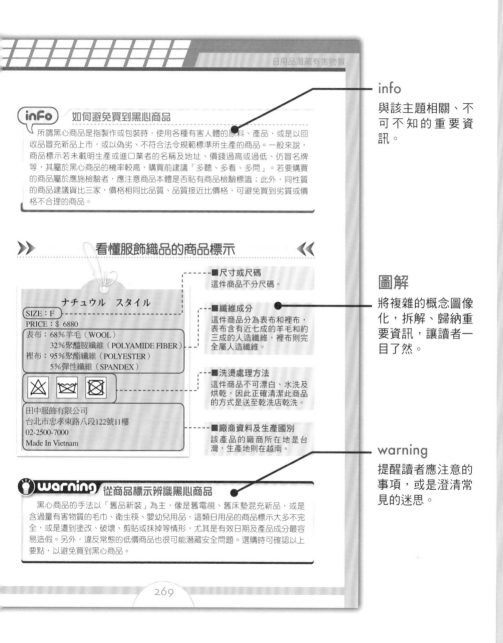

info 如何避免買到黑心商品

所謂黑心商品是指製作或包裝時，使用各種有害人體的原料、產品，或是以回收品冒充新品上市，或以偽劣、不符合法令規範標準所生產的商品。一般來說，商品標示若未載明生產或進口業者的名稱及地址、價錢過高或過低、仿冒名牌等，其屬於黑心商品的機率較高，購買前建議「多聽、多看、多問」。若要購買的商品屬於應施檢驗者，應注意商品本體是否載有商品檢驗標識；此外，同性質的商品建議貨比三家，價格相同比品質、品質接近比價格，可避免買到劣質或價格不合理的商品。

info
與該主題相關、不可不知的重要資訊。

》 看懂服飾織品的商品標示 《

■尺寸或尺碼
這件商品不分尺碼。

ナチュウル スタイル

SIZE：F
PRICE：$ 6880
表布：68%羊毛（WOOL）
　　　32%聚醯胺纖維（POLYAMIDE FIBER）
裡布：95%聚酯纖維（POLYESTER）
　　　5%彈性纖維（SPANDEX）

■纖維成分
這件商品分為表布和裡布，表布含有近七成的羊毛和約三成的人造纖維，裡布則完全屬人造纖維。

■洗燙處理方法
這件商品不可漂白、水洗及烘乾，因此正確清潔此商品的方式是送至乾洗店乾洗。

田中服飾有限公司
台北市忠孝東路八段122號11樓
02-2500-7000
Made In Vietnam

■廠商資料及生產國別
該產品的廠商所在地是台灣，生產地則在越南。

圖解
將複雜的概念圖像化，拆解、歸納重要資訊，讓讀者一目了然。

warning 從商品標示辨識黑心商品

黑心商品的手法以「舊品新裝」為主，像是舊電視、舊床墊混充新品，或是含過量有害物質的毛巾、衛生筷、嬰幼兒用品，這類日用品的商品標示大多不完全，或是遭到塗改、破壞、剪貼或抹掉等情形，尤其是有效日期及產品成分最容易造假。另外，違反常態的低價商品也很可能潛藏安全問題。選購時可確認以上要點，以避免買到黑心商品。

warning
提醒讀者應注意的事項，或是澄清常見的迷思。

如何使用本書

有機溶劑

有機溶劑能溶解無法溶於水的油脂、蠟質、樹脂等有機物質，並且不影響有機物質原本的特性，常用於塗料、洗劑、殺蟲劑等以調整其濃度。另外，有些有機溶劑由於取得容易、成本低廉，且經化學反應就能生產出多種用途廣泛的反應物，常做為塑膠工業的重要原料和反應溶液。多數的有機溶劑多半具有高度揮發性和刺鼻氣味，吸入其蒸汽會刺激皮膚黏膜，依種類和濃度不同也會對呼吸道產生程度不同的刺激性，攝入過量主要會影響中樞神經系統，並損害肝、腎功能，嚴重者可能中毒致死。

眉標
常見「有害物質」的類別及標號。

● 有機溶劑1

小標
「有害物質」的名稱及俗名、英文名稱。

乙二醇醚（Glycol ether solvent）

常見相關化合物

乙二醇甲醚（2-methoxyethanol）、乙二醇乙醚（2-ethoxyethanol））和乙二醇丁醚（2-Butoxyethanol）

常見相關化合物
與此一「有害物質」同類的其他化合物。

性質

乙二醇甲醚和乙二醇丁醚為無色具芳香氣味的液體，乙二醇乙醚則為無色無味的液體；其中乙二醇甲醚和乙二醇乙醚為政府公告的毒性化合物，由於乙二醇醚具有良好的溶解性和快速揮發的特性，常做為油漆和合成樹脂的溶劑。

性質
說明此一「有害物質」的特性、功能，並說明該物質在日用品的用途。

主要功能及使用物品

❶ 溶解力強：乙二醇醚能夠溶解油脂、合成樹脂，可以去除油漬和污垢，常用於洗碗精、玻璃清潔劑、地板清潔劑和清漆劑等。
❷ 揮發性佳：乙二醇醚具有良好的揮發性，並能和成膜物質混和均勻，因此可用做為製作油漆的溶劑。

使用規定

❶ 根據行政院環保署公告〈環境用藥管理法〉規定，環境用藥（如：殺蟲劑、殺菌劑）不得含有乙二醇乙醚。
❷ 根據行政院勞委會〈勞工安全衛生法〉規定，勞工工作環境空氣中的乙二醇甲醚、乙二醇乙醚，濃度不得超過5ppm，乙二醇丁醚不得超過25ppm。

主要功能與使用物品
以條列式說明此「有害物質」的各項特性，分別能應用、製造成哪些日用品。

使用規定
說明當前的法規規範此「有害物質」的劑量、用法。

危害途徑
列舉此「有害物質」入侵人體的常見情況。

過量危害
說明此「有害物質」入侵人體的三大途徑、造成人體危害的劑量及產生的病變。

一、化學性物質

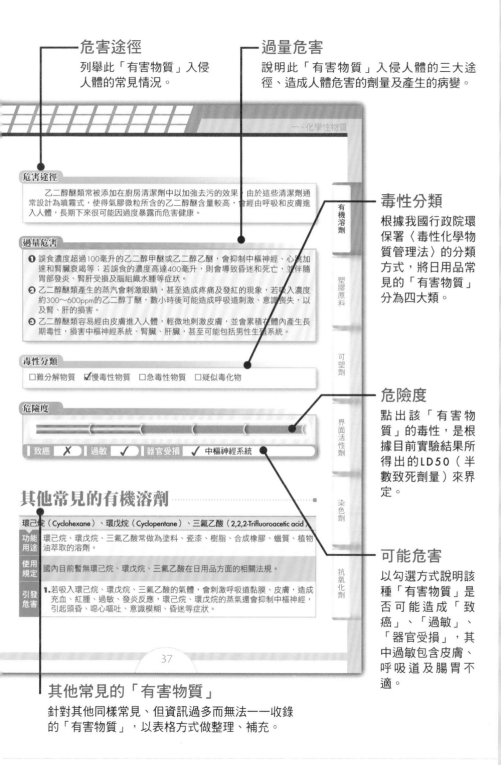

危害途徑

乙二醇醚類常被添加在廚房清潔劑中以加強去污的效果，由於這些清潔劑通常設計為噴霧式，使得氣膠微粒所含的乙二醇醚含量較高，會經由呼吸和皮膚進入人體，長期下來很可能因過度暴露而危害健康。

過量危害

❶ 誤食濃度超過100毫升的乙二醇甲醚或乙二醇乙醚，會抑制中樞神經、心跳加速和腎臟衰竭等；若誤食的濃度高達400毫升，則會導致昏迷和死亡，並伴隨胃部發炎、腎肝受損及腦組織水腫等症狀。
❷ 乙二醇醚類產生的蒸汽會刺激眼睛，甚至造成疼痛及發紅的現象，若吸入濃度約300～600ppm的乙二醇丁醚，數小時後可能造成呼吸道刺激、意識喪失，以及腎、肝的損害。
❸ 乙二醇醚類容易經由皮膚進入人體，輕微地刺激皮膚，並會累積在體內產生長期毒性，損害中樞神經系統、腎臟、肝臟，甚至可能包括男性生殖系統。

毒性分類
根據我國行政院環保署〈毒性化學物質管理法〉的分類方式，將日用品常見的「有害物質」分為四大類。

毒性分類
□難分解物質　☑慢毒性物質　□急毒性物質　□疑似毒化物

危險度
點出該「有害物質」的毒性，是根據目前實驗結果所得出的LD50（半數致死劑量）來界定。

危險度

| 致癌 | ✗ | 過敏 | ✓ | 器官受損 | ✓ 中樞神經系統 |

其他常見的有機溶劑

環己烷（Cyclohexane）、環戊烷（Cyclopentane）、三氟乙酸（2,2,2-Trifluoroacetic acid）
功能用途　環己烷、環戊烷、三氟乙酸常做為塗料、瓷漆、樹脂、合成橡膠、蠟質、植物油萃取的溶劑。
使用規定　國內目前暫無環己烷、環戊烷、三氟乙酸在日用品方面的相關法規。
引發危害　1.若吸入環己烷、環戊烷、三氟乙酸的氣體，會刺激呼吸道黏膜、皮膚，造成充血、紅腫、過敏、發炎反應，環己烷、環戊烷的蒸氣還會抑制中樞神經，引起頭昏、噁心嘔吐、意識模糊、昏迷等症狀。

可能危害
以勾選方式說明該種「有害物質」是否可能造成「致癌」、「過敏」、「器官受損」，其中過敏包含皮膚、呼吸道及腸胃不適。

有機溶劑

塑膠原料

可塑劑

界面活性劑

染色劑

抗氧化劑

37

其他常見的「有害物質」
針對其他同樣常見、但資訊過多而無法一一收錄的「有害物質」，以表格方式做整理、補充。

如何使用本書

同類日用品
列出用途相似、具有相同毒性的日用品，同樣可參考該篇的選購和使用重點。

顏色標示
同一類的日用品以相同顏色說明，方便查找、閱讀。

陶鍋

同類日用品▶ 陶瓷碗盤　陶瓷刀

日用品名稱
該類日用品的名稱、品項。

陶鍋是以黏土為原料經高溫燒製而成，具有受熱均勻、耐高溫、保溫的特性，並可長時間燉煮且易於清洗，加以古樸的外型，相當受到消費者的青睞，燉煮中藥尤為首選。不過，陶鍋對於健康的唯一疑慮在於鍋體所採用的釉層，劣質品或未經檢驗的陶鍋可能含有鎘、鉛、六價鉻等重金屬，經撞擊、微波爐加熱或一般烹煮過程，可能導致重金屬混入食物中而攝入，危害身體健康。

說明文字
簡述該類日用品的特色、製造成分或運作原理，並說明常見的潛在危害。

● 陶鍋的外層釉藥可能含有鉛、鎘或六價鉻等重金屬，使用不當可能影響健康

拉線圖解
說明該類日用品殘留的「有害物質」、造成危害的部位或錯誤用法。

常見種類	黑陶鍋、陶瓷砂鍋、陶瓷湯鍋
成分	1.鍋體黏土（坯體）：以矽酸鋁鹽類、矽砂為主。 2.外層釉藥（釉層）及塗布花紋常用的釉藥：二氧化矽、一氧化鉛、二氧化鉛、四氧化三鉛、硫化鎘、硒化鎘、氧化鉻、氧化鉀、氧化鈉、氧化鈦、氧化鋅等釉藥。
製造生產過程	先將黏土塑型成鍋體、鍋柄為一體成型的陶製鍋具外形，靜置待乾燥凝固後，視產品所需的顏色在鍋體塗布釉色，或塗布花紋，隨後放入窯中高溫燒製，燒製過程中依照所需顏色調節溫度。最後，通過符合重金屬含量標準的檢驗後，便可上市販售。
致毒成分及使用目的	1.鉛化物：一氧化鉛、二氧化鉛、四氧化三鉛主要是做為釉藥成分，並可降低鍋體黏土融化的溫度，節省燒製所需的能源、降低成本。 2.鎘化物及鉻化物：是釉藥成分，除了可塗布於容器，亦可用以勾勒花紋。

日用品的基本資料
以表格整理該類日用品的常見成分、製造過程，並說明此類日用品含有哪些可能威脅身體健康的「有害物質」。

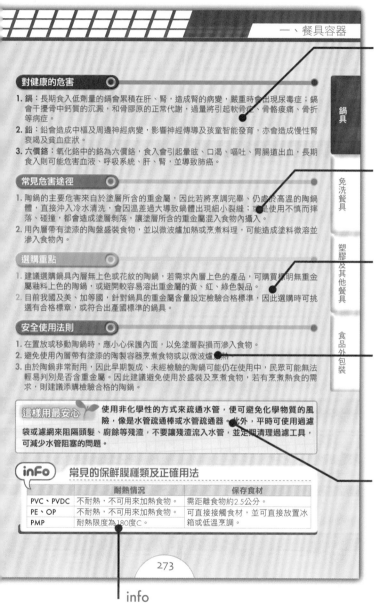

對健康的危害

1. 鎘：長期食入低劑量的鎘會累積在肝、腎，造成腎的病變，嚴重時會出現尿毒症；鎘會干擾骨中鈣質的沉澱，和骨膠原的正常代謝，過量將引起軟骨症、骨骼痠痛、骨折等病症。
2. 鉛：鉛會造成中樞及周邊神經病變，影響神經傳導及孩童智能發育，亦會造成慢性腎衰竭及貧血症狀。
3. 六價鉻：氧化鉻中的鉻為六價鉻，食入會引起暈眩、口渴、嘔吐、胃腸道出血，長期食入則可能危害血液、呼吸系統、肝、腎，並導致肺癌。

常見危害途徑

1. 陶鍋的主要危害來自於塗層所含的重金屬，因此若將烹調完畢、仍處於高溫的陶鍋體，直接沖入冷水清洗，會因溫差過大導到鍋體出現細小裂縫；或是使用不慎而摔落、碰撞，都會造成塗層剝落，讓塗層所含的重金屬混入食物內攝入。
2. 用內層帶有塗漆的陶盤盛裝食物，並以微波爐加熱或烹煮料理，可能造成塗料微溶並滲入食物內。

選購重點

1. 建議選購鍋具內層無上色或花紋的陶鍋，若需求內層上色的產品，可購買標明無重金屬釉料上色的陶鍋，或避開較容易溶出重金屬的黃、紅、綠色製品。
2. 目前我國及美、加等國，針對鍋具的重金屬含量設定檢驗合格標準，因此選購時可挑選有合格標章，或符合出產國標準的鍋具。

安全使用法則

1. 在置放或移動陶鍋時，應小心保護內面，以免塗層裂損而滲入食物。
2. 避免使用內層帶有塗漆的陶製容器烹煮食物或以微波爐加熱。
3. 由於陶鍋非常耐用，因此早期製成、未經檢驗的陶鍋可能仍在使用中，民眾可能無法輕易判別是否含重金屬。因此建議避免使用於盛裝及烹煮食物，若有烹煮熟食的需求，則建議添購檢驗合格的陶鍋。

這樣用最安心 使用非化學性的方式來疏通水管，便可避免化學物質的風險，像是水管疏通棒或水管疏通器。此外，平時可使用過濾袋或濾網來阻隔頭髮、廚餘等殘渣，不要讓殘渣流入水管，並定期清理過濾工具，可減少水管阻塞的問題。

info 常見的保鮮膜種類及正確用法

	耐熱情況	保存食材
PVC、PVDC	不耐熱,不可用來加熱食物。	需距離食物約2.5公分。
PE、OP	不耐熱,不可用來加熱食物。	可直接接觸食材,並可直接放置冰箱或低溫烹調。
PMP	耐熱限度為180度C。	

鍋具

免洗餐具

塑膠及其他餐具

食品外包裝

對健康的危害
條列式解釋此類日用品所含的「有害物質」，過量攝入會如何影響身體健康。

常見危害途徑
列舉最常發生而導致此類日用品釋出毒性的錯誤用法。

選購重點
關於購買此類日用品的安心選購建議。

安全使用法則
介紹正確使用、遠離此類日用品毒害的用法。

這樣用最安心
利用日常生活的天然材料，製作天然無害、非人造化學的清潔消毒用品、美妝沐浴用品。

info
補充整理選購或使用上的重點。

Chapter 1 認識日用品的「有害物質」

　　市售日用品為生活帶來許多便利，小至清潔劑、塑膠餐具，大至電器用品、家具裝潢，這些日用品解決生活中的需求，但同時也可能危害你我的健康。因為現今日用品包含許多化學性、物理性的「有害物質」，雖然能顯著提升效果、強化使用的便利性，但是製造粗劣或使用不當，卻會成為致毒的因子。身處這類日用品的生活環境，了解「有害物質」的來源及致毒途徑，有助於遠離健康威脅。

本篇教你

→ 了解日用品潛藏有害物質的來龍去脈

→ 日用品潛藏了哪些有害物質

→ 有害物質如何危害健康

→ 有害物質形成的健康風險

→ 如何合宜看待有害物質

日用品潛藏「有害物質」

為了提升功能、美化外觀，日用品多含有可能不利人體的「有害物質」，雖然帶來使用上的便利，但也可能由於錯誤使用長期累積在體內而影響健康；或是使用後處置不當，使環境造成難以收拾的危害和污染。

● 為什麼日用品會含有「有害物質」？

現今生活中的日用品採用多種化學性質當做原料或添加物，以達到使用便利、外型美觀、功能多元等效果，像是塑料具有質輕、易塑型的特性而可製成各式食品及美妝容器；添加界面活性劑能使洗髮精起泡快、去污力強；另外，有部分「有害物質」並非日用品的原料，而是在使用過程中生成，例如鋁罐在接觸空氣後會產生氧化鋁絕緣層；手機的高頻率電磁波則是在通訊時釋放。多數日用品本身對人體並無直接危害，但是可能由於製作過程的疏失導致添加過量，或是處理不徹底導致殘留在成品，亦可能由於使用者使用方式不當，使得「有害物質」釋出並進入人體，影響人體健康。換句話說，日用品若按照嚴謹的製造流程和正確的使用方式，其所含的物質確實能為生活帶來便利；相反地，一旦製造者未能嚴格把關，使用者又疏忽誤用，原本用來提升日用品功能的物質就成了名副其實的「有害物質」了。

● 「有害物質」潛藏什麼風險？

使用含「有害物質」的日用品，同時也讓「有害物質」有機會經由接觸、飲食或呼吸進入人體。部分「有害物質」屬於急毒性，短時間大量接觸可能產生立即症狀，另外屬於慢毒性的「有害物質」，長期使用會累積在體內，一旦劑量過高會損害人體器官、干擾體內各系統的正常運作。由於日用品成分複雜，消費者難以掌握其潛藏的「有害物質」，以及誤用進入體內的劑量，往往在不知情下讓身體不斷地累積；另一方面，各種「有害物質」對人體產生危害的劑量，多是透過動物實驗結果再推論至人體，必須待累積足夠的人類案例才能證實，更加深預防「有害物質」的難度。

另一方面，工廠若在製作日用品的過程控管不周，或是廢棄的日用品處理不當，也會使得「有害物質」釋放到環境中，影響所及囊括環境中的水、土壤、空氣和所有生態系生物。這些「有害物質」累積在環境中，經過數月或數年就會

影響族群的繁衍數量和繁衍情況，數年至數十年就可能改變族群與生態系的結構。例如經聯合國列管為持久性有機污染物的戴奧辛，多在塑膠產品的生產過程及產品廢棄後經燃燒產生，會流布在空氣、水、土壤中，進入魚類、貝類、牛羊等生物體會累積在脂肪組織，人類一旦長期食用遭污染的生物，戴奧辛就會進入人體，容易提高罹癌率和和流產率。

》》　日用品所含「有害物質」的危害及風險　《《

日用品所含「有害物質」的來源

❶ 原料
例 塑料所製成的食品、美妝容器。

❷ 添加物
例 洗衣粉添加界面活性劑以增加泡沫、去污力。

❸ 使用過程的生成物
例 手機在通訊時釋放電磁波。

危害人類及環境的原因

❶ 製作過程未嚴謹把關疏失

❷ 不該用卻使用

❸ 廢棄物處理不當

對人類的風險

❶ 接觸到過量的急毒性物質，可能造成立即症狀。

❷ 慢毒性物質可能會累積在體內，累積達一定劑量會出現疾病症狀。

❸ 「有害物質」的成分複雜、劑量不易估算，預防動作不易落實。

❹ 實驗尚未證實的有害物質仍持續使用，造成危害蔓延。

對環境的風險

❶ 有害物質會污染水、空氣和土壤，影響人類生活環境。

❷ 受污染的環境會危害各種動物的健康，甚至造成滅種、生態系改變。

❸ 人類會透過食物鏈，經由吸入受污染的空氣、喝下遭污染的水、吃進受污染的動物，間接遭到有害物質的危害。

「有害物質」的類型和使用目的

今日生活中的各式日用品，像是免洗餐具、清潔劑，乃至於家具、家電，已非直接使用自然物質製成，而是利用現代化的製造工序將非天然的物質加工為便利美觀的日用品。其中的非天然物質可能危害人體，但是基於商業因素、使用習慣，這類日用品仍是當前使用最普及、生活中不可或缺的必需品。

日用品的「有害物質」有哪些？

日用品所使用的非天然物質大致可分成：化學性有害物質與物理性有害物質，這兩大類物質各有其性質、應用領域，當製造過程疏失或消費者誤用，便會產生不同的毒害。

❶化學性「有害物質」

化學性有害物質包含三大類：元素、化合物和聚合物。

1.元素：是一種無法再用化學方法分解的純物質，其性質穩定，有一定的溶點、沸點，是構成物質的基本成分。元素包含金屬、非金屬、氣體等形式的純物質，但是一般常用來製成日用品的元素以金屬為主。

2.化合物：是指由兩種以上的元素組成，有一定組成組態，其熔點、沸點亦相當固定。這些化合物不但外觀、氣味、型態各不相同，表現在揮發性、氧化性、可燃性、熱穩定性等方面亦各有特色，工業製成工序就是利用其特性將之製成符合生活需求的日用品。多數的日用品添加物都是由化合物構成，例如：溶劑、塑膠添加劑、抗氧化劑……等。

3.聚合物：是將數個化合物經由化學反應、加工合成，多半具有良好的韌性、耐酸鹼、透光性、絕緣性、防水等特性，在日用品中最常應用在像是美耐皿、保鮮盒等塑膠製品，寶特瓶、保麗龍等免洗餐具、外帶紙杯的防水層、家電的外殼絕緣層等，是非常實用的日用品原料。

上述製成日用品的化學性物質，若使用時超過一定的劑量，或是外在環境超過某項特性的限度（例如：超過耐熱度），就會導致過度強化其特性，或是破壞其原本的穩定性而造成毒害。

❷物理性「有害物質」

物理物質多源於自然界中的現象，例如：光（包含：紫外線、紅外線、雷射）、微波、無線電波，及聲音（包含：噪音、震動）等，常做為家電製品的應用物質，或是使用過程自然產生的物質，像是手機利用高頻電磁波通訊，吹風機

常見日用品「有害物質」和持續使用的理由

日用品「有害物質」的來源

化學性有害物質

元素

是一種性質穩定、無法再用化學方法分解的純物質，其熔點與沸點穩定，是構成物質的基本成分。

日用品的應用

以金屬為主，多用於家電、裝潢材料。

化合物

由兩種以上的元素構成，在揮發性、熱穩定性等特性有其特色，是應用在日用品製作上最廣泛的物質。

日用品的應用

殺蟲劑、洗滌劑、清潔劑、漂白劑、殺菌劑。

聚合物

是將數個化合物加工合成，其韌性、耐酸鹼、透光性、絕緣性、防水等性質俱佳。

日用品的應用

各式塑膠製品、免洗餐具、家電的外殼絕緣層。

物理性有害物質

多源於自然界中的現象，例如光（紫外線、紅外線、雷射）、微波、無線電波，及聲音所包含的噪音、震動等。

日用品的應用

微波爐、手機、空氣清淨機、冷氣機、果汁機。

產生毒害的情況

使用過量、用法錯誤以致超過物質本身限度。

常見健康危害

過敏、刺激、損害呼吸道、肝腎等器官、干擾內分泌系統運作、慢性重金屬中毒。

產生毒害的情況

使用頻率過高、時間過長、使用時太靠近身體。

常見健康危害

干擾神經系統、內分泌系統，影響頭部和睡眠。

持續使用含「有害物質」日用品的理由

1. 劑量決定毒性
2. 強化商品功能
3. 成本低廉
4. 尚無替代品
5. 證實毒害、修訂法規曠日費時

使用時產生的電磁波。由於釋放物理物質的日用品多半與人體接觸甚近而容易影響人體健康。例如手機具備即時通訊的功能，但是由於一般使用情況都相當靠近腦部，使用時間過長、頻率過高，會引起頭部不適，手機產生的熱效應也加劇眼睛水晶體的混濁。

為什麼「有害物質」仍能持續使用？

根據上述的介紹，日用品常用的物質都可能變成「有害物質」，進而傷害人體健康，但是廠商並未改用其他物質替代，政府也沒有下令禁用，其主要原因為：

1.劑量決定毒性：日用品所含的化學物質是否有害，其關鍵在於劑量的多寡，所以依照正常程序製作的日用品，搭配正確的使用方法，既便利且無害，但是若在製作過程把關不嚴而添加過量，或是去除程序過於草率，那麼成品就會殘留這些「有害物質」。因此，在主管機關的監控和檢測下，廠商仍能夠使用化學物質、物理物質來製造便民的日用品。

2.可強化商品功能：使用「有害物質」於日用品的主要原因，是因為該物質所具備的特性能有效強化商品訴求的功能，相對於直接使用自然物質的原貌來得成效卓著。

3.成本低廉：由於化學物質多是自實驗室研究所得，成本比受限於環境和蘊藏量的天然材料來得低，並且能夠大量快速生產，所以受到廠商的偏愛；此外，以化學物質製造的日用品通常與天然材料的效果相近，更促進使用的普及。

4.尚無替代品：部分日用品雖然公認容易釋出「有害物質」並影響人體健康，但由於業界尚找不到成本低廉的替代品來取代，像是部分塑膠原料（如保鮮膜）、物理性物質（如電磁波）等，所以政府有關單位、醫學界、環保團體僅呼籲大眾採用正確的使用方法，避免毒害擴大。

5.毒害的證實與法規的修訂曠日費時：要證實某項化學或物理物質有害人體，必須經由多次結果相同的實驗和大量的病例佐證，但由於不能進行人體實驗，從動物實驗的結果推論時有爭議；加以許多疾病有潛伏期，找出病因亦需要時間，從發現案例到確定病因通常都需要數年。在尚未證實之前，法規無從修改，業者往往仍持續使用可疑的化學或物理物質製成日用品。

「有害物質」對人體的危害

　　使用日用品的過程中，可能在無意間食入、吸入或接觸到「有害物質」，它們進入人體後隨著血液分布到體內各器官，便可能造成各種危害。急性的可能引發過敏、中毒，慢性累積則會損壞器官功能、干擾體內系統運作，甚至演變成癌症。了解「有害物質」如何危害健康，有助於用對方法遠離危險。

● 「有害物質」如何入侵人體？ ///////////

　　日用品所含的「有害物質」，通常是透過食入、吸入和接觸等三種途徑進入人體，經過人體內部的消化系統、呼吸系統和皮下組織，損害身體健康。

　　入侵途徑①食入 日用品中的「有害物質」容易在錯誤的使用行為下被吃進肚裡，像是用不耐熱的紙製、塑膠或金屬容器裝高溫、強酸食物，或是以殘留有害物質的手直接拿取食物，都會形成有害物質進入人體的途徑。有害物質進入體內後，具腐蝕性或對黏膜有強烈刺激的物質會立即傷害口腔黏膜和食道，但大多數的有害物質是在小腸被吸收、分解並進入血液中，藉由循環系統分布到不同器官。由於肝腎具有解毒功能，部分物質會被分解並隨汗水、尿液及糞便排出體外，其他無法被分解的則會積存在體內，當累積劑量過高或長期攝入，不僅加重肝腎負擔，也會形成危害健康的疑慮。

　　入侵途徑②吸入 在密閉空間使用清潔劑、電子產品，或是長時間待在剛裝潢好的室內空間，都是透過呼吸攝入「有害物質」的常見情形。有害物質經呼吸道進入體內，其中如灰塵等大分子會被鼻毛與鼻腔中的黏液阻隔在鼻腔，藉由鼻水、咳嗽、打噴嚏等方式排出體外；其他如氣體等小分子若具有刺激性，一吸入便會灼傷呼吸道，吸入過量即可造成急性中毒；其餘的小分子有一部分累積在肺部並干擾呼吸順暢，另一部分則進入肺泡、溶入血液，經由循環系統分布在身體各器官。這些隨血液在體內流動的小分子，有一些會在代謝作用或肝、腎的解毒作用下形成糞便、尿液、汗液，順利排出體外，部分結構特殊的分子不易分解（如：石棉）則累積在體內，濃度過高將引發疾病。

　　入侵途徑③接觸 一般而言，皮膚表面的角質層滲透性不佳，能阻擋「有害物質」入侵，並能隔絕氣體、水、化學物在體內擴散。不過，若皮膚有傷口，或是受到過量清潔劑、殘留有機溶劑衣物的刺激，皮膚的角質層就會遭到破壞，此時有害物質便可經由滲透性較佳的真皮層進入體內，一部分會被體內的吞噬細胞消滅，另一部分則進入微血管，隨血液循環至各器官，若無法經由肝、腎的解毒及分解，會累積在體內並產生毒性。

「有害物質」入侵人體的途徑

有害物質

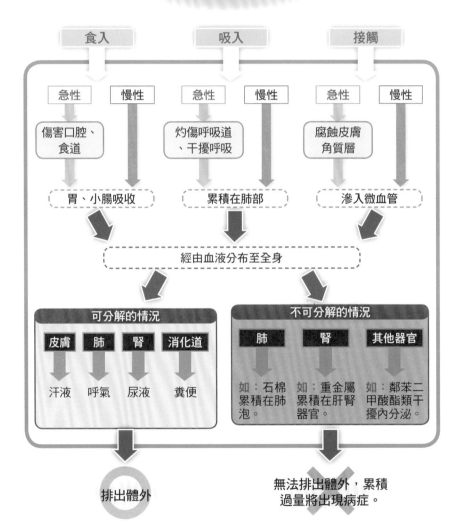

食入　　　　　　吸入　　　　　　接觸

| 急性 | 慢性 | 急性 | 慢性 | 急性 | 慢性 |

傷害口腔、食道　　　灼傷呼吸道、干擾呼吸　　　腐蝕皮膚角質層

胃、小腸吸收　　　累積在肺部　　　滲入微血管

經由血液分布至全身

可分解的情況

| 皮膚 | 肺 | 腎 | 消化道 |

汗液　　呼氣　　尿液　　糞便

不可分解的情況

| 肺 | 腎 | 其他器官 |

如：石棉累積在肺泡。　如：重金屬累積在肝腎器官。　如：鄰苯二甲酸酯類干擾內分泌。

排出體外

無法排出體外，累積過量將出現病症。

「有害物質」會造成哪些類型的危害？

「有害物質」從上述三種途徑進入人體後，對人體所造成的危害大致可分為：過敏反應、中毒、器官受損、干擾體內系統及引發癌症等五大類型。

類型❶過敏反應 過敏反應的發生是由於「有害物質」入侵身體，啟動體內免疫系統而導致的現象。初次受到有害物質的刺激，體內的吞噬細胞會將之吞噬，此過程可能刺激免疫系統的記憶性防禦能力，在體內形成抗體，當再次接觸同樣的有害物質時，抗體會辨識出該物質而引起過敏反應，如：搔癢、蕁麻疹、皮膚炎、腹痛、腹瀉、噁心、嘔吐、咳嗽、打噴嚏、流鼻水、鼻塞、氣喘、眼睛發炎或流淚等症狀。

類型❷中毒 「有害物質」透過吸入、食入與接觸等途徑進入人體，有害物質若具腐蝕性、刺激性或攝入過量會引起急性中毒，長期攝入低劑量則會引發慢性中毒，且不同物質所產生的症狀不一。例如：甲醛、苯等有害物質進入呼吸道，急性中毒會引發呼吸困難、胸悶等症狀，石棉在長期吸入下會造成慢性中毒，引起支氣管炎、氣喘等疾病。

類型❸器官受損 當「有害物質」進入血液，會隨體內循環系統分布在各器官，其毒性會在一個或多個特定器官發作。每一種毒性所導致的病症各異，主要會影響心、肺、肝、腎及眼睛等器官，破壞器官原本的功能並導致疾病，如：心跳異常、肺氣腫、肝硬化、腎小管細胞壞死或失明。

類型❹干擾體內系統 部分類型的「有害物質」藉由血液分布至身體各部位，會對特定的體內系統發生反應。當體內系統遭到破壞時，受損的部位不會侷限在特定的器官，因此所表現的病症較器官受損更為複雜，如：神經系統遭破壞會干擾神經傳導，導致運動失調、肌肉無力或麻痺、精神錯亂等病症；造血系統遭破壞則會造成貧血，導致神經及心臟等組織氧氣量減少，引起心跳與呼吸速率加快；免疫系統受到有害物質影響則無法正常運作，使人變得更容易生病；內分泌系統受到干擾，則會影響女性生理週期或男性性徵，造成不孕及生殖器相關病變。

類型❺引發癌症 大部分的癌症是致癌物質和癌症遺傳因子發生複雜的作用引起的。部分「有害物質」已被公布為致癌物質，在體內累積過量會致癌（如：戴奧辛）；另有部分有害物質會促使體內細胞易受到致癌物質的影響（如：聯苯胺），變成容易罹癌的體質、導致基因突變。一旦過度暴露於這類有害物質，可能刺激體內不正常細胞過度生長，就會逐漸演變為癌症。初期僅會出現如排便、排尿習慣改變、傷口經久不癒、身體出現異常的硬塊或增厚等等不顯著的症狀，隨著病情發展，末期會出現體重減輕、食慾不振、酸中毒等。

「有害物質」對人體所造成的危害

1 過敏反應

人體免疫系統具記憶性，同一有害物質二度接觸到人體會啟動記憶，經抗體辨識為過敏原，便會引發過敏反應。

症狀

皮膚搔癢、蕁麻疹或發炎；腹痛、腹瀉、噁心、嘔吐；咳嗽、氣喘、打噴嚏、流鼻水、鼻塞；眼睛發炎或流淚。

2 中毒

過量的有害物質接觸到特定的身體部位，會引發中毒反應，依照有害物質的屬性，會發生急性中毒和慢性中毒。

症狀

呼吸道的急性中毒會出現呼吸困難、胸悶；慢性中毒則可能引起氣喘、支氣管炎。

3 器官受損

有害物質隨血液流到身體各器官，累積過量會使其毒性發作，破壞器官功能並導致疾病。

症狀

主要影響心、肺、肝、腎及眼睛，可能導致心跳異常、肺氣腫、肝硬化、腎小管細胞壞死或失明。

4 干擾體內系統

有害物質隨血液分布，進入特定的系統，干擾系統的運作與傳導，引發疾病。

症狀

體內系統所管理的生理運作比較複雜，受損所出現的病徵亦多，例如：內分泌系統受損會影響女性生理週期或男性性徵，造成不孕、生殖器病變。

5 引發癌症

會致癌的有害物質在體內過度累積，或是長期接觸有害物質使體質改變，致使不正常細胞過度生長，引發癌症。

症狀

初期症狀不明顯，如排便、排尿習慣改變、傷口經久不癒、異常硬塊生成等；末期會出現體重減輕、食慾不振、酸中毒等。

「有害物質」造成的潛在風險

由於大部分的日用品都包含「有害物質」，形成使用上的潛在風險。日用品的潛在風險主要來自兩方面，一是產品在製造和法規及檢驗把關的疏漏，另一方面則肇因於消費者的使用和選購習慣，以及個人體質所致。了解日用品「有害物質」的風險來源，可從選購、使用上避開其潛在風險。

從產品而來的潛在風險

大部分日用品的風險是來自於產品本身的問題，像是業者在製造過程的疏失、不肖業者為了提高利潤而採用有害物質當做替代原料、或是商業炒作導致添加了過量有害物質，加以法規和抽檢制度並非天羅地網，難以面面俱到。種種原因造成日用品潛藏著健康風險。

潛在風險1 業者在製造過程的疏失

部分業者可能由於工廠的設備、環境不理想，或是製造人員未能嚴格執行標準生產作業流程，因而製造出含過量有害物質的產品。一旦在產品上市前又未能做足適當的安全性檢驗，含毒商品便會流入市面，如此一來，就形成消費者在選購上的風險。例如製造成衣在染色後的處理程序若未確實執行，導致成衣裡殘留染劑或助染劑等化學藥劑，可能會引起皮膚過敏等症狀。

潛在風險2 成本考量及商業炒作

部分黑心業者為了降低成本，選擇有害人體、已遭禁用的成分來製作，或是使用品質不良零組件、偷工減料、以舊代新。另外，部分業者也可能為了美化產品外觀以吸引消費者、強化產品效果以提升產品價值，因而使用有害物質或添加超過法定的劑量，擅自更改產品成分卻未重新送檢便上市。例如染色後的餐具較為美觀但卻可能含有鉛，使用後容易使鉛進入食物中，與食物混和吃下肚。

潛在風險3 法規和檢驗制度的漏洞

目前我國大部分的日用品主要是由經濟部標準檢驗局進行檢驗，依照商品的危害風險程度採行不同的檢驗方式，除了家用電器、兒童玩具等電子電機化工類的日用品需每批送檢，其餘則以業者自行檢驗或送交文件審核為主，同時輔以不

定期市場購樣抽檢。另外,部分性質特殊的日用品則分屬不同主管機關和法規管制,例如餐具容器、化妝品是由衛生署管理,分別以〈食品衛生管理法〉和〈化妝品衛生管理條例〉規範,此外還會不定期抽檢上市的產品(參見P.274)。然而,日用品的標示不清或成分不合格等情事仍頻傳。主要是由於經濟部標檢局為了配合市場經濟脈動、使商品快速進入市場,因而改以上市後的抽檢與廠商自我管理做為監督的主要手段,致使部分不肖廠商趁機將不符檢驗規定商品輸入市場。例如在二○○七年之前,進口至我國的木材不需接受逐批檢驗,使得許多含有過量甲醛的進口木材流入市場後,才在相關單位的抽檢中被檢驗出,但已危害消費者的健康和權益。

潛在風險4 法規無法反映最新及最完整的健康資訊

法規和檢驗制度所制訂的有害物質項目及劑量,一般是源於國內外的實驗和研究報告,不過要證實某項物質有害人體多半需耗費數年,在證實之前業界往往已廣泛使用在商品上,致使法規和檢驗制度未能及時規範;另一方面,部分有害物質的致毒劑量和危害程度,會隨著最新的實驗和研究報告有所異動,法規也必須隨之異動,形成法規和抽檢制度無法完全把關而遺留的風險。例如杜邦公司早期製造的鐵氟龍不沾鍋,其表面塗料含有全氟辛酸(PFOA),由於其不沾黏、易清洗而廣為愛用,直到銷售達數十年後研究單位才發現全氟辛酸可能對人體有害,歐盟和美國環保署紛紛將之列為疑似致癌物。

從消費者而來的潛在風險

有害物質的風險來源,除了產品本身的問題,消費者的使用習慣、消費習慣和個人體質,亦可能形成潛在風險。

潛在風險1 使用習慣及頻率

日用品所含的有害物質多半在錯誤的使用方法下才會釋出,因此使用習慣是個人是否攝入有害物質的重要關鍵。加以若是長期都採相同的錯誤方式頻繁地誤用日用品,便大大提升風險。例如經常使用不耐熱的塑膠1號、3號、6號、7號等容器盛裝熱食,可能使體內累積較多的可塑劑或安定劑。因此,使用產品前應詳閱商品標示,依說明使用並確實遵守適用範圍和使用注意事項。另外,任何產品都有使用年限,超過使用年限的產品就算尚未損壞,內部卻極可能產生變質。像是使用達數月或數年的塑膠水壺或塑膠奶瓶,表面會起霧或出現刮痕,雖然仍可

日用品威脅健康的風險來源

日用品威脅健康的因素

產　品

❶ 業者在製造過程的疏失

部分業者可能因工廠設備或人員的缺失，而生產出具有健康風險的日用品，加以未能經由檢驗加以淘汰，讓不良品上市販售。

> **風險實例** 製造成衣時，若染色後的處理程續不確實，化學藥劑會殘留在衣料上，穿著將引起皮膚過敏。

❷ 成本考量及商業炒作

部分不肖業者透過添加有害物質，以獲取降低成本或增加產品效果的好處，因而產製出不利消費者健康的產品。

> **風險實例** 為了美觀而將餐具以含鉛的塗料繪製、染色，容易使鉛進入食物中，與食物混和吃下肚。

❸ 法規和檢驗制度的漏洞

現行商品檢驗制度針對部分商品實行自行檢驗、送交樣品或文件審核，及市場抽驗，令不肖業者有機可趁。

> **風險實例** 2007年之前尚未規範所有進口木材皆須受檢，致使部分含有過量甲醛的木材流入市面。

❹ 法規無法反映最新、最完整的健康資訊

實驗和研究報告是現行法規及檢驗制度的根據，但是研究結果的出爐需要一段長時間，趕不上商品工業的發展，難以求取法規上有害物質的最終版本。

> **風險實例** 杜邦公司生產含有的全氟辛酸的鐵氟龍鍋具，在銷售逾數十年後才發現該物質可能對人體有害，歐盟、美國環保署才將全氟辛酸列入可疑致癌物。

消費者

❶ 使用習慣及頻率

頻繁地以錯誤的使用習慣操作日用品，會大幅增加有害物質入侵人體的風險。應詳閱商品標示，遵循指示使用、保養及汰換日用品。

> **風險實例** 經常使用不適合的塑膠製品盛裝熱食，體內會因此累積塑膠有害物質；塑膠製品外觀有異狀就表示變質，應即時汰換。

❷ 消費習慣及消費知識的掌握度

改變慣性選購廉價品、採信誇大推銷的消費習慣，了解產品特性並關注消費相關資訊，有助於買到良質日用品，避開風險。

> **風險實例** 黑心商品較易採行低價策略，習慣選擇廉價品容易因小失大；錯過部分經媒體公告的不良品，可能在不知情下買入。

❸ 個人體質及敏感度

產品成分可能因個人體質不同而引起不適反應，選購及使用時應配合自身體質，並先做過敏反應測試，以避免不必要的不適。

> **風險實例** 膚質敏感者使用含有酒精的美妝保養品，可能引起皮膚過敏、紅腫。

盛裝液體，但實際上塑料已經老化，容易釋出有害物質。若消費者的使用習慣是將產品用到不克運作、徹底故障才肯汰舊換新，暴露在有害物質的風險就會相對提高。

潛在風險 2 消費習慣及消費知識的掌握度

買對日用品能大幅避開有害物質的風險，但是要能選購價廉物美的商品，必須建立良好的消費習慣，最好還能具備基本的消費知識。避免為了省錢而慣性選擇廉價品，或是輕信誇大不實的廣告及推銷，並能在選購時透過商品標示或現場銷售人員的說明，多了解產品內容物、各成分特性、建議使用方法。若能進一步關注主管機關或具有公信力的機關團體所發布的消費資訊，例如：國內外商品瑕疵訊息、商品下架資訊、市售商品抽測結果、不合格進口產品等，即時更新消費安全知識，在選購日用品時就更多了一道自我把關。

潛在風險 3 個人體質及敏感度

每個人的體質不同，對於日用品所含的成分適應力亦各異，除了了解個人體質及敏感度，避開自身不適應的成分或材質，屬於孩童、年長者、孕婦及敏感性體質等族群的消費者，選購相關日用品時應特別注意成分及使用方式，選購適合自己的商品，或在使用前先做局部測試，沒有明顯反應再使用。像是膚質敏感者使用含有酒精的美妝保養品，可能引起皮膚過敏、紅腫，建議避免使用。

務實看待日用品的「有害物質」

現今我們已長久受惠於日用品所帶來的便利性，難以改變使用習慣，儘管身處在充斥日用品所含的「有害物質」之中，只要建立有害物質的正確觀念，並了解有害成分的致毒途徑及不當用法，便無須恐慌。若能進一步掌握即時的消費知識和日用品安全資訊，並培養良好的使用習慣，即可安心地使用日用品。

認識有害物質的正確觀念　　　　　　　　　　　（參見P.20）

「有害物質」是否起作用端視劑量的多寡，一般而言，進入人體的劑量愈高，則毒性愈強；此外，每種有害物質各有其特性，這也決定其毒性程度、進入人體的途徑。例如螢光增白劑具有遷移性，可能經由免洗筷吃進肚子，或是從棉質T恤轉移至皮膚再進入體內；異丙醇則具有揮發性，會通過點燃精油而吸入體內。另外，不同途徑所引起的病變也不同，像是大部分的螢光增白劑僅會在大量攝取或接觸下造成噁心、皮膚紅腫等過敏反應，但其中聯苯胺若進入體內，則與膀胱癌有密切關連，異丙醇則可能因吸入過量導致暈眩、昏迷等中毒症狀。了解有害物質引發危害的劑量和途徑，就不需過度恐慌，也可避免無意間濫用。

建立選購日用品的判斷原則　　　　　　　　　　（參見P.250）

選購日用品時，不宜僅從價格和廠牌等表面資訊來判斷，還應斟酌考量商品標示上的其他資訊，例如：產地或製造國、成分、濃度含量、製造日期或保存期限等，最好認明通過具公信力的機關檢驗字樣、許可證字號或安全標章；另外，配合用途、使用情境來選購，還可節省不需花費的預算。例如：選購盛裝食物的塑膠容器應注意耐熱度，而一般收納、盛裝水果等冷食用的塑膠容器則不需特別選購高價的耐熱品。建立一套選購判斷原則，有助於買到優質且符合需求的日用品，可以隔絕不必要的有害物質入侵生活，降低風險。

盡量避開釋出毒性的使用習慣　　　　　　　　　（參見P.288）

錯誤的使用習慣可能使原本不影響人體健康的日用品釋出有毒的成分，使用頻率高將日積月累而放大其毒性效應。最常見的例子就是塑膠餐具容器的使用，像是盛裝熱食或酸性食物、微波加熱等，都會讓原本便利的日用品成了致毒管道。因此，首先需了解日用品的主要成分與可能危害人體的方式，適度改變過去的錯誤用法，避免長時間或高頻率地使用，如此不但可發揮日用品的使用效益，更能為自身健康做好把關。

關注日用品安全的資訊 （參見P.274）

日用品安全的議題日益受到關注，全球各地都有研究團隊在研究各類日用品對人體健康的影響，各機關團體多透過網站、新聞、書報雜誌等媒體，公布最新的國內外研究結果和法規規範、市場抽驗情報，或是更正過去約定俗成的錯誤用法。因此，平日應多留意相關訊息以同步更新日用品的安全資訊，但需判斷消息來源的準確度，切勿聽信危言聳聽的小道消息或無證據的網路謠言，像是歐盟指令、國際癌症研究中心（International Agency for Research on Cancer，簡稱IARC）、美國食品暨藥物管理局（U.S. Food and Drug Administration，簡稱U.S. FDA）、行政院經濟部標準檢驗局、衛生署、環保署等國內外主管機關，以及台灣環境資訊中心、財團法人主婦聯盟環境保護基金會、中華民國消費者文教基金會等財團法人機構，都屬於可靠的消息來源。

牢記中毒徵兆和急救原則 （參見P.295）

日用品的種類多元、使用方法各異，其中清潔消毒用品、美妝沐浴用品是其中比較容易致毒的品項，使用前應詳閱商品標示，並遵照指示使用。此外，平時應熟記不同成分的中毒徵兆及相對應的急救原則，可在自己或旁人感到身體不適時及早發現中毒狀況，並能在緊急時刻做出正確判斷，把握急救的黃金時間，在醫療支援到達前提供即時的緩和措施，減輕病患痛苦，並彙整急救前後的病患情況，以利就醫後的診斷及治療。

面對有害物質的基本觀念

1 認識有害物質的正確觀念

日用品的有害物質必須累積到足夠的劑量，才會對人體產生危害；並且每種有害物質的毒性、釋出途徑亦不同，對人體的致毒程度也不一。

實踐做法

認識常見有害物質的特性、毒性程度和致毒行為，避開毒性強的有害物質，無需過度恐慌。

2 建立選購日用品的判斷原則

選購日用品應綜合各品項的相關資訊，詳細閱讀商品標示後，選出符合使用需求和適用情境的產品。

實踐做法

根據需求來選購，並詳閱商品標示的廠牌、價格、產地、成分、製造日期，另可找出附帶檢驗合格、許可證字號或安全標章的產品。

3 盡量避開釋出毒性的使用習慣

誤用日用品，不但會縮短日用品的使用年限，也會導致有害物質釋出。確認原本的使用習慣是否正確，並盡可能修正不當的用法。

實踐做法

先檢驗最常用的日用品用法是否正確，一旦發現誤用，最好能完全改採正確用法，或至少降低誤用頻率，就可減少有害物質的影響。

4 關注日用品安全的資訊

有害物質的國際各界經常更新關於日用品安全的資訊，應定時接收可靠消息來源所公告的訊息，才能在選購和使用上自我把關。

實踐做法

定期接收國際組織、國內主管機關及社團法人發表的訊息，如：法規、研究報告、市場抽驗情報及正確用法。

5 牢記中毒徵兆和急救原則

部分日用品的使用風險比較高，偶有疏忽可能中毒。掌握中毒的關鍵徵兆和一般性的急救原則，不但可在送醫前及時因應，更能及早發現問題，把握急救黃金時間。

實踐做法

殺蟲劑、清潔劑、美妝用品等較易引起中毒反應，應遵循指示使用，使用後如身體不適應提高警覺，症狀惡化，即攜帶可疑日用品就醫。

Chapter 2 日用品常見的「有害物質」

　　日用品所添加的「有害物質」能夠增強效果、美化外觀，有些「有害物質」更是不可或缺的製造原料，幾乎所有的日用品都免不了摻有「有害物質」。因此，掌握「有害物質」的功能和致毒途徑，是杜絕生活毒害的基礎知識。本篇介紹三大類112種日用品常見的「有害物質」：使用最廣泛的化學性物質、塑膠製品不可或缺的聚合物，以及運用在家電的物理性物質，以熟悉「有害物質」、避開潛在危害。

本篇
教你

→ 日用品「有害物質」的種類及用途

→ 法規管制的「有害物質」及使用劑量

→ 各種「有害物質」入侵人體的途徑

→ 什麼是持久性有機污染物、環境荷爾蒙

有機溶劑 (Organic Solvent)

　　有機溶劑能溶解無法溶於水的油脂、蠟質、樹脂等有機物質，並且不影響有機物質原本的特性，常用於塗料、洗劑、殺蟲劑等以調整其濃度。另外，有些有機溶劑由於取得容易、成本低廉，且經化學反應就能生產出多種用途廣泛的反應物，常做為塑膠工業的重要原料和反應溶液。多數的有機溶劑多半具有高度揮發性和刺鼻氣味，吸入其蒸汽會刺激皮膚黏膜，依種類和濃度不同也會對呼吸道產生程度不同的刺激性，攝入過量主要會影響中樞神經系統，並損害肝、腎功能，嚴重者可能中毒致死。

◎ 有機溶劑1

乙二醇醚 (Glycol ether solvent)

常見相關化合物

乙二醇甲醚（2-methoxyethanol）、乙二醇乙醚（2-ethoxyethanol）和乙二醇丁醚（2-Butoxyethanol）

性質

　　乙二醇甲醚和乙二醇丁醚為無色具芳香氣味的液體，乙二醇乙醚則為無色無味的液體；其中乙二醇甲醚和乙二醇乙醚為政府公告的毒性化合物，由於乙二醇醚具有良好的溶解性和快速揮發的特性，常做為油漆和合成樹脂的溶劑。

主要功能及使用物品

❶ **溶解力強**：乙二醇醚能夠溶解油脂、合成樹脂，可以去除油漬和污垢，常用於洗碗精、玻璃清潔劑、地板清潔劑和清漆劑等。

❷ **揮發性佳**：乙二醇醚具有良好的揮發性，並能和成膜物質混和均勻，因此可做為製作油漆的溶劑。

使用規定

❶ 根據行政院環保署公告〈環境用藥管理法〉規定，環境用藥（如：殺蟲劑、殺菌劑）不得含有乙二醇乙醚。

❷ 根據行政院勞委會〈勞工安全衛生法〉規定，勞工工作環境空氣中的乙二醇甲醚、乙二醇乙醚，濃度不得超過5ppm，乙二醇丁醚不得超過25ppm。

危害途徑

　　乙二醇醚類常被添加在廚房清潔劑中以加強去污的效果，由於這些清潔劑通常設計為噴霧式，使得氣膠微粒所含的乙二醇醚含量較高，會經由呼吸和皮膚進入人體，長期下來很可能因過度暴露而危害健康。

過量危害

❶ 誤食濃度超過100毫升的乙二醇甲醚或乙二醇乙醚，會抑制中樞神經、心跳加速和腎臟衰竭等；若誤食的濃度高達400毫升，則會導致昏迷和死亡，並伴隨胃部發炎、腎肝受損及腦組織水腫等症狀。

❷ 乙二醇醚類產生的蒸汽會刺激眼睛，甚至造成疼痛及發紅的現象，若吸入濃度約300～600ppm的乙二醇丁醚，數小時後可能造成呼吸道刺激、意識喪失，以及腎、肝的損害。

❸ 乙二醇醚類容易經由皮膚進入人體，輕微地刺激皮膚，並會累積在體內產生長期毒性，損害中樞神經系統、腎臟、肝臟，甚至可能包括男性生殖系統。

毒性分類

□難分解物質　☑慢毒性物質　□急毒性物質　□疑似毒化物

危險度

| 致癌 | ✗ | 過敏 | ✓ | 器官受損 | ✓ 中樞神經系統 |

> **info** 乙二醇醚類可能影響男性生育力
>
> 　　根據研究實驗結果顯示，在充斥乙二醇醚的環境中工作的男性，如：裝潢師傅、油漆工匠、油畫畫家等，其活動力低的精子數目比不常暴露在乙二醇醚環境中的男性高出2.5倍，因此一般推論，乙二醇醚類可能間接影響男性的生育能力。

◎ 有機溶劑2

乙酸酯類 (Acetate ester)

常見相關化合物

乙酸乙酯（Ethyl acetate；又名醋酸乙酯、香蕉油）、乙酸異丙酯（Propyl acetate；又名醋酸丙酯）、乙酸丁酯（n-Butyl acetate、Butyl ester；又名醋酸正丁酯；Acetic acid n-butyl ester）、乙酸異戊酯（Amyl acetate）、甲基丙烯醇乙酸酯（Methallyl acetate；

有機溶劑

塑膠原料

可塑劑

界面活性劑

染色劑

抗氧化劑

又名2-甲基-2-丙烯-1,1-二醇二乙酸酯，2-Methyl-2-Propene-1,1-Diol Diacetate）、甲基-2-氯-2,2-二氟乙酸酯（Methyl 2-Chloro-2,2-Difluoroacetate、Methyl chlorodifluoroacetate）

性質

乙酸酯類是無色具有高揮發性的有機溶劑，揮發的氣體具有水果氣味，能溶解於酒精、乙醚、丙酮、苯、四氯化碳、亞麻仁油、蠟質等多種物質，並可微溶於水。常做為製造黏合劑、人造纖維、樹脂、塑膠、合成橡膠的溶劑，也是製造香料、塗料、藥物、清洗劑的原料。

主要功能及使用物品

❶ **除污性：**乙酸酯類可以溶解於脂肪酸酯化合物和植物的纖維素，並能破壞昆蟲表皮蠟質保護層，可當做除蟲劑、殺蛆藥（larvicide）、隱形眼鏡除黴劑、玻璃清洗劑。

❷ **增加香味：**乙酸乙酯、乙酸丁酯所揮發的氣體具有香蕉香氣，常做為食品、藥物、化妝品的合成香料、香味添加劑、人造水果香料、香水、調味劑、調香劑。

❸ **溶解性佳：**乙酸酯類具有非極性界面有助於水和脂肪互溶，並可溶解於纖維素、脂肪烴、脂肪酸酯化合物，且揮發性高有助於快速定型，常當做黏合劑、人造纖維、樹脂、塑膠、飛機翼布塗料、墨水的溶劑。

❹ **萃取、染印：**乙酸酯類能溶解纖維素，經過多次萃取可得到高品質纖維質，常用於紡織品精煉的製造過程。另外，乙酸酯類能促進染劑滲入衣物纖維，使印染的圖案不易脫落與褪色，常用於紡織工業的染料溶劑、顯色劑、清洗劑。

❺ **建材塗層：**乙酸乙酯能溶解硝化纖維素製成的塗料，使塗料均勻分散於表層，並且乙酸乙酯的揮發性高，有助於塗料快速乾燥，常做為建材塗布的木器漆、瓷漆、烤漆稀釋劑、建材與家具塗層、家電表層烤漆等裝潢材料。

使用規定

❶ 根據行政院勞委會〈勞工安全衛生法〉規定，勞工工作環境空氣中的乙酸乙酯不得超過400ppm，乙酸異丙酯不得超過250ppm，乙酸異戊酯不得超過100ppm。

❷ 依美國職業安全與健康管理局（OSHA）規定，空氣中平均容許濃度限值乙酸乙酯為400ppm，乙酸丙酯為200ppm，乙酸丁酯為150ppm，乙酸戊酯為100ppm。

危害途徑

乙酸酯類具有良好的揮發性，所揮發的氣體會刺激呼吸道黏膜、眼睛、皮膚，一般民眾可能經由含有乙酸酯類的製品，例如：衣物、建材、漆塗層物品、香精等接觸到乙酸酯類，而噴漆、紡織工廠、建築工人更容易遭受乙酸酯類的危害。

有機溶劑

塑膠原料

可塑劑

界面活性劑

染色劑

抗氧化劑

過量危害

❶ 乙酸酯類揮發的蒸氣會刺激呼吸道、咽喉黏膜，長期或經常重覆暴露會對呼吸道產生刺激，造成鼻子和咽喉的不適，出現呼吸急促、頭痛、困倦、暈眩，以及上呼吸道和肺部組織充血等症狀。

❷ 乙酸丙酯在空氣中的立即危害濃度為8,000ppm，乙酸丁酯的立即危害濃度為10,000ppm，乙酸戊酯的立即危害濃度為4,000ppm。暴露於超過平均容許濃度的乙酸酯類，僅3～5分鐘就會刺激眼睛、呼吸道、咽喉，出現眼睛紅腫、呼吸困難、頭痛、暈眩，及脾、腎肺部組織充血等症狀。

❸ 誤食乙酸酯類會造成噁心、嘔吐、呼吸急促、頭痛、失去知覺，以及抑制中樞神經系統等症狀，大量食入會造成休克及死亡。

❹ 甲基丙烯醇乙酸酯、甲基-2-氯-2,2-二氟乙酸酯，其毒性比一般的乙酸酯類更強，空氣中含量超過10ppm就會造成身體嚴重不適感。

毒性分類

目前尚未列管為毒性化學物質

危險度

| 乙酸乙酯、乙酸丙酯、乙酸丁酯 | ▬▬▬▬▬▬▬▬ |
| 甲基丙烯醇乙酸酯 | ▬▬▬▬▬▬▬▬ |

| 致癌 ✗ | 過敏 ✓ | 器官受損 ✓ 呼吸系統 |

info 　用於評定白酒等級的乙酸乙酯有誤用之虞

酒精與醋酸發酵後會產生乙酸乙酯，因此，中國大陸使用乙酸乙酯來區分白酒的香氣類型，並以其含量的多寡界定白酒的等級。然而，不肖廠商卻透過添加乙酸乙酯冒充為較高等級，所以千萬不要飲用來源不明的白酒，以免喝下假酒而誤食過量的乙酸乙酯。

◎ 有機溶劑3

丁醇（Butanol，又名Butyl alcohol）

常見相關化合物

正丁醇（n-Butanol，又名1-丁醇1-Butanol、n-Butyl alcohol）、異丁醇（Isobutanol，又名2-甲基丙醇2-Methylpropan-1-ol、Isobutyl alcohol）、第二丁醇（sec-Butanol，又

名2-丁醇2-Butanol、sec-Butyl alcohol）、第三丁醇（tert-Butanol，又名2-甲基-2-丙醇2-Methylpropan-2-ol、tert-butyl alcohol）

性質

　　丁醇是透明無色具有揮發性的有機溶劑，揮發的氣體具有酒精甜味，能溶解於酒精、乙醚、水、精油、冰醋酸，是化學工業在製造樹脂、染料、油漆、塗料、香水、精油等多種產品的溶劑，也做為清潔劑、驅蟲劑、製藥、塑膠聚合物、燃料的原料。

主要功能及使用物品

❶ 去污： 異丁醇與氯化氫的反應物，加工後可製成含氯的清潔劑、界面活性劑、漂白劑，可以加強清潔劑的除污能力，多用於工業用清潔劑、洗髮精、潤絲精。

❷ 溶解力強： 由於異丁醇能與油脂類物質相溶，且毒性較低，可以當做香水、精油、芳香劑、生物鹼、樟腦、植物油（如：亞麻子油、蓖麻油）、油漆、塗料和天然樹脂的溶劑，以及人造皮革、防水布的染料。

❸ 強化塑性： 正丁醇、第三丁醇是脲醛樹脂、甲醛樹脂的化學反應物，多用於製造聚酯樹脂；正丁醇與樹脂反應後能增強樹脂的黏性、可塑性，常做為膠合劑、鄰苯二甲酸酯（添加於PVC）、脂肪族二元酸酯（添加於PE、Permanent diester）等塑膠增塑劑的原料。像是PVC／PE保鮮膜、塑膠袋、寶特瓶、潤滑油等日用品，都含有正丁醇和第三丁醇的合成產物。

❹ 替代能源： 丁醇可在碳水化合物經過細菌發酵下生成，可當成生質燃料，替代汽柴油的石化燃料，多應用於民生交通工具上。

❺ 衣物加工： 正丁醇可增強紡織品包覆物作用，使紡織品包覆物能滲入衣物纖維，使纖維強化、增加功能性，做為紡織用的溶脹劑。

❻ 驅蟲： 丁醇類具有特殊刺激氣味，可以當做驅蟲劑。

使用規定

❶ 根據行政院勞委會〈勞工安全衛生法〉規定，勞工作業環境空氣中的正丁醇濃度不得超過100ppm，第二丁醇濃度不得超過150ppm。

❷ 依照國際職業安全與健康管理局規定，空氣中八小時內的異丁醇平均容許濃度限值為100ppm或300毫克／立方公尺。

危害途徑

　　由於丁醇具有揮發性，所揮發的氣體會刺激呼吸道黏膜和皮膚，因此在密閉、不通風的空間裡使用丁醇製的物品（如精油、芳香劑、樟腦、驅蟲劑等），可能不經意吸入過量的丁醇氣體，引起過敏反應及身體不適。

有機溶劑

塑膠原料

可塑劑

界面活性劑

染色劑

抗氧化劑

過量危害

❶ 空氣中異丁醇的立即危害濃度為8,000ppm，第二丁醇的立即危害濃度為10,000ppm，第三丁醇的立即危害濃度為1,600ppm，超過此濃度會使人產生嚴重不適感。如果接觸過量的丁醇蒸氣，會刺激呼吸道，進而可能引起頭昏、神智不清甚至窒息。異丁醇、第三丁醇經過燃燒可能產生具刺激性或毒性的氣體，引起呼吸道系統的疾病。

❷ 眼睛如果接觸到液態異丁醇、第三丁醇，會產生強烈刺激性及灼燒感，使眼睛出現紅腫、流淚、發炎等症狀。如果皮膚經常接觸液態的異丁醇、第三丁醇，會刺激皮膚導致紅腫、起疹、過敏，造成濕疹性的皮膚炎。

毒性分類

目前尚未列管為毒性化學物質

危險度

| 致癌 | ✗ | 過敏 | ✓ | 器官受損 | ✗ |

◎ 有機溶劑4

二異氰酸甲苯 （Toluene diisocyanate；又名甲苯二異氰酸；Diisocyanate De Toluene；Methyl-m-phenylene；Diisocyanatotoluene；TDI）

常見相關化合物

2,4-二異氰酸甲苯（Toluene 2,4-diisocyanate）、2,6-二異氰酸甲苯（Toluene 2,6-diisocyanate）

性質

二異氰酸甲苯是白色具有揮發性的有機溶劑，揮發的氣體具有水果氣味，與空氣接觸會變成淡黃色液體，能溶解於乙醚、丙酮、苯、四氯化碳、橄欖油、煤油。常用於製造軟硬質泡棉、發泡劑、PU材料、塗料、橡膠、樹脂、襯墊、建材、防水材料、接著劑的原料。

主要功能及使用物品

❶ 發泡性：適當比例的二異氰酸甲苯可以和聚醚多元醇產生聚合反應形成聚胺甲酸酯（PU），反應後會發泡膨脹填滿模型，因此可以依使用的材料塑型，常用於製造軟硬質泡棉、工業用發泡劑、PU材料、接著劑。

❷ **不易變質**：以二異氰酸甲苯製造的PU材料，不會因為光照、接觸空氣產生氧化作用而變質、變黃，常用來製造PU建材、PU跑道、門窗框架、壁台、雕像、PU傳送皮帶。

❸ **防水性**：經由二異氰酸甲苯聚合產生的聚胺甲酸酯（PU）能夠發泡填滿模型，而且不易滲漏，可以應用在防水材料以及填補漏洞的填縫劑，像是橡膠管、橡膠輪、氣壓／液壓設備、密封圈、PUO環。

❹ **防火性**：二異氰酸甲苯的致燃點很高，而且遇水會產生二氧化碳，使其更不易燃燒，所以經過聚合反應形成的聚合物具有不易起火的特性，可用於製造防火、消防材料，例如：防火板、防火膜、防火塗料、PU合成皮。

❺ **接著性**：二異氰酸甲苯在發泡聚合反應時，能與塑膠、橡膠材質產生化學作用，具有良好的接著性，可以當做接著劑的原料，用以製作成用來黏貼鞋子、服裝商標的TPU熱溶膠、用於鞋類、合成紡織品等的TPU接著劑，以及低溫貼合化學片。

使用規定

❶ 根據行政院環保署公告〈環境用藥禁止含有之成分〉， 環境用藥（如：殺蟲劑、殺菌劑）不得含有二異氰酸甲苯。

❷ 根據行政院衛生署公告〈化妝品衛生管理條例〉，化妝品不得含有2,4-二異氰酸甲苯、2,6-二異氰酸甲苯。

❸ 行政院勞委會根據〈勞工健康保護規則〉公告，製造、處置或使用二異氰酸甲苯其重量比超過1%之混合物之作業，稱為特別危害健康之作業。

❹ 行政院勞委會根據〈勞工安全衛生法〉規定，2,4-二異氰酸甲苯、2,6-二異氰酸甲苯不得超過0.005ppm或0.036毫克／立方公尺。

❺ 依國際職業安全與健康管理局規定，空氣中平均容許濃度限值為5ppb，最高濃度不得超過每10分鐘20ppb。

❻ 依美國藥物食品管理局的〈食品藥物管理法〉規定，二異氰酸甲苯可用於生產與食物直接接觸之強力膠。

危害途徑

　　二異氰酸甲苯具有揮發性，一般民眾可能經由接觸泡棉、PU材料、防火材料等建材，無意間吸入二異氰酸甲苯揮發的氣體，刺激呼吸道黏膜、眼睛、皮膚，而二異氰酸甲苯是PU的原料，PU工廠的工人更容易遭受此危害。

過量危害

❶ 空氣中二異氰酸甲苯的立即危害濃度為10ppm，氣態的二異氰酸甲苯是一種強烈的呼吸道黏膜刺激物，僅吸入濃度0.002ppm都可能傷害肺部功能，造成呼吸急促、胸部有壓迫感、持續性咳嗽、氣喘化學性肺炎、肺水腫、慢性支氣管炎等症狀。因二異氰酸甲苯造成急性氣喘的病患，會有嗜酸性白血球增多的現象，將伴隨過敏性皮膚紅腫的症狀。另外，二異氰酸甲苯可能降低血液中血小板的含量，引起皮膚出現紫斑症。

❷ 二異氰酸甲苯接觸到眼睛,會造成眼睛疼痛、紅腫、流淚、角膜發炎,接觸到皮膚會引起皮膚發炎及過敏。

❸ 吸入或食入二異氰酸甲苯可能會引發神經系統及消化道的病變,產生頭昏、頭痛、睡眠障礙、情緒高漲、腹痛、嘔吐、腸胃發炎等症狀。

毒性分類

☐難分解物質　☐慢毒性物質　☑急毒性物質　☐疑似毒化物

危險度

| 致癌 | ✗ | 過敏 | ✓ | 器官受損 | ✓ | 呼吸系統 |

info　二異氰酸甲苯導致職業性氣喘

二異氰酸甲苯是最常引起職業性氣喘的化學物質之一,製造泡棉、漆包線、黏扣帶等工人多罹患職業性氣喘。像是民國七十四年,台北縣某工廠製造一種用於紡織業的「黏扣帶」,其上膠過程所使用的黏貼用樹脂成分含有二異氰酸甲苯,使數名員工出現持續性咳嗽、呼吸短促、胸部緊迫、哮喘等職業性氣喘症狀。

◎ **有機溶劑5**

二硫化碳 （Carbon Disulfide，又名Carbon Bisolfide、Carbon Sulphide、Carbon Bisulphide、Dithio Carbonic Anhydride）■

性質

二硫化碳是無色具有高揮發性的有機溶劑,揮發的氣體具有甜味,但是不純的工業用二硫化碳會發出臭味,暴露在光線下會變成淡黃色液體,能溶解於無水甲醇、酒精、乙醚、苯、氯仿、四氯化碳、油脂類等物質。二硫化碳是製造人造棉、人造絲、玻璃紙、農藥、四氯化碳的原料,也常用於化學工業的橡膠聚合反應劑、脫附劑、觸媒硫化劑、溶劑。

主要功能及使用物品

❶ **溶劑**:由於二硫化碳具有脂溶性,可以溶解含油脂的非極性界面物質,常做為油脂和油漆的溶劑,也製成油漬清除劑、苯萃取劑;二硫化碳與氯在催化劑作用可形成四氯化碳,四氯化碳可用來製造冷媒,常用於冷氣、冰箱、噴霧劑添加劑。

有機溶劑

塑膠原料

可塑劑

界面活性劑

染色劑

抗氧化劑

❷ **氧化劑**：二硫化碳是化學木漿、棉短絨在製造過程中重要的氧化劑，經過加工可以製成人造棉（嫘縈棉，Rayon cotton）、人造絲（嫘縈絲，Rayon silk）等人造纖維，以及玻璃紙；由於二硫化碳能與部分重金屬產生反應，達到抗氧化防鏽的效果，煉鋼廠常用為鋼鐵腐蝕抑制劑、廢水處理劑。

❸ **硫化劑**：以二硫化碳和氯處理聚乙烯塑膠（PE），可以得到氯磺化聚乙烯（CSM）橡膠製品，其具有良好的耐熱性、耐腐蝕性、耐磨性，可製成塗料、油漆、合成樹脂、防水膜等物品；二硫化碳在異辛醇的製程中是重要的觸媒硫化劑，異辛醇可做為亮光漆、印刷染料添加劑、塑膠增塑劑；二硫化碳是製造有機硫磺殺菌劑的原料，具有良好的殺菌效果，低毒性且價格便宜，常用於製造農藥、土壤消毒劑，如錳乃浦、鋅錳乃浦（Mancozeb）等藥劑。

使用規定

❶ 根據行政院環保署〈環境用藥管理法〉規定，環境用藥（如：殺蟲劑、殺菌劑）成分中不得含有二硫化碳。

❷ 根據行政院衛生署〈化妝品衛生管理條例〉規定，化妝品不得含有二硫化碳。

❸ 根據行政院環保署〈空氣污染防制法〉規定，二硫化碳屬於空氣污染物種類之一。

❹ 根據行政院勞委會〈勞工安全衛生法〉規定，勞工工作環境中的二氧化硫濃度不得超過10ppm或31毫克／立方公尺。

❺ 依國際職業安全與健康管理局規定，空氣中平均容許濃度限值為20ppm，8小時內最高濃度不得超過100ppm。

危害途徑

　　二硫化碳經常當做人造棉、人造絲、玻璃紙、農藥、油漬清除劑的原料，亦是化工廠提煉石油的過程中可能會產生的雜質，有時會殘留在汽柴油中，由於其具有易揮發、脂溶性的特性，會經由呼吸道、皮膚進入人體，一般民眾可能經由吸入工廠和汽機車所排放含有微量二硫化碳的廢氣，或是食入含有二硫化碳的農藥所殘留的蔬果而受到二硫化碳的危害；此外，紡織、化學工廠工人則更容易受到二硫化碳的危害。

過量危害

❶ 吸入二硫化碳會刺激鼻腔、咽喉等接觸部位，出現發熱、紅腫、噁心、嘔吐、頭暈等症狀，進入人體二硫化碳氣體很快就會隨血液循環流到全身，一～二小時後血中的二硫化碳濃度就會達到平衡，吸入的二硫化碳可從肺、尿液排出，有些會在肝臟代謝。

❷ 二硫化碳對人體有慢毒性的影響。長年暴露在低劑量的二硫化碳環境下，可能會引起視網膜病變及視神經萎縮。長期暴露在二硫化碳濃度100ppm以上的環境，會出現末梢神經病變，出現像是手腳末端麻木、肌肉疼痛、肌力降低、感覺降低或喪失、神經傳導異常等症狀，需長達數年才能稍微恢復；當暴露時間達數年以上，還可能出現精神神經症狀，如疲倦、頭暈、頭痛、睡眠障礙、個性改變、記憶喪失、抑鬱、妄想、智能退化、痙攣性麻痺、巴金森氏症、腦血

管病變等症狀。

❸ 誤食過量二硫化碳會產生急性中毒症狀，如顫抖、虛脫、呼吸困難、發紺、周邊血管收縮、體溫下降、瞳孔收縮、昏迷等症狀。

❹ 長期暴露於含有二硫化碳的環境，可能會引起視網膜病變及視神經萎縮。

❺ 二硫化碳具有脂溶性，可以經由脂肪組織吸收，孕婦則可能經由胎盤傳遞到胎兒體內，影響胎兒發育。

有機溶劑

塑膠原料

可塑劑

毒性分類

☑難分解物質　□慢毒性物質　□急毒性物質　□疑似毒化物

危險度

| 致癌 | ✗ | 過敏 | ✓ | 器官受損 | ✓ | 神經系統 |

界面活性劑

◎ 有機溶劑6

氯乙烯類（Chloroethylenes）

常見相關化合物

二氯乙烯（Dichloroethylene）、三氯乙烯Trichloroethylene）和四氯乙烯（Tetrachloroethylene）

性質

為無色具高揮發性的液體，所揮發的氣體帶有芳香甜味，對有機化合物具有高溶解性，主要用途是做為有機溶劑或做為聚合物的單體，常製成塑膠原料、乾洗劑和去脂溶劑。二氯乙烯中常做為聚偏二氯乙烯（PVDC）的單體，可進一步形成具耐油性、耐腐蝕性和印刷性能的樹脂塑料，最常見的用途是包裝材料。由於三氯乙烯和四氯乙烯都易揮發且對有機物具高溶解性，是金屬脫脂和羊毛等織物的乾洗劑，其中三氯乙烯對於神經有麻醉作用，可做為醫學用麻醉劑。

染色劑

主要功能及使用物品

❶ **溶解力**：此類化合物能有效溶解油脂和脂肪，能去除衣物和物品上的油垢，因此常製成衣物乾洗劑、去漬油等金屬表面處理劑；其中三氯乙烯是有機氯溶劑中溶解力最強的一種，是最佳金屬表面脫脂洗劑，常見用途為空調、精密機械、電冰箱、汽車、精密機械和微電子等行業中金屬部件和電子元件的清洗劑。四氯乙烯同樣可做為清洗劑，常用來清洗汽機車金屬元件、製造運動服的

抗氧化劑

氨綸布料。

❷ **揮發性**：此類化合物除了具有強效溶解力，亦能快速揮發，常做為橡膠和油脂類的有機溶劑，能加工製成油漆和塗料，此外柏油路中的瀝青亦會以此類化合物做為溶劑。

❸ **阻隔性**：二氯乙烯可製成偏聚二氯乙烯單體，加工合成的聚偏二氯乙烯（PVDC）對於水、油和空氣具有高阻隔性能，且能抗油脂和抗溶劑，因此常做為食品和藥品的包裝器具，例如：保鮮膜、藥品包裝。

使用規定

❶ 根據行政院環保署〈毒性化學物質管理法〉規定，三氯乙烯可用來製造接著劑、清潔劑，但禁止用於家用清潔劑。

❷ 根據行政院環保署〈毒性化學物質管理法〉規定，四氯乙烯可用於清潔劑的製造，但禁止做為文具中修正液和簽字筆墨水的溶劑。

❸ 根據行政院環保署〈環境用藥管理法〉規定，環境用藥（如：殺蟲劑、殺菌劑）不得含有三氯乙烯、四氯乙烯。

❹ 根據行政院衛生署化妝品衛生管理條例規定，化妝品不得含有三氯乙烯、四氯乙烯。

危害途徑

　　一般將衣物送洗衣店乾洗，多採用含有四氯乙烯的乾洗劑除去衣物上的油垢，然而，乾洗過程中難免有部分四氯乙烯殘留在衣物中，一旦在乾洗後直接穿上或放置在密閉的衣櫃，其所揮發的蒸汽很可能會對健康造成危害；四氯乙烯的危害對第一線接觸的乾洗業者、乾洗劑製造業者影響更為直接。

過量危害

❶ 眼睛接觸到二氯乙烯可能會引起結膜炎和短暫性的角膜傷害、結膜炎當吸入濃度達4,000ppm時會出現類似酒醉的症狀，若持續暴露在高濃度的二氯乙烯中可能會導致昏迷。

❷ 三氯乙烯的蒸氣濃度達30ppm會刺激鼻腔及喉嚨，在100～600ppm之間則可能會抑制中樞神經系統，產生如頭昏、噁心和過度疲勞等症狀，當濃度高達1,000ppm以上則會出現喪失肌肉協調感、視覺異常和失去意識等現象。

❸ 四氯乙烯的濃度達200～500ppm會刺激眼睛、鼻腔和喉嚨，在1,000～2,000ppm之間會傷害肝臟、腎臟，並造成中樞神經系統失調，如果暴露在過高濃度下則可能導致死亡。

❹ 皮膚接觸到此類化合物會產生刺激感，暴露過久可能會有灼熱和起泡等現象。

毒性分類

二氯乙烯　　☑難分解物質　□慢毒性物質　□急毒性物質　□疑似毒化物
三氯乙烯、四氯乙烯　□難分解物質　□慢毒性物質　□急毒性物質
　　　　　　　　　☑疑似毒化物（依劑量而定）

有機溶劑

塑膠原料

可塑劑

界面活性劑

染色劑

抗氧化劑

危險度

二氯乙烯	
三氯乙烯、四氯乙烯	

| 致癌 | ? | 過敏 | ✓ | 器官受損 | ✓ | 肝、腎 |

(info) 三氯乙烯為飲用水的污染源之一

美國科學院曾指出，三氯乙烯是飲用水最常見的工業污染物之一，由於三氯乙烯為工廠中常見的有機溶劑，常隨著工廠污水的排放流入河川或地下水道，造成嚴重的水源污染。台灣亦曾發現廢棄化工工廠廠區附近的地下水受到三氯乙烯的嚴重污染，其中三氯乙烯超過管制標準的五十四倍之多，除了影響民眾的飲用水，游泳池、餐廳等商業用水皆有污染之虞。

◎ 有機溶劑7

二氯甲烷（Dichloromethane，DCM；又名氯化甲烯，Methylene chloride、Methylene dichloride）、三氯甲烷（Trichloromethane；又名氯仿，Chloroform，CFM）■

性質

二氯甲烷和三氯甲烷都是一種無色具揮發性的有機溶劑，揮發的氣體具有刺激性特殊甜味，能迅速溶解脂肪、油脂、樹脂和蠟，常用於塑膠製程中的溶劑，幫助有機化合物混合、作用以形成塑膠，或做為殺蟲劑的溶劑、溶脂劑。

主要功能及使用物品

❶ **溶解力**：二氯甲烷與三氯甲烷皆化學上常用的有機溶劑，能夠溶解多種有機化合物，是多種日用品的原料，也是促進各原料混和的反應中間物。二氯甲烷可用來製造聚碳酸脂（PC），三氯甲烷則可以做為橡膠、樹脂的溶劑、底片塗膜溶劑、油漆配方溶劑、金屬清潔劑、塗料清除劑。三氯甲烷另可做為壓克力半成品的接合黏著劑。

❷ **殺蟲薰蒸劑**：二氯甲烷與三氯甲烷由於具有揮發性，可做為殺蟲用薰蒸劑的溶劑，常添加在殺蟲劑中，幫助殺蟲劑中的成分散布在空氣中。

❸ **合成**：三氯甲烷是有機合成的重要原料，可用來合成許多含氯的有機化合物，像是合成乾洗劑、殺蟲劑、冷凍劑等。

使用規定

❶ 根據行政院衛生署〈化妝品衛生管理條例〉規定，化妝品成分禁止使用三氯甲烷。

❷ 根據行政院環保署〈環境用藥管理法〉規定，環境用藥（如：殺蟲劑、殺菌劑）不得含有二氯甲烷、三氯甲烷。

❸ 根據行政院環保署〈毒性化學物質管理法〉規定，三氯甲烷禁止用於製造海龍滅火劑。

❹ 根據行政院勞委會〈勞工安全衛生法〉規定，勞工工作環境空氣中的三氯甲烷濃度不得超過49毫克／立方公尺。

❺ 歐盟根據〈關於統一各會員國有關限制銷售和使用某些有害物質和成品的法規及管理條例指令〉，於2009年增列二氯甲烷為有害物質，規定會員國境內所販售的除漆劑，其中二氯甲烷的含量不可超過0.1％。

危害途徑

❶ 三氯甲烷加熱或燃燒會產生氯化氫、光氣、氯氣等高毒性、具刺激性的氣體，遇強鹼、活性金屬（如鋁、鎂）易引發爆炸，因此慎防將含三氯甲烷之製品接觸熱源或強鹼溶液，像是靠近火源或是拿三氯甲烷製的塑膠容器盛裝具有強鹼性的浴廁清潔劑。

❷ 若生飲自來水、誤吞游泳池池水，一旦該水體有添加氯殺菌，就可能喝下氯的副產物氯仿（三氯甲烷）。

❸ 二氯甲烷主要的暴露途徑是由空氣吸入，因此使用油漆塗料、油漆塗料清除劑或其他噴劑時，應保持室內空氣流通，注意通風，避免室內空氣中二氯甲烷濃度過高。

過量危害

❶ 三氯甲烷是具有揮發性的麻痺氣體。在1,000 ppm濃度下幾分鐘後會暈眩、頭痛、疲勞及輕微氣喘；濃度達4,000 ppm會出現昏厥、嘔吐；10,000 ppm會失去知覺；14,000 ppm則會喪失意識；濃度高達16,000 ppm以上可能導致心肺功能衰竭而有喪命的危險，或可能造成肝、腎衰竭。

❷ 吸入濃度約在500～1,000ppm的二氯甲烷，會造成頭暈、噁心、手腳麻痺等症狀，吸入更高濃度則可能致命。

❸ 皮膚接觸二氯甲烷和三氯甲烷，都會造成充血、產生紅斑或引起汗腺阻塞，有灼傷危險。

❹ 若不甚食入三氯甲烷，會造成腹部及胸部疼痛、產生暈眩與吐嘔，由於中樞神經受到抑制而漸失去知覺，並會對肝臟與腎臟造成損害。高劑量可能引起口腔和喉嚨嚴重灼傷。

❺ 三氯甲烷為疑似致癌物，長期暴露可能對肝臟、腎臟及中樞神經系統造成傷害。

毒性分類

二氯甲烷屬	☐難分解物質	☐慢毒性物質	☐急毒性物質	☑疑似毒化物
三氯甲烷	☑難分解物質	☐慢毒性物質	☐急毒性物質	☐疑似毒化物

危險度

| 致癌 **?** | 過敏 **✓** | 器官受損 **✓** 心血管系統、肝、腎、汗腺及中樞神經系統 |

info 　**過量三氯甲烷污染高雄後勁溪**

　　環保署於二〇一〇年檢測出位於高雄縣的台塑仁武廠，周邊地下水水質出現含氯有機溶劑過量的情形，鄰近廠房的後勁溪溪水，也檢測出水中的氯乙烯、二氯乙烷、三氯甲烷等含氯有機化合物濃度突然飆高，造成後勁溪的嚴重污染，也影響鄰近居民的飲水安全。

◎ **有機溶劑8** ·······

丙二醇 (Propylene Glycol；PG) ■·······

常見相關化合物

1, 2-丙二醇、1, 3-丙二醇

性質

　　丙二醇在常溫下狀態穩定，呈透明、無色、無味，揮發性低且能溶解不溶於水的物質，常做為溶劑、乳化劑、保濕劑、調味劑等；丙二醇為典型醇類，能經由不同的反應產生塑膠工業的原料、中間體、增塑劑等。

主要功能及使用物品

❶ **原料**：丙二醇經不同化學反應能產生酯、縮醛和醚等衍生物，是不飽和聚酯樹脂的原料、醇酸樹脂的增塑劑，廣泛應用在塑膠工業，像是塑膠袋、玻璃紙等包裝容器，或是保麗龍、浴缸、人造大理石等裝潢家具。

❷ **保持水分**：由於丙二醇具有保水、協助滲透、軟化角質的功能，並能調整濃度與黏稠度，可做為溶劑、吸水保濕劑、滲透劑、角質軟化劑，常用於牙膏、染髮劑、防曬油、化妝品等美容保養用品，也添加在墨水等文具用品。

使用規定

❶ 國內目前尚無日用品及食品的相關法規。

❷ 日本厚生省規定，烏龍麵、蕎麥麵等生麵條和魷魚絲製品，其丙二醇的使用限量為2%；水餃、燒賣、春捲、餛飩的外皮，其丙二醇的使用限量為1.2%；除上述以外的食物，丙二醇的使用限量為0.6%以下。

危害途徑

丙二醇多應用於化妝品、染髮劑,多半會接觸到皮膚或黏膜而產生刺激性或過敏症狀。因此,使用含有丙二醇的化妝品、染髮劑時,若不慎潑灑到眼睛,可能會造成眼睛的刺痛、灼熱感。另外,誤飲含有丙二醇的溶液也是遭到危害的途徑之一。

過量危害

❶ 丙二醇對黏膜有刺激性,直接碰觸如眼睛等黏膜部位,會產生灼熱、刺痛感。

❷ 少數人在皮膚直接接觸丙二醇,會產生灼熱感、刺痛感及發癢,或是過敏性皮膚炎,出現皮膚發紅、起紅疹、脫皮刺癢等症狀。對丙二醇有皮膚過敏反應者,服用或施打含丙二醇成分的食品或藥品,可能會造成全身性皮膚過敏。

❸ 由於丙二醇能溶解脂溶性物質,長期接觸皮膚可能會影響人體的表皮皮脂結構,使皮膚粗糙。

毒性分類

目前尚未列管為毒性化學物質

危險度

| 致癌 | ✗ | 過敏 | ✓ | 器官受損 | ✗ |

(info) 塑膠產品不會釋出丙二醇

丙二醇是塑膠工業的主要原料、中間體及增塑劑,主要應用於塑膠原料的製備過程,絕大多數的丙二醇會在此一過程中轉變為其他化學物質,因此塑膠成品並無丙二醇殘留的風險。

◎ 有機溶劑9

丙酮 (Acetone;又名二甲基酮、二甲基甲酮、二甲酮、醋酮、木酮)

性質

丙酮在常溫下為無色透明液體,易揮發、易燃、溶點低,有芳香氣味;與水、甲醇、乙醇、乙醚等均能互溶,能溶解油、脂肪、樹脂和橡膠等,是一種重要的溶劑;廣泛運用於染料、塑膠材料的生產過程。

主要功能及使用物品

❶ **溶解多種有機物質**：丙酮能充分溶解染劑和油性物質，並能與其他溶劑充分混合，常做為金屬清潔劑及油漆、洋乾漆、瓷漆等各式塗料的溶劑，以及醋酸纖維素、硝酸纖維賽璐珞的去光澤劑等，醋酸纖維素廣泛應用於衣物中，尤其是外套襯裡，硝酸纖維賽璐珞則多用在眼鏡鏡框、底片中。

❷ **原料**：丙酮擁有羰基，經過不同的化學反應能成為環氧樹脂、聚碳酸酯、聚氨酯等聚合物的原料，這些聚合物可用在衣物、奶瓶、電路板、眼鏡鏡片、防彈玻璃、光碟片、錄音帶、家具、坐墊、海綿、人造大理石、裝潢材料、輪胎、塗料等日用品中。

使用規定

❶ 根據行政院勞委會〈勞工安全衛生法〉規定，勞工工作環境空氣中的丙酮濃度不得超過750ppm或1,780毫克／立方公尺。

❷ 根據美國聯邦殺蟲、抗黴菌、滅鼠用藥法（FIFR）規定，美國環保署中認可丙酮為殺蟲劑中的主要成分；台灣目前亦未將丙酮列為環境用藥禁止含有的成分。

❸ 根據美國職業安全與健康管理局（OSHA）規定，空氣中的時間平均值（Time-Weighted Average）為 1,000 ppm。

危害途徑

　　丙酮主要用於油漆、去光水、清潔劑等用劑，進入人體內的途徑包括皮膚直接接觸、誤飲含丙酮的溶液，以及吸入丙酮揮發的氣體。因此，像是未戴手套就直接使用含丙酮的清潔劑，或是在不通風的室內使用油漆或大量的去光水，都是使丙酮藉皮膚或呼吸道進入人體的途徑。

過量危害

❶ 皮膚、黏膜直接接觸丙酮可能會引起輕微的刺激；此外，由於丙酮能溶解油脂，長期或頻繁接觸恐造成皮膚脫脂及皮膚炎，出現乾燥、刺激、發紅及龜裂等症狀。

❷ 吸入丙酮揮發的氣體會刺激支氣管而引起咳嗽、支氣管炎等症狀；暴露於濃度達1,000ppm的丙酮達1小時，會造成喉部及眼睛刺痛；濃度高於2,000ppm可能會造成嗜睡、噁心、嘔吐、酒醉感及頭暈；暴露在濃度高達10,000ppm的丙酮氣體，僅5分鐘就會造成喉部刺痛，時間過長則可能導致昏迷及死亡。

❸ 誤食丙酮會刺激咽喉、食道及胃，出現嘔吐或咳血等症狀，並連帶有頭痛、虛弱、睏倦、噁心、酒醉感及頭暈等情形；大量攝入丙酮則可能造成深度昏迷、高血糖及丙酮尿；兒童如食入2～3毫升／公斤的丙酮即有中毒的危險。

毒性分類

目前尚未列管為毒性化學物質

有機溶劑

塑膠原料

可塑劑

界面活性劑

染色劑

抗氧化劑

危險度

| 致癌 | ? | 過敏 | ✓ | 器官受損 | ? |

◎ 有機溶劑10

四氯化碳（Carbon Tetrachloride；又名四氯甲烷）

性質

　　在常態下為無色易揮發且不易燃的液體，具有類似氯仿的芳香氣味。可以與醇、醚、氯仿和苯等任意均勻混合，因此是油脂和其他有機化合物中常見的有機溶劑。

主要功能及使用物品

❶ **溶劑**：四氯化碳對脂肪、油和橡膠具有極佳的溶解力，是製造業常用的有機溶劑，常製成清潔劑、去垢劑和乾性洗髮精等。

❷ **性質穩定**：由於四氯化碳在常溫乾燥狀態下十分穩定，且不易助燃和自燃，常用來做為冷氣機或冰箱的冷媒或添加在滅火器的滅火原料。

使用規定

❶ 根據行政院衛生署〈化妝品衛生管理條例〉規定，化妝品成分不得含有四氯化碳。

❷ 根據行政院環保署〈環境用藥管理法〉規定，環境用藥（如：殺蟲劑）不得含有四氯化碳。

❸ 根據行政院環保署〈毒性化學物質管理法〉規定，四氯化碳得用於製造洗染用的乾洗劑、金屬表面脫脂和橡膠用黏接劑的溶劑、清洗電子、機械零件的溶劑，以及油污去除劑。

❹ 根據行政院勞委會〈勞工安全衛生法〉規定，勞工工作環境空氣中的四氯化碳濃度不得超過2ppm或13毫克／立方公尺。

危害途徑

　　由於容易揮發的四氯化碳是製造滅火器材和清潔去漬劑的原料，如果在通風不佳處使用四氯化碳製的滅火器滅火，或是使用四氯化碳製的洗滌劑來清潔，都可能讓自身暴露在四氯化碳的蒸氣中，並經呼吸道吸收而進入人體。

過量危害

❶ 暴露於濃度約20ppm的四氯化碳中達8小時，會干擾中樞神經系統而產生暈眩、噁心、頭痛和喪失協調感等症狀；若暴露時間連續長達數星期，則會損害肝臟、腎臟，並可能導致肺積水。如果暴露於濃度250ppm的四氯化碳中達15分鐘，體質敏感者或有酗酒習慣者可能會致死。

❷ 一般誤食四氯化碳的致死量為50～150毫升，但食入1.5毫升即有致死可能。

❸ 皮膚接觸到四氯化碳的蒸氣及液體，會引起皮膚灼燒感和輕微皮膚發紅現象，眼睛接觸到四氯化碳則會產生刺激感，甚至損害視力。

毒性分類

☑難分解物質　□慢毒性物質　□急毒性物質　□疑似毒化物

危險度

| 致癌 | ? | 過敏 | ✓ | 器官受損 | ✓ | 肝、腎 |

info　臭氧層殺手——四氯化碳

四氯化碳所含的氟氯碳化合物分子上升到平流層後，經短波紫外光照射後會被分解釋出氯，與平流層的臭氧作用後，會使得臭氧還原成氧原子，造成臭氧量減少。為了保護地球的臭氧層，全球二十六個國家於一九八七年簽署〈蒙特婁破壞臭氧層物質管制議定書〉，並於一九九〇年召開第二次會議，擴大議定書所列管的物質，其中四氯化碳便在此次會議中遭到列管，故現在多以三氯乙烯來取代四氯化碳，當做製成清潔劑的原料。

◉ 有機溶劑1

苯（Benzene，又名Benzole、Benzol、Cyclohexatriene）

性質

苯是透明無色的有機溶劑，是石化工業在製造橡膠、油漆過程所添加的溶劑，以及做為合成苯乙烯、聚苯乙烯（PS）、氯苯、酚、環己烷、苯胺、烷基苯的塑膠原料。在室溫下易燃，具有高度揮發性，能溶解於酒精、油脂、橡膠、氯仿、冰醋酸，常用於橡膠、輪胎、印刷、製鞋、油漆做為溶劑，或添加在汽油當做為抗爆劑。

有機溶劑

塑膠原料

可塑劑

界面活性劑

染色劑

抗氧化劑

主要功能及使用物品

❶ **化工原料**：苯可以當做乙二醇苯基醚的原料，乙二醇苯基醚可以溶解於脂質，常做為清潔劑、乾洗劑，以及殺蟲劑大滅松的製作原料；由於苯環的化學性質穩定，不容易受氧化物質分解，常做為塑膠製品的原料，可以製成合成樹脂、保麗龍、人造皮、聚苯乙烯塑膠製品（PS）；化工常使用苯當做合成橡膠的原料，其耐磨性、防水性、氣密性都優於天然橡膠，常用來製造輪胎、防水布、橡皮等橡膠製品。

❷ **增強黏性**：由於苯可以與塑膠相溶，添加在黏合劑可增強黏性，常用來製成黏膠、熱溶膠、製鞋黏合劑。

❸ **吸收紫外線**：苯能夠吸收波長在270～380nm的紫外線，能保護塑膠材料和塗料在紫外線照射下不會變質，可用來製造塑膠用紫外線吸收劑，常用在避光板、人造皮。

❹ **高度溶解力**：苯可以溶解於非極性有機溶劑，具有高度揮發性而且成本低廉，能稀釋、去除油性染料，因此常添加在油性油漆、油墨當做稀釋劑，也用來去除油墨當做脫漆劑。

❺ **降低爆震**：由於苯具有高辛烷質，抑制引擎汽缸爆震能力強，可以減少爆震，常添加在無鉛汽油裡當做抗爆劑。

使用規定

❶ 行政院環保署根據〈環境用藥管理法〉公告，環境用藥（如：殺蟲劑、殺菌劑）不得含苯。

❷ 行政院環保署根據〈空氣污染防制法〉公告〈車用汽柴油成分管制標準〉規定，汽油中的苯含量最大容許濃度為1.0%體積濃度。

❸ 行政院環保署根據〈飲用水管理條例〉公告〈飲用水水質標準〉，飲用水中的苯含量不得超過0.005毫克／公升。

❹ 行政院環保署根據〈土壤及地下水污染整治法〉公告〈土壤污染管制標準〉，土壤中的苯含量不得超過5毫克／公斤。

❺ 依據〈勞工安全衛生法〉規定，勞工作業環境空氣中苯的最高濃度不得超過1ppm或3.2毫克／立方公尺。

❻ 依美國環保署的〈資源保存回收法〉規定，由於苯是有毒物質，因此所有裝過苯的容器、製造過程中的中間產物、或被苯污染過的任何器皿、土壤，均為有毒廢棄物。

危害途徑

　　苯經常當做溶解塑膠、油性油漆、黏合劑的溶劑，以及無鉛汽油添加劑，具有高度揮發性；此外，苯會經由燃燒香菸、線香、廢棄物的塑膠而釋出，這些氣體會刺激呼吸道黏膜和皮膚。像是吸入汽機車排放的廢氣，以及吸菸、燒香也會產生含苯的氣體，都是苯入侵人體、產生毒害的主要途徑。

過量危害

❶ 經由呼吸吸入過量的苯，對呼吸道、眼睛會產生刺激性，大量吸入苯會導致急

有機溶劑

塑膠原料

可塑劑

界面活性劑

染色劑

抗氧化劑

性苯中毒，影響中樞神經系統和循環系統，出現睏倦、頭暈、頭痛、嘔吐、神智不清等症狀，嚴重者可能出現心律不整、心肌衰弱、休克等症狀，免疫系統的淋巴結可能會異常腫大。空氣中苯的立即危害濃度為2,000ppm，當苯含量高達20,000ppm，僅5到10分鐘便能致人於死。

❷ 經由皮膚吸收過量的苯，皮膚會變乾燥、出現脫屑現象、過敏性皮膚炎，嚴重者會有皮膚紅腫、起水泡等症狀。

❸ 長期接觸苯會出現慢性苯中毒，因為苯進入身體之後，會被肝臟的酵素代謝成有毒物質，這些物質使骨髓細胞生長受到抑制，減少紅血球、白血球和血小板的數量，引起再生不良性貧血，提高罹患白血病的風險。

❹ 苯對懷孕婦女有不良影響，可能導致出生胎兒體重過輕、骨髓受損、骨發育不全、畸形胎。

毒性分類

□難分解物質　☑慢毒性物質　□急毒性物質　□疑似毒化物

危險度

| 致癌 ✓ | 過敏 ✓ | 器官受損 ✓ 中樞神經系統、免疫系統、循環系統 |

⚠ warning　燒香會產生有毒物質——苯

拜拜常用的香本身並不含苯，但是其製造原料含有多環芳香烴化合物，燃燒後就會釋出苯。經環保署檢測，市售柱香在燃燒後會產生1～7.63ppm的苯，最高者超過國際安全標準七倍之多。

◎ 有機溶劑12

甲苯（Toluene）、二甲苯（Xylene）

常見相關化合物

對二甲苯（p-Xylene）、鄰二甲苯（o-Xylene）、間二甲苯（m-Xylene）

性質

甲苯與二甲苯在常溫下為無色液體，帶有特殊芳香味且具揮發性，幾乎不溶於水，但能與二硫化碳、乙醇、乙醚以任意比例互溶；甲苯的性質類似苯，但毒性較低，故現多用甲苯取代苯做為製成指甲油、油漆等的有機溶劑；甲苯也是

一種使用頻繁的化工原料，多用於製造染料、合成樹脂、合成纖維、炸藥、農藥等；二甲苯多做為塑膠製品的原料，是經過合成加工的聚合物單體，例如：製成聚對苯二甲酸乙二酯（PET）的對苯二甲酸、製成增塑劑的鄰苯二甲酸酐，以及做成聚酯樹脂的間苯二甲酸等。

主要功能及使用物品

❶ **塑膠原料**：甲苯為甲苯二異氰酸酯的原料，再加工聚合便是聚氨酯（PU），常應用於各種泡沫塑料、海綿、PU跑道等；對二甲苯主要用於製造對苯二甲酸、對苯二甲酸二甲酯，兩者皆為聚對苯二甲酸乙二醇酯（PET）的單體，廣泛應用於寶特瓶、人造纖維衣物等材料；鄰二甲苯常用於製造鄰苯二甲酸酐，是很重要的化學原料之一，可做為增塑劑或是用於製造金屬表面底漆、家電汽車烤漆、鐵鋁罐表面等烤漆的飽和聚酯樹脂與醇酸樹脂；間二甲苯最大的用途是製造間苯二甲酸，是能製成一般家具、人造大理石的不飽和聚酯樹脂生產過程所需的中間體，能夠製成烤漆、塗料的聚酯樹脂，還可應用於增強塑膠和包裝。

❷ **溶劑**：甲苯與二甲苯能與多數有機溶劑充分混合，常添加於指甲油、去光水、皮革軟化劑、膠水、印刷墨水、玻璃膠、油漆、橡膠、消毒液等做為溶劑以調整濃度與黏稠度；二甲苯則具快速揮發的特性，是鋼鐵工業、晶片製作過程常用的清潔劑。

❸ **辛烷值高**：甲苯的辛烷值高，常添加於汽油中用以降低內燃機運作時的震爆，提高引擎效率。

使用規定

❶ 根據行政院衛生署〈化妝品衛生管理條例〉規定，甲苯限用於指甲用化妝品，其最終製品含量不得超過25％，並應於產品上加註「避免兒童接觸」等警語。

❷ 根據行政院勞委會〈勞工安全衛生法〉規定，勞工工作環境空氣中的甲苯濃度不得超過100ppm或376毫克／立方公尺；二甲苯濃度不得超過100ppm或434毫克／立方公尺。

❸ 美國職業安全衛生署規定，工作場所空氣中甲苯的平均容許濃度為100ppm。

❹ 歐盟規定，濃度高於0.1％的甲苯，禁止用於膠水、噴漆等公眾用產品。

❺ 歐盟規定，甲苯在僅可用於化妝品中的指甲產品，最高允許濃度為總含量的25％，且產品必須附有「產品必須存放於兒童無法接觸之處」及「僅供成人使用」的警語。

危害途徑

　　甲苯與二甲苯常用在指甲油、去光水、油漆、汽油等日用品，由於性質易揮發、具刺激性，主要經由吸入蒸氣、皮膚直接接觸溶液、誤飲相關溶液而進入人體；如在密閉的空間中使用指甲油、去光水和油漆，或是吸入過量汽車廢氣、長期暴露在含汽油的環境，都有吸入甲苯蒸氣的危險；指甲油和去光水使用不慎而接觸到皮膚，可能會刺激局部皮膚。由於其揮發性高，以甲苯或二甲苯為原料的塑膠製品並無殘留的疑慮。

過量危害

❶ 暴露於甲苯或二甲苯的蒸氣中，會刺激呼吸道、眼睛及黏膜，甚至造成角膜損傷；空氣中的甲苯濃度超過50ppm會引起輕微嗜睡、頭痛、結膜炎及咽喉充血；濃度達100ppm會引起疲勞和暈眩，超過200ppm則會出現眼花、麻木和輕微噁心等與酒醉類似症狀；甲苯濃度超過500ppm會出現精神混亂和動作不協調等症狀；暴露於700ppm的二甲苯蒸氣會引起噁心和嘔吐；暴露於濃度10,000ppm的甲苯或二甲苯，會損害肝、腎功能，並抑制中樞神經系統而引起動作不協調、失去意識、呼吸衰竭甚至死亡。

❷ 甲苯或二甲苯直接接觸皮膚會造成皮膚乾燥、龜裂、慢性皮膚炎等，亦可能經由皮膚直接接觸而中毒；直接接觸眼睛會造成角膜灼傷。

❸ 誤食甲苯或二甲苯，或是長期暴露於甲苯或二甲苯的環境，會損傷肝、腎，抑制中樞神經，出現噁心、嘔吐、口咽部灼熱、上腹不適、記憶力喪失、睡眠不安、動作不協調、聽力受損等症狀，嚴重者會失去知覺、昏迷而致死。

毒性分類

目前尚未列管為毒性化學物質

危險度

| 致癌 | ? | 過敏 | ✓ | 器官受損 | ✓ | 中樞神經系統、肝臟、腎臟 |

⊙ **有機溶劑13**

甲醛（Formaldehyde）■

常見相關化合物

濃度為35～40%的甲醛溶液稱為「福馬林」（Formalin，又稱甲醛水）。

性質

甲醛為一種無色、易燃且刺鼻的氣體，常被使用於各種建築材料，如天花板、油漆和家具；此外，亦常添加在衣物和食物中。

主要功能及使用物品

❶ **防腐、殺菌**：甲醛可與生物體中的蛋白質作用，對微生物具有破壞能力，因此具有防腐、防蟲及殺菌等性能，除了用在清潔劑，也是各式建築材料的合成樹脂常見成分，常用於芳香劑、殺蚊液、洗衣粉等清潔消毒用品，以及天花板、

有機溶劑

塑膠原料

可塑劑

界面活性劑

染色劑

抗氧化劑

合板、家具、化纖地毯等裝潢家具。

❷ **防皺、阻燃：**由於甲醛會與織物纖維作用，且可以提高棉布的硬挺度，因此在衣物中添加甲醛可達到防皺、防縮和阻燃等作用，亦能保持印花和染料的耐久性，甚至可改善衣料觸感，像是牛仔褲、純棉免燙襯衫、毛毯等衣物都添加有甲醛。

❸ **其他：**由於甲醛可以和樹脂聚合產生熱固性塑膠，常做為合成樹脂的原料，因此由合成樹脂所組成的塑膠容器多含有甲醛，像是美耐皿、仿瓷餐具等塑膠容器。

使用規定

❶ 根據行政院衛生署〈食品衛生管理法〉規定，塑膠類食品器具容器中，以甲醛為合成原料的塑膠在溶出試驗下，鉛、鎘的含量需在100ppm以下。

❷ 根據行政院衛生署〈食品衛生管理法〉規定，乳品用的金屬罐，內面與內容物直接接觸的材質為塑膠類者，以及容器包裝鋁蓋部分的塑膠加工鋁箔，在溶出試驗下，甲醛需為陰性。

❸ 根據行政院衛生署〈食品衛生管理法〉規定，金屬罐（以乾燥食品〔油脂及脂肪性食品除外〕為內容物者除外）、紙類（內部材質與內容物直接接觸部分為蠟或紙漿製品者），在溶出試驗中，甲醛的檢驗結果需為陰性。

❹ 根據行政院環保署〈環境用藥管理法〉規定，環境用藥（如：殺蟲劑、殺菌劑）不得含有甲醛。

❺ 根據行政院內政部營建署規定，建材合板中的甲醛含量需低於1.5ppm。

❻ 根據行政院衛生署公告〈化妝品衛生管理條例〉，化妝品中不得含有甲醛。

❼ 根據行政院環保署規定，「洗衣清潔劑」適用環保標章產品的標準規格，其產品不得含甲醛水（Formalin）。

❽ 國際市場對紡織品的規範為：在嬰兒服裝的布料中，水解甲醛含量不可超過30ppm；其他服裝布料則不可超過75ppm。

危害途徑

由於甲醛可以增加棉布的硬挺度且可以防皺及保持印花染色，因此市售的純棉防皺服裝或免燙襯衫中，大都添加了含甲醛的助劑，新品未下水清洗就穿著，可能釋放出甲醛，對身體造成危害。此外，劣質家具、寢具及室內裝潢中亦可能含有過量甲醛，揮發到空氣中而吸入；另外，部分化妝品中亦含有甲醛成分，會使皮膚出現過敏的現象。

過量危害

❶ 甲醛易揮發為氣體散布在空氣中，危害人體的呼吸道、眼睛等部位。當室內甲醛含量超過0.1ppm時，將導致眼睛和黏膜細胞受損；濃度超過含量達0.12ppm以上兒童將引發氣喘；0.5ppm時會刺激眼睛引起流淚；0.6ppm會造成喉嚨疼痛；當空氣中的甲醛含量高達230ppm時將導致死亡。

❷ 皮膚長期接觸甲醛溶液，可能引發皮膚過敏反應或導致皮膚炎。

❸ 食用含甲醛食品時會直接產生中毒反應，一次食入10～20毫升的甲醇，將可能出現昏迷或休克致死。

有機溶劑

塑膠原料

可塑劑

界面活性劑

染色劑

抗氧化劑

毒性分類

屬於慢毒性物質，當超過一定濃度時為急毒性物質。

危險度

| 致癌 | ? | 過敏 | X | 器官受損 | ✓ | 呼吸道 |

⚡warning 剛裝潢的新居應避免立刻遷入

　　一般新居裝潢後發出的刺鼻味，正是用於建築板材的甲醛所揮發的氣體。新居在裝潢後一個月內，會持續揮發出濃度較高的甲醛氣味，因此盡可能提前裝潢，避免一完工就遷入新居；另外，保持室內通風、栽種植物或使用空氣清淨器，都可達到淨化空氣品質的功效。

info 劣質撲克牌多含有甲醛

　　市售撲克牌經消基會、標檢局抽驗，多半含有大量甲醛，其中不乏高出標準數十倍的品項。這是由於成本低、黏性佳的甲醛樹脂，常用於撲克牌的製造過程，印製撲克牌的油墨和防水膠也可能摻有甲醛。如果在密閉空間使用高含量甲醛的撲克牌，不但可能吸入甲醛氣體，也可能出現皮膚過敏的症狀。

◎ 有機溶劑14

甲醇（Methyl Alcohol；又名木醇、木精、羥基甲烷、工業用酒精，Wood Alcohol, Methanol）■

性質

　　甲醇的揮發度高、無色、易燃，在常溫下為液體，是一種常見的有機溶劑，能溶解不溶於水的物質，並且不影響物質原本的特性，加上成本低且用途多，常用於合成其他有機化合物，或做為抗凍劑、燃料、中和劑，廣泛運用於醫藥、農藥、染料、塑膠材料、合成纖維、合成橡膠的生產。

主要功能及使用物品

❶ **高度溶解力**：甲醇能溶解不溶於水的物質，有助於溶解、清除油性物質，並能協助調整溶液的濃度、溶解色素和香精，常用於雨刷清潔劑、食品用清潔劑、

廚房清潔劑等各式清潔消毒用品，化妝品、香水等美容保養用品，及油漆、油漆去除劑、複印液等。

❷ **高度揮發性**：甲醇具有高揮發性，可做為發散劑，協助香料散發香味，亦有助於從成品中排除，可輕易萃取高濃度的色素或香精，常用於香水的製備過程，以及衣物芳香劑、空氣芳香劑等芳香用品。

❸ **原料**：甲醇生產成本低廉，且經不同化學反應能產生酯、縮醛和醚等衍生物，成為多種聚合物的原料，常應用於塑膠材料、合成纖維、合成橡膠的生產，多用來製成雨布、鞋類、雨衣、塑膠衣物等居家用品。

❹ **易燃**：甲醇價格便宜且易燃，因此成為酒精膏的主要成分。

❺ **溶點低**：甲醇可降低燃料的溶點，使溶液不易結凍，加上其易燃的特性，常添加在工業及民用燃料、生質燃料、汽車防凍劑等交通用品中。

使用規定

❶ 根據行政院衛生署〈化妝品衛生管理條例〉規定，甲醇（含乙醇）的製品，每100毫升不得超過0.2毫升。

❷ 根據行政院衛生署〈食品衛生管理法〉規定，用來洗滌食品、食品器具容器和包裝的食品用清潔劑，其甲醇含量不得超過1毫克／毫升。

❸ 根據行政院勞委會〈勞工安全衛生法〉規定，勞工工作環境空氣中的甲醇濃度不得超過200ppm或262毫克／立方公尺。

危害途徑

甲醇常應用於芳香劑、燃料、清潔劑、油漆中，進入體內的途徑主要為誤飲上述含有甲醇的有機溶液，或是在密閉空間中使用而吸入含有甲醇的氣體。誤飲的情況多由於甲醇是工業用酒精，常為不肖廠商用來取代酒精（乙醇）製造假酒，因此喝下大量含有甲醇的假酒常成為甲醇中毒的途徑之一。另外，使用含有甲醇的化妝品，會經由皮膚直接吸收進入人體。由於甲醇的揮發性高，以甲醇為原料的塑膠製品並沒有甲醇殘留的疑慮。

過量危害

❶ 誤食過量的甲醇，經由消化道進入人體，當血液中的甲醇濃度達20毫克／100毫升便會出現中毒反應，初期症狀包括頭痛、心跳加速、暈眩、虛弱、睏倦、噁心嘔吐、視力模糊等類似酒醉狀態。嚴重者則會出現視網膜損害而失明、神智不清、呼吸急速、上腹部劇痛、血壓下降，更甚者可能因呼吸困難致死。

❷ 甲醇接觸到皮膚易造成灼傷、過敏反應，出現紅斑、皮膚剝落、過敏性皮膚炎等症狀。

❸ 甲醇的蒸氣會刺激眼睛、引起結膜炎，眼睛接觸到其液體會損害角膜表面組織，致使視力暫時喪失。

❹ 長期暴露於濃度在1,200～8,300ppm之間的甲醇，會造成視覺損傷，亦可能損害腎臟、心臟等器官。

有機溶劑

塑膠原料

可塑劑

界面活性劑

染色劑

抗氧化劑

毒性分類

目前尚未列管為毒性化學物質

危險度

| 致癌 | **✗** | 過敏 | **✓** | 器官受損 | ✓ 中樞神經系統、視覺 |

💡 warning 酒精膏燃燒不完全將危及健康

　　一般餐廳、火鍋店常用來加熱食物的酒精膏，主要成分為甲醇，而燃燒不完全的甲醇會產生甲醛，吸入過量的甲醛氣體可能損害視網膜、腎臟、中樞神經系統。因此，一般建議選擇通風良好的店家，讓燃燒不完全的甲醇能自然散去。

◎ **有機溶劑1**

異丙醇（Isopropyl Alcohol；二甲基丙醇）

性質

　　異丙醇是無色透明的易燃液體，帶有強烈刺鼻氣味，揮發度高，能溶於水、醇、醚、氯仿，並能溶解許多有機物質，像是油、脂肪、樹脂和橡膠等，常做為溶劑，應用在化妝品、文具用品、清潔劑等物品的製作過程。

主要功能及使用物品

❶ **溶解力強**：異丙醇與水互溶，能溶解多種不溶於水的物質，常應用於塑膠工業中做為溶劑，且成本低廉、毒性較低，因此常應用於指甲油、髮膠、香水、精油等美容保養用品。

❷ **快乾**：異丙醇溶點低、揮發性高，因此能加快乾燥速度、溶解並帶走油性物質，常應用於文具用品，例如：白板筆、麥克筆、彩色筆、修正液等，或是清潔劑，例如：皮鞋清潔劑、玻璃清潔劑、電子零件清潔劑等，以及裝潢塗料，例如：油漆、油墨。

❸ **消毒**：濃度在70～75%的異丙醇能夠凝固細菌體內的蛋白質，達到消毒的效果（高濃度的異丙醇無法進入細菌體內），常添加在酒精棉片中，是常見的醫療用品。

使用規定

❶ 根據行政院經濟部公告〈薰香精油產品安全規範〉規定，使用乙醇或異丙醇當

溶劑，並以薰香方式使精油揮發的產品，其閃火點在21度C以下的產品，該產品在點火及薰香時所需的溫度，不得造成薰香精油產生火焰。
❷ 根據行政院勞委會〈勞工安全衛生法〉規定，勞工工作環境空氣中的異丙醇濃度不得超過400ppm或983毫克／立方公尺。

危害途徑

異丙醇具有高度揮發的特性，其揮發氣體在密閉空間特別容易刺激呼吸道，其溶液直接接觸皮膚會產生刺激感。因此，如果使用修正液時不小心沾到手指，或是長時間在密閉空間大量使用麥克筆、油漆，或是濃度過高的薰香精油，異丙醇都有可能經此進入人體。另外，誤飲含有異丙醇的精油、香水等，也會侵害人體。

過量危害

❶ 異丙醇所揮發的蒸氣會刺激眼睛及呼吸道，當濃度高於400ppm會造成暈眩、運動功能失調、昏迷等症狀。
❷ 人類口服異丙醇的最低中毒劑量是5.8公克／公斤，亦即50公斤的成年人誤食超過290公克的異丙醇便會中毒。大量誤食異丙醇會造成暈眩、腸胃疼痛、痛性痙攣、噁心、嘔吐及腹瀉；更嚴重則可能失去意識及死亡。
❸ 皮膚接觸到異丙醇的溶液會產生刺痛、灼燒感，長期頻繁地接觸可能會造成皮膚乾燥龜裂。

毒性分類

目前尚未列管為毒性化學物質

危險度

| 致癌 | ？ | 過敏 | ✓ | 器官受損 | ✗ |

⚡warning 含高濃度異丙醇的精油易造成氣爆

市售部分薰香精油產品的異丙醇濃度高達百分之九十，由於異丙醇的揮發度高且十分易燃，在密閉室內使用酒精燈燃燒式的精油，會使室內空氣中異丙醇濃度增高而造成氣爆的危險，經常造成嚴重灼傷及多起火災等事件。因此一般建議，含有高濃度異丙醇的精油應盡可能避免採點火方式使用。另外，不要在密閉空間使用酒精燈燃燒式的精油，點燃前應將精油瓶身擦拭乾淨以防滲漏，平時則要放置於遠離火源之處。

其他常見的有機溶劑

有機溶劑

塑膠原料

可塑劑

界面活性劑

染色劑

抗氧化劑

環己烷（Cyclohexane）、環戊烷（Cyclopentane）、三氟乙酸（2,2,2-Trifluoroacetic acid）	
功能用途	環己烷、環戊烷、三氟乙酸常做為塗料、瓷漆、樹脂、合成橡膠、蠟質、植物油萃取的溶劑。
使用規定	國內目前暫無環己烷、環戊烷、三氟乙酸在日用品方面的相關法規。
引發危害	1.若吸入環己烷、環戊烷、三氟乙酸的氣體，會刺激呼吸道黏膜、皮膚，造成充血、紅腫、過敏、發炎反應，其中環己烷、環戊烷的蒸氣還會抑制中樞神經，引起頭昏、噁心嘔吐、意識模糊、昏迷等症狀。

四氫呋喃（Tetrahydrofuran，THF）	
功能用途	四氫呋喃可做為墨水、樹脂、PVC塑膠的溶劑。
使用規定	國內目前暫無四氫呋喃在日用品方面的相關法規。
引發危害	1.若吸入四氫呋喃的蒸氣，會抑制中樞神經，引起頭昏、噁心嘔吐、意識模糊、昏迷等症狀。

硝基甲烷（Nitromethane）、二氧雜環己烷（Dioxane）	
功能用途	硝基甲烷、二氧雜環己烷是製造殺蟲劑、除草劑、催淚氣體的原料。
使用規定	1.國內目前暫無硝基甲烷在日用品方面的相關法規。 2.根據行政院衛生署〈化妝品衛生管理條例〉規定，二氧雜環己烷不得用於化妝品成分。
引發危害	1.若吸入硝基甲烷、二氧雜環己烷的氣體，會刺激呼吸道黏膜、皮膚，造成充血、紅腫、過敏、發炎反應。 2.誤食過量的二氧雜環己烷，會使肌肉失去協調性，出現抽筋、睏倦等症狀。

Chapter 2 日用品常見的有害物質

硫酸二甲酯（Dimethyl Sulfate）

功能用途：硫酸二甲酯可當做分離礦物油的溶劑，能加工製成殺蟲劑、殺菌劑、合成染料、香水。

使用規定：
1. 根據行政院環保署〈毒性化學物質管理法〉規定，硫酸二甲酯得使用於分離礦物油的溶劑、合成染料、合成香水、合成紫外線吸收劑等物品。
2. 根據行政院環保署〈毒性化學物質管理法〉規定，使用硫酸二甲酯的場所，應設置偵測及警報設備。

引發危害：
1. 若吸入硫酸二甲酯的氣體，會刺激呼吸道黏膜、皮膚，造成充血、紅腫、過敏、發炎反應，甚至可能造成肺水腫、呼吸道阻塞，並會抑制中樞神經，吸入過量可能致死。
2. 硫酸二甲酯的毒性很高，對人體具有致癌性。

甲基異丁酮（Methyl Isobutyl Ketone）

功能用途：甲基異丁酮常做為衣物乾洗劑、橡膠的黏合劑、油墨和漆類、硝基纖維的溶劑。

使用規定：國內目前暫無甲基異丁酮在日用品方面的相關法規。

引發危害：若吸入甲基異丁酮的氣體，會刺激呼吸道黏膜、皮膚，造成充血、紅腫、過敏、發炎反應。

二甲基甲醯胺（Dimethylformamide，DMF）

功能用途：二甲基甲醯胺常做為人造絲、壓克力、染料油墨的溶劑，還可做為底片添加物、抗靜電劑。

使用規定：
1. 根據行政院環保署〈毒性化學物質管理法〉規定，二甲基甲醯胺得使用於製造聚丙烯腈纖維、合成皮、環氧樹脂的溶劑，以及乙烯樹脂、聚胺基甲酸樹脂、PU合成皮加工等的製造。
2. 行政院環境保護署根據〈空氣污染防制法〉公告，二甲基甲醯胺屬於空氣污染物，其排放標準為：未連通至污染防制設備處理之排氣中二甲基甲醯胺的總含量，不得超過連通至污染防制設備處理者的20%。另外，以集氣處理的二甲基甲醯胺，其回收率或去除效率必須在90%以上，或是其排放濃度必須在20ppm以下。

引發危害：
1. 若吸入二甲基甲醯胺的氣體，會刺激呼吸道黏膜、皮膚，造成充血、紅腫、過敏、發炎反應。
2. 二甲基甲醯胺的毒性很高，對人體具有致癌性。

塑膠原料 (Plastic Material)

　　塑膠製品的原料多提煉自石油，在化學上稱為「單體」。單體是一種分子量在1,000以下的小分子有機化合物，經過加熱、施壓等加工後的化學物質稱為「聚合物」，將聚合物依照產品需求塑型、上色，便是常見的塑膠與纖維產品。塑膠原料一般具有結構簡單、容易聚合的特性，其成品則耐酸鹼、抗震、防水、質量輕，用途廣泛。但由於提煉自石油的塑膠原料經燃燒會產生有害氣體，影響人體的神經系統、呼吸道，或造成皮膚過敏。

◎ 塑膠原料1

氯乙烯 (乙烯基氯，Chloroethene，Vinyl Chloride)

性質

　　氯乙烯在室溫下為無色、易液化的氣體，具有易燃、微溶於水的特性。最主要是做為聚氯乙烯（PVC）的聚合物單體，是重要的塑膠原料之一。

主要功能及使用物品

❶ 防水：氯乙烯聚合而成的聚氯乙烯塑膠，其密度較一般塑膠來得高，具有防水效果，並有良好的伸展性，常用於製造薄膜類的防水物品，如：食品外包裝、各種產品外包裝、收縮膜，及桌布、雨衣、塑膠吹氣玩具等居家用品，以及水管、窗簾、塑膠地板等裝潢材料。

❷ 耐酸鹼、耐摔：氯乙烯製成的聚氯乙烯塑膠由於化學性穩定，所以能夠抵抗酸、鹼的腐蝕，也禁得起一定程度的撞擊力，因此多用於製作水壺、免洗餐具、塑膠杯、飲料包裝等餐具容器，以及兒童玩具、塑膠公仔、鞋底、人造皮件、車前燈、安全帽等日用品。聚氯乙烯塑膠亦有耐藥性、透明性等特性，常用來製造部分醫療器材，像是輸血管、導尿管、血袋等。

❸ 阻燃、絕緣：氯乙烯製成的聚氯乙烯塑膠有良好的阻燃、電氣絕緣的效果，可降低電線走火或助燃等狀況的發生，常用於電線外皮、阻燃電線、電纜、合成皮、絕緣膠布、泡棉、防火建材、廣告招牌等建築材料，及汽車座椅人造皮套。

❹ 無腐蝕性：氯乙烯具有低沸點、無腐蝕性的特性，多填充在噴霧罐當做推進劑，像是噴髮膠、止汗劑、空氣清新劑及除蟲劑等日用品的內容物，會使用氯乙烯當煙霧推進劑。

使用規定

❶ 根據行政院衛生署〈化妝品衛生管理條例〉規定，化妝品中不得含有氯乙烯。

❷ 美國食品藥物管理局（FDA）禁止將氯乙烯用於煙霧質推進劑的成分。

❸ 國際食品法典委員會（CAC）規定食品包裝材料中的氯乙烯單體不得超過1ppm。

危害途徑

由氯乙烯聚合製成的聚氯乙烯塑膠製品（PVC），若是沒有經過嚴格檢驗，可能殘留過量的氯乙烯單體，在高溫加熱或長期陽光照射下，會分解產生氯化氫、光氣等毒氣，可能經由接觸或呼吸入進入人體。因此，若是將PVC製品免洗餐具長期放置於瓦斯爐附近，容器可能會變形或釋放上述有害氣體，或是PVC礦泉水瓶若放在車內受到長時間日照，瓶中水可能含有氯乙烯分解的毒氣。另外，氯乙烯能微溶於水，亦有可能吃下含氯乙烯的食物，或塗抹含有氯乙烯的化妝品而導致危害。

過量危害

❶ 吸入濃度約1,000 ppm左右的氯乙烯，會出現昏昏欲睡、視覺障礙、步履蹣跚、麻木感及四肢刺痛感等症狀。吸入0.03ppm的氯乙烯，即可能影響男性生殖系統。濃度超過7,000ppm會刺激鼻子和喉嚨，也可能會導致意識喪失，甚至死亡。

❷ 氯乙烯已被證明會致癌，並會引起肝血管瘤（Hepatic Angiosarcoma）而導致肝癌，平均存活率是12個月左右，肝衰竭是主要的致命原因。另外，氯乙烯也與腦部、肺部、中樞神經、血液和淋巴系統的癌症有關。

毒性分類

氯乙烯在不同劑量分別屬於「急毒性物質」和「慢毒性物質」。

危險度

| 致癌 ✓ | 過敏 ✓ | 器官受損 ✓ 呼吸系統、消化系統 |

◎ **塑膠原料2**

丙烯（Propylene）

性質

丙烯為無色氣體，主要做為聚丙烯塑膠（PP）的重要原料，所做出的聚丙烯具有耐酸鹼、耐高溫（熔點165度C）的特性，常做為餐具容器的原料、推進劑的成分。

主要功能及使用物品

❶ 耐高溫、抗酸鹼：丙烯能賦予聚丙烯塑膠耐高溫和酸鹼的特性，因此常用來製作免洗餐具、飲料瓶（豆漿瓶、牛奶瓶）、布丁盒、水壺、微波保鮮盒、微波食品的包裝盒等餐具容器，及化妝品和清潔用品的容器。

❷ **耐摔、易塑型**：以丙烯為原料的聚丙烯塑膠耐摔、質輕，常見於製作塑膠袋、收納箱、衣架、蚊帳、牙刷、玩具、地毯……等居家用品。

❸ **無腐蝕性**：丙烯具有低沸點、無腐蝕性的特性，多填充在噴霧罐裡當做推進劑，像是殺蟲劑、髮膠等用品的內容物，皆利用丙烯當填充氣體。

使用規定

目前國內尚無日用品相關法規管制。

危害途徑

噴霧罐中所填充的丙烯，在高壓或高溫環境下可能引發洩漏，經由呼吸道或皮膚進入人體；洩漏的丙烯若遇到火源則有爆炸的危險。因此，微波保鮮盒等聚丙烯製的產品，在高溫或長期日曬下可能釋出丙烯氣體；另外，含有丙烯的噴霧罐放在車內並受到烈日曝曬，可能造成爆炸燃燒。

過量危害

❶ 丙烯會置換大氣中的氧氣，在一般狀況的空氣含氧量為21%，若受丙烯影響而使空氣中的含氧量介於6～10%，會引起噁心、嘔吐、喪失意識等症狀；若空氣中的含氧量低於6%，會因氧氣不足而引起痙攣、呼吸系統衰竭或死亡。

❷ 丙烯具有單純窒息劑及輕度麻醉劑的功能。吸入濃度15%的丙烯，30分鐘便會喪失意識；吸入濃度40%以上的丙烯，僅6秒鐘便會失去意識，同時會引起嘔吐。若長期吸入微量丙烯，會引起頭昏、乏力、全身不適、精神不集中，並可能出現腸胃不適。

❸ 丙烯屬於極易燃的石油氣，濃度介於2.0～11.7%可能經由點火而引發爆炸。

毒性分類

目前尚未列管為毒性化學物質

危險度

目前尚未有研究證實

| 致癌 **?** | 過敏 **✓** | 器官受損 **✓** 腸胃 |

💡 warning　丙烯顏料的毒性不致危害人體

丙烯顏料是由顏料粉加上丙烯樹脂聚化乳膠所製成，這種顏料能迅速乾燥並形成堅韌、有彈性的不防水膜，因此廣泛用於人體彩繪、創意衣物著色……等。丙烯顏料毒性輕微而不會對人體產生傷害，但仍須小心不要誤食，以免引起腸胃不適或身體不適。

有機溶劑

塑膠原料

可塑劑

界面活性劑

染色劑

抗氧化劑

◎ 塑膠原料3

丙烯腈（Acrylonitrile，簡稱AN或ACN；又名腈化乙烯，Acrylon、Vinyl cyanide、Cyanoethylened）■

性質

丙烯腈是一種無色有刺激性氣味的易燃液體，極易溶於熱水與有機溶劑，主要做為壓克力棉（即聚丙烯腈纖維）、ABS塑膠（即丙烯腈、丁二烯與苯乙烯的聚合物）等各種服飾、汽車、電子電器和建材的生產原料，亦可與木紙漿聚合加工製成合成木磚。

主要功能及使用物品

❶ **彈性好、保暖性佳**：聚丙烯腈纖維有人造羊毛之稱，具有蓬鬆、柔軟、保溫等優點，且可與天然纖維混紡，廣泛地用於各種服飾與保暖衣物，例如：運動服、內衣、圍巾、襪子、毛衣等。

❷ **耐曬性**：丙烯腈能夠吸收紫外線能量，並將之轉變為熱能，因此聚合製成的聚丙烯腈纖維能夠抵抗紫外線，耐曬性能佳，常做成窗簾、陽傘布等居家用品。

❸ **耐衝擊**：丙烯腈製成的ABS塑膠，能使其具有抗化學性和一定程度的表面硬度，常用於車身外板、方向盤、保險桿等汽車零件。

使用規定

❶ 根據行政院衛生署〈化妝品衛生管理條例〉規定，化妝品中禁止使用丙烯腈。

❷ 根據行政院勞委會〈勞工安全衛生法〉規定，勞工作業環境空氣中的丙烯腈不得超過4.3毫克／立方公尺或2ppm。

❸ 根據行政院環保署〈毒性化學物質管理法〉規定，丙烯腈為環保署所列管的毒性化學物質，其管制濃度標準為50%（w/w）。

危害途徑

丙烯腈為聚丙烯腈纖維的聚合物單體，若聚丙烯腈遇強鹼或經燃燒後，會使丙烯腈產生含有劇毒的氰化氫。因此，注意不可讓以聚丙烯腈纖維製成的衣物、地毯、窗簾靠近火源處。

過量危害

❶ 丙烯腈可從皮膚進入人體，並可穿透皮手套和一般鞋子，皮膚接觸到約500毫克的丙烯腈，就會引發刺激反應。

❷ 暴露在濃度為16毫克／立方公尺的丙烯腈約20分鐘，會刺激鼻子、眼睛和呼吸系統。孕婦吸入丙烯腈可能會造成嬰兒胚胎發育不完全。

❸ 長期暴露於丙烯腈的環境，會出現四肢無力、頭痛、意志不集中、睡眠品質不佳、易怒、胸痛、食慾不振及皮膚刺激感等症狀，若長期暴露於5毫克／立方公尺的濃度下，可能罹患大腸炎、胃炎；暴露於0.6毫克／立方公尺的丙烯腈約

三年，會導致頭痛、失眠、心臟疼痛、虛弱及易怒。

❹ 丙烯腈已被證實可能致癌性，長期接觸會提升大腸、腦、肺及呼吸道等器官的致癌機率。

毒性分類

☐難分解物質　☐慢毒性物質　☑急毒性物質　☐疑似毒化物

危險度

| 致癌 | ? | 過敏 | ✓ | 器官受損 | ✓ | 生殖系統 |

◎ 塑膠原料4

丙烯醯胺（亞克力醯胺，2-Propenamide，Acrylamide）

性質

　　丙烯醯胺在常溫下呈現白色無味的片狀結晶，易溶於水，是常用的水質調節劑原料，也是製造聚丙烯醯胺的主要成分，將丙烯醯胺聚合製成聚丙烯醯胺後會增加黏度，對棉纖維與其他化學纖維具有良好的黏附力，常用於紡織品的加工、膠水、造紙等用途；聚丙烯醯胺溶液還可應用在美容上的逆滲透薄膜、化妝品的增稠劑。

主要功能及使用物品

❶ **水溶性佳**：丙烯醯胺能有效溶於水，可與各種澱粉、合成化學漿料均勻混合，用於紡織物的染色、加工的添加劑。添加後可使染料變黏稠，使染料上色率高，常做為合成染料，亦可添加在衣物製成免燙的衣料。

❷ **成膜性、延展性佳**：丙烯醯胺製成的聚丙烯醯胺溶液，能較快結成透明而具硬度的薄膜，並具有良好的延展性，可塑造成產品所需的外型；凝膠狀的聚丙烯醯胺可製成軟式隱形眼鏡、隆乳、隆鼻的填充物；聚丙烯醯胺的溶液則可用於紙張強度增進劑，添加在像是瓦楞紙、西卡紙等。

❸ **黏著性佳**：丙烯醯胺聚合而成的聚丙烯醯胺，擁有強力的黏性，早期用來當隧道中的密封劑，可防堵地下水滲出。聚丙烯醯胺常製成膠帶、膠水等文具用品，也製成用來注漿、堵漏的原料，和加固材料（防水劑）等建築用材料。

❹ **吸附能力佳**：以丙烯醯胺做成聚丙烯醯胺，會和水中固體物質結合，能吸附水中的雜質，有助於過濾、移除飲水中顆粒髒污，是飲用水處理藥劑中的一種。

❺ **增稠劑**：丙烯醯胺製成的聚丙烯醯胺，能夠使水溶液變黏稠，具有凝膠及增稠的效果，添加在化妝品中能夠使產品呈現凝膠狀。常加在燙髮用藥水、保濕凝膠。

有機溶劑

塑膠原料

可塑劑

界面活性劑

染色劑

抗氧化劑

使用規定

❶ 行政院環保署依〈飲用水管理條例〉公告,使用聚丙烯醯胺做為飲用水處理藥劑,用量必須在1毫克／公升以下,處理過後的飲用水所含的丙烯醯胺殘留量,不得超過0.05wt%。

❷ 根據行政院衛生署〈化妝品衛生管理條例〉規定,化妝品成分不得使用丙烯醯胺。

❸ 世界衛生組織(WHO)規定,飲用水所含的丙烯醯胺不得超過0.5微克／公斤。

❹ 歐盟規定,塑膠包裝材料所溶出的丙烯醯胺不得超過10微克／公斤。

❺ 美國化妝品成分安全委員會(Cosmetic Ingredient Review, CIR)建議,化妝品所含的丙烯醯胺殘留量應在5ppm以下。

❻ 歐洲化學總署(ECHA)基於丙烯醯胺具有致癌性與致突變性,於2010年將之列為高關注物質(SVHC)候選清單。

危害途徑

　　丙烯醯胺可能對人類有致癌性,若製作過程處理不當,可能會殘留在其聚合製成後的產品中,且因為聚丙烯醯胺並非十分穩定的物質,會自然地分解變回丙烯醯胺單體,以溶出或揮發等方式,若經由皮膚接觸或呼吸道會進入體內。例如隱形眼鏡長期與眼睛接觸,若是產品品質不佳,則丙烯醯胺就可能直接接觸眼睛黏膜而刺激眼睛;或是化妝品中的聚丙烯醯胺也可能因為長期置放而導致單體溶出。

過量危害

❶ 接觸到高濃度丙烯醯胺,會刺激皮膚產生刺痛、水泡及皮膚脫皮、刺激眼部;吸入高濃度丙烯醯胺會產生咳嗽、喉嚨痛等症狀。也可能出現嗜睡、精神混亂、產生幻覺、顫抖、抽筋、四肢麻痺、腦部病變、周邊神經病變及心血管崩潰等症狀。

❷ 經由接觸或是吞食使丙烯醯胺在人體內累積到50～100毫克／公斤,即可造成神經系統方面的問題,超過300毫克／公斤則可能造成急性神經系統及心血管系統的運作。

毒性分類

丙烯醯胺在不同劑量分別屬於「慢毒性物質」和「急毒性物質」。

危險度

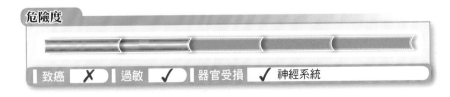

| 致癌 | ✗ | 過敏 | ✓ | 器官受損 | ✓ 神經系統 |

◎ 塑膠原料5

苯乙烯（Styrene）■

有機溶劑

塑膠原料

可塑劑

界面活性劑

染色劑

抗氧化劑

性質

苯乙烯的材質耐溫且不易導電，可做為家電或電子產品的外殼。苯乙烯製成的發泡苯乙烯塑膠具有保溫效果且價格低廉，常做為免洗餐具、冰淇淋、蛋糕等的保麗龍盒，並能防撞和防震，也常用於貨品的包裝緩衝材料。

主要功能及使用物品

❶ 抗震、保溫佳：苯乙烯可使塑膠材料具有耐衝擊及熱絕緣特性，所製成的發泡聚苯乙烯塑膠充滿空氣，使其耐水性佳，能隔熱保溫、抗震、隔音，加上價格低廉，多做為保麗龍碗盤、生鮮食品托盤和食品包裝容器（速食麵及雞蛋等外包裝）、速食店的熱飲杯（裝湯、茶及咖啡）、食品包裝容器（速食麵及雞蛋等外包裝）等餐具容器的材料，也用於百葉窗、塑膠管、隔熱材、隔音材、天花板、招牌等隔音、隔熱建材。

❷ 透明、質輕：苯乙烯可使塑膠材料具有高度折光係數，故外觀呈現透明感，容易依使用需求上色，所製成的聚苯乙烯塑膠亦具有質輕的特色，常做成布丁盒、外帶冷飲杯、速食店飲料的杯蓋、化妝品及清潔用品的容器、光碟外殼、時鐘、冰箱白色內襯、廣告裝飾品、汽車儀板及照明標誌等。

❸ 不易變形：苯乙烯可使塑膠材料具有耐高溫、耐磨及尺寸穩定等特性，可用於原子筆外殼、鞋底、牙刷、塑膠卡片（信用卡、會員卡）、玩具、運動器材、汽車輪胎及製模塑膠的主要原料。

❹ 電絕緣性佳：苯乙烯可使塑膠材料表面能有效阻礙電流通過，是良好的絕緣材料，常用於收音機及電視機等家電外殼。

使用規定

❶ 行政院衛生署〈食品器具容器包裝衛生標準〉規定，以聚苯乙烯為材料的餐具，不適合盛裝100度C以上的食品，並且苯乙烯的殘留量必須在1,000ppm以下。

❷ 日本環境廳將苯乙烯列為環境荷爾蒙。

危害途徑

苯乙烯的主要用途是聚苯乙烯塑膠製品的原料，經高溫、油性及酸性環境會出現微量溶解，因此像是用聚苯乙烯所製的免洗餐具盛裝酸性或高溫的菜餚、熱飲，都可能造成苯乙烯溶出滲入食物。

過量危害

❶ 若吃下或吸入過量的苯乙烯，可能刺激呼吸道而出現過敏反應，引起昏睡、頭痛、噁心等症狀，濃度過高會抑制中樞神經系統，甚至出現精神混亂、協調感喪失及意識不清。與皮膚接觸則會造成皮膚乾燥、發癢、發炎及紅腫。

❷ 經食入的苯乙烯大多為腸子吸收，其餘則分布在肝、腎和血液，若在體內累積過多，將會干擾內分泌系統的運作。

毒性分類

目前尚未列管為毒性化學物質

危險度

目前尚未有研究證實

| 致癌 | ？ | 過敏 | ✓ | 器官受損 | | ✓ 生殖系統 |

◎ 塑膠原料6 ‥‥‥‥‥‥‥‥‥‥‥‥‥‥‥‥‥‥‥‥‥‥‥‥‥

三聚氰胺（Melamine，又名蛋白精、密胺、氰尿醯胺；三聚氰醯胺，Cyanuramide）■‥‥‥‥‥‥‥‥‥‥‥‥‥‥‥‥‥‥‥‥

常見相關化合物

三聚氰胺樹脂（Melamine resin、Melamine formaldehyde）

性質

　　三聚氰胺是一種經由三個氰胺聚合而成的白色無味結晶狀粉末，易溶於強酸強鹼溶液，微溶於水和熱乙醇，主要用來製作三聚氰胺樹脂，是三聚氰胺的聚合物，不溶於油類、有機溶劑，具有優良的阻燃性、耐水性、耐熱性、絕緣性、耐老化、耐化學腐蝕，常用在美耐皿餐具、裝潢板材、塗料、氨基塑料、黏合劑、紙鈔增強劑、紡織助劑、合成藥物。

主要功能及使用物品

❶ 增加強度、耐熱：三聚氰胺樹脂經加工可做成模塑粉，能抵抗一定程度的外力撞擊和熱度，表面潔白、易於加工上色，是美耐皿、兒童餐具的製成原料，也常應用在白板、裝飾板、家具面板、木材、櫥櫃等用品。

❷ 絕緣：三聚氰胺樹脂因為是聚合物，本身不會導電，是良好的絕緣材料，常做為電源插座、電器面板等電器設備的製成原料。

❸ 防腐、抗油：三聚氰胺因為化學性質穩定，能夠防止腐蝕、抗油並保持透氣性，因此常添加在鈔票、高級紙張、皮革、雨衣、工作服、地毯等日用品，以及車輛裝飾漆。

使用規定

❶ 目前國內尚無日用品相關法規。

❷ 根據歐盟歐洲食品安全局規定，三聚氰胺的含量超過每公斤2.5毫克以上的產品，應立即銷毀。

❸ 根據歐盟的建議，三聚氰胺每日攝取的安全容許量是每人每公斤體重不超過0.0005公克，以體重60公斤的成年人為例，每日攝取的容許量是0.03公克。

危害途徑

　　三聚氰胺在高溫、高油脂及酸性的環境下會溶解，因此若以三聚氰胺製成的容器長時間盛裝熱食，或是過酸、過油的食物，可能釋出微量的三聚氰胺，並隨著食物進入人體。

過量危害

❶ 食入微量的三聚氰胺可經由人體自然排出，但若吃下過量的三聚氰胺，經腸胃道吸收後，可能沉澱在腎臟形成腎結石，甚至造成腎臟功能受損，但是這種現象較易發生在腎臟尚未發育完全的嬰幼兒。長期攝取三聚氰胺可能造成生殖能力損害、膀胱或腎行成結石、膀胱癌等。

❷ 暴露在三聚氰胺的環境下，會刺激眼睛、皮膚、呼吸道，長時間接觸則可能導致癌症、損害生殖系統；三聚氰胺在高溫下會產生具有毒性的氰化物氣體，吸入過量會危害人體。

毒性分類

三聚氰胺在不同劑量分別屬於「慢毒性物質」和「急毒性物質」。

危險度

| 致癌 ✓ | 過敏 ✗ | 器官受損 ✓ 腎臟 |

info　補充水分可排出體內的三聚氰胺

　　若不小心吃到含三聚氰胺的食品，應立即喝下大量的水分以幫助自然代謝。一般來說，成年人只要每天喝2000c.c.的水分、小便次數達7次，在一天之內就可排出九成的三聚氰胺，兩天內就可完全排出；嬰幼兒及腎功能不佳者，則需視情況減少飲水量。

有機溶劑
塑膠原料
可塑劑
界面活性劑
染色劑
抗氧化劑

其他常見的塑膠原料 ·······················

己內醯胺（Caprolactam）

功能用途	己內醯胺是聚醯胺（尼龍）的原料，尼龍可用在衣物、食品器具、容器、包裝、輪胎、帳篷、繩索等各式日常用品的製作。
使用規定	根據行政院衛生署〈食品衛生管理法〉規定，以聚醯胺（尼龍）為原料製成的食品器具、容器、包裝，經檢驗後的己內醯胺單體必須在15ppm以下。
引發危害	暴露在濃度22ppm以下的己內醯胺會引起皮膚炎或濕疹，攝取、吸入或皮膚接觸具有毒性，造成刺激感、咳嗽、肺水腫、灼傷和結膜炎。

丙烯酸（Acrylic acid）

功能用途	丙烯酸是聚丙烯酸酯的原料，聚丙烯酸酯是一種無色透明的熱塑性乳膠，可用於製作黏著劑、清潔劑、潤滑劑等加工用劑，以及塗料、漿紗、尿布等。
使用規定	目前國內尚無丙烯酸在日用品方面的法規。
引發危害	丙烯酸對呼吸道、眼睛等黏膜部位具有強烈刺激性，接觸過多會出現頭痛、暈眩、嘔吐、意識不清等症狀。

可塑劑 （塑化劑）Plasticizer

　　可塑劑又稱增塑劑、塑化劑，是一種可使塑膠呈現柔軟、彈性、韌性、耐磨及耐摔等多樣材料特性的物質，加工製成聚氯乙烯塑膠（PVC）的使用量最大。可塑劑不但可軟化塑膠使其容易塑型、改變觸感，還能改善顏料、指甲油、油漆等塗料的潤濕性和分散性，使其顏色均勻；部分可塑劑能避免香料快速逸散，常添加於沐浴乳、香水等美容保養用品中，以維持產品的香味。由於可塑劑屬於油溶性物質，若將塑膠製品盛裝高油脂食物或遇高溫，會溶解微量的可塑劑混入食物中而被吃下，在體內累積過量多半會干擾內分泌系統，造成生殖器官的病變。

◎ 可塑劑1

鄰苯二甲酸酯類 （Phthalate Esters；PAEs）■

常見相關化合物

鄰苯二甲酸二（2-乙基己基）酯（Di(2-ethylhexyl)phthalate；DEHP）、鄰苯二甲酸二甲酯（Dimethyl phthalate；DMP）、鄰苯二甲酸二乙酯（Diethyl phthalate，DEP）、鄰苯二甲酸二丁酯（Dibutyl phthalate；DBP）、鄰苯二甲酸二辛酯（Di-n-octyl phthalate；DNOP、DOP）、鄰苯二甲酸丁苯甲酯（n-butyl benzyl phthalate；BBP）、鄰苯二甲酸二異壬酯（diisononyl phthalate；DINP）、鄰苯二甲酸二異癸酯（Di-i-dodecyl phthalate；DIDP）

性質

　　多數的鄰苯二甲酸酯類化合物都具有芳香氣味，為無色黏稠液體，穩定性高且水溶性低。此類化合物能軟化塑膠、增加塑性和延展性，其中以鄰苯二甲酸二酯（DEHP）最常做為PVC塑膠的塑化劑。另外，鄰苯二甲酸二酯（DEHP）、鄰苯二甲酸二乙酯（DEP）鄰苯二甲酸二丁酯（DBP）、鄰苯二甲酸丁苯甲酯（BBP）常添加於化妝品做為定香劑，增加香味的持久性。鄰苯二甲酸二丁酯（DBP）、鄰苯二甲酸丁苯甲酯（BBP）有較好的延展性，能使指甲油的塗膜更均勻美觀，常做為指甲油的可塑劑。

主要功能及使用物品

❶ 塑型：鄰苯二甲酸酯類具有軟化塑膠，使其容易加工的特性，可使塑膠材料塑型，並提高強度、耐摔耐磨、防止變形，其中鄰苯二甲酸二酯（DEHP）、鄰苯二甲酸丁苯甲酯（BBP）可使塑膠材料塑型，鄰苯二甲酸二丁酯（DBP）鄰苯二甲酸丁苯甲酯（BBP）可形成較堅固的薄膜，常用於塑膠包裝（保鮮膜、塑膠袋）、塑膠容器（保鮮盒、塑膠杯）等餐具容器、各色指甲油及管線、電線外

層等裝潢材料、電器，以及汽車座椅、汽車內裝等交通用具。

❷ **溶劑**：鄰苯二甲酸酯類可溶於多數有機溶劑中，可稀釋香料、顏料及塗料，用來調製各式日用品，其中鄰苯二甲酸二辛酯（DNOP）能夠使香氣持久、顏色均勻且延展性佳，常添加在沐浴乳、洗髮乳、潤髮乳、乳液、香水、指甲油等美容保養用品。此類物質也能使油漆塗布效果較佳，常做為墨水、油漆、塗料的溶劑。

❸ **定香劑**：鄰苯二甲酸酯類能避免香料快速逸散，有助於維持香料的氣味，常用於沐浴乳、洗髮乳、潤髮乳、乳液、香水、指甲油等美容保養用品。

❹ **軟化**：鄰苯二甲酸二酯（DEHP）有軟化塑膠，能使PVC材質柔軟，增加彈性及韌性，使觸感較佳，像是盛裝沙拉油等調味料的PVC瓶、食物保鮮膜、PVC手套、嬰幼兒玩具、奶嘴、人造皮沙發等日用品，多半是添加鄰苯二甲酸二酯。

❺ **黏著**：鄰苯二甲酸二丁酯（DBP）具有黏合性，可將材料牢固地連接，常用於板材的膠合劑、塑膠地板（合板）、黏著劑、膠帶、床墊、壁紙。

使用規定

❶ 根據行政院衛生署〈食品器具容器包裝衛生標準〉規定，塑膠類中的鄰苯二甲酸二（2-乙基己基）酯（DEHP）的溶出限量標準為1.5 ppm以下，鄰苯二甲酸二丁酯（DBP）的溶出限量標準為則為0.3 ppm以下。食品中不得添加DEHP。

❷ 根據行政院衛生署〈化妝品衛生管理條例〉的規定，鄰苯二甲酸二（2-乙基己基）酯（DEHP）、鄰苯二甲酸二丁酯（DBP）、鄰苯二甲酸丁苯甲酯（BBP）及鄰苯二甲酸二辛酯（DNOP），均不得添加於化妝品中。

❸ 根據行政院環保署〈毒性化學物質管理法〉的規定，鄰苯二甲酸二辛酯（n-DOP）為第一類毒性化學物質，禁止使用於製造三歲以下兒童玩具。

❹ 行政院環保署〈環保標章規格標準〉規定，適用環保標章產品項目「床墊」、「水性塗料」、「油性塗料」、「水性油墨」、「植物油油墨」及「塑膠類管材」等六項產品，均不得含鄰苯二甲酸酯類（檢測方法的偵測極限應不大於5ppm）。

❺ 根據環保署環保標章規定，適用環保標章產品項目「食品包裝用塑膠薄膜」的產品製程中，不得使用鄰苯二甲酸酯或其他塑化劑。

危害途徑

鄰苯二甲酸酯類多用於塑膠製品，經高溫加熱會出現微量溶解，處在油脂狀態下很容易進入人體，因此像是使用塑膠製的容器盛裝熱食，或是塗抹乳液後的皮膚直接穿戴塑膠製的衣鞋，都可能形成鄰苯二甲酸酯類進入人體的途徑。

過量危害

❶ 經由食用、呼吸，或皮膚接觸到過量的鄰苯二甲酸酯類，可能出現刺激性、頭昏眼花和皮膚的過敏反應。

❷ 鄰苯二甲酸酯類進入人體後，主要由腸子吸收，同時也會分布在肝、腎和膽汁，一旦在體內累積過多，會干擾人體的內分泌系統，可能造成男童性器官萎縮、女童性早熟，甚至容易罹患生殖系統方面的癌症。現已經由世界衛生組織公布為環境荷爾蒙。

❸ 長期暴露在鄰苯二甲酸丁苯甲酯的環境下，可能導致較容易罹患多神經炎，女性則較容易出現月經週期紊亂或流產的情形。但目前尚無充分研究資料可證實其對人類長期暴露的影響，以及其致癌性。

有機溶劑

塑膠原料

可塑劑

界面活性劑

染色劑

抗氧化劑

毒性分類

鄰苯二甲酸二甲酯（DMP）
☑難分解物質　□慢毒性物質　□急毒性物質　□疑似毒化物

鄰苯二甲酸二丁酯（DBP）
□難分解物質　□慢毒性物質　□急毒性物質　☑疑似毒化物

鄰苯二甲酸二辛酯（DNOP）
□難分解物質　□慢毒性物質　□急毒性物質　☑疑似毒化物

危險度

鄰苯二甲酸二甲酯（DMP）

鄰苯二甲酸二丁酯（DBP）

鄰苯二甲酸二辛酯（DNOP）

| 致癌 | ? | 過敏 | X | 器官受損 | ✓ 生殖系統 |

info 　**環境荷爾蒙**（Endocrine Disrupting Chemicals:EDCs:EDs）

環境荷爾蒙亦即「內分泌干擾物質」，是環境中持久性微量化學物質，經由食物鏈進入體內後形成假性荷爾蒙，會傳送類似荷爾蒙的假性化學訊號給特定器官，干擾荷爾蒙等內分泌系統原本的運作機制，造成內分泌失調，不但可能是不孕症病例增加的遠因，也可能引發與生殖器官相關的惡性腫瘤。

info 　**台灣起雲劑污染事件**

二○一一年五月發生部分食品含有塑化劑（Plasticizer）的事件，起因是部分不肖業者為了降低成本，將合法的食品添加物「起雲劑」（Cloudy Agent）所含的棕櫚油，非法以成本低的塑化劑來替代，其中以鄰苯二甲酸二酯類（DEHP）、鄰苯二甲酸二異壬酯（DINP）為主要遭查獲被濫用的成分。由於塑化劑主要用於各式塑膠製品中，製造過程會沉積在環境中，可能透過食物和飲水攝入體內。根據動物實驗結果，攝入的DEHP大部分會在48小時內經尿液或糞便排出；DINP則會有八成以上在72小時內以糞便排出，其餘部分則由尿液排出。根據美、加、英、日等國的研究，60公斤的成人每日攝取DEHP的可容忍範圍在1.2～8.4毫克，因此一般建議，若已誤食含有塑化劑的食物，只要立即停用並多喝水、多攝取富含維他命C的蔬果，便可促進排出體外。

◎ 可塑劑2

己二酸（2-乙基己基）二酯（Bis (2-ethylhexyl) adipate；又名2-乙基己基酯；簡稱DEHA）

性質

　　DEHA是無色帶有芳香味的化合物，能提升柔軟度、增加附著力及延展性，使物品易於加工，主要應用於聚氯乙烯（PVC）製品中，像是PVC保鮮膜、冷凍食品包裝膜、耐寒性衣物薄膜等，亦可做為可塑劑及溶劑，添加於化妝品及嬰兒濕紙巾中，可使其觸感柔潤。

主要功能及使用物品

❶ **軟化**：DEHA是良好的可塑劑，可使塑膠軟化並減少其脆性，添加在聚氯乙烯製品中能使成品的延展性較佳，並可耐光、耐高溫，常用於PVC保鮮膜、冷凍食品包裝薄膜、水管及電線。

❷ **溶劑**：DEHA加工時有良好的潤滑性，並能改善成品的觸感，常做為乳液、洗面乳的溶劑，也常添加於嬰兒濕紙巾中，或做為耐寒衣物的薄膜及板材。

❸ **塑型**：DEHA可使合成纖維有彈性，不易拉破且易於加工做造型，常用於人造皮革、塑膠製兒童玩具。

使用規定

❶ 目前國內尚無日用品方面的法規。

❷ 歐盟規定DEHA特定遷移限量18毫克／公斤。

危害途徑

　　DEHA在油脂環境或高溫環境下會出現微量溶解，因此若使用含有DEHA的PVC保鮮膜直接包裝含有高油脂的食物，或是將之連同食物一併加熱，會造成DEHA溶解並滲入食物，一般大眾可能經由攝食而誤食DEHA並囤積在體內。

過量危害

❶ DEHA對皮膚及眼睛有輕微的刺激。

❷ 部分臨床檢驗發現，孕婦的尿液中DEHA濃度較高時，腹中男嬰的生殖器官發育異常的機率也比較高。

毒性分類

目前尚未列管為毒性化學物質

危險度

| 致癌 | ? | 過敏 | ✗ | 器官受損 | ✓ | 生殖系統 |

◉ 可塑劑3

雙酚A（Bisphenol A，BPA；又名酚甲烷、二酚基丙烷）

性質

　　雙酚A外觀為白色粉末狀，具有低揮發性，是聚碳酸脂塑膠（PC塑膠）及環氧樹脂塑膠製造時的重要原料，可賦予產品多樣化的柔軟度、耐高溫，維持品質穩定、延長使用壽命，是塑化過程常添加的可塑劑及抗氧化劑。

主要功能及使用物品

❶ **耐高溫、耐摔**：雙酚A能使PC塑膠具有質輕、耐高溫及耐摔的特性，因此常添加在奶瓶、水壺、餐具、兒童餐具、塑膠杯壺、飲料包裝及微波食品容器等塑膠餐具容器的製作過程，及兒童玩具、眼鏡鏡片、隱形眼鏡、運動頭盔、照相機鏡頭、光碟等居家用品；以及強化塑膠管、地材等建材，以及車前燈、安全帽、汽車零件等交通器具。由於亦具有透明的特性，也常用於食品包裝材。

❷ **防腐**：雙酚A能使環氧樹脂具有防止食物腐敗的效果，製作為罐頭內層附膜。

❸ **絕緣**：雙酚A能使PC塑膠具有良好的電子阻抗特質，常用於電器產品外殼，如家用電器（咖啡壺）、電子零件、防火材料、建材採光罩。

❹ **接著性**：雙酚A能使環氧樹脂具有柔軟性及接著性，常做為塗料或黏著劑，運用於修補土木結構，像是黏著劑、塗料。

使用規定

❶ 根據行政院衛生署〈食品器具容器包裝衛生標準〉規定，聚碳酸酯（PC）奶瓶的雙酚A溶出限量為30ppb。

危害途徑

　　以雙酚A為主要原料製成的塑膠製品，經加熱、微波的烹調，或是接觸酸、鹼酒精、強效清潔劑，以及在使用過程刮傷的話，會出現微量溶解。

有機溶劑

塑膠原料

可塑劑

界面活性劑

染色劑

抗氧化劑

過量危害

❶ 若吃下或吸入過量的雙酚A，可能刺激呼吸道而出現過敏反應，引起口中苦味、腸胃不適、腹瀉、噁心、頭痛等症狀。濃度過高會抑制中樞神經系統，甚至出現精神抑鬱、頭痛、頭暈、出血性胃腸炎等症狀。

❷ 部分研究結果發現，雙酚A可能有累積性作用，不但有降低生育能力的危險，亦可能對胎兒有害。

毒性分類

□難分解物質　□慢毒性物質　□急毒性物質　☑疑似毒化物

危險度

目前尚無相關資料

| 致癌 | ? | 過敏 | ✓ | 器官受損 | | 生殖系統 | ✓ |

⚡warning　刷洗PC塑膠餐具恐致使雙酚A釋出

　　為不使雙酚A溶出，PC塑膠餐具及奶瓶應避免用強效清潔劑及有刷毛的刷子清洗洗滌，建議用海綿刷加溫水清洗，以短時間烘乾即可；若出現刮傷、霧面或變形時，表示雙酚A可能溶出，就建議不再使用。另外，PC奶瓶並不耐熱，為避免胎兒攝食雙酚A，建議最好使用玻璃奶瓶。

◎ 可塑劑4

全氟辛酸（Perfluorooctanoic Acid，簡稱PFOA）

常見相關化合物

全氟辛酸銨（Ammonium Perfluorooctanoate）

性質

　　全氟辛酸是一種人工合成的化學物質，呈現白色粉末狀，具有優良耐氧化性，性質十分穩定，不易在環境中降解，主要是用於生產聚四氟乙烯、氟化界面活性劑等含氟聚合物的添加劑，是含氟聚合物分散聚合時最主要的乳化劑。添加全氟辛酸所製成的氟聚合物可廣泛應用在餐具廚具的原料、絕緣用品。

主要功能及使用物品

❶ 分散劑：全氟辛酸主要使用於聚四氟乙烯（又稱鐵氟龍）的生產過程中，添加以做為處理程序的分散劑，使其原料分布均勻。聚四氟乙烯主要是做為物品表面的塗料，像是各式不沾廚具（例如不沾鍋）、熱水瓶內膽。

❷ **防污、抗塵**：添加全氟辛酸所製成的聚四氟乙烯，做為塗層具有防止髒污和塵蟎的功用，用於微波爆米花外包裝、西式速食餐點外包裝、Gore-Tex紡織品、抗污布料、塗料和石材防護。

❸ **界面活性劑性質**：全氟辛酸是分散劑的一種，分散劑是一種在分子內兼具親油性與親水性的界面活性劑，可以安定地分散液體中的固體顆粒，是製造氟化界面活性劑的主要原料，可用於消防泡沫，及粉底、眼影、腮紅、指甲油等美容保養用品，以及機械用潤滑油、油漆、亮光劑、黏著劑。

❹ **絕緣性佳**：加入全氟辛酸製成的聚四氟乙烯不含游離的電子，整個分子呈中性，使其具有優良的介電性、電子阻抗的特質，常用於電器產品外殼，如電容器的絕緣材料、電纜的絕緣層、電器儀錶的絕緣層、絕緣膠帶。

使用規定

❶ 根據行政院〈環保署廢棄物清理法〉規定，含有全氟辛酸的聚四氟乙烯製的平板容器屬於需回收材質，應由製造商或輸入業者負責回收、清除、處理。

❷ 歐盟認為全氟辛酸（PFOA）疑似與歐盟管制法規限用的全氟辛烷磺酸（PFOS）有類似的危害，可能是「持久存在於環境、具有生物累積性，並對人類有害的物質」，目前仍針對其危險性進行分析試驗、找尋替代品，並評估是否推動限制措施。

❸ 美國環保署（US EPA）於2006年將全氟辛酸（PFOA）列為「疑似致癌物（Likely Carcinogen）」。

危害途徑

❶ 全氟辛酸在工廠生產過程及相關製品廢棄後，若未經妥善處理，會以地下水、空氣、土壤等不同途徑流布於環境中，並藉由食物鏈進入人體，在人體累積滯留可長達四年以上，可能增加癌症罹患率，並影響孕婦及胎兒的健康。

❷ 當全氟辛酸加溫至約250度C時，即會分解並產生有毒蒸氣氟化氫。一般民眾的烹調方式，若是使用含有全氟辛酸所製的鐵氟龍不沾廚具，並不容易達到如此高溫而導致全氟辛酸和氟化氫的釋出，但至今美國環保署仍未證實全氟辛酸對人體的危害程度，並且多數市售的鐵氟龍餐具並未標示全氟辛酸的含量，因此在鐵氟龍的使用上尚存疑慮。

過量危害

❶ 長期在製造或生產全氟辛酸的工作環境中，可能經由皮膚或呼吸道接觸到全氟辛酸；曝露於全氟辛酸的生產環境中10年者，死於攝護腺癌的機率較一般人高出3.3倍。

❷ 孕婦若接觸到全氟辛酸，會通過臍帶傳輸給胎兒，並累積在其體內，干擾其發育。

❸ 現已有研究發現，全氟辛酸會誘發睾丸、胰腺、乳腺等不同部位的腫瘤，並導致實驗動物的體重減輕。

有機溶劑

塑膠原料

可塑劑

界面活性劑

染色劑

抗氧化劑

毒性分類

目前尚未列管為毒性化學物質

危險度

| 致癌 | ？ | 過敏 | ？ | 器官受損 | ？ |

info　杜邦鐵氟龍製品將不再使用全氟辛酸

二〇〇四年製造含有全氟辛酸的鐵氟龍餐具——杜邦公司，遭美國環保署控告隱瞞製造過程所添加的全氟辛酸會從母體傳給胎兒，同時隱瞞飲用水污染的事實。杜邦公司於隔年與美國環保署達成和解協定，將支付一〇二五萬美元的高額罰款，並承諾以二〇〇〇年的排放量為基準，於二〇一〇年前降低排放量至95％以下，並會在二〇一五年前全面消除其工廠與產品中所含的全氟辛酸。

其他常見的可塑劑

癸二酸二辛酯（Dioctyl sebacate；DOS）	
功能 用途	癸二酸二辛酯能溶解於大部分的有機溶劑，常用於聚氯乙烯（PVC）加工，耐候性良好而能抵抗日曬、水氣等造成老化的氣候因素，不論低溫或高溫環境中都不受影響，增塑效率高。 1.癸二酸二辛酯的電氣絕緣性佳，常與鄰苯二甲酸酯類併用，適合做為耐寒電線（電纜）及冷凍食品的包裝。 2.癸二酸二辛酯的耐寒性使其常做為橡膠的低溫用增塑劑，以及聚苯乙烯（PS）、壓克力（PMMA）的耐寒增塑劑。 3.癸二酸二辛酯具有潤滑性、揮發性低，也做為噴氣發動機的潤滑油。
使用 規定	國內目前暫無日用品方面的法規。
引發 危害	癸二酸二辛酯對皮膚及器官黏膜（如：眼睛、食道、內臟）具有輕微的刺激性；誤食DOS會危及胃、肝、腎等器官黏膜。

界面活性劑 (Surfactant)

　　界面活性劑又稱乳化劑，是一種低濃度即可有效降低溶液表面張力的物質，藉由分散、滲透、起泡、乳化等四種作用除去污垢。界面活性劑加在洗碗精能使油污均勻分散於水中，將油污隨水帶離碗盤；添加於洗衣精中則藉由滲透作用，促進水分滲透衣物纖維，以破壞污垢在纖維上的吸附力。部分界面活性劑加在洗面乳、洗髮精及牙膏，會產生可聚集吸附污垢的泡沫，再以清水沖走泡沫便可將污垢帶離。另外，面霜、乳液及防曬乳則多以乳化作用使油粒均勻分散於水中、形成乳液，以達美化肌膚之效。然而，部分界面活性劑會過度洗去皮膚油脂，使皮膚乾燥不適，所以一旦使用過量，或未沖洗完全，可能刺激皮膚或傷害人體。

◎ 界面活性劑1

烷基苯酚 (Alkyl Phenol；AP)

性質

　　烷基苯酚主要用途是製成乙氧烷基酚（APEO；又稱烷基苯酚聚氧乙烯醚類），APEO是一種非離子界面活性劑，具有良好的濕潤、滲透、乳化和洗滌能力，常做為清潔劑及乳化劑的原料。APEO具有耐酸鹼、抗氧化等穩定的化學性質，也常做為塑膠及橡膠工業中的抗氧化劑。APEO亦具有良好的分散及增溶效果，可做為紡織品製造及毛皮加工使用的脫脂劑。

主要功能及使用物品

❶ **去污、抗硬水**：以烷基苯酚製成的非離子表面活性劑APEO，不會受水的硬度影響而結塊，能使清潔劑在低濃度就發揮去污效果，同時可防止污垢再沉積，常用在洗碗精中。

❷ **塑膠、橡膠抗老**：以烷基苯酚製成的APEO具有耐酸鹼、抗氧化的特性，有助於加工、提升耐用性，常添加於免洗塑膠杯、塑膠瓶等塑膠製品或橡膠雨衣、家事用橡膠手套等橡膠製品。

❸ **乳化**：以烷基苯酚製成的APEO不但易起泡，而且乳化效果佳，常用於化妝品、卸妝乳、洗面乳、洗髮精、潤髮乳、沐浴乳等美容保養用品；以及洗衣清潔劑、衛浴廚房清潔劑、地板清潔劑及殺蟲劑等清潔消毒用品。

❹ **分散**：烷基苯酚可做為紙漿的分散劑，使其中纖維與填料的均勻分散，讓紙製品的性能穩定、不易破裂和起粉末；常用於紙類餐具及圖書、衛生紙等各式紙製品中。

❺ **脫脂、脫膠效果佳**：APEO對纖維的滲透力良好，常當做毛、絨及皮革製品的脫脂劑，也能做為絲綢紡織品生產的脫膠劑。

❻ **塗布效果佳**：以烷基苯酚製成的APEO具有良好的分散力及乳化力，常用於油漆及乳膠漆。

使用規定

❶ 根據行政院衛生署〈環保標章規格標準〉規定，「洗衣清潔劑」、「洗碗精」、「洗髮精」、「衛浴廚房清潔劑」、「地板清潔劑」、「肌膚清潔劑」及「潤髮乳」等七種清潔產品，產品中的乙氧烷基酚含量應為0.05％以下，才符合環保標章的規格。

危害途徑

誤食受污染APEO的食物便可能暴露在烷基苯酚的風險下，像是使用含APEO的清潔劑清洗餐具卻未沖洗乾淨而附著在餐具上，或是經由PVC塑膠瓶或紙餐盒而將APEO轉移至食物中；另外，人體也會透過皮膚吸收過量的烷基苯酚，最直接的途徑是使用含有烷基苯酚的化妝品、清潔劑；或是穿著殘留有APEO的皮革製品或衣服，若殘留量過高並經常與皮膚接觸，便可能出現烷基苯酚遷移、積累在人體的情況。

過量危害

❶ 若長期接觸過量的非離子界面活性劑APEO，將會刺激眼睛及皮膚，並且會對黏膜造成損傷。

❷ 以烷基苯酚製成的非離子界面活性劑APEO雖不會致癌、致畸或致突變，但生產APEO的過程，可能產生致癌的副產物，其透過微生物分解後所產生的代謝產物烷基苯酚（AP）屬於環境荷爾蒙，會干擾人體的內分泌系統正常運作，尤其會導致男性精子數量減少，造成生殖器官異常。

毒性分類

目前尚未列管為毒性化學物質

危險度

目前尚無相關研究

| 致癌 | ✗ | 過敏 | ✗ | 器官受損 | ✓ | 內分泌系統、生殖器官 |

◉ 界面活性劑2

辛基苯酚（Octylphenol；OP）

性質

辛基苯酚常呈現白色片狀晶體，是一種重要的化工原料及加工過程用的中間體，主要用途為製成辛基苯酚聚乙氧基醇類（Octylphenol，OPEO），OPEO是一種非離子界面活性劑，具有良好的潤濕性、起泡性能及分散作用，常用於洗滌劑。辛基苯酚也能做為橡膠製品的硫化促進劑，提高橡膠的物理機械性能；及合成辛基苯酚亞磷酸酯等抗氧化劑，添加於塑膠製品中，使其材質穩定耐用，此外，辛基苯酚還可用於生產酚醛樹脂。

主要功能及使用物品

❶ **去污清潔**：辛基苯酚有良好的去油污效果及淨洗力，常用於洗髮精及肌膚清潔劑等個人用清潔劑；也常用於洗衣清潔劑、洗碗精、衛浴廚房清潔劑、地板清潔劑等家庭用清潔劑。

❷ **抗氧化、耐酸鹼**：辛基苯酚能夠抵抗環境中空氣和酸鹼的腐蝕，添加後能使產品耐酸鹼、抗氧化而更耐用，並有易加工的特性，常添加於塑膠和橡膠製品中，像是碗盤、餐桌用餐具、瓶子、髮梳、髮夾、衣架、浴缸、箱子、門窗、文具、感壓塑膠帶及輪胎。

❸ **塗布效果佳**：以辛基苯酚製成的OPEO具有良好的分散力及乳化力，常添加在墨水、印刷油墨等文具用品，以及油漆、乳膠漆等裝潢材料。

❹ **增加橡膠彈性**：辛基苯酚是一種硫化促進劑，添加在橡膠製品的製造過程能提升橡膠的物理機械性能，使橡膠製品更具壓縮彎曲變形性及拉伸回復性，多製成輪胎及邊條。

使用規定

國內目前暫無日用品相關法規。

危害途徑

　　誤食遭辛基苯酚污染的食物便可能暴露在辛基苯酚的風險下，像是使用含OPEO的洗碗精清洗餐具，卻未沖洗乾淨而附著在餐具上，或是使用劣質塑膠碗盤或塑膠瓶，可能因製作過程的聚合反應不完全，導致辛基苯酚轉移至食物中；另外，人體也會透過皮膚吸收過量的辛基苯酚，例如使用含有辛基苯酚的洗髮精，若殘留量過高，便可能出現辛基苯酚遷移、積累在人體的情況。

過量危害

❶ 若長期接觸過量的非離子界面活性劑OPEO，將會刺激眼睛及黏膜，甚至引起充血、疼痛、燒灼感及視力模糊。

❷ 高濃度的辛基苯酚對皮膚有強烈的腐蝕性，可能造成皮膚脫色。

❸ 吸入大量辛基苯酚的氣體，會引起咳嗽、呼吸困難、肺水腫。

❹ 辛基苯酚具有生殖毒性，會減損雄性動物的精子數量，降低其生育能力，也會遺傳疾病給下一代。

毒性分類

目前尚未列為毒性化學物質

危險度

| 致癌 | X | 過敏 | X | 器官受損 | ✓ 生殖系統 |

有機溶劑

塑膠原料

可塑劑

界面活性劑

染色劑

抗氧化劑

◎ **界面活性劑3**

壬基苯酚 （又名壬基酚，Nonylphenol；NP） ■

性質

壬基苯酚常為淺黃色黏性液體，常態下呈現穩定狀態，主要用途為製成壬基酚聚乙氧基醇類（Nonylphenol Polyethoxylates，NPEO），NPEO是一種非離子界面活性劑，可洗滌髒污、去除油垢，是家用清潔劑常用的原料；此外，NPEO具有良好的分散力、乳化力，常用於紙類產品製程所添加的分散劑。壬基苯酚還能製成三壬苯基亞磷酸酯（Trisnonylphenol phosphite, TNPP），TNPP是塑膠、橡膠的抗氧化劑，能提升塑膠的強度。

主要功能及使用物品

❶ **提高塑膠性能**：以壬基苯酚製成的TNPP具有抗氧化特性，添加在PVC塑膠可避免在製造或使用過程發生氧化裂解，可保持PVC塑膠的耐衝擊性及強度，常用於PVC保鮮膜、PVC塑膠包材、PVC手套、塑膠製兒童玩具。

❷ **去污洗淨**：壬基苯酚製成的非離子界面活性劑NPEO具有強效的洗淨力及滲透力，常用來製作洗髮精、潤髮乳、沐浴乳等美容保養用品，以及洗碗精、洗衣清潔劑等清潔消毒用品。

❸ **染印品質佳**：壬基苯酚具有良好的油溶性，使顏料分散、穩定，印刷、染色時不但顏色均勻且不易掉色，常用於毛料、絨布及皮革製品（如：地毯、皮鞋），以及衣服、紡織品。

❹ **塗布效果佳**：壬基苯酚具有良好的乳化力，能使塗料濕潤、均勻並有良好的分散力，常用於油漆及乳膠漆。

使用規定

❶ 根據行政院環保署〈環境用藥管理法〉規定，環境用藥（例如：殺蟲劑）不得含有壬基苯酚。

❷ 根據行政院衛生署〈食品衛生管理法〉規定，食品用洗潔劑（係指使用於食品、食品器具、食品容器及食品包裝的洗潔劑）的壬基苯酚類界面活性劑，其含量應在0.1%（重量比）以下。

危害途徑

❶ 壬基苯酚入侵人體的途徑，主要為經由皮膚接觸含壬基苯酚的產品（如非離子性界面活性劑）及誤用含有壬基苯酚的產品（如塑膠製品）而導致誤食。因此，像是未戴手套就直接使用含有壬基苯酚的清潔劑，或是皮膚直接穿戴加工後有NPEO殘留的動物皮革和人造皮革，若含量過高或長期接觸，可能出現壬基苯酚或NPEO遷移、累積在人體的情形。

❷ 若以PVC塑膠包裝或PVC保鮮膜包覆高溫或含油脂的食品，可能造成壬基苯酚溶出並轉移至食物中，而新鮮水果和蔬菜亦可能因噴灑農藥而有壬基苯酚殘留，這兩種情況都會使人誤食微量的壬基苯酚。

有機溶劑

塑膠原料

可塑劑

界面活性劑

染色劑

抗氧化劑

過量危害

❶ 暴露在高濃度的壬基苯酚蒸氣下,會輕微刺激眼睛或呼吸道,短時間曝露會造成皮膚刺痛甚至一度灼傷,持續暴露會出現咳嗽、呼吸困難、喉嚨痛、意識不清和皮膚發炎等症狀。

❷ 壬基苯酚屬於會干擾生物荷爾蒙系統的環境荷爾蒙,對胚胎及男性生殖系統造成威脅。部分臨床檢驗發現,壬基苯酚會使睪丸無法分泌足量的睪固酮,導致睪丸未降、尿道下裂,甚至引發睪丸癌、提高前列腺癌的罹患率。

毒性分類

☑難分解物質　□慢毒性物質　□急毒性物質　□疑似毒化物

危險度

| 致癌 | ✓ | 過敏 | ✗ | 器官受損 | ✓ | 生殖系統 |

💡 warning 清潔劑殘留在餐具易遭誤食

含有壬基苯酚類的界面活性劑的清潔劑,雖然清潔效果好,但若沖洗不完全可能造成壬基苯酚殘留在餐具而被誤食。一般建議清洗餐具時,先把油膩及非油膩的餐具分開,先以熱水沖洗油膩餐具,待大部分油污溶解後,再將其與非油膩餐具一起以清潔劑清洗,如此便可提高油污的溶解度,進而減少清潔劑的用量。

◎ 界面活性劑4

三乙醇胺 (Triethanolamine；TEA)

性質

三乙醇胺為無色至淡黃色的吸溼性液體,有輕度氨味,可與水及乙醇互溶。具有醇基的三乙醇胺屬於親水性,是陽離子界面活性劑,能和不同酸類合成多種常用的界面活性劑,常添加在洗滌劑、清潔劑及化妝品。鹼性的三乙醇胺可吸收二氧化碳、硫化氫等酸性物質,是金屬加工常用的抗蝕劑、氣體捕捉劑,可防止金屬表面氧化。三乙醇胺能使纖維柔軟,常添加於紡織產品中;也能提高橡膠的物理機械性能,常做為橡膠製品的硫化促進劑。

主要功能及使用物品

❶ **乳化效果**:三乙醇胺能使清潔劑、化妝品等乳化產品保持穩定的乳液狀態,較

不易凝結或分層，常添加於洗衣清潔劑、衛浴廚房清潔劑、地板清潔劑、殺蟲劑等清潔消毒用品，及各式化妝品、卸妝乳、洗面乳、洗髮精、潤髮乳及沐浴乳等美容保養用品。

❷ **增溶效果：** 三乙醇胺可增加清潔劑的成分在水中的溶解度，而提高清潔效果，常添加在洗面乳、洗髮精、潤髮乳及沐浴乳等美容保養用品。

❸ **中和作用：** 三乙醇胺可調節身體清潔劑、化妝品及保養品的酸鹼度，常添加於沐浴乳、洗髮精、潔顏乳、乳液、按摩霜、精華液、面膜、保溼凝膠。

❹ **增稠保濕：** 三乙醇胺製成的三乙醇胺硬脂酸鹽，能增加化妝品的黏度和服貼性，常用在髮膠、洗面乳及粉底液。

❺ **柔軟纖維：** 三乙醇胺能降低纖維之間的靜摩擦係數，使紡織品具光澤、手感柔軟、易整理。

❻ **增加橡膠彈性：** 三乙醇胺能縮短硫化時間、降低硫化溫度、減少硫化劑用量，在橡膠製品的製造過程做為硫化促進劑，能提升橡膠的物理機械性能，使橡膠製品更具壓縮彎曲變形性及拉伸回復性，多製成輪胎及邊條。

使用規定

❶ 根據聯合國禁止化學武器公約（CWC）規定，三乙醇胺可用於製造氮芥毒氣，是CWC列管的化學品，我國亦遵照此公約，依據〈工廠管理輔導法〉規定工廠需配合申報其生產量及製造目的等資料，以利政府控管。

❷ 國內目前暫無日用品相關法規。

危害途徑

　　一般大眾接觸三乙醇胺的途徑，是經由皮膚接觸含三乙醇胺的化妝品、保養品，這些屬於吸收型的保養品一旦用量過高，容易刺激皮膚，甚至引起面皰、發炎及濕疹。三乙醇胺雖也添加在身體清潔劑中，但由於用後必須沖洗，比較不容易殘留在皮膚上而進入人體；另外，在一般溫度下，三乙醇胺的揮發性低，添加在清潔用品、保養品中不易揮發，比較不會經由吸入而中毒。

過量危害

❶ 皮膚接觸到三乙醇胺會受刺激，造成發炎、濕疹等症狀；與眼睛接觸則會有刺激感及催淚；吃下或吸入過量的三乙醇胺，會刺激口腔及消化道，甚至引起胃腸不適，伴隨噁心、嘔吐和腹瀉等症狀。

❷ 三乙醇胺會因受熱產生蒸氣，若吸入會刺激呼吸道並出現過敏反應，若皮膚直接接觸或長期暴露於該環境中，可能從皮膚滲透吸收，會造成肝、腎的損害。

毒性分類

目前尚未列為毒性化學物質

有機溶劑

塑膠原料

可塑劑

界面活性劑

染色劑

抗氧化劑

危險度

| 致癌 | ✗ | 過敏 | ✓ | 器官受損 | ✓ 肝、腎 |

◎ 界面活性劑5

烷基磷酸酯鹽 (Alkyl Phosphate Ester Salt)

常見相關化合物

單十二烷基磷酸酯鉀（Lauryl Alcohol Phosphoric Acid Ester Potassium；MAPK）、月桂醇醚磷酸酯鉀（Potassiam Polyoxyethylene Laurylether Phosphate；MAEPK）、鯨蠟醇醚磷酸酯鉀（Potassiam Polyoxycetyl Alcohol Phosphate；CPK）

性質

　　烷基磷酸酯鹽是一種陰離子界面活性劑，可去脂去污，並具有良好的乳化及分散效果，是清潔劑、個人清潔用品及乾洗劑的常用原料，也可做為紡織品、農業及工業上使用的乳化劑；烷基磷酸酯鹽同時具有滲透及抗靜電的性能，用在紡織品上，還可達到抗靜電劑的效果。

主要功能及使用物品

❶ **去脂清潔**：以烷基磷酸酯鹽所製成的界面活性劑，具有中度去脂力，而且溫和、親膚性佳，常用於潔顏霜、洗面乳、潔顏凝膠及洗髮精中，其中單十二烷基磷酸酯鉀鹽（MAPK）不但泡沫細膩，而且抗硬水性佳，常用於高級個人清潔產品；月桂醇醚磷酸酯鉀（CPK）則兼具泡沫細膩及起泡速度快的優點，常用於嬰幼兒之清潔或護膚產品。

❷ **乳化作用**：烷基磷酸酯鹽製成的界面活性劑，不但乳化效果佳，而且質地細緻，易推開塗抹，並且對皮膚無刺激性，常用於身體乳液、面霜及醫藥用的栓劑。

❸ **抗靜電作用**：烷基磷酸酯鹽可使織物具有優良的抗靜電性能，常添加於聚酯纖維等容易產生靜電的纖維中，使其更柔軟舒適，像是排汗衣、止滑地墊等居家用品都含有此類物質。

❹ **除鏽抗蝕**：烷基磷酸酯鹽能夠清除金屬表面的鏽跡、氧化物及指紋，並在金屬表面形成磷酸鹽保護層，保護金屬表面不受酸性物質的腐蝕，常用於金屬清潔劑、除鏽劑等清潔用品。

使用規定

國內目前尚無日用品相關法規。

危害途徑

烷基磷酸酯鹽是清潔產品常用的界面活性劑，會經由皮膚、眼睛、口鼻等途徑進入人體；像是塗抹含有烷基磷酸酯鹽的乳液、面霜等保養用品，會從皮膚的毛細孔或眼睛的黏膜進入人體。至於洗面乳及洗髮乳等清潔用品，雖然同樣含有烷基磷酸酯鹽，但由於使用後必須沖洗，不會讓烷基磷酸酯鹽留在身上，較不具危害性。

過量危害

烷基磷酸酯鹽的清潔劑必須在鹼性的環境，才能有效發揮洗淨效果，因此對眼睛、皮膚和黏膜有刺激性，若過量使用，可能引起紅腫、發熱、搔癢，甚至有痛感。

毒性分類

目前尚未列為毒性化學物質

危險度

| 致癌 | **X** | 過敏 | **X** | 器官受損 | **X** |

◎ **界面活性劑6**

十二烷基硫酸鈉 （又稱月桂基硫酸鈉；Sodium dodecyl sulfate；SDS）

性質

十二烷基硫酸鈉為白色粉末，屬於陰離子界面活性劑。其易溶於水，洗淨力及乳化力均佳，起泡力不但強，而且泡沫潔白細密，常用來製造牙膏、洗髮精等個人清潔產品。十二烷基硫酸鈉有消毒殺菌的效果，常添加在洗手乳或浴廁清潔劑、地板清潔劑等家用清潔產品中當做殺菌劑，在醫學上也能做為陰道沖洗劑及牙科治療台供水管線的殺菌劑。

主要功能及使用物品

❶ **乳化去油**：十二烷基硫酸鈉添加於清潔劑中，能使油污被清潔劑包圍，經乳化作用，形成一顆顆比水珠還小的油污微滴，以懸浮形式於水中溶出，再經由清水沖洗便可將油污隨水帶走，由於其具有極佳去脂力，除了添加於洗髮精及沐

浴乳等個人清潔產品，也常添加在油性肌膚或男性專用的洗面乳中。

❷ 起泡：十二烷基硫酸鈉容易包覆空氣，形成穩定的薄膜，因而具有起泡作用，常添加於牙膏、洗髮精及沐浴乳等個人清潔產品當做發泡劑。

❸ 抗菌：十二烷基硫酸鈉可溶解病毒外層的蛋白膜，直接殺死病毒，常添加於洗手乳、衛浴設備清潔劑、地板清潔劑等產品中當做殺菌劑。在醫學用途上，則可做為陰道沖洗劑以預防病毒引起的子宮頸癌，若與雙氧水混合，殺菌力可大幅提升，還能當做牙科治療台供水管線的殺菌劑。

使用規定

國內目前暫無日用品相關法規。

危害途徑

　　十二烷基硫酸鈉是清潔產品常用的發泡劑，若使用不慎而接觸黏膜部位，或是沖洗不完全而殘留在身上，則可能經由皮膚、眼睛、口鼻等途徑進入人體。因此，像是使用含十二烷基硫酸鈉的洗髮精時，若不慎誤入眼睛，會刺激眼結膜，造成充血、刺痛。另外，若使用十二烷基硫酸鈉含量較高的沐浴乳，則容易刺激皮膚，經常使用不但會把皮膚表面的油脂洗掉，降低皮膚的角質層修復能力，甚至會使皮膚變乾粗，出現紅腫、脫皮等症狀。

過量危害

❶ 十二烷基硫酸鈉對眼睛具強烈刺激性，直接接觸皮膚則可能造成輕微的刺激，吸入十二烷基硫酸鈉的粉塵，會刺激黏膜，產生咳嗽、呼吸困難等症狀，若誤食十二烷基硫酸鈉則會刺激口腔黏膜、咽喉、氣管及消化道。

❷ 當食入過量十二烷基硫酸鈉後，則會產生疲勞感，並使血管擴張。

毒性分類

目前尚未列為毒性化學物質

危險度

| 致癌 | ✗ | 過敏 | ✓ | 器官受損 | ? |

有機溶劑

塑膠原料

可塑劑

界面活性劑

染色劑

抗氧化劑

info 取代十二烷基硫酸鈉的其他選擇

由於十二烷基硫酸鈉的去脂力及清潔力相當強，能輕易帶走皮膚表層的溼氣，乾性或敏感性皮膚以及冬季使用後，都可能產生不適，建議採用中度去脂力及刺激性較低的兩性界面活性劑，例如：烷基醯胺甜菜鹼、椰油醯胺丙基甜菜鹼或磺基琥珀酸脂類等。至於嬰兒清潔用品則可選購以胺基酸所製的不流淚配方，如此就無須擔心嬰幼兒或肌膚敏感性消費者在洗頭髮的過程，不小心使洗髮精泡沫誤入眼睛而刺激眼睛黏膜。

其他常見的界面活性劑

脂肪醇聚氧乙烯醚硫酸鹽（Fatty Alcohol Ether Sulfate；AES）

以月桂醇聚氧乙烯醚硫酸鈉（Sodium lauryl polyoxyethylene ether sulfate）為代表

功能用途	AES具有良好的去污力、抗硬水性、泡沫適中而且穩定，加以對皮膚刺激性小，是洗髮精、沐浴乳、洗手乳及洗碗精的重要原料。AES與其直鏈烷基苯磺酸鈉（LAS）複合使用時，可增強去污效果，同時更具親膚性。
使用規定	國內目前暫無脂肪醇聚氧乙烯醚硫酸的日用品相關法規。
引發危害	AES對皮膚及器官黏膜（如：眼睛、食道、內臟）具有輕微的刺激性，誤食AES會危及胃、肝、腎等器官黏膜。

硬脂醇聚醚（Steareth；AE）

以鯨蠟硬脂醇聚醚-20（Ceteareth-20）為代表

功能用途	AE具有極佳的乳化性能是洗髮精、潤髮乳、身體乳液、防曬乳及卸妝乳及磨砂膏的重要原料。
使用規定	國內目前暫無脂肪醇聚氧乙烯醚硫酸、硬脂醇聚醚的日用品相關法規。
引發危害	AE與鯨蠟硬脂醇（Cetearyl Alcohol）或硬脂醇（Octadecanol）一起使用，會產生刺激性，甚至引起面皰，像是護手霜、防曬乳等不需沖洗的化妝品。誤食AE會危及胃、肝、腎等器官黏膜。

染色劑 (Colouring Agent)

　　染色劑是指能使著色牢固在纖維、油漆、塑膠、紙張、皮革、光電通訊、食品的化合物。這類化合物本身帶有顏色，與被染物之間有親和力，透過其化學結構與被染物之間形成作用力而附著於被染物表面，使得被染物帶有染色劑的顏色。染色劑多含有重金屬，會與人體內某些酵素結合，影響蛋白質的合成，進而影響人體正常生理活動，並可能抑制或干擾神經系統。部分染色劑則屬於會揮發的有機化合物，其所揮發的氣體會刺激呼吸道或經皮膚毛細孔吸收，過量恐引發癌症。

◎ 染色劑1

醋酸鉛 (Lead Acetate；又名乙酸鉛)

性質

　　醋酸鉛為無色結晶、白色粒狀或粉末，聞起來夾雜醋味和甜味。醋酸鉛具有色素的特質，因此在工業上或是化妝品工業中時常被使用來做為染色劑。不過醋酸鉛中含有鉛離子，使用過量恐有鉛中毒的危險。

主要功能及使用物品

❶ **染色**：醋酸鉛是漸進式染髮劑中最常添加的重金屬化學品，可以滲入頭髮表皮層與其蛋白質產生反應，形成一種深色的化合物硫化鉛，鍍在髮幹外，是常見的深色色素，常用來製作染髮劑、睫毛膏、眉毛膏等；也可與纖維上的蛋白質產生反應，形成硫化鉛，將織物染上顏色。

❷ **殺蟲**：由於醋酸鉛具有神經毒性，會擾亂神經傳導，干擾神經系統功能，產生休克的症狀，可以做為殺蟲劑使用。

使用規定

❶ 根據行政院衛生署〈化妝品衛生管理條例〉規定，化妝品成分不得含有醋酸鉛。

❷ 根據行政院衛生署藥物食品檢驗局〈化粧品衛生管理條例〉規定，漸進式染髮劑（金屬染髮劑）屬含藥化粧品，上市前產品應申請查驗登記。

❸ 加拿大衛生部（Health Canada）與歐盟宣布，禁止在染髮劑產品裡使用醋酸鉛。

危害途徑

含有醋酸鉛的漸進式染髮劑,是透過每天使用以讓髮色逐漸變黑,因而需要少量且長期的接觸,造成使用者長期在醋酸鉛的環境下,使用過量可能導致鉛中毒;另外若使用此類物質染鬍鬚、眉毛或睫毛,比較容易讓醋酸鉛由眼或口進入體內,刺激眼部或引起中毒。

過量危害

❶ 吸入醋酸鉛可能會造成嘔吐、腹瀉、虛脫等症狀,並會刺激眼睛、皮膚。進入體內可能會出現類似鉛中毒的症狀,影響消化系統與神經系統的運作,導致食欲不振、噁心、腹痛、便祕或腹瀉,容易痙攣與抽筋。

❷ 長期使用含有醋酸鉛的染髮劑有可能會致癌,並會損害腎臟、神經系統和消化系統,使造血系統出現代謝障礙、貧血等症狀,神經系統方面則會出現神經衰弱綜合症;消化系統的症狀有齒齦鉛線、食慾不振、噁心、腹脹、腹瀉、便秘,嚴重者還會出現腹絞痛。

❸ 懷孕前使用含有醋酸鉛的染髮劑可能造成胎兒不正常。

毒性分類

□難分解物質　☑慢毒性物質　□急毒性物質　□疑似毒化物

危險度

| 致癌 | ? | 過敏 | X | 器官受損 | ✓ | 造血系統、消化系統、腎臟 |

◎ 染色劑2

對苯二胺 (p-Phenylenediamine,PPD)

性質

對苯二胺是白色或淡紫紅色晶體,接觸空氣後會變紫紅色或深褐色,易揮發並帶有淡淡的芳香味,是很重要的化學染色劑,可用於皮毛的染料,也常添加於染髮劑,並可用來製造偶氮染料等。

主要功能及使用物品

❶ 化學染色:對苯二胺加入不同的氧化劑後可變成黑色或棕色,並且容易附著於毛髮上,常製成黑褐色系的染髮劑。

❷ 合成中間體:由於結構上具有一個苯環與兩個胺基,是許多染料化學結構的重

要組成，常用來製造顏料、偶氮染料、硫化染料、酸性染料等；另外，對苯二胺可用於製造結構相似的樹脂，能製成具有良好拉伸力的樹脂，可用於輪胎的補強材料、強化塑膠、運動器材、剎車等。

使用規定

❶ 根據行政院衛生署〈化妝品衛生管理條例〉規定，化妝品成分不得含有對苯二胺，使用於染髮產品除外。

❷ 行政院衛生署〈含藥化妝品基準〉擬限定，含藥化妝品所含的對苯二胺做為染髮用途者，其含量上限為2%。

❸ 德國、法國、瑞典等國已立法禁止染髮劑使用對苯二胺。

危害途徑

主要在染髮的過程中，染髮劑接觸頭皮、臉部皮膚，造成接觸部位的過敏症狀。接觸由對苯二胺合成的染料染色的物品也可能使接觸部位產生過敏。

過量危害

❶ 對苯二胺具有高強度的致過敏作用，會刺激口鼻、皮膚，引起紅腫、發癢，並可能引起接觸性皮膚炎、濕疹、支氣管炎等過敏症狀，嚴重時會造成蕁麻疹或導致咽喉發炎、氣喘。

❷ 經皮膚接觸對苯二胺並吸收進入人體，是否致癌或致基因突變，其可能性至今仍未有明確的證據。

毒性分類

□難分解物質　□慢毒性物質　☑急毒性物質　□疑似毒化物

危險度

| 致癌 | ? | 過敏 | ✓ | 器官受損 | ✗ |

◎ 染色劑3

氰化鹽 (Cyanide)

常見相關化合物

氰化鈉（Sodium Cyanide）、氰化鉀（Potassium Cyanide）、氰化銀鉀（Potassium Silver Cyanide）、氰化鈣（Calcium Cyanide）、氰化銅（Copper(I) Cyanide）、氰化鎘（Cadmium Cyanide）、氰化鋅（Zinc Cyanide）、氯化氰（Cyanogen Chloride）

有機溶劑

塑膠原料

可塑劑

界面活性劑

染色劑

抗氧化劑

性質

氰化物泛指帶有氰基的化合物，多為白色結晶，是帶有苦杏仁味的劇毒。氰化物具有抑制生物體內酵素活性和使生物體缺氧的功能，早期曾用來製成殺蟲劑或殺鼠藥，現今在工業上廣泛應用於電鍍、油漆、染料、橡膠等。事實上，自然界也存有氰化物，像樹薯、枇杷、李子、青豆、大豆、菠菜、竹筍等植物，亦含有氰化物。

主要功能及使用物品

❶ **毒性**：氰化物透過與血紅素結合，使血紅素無法攜帶氧氣，導致生物體缺氧，達到殺死生物的效果，是強力且作用快的毒物，早期曾做為滅鼠劑、殺蟲劑、倉庫的薰蒸劑或用於製造農藥。

❷ **有機合成**：氰化物含有一個穩定的碳－氮鍵結，是有機合成的重要原料，常用於合成有機腈化物如聚丙烯腈，是常見的紡織品，也是尼龍的中間產物，其合成物可製成紡織品、塑膠與樹脂等，於日常生活應用廣泛。

❸ **染色**：氰化物是深藍色染劑的原料，在染色過程中會與其他添加劑發生化學反應，幫助染料顯色，並能使染料印花聚集，可做為顯色劑、塗料凝聚劑，可製造深藍色的顏料、油墨、油漆等。

使用規定

❶ 根據行政院環保署〈毒性化學物質管理法〉規定，氰化物屬於列管的有毒化學物品，其製造、輸入及使用用途須依規定申報，僅可運用在研究、試驗，工業上可用於製造染料、塗料、照相沖洗液、橡膠、醫藥、農藥、電鍍和金屬製品。

❷ 根據行政院衛生署〈化妝品衛生管理條例〉規定，化妝品成分不得含有氰化鈉、氰化鉀、氰化銀鉀、氰化鈣、氰化銅、氰化鎘、氰化鋅。

危害途徑

❶ 氰化物在乾燥狀態下性質穩定，但遇水則會緩慢分解出氰化氫，會灼傷眼睛、皮膚，吸入則會引起中毒。因此，接觸含氰化鹽類的油墨、油漆、塗料等產品時，可能透過吸入蒸氣刺激口鼻，或由皮膚接觸刺激皮膚，若有傷口則可能經由傷口進入血液循環，毒性與誤食的中毒症狀相似。

❷ 部分日用品在燃燒後也可能產生含有氰化物的煙霧，例如：香菸釋出的二手煙、汽車排放的廢氣，以及燃燒合成塑料或羊毛，乃至火場的濃煙，吸入這些煙霧都可能同時吸入氰化物。

過量危害

❶ 氰化物具刺激性與腐蝕性，會刺激鼻子、喉嚨、眼睛並腐蝕皮膚，吸入20～40毫克／公升以上會中毒，吸入更高濃度會引起頭痛、嘔吐、身體虛弱，可能會危害視網膜及視神經，並且有致命的危險。長期接觸會引起皮膚炎及過敏性皮膚疹。

❷ 誤食少量氰化物首先會感到口腔及咽喉有麻木感，並附帶頭痛、噁心、胸悶、呼吸加快加深、脈搏加速、心律不整、瞳孔縮小、皮膚黏膜呈鮮紅色等症狀，接著出現抽搐、昏迷，最後可能導致意識喪失而死亡。此過程約十幾分鐘到一小時。這是由於氰化物進入生物體後，會抑制細胞酵素的活性，使負責生物體內能量代謝的重要酵素——細胞色素氧化酶失去作用，出現代謝性酸血症，或是出現類似缺氧或低血糖的能量缺乏症狀；同時也能與血紅素結合，造成類似一氧化碳中毒的現象，阻斷血紅素與氧的結合，在極短時間內使細胞缺氧而造成窒息，首先會使心臟與大腦受損，最後因中樞神經受損導致呼吸衰竭並致死。

毒性分類

☐難分解物質　☐慢毒性物質　☑急毒性物質　☐疑似毒化物

危險度

| 致癌 | ✗ | 過敏 | ✓ | 器官受損 | ✓ | 心臟、大腦 |

info 　**提神飲料中毒事件**

　　二○○五年曾有歹徒將氰化物添加在提神飲料中，消費者購買飲用後，釀成一死四傷的慘劇。而後兩年內，有多組罪犯起而效尤，分別在鋁製易開罐飲料、泡麵等食品以同樣手法下毒，恐嚇食品公司。由於此手法會破壞產品外包裝，因此購買飲料食品時，應檢查包裝是否完整。另外，由於氰化物有苦杏仁味，若有疑慮可先小口品嘗，確認無異味方可安心飲用。

◎ **染色劑4**

偶氮染料（Azodyes）

常見相關化合物

蘇丹紅I～IV（Sudan Red）、食用色素紅色二號（Amaranth）、食用色素紅色六號（胭脂紅，New coccine）、立索耳大紅（Lithol Red）芝加哥天藍6B（Chicago Sky Blue 6B）、剛果紅（Congo Red）、直接藍 6、15（Direct Blue）、直接黑38（Direct Black）、耐曬黃（Fast Yellow）、甲基橙（Methyl Orange）等。

性質

　　偶氮染料的結構含有一個或多個偶氮基，是化合物種類最多、應用最廣的合成染料，目前常製造、使用的偶氮染料大約有三千多種。偶氮染料的色譜範圍

有機溶劑

塑膠原料

可塑劑

界面活性劑

染色劑

抗氧化劑

廣、色種齊全且染色附著力強，因此常用於紡織品、皮革等的染色與印花，也可用於塑膠、橡膠的著色，以及油漆的色料。但其中約二十多種偶氮染料容易分解產生具有致癌性的芳香胺，多數國家已禁用。

主要功能及使用物品

❶ 染色：偶氮染料的化學結構皆具有偶氮基，偶氮基是染料分子中使染料具有顏色的部分，因而可用於各種纖維、皮革、木材、紙張等的染色，也可以用來在塑料、橡膠上著色，或做為油漆的色料、食品的色素。

❷ 製藥：偶氮染料具有生物活性，可用來當做消炎藥劑，早期曾用於肺炎與其他感染性疾病的用藥。

使用規定

❶ 德國、荷蘭等政府禁止某些會分解產生致癌性芳香胺化合物的偶氮染料使用於長期與皮膚接觸的消費品中，例如：4-氯-2-甲基苯胺、2-萘胺、聯苯胺等22種化合物。

❷ 歐盟委員會於二○○二年公告，禁止在還原條件下會分解產生具致癌性芳香胺化合物的偶氮染料，使用於與人體皮膚或口腔接觸的紡織品或皮革製品中，並禁止販賣這類產品，包括毛巾、床單、枕頭、睡袋、假髮、尿布和其他衛生用品、錶帶、錢包、皮夾、提包、公事包、鞋品、手套、椅套、玩具，以及可被消費者使用的紗線及纖維；並規定，在歐盟成員國的市場中，歐盟自產或從第三國進口的上述產品中，經檢測釋出的26類致癌芳香胺化合物的含量不得超過30ppm。

❸ 由於藍色素（索引號611-070-00-2）具有很高的水生毒性，且不易分解，隨廢水排出後會對環境造成危害，歐盟自二○○四年六月起規定，在歐盟成員國的市場中所販售的紡織品、服裝和皮革製品，禁止使用、銷售此類含鉻的偶氮染料。

危害途徑

使用偶氮染料染色的紡織物、皮革，或塗有偶氮染料的塑料、橡膠，與皮膚長期接觸後，會導致具有致癌性的芳香族胺類分子生成並進入人體。因此，使用以芳香胺中間體合成的偶氮染料所染色的物品，在接觸的過程中偶氮染料會分解成有致癌性的芳香胺類化合物，經由皮膚吸收進入人體，引發癌症。

過量危害

❶ 皮膚若長期接觸偶氮染料，會與代謝過程中釋放的成分產生還原反應，生成具有致癌性的芳香族胺類分子並經由皮膚進入人體，經過一系列活化作用，使細胞的DNA發生結構與功能的變化，誘發膀胱癌、肝癌、肺癌、血癌。

❷ 部分偶氮染料和其代謝活化後的產物聯苯胺、苯胺，可能會使人體皮膚過敏。

毒性分類

聯苯胺	□難分解物質	□慢毒性物質	☑急毒性物質	□疑似毒化物
苯胺	□難分解物質	☑慢毒性物質	□急毒性物質	□疑似毒化物

危險度

不同的化合物其危險度不同；致癌性則是接觸愈多，致癌機會愈大。

| 致癌 | ✓ | 其中22種偶氮染料已被確認為致癌物，其他種類為疑似致癌物。 |
| 過敏 | ? | 器官受損 | ✓ | 血液、肝、膀胱 |

◎ 染色劑5

聯苯胺類 (Benzidine)

常見相關化合物

聯苯胺醋酸鹽（Benzidine Acetate）、聯苯胺硫酸鹽（Benzidine Sulfate）、聯苯胺二鹽酸鹽（Benzidine Dihydro chloride）、聯苯胺二氫氟酸鹽（Benzidine Dihydro fluoride）、聯苯胺過氯酸鹽（Benzidine Perchlorate）、聯苯胺二過氯酸鹽（Benzidine Diperchlorate）、對-胺基聯苯鹽酸鹽（P-Aminobiphenyl Hydrochloride）

性質

聯苯胺是白色或淡紅色的結晶或粉末，置於空氣中並受到光線照射時顏色會加深變成黃色或紅褐色。聯苯胺是偶氮染料分解後的衍生物之一，其化學性質與苯胺類似，可以透過化學反應生成多種同類化合物，可以合成超過300種染料，但由於它的毒性很強，現已改用其他毒性較小的原料。

主要功能及使用物品

❶ 合成中間體：聯苯胺的結構含有兩個苯環，是許多染料的基本結構，因此能做為染料中間體，可用於製造直接染料、酸性染料、還原染料、冰染染料、硫化染料、活性染料及有機顏料等超過300種染料，其中最常見的是直接黑染料，可用來染紡織品、塑膠製品，或用於油墨和塗料的添加劑；聯苯胺黃顏料則可用於室內塗料。

使用規定

❶ 根據行政院環保署〈毒性化學物質管理法〉規定，聯苯胺為列管的毒性化學物質，禁止製造、輸入、販賣及使用，限用於研究、試驗、教育的用途。
❷ 根據行政院衛生署〈化妝品衛生管理條例〉規定，化妝品成分不得含有聯苯胺類。
❸ 美國、歐盟、中國等國皆禁用聯苯胺類物質。

有機溶劑

塑膠原料

可塑劑

界面活性劑

染色劑

抗氧化劑

危害途徑

❶ 使用以聯苯胺染料染色的衣物、毛巾等紡織品，很容易使該物質通過皮膚進入體內，長期接觸或使用這類物品，可能引起發炎或致癌。

❷ 部分偶氮染料進入人體後會分解成聯苯胺，因此接觸到以偶氮染料染色的物品或顏料、色素，也可能會受到聯苯胺的危害。

過量危害

❶ 若皮膚接觸聯苯胺或吸入其蒸氣，會刺激黏膜，造成口鼻、喉嚨、眼睛、皮膚等部位的不適感，甚至可能引起過敏或接觸性皮膚炎。

❷ 若長期接觸聯苯胺，數月或數年後會出現血尿、排尿困難或疼痛，並損害肝臟、腎臟，甚至引起膀胱癌、輸尿管癌、胰臟癌。只要體內累積超過6.7ppb（十億分之一）的低劑量聯苯胺，就會有致癌的風險。

毒性分類

□難分解物質　☑慢毒性物質　□急毒性物質　□疑似毒化物

危險度

| 致癌 ✓ | 過敏 ✓ | 器官受損 ✓ 肝、腎、膀胱 |

info　慎防紡織品含聯苯胺

聯苯胺可用於紡織品的染色，其中毛巾會直接與人體皮膚接觸，造成的風險更大。儘管聯苯胺已遭禁用，但二〇〇七年中國官方仍查獲大量廉價毛巾含有過量聯苯胺，而且其中部分貨品正要銷往台灣，因此選購毛巾、衣物時，切勿一昧追求低價商品，使用過程若發現嚴重掉色，極可能是使用聯苯胺染色，應暫停使用。

◎ 染色劑6

苯胺（又名氨基苯、阿尼林油，Aniline、Aminobenzene、Benzeneamine、Aminophen、Phenylamine、Aniline oil、Arylamine）

性質

苯胺是無色的油狀液體，具有類似腐蛋的強烈特殊臭味。苯胺不但是黑色染料，由於其化學性質活潑，易起化學反應，也是重要的化工原料，可用於製造染料、塗料、樹脂及製藥。另外，苯胺是偶氮染料的代謝衍生物之一，具有毒性並能致癌。

主要功能及使用物品

❶ **合成原料**：苯胺能合成橡膠硫化促進劑，增加橡膠抗老化的功能，常製成鞋底、橡膠管、輪胎等；苯胺具有氨基苯，是塗料分子的重要結構成分，因此可合成塗料、靛藍色染料等。

❷ **染料**：苯胺除了可以合成染料外，本身也可以做為黑色染料，可添加於黑色染髮劑中，或做為印刷墨水、布料墨水。將苯胺加入乙醇後會變成紫的液體，是早期的紫色原料來源，即有名的「苯胺紫」。

使用規定

❶ 根據行政院環保署〈毒性化學物質管理法〉規定，苯胺屬於列管的毒化物，限用於以下用途：研究、試驗、教育，以及製造木材著色劑、安定劑、螢光增強劑、塗料剝離劑、抗氧化劑、橡膠防老劑、印刷油墨及橡膠加工用硫化劑。

❷ 根據行政院衛生署〈化妝品衛生管理條例〉規定，化妝品成分不得含有苯胺。

危害途徑

❶ 苯胺容易經由皮膚吸收，使用添加苯胺做為染料的產品後，可能藉由皮膚接觸，或吸入揮發的苯胺氣體產生中毒症狀。

❷ 苯胺為偶氮染料經由代謝活化後可能產生的毒性物質，長期接觸偶氮染料也可能使之分解成苯胺，經由皮膚吸收至人體內。

過量危害

❶ 苯胺容易經由皮膚吸收，使血液失去攜氧能力、溶血，造成身體各臟器缺氧，引起中樞神經系統的病變，以及高鐵血紅蛋白血症、溶血性貧血等病症。

❷ 短時間內皮膚接觸或吸入濃度超過100毫克／公斤的苯胺會造成急性中毒，會使唇部、手指、耳朵發紫，並伴有頭痛、頭暈、噁心、嘔吐、手指發麻、精神恍惚等症狀，嚴重時會呼吸困難、抽搐、昏迷乃至休克，還可能會引起肝炎、腎損傷，並傷及膀胱。

❸ 長期接觸苯胺會造成精神衰弱、貧血、肝臟與脾臟腫大等症狀，並可能致癌。

毒性分類

☐ 難分解物質　　☐ 慢毒性物質　　☑ 急毒性物質　　☐ 疑似毒化物

危險度

| 致癌 ? | 過敏 ✗ | 器官受損 ✓ 血液、肝、脾臟 |

有機溶劑

塑膠原料

可塑劑

界面活性劑

染色劑

抗氧化劑

◎ 染色劑7

三氧化鉻（Chromium Trioxide，又稱鉻酸酐，Chromic anhydride，鉻酸，Chromic acid）

常見相關化合物

三氧化二鉻

性質

　　三氧化鉻是無味的黑紅色片狀或顆粒狀粉末結晶，具腐蝕性與強氧化力，與有機物接觸會有爆炸的危險，接觸可燃物可能引發燃燒。常用於電鍍工業或印染工業中。

主要功能及使用物品

❶ 染色：三氧化鉻本身帶有顏色而能染色，可做為染色劑或色素，在媒染劑或染色助劑的參與下，能結合在物品表面染上顏色，最常用於陶瓷的染色。

❷ 染劑原料：三氧化鉻可製成高彩度的鉻化物，例如：鋅鉻黃、氧化鉻綠等，這些鉻化物可做為色素、油漆、顏料、印染的原料。

❸ 電解電鍍：三氧化鉻溶於水後會形成鉻酸，並解離成氫離子與鉻酸根離子，為電鍍鉻的鉻離子來源，常做為自行車、縫紉機、手錶、電筒、日用五金零件、手機、MP3、儀錶板等鍍鉻的原料，能提高金屬表面的抗蝕性、耐磨性和硬度，增加反光性、提升美觀。

使用規定

❶ 根據行政院衛生署〈化妝品衛生管理條例〉規定，化妝品成分不得含有鉻酸。

❷ 根據行政院經濟標準檢驗局規定，市售玩具的鉻含量上限為60ppm。

❸ 歐盟危害物質禁用指令規定，自二○○六年七月一日起，銷售於成員國市場的新電子和電器設備，六價鉻含量須低於0.1%或1,000ppm。

❹ 歐盟規定，從紡織品萃取的六價鉻，限量為60毫克／公斤，皮革製品則為3毫克／公斤。

危害途徑

　　三氧化鉻的染料在酸性環境下會溶出，因此餐具容器的內層紋路若使用三氧化鉻所製的顏料染色，長期盛裝酸性食物，如：醋酸醃漬物、檸檬等，恐導致三氧化鉻溶出，可能會釋放帶有六價鉻的鉻酸根離子，隨著食物進入人體、造成危害。

過量危害

❶ 三氧化鉻可溶於水並形成鉻酸，具有腐蝕性，接觸皮膚會引起刺激，若隨著食

物進入人體則會累積造成鉻中毒，損害心、肝、肺、腎、腦、血液等部位。對皮膚會引起刺激、潰爛或過敏性濕疹，吸入微粒則會對鼻腔、肺部造成刺激，引發鼻中隔穿孔、支氣管癌；誤食則會造成胃腸道嚴重刺激、腸胃炎、嘔吐及腹瀉，或引起血液病變，嚴重時會引起休克，接著出現肝臟受損與腎衰竭、出血。

❷ 三氧化鉻可能釋放出有毒的六價鉻離子，接觸六價鉻對血液、呼吸系統、肝、腎都會造成傷害，並可能引發肺癌。

毒性分類

□難分解物質　☑慢毒性物質　□急毒性物質　□疑似毒化物

危險度

| 致癌 | ✓ | 過敏 | ✓ | 器官受損 | ✓ | 肝、腎、肺 |

info **美國太平洋瓦斯公司的六價鉻污染事件**

美國太平洋瓦斯電力公司在一九九三年被指控釋出六價鉻污染鄰近居民的日常用水，並遭罰三億三千三百萬美元。該公司利用六價鉻做電鍍防鏽處理，但未妥善處理工廠廢水，而將含有六價鉻的工業廢水排放出去，附近居民使用了受到鉻污染的水後，紛紛罹患癌症，經醫師證明其間的關聯性後，法院判決巨額賠償。

其他常見的染色劑

酸性染料（Acid Dye）

弱酸橙R（酸性橙45）、弱酸大紅H（酸性紅285）、酸性黑NT29（酸性黑29）、C.I.酸性紅26、C.I.酸性紫49、C.I.酸性黑48

| 功能用途 | 酸性染料在結構上含有酸性基團，溶於水後呈酸性，是早期發現的染料之一，顏色鮮豔、色譜齊全，因此應用廣泛，開發出許多種類的染劑，可用於羊毛、蠶絲、耐綸及皮革等物品的染色，以及墨水、化妝品的著色及食用色素。 |
| 使用規定 | 1.部分酸性染料染色時需添加含鉻媒染劑協助上色，但其中所含的重金屬鉻會嚴重危害人體和環境，因此歐盟已明確規定禁用含鉻媒染料，染料中鉻含量不得超過百萬分之一。
2.根據國際環保紡織協會規定，酸性染料的弱酸橙R（酸性橙45）、弱酸大紅H（酸性　285）、酸性黑NT29（酸性黑29）等，含有致癌性苯胺結構；C.I.酸性紅26、C.I.酸性紫49直接接觸就會致癌；C.I.酸性黑48有致過敏性，皆已受到禁用。 |

側欄：有機溶劑　塑膠原料　可塑劑　界面活性劑　染色劑　抗氧化劑

引發危害	1. 酸性染料所添加含鉻媒染劑的鉻離子會造成鉻中毒，可能引起過敏性濕疹、鼻中隔穿孔、支氣管癌、腸胃炎、血液病變，並使心臟、腦部、肝臟受損與腎臟衰竭，並可能引發肺癌。 2. 致過敏性的染料可能會在接觸部位造成過敏不適；而部分酸性染料為直接致癌物，不需經過分解即有致癌的危險，依結構、吸收部位不同而可能造成不同的癌症。

陽離子染料（Cationic Dyes）

鹼性棕4、鹼性紅42、鹼性紅111、C.I.鹼性黃21、C.I.鹼性紅12、C.I.鹼性紫16、C.I.鹼性藍3、C.I.鹼性藍7、C.I.鹼性藍81

功能用途	陽離子染料的色素離子帶有正電荷，適用於腈綸、絲綢的染色，色澤鮮豔，但耐光、耐熱的性能較差。
使用規定	根據國際環保紡織協會規定，陽離子染料中的鹼性棕4、鹼性紅42、鹼性紅111，由於可能分解產生致癌芳香胺分子，已被禁用；C.I.鹼性黃21、C.I.鹼性紅12、C.I.鹼性紫16、C.I.鹼性藍3、C.I.鹼性藍7、C.I.鹼性藍81等染料屬於直接致癌物，已全面禁用。
引發危害	1. 陽離子染料分解產生的致癌芳香胺分子，像是4-氨基聯苯、聯苯胺、4-氨-2-甲基苯胺、2-萘胺等，吸入或皮膚接觸會刺激黏膜、引起過敏或接觸性皮膚炎。若長期接觸，可能引發膀胱癌、輸尿管癌、胰臟癌等癌症病變。 2. 接觸到屬於直接致癌物的陽離子染料，會依照染料的結構、吸收的部位，可能引發不同的癌症。

直接染料（Direct Dye）

C.I.直接黑38、C.I直接藍6、C.I.直接紅28

功能用途	直接染料通常不需要借助媒染劑就可直接將纖維染上色，適合用於棉、麻或真絲的染色，染料生產容易、使用方便，價格較低，但顏色的鮮明度不高，耐光、耐水洗的程度差，經過改良後的染料多屬於活性染料與還原染料。
使用規定	1. 根據歐盟規定，直接染料中部分染料具有聯苯胺的結構，而聯苯胺已被確認為致癌物，因此含有聯苯胺結構的直接染料已被禁止製造、輸入、販賣及使用。 2. 根據國際環保紡織協會的宣布，直接染料中的C.I.直接黑38、C.I.直接藍6、C.I.直接紅28屬於直接致癌物，已遭禁止使用。
引發危害	1. 直接接觸含有聯苯胺結構的直接染料，可能使染料分解成聯苯胺，聯苯胺會刺激黏膜部位並造成不適，長期接觸則會損害肝臟、腎臟，並導致血尿、排尿困難，體內累積微量即可能罹患膀胱癌、輸尿管癌、胰臟癌。 2. 部分直接染料為直接致癌物，直接與人體接觸、不需經過分解即有致癌的風險，罹癌的病症會依染料的結構、吸收部位不同各異。

分散染料（Disperse Dye）

C.I.分散黃3、C.I.分散藍1

功能用途	分散染料對水的溶解度較差，適合於聚酯纖維、黏膠、腈綸、錦綸、滌綸等合成纖維。
使用規定	1. 根據國際生態安全法規規定，分散染料中的26種致過敏性染料已被限定使用，其使用限量為60毫克／公斤，也就是從紡織物萃取出的成分中每公斤不

使用規定	得超過60毫克的致過敏性染料。 **2.**根據國際環保紡織協會規定，C.I.分散黃3和C.I.分散藍1具有致癌性，已受到禁用。
引發危害	**1.**若接觸到分散染料中的26種致過敏性的染料，可能會在接觸部位造成過敏不適。 **2.**少數分散染料為直接致癌物，直接與人體接觸即有致癌的風險，罹癌的病症會依染料的結構、吸收部位不同各異。

活性染料（Reaction Dye）

活性黃K—R，活性藍KD—7G，活性黃棕K—GR，活性黃KE—4RNI

功能用途	活性染料在染色時會與纖維起化學反應，形成牢固穩定的共價鍵結構，因此耐洗和耐磨擦的程度較高，並且活性染料的色譜廣、色澤鮮豔、性能優異、適用性強、毒性較低，可以取代許多被禁用的染料。
使用規定	目前國內尚無相關日用品法規
引發危害	無明顯毒性

硫化染料（Sulfur Dye）

C.I.硫化棕10,53055、C.I.硫化橙1,53050、C.I硫化　2,53120、C.I硫化黑6、硫化草ZG、硫化墨　GH

功能用途	硫化染料染色時需要使用硫化鹽輔助，容易生產製造且耐光、耐水洗、色澤多屬於灰暗色系，主要有藏青、黑色和棕色等，適合濃染，但長期存放會破壞纖維，使布易破損，多用於棉、麻纖維的染色。
使用規定	根據國際環保紡織協會規定，由於部分種類的硫化染料使用芳香胺中間體，接觸人體之後可能分解成芳香胺化合物進入人體，進而引發癌症因而受到禁用，包含：C.I.硫化棕10,53055、C.I.硫化橙1,53050、C.I.硫化　2,53120、C.I硫化黑6以及硫化草　ZG、硫化墨　GH等。
引發危害	使用芳香胺中間體的硫化染料分解成芳香胺化合物後，會進入人體引發各種癌症。

還原染料（Vat Dye）

C.I.還原紅1,73360、C.I.還原紫2,73385

功能用途	還原染料可溶於水，並具有耐水洗、耐曬、耐氯漂和其它氧化漂白的特性，其染色原理是經過還原形成可溶於水的鹽後，吸附在纖維上，再經由氧化作用恢復成原本不溶於水的形式，在纖維上顯現顏色。還原染料的色譜齊全、色澤鮮豔，但價格較高，多用於棉、麻、黏膠的染色。
使用規定	還原染料中受到禁用的種類很少，仍有少數種類由於以聯苯胺做為原料製造而受國際環保紡織協會的禁用，如C.I.還原紅1,73360、C.I.還原紫2,73385。
引發危害	接觸含有聯苯胺結構的還原染料，可能使染料分解成聯苯胺進入人體，刺激黏膜部位並造成不適，長期接觸則會損害肝臟、腎臟，並導致血尿、排尿困難，體內累積微量即可能罹患膀胱癌、輸尿管癌、胰臟癌。

有機溶劑　塑膠原料　可塑劑　界面活性劑　**染色劑**　抗氧化劑

抗氧化劑 (Antioxidant)

　　抗氧化劑的功能和防腐劑類似，都能避免成分變質，不過防腐劑是減少產品中微生物的污染以達此目的，抗氧化劑則是用來防止產品中容易被氧化的成分，受到環境周遭的空氣、水氣等氧化物質作用而分解變質，常添加塑膠製品、化妝品、清潔用品、食品等相關用品的製作過程。抗氧化劑可以分成天然、人工合成產物，其中人工合成的抗氧化劑毒性較高，可能會經由日用品溶出而進入人體，或是塗擦清潔用品、化妝品而從皮膚毛細孔吸收，造成過敏或發炎反應。

◎ 抗氧化劑1

丁基羥基苯甲醚 (BHA，又名丁羥茴醚 Butylated Hydroxyanisole、Butylated Hydroxyanisole、Butylhydroxyanisole、Boa (Antioxidant)、Tert-Butyl-4-Hydroxyanisole) ■

性質

　　丁基羥基苯甲醚是白色或黃色的結晶狀粉末，能溶解於石油、氯仿、乙醚，不溶於水，是人工合成的抗氧化劑，毒性比丁基羥基甲苯（BHT）稍低，在化學、食品工業上的用途廣泛，常用來減緩油脂、植物油、維生素A、及維生素E的氧化速度，做為食品添加劑、化妝品添加劑。

主要功能及使用物品

❶ **抗氧化**：丁基羥基苯甲醚可以使空氣中氧化物質失去作用（氧化物質被還原），防止脂質經由氧化而使其不易腐敗，能穩定油脂、維生素A、維生素E，常添加在唇膏、眼影等化妝品，及身體乳液、面膜等保養品，以及奶油、餅乾油脂當做抗氧化劑。

❶ **抗菌性**：丁基羥基苯甲醚可以分解黴菌菌絲，具有較強的抗菌力，能夠抑制黃麴黴菌、黑麴黴菌、青黴菌及孢子生長，添加後能避免食品、化妝品受到黴菌毒素污染，常當做食品抗菌劑，或唇膏、眼影化妝品抗黴劑。

使用規定

美國食品藥物管理局（FDA）建議，丁基羥基苯甲醚的每日容許攝取量（ADI）為0.5毫克／公斤。

危害途徑

由於丁基羥基苯甲醚會添加在油脂裡當做抗氧化劑,因此使用含有丁基羥基苯甲醚的唇膏、眼影等化妝品,在卸妝不乾淨的情況下對於易過敏體質的人,可能使眼睛和皮膚出現過敏現象。長期食用含有丁基羥基苯甲醚的加工食品,則可能經消化道黏膜吸收而對腸胃造成刺激性。

過量危害

❶ 丁基羥基苯甲醚是一性質溫和的刺激性物質,即使是高濃度的丁基羥基苯甲醚,只要用量在每日容許範圍5ppm以內,就不會對皮膚造成明顯的刺激性。

❷ 人體攝入丁基羥基苯甲醚,會經由腎臟過濾讓尿液排出,剩餘未排出的部分會經由肝臟代謝所分泌的膽汁再排出體外,對於肝臟、腎臟、腸胃道可能有毒性作用。另外,誤食過量的丁基羥基苯甲醚,可能會出現噁心、腸胃不適等症狀。

❸ 經動物實驗發現,丁基羥基苯甲醚可能會導致細胞突變。因此,有研究指出,丁基羥基苯甲醚對人體可能有致癌性。

毒性分類

目前尚未列管為毒性化學物質

危險度

| 致癌 | ✘ | 過敏 | ✔ | 器官受損 | ✔ 腎臟、肝臟 |

⊙ 抗氧化劑2

丁基羥基甲苯 (BHT,又名2,6-二叔丁基對甲酚Butylated hydroxytoluene,2,6-Bis(1,1-Dimethylethyl)-4-Methylphenol、2,6-Di-Tert-Butyl-1-Hydroxy-4-Methylbenzene) ■

性質

丁基羥基甲苯是白色或淡黃色的結晶狀粉末,能溶解於石油、氯仿、乙醚,化學性質穩定,受熱也不易變質,是人工合成的抗氧化劑,相對於丁基羥基苯甲醚具有較高的毒性,廣泛應用在化學、食品工業等方面,能夠減緩油脂、植物油、維生素A及維生素E的氧化速度,常做為食品添加劑、塑膠抗氧化劑、水產加工、汽油添加劑、橡膠穩定劑、抗菌劑。

有機溶劑

塑膠原料

可塑劑

界面活性劑

染色劑

抗氧化劑

主要功能及使用物品

❶ **抗氧化劑**：丁基羥基甲苯可以使空氣中氧化物質失去作用，防止脂質氧化以延續腐敗的產生，常添加在乳霜、粉底等化妝品當做抗氧化劑、抗菌劑。在化學工業上，丁基羥基甲苯可以抑制塑膠或橡膠出現氧化分解，以增加產品的使用期限，常當做合成橡膠穩定劑、塑膠抗氧化劑，以及製造膠布、乳膠手套、膠鞋、皮革、油墨、電路版染料的抗氧化劑。

❷ **減少黏性**：丁基羥基甲苯可以防止潤滑油、燃料油在使用後黏度增加，而干擾其原本的性能，常做為潤滑油、汽柴油的添加劑。

❸ **抗鏽蝕磨損**：丁基羥基甲苯在高溫下仍具有抗氧化作用，添加在液壓油可以減少精密機械金屬的鏽蝕、磨損，常用於液壓油、煞車油、石蠟、變壓器油的防鏽劑。

使用規定

❶ 行政院環境保護署根據〈環保標章規格標準〉公告，符合清潔產品類環保標章的洗髮精、肌膚清潔劑、潤髮乳，該產品不得添加螢光劑、二丁基羥基甲苯、丁基羥基甲苯、甲醛、三氯沙及含氯添加劑，且經檢測不得檢出丁基羥基甲苯。丁基羥基甲苯偵測極限應為5ppm 以下。

危害途徑

　　丁基羥基甲苯大多添加在油脂中做為抗氧化劑，使用含有丁基羥基甲苯的化妝品、塑膠橡膠製品，可能會使皮膚、黏膜出現過敏現象。如果穿戴品質不良的乳膠手套，微量的丁基羥基甲苯可能經由手部皮脂或汗腺滲入，如果本身是過敏體質的人可能會引起皮膚起疹、紅腫。部分加工食品、海鮮食品也會使用丁基羥基甲苯當做抗氧化劑，消化道黏膜會吸收此類食品所含的丁基羥基甲苯，長期食用會經由造成刺激性。

過量危害

❶ 含量純正的丁基羥基甲苯雖然是刺激物質和致過敏物質，但是對皮膚的刺激性和過敏性並不強烈，另外可能導致皮膚脫色的症狀，但經臨床測試僅極少數會產生此現象。

❷ 人體攝入丁基羥基甲苯，其中50%的劑量會在24小時內從尿液排出，剩餘的部分有25%會陸續經尿液排出，最後25%則會經體內組織代謝，因此丁基羥基甲苯主要是經肝臟所分泌的膽汁，以及腎臟將之轉化為尿液來代謝，故攝入過多丁基羥基甲苯可能會增加肝臟、腎臟負擔。

❸ 有研究指出，丁基羥基甲苯本身並不具致癌性，但會增加其他致癌物的毒性；另外，經動物實驗發現，丁基羥基甲苯有導致噁心、嘔吐、腸胃炎、神經毒性的可能。

毒性分類

目前尚未列管為毒性化學物質

有機溶劑

塑膠原料

可塑劑

界面活性劑

染色劑

抗氧化劑

危險度

| 致癌 | ? | 過敏 | ✓ | 器官受損 | ✓ 呼吸系統、消化系統 |

◎ 抗氧化劑3

乙二胺四乙酸（EDTA，又名乙二胺四醋酸 Ethylenediaminetetraacetate）

常見相關化合物

乙二胺四乙酸二鈉（Disodium Ethylenediaminetetraacetate）、乙二胺四乙酸四鈉（Tetrasodium Ethylenediaminetetraacetate）、乙二胺四乙酸二鈉鈣（Calcium Disodium Ethylenediaminetetraacetate）、乙二胺四乙酸鈉鐵（III）（Sodium Iron（III）Ethylenediaminetetraacetate）

性質

　　乙二胺四乙酸是無色的結晶狀粉末，能溶解於溫水、氫氧化鈉、碳酸鈉、氨水溶液，不溶於有機溶劑，常用來清除水中的重金屬、有毒物質，也用在化學工業、醫學用途，常用於硬水軟化，或是重金屬中毒解毒劑、血液抗凝劑、抗菌劑，以及製作肥皂、乳液、化妝品、洗潔劑、植物油、衣物、定影液等物品。

主要功能及使用物品

❶ 吸附重金屬：乙二胺四乙酸為水溶性的金屬鉗合物分子，對金屬離子（如：鈣、鎂離子）具有強力的吸附作用，可避免產品受到金屬作用而變質，添加在硬水、肥皂、乳液、各式化妝品、紡織品等物品的製造過程中。

❷ 抗氧化劑：乙二胺四乙酸可以吸附鈣離子、鎂離子等容易被氧化的金屬離子，去除氧化性物質，常常做粉底液、化妝水等化妝品及植物油等油脂食品的抗氧化劑或穩定劑。乙二胺四乙酸亦能去除血液中的自由基，避免血液凝集，在醫學上的應用包括：重金屬解毒劑、血液抗凝劑、牙齒根管治療等。

❸ 氧化劑：乙二胺四乙酸鈉鐵（III）是利用乙二胺四乙酸吸附氧化性金屬鐵（III），常做為沖洗彩色相片氧化劑、印刷用漂白定影液。

❹ 起泡性：水溶液中如果含有鈣、鎂離子會使清潔劑無法起泡，添加乙二胺四乙酸使清潔劑不受到水中金屬離子作用，可以增強起泡作用，常用於清潔劑、沐浴乳、洗髮精等清潔用品。

❺ 抗菌性：乙二胺四乙酸能破壞細菌的細胞膜，而且會吸附金屬離子，造成生物性酵素功能喪失，對於細菌、微生物具有毒性，可以當做抗菌劑使用，常用在抗菌洗手乳、除濕除黴劑、浴廁清潔劑。

使用規定

❶ 行政院環境保護署根據〈環保標章規格標準〉公告，符合清潔產品類環保標章的洗衣清潔劑、洗碗精、洗髮精、衛浴廚房清潔劑、地板清潔劑與肌膚清潔劑，產品中乙二胺四乙酸的含量必須在0.01％以下。

危害途徑

乙二胺四乙酸常添加在清潔劑、化妝品、肥皂等日用品中，雖然該物質並不會造成接觸性過敏，但其在環境中不易被分解，乙二胺四乙酸很難被身體代謝排出，進入人體則會累積在體內，若未徹底洗淨，可能會殘留在物品上而誤食，傷害消化系統。

過量危害

❶ 乙二胺四乙酸的毒性很低，但是對於人體仍然具有細胞毒性，如果誤食或是吸入煙霧，可能會造成消化道、呼吸道黏膜受損，出現咳嗽、嘔吐、噁心、腸胃不適、腹部脹氣、腹瀉等症狀。不過目前臨床研究中，並未證實乙二胺四乙酸是否會造成皮膚過敏，因此接觸乙二胺四乙酸仍須注意皮膚反應。

❷ 乙二胺四乙酸會吸附金屬離子，可能會造成生物性酵素功能喪失，影響細胞生長，長期攝入含有此類物質的日用品可能會干擾正常生長發育、影響生殖系統。

❸ 乙二胺四乙酸的用途廣泛，而且不易受到環境分解，是一種持久性的環境有機污染物。過量使用含有此類物質的日用品容易造成生態環境的污染。

毒性分類

目前尚未列管為毒性化學物質

危險度

| 致癌 | X | 過敏 | ？ | 器官受損 | ✓ | 消化系統 |

info 醫學上的應用：螯合療法

乙二胺四乙酸可以當做金屬離子螯合劑，是砷毒氣中毒的強效解毒劑，在二戰期間還發現它可以螯合輻射性落塵金屬離子，現代醫學將此功能應用在治療鉛、汞、銅、鎘等重金屬中毒的病症，並利用其吸附金屬離子的特性，移除死亡的紅血球所含的鐵，用來治療地中海貧血、血管栓塞等症狀。

◎ 抗氧化劑4

對苯二酚 （Hydroquinone、1,4-Benzenediol、
1,4-Dihydroxybenzene、 4-Hydroxyphenol、Alpha-hydroquinone、Arctuvin）■

性質

　　對苯二酚是白色或無色針狀結晶粉末，具有可燃性、化學還原性、催淚性與刺鼻的味道，可以溶於熱水、乙醚、乙醇、丙酮、四氯化碳，微溶於苯，常用在塑膠、橡膠當做抗氧化劑、還原劑、染料、亮光漆，或是做為底片顯影劑、汽柴油穩定劑、除草劑，也添加在化妝品、指甲油、睫毛膏當做抗氧化劑或淡斑劑。

主要功能及使用物品

❶ **還原劑**：對苯二酚具有還原性，在溶液中會形成負離子，可以還原氧化性物質，常用於塑膠、橡膠製品、底片顯影劑、染料、聚酯塗料阻聚劑。

❷ **抗氧化劑**：對苯二酚可以避免空氣中氧化性物質與產品出現氧化作用，能延長產品的有效期限，常當做亮光漆、汽柴油、指甲油、睫毛膏等用品的抗氧化劑。

❸ **除草劑**：對苯二酚的結構類似生物酵素輔酶，可以影響植物的酵素作用，遏止植物的生長作用，常用於除草劑、農藥。

❹ **淡斑美白**：對苯二酚可以干擾細胞酵素作用，在藥理濃度下具有抑制黑色素生長的功能，但是會造成用藥處局部刺激性等副作用，常用於治療黑斑、淡斑的藥膏，也添加在具有美白功能的化妝品。

使用規定

❶ 行政院衛生署根據〈美白化粧品及其使用限量〉公告，含有熊果素（Arbutin）的美白化粧品，其製品中所含的不純物（對苯二酚）應在20ppm以下。

❷ 行政院衛生署公告，含有對苯二酚列為藥品管理，含量在2%以上為醫師處方用藥。

❸ 美國食品藥物管理局規定對苯二酚不得用於面霜及乳液產品，但可添加在使用後需洗滌的產品，其含量不得超過1%，且不得宣稱美白效果。

❹ 依據國際職業安全與健康管理局（OSHA）規定，短時間內對苯二酚容許濃度限值為4毫克／立方公尺；空氣中八小時內的對苯二酚平均容許濃度限值為2毫克／立方公尺。

危害途徑

　　對苯二酚會經由吸入粉塵、汽機車廢氣，或是皮膚接觸到含有對苯二酚的塑膠、橡膠等相關產品而造成傷害，部分化妝品如：指甲油、睫毛膏、乳液，可能也含有合法劑量的對苯二酚。因此，如果接觸裝有油類或是變質的塑膠製品，或是接觸含有此類化妝保養用品後若未徹底洗淨，可能使得對苯二酚殘留在皮膚，或是塗抹過相關產品的部位接觸食物而誤食，造成消化系統的傷害。

有機溶劑 ／ 塑膠原料 ／ 可塑劑 ／ 界面活性劑 ／ 染色劑 ／ 抗氧化劑

過量危害

❶ 長期暴露在對苯二酚下會刺激皮膚、黏膜、眼睛而發生損傷，對苯二酚的濃度愈高，損傷程度愈嚴重，可能出現皮膚紅腫、起疹、脫色、脫屑、皮膚炎、流淚、眼睛疼痛、水晶體混濁、眼球色斑、角膜失去光澤等嚴重程度不一的症狀。

❷ 對苯二酚如果經由呼吸道吸入粉塵，會引起鼻子、喉嚨、上呼吸道的不適感。如果經由食入或飲用受到對苯二酚污染的水或物質，可能引起急性的噁心、嘔吐、腹瀉、頭昏、頭痛、窒息感、呼吸急促、臉色蒼白、皮膚發青、耳鳴等症狀。

❸ 對苯二酚如果接觸鹼性溶液、高溫、火花、強氧化劑會有激烈反應，會增加火災和爆炸的危險性。

毒性分類

☐難分解物質　☐慢毒性物質　☑急毒性物質　☐疑似毒化物

危險度

| 致癌 | ? | 過敏 | ✓ | 器官受損 | ✓ 呼吸系統、消化系統 |

其他常見的抗氧化劑 ⋯⋯⋯⋯⋯⋯⋯⋯■

特丁基對苯二酚（Tertiary Butylhydroquinone，TBHQ）

功能用途	特丁基對苯二酚具有優良的抗氧化性能，而且安全性高，常添加在食物中，當做食用油、植物油、橡膠製品的抗氧化劑、防黴劑。
使用規定	行政院衛生署根據〈食品衛生管理法〉規定，特丁基對苯二酚屬於第三類抗氧化劑，可使用於油脂、乳酪及奶油，其用量不得超過0.2公克／公斤。
引發危害	毒性很低，長期接觸仍可能會刺激皮膚、黏膜，引起皮膚紅腫、起疹、皮膚炎等過敏症狀。

乙二醇四乙酸（Ethylene Glycol Tetraacetic Acid，EGTA）

功能用途	乙二醇四乙酸可以吸附二價金屬的鈣離子及氧化性物質，可用於淨水廠硬水軟化、濾水器濾心當做重金屬吸附劑，或塑膠碗盤、塑膠桌椅等製品，及香皂、洗髮精、沐浴乳，以及食品的抗氧化劑。
使用規定	國內目前尚無乙二醇四乙酸在日用品的相關法規。
引發危害	誤食乙二醇四乙酸或吸入其煙霧，可能會損及消化道和呼吸道的黏膜，並出現嘔吐、噁心、腸胃不適等症狀。

沒食子酸丙酯（Propyl Gallate）

功能用途	沒食子酸丙酯能夠防止油脂因氧化而變質，常是含油脂日用品的抗氧化劑，像是食品、黏著劑、潤滑油，以及化妝水、去光水、卸妝油等化妝品，及空氣芳香劑、精油。
使用規定	行政院衛生署根據〈食品衛生管理法〉規定，沒食子酸丙酯屬於第三類抗氧化劑，可使用於油脂、乳酪及奶油，其用量不得超過0.1克／公斤。
引發危害	毒性不高，但是長期接觸仍可能會刺激皮膚、黏膜，使得皮膚出現紅腫、起疹、發炎等過敏症狀。

維生素C（Vitamin C）、維生素E（Vitamin E）

功能用途	維生素C、E是天然的抗氧化劑，會參與並增強生物酵素的作用，存在於許多植物、水果，常添加於飲料、食品、沙拉油、葵花油當抗氧化劑，也用在保養品、粉底等化妝品。
使用規定	行政院衛生署根據〈食品衛生管理法〉公告〈食品添加物使用範圍及用量標準〉，維生素C做為食品抗氧化劑的用量不得超過1.3公克／公斤；維生素E做為一般食品的抗氧化劑，其用量不得超過60毫克／公斤。
引發危害	雖然維生素C、E屬天然的抗氧化劑，但如果食用過量的維生素E可能會引起眩暈、頭痛、噁心、腹瀉、肌肉無力、視覺障礙、低血糖等症狀。

有機溶劑

塑膠原料

可塑劑

界面活性劑

染色劑

抗氧化劑

抗菌劑 (Antiseptic)

　　抗菌劑又稱抑菌劑，泛指能抑制微生物生長的化學物質，一般常用以防治病原菌，做為環境消毒、醫療消毒、食品消毒、水質處理及農藥等日常用途。抗菌劑可分為無機和有機兩大類，有機類的抗菌劑又包括化學合成及天然兩大系列，化學合成的抗菌劑像是三氯沙、甲醛，天然抗菌劑則如植物精油、紫外線。不論是天然或化學合成，大部分的抗菌劑對微生物具有高毒性，對動物或人類亦具有刺激性及毒性，若使用不慎或未做好防護措施，則容易藉由接觸、吸入及誤食而造成過敏或急性中毒，其殘留物累積於人體內甚至會導致慢性中毒或突變。長期使用單一抑菌劑，尤其是抗生素，還可能導致病菌產生抗藥性，使藥劑失去作用。

◎ 抗菌劑1

三氯沙 (Triclosan；又名三氯生、三氯新、玉潔新)

常見相關化合物

　　三氯卡班（Triclocarban，又名三氯碳酸苯胺）

性質

　　三氯沙為微具芳香的白色結晶性粉末，是一種非離子性的抗菌劑。三氯沙會吸附在細菌的細胞壁上，阻止細菌攝取胺基酸，並干擾其細胞壁的生成，藉以達到殺菌效果。廣泛應用於化妝品及清潔劑等日用品中，具有抗菌、防腐及增強清潔力的用途。

主要功能及使用物品

❶ **殺菌消毒：**由於三氯沙能夠干擾細菌的生長，具強效的抑菌效果，因此廣泛做為清潔用品添加劑。通常添加在標榜具有殺菌功效的香皂、沐浴乳、肥皂、洗手乳、洗面乳等個人清潔用品；和遮瑕膏、養髮液、防曬乳液、身體乳液、爽足粉等美妝保養用品，及洗碗精、冷洗精、空氣清淨劑、冰箱除臭劑等清潔消毒用品，以及溼紙巾。三氯沙亦常添加於牙膏、藥用漱口水中，能有效治療牙周病、改善口腔健康。

❶ **美容保養：**三氯沙的抑菌效果能減緩面皰、更新角質層，並延長產品保存效果，因此常添加於各種抗痘、抗菌保養品，例如：遮瑕膏、化妝水、爽足粉及止汗體香劑等美容保養用品。

使用規定

❶ 根據行政院衛生署〈化妝品衛生管理條例〉規定，化妝品廠商於製造或輸入化妝產品，其添加三氯沙的限量為0.3％。

❷ 根據行政院環保署〈環保標章規格標準〉規定，符合衛浴廚房清潔劑環保標章的產品，不得添加三氯沙，且經合格檢測單位以符合偵測極限要求的方法檢測，含量應不得檢出。

危害途徑

❶ 含有三氯沙的清潔劑或保養品，在使用後很容易和維持自來水中殺菌功能的餘氯產生化學反應，產出具揮發性的疑似致癌物質三氯甲烷。因此，長期使用含有三氯沙的清潔劑，可能會經由沐浴、淋浴及洗滌等使用水的情境，使得該類清潔劑與自來水中的氯產生三氯甲烷，讓使用者暴露在三氯甲烷的環境中，再透過空氣或皮膚吸收而導致中毒。

❷ 三氯沙加在牙膏和漱口水仍具揮發性，長期使用含有過量三氯沙的牙膏及漱口水，會透過皮膚吸收、誤食或直接吸入肺部，造成慢性中毒或癌症。

過量危害

❶ 三氯沙容易與脂肪結合，且不易從身體排出，因此常會透過食物鏈或經由空氣長期吸收而蓄積在生物體中，可能導致抑鬱病、荷爾蒙失調、肝病，甚至癌症。

❷ 三氯沙可能使部分接觸者產生過敏反應，微量的三氯沙對皮膚無刺激性，但過敏體質者或發育中幼兒直接接觸過量的三氯沙，容易引起皮膚紅腫、疼痛等過敏症狀；若不慎接觸眼睛則會引起灼燒感、流淚及結膜發紅等症狀。

毒性分類

目前尚未列管為毒性化學物質

危險度

| 致癌 | ? | 過敏 | ✓ | 器官受損 | ✓ | 肝臟 |

抗菌劑

漂白劑

洗滌脫脂劑

紫外線吸收劑

金屬表面處理劑

防腐劑

◎ 抗菌劑2

臭氧（Ozone；又名強氧、超氧、活氧、重氧）■

性質

臭氧為帶有特殊臭味的淡藍色氣體，自然界中的臭氧主要存在於地球的臭氧層中。臭氧的反應活性強且不穩定，比氧氣更容易和有機化合物等物質產生氧化反應，在常溫下容易逐漸分解為氧氣，其強氧化性可用以消毒殺菌及去除異味，常用於空氣清淨、淨水及廢水處理，或應用於食品加工及工業製程的消毒流程中。

主要功能及使用物品

❶ **漂白劑**：臭氧為強漂白劑，能有效脫除紙漿的木質素，提高紙漿的白晰度，常做為紙漿漂白；工業洗衣或家庭洗衣機亦常裝有臭氧產生器，利用臭氧來進行衣物消毒及漂白。

❷ **除臭劑**：一般需要除臭的惡臭臭味多帶有正電，利用帶有負電的臭氧與其結合後，會有效快速地破壞臭味分子，達到降低臭度的效果。許多空氣清淨機具有釋放臭氧的功能，便是利用臭氧除臭的原理，以達到清淨空氣的目的。

❸ **美容保養**：低量臭氧常添加於外敷保養品中，可預防並治療黴菌感染或皰疹等皮膚問題，減少環境對皮膚造成的傷害，常用於臭氧防皺霜、超氧皮膚霜等化妝保養品。

❹ **抑菌除臭**：臭氧因具備強氧化力，常運用於飲用水水質處理、游泳池水質處理、超純水處理、冷卻水處理、製程用水處理，例如：臭氧產生器，其能將廢水污染物氧化、分解、淨化、脫色、除異味、除臭，並能殺死細菌、藻類、病毒，還能降低水中的生化耗氧量，降低污染程度、消除界面活性劑的泡沫。臭氧也可分解果菜中殘餘的農藥，或去除肉類中的微生物，因此蔬果清洗機常具備臭氧產生功能。

使用規定

❶ 根據行政院環保署〈空氣污染防制法〉規定，臭氧是〈空氣污染防制法施行細則〉列管的空氣污染物，屬於光化學性高氧化物，即經光化學反應所產生的強氧化性物質，是一般空氣品質監測站、國家公園空氣品質監測站及背景空氣品質監測站等監測站應測定的項目。

❷ 根據行政院環保署〈飲用水水質處理藥劑〉公告，臭氧為飲用水水質處理藥劑。

❸ 根據行政院勞委會〈勞工安全衛生法〉規定，勞工工作環境空氣中的臭氧濃度不得超過0.1ppm或0.2毫克／立方公尺。

危害途徑

❶ 臭氧可能會在紫外線、輻射線照射空氣或氧氣下產生，工業廢氣、汽機車所排放的廢氣亦容易在高溫狀態下產生臭氧，經由呼吸進入人體可能會危害健康。

❷ 藉由釋出臭氧產生抑菌效果的空氣清淨機、蔬果洗淨機、洗衣機、淨水器等，常因未依規定使用、機械品質不穩定，或缺乏通風設備而生成過量的臭氧；辦公室中的事務機、影印機、印表機等設備，其原理即利用瞬間高熱讓碳粉附著於紙上，在此高熱狀態亦有機會產生臭氧。長期處在設有這些可能釋出臭氧的機械周圍，若上述機械因故釋出過量臭氧，會經由皮膚、眼睛或呼吸道進入人體而造成危害。

過量危害

❶ 臭氧會透過呼吸道傷害人體，傷害的嚴重性視暴露的濃度和暴露的時間而定，濃度大於2ppm即會刺激眼睛，低濃度臭氧則會傷害上呼吸道和肺部，短時間暴露於相當低的濃度也可能導致嚴重或永久性的肺部損害，甚至是死亡。臭氧中毒的病徵包括肺部功能降低、急度疲勞、頭暈、咳嗽、哮喘、皮膚泛青、呼吸道受嚴重刺激，可能引發支氣管炎、肺炎等疾病。

❷ 液態的臭氧接觸到皮膚或黏膜，會導致嚴重灼傷。

❸ 長時間連續處在含有臭氧的環境下將導致長期或慢性中毒，會引起頭痛、鼻子和喉嚨的刺激感、胸悶、肺部充血。

毒性分類

目前尚未列管為毒性化學物質

危險度

| 致癌 | ? | 過敏 | ✓ | 器官受損 | ✓ | 呼吸系統呼吸系統 |

info 保護地球生物的臭氧層

生活中低濃度的臭氧即足以對人體造成傷害，但是距離地面約15～50公里左右的臭氧層卻是保護生物最大的屏障。臭氧層是平流層中的氧氣受紫外線照射下產生大量臭氧而形成，其可吸收大部分具有危險性的短波紫外線及輻射，降低罹患皮膚癌、白內障及其他免疫系統的病變。

◉ 抗菌劑3

抗生素 (Antibiotic)

常見相關化合物

目前用於治療細菌感染的抗生素種類多達上百種。其主要類別包含 β-內醯胺類抗

抗菌劑

漂白劑

洗滌脫脂劑

紫外線吸收劑

金屬表面處理劑

防腐劑

生素（β-Lactam）、青黴素（Penicillins）、頭孢菌素（Cephalosporins）、氨基糖苷類抗生素（Aminoglycoside）、大環內酯類抗生素（Macrolide）、四環素類抗生素（Tetracycline）、氯黴素（Chloramphenicol）、喹諾酮（Quinolone）、磺胺類抗生素（Sulfonamides）等。

性質

　　抗生素是微生物的代謝產物或合成的類似物，可直接破壞病菌的完整性而導致其死亡，或抑制病菌的生長因子合成使其無法進行繁殖，可用於治療細菌感染性疾病；除了具有抑菌性外，抗生素還具有抗腫瘤活性，可用於腫瘤的化學治療，有些抗生素則具有刺激植物生長作用。因此，抗生素主要應用在醫療領域、農業、畜牧業和食品工業等也略有運用，過去還曾添加在化妝品、保養用品，用以改善膚質。

主要功能及使用物品

❶ **抗痘護膚**：抗生素能夠抑制病菌生成、治療感染性疾病，添加在面皰凝膠、化妝水、洗面乳或面膜等美容保養品，能達到抗菌、消除面皰的效果，使用初期能快速修復肌膚，改善膚況，並能抑制青春痘、毛囊炎生成。

❷ **治療牲畜疾病、促進生長**：抗生素具有治療疾病和刺激生長的作用，畜牧業者常對動物注射抗生素以治療疾病，或在動物的飼料中加入抗生素，以增強抵抗力並預防細菌感染、加速生長、促進飼料營養吸收以降低餵食量，常用來促進肉製品的產量和品質，例如：各式雞肉、羊肉、豬肉、鴨肉、牛肉等都使用。

❸ **疾病治療**：口服或注射抗生素可治療各種細菌感染性疾病，常應用於臨床的治療，像是菌血症、敗血症、猩紅熱、肺炎、扁桃體炎、中耳炎、蜂窩組織炎等細菌引起的急性感染。

使用規定

❶ 根據行政院衛生署〈化妝品衛生管理條例〉規定，化妝品成分不得含有抗生素。

❷ 根據行政院衛生署〈嬰兒食品類衛生標準〉規定，嬰兒食品不得含有抗生素。

危害途徑

❶ 部分抗生素會添加在外用軟膏、凝膠或口服藥劑用來治療皮膚疾病、改善膚質，但是外用抗生素在抑制細菌的同時，也會降低皮膚或黏膜的抵抗力，反而引起黴菌大量繁殖，或因皮膚受到過度刺激而出現過敏等現象。

❷ 若畜牧業者過量注射或停藥期限未到即出售家畜，或是飼料廠添加過量抗生素，都可能造成抗生素殘留在肉品，消費者可能吃下這些肉品而攝入抗生素。另外，畜牧業若過量使用摻有抗生素的飼料或藥物，可能導致抗藥性的病菌生成並隨著牲畜的排泄物散播。一旦養者受感染，或藉由空氣傳至人體，便會使人類感染到具抗藥性的疾病。此外，病菌也能藉由此類牲畜所製成但未處理完全的食物，經人類食入而感染疾病。

過量危害

❶ 醫療行為長期或大量使用口服或注射抗生素，除了會造成體內中毒，亦會由於體內特定細菌被抑制，而未被抑制的細菌或真菌趁機大量繁殖，引起菌群失調，容易造成二重感染（又稱繼發感染），常引起口腔、呼吸道感染以及敗血症。

❷ **過敏反應**：抗生素種類多樣，亦可能造成不同程度的危害，但大部分的抗生素容易引起過敏反應，且依個體差異而有程度上的不同。像是頭孢菌素類、青黴素類、氯黴素、氨基糖類、四環黴素類、磺胺類等抗生素易引起過敏反應，透過外用、口服、攝食、注射等途徑攝入過量抗生素，會出現皮疹、蕁麻疹、癢痛和藥物熱等症狀。

❸ **肝腎危害**：大多數的抗生素是經由腎臟排泄，若經外用、口服、攝食、注射等途徑接觸到過量的四環黴素、氯黴素，會引發血球減少而產生貧血，並導致肝細胞損害。

❹ **消化系統損害**：經由外用、口服、攝食、注射等途徑接觸到過量的四環黴素、氯黴素等抗生素，容易造成噁心、嘔吐、大汗、腹脹、腹瀉、腸炎、便秘及菌群失調等消化道疾病。

❺ **神經系統損害**：經外用、口服、攝食、注射等途徑攝入過量的卡那黴素、鏈黴素及新黴素等氨基糖苷類抗生素，會造成頭痛、失眠、抑鬱、耳鳴、聽力減退、耳聾、暈眩以及多發性神經炎，甚至神經肌肉傳導阻滯。

毒性分類

目前尚未列管為毒性化學物質

危險度

| 致癌 | ? | 過敏 | ✔ | 器官受損 | ✔ | 神經系統、消化系統、肝、腎 |

info　抗生素的三不政策

抗生素若不當使用會造成病菌產生抗藥性，衛生署為了避免細菌抗藥性擴展以防堵無藥可治的危機，並建立民眾對抗生素使用的正確概念，提出「三不政策」的觀念：一、不自行購買：須有醫師的專業判斷與檢驗，知道是否需要使用並能選擇適當的抗生素。二、不主動要求：服用不必要的抗生素不但造成身體負擔，亦可能產生副作用。三、不隨便停藥：抗生素需按醫師指示做完療程，才能避免細菌衍生出抗藥性

抗菌劑

漂白劑

洗滌脫脂劑

紫外線吸收劑

金屬表面處理劑

防腐劑

其他常見的抗菌劑

鹵素

以氟（Fluorine，F）、氯（Chlorine，Cl）、溴（Bromine，Br）、碘（Iodine，I）及其相關化合物為主，例如：氟鹽、氯鹽、有機氯化合物。

功能用途	鹵素的化學活性強，可與大部分的金屬與非金屬反應，因此多以化合物的形態存在。鹵素類抗菌劑透過氧化或鹵代反應破壞微生物中的酵素或蛋白質，常運用於淨水、廢水處理、游泳池消毒、環境消毒、食品加工、醫療用品消毒等。
使用規定	根據行政院環保局〈自來水法〉規定，自來水水質化學性質最大容許量（或容許範圍），氟鹽：0.8毫克／公升；氯鹽：250毫克／公升；總三鹵甲烷（年平均值表示）：0.15毫克／公升；酚類：0.001毫克／公升。
引發危害	**1.** 吸入高濃度的氟、溴、碘的蒸氣，都會刺激鼻、喉、肺等呼吸道部位，出現咳嗽、呼吸短促、咽痛、頭痛、胸部緊縮及胸痛等症狀，嚴重時造成肺水腫，甚至死亡；其中氟、溴還會造成眼睛灼傷，甚至立即失明。 **2. 溴：** 不慎食入可能產生頭痛、流鼻血、咳嗽、腹痛、腹瀉，並出現類似麻疹的紅斑；皮膚接觸可能造成嚴重灼傷，導致深度潰瘍並癒合緩慢，容易造成永久性疤痕；眼睛接觸到溴溶液會導致嚴重疼痛灼傷。 **3. 碘：** 皮膚接觸碘的晶體會腐蝕組織，接觸到溶液則會造成脫皮、灼傷、發疹及發燒；誤食則會灼傷並腐蝕口、咽及胃，出現嚴重嘔吐、口渴、腹瀉、休克、發燒、無尿、恍惚等症狀，甚至腎臟衰竭而死亡。

酚類

以六氯酚（Hexachlorophene）、三氯酚（Trichloropheno）、五氯苯酚（Pentachlorophenol）為主

功能用途	酚類化合物具破壞細胞膜、使蛋白質變性和使微生物失去活性的能力，是日常生活中最早使用的殺菌劑，常用於環境消毒。另外還可做為樹脂、染料、香料及其他化學合成、織物洗淨劑、殺菌劑、除草劑、麻醉藥劑等用途。
使用規定	**1.** 根據行政院衛生署〈食品衛生管理法〉規定，金屬罐溶出試驗應符合以下標準：酚：5 ppm以下；甲醛：蒸發殘渣30ppm以下；甲醛在金屬溶出試驗中超過30ppm者，其氯仿可溶物應在30ppm以下。乳品用的金屬罐、容器包裝的鋁蓋部分含有塑膠加工的鋁箔，這兩項的溶出試驗不得檢出酚、甲醛。 **2.** 根據行政院衛生署〈食品衛生管理法〉規定，橡膠（哺乳器具）溶出試驗應符合以下標準：酚：5 ppm以下；甲醛：蒸發殘渣30ppm以下；甲醛在溶出試驗中超過30ppm者，其氯仿可溶物應在60ppm以下，哺乳器具則要低於40ppm。
引發危害	吸入酚蒸氣及霧滴會刺激鼻及咽，影響中樞神經系統並傷害肝及腎；皮膚接觸使其發白，若未立刻清除沾染到化學品，則會進一步引起皮膚灼傷或組織中毒；眼睛接觸會產生浮腫、角膜變白和感覺遲鈍，甚至失明；食入則會造成口及咽嚴重的灼傷，可能出現腹痛、發紺、肌肉虛弱、顫抖、痙攣、腎及肝損害、昏迷等症狀，甚至導致死亡。

醛類

以戊二醛（Glutaraldehyde）、甲醛（Formaldehyde）為主

功能用途	濃度在40％的甲醛溶液稱為「福馬林」，能與生物體內的蛋白質作用，具破壞微生物的能力，具有抑制黴菌生長及殺菌效果。濃度2％的戊二醛水溶液防黴效果尤佳，常用於殺菌消毒劑、有機合成中間體、鞣革劑、油田注水殺菌劑等。
使用規定	**1.** 甲醛的相關規定，請參閱P.57。 **2.** 目前國內尚無戊二醛在日用品的相關法規。
引發危害	吸入大量甲醛、戊二醛會刺激鼻喉，引起噁心及頭痛，亦會造成胸悶及呼吸困難及遲發性的過敏反應；皮膚及眼睛接觸可能依濃度的不同而產生中等至嚴重的刺激性；大量食入可能引起類似酒精中毒的症狀，例如暈眩、噁心、嘔吐等。

四級銨鹽類

功能用途	為廣用型液體消毒殺菌劑，能輕易穿透細胞膜，並具低毒性、長效的特性。常用於食品工業容器、地板清潔、機器設備消毒。
使用規定	目前國內尚無四級銨鹽類在日用品的相關法規。
引發危害	高濃度、長時間或反覆接觸四級銨鹽，可能會使接觸部位引起刺激感，並出現發炎症狀。

光觸媒

以磷化鎵（gallium phosphide）、砷化鎵（Gallium arsenide）、二氧化鈦（Titanium Dioxide）為主

功能用途	顧名思義就是利用光以促進化學作用的催化劑，能在吸收光的能量後觸發氫氧自由基，進而產生強烈氧化還原反應，繼而將細菌及有機物質分解為水及二氧化碳，以達到消毒的殺菌效果。常運用於空氣清淨機、冷氣濾網、織物除臭、捕蚊器、滅菌燈、殺菌劑等。
使用規定	目前國內尚無光觸媒在日用品的相關法規。
引發危害	高濃度光觸媒粉塵逸散於空氣中，若經呼吸進入人體，則可能造成呼吸系統的病變，導致肺部纖維化。

(info) **殺菌能力比較：石炭酸係數**

化學試劑的抑菌效果，常以石炭酸係數（phenol coefficient）表示。測試方式是針對待測的化學試劑加入等量、相同菌種的細菌，比較不同化學試劑在十分鐘後細菌死亡的數量，以化學藥劑有效殺菌濃度除以石炭酸有效殺菌濃度之比值，稱為石炭酸係數。學術界以石炭酸殺死傷寒菌的殺菌力，當做殺菌劑的殺菌能力評量標準，此即石炭酸係數1，其他化學試劑的核定則與之比較並計算出對應數值，例如：六氯酚的石炭酸係數為125。

抗菌劑

漂白劑

洗滌脫脂劑

紫外線吸收劑

金屬表面處理劑

防腐劑

漂白劑 （Bleaching Agent）

　　漂白劑一般可分為「氧系漂白劑」和「氯系漂白劑」，藉由氧化反應破壞或抑制色素，以達到去除或淡化物品顏色的效果。工業用漂白劑主要用於紙漿、紡織及食品工業，家用漂白劑則常用在漂白衣物、清除污漬和消毒；另外，多數的漂白劑同時具備殺菌能力，故也常做為食品添加物，能夠同時達到防腐及防止褐變的效果。高濃度的漂白劑多半帶有強烈腐蝕性及氧化性，一旦使用不慎，容易藉由接觸、吸入或誤食而造成急性中毒。

◎ 漂白劑1

二氧化硫 （Sulfur dioxide）

常見相關化合物

低亞硫酸鈉（Sodium Hydrosulfite）、亞硫酸鹽（Sulfites）、亞硫酸鉀（Potassium Sulfite）、亞硫酸氫鈉（Sodium Bisulfite）、亞硫酸氫鉀（Potassium Bisulfite）

性質

　　二氧化硫是常見的硫氧化物，為一種無色具強烈刺激性氣味的氣體，是造成空氣污染的污染源。二氧化硫溶於水中會形成強腐蝕性的亞硫酸及硫酸，是化工工業的重要原料，其還原力強、熱穩定性佳、儲存運輸方便及具殺菌效果等特性，可做為各種殺蟲劑、殺菌劑、漂白劑以及還原劑等民生用途。

主要功能及使用物品

❶ **漂白劑**：二氧化硫可做為還原性漂白劑。當其被氧化時能將有色物質還原至脫色狀態而產生漂白作用，常用於紙張、免洗筷、食品、織物及皮革的漂白。

❷ **製冷劑**：二氧化硫容易液化，且汽化熱很大，能大幅吸收熱量，使容器內部保持低溫，因此適合做為冰箱及冰櫃的製冷劑。

❸ **殺菌防腐**：二氧化硫具強還原性，可抑制氧化作用及酵素活性，因此具有抗菌、抗氧化，並能緩和食物與空氣接觸而變色的褐變，經常用於乾果、酒類、醃菜和香腸等不同種類的食物中做為防腐劑，並可減慢肉類、水果和蔬菜因氧化造成的變色。

使用規定

❶ 依據行政院衛生署〈食品衛生管理法〉規定，免洗筷中的二氧化硫殘留量應為500ppm（毫克／公斤）以下。

❷ 根據行政院勞委會〈勞工安全衛生法〉規定，勞工工作環境空氣中的二氧化硫濃度不得超過2ppm或5.2毫克／立方公尺。

❸ 根據世界衛生組織建議，亞硫酸鹽每人每日每公斤可接受攝入量（ADI）為0.7微克，相當於一個50公斤的成年人，每週的容許攝取量為42微克。

危害途徑

❶ 免洗筷於製作過程中常採用硫磺燻蒸的方式來防止筷子變黃、變黑及發霉，以維持良好的賣相，其燻蒸時間愈長，產品就愈顯白淨，但二氧化硫的殘留量也愈多。因此，若使用顏色呈現不自然白淨的免洗筷，則可能無意間吃下過量二氧化硫，恐誘發氣喘等不適的症狀。

❷ 重油、生煤等石化燃料的燃燒，及硫酸廠、煉油廠及其他化學工廠的製程過程都會產生二氧化硫，二氧化硫溢散至空氣中不但會導致降下酸雨，懸浮在空氣中的微粒經人體吸收後易引發中毒。

過量危害

❶ 二氧化硫的氣體具有相當程度的刺激性。若吸入濃度不高，一般僅刺激喉、鼻，嚴重程度因人而異。暴露在濃度1ppm的二氧化硫約1～6小時便可能降低肺功能，濃度5ppm暴露約10～30分鐘可能使支氣管收縮，而濃度達8ppm則會刺激鼻、喉。濃度達20ppm會使人極為不適，當濃度高達500ppm時已無法深呼吸。極高濃度的二氧化硫會嚴重傷害呼吸道，並引起低血氧、肺水腫、聲帶水腫，或引發痙攣而導致窒息。

❷ 二氧化硫的氣體與皮膚的水氣反應會刺激皮膚；其液體則會使皮膚凍傷，引起凍瘡，輕度凍瘡的症狀包括刺痛、局部麻木及發癢，嚴重者會導致皮膚起泡、白斑、疤痕，並產生壞疽。

❸ 濃度5.4ppm的液態二氧化硫會使眼部感到輕微刺激感，8～12ppm會明顯刺激眼睛，出現流淚、畏光及視線不清等症狀。濃度達50ppm則造成強烈刺激。極高濃度的二氧化硫會灼傷角膜、損害視神經，並永久影響視力。

❹ 長期接觸低濃度二氧化硫會引起嗅覺和味覺的衰退、頭痛、乏力、損害肺功能等症狀，造成慢性支氣管炎、鼻咽炎、肺間質纖維化及免疫功能減退等疾病。

毒性分類

目前尚未列管為毒性化學物質

危險度

| 致癌 | ✗ | 過敏 | ✓ | 器官受損 | ✓ 呼吸系統、消化系統 |

抗菌劑

漂白劑

洗滌脫脂劑

紫外線吸收劑

金屬表面處理劑

防腐劑

Chapter 2　日用品常見的有害物質

> **info** ── **二氧化硫中毒造成的公害**
>
> 　　許多都市空氣污染的公害事件皆與二氧化硫相關，其中著名的國際污染事件像是一九五二年英國倫敦，由於冬季燃煤排放出過量的二氧化硫在濃霧中積聚不散，嚴重污染空氣，在數天內造成四千多人死亡，病者更不計其數。國內亦發生過類似的公害事件，像是民國五十四年高雄市東南化工廠排放過量二氧化硫，致使緊鄰工廠的樹德女子中學約有師生近百人出現急性中毒的症狀。

◉ **漂白劑2**

過硼酸鈉（Sodium Perborate，又名高硼酸鈉）

常見相關化合物

偏硼酸鈉（sodium metaborate）、四硼酸鈉（Sodium tetraborate decahydrate）

性質

　　過硼酸鈉為白色無味的結晶性固體，微溶於冷水，但易溶於熱水，其水溶液成鹼性，加溫時容易水解成硼酸鈉、氫氧化鈉、過氧化氫、氧氣或新生態氧，其中過氧化氫及新生態氧具有強氧化性，因此過硼酸鈉水溶液具有漂白及殺菌效果。常用於織物漂白、牙膏、漱口水、殺菌劑、除臭劑、口腔清潔劑及洗衣粉等日用品中。

主要功能及使用物品

❶ **漂白劑**：過硼酸鈉在高溫環境下容易釋放出新生態氧以產生漂白作用，其漂白過程不會損害纖維本身，常用於羊毛衣、絲質上衣、羊毛被、蠶絲被等織物的漂白、脫色及染整，或摻入洗衣粉中做為漂白助劑；另外亦常用於便條紙、活頁紙等紙漿漂白，可提高紙漿白度及穩定性。

❷ **牙齒美白**：過硼酸鈉氧化時，可將沈積在牙齒表面上的有機色素分解成二氧化碳和水，進而去除牙齒表面污垢，常添加於牙膏、漱口水及假牙清潔劑。

❸ **醫藥用途**：過硼酸鈉具有去污及殺菌消毒的能力，常做為醫療器械殺菌消毒劑；過硼酸鈉溶於水中會產生活性氧，因此常做為添加在氧氣袋裡的產氧劑，提供呼吸增氧或緊急用氧；此外，過硼酸鈉可減少眼睛的刺激感和乾澀感，亦常添加於人工眼液中。

使用規定

❶ 根據行政院衛生署〈化妝品衛生管理條例〉規定，化妝品成分不得含有過硼酸鈉。

❷ 世界衛生組織（WHO）並未對過硼酸鈉提出建議每日容許攝取量（TDI），但是過硼酸鈉在人體會代謝為硼酸，而硼酸的每日容許攝取量為每公斤體重0.16

毫克,也就是一個50公斤的成年人,每天的容許攝取量為8毫克。

❸ 依據行政院環保署〈放流水標準〉規定,事業、污水下水道系統及建築物污水處理設施的放流水含硼量最大限值為1.0ppm(包含過硼酸鈉)。

❹ 依據行政院環保署〈土壤處理標準〉規定,事業或污水下水道系統之廢(污)水,其水質含硼限值應低於0.75ppm(包含過硼酸鈉),始得排放於土壤。

危害途徑

過硼酸鈉進入體內的途徑主要為誤飲含有過硼酸鈉的漂白劑,或是在密閉空間中使用過硼酸鈉,像是使用過硼酸鈉消毒劑進行空間或器具的消毒,便可能吸入其粉塵及氣體。另外,過硼酸鉀與眼睛、皮膚、傷口接觸亦會造成傷害。

過量危害

❶ 過硼酸鈉本身帶鹼性,在腸胃中易與酸作用,分解成硼酸鹽、硼酸及過氧化物,造成消化系統的病變,產生紅腫、腹瀉、藍便、嘔吐及胃出血等症狀;腎臟方面則可能出現寡尿或無尿、近端腎小管壞死、腎臟衰竭、代謝性酸血症。

❷ 過硼酸鈉會刺激皮膚、眼睛,並具有腐蝕性,造成手腳掌、臀部、口腔或肛門產生脫皮及紅腫(又稱煮熟龍蝦症),甚至引起全身性的紅疹。

❸ 長期接觸過硼酸鈉會造成食慾不振、貧血、體重減輕,並引起維生素B2缺乏,導致咽喉紅腫、口角炎、舌炎及脂漏性皮膚炎等;長期接觸或吸入過硼酸鈉亦會損害中樞神經系統,導致頭痛、步履不穩、躁鬱不安、虛弱、體溫異常、抽搐,嚴重者甚至導致死亡。

毒性分類

目前尚未列管為毒性化學物質

危險度

| 致癌 | ? | 過敏 | ✓ | 器官受損 | ✓ 中樞神經系統、消化系統 |

⊙ 漂白劑3

過氧化氫 (Hydrogen Peroxide;又名雙氧水、氧系漂白水) ▪

常見相關化合物

過碳酸鈉(Sodium percarbonate;又名過氧碳酸鈉、固態過氧化氫)

抗菌劑

漂白劑

洗滌脫脂劑

紫外線吸收劑

金屬表面處理劑

防腐劑

性質

　　過氧化氫為無色無味的黏稠液體，其化學性質不穩定，一般以濃度30%或60%的水溶液形式存放。過氧化氫具弱酸性與強氧化性，常做為殺菌劑、防腐劑、去味劑及漂白劑，廣泛運用於醫療、紡織、食品、造紙、化工、電子、污水處理工程。

主要功能及使用物品

❶ **漂白劑**：高濃度（大於10%）的過氧化氫透過氧化反應可使有色雜質有效變白，且不會分解纖維素，且漂白後具有極佳的顏色安定性。常運用於染髮劑、染髮膏等美容保養用品，及紡織品、皮革製品、紙張等居家用品，以及木材製造工業漂白。

❷ **噴射燃料**：濃度90%以上的過氧化氫可做為汽車及航空火箭的噴射燃料。過氧化氫分解後會快速釋放出高溫氧氣及水蒸氣，利用氣體爆發所產生的動力能推動引擎活塞；且其不具毒性，不會破壞環境，為極佳的綠色燃料。

❸ **殺菌劑**：低濃度（約3%）的過氧化氫能氧化微生物細胞內容物，使其局部失去活性，以達到殺菌的目的。過氧化氫在食品的加工過程中，多用於抑制微生物的活性、防腐、無菌包裝及器具洗滌。醫療領域則常用於清除耳垢、口腔及陰道灌洗、灌腸及傷口消毒。

使用規定

❶ 根據行政院衛生署〈食品衛生管理法〉規定，免洗筷不得驗出含有過氧化氫及聯苯等成分。

❷ 依據行政院衛生署〈化妝品衛生管理條例〉規定，含有過氧化氫的含藥化妝品，應向衛生署辦理查驗登記，經核准並發給許可證後，始得製造或輸入販售。

❸ 依據行政院衛生署〈化妝品衛生管理條例〉規定，化妝品禁止使用過氧化氫（使用於染髮、燙髮及牙齒美白產品當氧化劑除外）。

❹ 根據行政院勞委會〈勞工安全衛生法〉規定，勞工工作環境空氣中的過氧化氫濃度不得超過1.4毫克／立方公尺。

危害途徑

❶ 過氧化氫即居家消毒常用的雙氧水，若操作不慎，會藉由吸入、皮膚接觸及吞食等途徑進入人體；在密閉的空間內使用過氧化氫，容易因吸入快速分解的氧氣而造成血管或其他器官的氣體栓塞。因此，像是未戴手套直接接觸雙氧水，恐刺激皮膚；或是緊閉門窗使用雙氧水消毒室內空間，容易吸入其分解的過量氧氣。

❷ 經過氧化氫漂白後的免洗筷、竹籤及牙籤，若是未經檢驗的黑心商品常有過量殘留的情形，使用後可能誘發不適。

過量危害

❶ 濃度達35%以上的過氧化氫具有強氧化力，直接接觸會引起皮膚產生腐蝕性的傷害，如變白、紅腫、起泡、組織壞死及結疤；不慎接觸眼睛可能導致角膜發炎，甚至造成永久性的眼睛傷害。

❷ 過氧化氫受熱所形成的液體蒸汽及其凝結而成的霧滴，會刺激鼻、喉和呼吸道，嚴重時會引起支氣管炎、肺水腫、產生靜脈或動脈氣體栓塞，導致休克或腦中風。

❸ 食入過量過氧化氫會造成嘴角起泡、嘔吐、噁心、腹脹、腹瀉、發燒或暫時性失去知覺等症狀，甚至導致腸胃道潰瘍、黏膜發炎；一旦過氧化氫在胃部出現化學反應，進而釋放出大量氧氣，將造成胃嚴重膨脹和出血。

毒性分類

目前未列管為毒性化學物質

危險度

| 致癌 | ？ | 過敏 | ✔ | 器官受損 | ✔ | 吸呼系統、消化系統 |

info　雙氧水中毒後的簡易處理

　一般家用的雙氧水屬於低濃度的過氧化氫，萬一誤用導致中毒，通常只產生輕微症狀，僅需以大量清水持續沖洗患部達15分鐘；誤食雙氧水則不可催吐，只要喝下250毫升的水或牛奶稀釋胃內的過氧化氫即可。經以上簡易處理後仍產生明顯嘔吐、吐血、腹痛者，再行就醫。若患者意識不清，則不可餵食任何東西，應立即送醫治療。

◎ 漂白劑4

螢光增白劑（Fluorescent whitening agent、Fluorescent、Optical brightener、Whitener，又名可遷移性螢光劑）■

常見相關化合物

二氨二苯乙烯二磺酸（diamino-stilbene disulfonate）、三酢二苯乙烯（triazole stilbene）、CI螢光增白劑28（VBA）、CI螢光增白劑40（BlankophorG）、CI螢光增白劑51（uvitex ZBT）、CI螢光增白劑5（Tinopal SWN）、CI螢光增白劑87（VBU，BSL）、CI螢光增白劑220（BBU）、CI螢光增白劑351（uvitex NFW）、CI螢光增白劑353（uvitex MST）

性質

　許多日用品常使用螢光增白劑以增加白晰度、光澤及親水性，其原理是螢光增白劑會附著在衣物上，當光線打在衣物上，螢光增白劑吸收後釋放的光澤，會使物品看起來更潔白明亮。螢光增白劑具有遷移性，會從原本附著的物品轉移到人體，可能會被人體吸收而危害人體健康。

主要功能及使用物品

❶ **增白效果**：螢光增白劑本身並無顏色，經紫外線照射後可釋放出藍光，能與物品原本呈現的黃色形成互補色，添加在原先偏黃的衣服、紙張纖維便會看起來偏向明亮的藍色，呈現潔白、亮彩及鮮豔的效果，常添加於洗衣精、洗衣粉、衣物漂白水等清潔消毒用品；及白色紡織品、玩具、浴巾、咖啡濾紙、餐巾紙、面紙及濕紙巾。

使用規定

❶ 根據行政院衛生署〈化妝品衛生管理條例〉規定，以紙或不織布為載體的面膜化妝品，其載體不得含有可遷移性螢光劑。
❷ 根據行政院衛生署〈食品衛生管理法〉規定，食品用洗潔劑（係指使用於食品、食品器具、食品容器及食品包裝的洗潔劑）不得檢出螢光增白劑。
❸ 根據行政院衛生署〈食品衛生管理法〉規定，紙類的食品器具、容器及包裝，不得檢出螢光增白劑。

危害途徑

　　螢光增白劑屬於可遷移性螢光劑，容易經由洗滌、搓揉、流汗或是穿著時與皮膚碰觸，附著在人體皮膚及黏膜，因此若使用含有螢光增白劑的紙巾或紡織品，可能會在使用或清洗過程讓螢光增白劑進入人體，嬰幼兒還可能因為啃咬衣服、毛巾而吸收螢光增白劑。

過量危害

❶ 螢光增白劑會經由皮膚、黏膜進入人體而導致過敏，尤以發育未完全的嬰幼兒情況為甚，其皮膚較為細嫩，接觸含有螢光劑的尿布與衣物容易引起皮膚紅腫，嚴重者會造成全身抽搐，甚至窒息；此外，暴露在過量的螢光增白劑環境下，可能造成皮膚灼傷。
❷ 誤食過量的螢光增白劑可能會出現指甲和嘴唇變黑等發疳的情形，並伴隨頭痛、噁心、視線不明等症狀。
❸ 螢光增白劑在各種測試中，至今並無明確證據顯示會造成急性傷害或長期致癌性，目前僅能推論螢光增白劑與膀胱癌有密切關連。

毒性分類

目前尚未列管為毒性化學物質

危險度

| 致癌 | ? | 過敏 | ✓ | 器官受損 | ? |

info 　**如何辨識衣物上的螢光劑？**

　　衣物是否含有螢光劑可透過紫外線燈及驗鈔筆來檢測。含有螢光劑的衣物在紫外線的照射下會呈現藍白色的螢光，光線強度愈強表示螢光劑含量愈高。要判斷是否為遷移性螢光劑，可將含有螢光劑與不含螢光劑的紡織品相互摩擦，再以驗鈔筆照射，如發現原本不含螢光劑的衣物呈現螢光現象時，即表示其所含的螢光劑屬於遷移性螢光。

其他常見的漂白劑

二氧化氯（Chlorine Dioxide）

功能用途	二氧化氯是藉由釋出原子態氧、產生次氧酸以分解色素，達到漂白的效果，常用於漂白木質紙漿、油脂和油、纖維素、麵粉、紡織品、蜂蠟等工業用途。二氧化氯同時也是高效能殺菌消毒劑，由於其氣體屬中性且具強氧化性，因此能輕易穿透細菌或病毒的細胞膜表面，使其細胞酶系統失去活性而達到殺菌效果，並且二氧化氯的氣體還可溶於水中，可直接氧化水中的物質，加上其具有滅藻和低污染的特性，並常應用於水質處理及生活污水的消毒、脫色、除臭，亦廣泛用於消毒及穩定游泳池的水質。
使用規定	1.根據行政院環保署〈環境用藥管理法〉規定，以二氧化氯為單一有效成分，其濃度在6%以下的環境衛生用殺菌劑，不屬於環境用藥的列管範圍，不適用〈環境用藥管理法〉的規定。 2.根據行政院環保署〈飲用水水質標準〉規定，氣態二氧化氯可做為飲用水水質處理藥劑，最大添加劑量為1.4ppm，最大殘餘量為0.7ppm。
引發危害	吸入高濃度二氧化氯會刺激鼻子與喉嚨，出現咳嗽、呼吸困難、氣胸、流鼻水或鼻血、頭痛、嘔吐、支氣管炎、肺水腫等症狀；直接接觸則會腐蝕口腔、喉嚨、食道及皮膚。

過醋酸（Peroxyacetic acid，又名過乙酸、乙醯基過氧化氫、過氧乙酸、過氧化醋酸）

功能用途	過醋酸是強力的漂白劑可分解含於纖維中的色素物質，且在pH值4.5～5.6的範圍內使用時，用量只要過氧化氫一半，即可得到相同的漂白效果，使用上較過氧化氫安全，常用於合成纖維的漂白。過醋酸亦具有抗菌效果，能使蛋白質變性、瓦解細胞膜的通透性及氧化蛋白質酵素等功能，因此廣泛應用於食品及污水的處理過程，亦常用來消毒塑膠材質物品和醫療物品。
使用規定	國內目前暫無過醋酸在日用品方面的相關法規。
引發危害	高濃度過醋酸會強烈刺激皮膚、眼睛、黏膜和上呼吸道；吸入後會造成咽喉及支氣管發炎、化學性肺炎、水腫、痙攣、肺水腫；直接接觸會引起灼燒感、咳嗽、呼吸急促、喉炎、噁心和嘔吐。

洗滌脫脂劑 (Degreasing Agent)

　　做為洗滌脫脂劑的化合物多屬於強鹼物質,並具有腐蝕性,此兩大特質在日常應用上能去除油脂,並可清除陳年污垢,因此常稀釋後當做日常生活的清潔用品,可用來清除廚房設備及餐具的油污,並可疏通水管、清洗馬桶、浴廁等。然而,其潛在的風險也是基於強鹼和腐蝕性的特質,很容易對接觸部位造成刺激,另外,部分洗滌脫脂劑易溶於水,若使用不慎而溶於水蒸氣中,則會透過口鼻吸入而造成呼吸道灼傷、刺激黏膜等傷害。

◎ 洗滌脫脂劑1

氨水 (Aqua Ammonia,又名阿摩尼亞)

性質

　　氨水的製成是將氨氣溶在水中,為無色帶刺激性臭味的液體,安定性高,常溫下單獨使用不會釋放出危害物質,但具有腐蝕性。氨水同時有殺菌的作用,稀釋後可做為家庭清潔劑。

主要功能及使用物品

❶ 強鹼:氨水呈鹼性並具殺菌作用,由於油脂在鹼性溶液中較易被溶解,因此氨水在稀釋後可做為廚房清潔劑、浴廁清潔劑等一般家庭清潔劑以及衣物去漬劑,可去除皮脂、油垢;氨水也能疏通水管,用於水管疏通劑,做為清除阻塞物的主要成分。

❷ 化學合成:氨的工業用途很廣泛,可用於製造氮肥,用於水田或旱田,也是重氮染料的合成原料之一。

使用規定

❶ 根據行政院勞委會〈勞工安全衛生法〉規定,氨氣在勞工作業環境的空氣中容許濃度為50ppm或35毫克／立方公尺。

危害途徑

　　氨水具有腐蝕性強、易揮發的特性,直接接觸皮膚和黏膜會引起刺激和灼傷,遇到熱水會加速化學反應、釋出氨氣。因此,如果未配戴橡膠手套就直接使用含有氨水的家庭清潔劑、浴廁水管疏通劑、衣物去漬劑,一旦接觸到皮膚和黏膜,可能出現紅腫、水泡等過敏現象;若使用含氨水的洗劑後再以熱水沖洗,會造成大量氨氣快速自氨水中揮發至空氣中,造成呼吸道、眼、鼻等部位嚴重刺激甚至灼傷。

抗菌劑

漂白劑

洗滌脫脂劑

紫外線吸收劑

金屬表面處理劑

防腐劑

過量危害

❶ 吸入濃度超過50ppm的氨氣，會刺激鼻子、喉嚨等呼吸道部位；濃度超過700ppm便會刺激眼睛並有永久性傷害的疑慮；暴露於濃度高達1,500ppm的氨氣，可能暫時喪失視覺，並在數分鐘內就會引起可能致命的肺水腫，甚至造成呼吸停止、窒息死亡。人類吸入氨氣的最低致死濃度是每五分鐘吸入5,000ppm的氨氣。

❷ 氨水在短時間大量接觸到皮膚會造成嚴重灼傷、潰瘍和永久性的傷疤，長期接觸會使皮膚乾燥、龜裂或罹患皮膚炎；濺到眼睛可能腐蝕眼睛，若接觸過量且未即時以清水沖洗，可能造成失明。

❸ 誤食氨水可能引起口腔、喉嚨和消化道的疼痛、灼傷，出現嘔吐、腹瀉等症狀。

毒性分類

☐ 難分解物質　☐ 慢毒性物質　☑ 急毒性物質　☐ 疑似毒化物

危險度

| 致癌 | ✗ | 過敏 | ✓ | 器官受損 | ✓ | 呼吸系統、皮膚 |

⚠ warning 氨水不得與酸性清潔劑、含氯清潔劑共用

氨水為鹼性清潔劑，因此不可與酸性清潔劑混和使用，否則會出現酸鹼中和反應而產生高熱，可能導致灼傷；另外，氨易與氯化物產生反應，出現類似爆炸的激烈反應或形成爆炸性化合物，因此使用含氨清潔劑時不可同時使用含氯清潔劑（例如：漂白水）。

◉ 洗滌脫脂劑2

偏矽酸鈉 (Sodium metasilicate)

常見相關化合物

矽酸鈉（ Sodium silicate ）

性質

偏矽酸鈉的水溶液呈淡黃色濃稠狀，溶液偏鹼性並帶有腐蝕性。此類物質能去污、乳化、皂化油脂、分散金屬離子，並能使水溶液的pH值保持穩定，對水溶液的酸鹼值具有緩衝的作用，因此常添加於家用清潔劑做為清潔加強劑，可提升清潔劑的清潔效果。

主要功能及使用物品

❶ **加強清潔效果**：偏矽酸鈉能使鈣、鎂離子沉澱、軟化自來水，讓鈣、鎂離子不會干擾清潔劑對油污的乳化效果，讓油污能比較容易乳化，並能維持酸鹼值，提供界面活性劑良好的鹼性作用環境，提升去污效果，添加於家庭用清潔劑可加強清潔效果，常用在洗衣粉、洗衣精、乾洗劑、衣物漂白劑等，或添加於金屬表面清潔劑中，幫助洗去金屬表面的蠟或油污。

❷ **塑型**：將偏矽酸鈉填充於肥皂中，可以增加肥皂的硬度、減緩收縮變形，是常用的肥皂填充劑；用在造紙業則可填充於紙張不平整之處。

❸ **輔助漂白**：在過氧化氫中添加偏矽酸鈉，可以幫助過氧化氫安定的分解，使染劑脫色，常用於紙漿中漂白紙張，或清除舊紙張表面的油墨。

使用規定

目前國內尚無日用品相關法規。

危害途徑

　　偏矽酸鈉屬於強鹼性質，接觸到皮膚和黏膜會產生刺激性，因此如果未戴手套就直接使用含偏矽酸鈉的清潔劑，便可能透過直接接觸而受其刺激；另外，使用此類清潔劑之後若未清洗乾淨，殘留物也可能對皮膚造成刺激。

過量危害

❶ 經由口鼻吸入偏矽酸鈉可能嚴重刺激呼吸道、破壞黏膜及肺，並伴隨咳嗽、哽塞、疼痛甚至黏膜灼傷等症狀，並可能增加呼吸道疾病的敏感性、引起肺炎。短時間內吸入過量可能會在數小時後產生肺水腫，出現胸悶、呼吸困難、咳濃痰、發紺以及暈眩等症狀，嚴重者可能致死。長期或反覆吸入可能造成支氣管炎。

❷ 偏矽酸鈉直接接觸皮膚、眼睛可能造成嚴重刺激性、疼痛及化學性灼傷。皮膚長期接觸還會造成皮膚炎、過敏性或接觸性蕁麻疹、潰瘍性接觸性皮膚炎。若接觸到偏矽酸鈉的皮膚有傷口，可能使偏矽酸鈉進入人體血液，引發全身性傷害。

❸ 誤食高濃度偏矽酸鈉的水溶液，會迅速引起嘔吐，食入過量則可能立即引發疼痛並造成化學性灼傷，嚴重灼傷黏膜、刺激食道及胃腸道，在症狀上，起初可能有吞嚥及言語上的困難，接著會幾乎無法吞嚥及言語，嚴重者可能致死。

毒性分類

☐難分解物質　　☐慢毒性物質　　☑急毒性物質　　☐疑似毒化物

危險度

| 致癌 | ✗ | 過敏 | ✓ | 器官受損 | ✗ |

◎ 洗滌脫脂劑3

氫氧化物（Hydroxide）■

常見相關化合物

氫氧化鈉（Sodium Hydroxide，又名苛性鈉、燒鹼）、氫氧化鉀（Potassium Hydroxide，又名苛性鉀）

性質

　　氫氧化鈉與氫氧化鉀皆為外觀白灰的固體，非常容易溶於水，其水溶液無色透明並具有強鹼性，溶解時會釋放大量的熱，使周圍液體溫度升高。其中氫氧化鈉是重要的化工原料，可與許多氧化物、無機鹽和有機化合物產生化學反應，廣泛應用於化工、冶金、紡織、石油等領域。

主要功能及使用物品

❶ **去油**：此類化合物具有鹼的通性，可溶解油脂、去除油垢，並可溶解管道內積存的油垢，去除水管阻塞，常做為廚房除垢劑、水管疏通劑等鹼性清潔劑的原料。

❷ **調解pH值**：此類化合物水溶液呈鹼性，可添加在化妝品、食品用以中和酸性，常用在面膜、乳液、精華液等護膚用品，特別是含有果酸、檸檬酸、維他命C等酸性成分的產品中。另外，氫氧化鈉提供鹼性的環境也可以提高界面活性劑帶走油污的效能，用在再生紙製造業中，還能去除紙上的油墨。

❸ **助染劑**：能溶解紡織物上的漿質，用在紡織印染工業能去除織物的漿料，以促進染色效率。

❹ **製作肥皂**：氫氧化鈉與氫氧化鉀可與油脂進行皂化作用，形成肥皂。

使用規定

目前國內尚無日用品相關法規。

危害途徑

❶ 一般家用鹼性清潔劑大多含有此類化合物，雖不具揮發性，但其極易溶於水，因此必須避免在水氣過高的環境中使用，以免此類化合物與水氣產生作用而生成具強鹼性的霧滴或粉塵，不慎吸入會造成呼吸道的灼傷。

❷ 此類化合物具腐蝕性，除了皮膚接觸會造成灼傷，還能溶解玻璃，因此使用時若未配戴手套、未做好身體防護措施，或是接觸到玻璃器皿，都可能造成危險。

❸ 氫氧化鈉與氫氧化鉀皆為皂化反應中的重要原料，是自製手工肥皂的必備原料，由於其溶於水時會釋放高量的熱，因此，配置水溶液時務必避免液體濺出，並持續加入清水攪拌，以降低熱度、避免燙傷。

過量危害

❶ 若在短時間內不慎吸入過量的氫氧化鈉與氫氧化鉀，會刺激鼻、咽喉及肺，並會刺激眼睛，使眼睛發紅、水腫、潰瘍、瘀傷等，眼睛會逐漸潰瘍並可能導致失明。吸入煙霧可能會導致肺炎、肺積水，甚至威脅生命。

❷ 不慎誤食氫氧化鈉與氫氧化鉀，可能造成劇烈疼痛感，並灼傷口腔、咽喉及食道，引起嘔吐、腹瀉、虛脫及死亡。

❸ 皮膚接觸到氫氧化鈉與氫氧化鉀，會造成灼傷、潰瘍及永久性發紅。灼傷可能會延遲數小時後才開始有疼痛感，接觸其稀釋溶液也會延遲一小時以上才出現皮膚受損。重覆接觸濃度低的氫氧化鈉與氫氧化鉀，會引起皮膚乾燥、龜裂、發炎，其中嚴重熱灼傷的部位由於組織受到破壞，癒合後會形成疤，有可能導致癌症，但目前尚未有證據顯示氫氧化鈉、氫氧化鉀具有致癌性。

毒性分類

□難分解物質　□慢毒性物質　☑急毒性物質　□疑似毒化物

危險度

| 致癌 | ✗ | 過敏 | ✓ | 器官受損 | ✓ | 呼吸系統、食道 |

其他常見的洗滌脫脂劑

碳酸鈉（Sodium carbonate；又名蘇打）	
功能用途	碳酸鈉是重要的化工原料，可用於製造許多重要的化合物，由於其溶於水且具有強鹼的特性，能溶解油脂，在日常生活中常做為洗滌劑的配方。另外，碳酸鈉可以與鈣、鎂離子結合，使硬水軟化，添加在清潔劑中，還可以避免界面活性劑沉澱、增強去污效果。
使用規定	國內目前尚無碳酸鈉在日用品的相關法規
引發危害	高濃度的碳酸鈉接觸黏膜部位會產生腐蝕性，例如：眼睛、食道、口鼻、呼吸道等。

紫外線吸收劑 (Sunscreens)

　　紫外線吸收劑一般分為物理性和化學性兩大類，物理性主要是藉由隔離或反射紫外線以達到防曬的效果，化學性的防曬原理則是吸收紫外線並轉化成其他產物。部分日用品在製作過程中添加紫外線吸收劑，能保護塑膠製品長期暴露在紫外線中下不會變質、失去光澤、脆化；添加在化妝品、防曬用品則能減少紫外線對皮膚的傷害。紫外線吸收劑可以吸收或阻隔300至370奈米波長的紫外線，而且不會影響可見光照射。紫外線吸收劑主要添加在保養品、化妝品，經皮膚吸收而進入人體，另外也可能由塑膠製品溶出而被吃下肚，多半會造成過敏反應，部分則有致癌疑慮。

◎ 紫外線吸收劑1

二苯甲酮 (Benzophenone，又名Diphenylmethanone、phenyl ketone、Diphenyl ketone、Benzoylbenzene) ■

常見相關化合物

四甲基二胺基二苯甲酮（4,4'-Bis（dimethylamino） benzophenone，又名Bis（4-（dimethylamino） phenyl） Methanone、Michler Ketone、NCI-C02006、P,P'-Michler's Ketone）、2,4-二羥基二苯甲酮（2,4-Dihydroxybenzophenone，又名Benzophenone-1、BP-1、Eastman Inhibitor Dhpb）、2,2',4,4'-四羥基二苯甲酮（2,2',4,4'-Tetrahydroxybenzophenone，又名Benzophenone-2、BP-2）。

性質

　　二苯甲酮是白色、綠色或是黃色的針狀晶體，散發淡淡的玫瑰氣味，能溶解於酒精、苯、甲醇、氯仿、嘧啶，不溶於水，還原態二苯甲酮可以吸收紫外線並轉化成氧化態，屬於化學性防曬效果，是藥品、化妝品、印刷工業在製造化妝品、底片感光劑、紫外線阻斷劑的成分。

主要功能及使用物品

❶ 吸收紫外線：二苯甲酮能吸收大部分的紫外線並轉化成其他產物，減少紫外線的傷害或曝露，常用於化妝品、防曬乳液、粉底等化妝品；也添加在透明漆、透明塑料當做紫外光吸收劑、紫外線阻斷劑，確保產品不受光照而變質。另外，添加在香水、香皂等產品可以防止紫外線損壞氣味和顏色。

❷ 感光性：二苯甲酮在光線的激發之下，會經由光還原反應產生自由基，可以使墨水、顯影劑變色，常當做底片感光劑、紫外光固化油墨劑、塗料清除劑的成分。

使用規定

❶ 根據行政院衛生署食品藥物管理局〈含藥化妝品基準〉公告，含藥化妝品所含的防曬成分，2,4-二羥基二苯甲酮（Benzophenone-1）、2,2',4,4'-四羥基二苯甲酮（Benzophenone-2），其含量皆不得超過10%。

❷ 行政院環保署〈環保標章規格標準〉公告，洗衣清潔劑、洗髮精、肌膚清潔劑等符合環保標章的產品，不得添加二苯甲酮類紫外線吸收劑（Benzophenone）。

❸ 依國際職業安全與健康管理局規定，空氣中八小時內的二苯甲酮平均容許濃度限值為5毫克／立方公尺。

危害途徑

由於二苯甲酮屬於脂溶性的有機化合物，在油脂環境下可以滲透，長時間塗擦在皮膚上可能會引起過敏症狀，如果不慎接觸到眼睛有可能造成角膜損害。因此使用含有二苯甲酮的防曬乳液、化妝品、粉底，應特別注意使用時間、使用頻率，務必不要接觸眼睛，並且使用後最好洗手，以免誤觸黏膜部位。

過量危害

❶ 吸入二苯甲酮的蒸氣會刺激呼吸道，可能引起打噴嚏，咳嗽和呼吸急促的症狀。吸入高濃度二苯甲酮，會引起頭暈、目眩、神智不清或其他麻醉效果，過量攝入可能擾亂中樞神經、內分泌系統導致昏迷，嚴重可能致死。

❷ 皮膚接觸二苯甲酮會刺激皮膚，症狀包括皮膚發紅、瘙癢、疼痛；也會刺激眼睛，造成眼睛紅腫，過度刺激可能損傷角膜。

❸ 誤食二苯甲酮會導致腸胃不適、噁心、嘔吐，大量攝取可能會抑制呼吸，可能造成含有二苯甲酮的嘔吐物不小心吸入肺部，可能導致化學性肺炎。

❹ 二苯甲酮疑似是一種環境荷爾蒙，遭質疑與內分泌系統和生殖系統失調的症狀有關。

毒性分類

目前尚未列管為毒性化學物質

危險度

| 致癌 | ？ | 過敏 | ✓ | 器官受損 | ✓ 神經系統 |

◎ 紫外線吸收劑2

二氧化鈦 (Titanium dioxide，又名氧化鈦、鈦白、鈦白粉

Titania、CI Pigment white 6) ■

性質

　　二氧化鈦是微帶白色的粉末，不溶於水、鹽酸、冰醋酸、稀硫酸、脂質、有機溶劑，在氫氟酸、高溫濃鹽酸和鹼性溶液中會緩慢溶解。二氧化鈦可以隔離或反射紫外線，屬於物理性防曬劑，經常被添加在食品、化妝品、纖維、紙張、塑膠、油墨及塗料中。

主要功能及使用物品

❶ **白色顏料**：二氧化鈦是應用最廣、用量最大的一種白色顏料，著色力、遮蓋力比其他白色顏料高出數倍，而且化學性質穩定，毒性很低，常做為白色顏料、染料的原料，也添加在紙張、紡織品、塑膠、牙膏、食品添加物當著色劑。

❷ **紫外線吸收劑**：此功能是利用二氧化鈦可以隔離或反射紫外線的原理，是一種物理性紫外線吸收劑，常添加於防曬用品、粉底、化妝品。

❸ **除臭抗菌**：利用奈米技術可以將二氧化鈦製成光觸媒，光觸媒可以加速化學反應的進行，利用光的能量來分解有機物質、污染物質、雜質，具有去污、除臭、淨水的功能，可以用於淨水系統、物品塗層。

❹ **半導體**：由於二氧化鈦具有高度光折射率，常做為太陽能電池中的記憶電阻，用來傳遞光能以提升太陽能電池的發電效率。

使用規定

❶ 根據行政院衛生署食品藥物管理局公告，化妝品所含的二氧化鈦在25%以下者，以一般化妝品管理，無須另行申請含藥化妝品查驗登記，如添加於化妝品中做為防曬劑用途，且產品宣稱或標示防曬係數者，廠商需備有防曬係數的檢測相關資料供衛生主管機關檢查。

危害途徑

❶ 二氧化鈦主要是經由呼吸道進入人體，由於人體無法吸收、代謝其粉塵，可能會長久累積在呼吸道，造成呼吸系統的損傷。一般民眾可能經由接觸白色顏料、油墨而接觸到二氧化鈦，而生產二氧化鈦工廠的工人更容易受到二氧化鈦粉塵的危害。

❷ 許多防曬用品使用二氧化鈦當做紫外線吸收劑，因此塗抹此類防曬用品就可能接觸到二氧化鈦，但由於其無法被人體吸收，因而造成毛囊堵塞，一旦使用過量皮膚會發炎。

抗菌劑

漂白劑

洗滌脫脂劑

紫外線吸收劑

金屬表面處理劑

防腐劑

過量危害

❶ 皮膚接觸到二氧化鈦不會被吸收，但是可能會阻塞皮膚的毛囊、毛細孔，導致其紅腫、發炎。

❷ 二氧化鈦的粉塵會對人體呼吸道造成程度不一的傷害。吸入微量的二氧化鈦粉塵並不會刺激呼吸道黏膜，但是會引起不同程度的肺發炎反應，吸入過多粉塵可能會引起咳嗽、嘔吐、哮喘、呼吸困難等症狀；而長期處在含有二氧化鈦粉塵的環境中可能會損害肺間隙、肺黏膜損傷、纖維化以及引發呼吸道的癌症。

毒性分類

目前尚未列管為毒性化學物質

危險度

| 致癌 | ? | 過敏 | ✓ | 器官受損 | ✓ 呼吸系統 |

◉ 紫外線吸收劑3

氧化鋅 （Zinc oxide，又名鋅白Amalox、Chinese White、Emanay Zinc Oxide、Emar、Felling Zinc Oxide、Flowers Of Zinc、Hubbuck's White、Outmine、Ozide、Ozlo、Permanent White、Philosopher's Wool、Snow White、Zinc White、Zincite、Zincoid） ▪

性質

氧化鋅兼有白色、黃白色、灰色的無味粉末，可溶於稀醋酸、無機酸、氨、碳酸胺、鹼性氫氧化物溶液，常做為顏料、塗料、化妝品、藥品、絕緣體、食品添加物、香菸濾嘴。

主要功能及使用物品

❶ **白色顏料**：氧化鋅是一種著色力、遮蓋力僅次於二氧化鈦的白色顏料，而且化學性質穩定，毒性很低，其用途和二氧化鈦相同，像是製造白色顏料、染料，或用在紙張、紡織品、塑膠、食品添加物、藥物當著色劑。

❷ **紫外線吸收劑**：氧化鋅具有最大的紫外線吸收度，波長在290～400nm的紫外線都能為其阻擋，常當做物理性紫外線阻隔劑，添加於防曬用品、粉底、化妝品、藥品；氧化鋅因為具有光活性，經過紫外線照射之後，可以將空氣中的氧氣轉變成活性氧，活性氧可以殺死大多數病毒、細菌，具有消毒抗菌的作用，可用於建材的抗菌塗膜、門把、濾水器濾心。

❸ **藥用**：氧化鋅可以收縮傷口，具有加速傷口乾燥的效果，常當做藥用收斂劑、傷口局部保護劑、牙科開展用蠟。

❹ **抗腐蝕絕緣**：氧化鋅具有不生鏽、抗腐蝕、不導電、散熱快的特性，可以加工製成白鐵（鐵鍍上鋅），常當做白鐵罐頭、絕緣體、地板覆蓋物的原料；氧化鋅具有優良的氣態物質吸附能力，可以移除菸草燃燒後所產生的氰酸、硫化氫，可用來製造香菸濾嘴。

使用規定

❶ 行政院衛生署根據〈食品衛生管理法〉規定，食品使用金屬罐為容器包裝時（內容誤為乾燥食品者除外），金屬罐內面的塗膜所含的氧化鋅，不得超過3%。

❷ 根據行政院衛生署食品藥物管理局公告，化妝品所含的氧化鋅做為防曬用途者，其含量應介於2%～20%之間，做為收斂劑之用途，則應低於10%。

❸ 經濟部標準檢驗局根據〈混凝土基本材料及施工一般要求〉公告，漆料所含的氧化鋅每公升含量至少0.07公斤，黃鋅的含量每公升至少0.48公斤，稱為高鋅量漆。

❹ 依國際職業安全與健康管理局規定，空氣中八小時內的氧化鋅平均容許濃度限值為5毫克／立方公尺。

危害途徑

❶ 鋅在人體代謝過程中是正常及必要的物質，所以接觸微量的氧化鋅並不會有明顯症狀，但是氧化鋅粉塵經由呼吸道吸入後，可能會長久累積在體內，造成呼吸系統的損傷，而鍍鋅焊接的工人更容易受到氧化鋅粉塵的危害。

❷ 金屬罐頭腐蝕破損可能會滲出氧化鋅物質，一般民眾可能經由罐頭類食品、顏料接觸到含鋅化合物而造成危害。

❸ 使用氧化鋅當做紫外線吸收劑的防曬用品，塗抹在皮膚上可能會阻塞毛囊和毛細孔，使用過量可能導致發炎。

過量危害

❶ 氧化鋅並不會被皮膚吸收，但是有可能阻塞皮膚的毛囊、毛細孔，導致皮膚出現紅腫、發炎等症狀。

❷ 接觸微量的氧化鋅並不會有明顯症狀，但是暴露在高劑量的氧化鋅粉末會引起不同程度的肺發炎反應，吸入過多粉塵可能會引起咳嗽、嘔吐、哮喘、呼吸困難等症狀。

❸ 如果吸入含有氧化鋅粉塵1～34毫克／立方公尺的氣體，可能會導致金屬煙霧熱及肺炎。

❹ 口服過量含鋅化合物可能會引起嚴重性鋅暴露，造成噁心、嘔吐、腹瀉、腸胃炎。

抗菌劑

漂白劑

洗滌脫脂劑

紫外線吸收劑

金屬表面處理劑

防腐劑

毒性分類

目前尚未列管為毒性化學物質

危險度

| 致癌 | ✗ | 過敏 | ✓ | 器官受損 | ✓ | 呼吸系統 |

其他常見的紫外線吸收劑

化學性紫外線吸收劑

甲氧肉桂酸辛酯（Octyl methoxy cinnamate，Octinoxate）

功能用途	甲氧肉桂酸辛酯可以吸收紫外線A和B，對皮膚的毒性很低，常添加在化妝品、防曬用品當做化學性防曬劑，也是光敏感皮膚炎的治療藥物。
使用規定	行政院衛生署根據〈含藥化妝品基準〉公告，含藥化粧品所含的防曬成分，甲氧肉桂酸辛酯的含量不得超過10%。
引發危害	甲氧肉桂酸辛酯對皮膚刺激性低，但是如果經由皮膚吸收過量會造成內分泌、生殖系統的紊亂。

化學性紫外線吸收劑

亞佛苯酮（Avobenzone，又名Parsol 1789、Eusolex 9020、Escalol 517）

功能用途	亞佛苯酮可以吸收紫外線A或B，對皮膚毒性較低，常添加在化妝品、防曬用品當做化學性防曬劑。
使用規定	行政院衛生署根據〈含藥化妝品基準〉公告，含藥化妝品所含的防曬成分，亞佛苯酮的含量不得超過3%。
引發危害	光線照射會使亞佛苯酮分解、變質，如果與甲氧肉桂酸辛酯一起使用會增加皮膚的吸收量，可能會對人體造成傷害。

化學性紫外線吸收劑

水楊酸辛酯（Octisalate）

功能用途	水楊酸辛酯是一種弱效的紫外線B吸收劑，對皮膚的毒性較低，常添加在化妝品、防曬用品當做化學性防曬劑。
使用規定	行政院衛生署根據〈含藥化妝品基準基準〉公告，含藥化妝品所含的防曬成分，水楊酸辛酯的含量不得超過5%。
引發危害	水楊酸辛酯對皮膚的刺激性很低，但是可能會增加其他防曬劑成分對皮膚的吸收。

金屬表面處理劑 (Metal Surface Treatment Agent)

　　一般處理金屬製品表面的化學製劑包括清洗、除鏽、防鏽等三種功能。清洗劑主要用來洗滌金屬製品在使用後附著於表面的油污，或是製成後殘留的化學藥劑；除鏽劑則是用來清除金屬製品因長期接觸空氣或腐蝕性物質所生成的鏽層。清潔完成後，則可用防鏽劑塗在金屬表面形成保護層，減緩鏽蝕的速度、延長金屬製品的使用壽命。這些金屬表面處理劑的性質多屬強酸、強鹼或強還原性，可能有刺激性或易腐蝕皮膚、黏膜，嚴重甚至會造成灼傷。

◎ 金屬表面處理劑1

草酸 (Oxalic Acid；又稱乙二酸，Ethanedioic acid；Dicarboxylic acid)

常見相關化合物

草酸鹽，如：草酸鈉（Sodium Oxalate）、草酸鈣（calcium ethanedioate）、草酸鐵鉀（Potassium ferric（III）oxalate）、草酸銨（Ammonium oxalate）。

性質

　　草酸是一種無色透明的結晶體，幾乎所有的植物都含有草酸鈣。草酸屬於有機酸中的強酸，同時也是還原劑，因此常做為衣料和皮革的漂白劑，或添加於居家清潔用品以去除污漬。

主要功能及使用物品

❶ 清潔：草酸具有還原力，可以做為漂白劑、乾洗劑，洗去衣物上的血漬、油墨污漬、金屬鏽漬。草酸的酸性與腐蝕性具有去除污漬、消毒的效果，常添加於家庭浴廁清潔劑中。

❷ 殺菌：草酸有殺菌消毒的作用，常用在紡織工業布料染色完成後，做為浸洗、殺菌的用劑，洗去布料上有毒的染劑。

❸ 除鐵鏽：草酸可以與鐵離子形成可溶於水的錯離子，因此可做為居家用的金屬除鏽劑，洗除居家金屬用品上的鐵鏽，或清潔汽車內部器械金屬管件。

使用規定

❶ 依行政院衛生署〈食品添加物使用範圍及限量暨規格標準〉規定，草酸可用於各類食品中，視實際需要適量使用。惟最後製品完成前必須中和或去除。

危害途徑

漂白劑、乾洗劑和各式清潔劑所含的草酸具有刺激性和腐蝕性，一旦皮膚或黏膜沾到上述洗劑，或是在密閉空間噴灑含草酸的噴霧式清潔劑，致使吸入草酸氣體而累積在體內，都會形成草酸危害人體的途徑。

過量危害

❶ 在短時間內吸入高濃度的草酸會刺激鼻、喉，甚至引起疼痛感、咳嗽及呼吸困難，亦可能出現頭痛、噁心等症狀。草酸的氣體會刺激眼睛，造成紅、痛，且可能傷害角膜。

❷ 短時間內接觸到1.5～10%的草酸會刺激皮膚，過量會引發局部疼痛、皮膚變色、指甲變脆或變藍等症狀。

❸ 若不慎食入高濃度的草酸，會使口、喉及胃感到灼痛。草酸進入體內後可能引起頭痛、肌肉疼痛及抽筋；攝入較大量的草酸則會引起虛弱、心跳不規則、血壓降低、損害腎臟，導致腎臟及心臟衰竭等症狀；攝入50毫克／公斤以上的草酸會立即引發休克狀態，導致痙攣、昏迷甚至死亡。若是孕婦誤食過量草酸，則可能造成胚胎中毒。

❹ 長時間接觸草酸，可能使得草酸累積在體內，出現排尿困難、疼痛、體重下降、上呼吸道慢性發炎、皮膚局部疼痛、潰爛及指甲變色等症狀，進一步引發腎結石，其中草酸鈣與草酸鈉就是造成腎結石的主要成分。

毒性分類

目前尚未列管為毒性化學物質

危險度

| 致癌 | ? | 過敏 | X | 器官受損 | ✓ 腎臟 |

◎ **金屬表面處理劑2**

磷酸類（Phosphoric acid; phosphates）

常見相關化合物

磷酸銨（Diammonium Phosphate）、磷酸（Phosphoric Acid）、無水磷酸氫鈣（Dicalcium Phosphate Dihydrate）、三聚磷酸鈉（Sodium Triphosphate）、磷酸二氫鈉（Monosodium phosphate）、磷酸一氫鈉（Disodium phosphate）、磷酸二氫鉀（Monopotassium phosphate）、磷酸一氫鉀（Dipotassium phosphate）、維他命C磷酸鈉（Sodium Ascorbyl Phosphate）、維他命C磷酸鎂（Magnesium Ascorbyl Phosphate）

性質

　　磷酸鹽和三磷酸鹽為白色或無色粉末，並具有穩定酸鹼值的緩衝作用，和鈣、鎂等鹼土族金屬元素形成的化合物幾乎不溶於水；和鈉、鉀等鹼金族金屬元素形成的化合物則具有高度水溶性。常用於防火材料、清潔劑及護膚化妝品的製造過程中。

主要功能及使用物品

❶ **緩衝作用**：磷酸鹽溶液是一穩定酸鹼值的緩衝溶液，磷酸二氫鈉、磷酸一氫鈉、磷酸二氫鉀、磷酸一氫鉀等化合物都具有此功能，添加在溶液裡能平衡整體的酸鹼值，使其不會過酸或過鹼而影響溶液的效果，常用於洗衣粉、洗衣精等清潔消毒用品，以及保濕液、眼藥水等美容保養用品。

❷ **凝集作用**：溶於水中的三聚磷酸鈉，可和鈣離子、鎂離子形成不溶於水的化合物，並會和髒污微粒凝聚成水中的懸浮微粒，能有效清除髒污。常添加在地板清潔劑、廚房清潔劑、洗碗精等清潔消毒用品，及漱口水。

❸ **安定劑**：維他命C可抑制酪胺酸酵素產生黑色素，達到美白的效果，但由於維他命C容易氧化、不易保存，添加磷酸鈉、磷酸鎂能夠延緩維他命C氧化的速度，以維持較佳的穩定性、降低刺激性。因此常將磷酸鈉、磷酸鎂添加在護膚保養品、化妝品中。

❹ **研磨作用**：無水磷酸氫鈣幾乎不溶於水，並具備適當的硬度，可使牙齒表面更為光滑且不會對琺瑯質造成明顯的傷害，常用於牙膏、潔齒劑。

❺ **防火**：磷酸銨在高溫環境會快速分解釋出氨，氨和足量的氧反應產生氮氣及水，可降低含磷酸銨材料的溫度並加速材料的碳化，避免餘燼造成火災，常添加在火柴、防火建材。

使用規定

❶ 根據行政院衛生署〈化妝品衛生管理條例〉規定，維他命C磷酸鈉及維他命C磷酸鎂使用在美白產品，濃度限量為3%。

❷ 根據行政院環保署〈環保標章規格標準〉，符合環保標章的洗碗精不得含有磷酸鹽。

危害途徑

　　清潔劑通常含有磷酸，直接接觸皮膚或誤食都是傷害人體的主要途徑，因此，像是未戴手套直接接觸高濃度磷酸的清潔劑，或是隨意置放清潔劑而遭幼兒誤食，都是造成磷酸危害人體的途徑。另外，磷酸銨在室溫下可能緩慢分解釋出氨，將含有磷酸銨的物品置放在通風不良處，可能造成慢性氨中毒。

過量危害

❶ 根據聯合國糧農組織和世界衛生組織的建議，每日可接受的攝入量為每人每公斤70毫克，相當於50公斤的成年人每日攝入量應小於3,500毫克。誤食磷酸可

能引起喉嚨痛、腹痛、噁心及嚴重灼傷，並會腐蝕口腔、喉嚨、食道黏膜；嚴重時可能造成休克、循環系統衰竭，甚至死亡。

❷ 皮膚接觸到過量磷酸會刺激皮膚，嚴重者可能導致灼傷。

❸ 吸入磷酸氣體會刺激呼吸道，出現咳嗽的症狀，可能引發吸入性肺炎。

毒性分類

□難分解物質　☑慢毒性物質　□急毒性物質　□疑似毒化物

危險度

| 磷酸一氫鈉 |
| 磷酸一氫鉀 |

| 致癌 | ✗ | 過敏 | ✓ | 器官受損 | ✓ |

◎ 金屬表面處理劑3

鹽酸（Hydrochloric acid，又名氫氯酸）

常見相關化合物

無

性質

　　鹽酸是氯化氫的水溶液，具有高度揮發性和腐蝕性，其蒸氣有嗆鼻味，能溶解金屬氧化物，屬於強酸的一種，可殺菌除垢，常做為家庭清潔之用。鹽酸也是化工工業的重要原料，常用於合成製造許多無機、有機化合物，以及印染、冶金等工業用途。

主要功能及使用物品

❶ 溶解力強：鹽酸的強酸性質有助於清除浴室、廁所的污垢，亦可溶解鐵鏽、銅綠等金屬氧化物，因而做為浴廁馬桶清潔劑和金屬除鏽劑的原料。

使用規定

❶ 行政院經濟部根據〈商品標示法〉規定，市售浴廁清潔劑、鹽酸等化學藥品，不論酸鹼值高低為何，因含有化學物質或成分，有危害使用者生命安全之虞，為保障消費者權益，均應依規定標示之。

危害途徑

❶ 一般市售的浴廁馬桶清潔劑產品為加強去污力，通常會在產品添加高含量的鹽酸成分，一旦直接與皮膚接觸，或在密閉空間使用而吸入鹽酸氣體，都會形成鹽酸進入人體的途徑。

❷ 鹽酸遇到氧化劑會釋出具有毒性的氯氣，恐遭熱灼傷、氯氣中毒，應避免兩者一起使用，最常見含氧化劑的物品就是漂白水。

❸ 鹽酸為強酸，若遇鹼性物質會發生酸鹼中和反應，釋放大量熱度使周圍溫度上升，清潔浴廁廚房時，若與含有強鹼的清潔劑同時使用，會造成周邊物品溫度過高而有燙傷的危險。

過量危害

❶ 鹽酸的蒸氣和霧滴會刺激鼻子，急性引起喉嚨痛、咳嗽及呼吸困難的症狀。暴露在鹽酸濃度50～100毫克／立方公尺的空氣中，時間過久可能導致鼻、喉的灼傷及潰瘍。若濃度提高到1,000～2,000毫克／立方公尺，數分鐘即可能造成致命的肺水腫。

❷ 直接接觸到鹽酸會刺激皮膚，濃度較低僅會引起紅腫、疼痛、皮膚炎，高濃度則會有腐蝕性傷害甚至永久的疤痕。若眼睛接觸到鹽酸則會有刺激感，使眼睛發紅，若噴濺到溶液或接觸高濃度的蒸氣或霧滴，則有失明之虞。

❸ 若不慎食入鹽酸會灼傷口、喉、食道及胃，出現吞嚥困難、噁心、嘔吐、腹瀉等症狀，甚至虛脫或死亡。

❹ 長期吸入低濃度鹽酸所揮發的氣體，可能引起慢性支氣管炎。若孕婦在懷孕期間常吸入鹽酸蒸氣，有可能造成胚胎中毒及發育不正常。

毒性分類

□難分解物質　□慢毒性物質　☑急毒性物質　□疑似毒化物

危險度

致癌 ? | 過敏 ✓ | 器官受損 ✓ 呼吸系統、胃

抗菌劑　漂白劑　洗滌脫脂劑　紫外線吸收劑　**金屬表面處理劑**　防腐劑

◎ 金屬表面處理劑4

重鉻酸鹽類、鉻酸鹽類

常見相關化合物

重鉻酸鉀（Potassium dichromate）、重鉻酸鈉（紅礬鈉；Sodium dichromate）、重鉻酸銨（紅礬銨；Ammonium dichromate）；鉻酸鈉（Sodium chromate）、鉻酸鉀（Potassium chromate）、鉻酸鉛（Lead chromarte）、鉻酸銨（Ammonium chromate）、鉻酸鍶（Strontium chromate）、鉻酸鋅（鉻酸鋅氫氧化物；Zinc chromate）

性質

重鉻酸鹽、鉻酸鹽呈現鮮豔的黃、橙紅、橙色結晶粉末或固體，多數水溶性佳；其中所含的鉻為六價氧化態，也就是現已公認對人類具有致癌性的六價鉻，其水溶液與蒸氣亦帶有強烈的毒性，為毒管法管制物質；在工業上常做為染劑、塗料、漆料的原料，也常應用於金屬表面處理、電鍍、照片呈色、皮革加工鞣製、木材防腐等用途。

主要功能及使用物品

❶ **金屬抗腐蝕**：以重鉻酸鹽類、鉻酸鹽類製成的電鍍液，可將鉻電鍍在金屬表面，以增加表面硬度、提高耐磨損能力、抗腐蝕，常用在電池製作、精密零件抗腐蝕處理。以鉻酸鹽類做成的金屬塗料，可增加金屬表面的抗腐蝕性、耐磨性及附著力，常用在電腦外殼、家電外殼、家具、汽車板金、電子產品的零組件等家電器具。

❷ **染劑原料**：鉻酸鹽類由於色彩鮮豔可製成色素，多應用於工業用塗漆，部分則做為橡皮、塑膠製品的染色劑、瓷器的裝飾塗料、油性塗漆、水彩。

❸ **皮革鞣製**：鉻酸鈉、重鉻酸鹽類能與動物真皮層中的蛋白質作用，經鞣製產生具有彈性、易於加工且耐久不腐的各種皮革，常用在各式皮製品，例如：皮帶、皮鞋、皮包、皮夾等居家用品，以及皮製沙發、皮製椅墊等家具。

❹ **防腐**：鉻酸鈉、重鉻酸鉀、重鉻酸鈉、重鉻酸銨等化合物能有效抑制真菌、細菌生長、防蟲，早期常在木材防腐處理過程當做防腐劑，一般木製品皆可能含有上述化合物，例如：家具木頭材料、室內外造景裝潢用板材等。

使用規定

❶ 根據行政院環保署〈毒性化學物質管理法〉規定，重鉻酸鹽類、鉻酸鹽類僅能用於研究、試驗、教育、色料、塗料、漆料、腐蝕抑制製程、電鍍、光學固定劑、塑膠及半導體蝕雕劑、產品表面處理等相關行業。

❷ 根據行政院營建署〈建築技術規則〉規定，綠建材所應用的水性塗料不得含有六價鉻。

❸ 根據行政院環保署〈環保標章規格標準〉規定，符合環保標章規格標準的水性及油性塗料，六價鉻不得超過2ppm。

❹ 世界衛生組織（WHO）規定飲用水的鉻含量，應在0.05毫克／公升以下。

❺ 聯合國世界環境保護組織自二〇〇三年起，禁止使用鉻酸鹽進行金屬表面處理。

❻ 根據歐盟〈危害物質禁限用指令〉（RoHS）建議，電器和電子設備中禁止使用含有六價鉻的材料。

❼ 根據美國職業安全與健康管理局（OHSA）建議，六價鉻容許的暴露限值平均為0.025毫克／立方公尺；暴露15分鐘的最大限值為0.05毫克／立方公尺。

危害途徑

　　六價鉻從皮膚進入人體是日常生活中最常見的途徑。金屬、皮革製品在加工過程中若誤用過高濃度的金屬表面處理劑處理，或是未將之清洗乾淨，一旦消費者使用此類劣質金屬、皮革製品，便會經由皮膚直接接觸而讓微量的六價鉻累積在體內；另外，經由重鉻酸鹽、鉻酸鹽類防腐處理的木材在長時間風化後，極易經由雨水溶解而釋出六價鉻，會污染水源，透過飲用水和食物鏈間接危害人體。

過量危害

❶ 皮膚或黏膜接觸到重鉻酸鹽類、鉻酸鹽類的粉塵或蒸氣、水溶液，皆會刺激皮膚，造成紅腫、刺激性皮膚炎，接觸到眼睛會損傷角膜、影響視力；在極短時間內接觸到高濃度的重鉻酸鹽類會造成腐蝕，導致接觸部位壞死。

❷ 口服攝入重鉻酸鹽、鉻酸鹽腐蝕消化道，並引發立即性的疼痛及吞嚥困難、胃出血、嚴重嘔吐、嚴重腸胃炎；攝入高濃度者會有黏膜組織潰瘍穿孔、循環系統衰竭、頭昏、肌肉痙攣、昏迷、發燒、肝臟受損及急性腎臟衰竭，嚴重甚至導致死亡。

❸ 吸入重鉻酸鹽、鉻酸鹽微粒會引起頭痛、咳嗽、呼吸困難、胸痛，嚴重則會刺激肺部和呼吸道，亦可能引發支氣管癌、肺癌。

毒性分類

□難分解物質　　☑慢毒性物質　　□急毒性物質　　□疑似毒化物

危險度

| 致癌 | ✗ | 過敏 | ✓ | 器官受損 | ? |

抗菌劑

漂白劑

洗滌脫脂劑

紫外線吸收劑

金屬表面處理劑

防腐劑

其他常見的金屬表面處理劑

防鏽劑

亞硝酸鈉（Sodium Nitrite）

功能用途	亞硝酸鈉會與金屬生成不溶於水而且緻密的氧化物薄膜，能阻止金屬溶解或使金屬鈍化，抑制金屬的鏽蝕，因此也稱為鈍化劑。
使用規定	目前國內尚無亞硝酸鈉在日用品的相關法規。
引發危害	吸入亞硝酸鈉粉塵，或誤食亞硝酸鹽後，經人體吸收會分解成一氧化氮並與血紅素結合，使血紅素失去運送氧氣的功能，造成細胞缺氧，引起全身無力、頭痛、頭暈、噁心、嘔吐、腹瀉、胸部緊迫感以及呼吸困難等症狀；亞硝酸鈉進入人體後，可能引起肝炎和肝硬化，還可能代謝形成有致癌性的亞硝胺化合物，導致口腔癌、食道癌、鼻癌、氣管癌、肺癌、肝癌及胰臟癌等。

除鏽劑

氫氟酸（Hydrofluoric Acid）、硫酸（Hydrazine Sulfate）

功能用途	氫氟酸、硫酸等除鏽劑的主要成分為無機強酸，其強酸的腐蝕性能有效去除金屬鏽蝕的部分。
使用規定	目前國內尚無氫氟酸、硫酸在日用品的相關法規。
引發危害	氫氟酸與硫酸皆會造成接觸部位的刺激與灼傷，並帶有腐蝕作用，若不慎吸入粉塵，則會傷害呼吸系統，引發呼吸困難或肺水腫；氫氟酸會造成血中鈣、鎂離子濃度下降，出現抽蓄、顫抖等症狀，並影響心臟功能。

清洗劑（漂白劑）

氫氧化鈉（Sodium Hydroxide）

功能用途	氫氧化鈉屬於強鹼性物質，可溶解油脂、洗淨金屬表面的油污，亦具有洗滌脫脂劑的功能（參見P.XX）
使用規定	目前國內尚無氫氧化鈉在日用品的相關法規。
引發危害	短時間吸入過量會刺激呼吸道，接觸皮膚、眼睛會造成灼傷、潰瘍

清洗劑（界面活性劑）

烷基磷酸酯鹽（Alkyl Phosphate Ester Salt）、三乙醇胺（Triethanolamine）

功能用途	烷基磷酸酯鹽、三乙醇胺則是藉其乳化效果，滲透金屬表面的油脂，同樣可洗去表面油污。
使用規定	目前國內尚無烷基磷酸酯鹽、三乙醇胺在日用品的相關法規。
引發危害	烷基磷酸酯鹽、三乙醇胺等界面活性劑，使用過量或接觸皮膚時間過長可能刺激皮膚，引起紅腫、起疹子等症狀

防腐劑 （Preservative）

防腐劑能夠抑制真菌、細菌生長，防止腐敗變質，並能延長保存期限，除了用在食品添加物，在日常生活用品多出現於化妝保養用品、裝潢用木材。若皮膚、黏膜接觸過量含防腐劑的保養品，可能會引起過敏反應，如：紅腫、刺痛、灼熱感等。用來做裝潢用木材處理的防腐劑接觸，能夠抑制木材中真菌與昆蟲的生長，延長木材的使用年限，唯其經長期曝曬風化的戶外環境中，可能會釋出危害人體的六價鉻、砷，長時間接觸會造成抵抗力下降，甚至引發癌症。

◎ 防腐劑1

己二烯酸鹽 （Sorbate；山梨酸鹽）■

常見相關化合物

己二烯酸（山梨酸；Sorbic Acid；Hexadienoic Acid），己二烯酸鉀（山梨酸鉀；Potassium sorbate）

性質

己二烯酸鹽在室溫下為白色、淺黃色結晶，易溶於液體中，在酸性環境下能殺死原核生物，抑制細菌、黴菌生長，以達到防止腐化的效果，廣泛添加於食品、化妝品、飼料、藥品中做為防腐劑使用。其中己二烯酸是脂肪酸的一種，能夠經由人體的代謝途徑排出體外，較其他防腐劑的毒性低。

主要功能及使用物品

防腐：己二烯酸、己二烯酸鹽在酸性環境中能夠抑制細菌、黴菌體內的代謝作用，阻礙細菌、黴菌的生長，且毒性比其他防腐劑低，常添加於乳液、化妝水、等化妝品。

使用規定

❶ 根據行政院衛生署〈化妝品衛生管理條例〉規定，化妝品中的己二烯酸不得超過0.5%。

❷ 美國食品藥物管理局將己二烯酸歸類為公認安全物質。

❸ 聯合國糧農組織、世界衛生組織之食品添加物專家委員會、以及歐盟均建議，己二烯酸的每日最高攝取量為25毫克／公斤以下。

危害途徑

直接接觸或食入含己二烯酸的食品、化妝保養品，是人體攝入的主要危害途徑，如將含有己二烯酸的乳液或化妝水等塗抹在皮膚上，即會接觸到少量的己二烯酸，使用不當或敏感性膚質者可能產生過敏反應。

過量危害

己二烯酸、己二烯酸鹽可能會對敏感性體質者造成輕微的過敏反應，包括皮膚紅腫、刺痛等症狀，甚至引發氣喘。

毒性分類

目前尚未列管為毒性化學物質

危險度

| 致癌 | X | 過敏 | ✓ | 器官受損 | X |

◉ 防腐劑2

安息香酸鹽（Benzoate；苯甲酸鹽）

常見相關化合物

安息香酸（苯甲酸；Benzoic acid）、安息香酸鈉（苯甲酸鈉；Sodium benzoate）

性質

安息香酸鹽是無色或白色的固體粉末，易溶於水中，在酸性環境下能抑制真菌、細菌、黴菌的生長，有助於防止食物腐化變質，並帶有消毒殺菌的效果，多做為藥物或防腐劑使用，其成本較己二烯酸低廉，常應用在食品、化妝品、藥物。

主要功能及使用物品

防腐：安息香酸、安息香酸鈉是會破壞細菌、真菌的細胞膜，並且會干擾其呼吸作用，因此能抑制細菌、黴菌的生長，防止腐化變質常添加於食品、化妝品、飼料，像是乳液、面霜等化妝保養用品常含有安息香酸。

使用規定

❶ 根據行政院衛生署〈化妝品衛生管理條例〉規定，化妝品中的安息香酸不得超過0.2%。

❷ 世界衛生組織與歐盟均建議，安息香酸的每日可容許攝取量為5毫克／公斤。

危害途徑

直接接觸或食入含有安息香酸類的食品、化妝品，便可能造成危害，像是皮膚塗抹含有安息香酸鹽類的面霜、乳液，便會接觸到少量的安息香酸鹽。

過量危害

❶ 皮膚、黏膜若直接接觸到安息香酸、安息香酸鈉，會造成灼熱、紅腫、疼痛感。

❷ 吸入安息香酸、安息香酸鈉，會刺激上呼吸道，造成咳嗽、呼吸困難等症狀。

❸ 食入大量的安息香酸、安息香酸鈉，會出現反胃、嘔吐、腹瀉、胃痛、心跳加速；大量誤食可能會出現過敏反應，像是咳嗽、呼吸困難、痙攣等症狀，嚴重者甚至可能死亡。

毒性分類

目前尚未列管為毒性化學物質

危險度

| 致癌 | ✗ | 過敏 | ✓ | 器官受損 | ✗ |

◉ **防腐劑3**

對羥基苯甲酸酯類 (Paraben)

常見相關化合物

對羥苯甲酸（p-Hydroxybenzoate）、對羥苯甲酸乙酯（Ethyl p-hydroxybenzoate）、對羥苯甲酸丙酯（Propyl p-hydroxybenzoate）、對羥苯甲酸丁酯（Butyl p-hydroxybenzoate）、對羥苯甲酸異丙酯（Isopropyl p-hydroxybenzoate）、對羥苯甲酸異丁酯（Isobutyl p-hydroxybenzoate）

抗菌劑

漂白劑

洗滌脫脂劑

紫外線吸收劑

金屬表面處理劑

防腐劑

性質

　　對羥基苯甲酸酯類在常溫下呈現白色或無色的結晶粉末，在水中溶解度不高，但均能溶於乙醇、丙酮等有機溶劑。對羥基苯甲酸酯類能使真菌、細菌、黴菌無法順利增生，達到防止腐化變質、消毒殺菌的成效，主要應用在食品、化妝品、藥物等方面。

主要功能及使用物品

防腐：對羥苯甲酸、對羥基苯甲酸酯類會破壞微生物的細胞膜，使細胞內的蛋白質變性，抑制細菌、黴菌的生長，常添加於面霜、乳液、面膜等化妝品、保養品中以防止腐化變質。

使用規定

❶ 根據行政院衛生署〈化妝品衛生管理條例〉規定，化妝品所含的對羥基苯甲酸酯類，限量在1.0%以下。

危害途徑

❶ 直接接觸或食入對羥苯甲酸酯類為最主要的危害途徑，一般主要是經由食物添加物或是化妝品而接觸到對羥基苯甲酸酯類。如使用含有對羥基苯甲酸酯類的乳液或面霜，即會由皮膚接觸到微量的對羥基苯甲酸酯。

過量危害

❶ 健康、無傷口的皮膚接觸對羥苯甲酸酯類並不會引起刺激感，但眼睛、黏膜、受傷的皮膚則可能會引起紅腫、疼痛，甚至會發癢或過敏；對羥基苯甲酸酯類為脂溶性，長期使用會破壞皮膚的皮脂膜，使得皮膚變得乾燥，甚至引起接觸性皮膚炎。

❷ 大量食入對羥苯甲酸酯類可能會引起胃腸道的刺激感。

❸ 若吸入過量的對羥苯甲酸酯類，會刺激呼吸道，導致咳嗽或呼吸急促。

毒性分類

目前尚未列管為毒性化學物質

危險度

| 致癌 | ✗ | 過敏 | ✓ | 器官受損 | ✗ |

◎ 防腐劑4

鉻化砷酸銅（Chromated Copper Arsenate；CCA））

性質

　　鉻化砷酸銅是一種由鉻、砷、銅所組成的混合物水溶液，能抑制真菌、細菌、昆蟲生長，可做為木材防腐用；由於較便宜且添加後的效期長，是過去最廣泛使用的木材防腐劑，但日後發現，鉻化砷酸銅在使用過程中會滲出砷、鉻及銅，這些重金屬對人體具威脅性，並有致癌的可能，因此近年來已禁止鉻化砷酸銅使用於會直接接觸皮膚的木材處理。

主要功能及使用物品

防腐：鉻化砷酸銅是透過含有強氧化劑的鉻酸根及砷，會破壞生物細胞，能抑制真菌、細菌、昆蟲生長，比其他木材防腐劑的成本低，而且使用年限長，常用在許多公共場所，如：涼亭、棧道、遊戲場、景觀木材，另外也應用在裝潢角材、住宅家具、辦公家具等。

使用規定

❶ 根據行政院環保署〈毒性化學物質管理法〉規定，禁止以鉻化砷酸銅處理下列用途的木材：（1）室內建材、家具、戶外桌椅，但建築物樑柱及地基製材，不在此限。（2）遊戲場所、景觀、陽台、走廊及柵欄，但橋樑結構、基礎接地用材，不在此限。（3）其他與皮膚直接接觸者。
❷ 根據行政院環保署〈毒性化學物質管理法〉規定，鉻化砷酸銅的最低管制限量是500公斤，僅供下列許可用途：（1）研究、試驗、教育（2）木材防腐。
❸ 瑞士、越南、印尼、日本等國家，禁用鉻化砷酸銅處理木材。
❹ 歐盟公告，經鉻化砷酸銅處理的木材禁止用於住宅區、國內建築、農業，以及與皮膚直接接觸的產品，以及海域環境。

危害途徑

　　鉻化砷酸銅多使用於木材處理，經過長時間的風化易由木材中釋出，不但會污染環境中的水源、空氣而輾轉進入人體，還會經由直接接觸而進入人體；國內自民國九十六年始禁止使用以鉻化砷酸銅處理的木材，因此現存的公共建築物可能還有含鉻化砷酸銅的建材。如果兒童於室外空間的木製器材玩耍後，未經洗手便直接拿取食物或其他玩具，皆可能會攝入鉻化砷酸銅。

過量危害

❶ 食入鉻化砷酸銅會引起噁心、嘔吐、腸胃道刺激、頭痛、冷汗、脈搏虛弱；更嚴重可能灼傷口腔及喉嚨，並損害腎臟、肝臟、降低中樞神經機能，並出現黃疸、抽筋、中風和昏睡等症狀；大量吞食會導致消化道大量出血，急性肝、腎衰竭，甚至休克死亡。

❷ 吸入鉻化砷酸銅會刺激呼吸道，造成頭痛、咳嗽、喉嚨痛、呼吸困難、胸痛，亦可能誘發氣喘發作，甚至造成呼吸道潰瘍穿孔。

❸ 直接接觸皮膚或黏膜會造成刺激性皮膚炎，皮膚會出現紅腫、疼痛等症狀；長期慢性接觸則會因其腐蝕作用引起皮膚潰瘍，常需數月才能癒合；接觸到眼睛則可能會引起紅腫、疼痛，甚至可能損害眼角膜、影響視力。長時間接觸鉻化砷酸銅可能會引發癌症，並造成抵抗力下降。

毒性分類

☐難分解物質　☑慢毒性物質　☐急毒性物質　☐疑似毒化物

危險度

| 致癌 | ? | 過敏 | ✓ | 器官受損 | ? |

其他常見的防腐劑

尿素醛

咪唑 基尿素（imdazolidinyl urea）、双咪唑烷基脲（diazolidnyl urea）。

功能用途	透過阻礙代謝作用，能防止細菌、真菌生長，常應用於保養品中，以防止保養品腐壞。
使用規定	根據行政院衛生署〈化妝品衛生管理條例〉規定，化妝品所含的尿素醛，限量為0.6%以下。
引發危害	長期接觸尿素醛可能會造成過敏性皮膚炎，症狀包括紅腫、刺痛等；另外，尿素醛遇熱會釋放有致癌性的甲醛。

重鉻酸鹽類、鉻酸鹽類

重鉻酸鉀（Potassium dichromate）、重鉻酸鈉（紅礬鈉；Sodium dichromate）、重鉻酸銨（紅礬銨；Ammonium dichromate）。

功能用途	重鉻酸根為強氧化劑，會破壞生物體的細胞結構，能有效抑制真菌、細菌生長、防蟲，於木材防腐處理中做為防腐劑，可見於木製品，如：家具材料、室內裝潢、戶外木工等。
使用規定	國內目前暫無相關法規。
引發危害	皮膚或黏膜接觸到重鉻酸鹽類的粉塵、蒸氣或水溶液，皆會造成刺激、紅腫、刺激性皮膚炎，接觸到眼睛會損傷角膜、影響視力；口服攝入會腐蝕消化道、出現胃出血、嚴重嘔吐、腸胃炎；攝入高濃度者會出現頭昏、肌肉痙攣、昏迷、發燒、黏膜組織潰瘍穿孔、肝臟受損、循環系統及急性腎臟衰竭，甚至導致死亡。

阻燃劑 （Fire Retarding Agent）

　　阻燃劑顧名思義就是能夠減少起火、阻止火勢蔓延的添加劑，常用在電器用品、橡膠、人造皮革等塑膠製品中。阻燃劑分為鹵素、磷系、無機三大類，目前最常見、應用最廣泛的是含有溴、氯的鹵素阻燃劑。鹵素阻燃劑大多會長期殘留在環境中，並且若長期接觸或進入人體，可能會影響發育、生殖和神經系統，其中有部分物質極可能是干擾內分泌系統的環境荷爾蒙。因此近年來磷系與無機阻燃劑等無鹵素材料逐漸受到矚目，其應用雖尚不如鹵素阻燃劑廣泛，但對人體及環境的毒性低，為其一大特點。

◉ 阻燃劑1

多溴聯苯 （Polybrominated biphenyls；PBBs）

常見相關化合物

六溴聯苯（Hexabromo biphenyl）

性質

　　多溴聯苯在常溫下為無色或米白色固體，可溶於苯與甲苯，不溶於水，透過燃燒時釋放難燃氣體來阻止火勢延燒。由於少量的多溴聯苯就可以達到極高的阻燃效率，且適應性廣，過去常應用於熱塑性塑膠、泡沫塑料及各式電器的絕緣材料，但其嚴重缺點是燃燒會生成有毒氣體，並且會長期殘留在環境中，屬於持久性有機污染物（POPs）的一種；有證據指出多溴聯苯可能會影響內分泌系統，因此被懷疑是一種環境荷爾蒙。

主要功能及使用物品

防火效果：多溴聯苯在燃燒時會捕捉塑膠材料分解生成的自由基，並釋放難燃氣體——溴化氫，覆蓋在材料表面阻隔空氣、減緩或終止燃燒作用，因此能夠減少起火的可能性、阻礙火勢蔓延、抑制有機化合物的燃燒。多溴聯苯常添加於塑膠製品，主要用在電器零件，例如：印刷電路板、電容器、塑膠外殼、線路和纜線，也用在防火材質的織品，像是：衣服、地毯、沙發墊襯物，以及塗料。

使用規定

❶ 根據歐盟〈電子及電機設備有害物質限制使用指令〉（RoHS）規定二〇〇六年七月起，禁止使用多溴聯苯，測量限值為1,000ppm以下。
❷ 六溴聯苯於一九九九年的斯德哥爾摩公約列為持久性有機污染物（POPs）附件A之「須消除之物質」。

危害途徑

❶ 多溴聯苯主要出現在日常電器的塑膠材料中，使用過程中可能會接觸到微量洩漏的多溴聯苯，但是目前此類微量接觸尚無案例顯示具體的健康危害。

❷ 塑膠製造過程及報廢處理所洩漏的多溴聯苯，其往往殘存在水和土壤中，經由食物鏈傳遞至生物體，人類透過呼吸、飲食便可能間接攝入環境中的多溴聯苯。像是居住在處理多溴聯苯廢棄物處理場旁的居民，便會經由呼吸而攝入多溴聯苯。

過量危害

❶ 食入多溴聯苯會造成頭髮脫落、皮膚不適、痤瘡等，亦可能造成嘔吐、腹部疼痛、食慾不振、關節疼痛、疲勞及虛弱。

❷ 有證據指出，長期接觸多溴聯苯會造成少女初經提早，因此多溴聯苯有影響內分泌系統的疑慮，可能為環境荷爾蒙的一種。

❸ 經動物實驗顯示，多溴聯苯會造成體重減輕、皮膚不適、影響神經系統以及胎兒的發育與出生，並且嚴重損害的肝、腎、甲狀腺和免疫系統；亦有動物實驗證實，多溴聯苯會導致肝癌，短時間內餵食大量多溴聯苯的動物甚至會死亡。但是，在動物實驗中投與動物的多溴聯苯劑量，為求得實驗結果，往往遠高於一般環境或人體所含的濃度，無法直接推論至人體接觸到多溴聯苯的反應。

毒性分類

目前尚未列管為毒性化學物質，其中六溴聯苯正由環保署評估是否應予公告列管。

危險度

| 致癌 | ? | 過敏 | ✓ | 器官受損 | ? |

info　美國密西根的多溴聯苯污染事件

各界開始重視多溴聯苯對人類的危害，主要始於一九七三年發生於美國密西根的意外。該地一家飼料工廠誤將主成分為六溴聯苯的FireMaster FF-1混入動物飼料，動物吃下飼料後六溴聯苯累積在體內，當地居民再食用這些受污染的畜產肉品，例如：肉類、牛奶和雞蛋等，間接攝入過量的多溴聯苯而出現嘔吐、腹部和關節疼痛、失去食慾、疲勞、虛弱、皮膚痤瘡和頭髮脫落等現象，部分居民則有內分泌及免疫系統紊亂的症狀。

◎ 阻燃劑2

多溴二苯醚 (多溴聯苯醚；Polybrominated diphenyl ethers； PBDEs)

常見相關化合物

五溴二苯醚（PentaBDE）、八溴二苯醚（OctaBDE）、十溴二苯醚（DecaBDE）

性質

　　多溴二苯醚是在常溫下為無色或米白色固體，可溶於苯與甲苯，不溶於水，為應用最廣泛的溴化阻燃劑之一，能夠減少起火的可能性、阻礙大火蔓延；由於少量就可以達到極高的阻燃效率，且適應性廣，廣泛使用於電器及電子產品、家用產品、塑膠、紡織品及建材物料等。但是多溴二苯醚在燃燒時，會生成溴化戴奧辛、呋喃等有毒氣體，會在環境中長期殘留，是一種持久性有機污染物（POPs），並且由於其具有環境荷爾蒙效應，已經引起廣泛注意。

主要功能及使用物品

防火效果：多溴二苯醚燃燒時會放出難燃氣體，可抑制有機化合物的燃燒，因此常被添加於塑膠製品中，以避免電器起火燃燒，如五溴聯苯醚主要使用在環氧樹脂（epoxy resins）、酚醛樹脂（phenol resins）、聚脂類（polyesters）與聚氨酯發泡材（polyurethane foam）等泡沫塑料製品，像是：人造大理石、家具材料等；八溴聯苯醚主要使用在ABS樹脂、聚碳酸酯樹脂（polycarbonate），像是：裝潢材料、塑膠沙發；十溴聯苯醚則大多添加於電器產品的塑膠材料。

使用規定

❶ 根據歐盟〈電子及電機設備有害物質限制使用指令〉（RoHS）規定，自二〇〇六年七月起禁止使用多溴二苯醚，測量限值為1,000ppm以下。

❷ 美國加州州政府規定，自二〇〇七年起禁止製造、使用多溴二苯醚。

危害途徑

❶ 多溴二苯醚主要用於電器產品的塑膠材料中，可能在使用過程會接觸到微量的多溴二苯醚，但目前尚無案例證實微量接觸會造成身體的健康危害。

❷ 由於多溴二苯醚會累積在環境中，人體可能經由飲食或吸入製造過程或廢棄處理所洩漏的多溴聯苯。像是多溴二苯醚會經由食物鏈累積在動物脂肪，若吃下這種動物製成的肉製品或乳製品，便會攝取到多溴二苯醚。

過量危害

❶ 多溴二苯醚可能會干擾人體的甲狀腺分泌、傷害神經功能，並且對肝臟與神經發育有害。

❷ 根據動物實驗顯示，多溴二苯醚可能會造成腦部損傷、干擾腦部發育、影響甲狀腺素分泌，並且可能致癌；但在動物實驗中的多溴二苯醚，所使用的劑量遠高於一般環境或人體所攝取的濃度，因此目前尚無法推論出人體的反應。

毒性分類

八溴二苯醚	☑難分解物質	□慢毒性物質	□急毒性物質	□疑似毒化物
五溴二苯醚	☑難分解物質	□慢毒性物質	□急毒性物質	□疑似毒化物
十溴二苯醚	□難分解物質	□慢毒性物質	□急毒性物質	☑疑似毒化物

危險度

| 致癌 ? | 過敏 ? | 器官受損 ? 中樞神經 |

◎ 阻燃劑3

氯化石蠟 (氯烴；Chlorinated Paraffins；CPs)

常見相關化合物

氯化石蠟依照所含的碳數，可分為：短鏈氯化石蠟（SCCPs, C10-13）、中鏈氯化石蠟（MCCPs, C14-17）、長鏈氯化石蠟（LCCPs, C>17）三種。
工業上依其含氯量區分，最常見的種類為：氯化石蠟-42、氯化石蠟-52、氯化石蠟-70。

性質

氯化石蠟在常溫下為淡黃色的液體或固體，不易溶於水、揮發性低、難燃且價錢便宜，是最常見的氯系阻燃劑，常添加於塑膠或橡膠材料中，此外亦可做為聚氯乙烯（PVC）的可塑劑，或添加於塗料、潤滑油等做為溶劑；近年來發現短鏈氯化石蠟會在環境中長期殘留，且對水生物有毒性，始有部分地區限制使用。

主要功能及使用物品

❶ 防火效果：由於氯化石蠟不易起火燃燒且價錢便宜，常做為塑膠材料的阻燃劑，添加後可防止物品起火燃燒，可用在纜線、人造皮革、地板材料，或是添加於潤滑油、油漆。

❷ 可塑劑：中鏈氯化石蠟可軟化聚氯乙烯，改變塑膠材料的柔軟度，常做為增塑劑使用，可製成塑膠水管、保鮮膜等。

使用規定

❶ 國內目前尚無日用品的相關法規。

❷ 根據歐盟〈關於統一各成員國有關限制銷售和使用禁止危險材料及製品的法律法規和管理條例的指令〉（76/769/EEC）規定，市面銷售的金屬加工油及加脂皮革原料，其短鏈氯化石蠟的含量不得超過1%。

危害途徑

❶ 氯化石蠟主要用在日常塑膠材料、油漆、潤滑油中，可能會在使用過程中與皮膚直接接觸而攝入氯化石蠟，但這種微量的接觸，目前尚無案例顯示對人體會產生具體危害。

❷ 氯化石蠟會累積在環境中，可能經由食物鏈進入人體。例如短鏈氯化石蠟會透過水生的食物鏈傳遞，因此捕食此類魚類即有可能攝入氯化石蠟。

過量危害

❶ 近年來發現氯化石蠟會累積在人體脂肪中，並驗出母乳中含有短鏈氯化石蠟，但目前尚未確知其對人體的危害。

❷ 氯化石蠟對於水生動物具有毒性；少量的短鏈氯化石蠟會造成水生無脊椎生物死亡；實驗顯示短鏈氯化石蠟會造成魚類神經系統受損、失去方向感、強直痙攣、甚至死亡；人類捕食魚類可能會經由食物鏈攝入氯化石蠟，但目前尚未確知對人體的危害。

❸ 根據動物實驗顯示，氯化石蠟具有致癌性，其中短鏈氯化石蠟會影響實驗鼠的肝臟、甲狀腺以及腎臟，也會使彩虹鱒出現嚴重的肝臟腫瘤，但是動物實驗中所使用的氯化石蠟濃度高於一般環境，尚不能將實驗結果直接推論到對人體的危害。

毒性分類

目前未列管為毒性化學物質

危險度

| 致癌 | ? | 過敏 | ? | 器官受損 | ? |

阻燃劑

安定劑

防水劑

金屬

持久性有機污染物

其他常見的阻燃劑

鹵素阻燃劑

四溴雙酚A（TBBP-A）、六溴環十二烷（HBCD）、五溴甲苯（Pentabromotoluene）

功能用途	鹵素阻燃劑為最早開始使用的阻燃劑，因其阻燃效率高，僅需少量即可達到阻燃，且添加後不影響原材料的物理性質，迄今仍是最廣泛常見的阻燃劑。常用在生活家電、家具等塑膠材料中。四溴雙酚A主要用於電路板板材、電腦外殼、鍵盤、電視、手機、電池等電器；六溴環十二烷主要用在保麗龍、人造纖維、球鞋、織物、輪胎、黏合劑、塗料、玻璃纖維等紡織物和用品。
使用規定	1.根據斯德哥爾摩公約於二〇〇八年的規定，六溴環十二烷已列管為持久性有機污染物。 2.國內目前尚無日用品相關法規，正在評估是否應予公告列管。
引發危害	1.四溴雙酚A疑似是一種環境荷爾蒙，會影響人體內分泌，但目前尚無研究能證實，但是其主要應用在電路板，並且由於為化學鍵鍵結因此並不會釋放到環境中，也沒有接觸到的危險，然而少數四溴雙酚A是以添加形式用於ABS塑膠中，其生產、廢棄過程會對土壤、沉積物和水造成危害，如遭垃圾淹埋處理的水管、塑膠材料會在風化過程中釋出四溴雙酚A，可能會滲入土壤、地下水中。 2.六溴環十二烷會經由皮膚接觸、呼吸、飲食攝入，可能會影響甲狀腺及內分泌系統，甚至有致癌的可能性。 3.五溴甲苯在動物實驗中顯示對眼睛、皮膚、呼吸系統有刺激性，會造成皮膚紅腫、發炎、光毒性等反應；對水生生物有毒，且有極高的生物累積性。

磷系阻燃劑

磷酸三苯酚（TCP）、磷酸二甲苯酯（Dibenzyl phosphate）、丁苯系磷酸酯（Butyl benzyl phosphate）、紅磷（red phosphorus）、磷酸銨鹽（Diammonium phosphate）、聚磷酸銨（APP）

功能用途	1.磷酸酯類具有阻燃與增塑的雙重功能，其性質為低毒量、低發煙量、具生物分解性，添加少量便具高度阻燃效率，廣泛地用於汽機車零組件、車用椅墊、保溫材、緩衝材、包裝材、座椅、床墊、屋頂與隔間牆的隔熱或隔音材、隔離電磁波的吸波材料，以及風管包覆、防火發泡填塞物。 2.聚磷酸銨與磷酸銨鹽的阻燃效果好、水溶性低、熱穩定度佳，主要用於防火材料及聚胺酯硬泡，常添加在塑膠製品、家具、裝潢材料、乾粉滅火器中。
使用規定	目前國內尚無日用品的相關法規。
引發危害	磷系阻燃劑具有低發煙量、高度難燃效率，且製造和使用過程的毒性極低，於近年來逐漸受到應用。

無機阻燃劑

氫氧化鋁（Aluminium hydroxide）、氫氧化鎂（Magnesium hydroxide）、紅磷（Red phosphorus）、三氧化二銻（Antimony trioxide）、硼酸鋅（Zinc bornte）

功能用途	無機阻燃劑分解溫度高，除了有阻燃效果外，還能抑制冒煙和氯化氫生成的作用。其中氫氧化鎂的熱穩定性好，具有良好的阻燃及消煙效果，因此多用於加工溫度較高的聚烯烴塑膠，常出現於塑膠管、裝潢材料、電線電纜等。另外，氫氧化鋁具有無毒、無腐蝕、穩定性好的特性，且在高溫下不會產生有毒氣體，常用在電纜料、橡膠、電線電纜絕緣層、傳送帶等。紅磷易受潮影響阻燃效果，與高分子材料相容性差，因此多做為提升氫氧化鋁、氫氧化鎂阻燃效果的輔助阻燃劑。
使用規定	目前國內尚無日用品的相關法規。
引發危害	無機阻燃劑和磷系阻燃劑一樣，為近年來因應鹵素阻燃劑遭規範而發展出來的新近阻燃材料，其不但具有低發煙量、高度難燃效率等特質，在製造和使用時的毒性極低，為一大優點。

阻燃劑

安定劑

防水劑

金屬

持久性有機污染物

安定劑 (Stabilizer)

安定劑能增加溶液、膠體、固體、混合物的穩定性，可以減緩反應，防止光分解、熱分解或氧化分解等作用。在塑膠的製作過程添加安定劑，有助於維持塑膠、橡膠、合成纖維等聚合物的穩定性，防止產品分解或老化，延長材料的使用壽命。不過，此類添加劑多半含有鉛、鎘等重金屬離子，受光或熱可能會釋出並進入人體，容易造成重金屬中毒。

◎ 安定劑 1

硬脂酸鹽 (Metallic Stearate，又稱十八酸鹽)

常見相關化合物

硬脂酸鈉（Sodium Stearate）、硬脂酸鎂（Magnesium Stearate）、硬脂酸鈣（Calcium stearate）、硬脂酸鉛（Lead Stearate）、硬脂酸鋁（Aluminium Stearate）、硬脂酸鎘（Cadmium Stearate）、硬脂酸鐵（Iron Tristearate）、硬脂酸鉀（Potassium Stearate）、硬脂酸鋅（Zinc stearate）等。

性質

此類物質普遍呈白色粉末或白色塊狀，帶有滑膩感和脂肪味，在溶液狀態下呈鹼性。硬脂酸鹽具有潤滑性和熱穩定性，是許多加工品重要的添加劑。工業上可以當做塑膠的熱穩定劑、光穩定劑和脫膜劑，還用於潤滑油的增厚劑、油漆的平光劑、紡織品的打光劑等。

主要功能及使用物品

❶ 潤滑：硬脂酸鹽具有油脂潤滑的特性，有助於塑料和橡膠成品的成型、脫模，並提高可加工性；在紡織工業中可當做紗線的潤滑劑或柔軟劑。

❷ 熱穩定：在塑膠聚氯乙烯中，添加硬脂酸鹽可以提高塑料在塑型過程中的熱、光穩定性，使塑膠原料在製造過程中不受光或熱的影響降解，並且提高塑膠成品的耐熱程度，以及顏色的穩定性。

❸ 乳化：此類物質可使產品變成穩定潔白的膏狀體，並能調節產品黏稠度而不會影響產品性質，廣泛用於霜狀、乳液、凝膠類等美容保養用品，或在醫藥工業中做為乳狀、膏狀或栓劑的基底。

❹ 溶劑：硬脂酸鹽能夠溶解油脂，可當做油溶性顏料的溶劑，如蠟筆。

❺ 防水：硬脂酸鈣不易溶於水，因此可做為紡織品的防水劑，能防止水分通過織品，增加衣物表面的防水功能。硬脂酸鋁、硬脂酸鋅可添加於油漆中，做為油漆平光劑，降低油漆的光澤，使牆壁消光。

❻ **洗滌**：硬脂酸鉀與硬脂酸鈉是陽離子界面活性劑，可幫助油脂乳化，如同一般界面活性劑的作用，將油脂包裹成小油滴，可以用水沖掉，洗去髒污，是清潔劑中重要的原料。

使用規定

目前國內尚無相關法規。

危害途徑

硬脂酸鹽是聚氯乙烯（PVC塑膠）製造過程的添加物，硬脂酸鹽在強酸或高溫下會分解產生硬脂酸，將刺激呼吸道、皮膚和黏膜，並有可能造成環境污染。因此，使用含有硬脂酸鹽的塑膠製品盛裝熱食或酸性食物，會釋出硬脂酸鹽，可能藉由食物或透過皮膚接觸而進入人體，造成身體不適。

過量危害

❶ 大部分的硬脂酸鹽都不易揮發而可能形成粉塵，過度接觸會對眼睛、皮膚產生刺激，出現發紅、腫脹、疼痛等症狀，一旦吸入其粉塵，可能引起呼吸道的刺激感。若長期吸入硬脂酸鋅的粉塵，可能引起支氣管炎，並有咳嗽、咳痰等症狀。

❷ 此類物質的急毒性並不明顯，但攝入可能刺激腸胃，其中硬脂酸鎂可能使肝損傷；硬脂酸鉛、硬脂酸鎘帶有有毒的金屬離子，急性毒性比其他硬脂酸鹽大，過度接觸會出現類似鉛中毒或鎘中毒的症狀。硬脂酸鉛會影響神經系統與消化系統的運作，引起頭痛、煩躁、失眠、眩暈、腹痛、噁心、嘔吐等症狀；硬脂酸鎘則會刺激呼吸道，可能引起肺水腫，並且會破壞人體骨骼，引起骨質鬆軟、骨骼疼痛等類似鎘中毒的症狀。

毒性分類

☐難分解物質　☐慢毒性物質　☐急毒性物質　☑疑似毒化物

危險度

| 致癌 | ✘ | 過敏 | ✓ | 器官受損 | ✓ | 肝、骨骼、神經系統、消化系統 |

◉ **安定劑 2**

丁基苯酚 （4-tert-butylphenol；BP）

性質

丁基苯酚為白色片狀固體，微溶於水，是酚醛樹脂的重要原料，酚醛樹脂能

阻燃劑

安定劑

防水劑

金屬

持久性有機污染物

製成性質穩定的塗料，也能製成黏合效果極佳的膠合劑。在橡膠的加工過程中添加丁基苯酚能使橡膠穩定耐用，是橡膠製程常添加的抗氧化劑、硫化劑及增塑劑。

主要功能及使用物品

❶ **塗布效果持久**：丁基苯酚可使酚醛樹脂有良好的油溶性，可與桐油製成塗料，該塗料不但附著力佳，同時具有耐水性、耐化學腐蝕性、耐久性及電絕緣性，多用於電器外殼、製鞋、建築、土木工程和運輸工具（如：船隻、飛機）。

❷ **黏接效果佳**：丁基苯酚可使膠合劑不但能緊黏材料，同時具有耐熱性高、耐水性、耐油性、耐化學物質、抗黴菌、耐久性及電絕緣性等優點，可黏合木材，常用於木製衣櫃及木製書桌等木製家具。酚醛膠合劑也是合板常用的膠合劑，常用於室內裝修的人造板材。

❸ **提高橡膠性能**：丁基苯酚能使橡膠原料發生交聯反應，可做為橡膠的硫化劑；丁基苯酚也可讓橡膠增加彈性，避免因發生氧化而裂解，同時更容易加工，常做為橡膠的可塑劑，此外還有助於橡膠製品延緩老化，更加堅固耐用，也能做為橡膠的抗氧化劑。常用在奶嘴、手套、雨衣、鞋底、橡膠玩具、熱水袋、家用電器及輪胎等日用品中。

使用規定

❶ 行政院勞委會公告〈勞工保險職業病〉，將使用、處理、製造對第三丁基苯酚所引起的皮膚白斑症，列為「第一類化學物質引起之職業病」。

❷ 美國加州於二〇〇八年十二月三十一日起，禁止以酚醛樹脂為膠合劑的人造板材進入加州市場。

❸ 歐盟玩具新指令（2009／48／EC）將丁基苯酚視為致敏性化學物質，禁止丁基苯酚用於玩具中。

危害途徑

❶ 添加有丁基苯酚的塑膠製品，會經由食入或皮膚接觸而進入人體，例如經常戴橡膠手套、嬰兒長時間含著奶嘴，或兒童玩橡膠玩具等，都可能造成食入或皮膚吸收。

❷ 長時間處於含有丁基苯酚的環境下，可能經由呼吸吸入體內，像是住家有木製家具或人造板材，其所使用的膠合劑在新居落成時可能釋放丁基苯酚。

過量危害

❶ 丁基苯酚會刺激眼睛、皮膚及黏膜，使皮膚過敏、發炎，高濃度的丁基苯酚甚至會造成皮膚腐蝕。

❷ 丁基苯酚對於黑色素細胞有選擇性的破壞作用，會造成黑色素退色，使接觸皮膚出現白斑症。

毒性分類

目前尚未列管為毒性化學物質

危險度

| 致癌 | ✗ | 過敏 | ✓ | 器官受損 | ✗ |

其他常見的安定劑

鉛鹽

三鹽基硫酸鉛（Tribasic lead sulfate）、二鹽基亞磷酸鉛（Dibasic lead phosphite）

功能用途	鉛鹽是最早開始使用且效果最好的安定劑，其耐熱性佳、耐熱時間長，具絕緣性且價格低廉，廣泛用於硬質的不透明聚氯乙烯製品（如：軟硬質管材、壓膜、玩具）、絕緣電纜。
使用規定	由於鉛鹽類穩定劑含有毒金屬鉛，因此已被多數國家禁用，台灣目前則尚未禁用。
引發危害	含有鉛的鉛鹽進入人體會引起鉛中毒，損害神經系統、造血系統、泌尿系統和消化系統，導致不孕或致畸胎，慢性中毒則會造成腎水腫。

有機錫化合物

以硫醇甲基錫（Methyltin Mercaptide）為主

功能用途	硫醇甲基錫主要用於經加工的透明聚氯乙烯製品，像是飲用水的水管、容器以及透明食品包裝材料等。
使用規定	經德國聯邦衛生局（BGA）、美國食品藥品管理局（FDA）認可，硫醇甲基錫可用於食品及醫藥包裝用的PVC製品中。
引發危害	誤食硫醇甲基錫可能造成抽筋、呼吸衰竭乃至死亡。若硫醇甲基錫含有過量的不純物三甲基錫，也可能造成情緒激動、幻覺、有攻擊性行為等精神障礙的症狀，或造成低血鉀症，引起心跳過快、肢體麻木、呼吸麻痺等症狀，嚴重時甚至導致死亡。

稀土安定劑

以鑭、鈰、鐠、釹為主

功能用途	由稀土的氧化物或氯化物組成，可促進聚氯乙烯（PVC）塑化、提高PVC製品的強度，適用於聚氯乙烯製的門窗等硬製品。
使用規定	國內目前暫無稀土安定劑在日用品的相關規定。
引發危害	稀土安定劑對人體無明顯危害。

防水劑（Waterproofing Agent）

防水劑是透過與物品表面的交互作用形成防水層，並填滿物品表面的空洞以達到防水效果。應用在建築防漏方面，是將防水劑摻入砂漿或混凝土，與水泥混合，防水劑會與水泥生成不易溶於水的微小複鹽結晶，能夠填滿混凝土在固化過程中形成的細微孔道，達到防滲、防水的效果；應用在織品皮革上，後製處理將聚合物塗布於物品表面以形成防水層。部分化妝品便是利用防水劑阻塞汗腺，達到止汗、防臭、收斂的效果。但是，使用過量含有防水劑的化妝品，可能會刺激皮膚、造成搔癢感，甚至有致癌的疑慮。

◎ 防水劑1

鋁鹽（Aluminum salts）■

常見相關化合物

氯化鋁（Aluminum Chloride）、三氯化鋁、六水氯化鋁、硫酸鋁（Aluminum Sulfate）、氫氯酸鋁（Aluminum chlorohydrate）、硫化鋁（Aluminium sulfide）、十二水合或二十四水合硫酸鋁鉀（Aluminum Potassium Sulfate；又稱明礬，Alunite）等。

性質

鋁鹽泛指正三價鋁離子和酸根陰離子組成的無機鹽類，一般呈白色或無色結晶。多數的鋁鹽具有防水效果，常應用在工業上做為防水劑，在民生用品上則做為止汗劑、收斂水等美容保養用品，其中明礬可用以淨水，而氯化鋁、氫氯酸鋁則最常用於止汗劑。

主要功能及使用物品

❶ 防水：鋁鹽可透過阻擋水分流通管道或吸收水分的方式，發揮防水的功能。在工業用途上，鋁鹽與水泥形成水化氯鋁酸鈣，使水泥較緻密，同時生成不溶於水的氫氧化鋁及氫氧化鐵膠體，填充水泥的空隙，提高水泥的緻密度，因而能抗滲、抗裂、防水，常用於廁所、浴室、地下室、水池、水塔等處，與水泥混合後塗抹於建物表面，形成防水層。在民生用途方面，此類化合物可阻塞汗腺，抑制汗水流出，可保持使用部位的乾燥，其中三氯化鋁、六水氯化鋁、氫氯酸鋁是當前最常用來製成止汗劑的鋁鹽；另外，氯化鋁、氫氯酸鋁則以吸收水分、抑制汗腺，使皮膚保持乾爽、改善臉部毛孔出油，常添加於收斂水。

❷ 淨水：明礬溶於水後會分解生成膠狀的氫氧化鋁，氫氧化鋁的比重較大會沉到水底，又具有黏性，可吸附水中的細菌與雜質，達到淨水作用，早期常做為淨水劑，用於淨化飲用水。

阻燃劑

安定劑

防水劑

金屬

持久性有機污染物

使用規定

目前國內尚無日用品相關法規管制。

危害途徑

　　一般使用的情況下，鋁鹽並無明顯的毒性，而且添加鋁鹽的日用品大多製成外用的製劑，像是收斂水、止汗劑等，其鋁鹽的濃度並不高，但此類日用品對皮膚較敏感的人可能造成刺激與搔癢感，若使用部位有傷口或發炎（如面皰），會刺激傷口。由於醫學界仍未排除此類日用品所含的鋁鹽導致乳癌的可能性，長期使用恐有致癌的風險。

過量危害

❶ 人類口服鋁鹽的可能致死劑量是0.5～5公克／公斤，而一般止汗劑中鋁鹽含量重量百分濃度在20%以下，以包裝150公克的止汗劑為例，其鋁鹽的含量不會超過30公克，成人吞食少量的鋁鹽，通常不會造成中毒，但6公斤以下的嬰幼兒若誤食則可能造成死亡。長期誤食鋁鹽會降低人體對鐵與鈣的吸收，導致骨質疏鬆、貧血，並可能影響神經細胞的發育。

❷ 明礬帶有微酸性，高濃度時接觸會刺激眼睛、黏膜、呼吸道及受傷的皮膚。吞食明礬可能造成痙攣、頭暈、嘔吐及出血性腸胃炎。

❸ 接觸到高濃度的氯化鋁時會刺激黏膜，造成呼吸困難、咳嗽、肺炎、肺水腫等症狀。

毒性分類

目前尚未列為毒性化學物質

危險度

| 致癌 ? | 過敏 X | 器官受損 ? |

warning 使用止汗劑者建議採定期乳房自我檢查

　　使用止汗劑導致罹患乳癌的論點，至今尚未有醫學研究能證實兩者之間的關連性，但醫學界也未排除止汗劑導致乳癌的可能性。雖然止汗劑的致癌性尚未有結論，不過這類外用產品畢竟含有化學成分，一般建議應酌量使用，並建議止汗劑的慣用者應建立定期乳房自我檢查的習慣，以維護自身健康。

其他常見的防水劑

氯化金屬鹽

氯化鈣（Calcium Chloride）

功能用途	氯化金屬鹽類常添加在砂漿等建築材料中。在砂漿凝結硬化過程中，氯化金屬鹽類與水泥形成不透水的複鹽，能促進砂漿結構的密實度，使水分不會滲透砂漿所黏合的磚塊或鋪砌的地板、牆面。
使用規定	國內目前尚無氯化金屬鹽在日用品的相關規定。
引發危害	氯化鈣對皮膚具有輕微刺激性，其固體粒子會對眼睛造成暫時性的刺激。誤食氯化鈣可能造成輕微的腸胃不適，嚴重時可能會出血；長期攝取微量的氯化鈣可能損害腎臟、影響神經系統，導致昏睡、昏迷。

矽酸鹽

矽酸鈉（Sodium Silicate，又稱水玻璃）

功能用途	矽酸鹽的溶液加入水泥砂漿後，與水泥中的氫氧化鈣所形成膠體狀的矽酸鈣可以堵塞孔隙，並且凝固較快，適合用於防堵漏水的修補。
使用規定	國內目前尚無矽酸鹽在日用品的相關規定。
引發危害	矽酸鹽類對皮膚、黏膜具輕微的刺激與腐蝕性。

聚合物

氯丁橡膠乳液（Chloroprene rubber latex，又稱氯丁二烯橡膠）、丁苯橡膠乳液（Styrene -Butadiene Latex）、丙烯酸脂橡膠乳液（Acrylic Rubber latex）、聚氨基甲酸酯（Polyurethane；PU）、聚氯乙烯（Polyvinylchloride；PVC）

功能用途	聚合物可填充孔洞並形成防水膜，可塗布在紡織物、皮革的表面加強防水，也可與水泥、砂漿等建材混合配製。聚合物的耐候性、耐老化較佳，屬於長效型的防水材。
使用規定	相關法規請參見聚合物P.206～237。
引發危害	請參見聚合物P.206～237。

有機氟

全氟辛烷硫磺酸（Perfluorooctane sulphonates；PFOS）、全氟辛酸（Perfluorooctanoic acid；PFOA）

功能用途	有機氟物質可在物品表面形成光滑的防水防油層，廣泛用於Gore-Tex材質、排汗衣等防水透氣材料、皮革製品。
使用規定	有機氟：根據歐盟指令於2006年發布，在歐盟市場所販售各類紡織品，其全氟辛烷硫磺酸（PFOS）的含量不得超過0.005%；並於2007年發布PFOS為持久性環境污染物質。
引發危害	全氟辛酸類物質容易累積在脂肪組織中，能長久存留在人體內，會破壞甲狀腺功能、呼吸系統及免疫系統，並可能造成癌症；其危害還可能遺傳給下一代，導致初生嬰兒的缺陷。

金屬 (Metal)

　　金屬元素大多具有延展性、硬度、導熱性、導電性等物理性質，因此常用於製造鍋具、電器、裝潢建材等日用品，應用上相當廣泛。其中汞、鉛、鎘、砷等重金屬含有極高的毒性，經由攝食、呼吸或皮膚接觸進入人體後，會與蛋白質或核酸結合，影響細胞反應、內分泌系統、免疫系統及酵素作用，甚至可能致癌。然而，常見的金屬中毒多半屬於慢毒性，需長期累積才會有所反應，且金屬中毒的來源多變而不易阻絕，判斷體內的重金屬含量亦十分困難，因此在慢性累積的過程中常為人所忽視。

◎ 金屬1

汞 (Mercury，又名水銀)

性質

　　汞是唯一在常溫下為液態的銀白色金屬，其密度大、導電性能佳、溫度升高所需的熱能較小，且受熱後體積膨脹的比例與溫度成正比，此特殊性質讓汞及其化合物廣泛用於工業、農業、醫療及製造照明、量測設備等各種日常生活用品中。

主要功能及使用物品

❶ 消毒殺菌：汞化合物能降低蛋白質或酵素的活性，產生消毒殺菌的功能，多用於殺蟲劑、殺菌劑、防腐劑及農藥等。

❷ 抑制黑色素：汞具有破壞表皮酵素的特性，能抑制黑色素形成，產生美白效果，部分不肖廠商常將之添加在皮膚美白霜、去斑面膜等保養品中。

❸ 導電：以氧化汞為陰極製成的汞電池，其電壓十分穩定，能量密度高，常用來製作乾電池，運用於各種攜帶式的電器。此外，汞的表面張力很大，會形成圓珠，且不易沾黏物質，是唯一能受動力滾動的導電液體，此性質可用以做成電路開關、繼電器等器件。

❹ 膨脹係數均勻：汞的體積在一定溫度內會隨著溫度的變化呈直線關係，又不會潤濕玻璃管壁，因此普遍用於溫度計、血壓計等量測工具。

❺ 染料：汞化合物如硫化汞，帶有鮮豔的紅色，可做為顏料的成分，常用在各式繪畫、防鏽漆及塗料等。

❻ 發光：汞蒸汽適合裝填於各種燈製品，其發光原理係利用水銀原子激發後形成電漿，放射出紫外線，透過螢光塗料散發出一般的可見光，多用於日光燈、省電燈泡。

使用規定

❶ 根據行政院衛生署公告之〈化妝品衛生管理條例〉，含汞化妝品屬「妨害衛生之物品」，不得違法製造添加。
❷ 根據行政院環保署公告之〈限制水銀體溫計輸入及販賣〉，分階段推動減量及禁止措施，優先禁止水銀流入一般家戶，並逐步擴大管制層面至醫療機構。
❸ 根據行政院環保署公告之〈限制乾電池製造、輸入及販賣〉規範，禁止製造、輸入及販賣汞含量超過管制標準（5毫克／公斤）的指定電池。
❹ 根據行政院勞委會〈勞工作業環境空氣中有害物容許濃度標準〉規定，勞工工作環境空氣中的汞濃度不得超過0.05毫克／立方公尺。

危害途徑

❶ 體溫計、血壓計、日光燈等日用品常含有汞，一旦打破這些日用品將造成其中的汞揮發為汞蒸氣，對人體造成危害。
❷ 使用含汞的農藥、肥料及廢電池，若未由正確管道回收而與一般垃圾棄置，經掩埋後滲出汞，會造成土壤污染，土壤中的汞再經由農作物吸收後，民眾吃下這些含汞農作物將產生病變。若是將含汞製品直接焚化燃燒，則會產生汞毒氣散布在大氣中，經由口鼻吸入而損害人體健康。
❸ 含汞化妝品雖具美白效果，但不慎使用含汞量過高的化妝品，反而會造成黑色素沉澱而形成黑斑，且長期塗用容易產生皮膚過敏，甚至累積在體內引起腎臟慢性中毒。

過量危害

❶ 汞容易形成汞蒸氣，汞蒸氣吸入體內即產生毒性極強的有機汞（如甲基汞），短期暴露於高濃度汞蒸氣會出現疲勞、發燒、受寒、咳嗽、呼吸短促、胸悶和灼熱性疼痛、肺部發炎等症狀。暴露於1～44毫克／立方公尺的汞蒸氣中約4～8小時，即會引起眼睛紅腫、灼傷和發炎，胸部疼痛、血壓升高、肺部功能受損、肺部發炎，甚至發生致命的肺水腫。
❷ 污染的汞通常可以分成有機汞、無機汞兩大類。汞透過空氣、水源、食物、皮膚進入人體後會累積在體內，可能造成急性或是慢性中毒，腦和腎臟是汞主要分布的地方，所以體內汞含量過高會產生神經方面的病變。危害神經系統最顯著的症狀包括顫抖、情緒不穩、睏倦、喪失記憶、肌肉衰弱、頭痛、智能反應變慢、喪失感覺和麻木等認知功能的減退。
❸ 食入過量含汞藥品或食物會造成消化系統的傷害，其症狀包括分泌過多的口水、牙齦發炎、吞嚥困難、呼吸急促、胃痛、噁心、嘔吐、腹瀉和腎臟受損。
❹ 汞不會直接刺激皮膚，但會引起皮膚過敏反應，如褪皮、紅腫、發炎、水泡等症狀。

毒性分類

☑難分解物質　□慢毒性物質　□急毒性物質　□疑似毒化物

危險度

| 致癌 | **?** | | 過敏 | **✓** | | 器官受損 | **✓** | 中樞神經系統、腎臟 |

⚡ warning 處理廢棄日光燈的正確方法

廢棄日光燈應採資源回收途徑，而不要將壞掉的日光燈打破，再用報紙包起來丟掉，因為打破日光燈管會導致燈管中的汞揮發為汞蒸氣，對人體造成傷害。若不慎打破燈管，應戴上口罩並儘速洗手；發現水銀外漏，可以使用吸管將水銀粒回收，另以硫磺粉覆蓋在可能有水銀的地方，能使水銀形成安定不易揮發的硫化汞，降低汞蒸氣的危害。

info 水俁病：汞中毒造成的公害事件

五〇年代日本的水俁灣附近，動物出現異常行為並大量死亡，鄰近的村民也開始出現口齒不清、全身性痙攣等症狀，事出是由於一家肥料廠，將製程中所使用的含汞催化劑隨意排入水俁灣，鄰近居民吃下水俁灣的魚蝦，無意間讓汞進入人體。根據日本官方統計，至一九九七年止有兩千多人遭到「水俁病」的侵害，至今仍無有效的治療方法。

◎ 金屬2

鎘 (Cadmium)

常見相關化合物

氧化鎘（Cadmium oxide）、氯化鎘（Cadmium chloride）、硫化鎘（Cadmium Sulfide）、硫酸鎘（Cadmium sulfate）

性質

鎘是一種銀白色的軟性金屬，具韌性及延展性，通常以化合物形式存在於環境中，例如氧化鎘、氯化鎘、硫化鎘等，其亦可和其他金屬結合產生各種合金。鎘在工業和消費產品中有很多的用途，主要做為電池、塑膠安定劑、發光電子組件、顏料及核子反應爐等原料。

主要功能及使用物品

❶ **塑膠安定劑**：硫酸鎘與硬脂酸鈉作用所形成的硬脂酸鎘，是塑膠加工時的安定

劑，主要用於軟性塑膠製品中，如椅墊、椅背、膠布等居家用品。

❷ **著色劑**：硫化鎘混和硫化硒，能合成耐高溫、耐鹼的硫硒紅色素，是玻璃的著色劑，將硫化鎘加在乳膠漆、噴漆、紙、橡膠及各種顏料中，則可調製出橙紅至深黃的顏料。

❸ **發光電子組件**：硫化鎘對光的靈敏度高，可做為光導體的材料，將光能轉為電能，例如：印表機、傳真機內的光敏材料。

❹ **抗腐蝕性**：鎘鍍層的性質安定、耐腐蝕、具光澤且附著力強，對鹼性溶液亦具抵抗性，對鐵及鋼具有良好的保護作用，多用於金屬電鍍，因此航空、航海及電子工業的零件多採鍍鎘以防生鏽，像是各種電器用品內的零件也採鍍鎘。

❺ **導電**：鎘和氫氧化鎳可做為產生電能的化學活性材料，多用來製作蓄電池，例如：鎳鎘電池。

使用規定

❶ 根據行政院衛生署〈食品器具包裝衛生標準〉規定，玻璃、陶瓷、施琺瑯的器具（深2.5公分以上，且容量1.1公升以下）在溶出試驗下，鎘含量需在0.5ppm以下；金屬罐在溶出試驗下，鎘含量應低於0.1ppm。

❷ 根據行政院衛生署〈食品器具包裝衛生標準〉規定，塑膠類食品器具、容器、包裝，包含聚氯乙烯（PVC）、聚偏二氯乙烯（PVDC）、聚乙烯（PE）、聚苯乙烯（PS）、聚對苯二甲酸二酯（PET）、聚甲基丙烯酸甲酯（PMMA）、聚醯胺（PA）、聚甲基戊烯（PMP）、聚碳酸酯（PC，含奶瓶），以及以甲醛為合成原料的塑膠，其材質的鉛含量需在100ppm以下。

❸ 根據行政院衛生署〈食品器具包裝衛生標準〉規定，橡膠的材質鎘含量需在100ppm以下，但哺乳器具的橡膠製品則規定在10ppm以下。

❹ 根據行政院環保署公告的〈多氯聯苯等一六一列管編號毒性化學物質使用用途限制等運作管理事項〉，禁止硫化鎘用於塑膠顏料的製造。

❺ 根據行政院環保署公告的〈有害事業廢棄物認定標準毒性特性〉，鎘及其化合物的溶出程序（TCLP）溶出試驗標準為1.0毫克／公升。

❻ 根據行政院勞委會〈勞工作業環境空氣中有害物容許濃度標準〉規定，勞工工作環境空氣中的鎘濃度不得超過0.05毫克／立方公尺。

❼ 根據世界衛生組織建議，鎘的暫定每週容許攝取量（PTWI）為每公斤體重7微克，相當於一個50公斤的成年人，每週的容許攝取量為350微克。

危害途徑

❶ 棄置的含鎘日用品或含鎘的工廠製程是鎘污染的主要來源，倘若相關周遭的環境遭到鎘的污染，則會經由食物鏈連帶造成鄰近居民鎘中毒。

❷ 菸草在生長過程中容易吸收鎘，根據世界衛生組織統計，吸菸者若每天抽 20支菸，每天約較一般人多攝入2至4微克的鎘，因此吸菸亦為暴露在鎘危害下的途徑。

❸ 微波專用塑膠保鮮盒或顏色鮮豔的陶瓷餐具的表面塗料若含有鎘化物，長期處於高溫或是盛裝酸性食物，容易導致鎘溶出並滲進食物。

❹ 劣質的不鏽鋼餐具若貯存過酸、過鹼的食物，食物中的電解質會與餐具中的鎘元素產生反應，溶解出鎘並滲進食物。

❺ 閃亮的玩具飾品可能含有過量的鎘，孩童經由啃咬、吸吮而導致體內鎘含量過高，造成兒童發展遲緩、學習障礙，甚至致癌。

過量危害

❶ 鎘進入人體的途徑主要經由呼吸道與消化道，不慎吸入過量鎘燻煙會引起急性中毒，症狀包括發燒、咳嗽、四肢無力、噁心、呼吸困難、胸悶、血痰等，嚴重時更會引起化學性肺炎、氣管及支氣管炎、肺水腫甚至死亡；鎘作業場所工人則有慢性呼吸系統發生危害的風險，包括慢性鼻炎、咽喉炎或慢性阻塞性肺氣腫。

❷ 鎘從腸胃道進入人體的量遠低於從肺部進入人體，但對於非職業性暴露的一般人而言，鎘經由食物攝入而累積在體內為最主要的途徑。腎臟常是鎘累積在體內造成危害的主要器官，鎘會造成近端腎小管及腎絲球的病變，嚴重時甚至造成尿毒症。急性大量食入含鎘物品，會造成腹痛、噁心、嘔吐、燒灼感、流涎、肌肉痙攣、眩暈、休克、意識不清及抽筋，嚴重時會引起急性腎衰竭、肝損傷甚至死亡。

❸ 鎘會干擾在骨質上鈣的正常沉積，置換骨骼中的鈣，造成骨質軟化和疏鬆，引起軟骨症。此外，鎘會影響骨膠原的正常代謝，引起全身骨骼酸痛、骨折，此即所謂的「痛痛病」。

❹ 鎘可能導致人類罹患前列腺癌及腎癌，為致畸胎物質。

毒性分類

鎘在不同劑量分別屬於慢毒性和急毒性物質

危險度

| 致癌 | ✓ | 過敏 | ✗ | 器官受損 | ✓ 吸呼系統、腎臟 |

info　鎘中毒造成的公害事件：痛痛病與鎘米

最早的鎘中毒事件發生在五〇年代日本富山縣一帶。由於當地礦場的鎘大量排入河裡，造成附近居民鎘中毒，出現關節和脊骨極度痛楚的症狀，稱為「痛痛病」。近年來，台灣亦由於塑膠工廠大肆將含鎘廢水排放至農田，污染了稻米而接連爆發出數起鎘米污染事件，造成莫大的農業損失與生命威脅。

◎ 金屬3

鉛（Plumbum）

常見相關化合物

一氧化鉛（Lead oxide）、二氧化鉛（Lead dioxide）、疊氮化鉛（Lead azide）、硬脂酸鉛（Lead stearate）、四乙基鉛（Tetraethyl lead）、四乙酸鉛（Lead tetraacetate）、四氧化三鉛（Lead tetroxide）、碘化鉛（Lead ioied）、碳酸鉛（Lead carbonate）、硝酸鉛（Lead nitrate）

性質

鉛為高延展性的軟性金屬，本身帶有藍白光澤，密度高、硬度低、導電性低、抗腐蝕性高，但在空氣中表面容易氧化失去光澤。鉛在地殼中含量不高，能以不同的化合物形式存在。鉛為最早為人類廣泛使用的金屬之一，可用於建築材料、鉛合金、輻射防護設備、鉛酸蓄電池、槍彈和炮彈、焊錫、顏料等。

主要功能及使用物品

❶ **抗氧化**：鉛表面在空氣中能生成鹼式碳酸鉛薄膜，可防止金屬儀器內部被氧化，像是金屬遊樂設施、船殼、鋼構橋梁、貨車箱、農用搬運車、食品加工機械、以及賣場的置物架，多塗有含鉛油漆以防鏽。

❷ **焊錫**：鉛具有高延展性，是目前電子產品焊錫的主要成分之一，錫鉛合金的熔點低、流動性佳、凝固收縮率小、熔損少，因此廣泛用於料片，電線電纜，連接器及導線架電鍍等。

❸ **顏料**：許多鉛化合物帶有顏色，因此其廣泛使用於免洗餐具、塑膠吸管、塑膠和橡膠製品，以及油墨、油畫、油漆等塗料中，例如：鉛粉、紅丹、鉛白、黃丹及各式釉藥；合成的有機色料也常在製造程序中夾帶微量的鉛，以產生鮮豔而持久的色彩，像是食品、化妝品、藥品就可能含有此類有機色料。

❹ **導電**：鉛能夠導電，當電池放電時，鉛會和硫酸中的硫酸根離子化合成硫酸鉛，且附著在陽極上，同時也產生電子。電子通過電線至正極形成電流，而產生發電的效果，因此可做為電池的電極，常用於汽機的蓄電池。

❺ **抗震劑**：四乙基鉛加熱時容易產生自由基，可幫助燃料充分燃燒，加在汽油可防止發動機內發生震爆，使引擎工作效率提高。

使用規定

❶ 根據行政院衛生署〈化妝品衛生管理條例〉規定，化妝品的鉛含量應在20毫克／公斤以下。

❷ 根據行政院衛生署〈食品器具包裝衛生標準〉規定，食品器具、容器、包裝應為無鉛或其合金被刮落之虞的構造；鍍錫用錫的鉛含量應在5%以下，器具、容器、包裝的製造、修補用金屬的鉛含量需在10%以下，修補用焊料需在20%以下；玻璃、陶瓷、施琺琅的器具（深2.5公分以上，且容量1.1公升以下）在溶出試驗下，鉛含量需在5ppm以下；金屬罐在溶出試驗下，鉛含量應低於0.4ppm。

❸ 根據行政院衛生署〈食品器具包裝衛生標準〉規定，塑膠類食品器具、容器、包裝，包含聚氯乙烯（PVC）、聚偏二氯乙烯（PVDC）、聚乙烯（PE）、聚苯乙烯（PS）、聚對苯二甲酸二酯（PET）、聚甲基丙烯酸甲酯（PMMA）、聚醯胺（PA）、聚甲基戊烯（PMP）、聚碳酸酯（PC，含奶瓶），及以甲醛為合成原料的塑膠，其材質的鉛含量需在100ppm以下。

❹ 根據行政院衛生署〈食品器具包裝衛生標準〉規定，橡膠的材質鉛含量需在100ppm以下，但哺乳器具的橡膠製品則規定在10ppm以下。

❺ 根據行政院環保署〈環境用藥管理法〉規定，環境用藥（如：殺蟲劑）不得含有鉛。

❻ 依據行政院環保署〈空氣污染防制法〉規定，含鉛量每公升0.026公克以上的汽油及八十九年一月一日起含鉛量每公升0.013公克以上的汽油，為易致空氣污染的燃料。

❼ 根據行政院經濟部〈自來水水質標準〉規定，自來水中的鉛含量不可超過0.05毫克／公升。

❽ 根據行政院勞委會〈勞工作業環境空氣中有害物容許濃度標準〉規定，勞工工作環境空氣中的鉛濃度不得超過0.1毫克／立方公尺。

❾ 根據歐盟〈電氣、電子設備中限制使用某些有害物質指令指令（RoHS）〉規定，電子電氣產品中所使用的每種單一材料都必須符合鉛含量小於0.1%（即按重量計算小於1000毫克／公斤）。

危害途徑

❶ 鉛廣泛運用在舊式房屋的水路管線、罐頭接和劑、容器的釉彩、免洗碗筷、吸管等日用品，可能使人經由飲水、飲食而吃下鉛卻不自知。

❷ 國內業者為增加塑膠玩具、文具的鮮艷度以提升賣相，大量使用含鉛塗料，因此兒童可能在不經意地咬、啃塑膠玩具、文具（如：鉛筆），以及接觸上述日用品後，未洗手就拿東西吃，都容易造成鉛中毒。

❸ 鉛受熱後會形成微粒狀物質排放至空氣中，再經由呼吸道進入人體肺部，因此像是扇葉附有塑膠圖案的百葉窗，在太陽照射下會使塑膠圖案的顏料形成鉛塵，飛散至空氣中；另外，汽油中的鉛會隨著其他燃燒後的廢氣一齊排放至空氣中，這都可能形成鉛入侵人體的途徑。

❹ 市售顏料許多都含鉛，像是有色玻璃和陶瓷繪畫所使用的顏料、含鉛油漆、劣質彩妝品及含醋酸鉛的染髮劑等，都可能會在使用過程接觸到鉛而從皮膚進入人體，或是吸入顏料脫落的含鉛粉塵。

過量危害

❶ 經由含鉛製品而誤食鉛，長期累積會造成慢性鉛中毒，可能產生腎臟纖維化、腎血管硬化而造成高血壓、腎衰竭，以及貧血的症狀，並可能危害神經系統，引起手腳酸麻、無力，嚴重時則造成手腕垂症、足垂症；長期累積會導致癲癇、智力發育不良、肌肉麻痺等終身疾病。另外，鉛會引起男性精子數減少以及不正常精子的增加、性慾減低、陽痿或不孕；鉛會提高懷孕婦女的流產率及死產率，鉛還能通過胎盤屏障影響胎兒的發育，引起先天性畸胎、損害新生兒的智力。

阻燃劑

安定劑

防水劑

金屬

持久性有機污染物

❷ 過量的鉛對兒童的神經系統影響甚大，造成精神難以集中、煩躁、智力低下、好動、嗜睡、發育不良、平衡感不佳、食慾不振、便祕等症狀。

❸ 健康的皮膚並不吸收無機鉛及鉛化合物，但當皮膚受傷，或接觸脂溶性高的四烷基鉛，便會經由皮膚進入人體。

❹ 急性鉛中毒大多因職業操作所引起，症狀包括口中帶金屬味、嘔吐、便秘、腹瀉、血壓升高、尿量少等；當血液中含鉛量過高會引起痙攣、昏迷、腎臟病變等急性症狀。

毒性分類

目前尚未列管為毒性化學物質

危險度

| 致癌 | ? | 過敏 | ✓ | 器官受損 | ✓ 神經系統、生殖系統 |

☀ warning　避免飲用水受鉛污染的方法

由於自來水停留在鉛管愈久，受到鉛污染的機率就愈高；並且熱水管較易溶出鉛，因此取飲用水前，建議在水龍頭流出的水達到原水溫後，再多流十五秒，使可能含鉛的水全部流出，並且務必使用冷水管線的水，煮開後再飲用。

info　慢性鉛中毒曾摧毀古帝國文明

鉛中毒可能是導致古羅馬帝國衰亡的重要因素之一。古羅馬貴族階級懂得使用鉛製造各種日用的器皿，也常在葡萄汁裡加入有甜味的氧化鉛以增加風味，但是長期使用卻造成慢性鉛中毒，導致居於領導地位的貴族階級逐漸衰亡，最終撼動整個帝國根基。

◉ 金屬4

鋁（Aluminum）

常見相關化合物

鋁合金（Aluminum Alloys，含85%以上的鋁及銅、鋅、錳、矽、鎂等元素）、氯化鋁（Aluminum chloride）

性質

鋁為銀白色的軟質金屬，質輕且延展性高，導熱、導電性佳，易氧化且氧化物能保護鋁避免進一步腐蝕。鋁合金做為食品包裝、建材配件、交通工具外殼的原料，也常添加在紙盒包裝以利塑型。

主要功能及使用物品

❶ **阻絕性、抗腐蝕性**：鋁合金中的鋁，氧化形成的氧化鋁質地緻密，可以有效阻絕氧氣、水分、光照及細菌；並能強化與之合成的金屬元素的強度，在施以電鍍、塗覆等加工之後，仍保有氧化鋁的抗腐蝕性。因此，鋁合金能保留食物的風味，常做為鋁罐、鋁箔包等包裝食物的原料；也適用於製造鋁門窗、車體的原料。

❷ **延展性、導熱性**：鋁合金中的鋁具備延展性和導熱性，其所製成的鋁箔具有絕佳的延展性和導熱性佳，容易加工成形，亦可平均分散熱度、避免燒焦，常用來製成鋁鍋、家電外殼和家電散熱器。

❸ **導電性**：鋁的導電性雖略遜於銅，但由於質地輕、延展性佳且成本低廉，常以鋁合金電纜代替銅製電纜。

❹ **反光性**：玻璃的背面塗上溶化的鋁，純鋁薄膜可反射約九成的可見光，適用於製造鏡子。

使用規定

❶ 根據行政院環保署〈廢棄物清理法〉規定，鋁箔包（含紙、鋁箔及塑膠的複合材質）屬需回收材質的容器，製造業者或輸入業者應負回收、清除、處理的責任，必須在產品上標示容器回收相關標誌。

❷ 根據行政院衛生署〈食品衛生管理法〉規定，附有直接通電流於食品中之裝置的食品器具電極，限用鐵、鋁、白金及鈦。

❸ 根據行政院衛生署〈食品衛生管理法〉規定，容器包裝鋁蓋部分的塑膠加工鋁箔，其內面與內容物直接接觸的材質是塑膠類，則檢驗出來的砷應在2ppm以下，鎘應在100ppm以下；在溶出試驗的結果中，酚和甲醛都呈現陰性才符合規定。

❹ 歐盟規定，飲水中的鋁含量，不能超過100微克／公升。

危害途徑

鋁製品在高溫加熱、接觸酸性物質時，很容易釋出鋁離子，因此一般使用鋁箔或鋁鍋時，應避免包裹或盛裝酸性食物（例如：蕃茄、鳳梨），或是烹煮加有酸性調味料（例如：醋）的料理，以免在高溫酸性的環境下將鋁離子溶入食物中，無意間吃下大量的鋁，累積而導致鋁中毒。

過量危害

❶ 皮膚過度接觸鋁合金製成的容器或包裝材料在使用過程所產生的碎裂含鋁粉末，對個人會造成程度不一的刺激性；部分研究認為，止汗劑的鋁鹽經由皮膚攝入鋁，恐導致乳癌，但此研究尚未能完全證實。

阻燃劑

安定劑

防水劑

金屬

持久性有機污染物

❷ 誤食過量的鋁，會累積在腦部、肌肉、血液、骨骼，部分研究指出，體內累積過量的鋁，恐形成老人癡呆症和失智症的因子。

❸ 聯合國糧農組織暨世界衛生組織食品添加物聯合專家委員會（JECFA）建議，人體的每週容許鋁攝取量（Provisional Tolerable Weekly Intake，PTWI）為1毫克／公斤，以體重60公斤的成人為例，每週的鋁容許攝取量是60毫克。

毒性分類

鋁合金	□難分解物質	☑慢毒性物質	□急毒性物質	□疑似毒化物
氧化鋁	☑難分解物質	□慢毒性物質	□急毒性物質	□疑似毒化物

危險度

氯化鋁 ▰▰▰▰▰▰▰▰▰▰▰▰

| 致癌 | **？** | 過敏 | **✓** | 器官受損 | **✓** | 神經系統及骨骼 |

💡warning　胃藥也含有鋁

坊間常見的胃藥大多含有氫氧化鋁，是制酸劑的主要成分之一，使用過量易引起慢性鋁中毒，造成軟骨病、神經系統病變及腎功能受損，因此應避免頻繁地服用胃藥。

◎ 金屬5

鐵（Iron）▪

常見相關化合物

不銹鋼（Inox；不銹鋼Stainless Steel）、四氧化三鐵（Ferrous Ferric Oxide）、氧化鐵（Ferric Oxide）

性質

鐵的外觀呈現銀白色，是一種具有強勁的磁性、延展性和傳熱導電的金屬，遇到潮濕的環境則易生鏽。亮銀色的不鏽鋼為大量鐵化合物與鉻、鎳、鋁、矽等金屬合成，多為製造餐具容器的原料；四氧化三鐵及氧化鐵為黑色粉末，一般多添加在資料儲存媒體（例如硬碟）及化妝品的製造過程中，以加強硬度或利用磁性。

主要功能及使用物品

❶ 抗生鏽、抗腐蝕：鐵添加少量的鉻能改善鐵表面易氧化生鏽的缺點，又能保有鐵的硬度和延展性，略微加工便能帶有鏡面反射的光澤，兼具美觀、抗酸鹼性

的功效。常用來做為廚房刀具、鍋具、便當盒、餐具等餐具容器、刮鬍刀刀片，及大型商場或公共建築物的建材，以及船身等大型機具的外殼。

❷ **色素作用**：氧化鐵呈黑色且化學性質穩定，與皮膚接觸後不易產生其他化學變化而影響顏色效果，常添加在眼影、睫毛膏等化妝品、刺青用黑色墨水。

❸ **磁性**：由於四氧化三鐵經過作用能具備亞鐵磁性，容易因外加的磁場產生磁化或消磁的情形，常應用於製造硬碟等資料儲存的電子零件。

使用規定

❶ 根據行政院衛生署〈食品衛生管理法〉規定，附有直接通電流於食品中的器具，其電極材質限用鐵、鋁、白金及鈦。但通於食品中的電流為微量者，亦可使用不鏽鋼。

❷ 根據行政院環保署〈廢棄物清理法〉規定，鐵（係指鋼片）屬於需回收材質的容器，製造業者、輸入業者應負回收、清除、處理的責任。

❸ 根據行政院勞委會〈勞工安全衛生法〉規定，勞工工作環境空氣中的氧化鐵（煙燻）濃度不得超過10毫克／立方公尺。

❹ 根據美國第21號聯邦法規（CFR）規定，應用於化妝品的含鐵氧化物（例如：四氧化三鐵、氧化鐵），其中的砷、鉛及汞的含量需在3ppm以下。國內目前尚無化妝品含鐵氧化物的相關法規。

危害途徑

鐵製器具容易在高溫和強酸的環境下出現微量的溶解，因此若使用鐵製容器烹煮酸性的食材或是添加酸性調味料（如：雞肉、蕃茄醬、檸檬汁），鐵鍋所含的鐵可能溶入食物而被吃進去。

過量危害

❶ 誤食過量的鐵會累積沉澱在肝臟和脾臟，造成慢性鐵中毒；外顯的症狀像是皮膚呈棕黑色或灰暗、骨質疏鬆、軟骨鈣化、肝硬化，或是胰島素分泌減少而導致糖尿病。

❷ 眼睛或皮膚接觸到過量的四氧化三鐵或氧化鐵的粉塵，將造成刺痛及過敏現象。

❸ 吸入四氧化三鐵或氧化鐵的粉塵會使上呼吸道產生刺痛感，大量吸入時可能形成急性鐵中毒，造成噁心、嘔吐；嚴重者可能出現休克而導致死亡。

毒性分類

□難分解物質　☑慢毒性物質　□急毒性物質　□疑似毒化物

危險度

| 致癌 | ✗ | 過敏 | ✓ | 器官受損 | ✓ | 肝、脾 |

右側邊欄：阻燃劑　安定劑　防水劑　**金屬**　持久性有機污染物

info 生活中最常見的鐵化合物－鐵鏽

鐵金屬所含的雜質碳，與環境中的水分和氧氣接觸所產生的化學作用就會形成鐵鏽。鐵鏽的主要成分是氧化鐵，要防止鐵生鏽，一般是在鐵製品表面覆蓋保護層（例如油漆）、避免鐵製品接觸到含離子化合物的物質或酸性物質（像是海水或醋），將鐵製品存放在乾燥環境。

◎ 金屬6

鋅（Zinc）

常見相關化合物

氧化鋅（Zinc Oxide）、鋅合金（Zinc Alloy；Zamac）、鎳銀齊（Nickel Silver）

性質

　　鋅為銀灰色金屬，雖然易氧化，但氧化物能在表面形成保護膜，避免氧化加劇，使得鍍鋅材料具有抗腐蝕的能力；鋅具有還原性且蘊藏量充足，可做為乾電池的原料。鋅合金由鋅、鋁、鎂及銅構成，由於熔點低易於鑄造且強度佳，常應用於電子產品的配件及衛浴設備金屬開關；鎳銀齊由鋅、鎳及銅構成，具亮眼的銀色外觀及良好的抗蝕性，常應用於裝飾品。

主要功能及使用物品

❶ **熔點低、強度佳：**鋅合金由鋅、銅、鎂及鋁組成，熔點低易於鑄造並且具有相當的硬度，常用來製作咖啡機、烤箱、電子鍋等家電零件，及筆記型電腦支架、監視器支架等電子產品的配件，以及衛浴設備的金屬開關。

❷ **抗鏽、防腐：**鎳銀齊呈現銀色外觀，且因成分中含20%的鎳而有良好的抗蝕性，一般常將鋅電鍍在鐵製或鋼製物品的表面，常應用於碳鋅電池外殼、皮帶金屬扣環，以及水管、屋頂等建材。

❸ **還原性：**鋅透過其氧化還原電池內部二氧化錳的錳元素，將化學能轉換為電能，是乾電池負極的原料；亦可透過氧化還原反應，染色於紡織品。

使用規定

❶ 根據行政院環保署〈廢棄物清理法〉規定，乾電池（包括鋅錳電池、鋅空氣電池）屬於需回收材質的物品，製造業者或輸入業者應負回收、清除、處理的責任，必須在產品上標示容器回收相關標誌。

❷ 根據行政院勞委會〈勞工安全衛生法〉規定，勞工作業環境空氣中的氧化鋅濃度不得超過5毫克／立方公尺。

危害途徑

在使用不當的情況下，鋅會經由呼吸或伴隨著飲食進入人體，像是鍍鋅時操作失控而造成鋅的粉末，或是用表面鍍鋅的容器盛裝酸性飲料或煎煮酸性的食物，都可能讓鋅進入體內。

過量危害

❶ 若皮膚接觸到鋅粉會造成程度不一的刺激性，如皮膚乾燥。
❷ 吸入過量鋅塵或焊接產生的氧化鋅，會出現噁心、嘔吐、發燒、口渴、疲倦、肌肉疼痛等症狀。
❸ 誤食過量鋅粉會造成嘔吐、胃炎。

毒性分類

□難分解物質　☑慢毒性物質　□急毒性物質　□疑似毒化物

危險度

| 致癌 | ? | 過敏 | ✓ | 器官受損 | ✓ | 神經系統 |

◎ **金屬7**

銅（Copper）

常見相關化合物

黃銅（Brass）、青銅（Bronze）、白銅（Cupronickel）

性質

純銅是一種紅色、有光澤的金屬，在空氣中容易氧化變成青綠色，但具有良好的延展性、導電性和導熱性，常做為電器的原料。黃銅為黃色的銅鋅合金，青銅為青灰色的銅錫合金，白銅則為銀色的銅鎳合金，多利用其特性當做製造建材、硬幣、打擊樂器、雕像等物品或零件的原料。

主要功能及使用物品

❶ **延展性、導熱性**：銅能夠承受一定外力且不會斷裂，並且本身傳輸熱能的速度較快，具備良好的延展性和導熱性，能夠因應日用品的需求加工成形，過去常應用於餐具的製造，現今常用於眼鏡鏡架、冷氣機、冰箱的導熱管材，其中白

銅是硬幣的原料，黃銅則用來製造家具的配件。

❷ **導電性**：銅的電傳導率高，因此能夠導電，並且價格低廉，常用來製造電線。

❸ **殺菌**：黃銅中的銅離子可產生殺菌作用，常用於醫療機構的門把以達阻隔接觸感染的成效。

❹ **特殊聲響**：黃銅和青銅經敲打會發出特殊的音色，並具有共鳴效果，常用來製造鑼、鈸、鈴、鐘、鈸等各式打擊樂器。

使用規定

❶ 行政院衛生署〈食品器具容器包裝衛生標準〉規定，器具應為無銅、鉛或其合金被刮落之虞的構造，並且銅製或銅合金製的器具、容器、包裝，除了固有光澤且不生鏽者外，直接接觸食品部分應全面鍍錫、鍍銀或經其他不致產生衛生上危害的適當處理。

危害途徑

日常生活中，銅主要是經由飲食接觸進入人體，像是食用銅製餐具裝盛的食物，或誤食遭到銅污染的食物；另外，皮膚接觸到含銅製品（例如眼鏡鏡架）因破損形成的碎屑，則會造成皮膚過敏。

過量危害

❶ 根據世界衛生組織建議，銅的每日容許攝取量暫定值是0.05～0.5毫克／公斤，以一名體重60公斤的成年人為例，每天最高的銅攝取量為30毫克。吃下過量的銅，會出現嘔吐、腹痛、暈眩、呼吸困難等症狀，嚴重者可能出現胃出血、血尿、急性肝和腎的毒害。由於銅會累積在生物體內，因此人體攝取過量的銅主要是經由吃下受到銅污染的食物，像是遭到銅污染的牡蠣。

❷ 經由皮膚接觸可能造成發癢及刺痛等過敏症狀，長期接觸銅粉末、黃銅粉末、白銅粉末，都可能造成皮膚炎。

毒性分類

目前尚未列管為毒性化學物質

危險度

| 致癌 | ✘ | 過敏 | ✔ | 器官受損 | ✔ 肝、腎 |

warning 酸性飲料恐釋出黃銅製容器的銅

　　由於酸性飲料會將黃銅中的銅緩慢地溶出，形成水溶性且具毒性的銅離子，因此要避免使用黃銅容器製備或儲存酸性飲料，如氣泡式飲料、碳酸飲料，以降低飲料受銅離子污染而導致銅中毒的風險。

info 食用醋可清除鏡架上的氧化物

　　銅具有較佳的延展性，多用於製作眼鏡的鼻墊支架，以利不同使用者的鼻形做適度調整。但是銅在空氣中容易氧化，因此使用久了，支架上就會出現綠色青苔狀的附著物，就是銅與空氣中的氧氣、二氧化碳和水等物質產生的化學反應，稱為鹼式碳酸銅，俗稱「銅綠」，可利用稀釋過的食用醋來清洗，即可有效清除。

◎ 金屬8

鎳（Nickel）

常見相關化合物

氫氧化鎳（Nickel Hydroxite）、鎳合金（Nickel Alloy）

性質

　　鎳是呈現銀白色光澤的金屬，具有良好的抗蝕性及延展性，常做為家用工具的保護層，以及金屬飾品的原料；氫氧化鎳為綠色結晶狀粉末，能溶於鹼性化合物（如：氫氧化鈉、氫氧化鉀），具還原性，主要做為充電電池正極的原料。

主要功能及使用物品

❶ 抗腐蝕、延展性：由於鎳不易氧化，且能承受外力塑型而不斷裂，具備抗腐蝕性和延展性，能防止金屬物品遭到氧化而腐蝕或變色，同時其良好的延展性有助於加工，常透過電鍍的方式覆蓋於鐵製或鋼製的家用工具，例如：螺絲起子、榔頭，也可與其他金屬結合製成鎳合金，做為耳環、項鍊、手環、鏡框、手錶、硬幣、拉鍊、金屬鈕扣或鑰匙等金屬飾品的原料。

❷ 易於氧化還原：氫氧化鎳會在鹼性溶液氧化形成氫氧化亞鎳，釋放電能，亦可透過充電的過程將氫氧化亞鎳恢復原狀（有次數的限制），因此常做為鎳鎘電池、鎳氫電池等充電電池正極的原料。

使用規定

❶ 目前國內尚無在日用品相關法規。

❷ 世界衛生組織（WHO）建議，鎳的每日容許攝取量（TDI）為每人每公斤22微克，也就是體重50公斤的成年人，鎳的每日攝取量上限為1,100微克。

❸ 美國職業安全衛生署（OSHA）規定，勞工作業環境空氣中的鎳的平均容許濃度為1毫克／立方公尺。

危害途徑

❶ 鎳容易在人體分泌汗水並與皮膚接觸後分解出鎳離子，並從毛細孔或皮脂腺進入人體，因此使用鍍鎳工具，或配戴鎳製飾品時，應避免在炎熱、易出汗的情況下直接接觸皮膚。

❷ 鎳粉塵會經由呼吸道進入體內，若鍍鎳工具的外層因外力剝落，致使使用時不經意吸入鎳粉塵，便可能形成鎳入侵人體的途徑。

過量危害

❶ 皮膚長期接觸鎳時，會造成過敏性皮膚炎，出現搔癢、灼熱、濕疹、發炎等症狀。

❷ 隸屬世界衛生組織的國際癌症研究中心（IARC）評估，鎳屬於「疑似人類致癌物」，如果長期吸入鎳的粉塵，可能有致癌的風險。

毒性分類

□難分解物質　☑慢毒性物質　□急毒性物質　□疑似毒化物

危險度

| 致癌 | ？ | 過敏 | ✓ | 器官受損 | ✓ 呼吸系統 |

◎ 金屬9

鉻（Chromium）

常見相關化合物

硫酸鉻（Chromic Sulfate）、氟化鉻（Chromium Fluoride）、三氧化二鉻（Chrome Green）

性質

　　鉻是一種銀白色的金屬，硬度高且耐熱性佳（熔點約1,900℃，沸點約2,670℃），由於抗蝕性優異，常做為不鏽鋼的原料之一；硫酸鉻為紅棕色結晶的含水化合物，具有水溶性，能夠穩定皮革的結構，常做為皮革的定型劑；氟化鉻為綠色結晶，熔點約為1,100℃，常用於為絲織品染色的助染劑；三氧化二鉻為綠色結晶，其安定的化學性質常做為油漆、墨水及玻璃中的綠色顏料。

主要功能及使用物品

❶ **定型**：硫酸鉻能夠使得皮革中的膠原纖維形成交叉鏈結的狀態，安定皮革的結構，多當做皮革定型劑用於皮包、皮件。

❷ **連結染料及纖維**：氟化鉻在絲織品染色的過程中形成三價鉻，三價鉻、絲纖維及染料進一步形成複合物，使得絲織品染上顏色且織品色彩亦可因複合物的附著性而不易脫落，常用於絲織衣物及蠶絲被。

❸ **上色**：三氧化二鉻具有安定的化學性質而不易與其他物質產生變化，常應用於油漆及玻璃中，做為不易褪色的綠色顏料。

❹ **防鏽**：在一般碳鋼加入一定比例的鉻（11%以上），鋼表面的氧化鉻薄膜可以阻止外部腐蝕性的氣體或液體向內侵蝕，使得鋼製品更耐用，常用於飾品、不鏽鋼製的廚具及餐具。

使用規定

目前國內尚無相關法規管制

危害途徑

鉻化合物主要是由於製程出現殘留物或是使用過程造成碎裂，使得鉻化合物微粒由皮膚接觸進入體內或吸入鉻化合物微粒。例如皮製品、絲織品留有鉻殘留物，或是電視、底片、玻璃、油漆等因不當使用或使用上的耗損而出現鉻碎裂物，使用者在不知情狀況下接觸或吸入鉻化合物的碎屑。

過量危害

❶ 接觸到硫酸鉻會刺激眼部、皮膚及呼吸道，嚴重時會造成肺水腫，誤食會造成嘔吐、腹痛，嚴重時會造成休克；氟化鉻會造成皮膚、呼吸道及腸胃道的灼傷；三氧化二鉻會刺激眼部、皮膚、呼吸道及腸胃道。

❷ 根據美國職業安全與衛生研究所指出，重鉻酸銨的立即危害量濃度為30毫克／立方公尺，超過此濃度就會對人體造成危害。

毒性分類

□難分解物質　☑慢毒性物質　□急毒性物質　□疑似毒化物

危險度

硫酸鉻

三氧化二鉻

致癌 **?**　過敏 **硫酸鉻、氟化鉻 ✓**　器官受損 **硫酸鉻、氟化鉻 ✓，呼吸系統**

◎ **金屬10**

錫 (Tin)

常見相關化合物

馬口鐵（Tinplate）、費爾茲合金（Field's metal）

性質

錫是銀灰色的金屬，具延展性、抗腐蝕性，常用來鍍在鐵或鋼材，形成防腐保護層，是製造罐頭的重要原料；費爾茲合金是由錫、鉍及銦形成的合金，熔點低而易於加工，常用於電路板上電子零件的焊接材料。

主要功能及使用物品

❶ **抗氧化**：錫即使在空氣中或潮濕的環境中也不易氧化，鍍於鐵或鋼材能夠保護內部的材質不致遭到腐蝕，且金屬錫對於人體毒性極低，因此常做為罐頭的原料，稱之為「馬口鐵」，像是鉛筆盒、小型汽油桶、油漆桶。

❷ **降低熔點**：錫具有熔點較低的特性，和鉍、銦混和形成費爾茲合金，可以降低熔點並提升接合點承受外力的能力，替代過去含鉛、鎘等有害的焊接材料，常用在電子零件，例如：電視、冷氣機的微電腦電路板。

使用規定

❶ 根據行政院衛生署〈食品器具包裝衛生標準〉規定，銅製或銅合金製的器具、容器、包裝除具有固有光澤且不生鏽者外，直接接觸食品部分應全面鍍錫、鍍銀或經其他不致產生衛生上危害之適當處理。

❷ 根據行政院衛生署〈食品器具包裝衛生標準〉規定，鍍錫用錫的鉛含量應在5%以下。

❸ 根據行政院勞委會〈勞工作業環境空氣中有害物質容許濃度標準〉規定，勞工作業環境空氣中的錫及錫無機化合物不得超過2毫克／立方公尺，錫有機化合物則不得超過0.1毫克／立方公尺。

危害途徑

罐頭食品的外包裝多採用馬口鐵，其中的錫可能在開罐過程中，因破壞罐體產生錫微粒，可能和罐內食物混和而被人吃進體內。

過量危害

❶ 誤食大量的錫會造成噁心、嘔吐及下痢，但由於錫在消化道的吸收不佳，因此並不會造成永久性傷害。

❷ 長期吸入錫的微粒會蓄積在肺部，造成良性的塵肺症，不會造成肺部纖維化，僅以胸部X光檢查可看出陰影。

毒性分類

目前尚未列管為毒性化學物質

危險度

目前尚無相關資料

| 致癌 **?** | 過敏 **?** | 器官受損 **?** |

---

info 錫箔和鋁箔的異同

一般人所謂的「錫箔」，在過去是指由錫加工、展延製成的箔片，但由於鋁的蘊藏量較錫豐富且導熱性較佳，製造商逐漸以鋁箔取代錫箔，因此目前所指的「錫箔」，其實多以鋁為原料，市售烹調用的金屬外包裝也以鋁箔紙為大宗。

◎ 金屬11

矽（Silicon）

常見相關化合物

二氧化矽（Silica）、矽氧樹脂（Silicone）

性質

二氧化矽是白色粉末，是自然界中沙及石英的主要成分，常用來製造玻璃及混凝土；由矽和碳、氫、氧等合成的矽氧樹脂聚合物，能夠承受大範圍的溫度變化而不變質亦不出現黏性，常用於填充劑及居家用品的製造。

主要功能及使用物品

❶ **防水**：由於矽與碳、氫、氧聚合成的矽氧樹脂具有疏水性，應用於尼龍織品時具有防水的效果，或是以適當的溶劑溶化後當做潤滑劑，或防止室內壁面漏水的填充劑。常用來做成雨衣、自行車鏈條表面的保護膜，以及浴室的隙縫填充劑。

❷ **耐高溫**：矽氧樹脂可承受100～250度C的溫度變化而不變質，毒性及污染性低，常用來製造鍋具手把、隔熱手套等居家用品。

❸ **提升強度**：二氧化矽緊密的四面體結構具有強度大、耐高溫、耐震的特性，常添加在混凝土中，以提升混凝土的強度及耐震性。

❹ **透光性佳**：二氧化矽不但強度大，並且屬於非結晶結構，所以能透過可見光，是製造玻璃、門窗等建築材料的原料，也用來做成玻璃容器、裝飾品等居家用品。

阻燃劑

安定劑

防水劑

金屬

持久性有機污染物

使用規定

❶ 根據行政院衛生署〈食品衛生管理法〉規定,玻璃的器具、容器,深2.5公分以上、容量1.1公升以下,其溶出試驗的鉛需在5ppm以下,鎘需在0.5ppm以下;深2.5公分以上、容量1.1公升以上,其溶出試驗的鉛需在2.5ppm以下,鎘需在0.25ppm以下;深2.5公分以下或液體無法充滿者,其溶出試驗的鉛需在17微克／立方公分以下,鎘需在1.7微克／立方公分以下。

❷ 根據行政院環保署〈廢棄物清理法〉規定,玻璃容器屬於需回收材質的容器,製造業者、輸入業者應負回收、清除、處理的責任。

❸ 根據行政院勞委會〈勞工安全衛生法〉規定,勞工工作作業環境中,含結晶型游離二氧化矽10%以上的礦物性粉塵的容許濃度,可呼性粉塵為10毫克／立方公尺,總粉塵為30毫克／立方公尺。

危害途徑

　　矽的危害主要是二氧化矽製成的玻璃,在使用過程中不慎碎裂,經由皮膚接觸或呼吸道而進入人體。因此,若不慎摔碎玻璃製品時,未妥善收拾玻璃碎片而碰觸到碎玻璃,除了可能割傷,亦可能造成玻璃碎片留在傷口。另外,在沙塵暴侵襲陸地的時期,在戶外活動的民眾可能經由呼吸道吸入過量的矽,造成對於呼吸道的刺激;矽氧樹脂填充劑長期在廚房、浴室等溫度和溼度急遽變化的環境下,其結構逐漸遭到破壞,可能形成微細的粉塵,經由呼吸道或黏膜進入人體。

過量危害

❶ 長期吸入大量的二氧化矽易造成角膜受損,並會引發矽肺症,造成肺部纖維化,嚴重時可能引起進一步的病變,造成肺癌或死亡;部份研究顯示從事礦業、砂石業等相關工作而長期大量吸入二氧化矽的工人,罹患硬皮病、狼瘡、類風濕性關節炎等自體免疫疾病及慢性腎病的病例數,較一般大眾的比例明顯偏高。

❷ 矽氧樹脂接觸到眼睛會造成刺痛、紅腫;吸入矽氧樹脂粉塵會造成刺激。

毒性分類

目前尚未列管為毒性化學物質

危險度

二氧化矽

| 致癌 二氧化矽:✓ | 過敏 二氧化矽:✓ | 器官受損 二氧化矽:✓ 肺 |

◎ 金屬12

砷（Arsenic）

常見相關化合物

鉻化砷酸銅（Chromated copper arsenate）、三氧化二砷（Arsenic Trioxide；又名砒霜）、砷酸（Arsenic Acid）

性質

　　砷為銀灰色的類金屬元素，加熱至613.8℃會直接昇華成氣態，其相關化合物多具有生物毒性，可使細胞壞死，例如：鉻化砷酸銅、三氧化二砷、砷酸都有此特性；鉻化砷酸銅是水溶性無味褐色粉末，其水溶液常做為木材防腐劑；三氧化二砷是無色無味的白色固體，砷酸則為白色半透明晶體，兩者都常用來製造殺蟲劑。

主要功能及使用物品

生物毒性：由於砷的化合物能夠干擾ATP的合成及細胞內粒線體的呼吸作用，進而導致細胞壞死，具有生物毒性，常用來製造農藥、殺鼠劑等殺蟲劑，以及洗碗精、木材防腐劑。

使用規定

❶ 根據行政院衛生署〈食品衛生管理法〉規定，用來洗滌食品、食品器具容器和包裝的食品用洗潔劑，其砷的含量必須在0.05ppm以下，以產品標示使用濃度稀釋的溶液為基準。

❷ 根據行政院衛生署〈食品衛生管理法〉規定，食品器具、容器和包裝用的金屬罐，以乾燥食品（油脂及脂肪性食品除外）為內容物者，溶出的砷必須在0.2ppm以下；與食物直接接觸的紙類製品（其內部材質與內容物直接接觸的部分為蠟或紙漿製品者）以及乳品用的金屬罐，溶出的砷必須在0.1ppm以下。

❸ 根據行政院衛生署〈化妝品衛生管理條例〉規定，化妝品禁止使用砷及其化合物。

❹ 根據行政院勞委會〈勞工安全衛生法〉規定，勞工作業環境空氣中的砷不得超過0.01毫克／立方公尺。

❺ 根據行政院環保署〈毒性化學物質管理法〉規定，自民國九十六年四月一日起，禁止以鉻化砷酸銅處理下列用途使用之木材：（1）室內建材、家具、戶外桌椅，但建築物樑柱及地基墊材，不在此限。（2）遊戲場所、景觀、陽台、走廊及柵欄，但橋樑結構、基礎接地用材，不在此限。（3）其他與皮膚直接接觸者。

❻ 歐盟在二〇〇三年一月明令，全面禁用經鉻化砷酸銅處理的木材用於住宅區或國內建築、農業、與皮膚直接接觸的產品以及海域環境。

危害途徑

　　砷主要是從皮膚和呼吸道進入人體，像是碰觸到以含砷木材防腐劑處理過的木材，或物品所殘留的殺蟲劑和殺鼠劑；或是吸入碎裂的木材或噴灑過量的殺蟲劑中所飄散的含砷塵粒，都會形成砷危害人體的途徑。

阻燃劑

安定劑

防水劑

金屬

持久性有機污染物

過量危害

❶ 吸入大量的砷化合物，例如：三氧化二砷、砷酸、鉻化砷酸銅，會引起頭痛、咳嗽、呼吸困難，甚至死亡，其中三氧化二砷還可能造成肺水腫，鉻化砷酸銅則會出現胸痛症狀吸入鉻化砷酸銅會刺激呼吸道，造成頭痛、咳嗽、喉嚨痛、呼吸困難、胸痛、亦可能誘發氣喘發作，甚至造成呼吸道潰瘍穿孔；長時間吸入含六價鉻氣體，易造成鼻中隔潰瘍，甚至鼻中隔穿孔。

❷ 誤食三氧化二砷、鉻化砷酸銅會灼傷口腔及喉嚨，引起噁心、嘔吐、腸胃道痙攣及麻痺，嚴重時可能死亡。食入鉻化砷酸銅會引起噁心、嘔吐、腸胃道刺激、頭痛、冷汗、脈搏虛弱；更嚴重可能灼傷口腔及喉嚨、造成腎臟和肝臟損害、中樞神經機能減低、黃疸、抽筋、中風和昏睡；大量吞食會導致消化道大量出血，急性肝、腎衰竭，甚至休克死亡。

❸ 誤食砷酸可能造成急性腸胃炎、休克等症狀，並使肝功能受損，嚴重時可能導致死亡。

❹ 皮膚接觸到三氧化二砷會刺激黏膜和皮膚表層，接觸到鉻化砷酸銅則會引起刺激性皮膚炎。

❺ 美國職業安全與健康管理局（OSHA）規定，三氧化二砷的濃度在8小時時間加權平均（TWA）必須低於5微毫克／立方公尺，以免對從業人員造成危害。

毒性分類

三氧化二砷、鉻化砷酸銅屬於「急毒性物質」；砷、砷酸目前尚未列管為毒性化學物質。

危險度

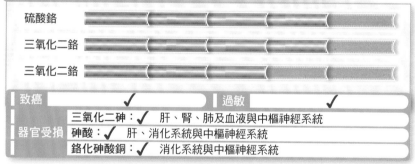

硫酸鉻	
三氧化二鉻	
三氧化二鉻	

| 致癌 | ✓ | 過敏 | ✓ |

器官受損	三氧化二砷：✓	肝、腎、肺及血液與中樞神經系統
	砷酸：✓	肝、消化系統與中樞神經系統
	鉻化砷酸銅：✓	消化系統與中樞神經系統

info　金屬和紙類食品容器的製造原料可能含砷

砷對於人體具有毒性，一般製造過程並不會用在金屬和紙類的食品容器，但是紙製容器的紙漿原料中可能會有含砷的農藥、木材防腐劑殘留，而金屬容器的製造過程則可能誤用混有含砷的不純原料，因此衛生署針對金屬和紙類的食品容器訂定了砷含量的相關檢驗規定。

持久性有機污染物

持久性有機污染物（Persistent Organic Pollutants簡稱POPs）是指人類合成、具有難分解性或蓄積性的有機化學物質，包含數種有機氯農藥、有機氯工業品和副產品。此類物質一旦外洩至大自然，會長久累積在環境中，並透過食物鏈累積或經由在大氣間連續的蒸發及沉降作用，藉由水、空氣、和遷徙物種進行遠距遷移，將之傳遞至遠離污染源的其他地區，進而對環境及人類造成全面性的危害。這些物質能累積於動物脂肪內，再經由母體傳染給胎兒，造成畸胎、腫瘤、降低免疫力、生殖障礙等毒害，亦可能增加不孕、智能減退、致癌等機會。為使環境免受其危害，國際間於二〇〇四年訂定了（斯德哥爾摩公約），目的即在禁用或限制生產此類持久性有機污染物。

◎ 持久性有機污染物1

多氯聯苯（二聯酚，Polychlorinated Biphenyls；PCB）■

常見相關化合物

氯化的聯苯化合物統稱為多氯聯苯，其基本化學結構與戴奧辛相近，依照其兩個苯環結構上含氯量和氯化位置不同，可排列組合出209種不同的多氯聯苯，例如：四氯聯苯。其他常見種類包含多溴聯苯（Polybrominated biphenyls）、多氯三聯苯（Polychlorinated terphenyls）及四氯間二甲苯（Tetrachloro-m-xylene）等。

性質

多氯聯苯一般呈現淡黃色液體或無色固體，熱導性佳、揮發性低、抗強酸強鹼，不易產生導電、熱分解、氧化、水解等作用，並具有不可燃、不溶於水等特性，是優良的絕緣劑，也能做為傳送熱量的油料。

主要功能及使用物品

❶ 絕緣、熱導性佳：多氯聯苯不易導電，並且其良好的熱導性能拉近與周遭環境的溫度，常做為變壓器和電容器等電器零件的絕緣油，及絕緣體塗料。

❷ 抗燃、抗腐蝕：多氯聯苯具有不可燃、防止腐化的特性，常應用於殺蟲劑、農藥效力延長劑，以及木材防腐劑、防火建材、塗漆等建築材料。

使用規定

❶ 根據行政院環保署〈毒性化學物質管理法〉規定，多氯聯苯禁止製造、輸入、販賣及使用，禁止使用於食品業，並禁止使用含多氯聯苯的電容器和變壓器。

❷ 根據行政院衛生署〈化妝品衛生管理條例〉規定，化妝品成分不得含有多氯聯苯。

❸ 根據行政院環保署〈有害事業廢棄物認定標準〉規定，含多氯聯苯的廢電容器、廢變壓器、廢油或含多氯聯苯廢棄物，其重量在百萬分之五十以上者視為有害事業廢棄物。

危害途徑

　　含多氯聯苯的產品經高溫燃燒後會釋放有毒氣體至環境中，例如燃燒工業木材、工業產品或廢棄輪胎，太靠近燃燒這些日用品的區域，會吸入含有多氯聯苯的廢氣。另外，多氯聯苯會積存在生物體的脂肪部位，像是遭多氯聯苯污染的河川所捕獲的魚，其內臟都可能含有超量的多氯聯苯，誤食此類肉品或遭受多氯聯苯污染的食物將危害人體健康。

過量危害

❶ 多氯聯苯能經由呼吸和皮膚接觸等途徑進入人體，一旦進入血液中容易蓄積於體內高脂肪量的部位，如：腦部、肝臟、腎臟、乳房等。

❷ 過量的多氯聯苯入侵人體，數個月之後可能影響神經系統、免疫系統、生殖系統、內分泌系統，並損害呼吸、造血機能、骨骼、牙齒、眼睛及皮膚等功能，嚴重者將會致癌。

❸ 多氯聯苯不易排出體外，若是懷孕婦女遭到入侵，會透過胎盤和母乳持續影響下一代的身高發育和智力發展，且導致胎兒皮膚呈現不尋常的黑色，其病症又被稱為「黑寶寶」。

毒性分類

☑難分解物質　□慢毒性物質　□急毒性物質　□疑似毒化物

危險度

| 致癌 | ✓ | 過敏 | ✓ | 器官受損 | ✓ | 生殖系統、肝臟 |

環境危害

　　多氯聯苯早期是廣泛運用的絕緣體與熱媒體用劑，由於其安定性質，不慎處理即在環境中蓄積，經由生物攝取而留在脂肪組織、肝、腸、卵中，且無法自體內排出，除了造成身體器官病變外，更會垂直傳染給胎兒；多氯聯苯能隨著空氣和土壤四處散布，因此即使生活在沒有工業污染區域的動物，亦能發現體內有多氯聯苯的蓄積。

污染事件

一九六八年日本北九州市一家油庫，在製造米糠油的脫臭過程中使用多氯聯苯做為熱媒，因熱媒管腐蝕而使多氯聯苯滲入米糠油中，導致一萬多名民眾在長期食用這種米糠油後中毒，因此其症狀又稱為「油症」；一九七九年台灣彰化油脂工廠亦發生米糠油含有多氯聯苯的中毒事件，造成兩千多名受害者滿臉爛瘡，受害者體內遺毒持續至今，為台灣史上最嚴重的公害事件之一。

◎ 持久性有機污染物2 ....

戴奧辛 （多氯二聯苯戴奧辛；Polychlorinated Dibenzo-p-dioxins；PCDDs；dioxin）

常見相關化合物

多氯二聯苯呋喃（Polychlorinated Dibenzofurans；PCDFs）

性質

一般所指的戴奧辛為210種不同化合物的統稱，包括75種多氯二聯苯戴奧辛及135種多氯二聯苯呋喃，主要由燃燒或製造含氯物質時所產生。戴奧辛具熱穩定性、耐酸鹼、抗化學腐蝕、抗氧化水解、水中溶解度低、低可燃性、低蒸氣壓等特性，因此在自然環境中極難分解，並具有生物累積性，易累積於脂肪組織之中。

主要功能及使用物品

大部分戴奧辛的產生非人為有意製造，而是於有機化學製劑製造過程中生成，以及燃燒氯化有機物或廢棄物的過程中產生的副產品。常出現在五金工具、電纜、輪胎、塑膠袋。

使用規定

❶ 根據行政院環保署〈空氣污染防制法〉規定，新設污染源中，固定污染源戴奧辛排放標準為0.5 ng-TEQ/Nm3；新設電弧爐戴奧辛排放標準規定為0.5 ng-TEQ/Nm3。

❷ 根據行政院衛生局〈食品衛生管理法〉規定，食品中戴奧辛含量超過表列數值時，衛生主管機關應認定其屬於有毒或有害人體健康的物質或異物者，以公告乳製品為例，暫行安全規範為5pg-TEQ/g（以脂肪計）；美國乳品的含量標準為1ppt；歐盟則為5ppt。

❸ 根據行政院環境保護署〈飲用水水質標準〉規定，飲用水所含的戴奧辛最大限值為12pg-TEQ/L。

❹ 世界衛生組織建議，戴奧辛的每人每日容許攝取量為4pg，即60公斤的成年人每天攝取量不得超過240pg。

阻燃劑

安定劑

防水劑

金屬

持久性有機污染物

危害途徑

❶ 戴奧辛容易蓄積於高脂肪動物性食物，且不易代謝或排泄，因此日常生活中的飲食若吃下魚貝類、乳品類等遭戴奧辛污染的食物，便可能使戴奧辛累積在體內。

❷ 呼吸是涉入戴奧辛的常見途徑之一，像是香菸的煙霧、車輛燃料廢氣及燃燒含有氯成分的污染物質，如露天燃燒垃圾、廢電纜、廢五金等，皆為戴奧辛的可能來源，吸入這些廢氣都可能遭受其危害。

❸ 燃燒木材可能產生微量的戴奧辛，森林大火亦被視為戴奧辛的自然來源之一。

❹ 使用與戴奧辛相關物品的從業人員比較容易遭到戴奧辛的危害，例如製造木材防腐劑、農藥及除草劑，其所含的酚類化合物於產製過程可能會產生微量戴奧辛化合物；另外，金屬冶煉、水泥窯燃料燃燒、一般廢棄物及事業廢棄物於焚化爐燃燒過程、紙漿廠紙漿加氯漂白過程及電廠燃油燃燒，皆可能因操作條件控制不當產生戴奧辛。

過量危害

❶ 戴奧辛的危害可分為急性及慢性暴露；急性暴露在動物實驗中，每公斤只需不到一微克就足以致命。短期暴露則會造成眼睛、皮膚及呼吸道的刺激、頭痛、頭暈及噁心等症狀。

❷ 食入或吸入過量含有戴奧辛的高脂肪動物性食物，會造成氯痤瘡，肌肉或關節疼痛，並影響酵素運作功能而產生消化不良，亦會對骨髓、胃腸道、肝、神經系統、分泌系統及免疫系統造成傷害。

❸ 戴奧辛可能為致畸胎性物質及環境荷爾蒙，容易造成孕婦早產、流產率增加、胎兒缺陷、男性荷爾蒙減少及抑制動情素，戴奧辛亦為可能性致癌物質，與軟體組織惡性瘤、惡性淋巴瘤的發生有關。

毒性分類

目前尚未列管為毒性化學物質

危險度

| 致癌 | ✗ | 過敏 | ✓ | 器官受損 | ✓ 呼吸系統、消化系統 |

環境危害

　　戴奧辛於環境中的流向十分複雜，可經由空氣媒介傳送含戴奧辛的懸浮微粒或其蒸氣；若存在土壤中，也可藉著風力及水的移動，傳送受戴奧辛污染的水中懸浮物；甚至還可透過食物鏈，形成生物轉化、生物累積、及生物濃縮，不斷地累積於動物的脂肪組織中，而造成各種中毒症狀。

污染事件

　　戴奧辛所導致的污染事件頻傳，其中不乏透過空氣及飲食傳至人體。二十世紀中葉便有美國在越戰期間，因使用遭到戴奧辛污染的殺草劑，造成軍人健康危害；一九七六年義大利化學工廠爆炸，造成大量含戴奧辛的有毒氣體排放至空氣中，受害人數達3萬7千人；一九九七年美國南方發生因飼料生產過程誤用被污染的礦泥，而使各種農作物被污染；一九九九年比利時曾經發生因動物性飼料污染，導致雞肉及雞蛋中含有高量戴奧辛；近年來，台灣焚化廠及燃燒廢電纜產生超量戴奧辛的事件，亦造成嚴重環境污染。

◎ 持久性有機污染物3

多環芳香化合物（多環芳香烴；多環芳香族碳氫化合物；
Polycyclic Aromatic Hydrocarbons；PAHs；Polyaromates；Polyaromatic

Hydrocarbons）

常見相關化合物

　　多環芳香化合物為超過一百多種化學結構式的總稱，主要有16種常見同類物質：熒蒽（luoranthene）、芘（Pyrene）、苯並蒽（Benzo(a)anthracene）、屈（Chrysene）、萘（Naphthalene）、苊烯（Acenaphthylene）、苊（Acenaphthene）、芴（Fluorene）、菲（Phenanthrene）、蒽（Anthracene）、苯並熒蒽Benzo(k)fluoranthene）、苯並芘（Benzo(a)pyrene）、茚苯芘（Indeno(1,2,3-cd)pyrene）、二苯並蒽（Dibenzo(a,h)anthracene(a, n)）、二萘嵌苯（Benzo(g,hi)perylene）、苯並熒蒽（Benzo(b)fluoranthene）

性質

　　多環芳香化合物通常是無色、白色或淺黃綠色的親脂性固體，其分子結構是帶有兩個或以上苯環的碳氫化合物，這些苯環以不同方式合成多個多環芳香烴異構體或衍生物，數量達一百多種，其中僅部分為天然化合物，大部分則是經合成產生。多環芳香化合物在水中的溶解度會隨著分子質量增大而降低，且由於其分子結構相當對稱，因此多環芳香族碳氫化合物具有疏水性。許多多環芳香化合物是已知或潛在的致癌物質，當分子量增加，多環芳香化合物的致癌性也增加，而其急毒性則下降。

主要功能及使用物品

　　大部分多環芳香化合物的產生非人為有意製造，而是來自有機物質燃燒不完全所產生，像是汽車廢氣、住宅加熱系統（包括：暖氣、空間電熱器、電爐、電熱量儲存器、地板加熱器等）、廢棄物燃燒、石油的熱裂解、工廠鍋爐燃燒排放等人類活動。另外，像是森林大火或火山爆發等自然活動也會產生多環芳香化合物，但僅占極少量，遠低於人類活動所致。

使用規定

❶ 根據行政院環保署〈空氣污染防制法〉規定，柴油（含生質柴油）成分所含的多環芳香化合物，管制標準含量為最大11%（m/m）（自民國一百年七月一日起施行）。

❷ 根據行政院環保署〈地下水污染管制標準〉規定，多環芳香化合物（Naphthalene）：飲用水水源水質保護區內之地下水的管制標準為0.04毫克／公升；前項以外之地下水的管制標準為0.4毫克／公升。

❸ 根據行政院環保署〈空氣污染防制法〉規定，致癌性多環芳香化合物列為毒性空氣污染物。

❹ 歐盟針對客車輪胎、輕型和重型貨車輪胎、農用車輪胎及摩托車輪胎與填充油規定，benzo(a)pyrene（BaP）不得超過1mg／kg；所列出的多環芳香化合物總含量不得超過10mg／kg。

❺ 德國食品與日用品法規定，經常性固定接觸的塑膠部件，如手柄，方向盤等的BaP限值1 mg／kg；16 項多環芳香化合物總量10 mg／kg；偶爾性接觸的塑膠部件，即接觸時間少於30秒的部件BaP限值20 mg／kg，16 項多環芳香化合物總量200 mg／kg。

❻ 德國GS認證的多環芳香化合物檢測規範規定，接觸或放入嘴內的材料，以及供36 個月以下幼兒使用的玩具，不可檢出BaP及其他16項多環芳香化合物；持續地與皮膚接觸逾30 秒，以及不屬前項規定的玩具，BaP限值1mg／kg，16項多環芳香化合物中總量限值10mg／kg；短暫與皮膚接觸但不逾30 秒，或不接觸皮膚，BaP限值20mg／kg，16項多環芳香化合物總量限值200mg／kg。

危害途徑

❶ 由於多環芳香化合物大多是由有機物質不完全燃燒所產生，若使用遭污染的原油、礦物油和煤焦油等油類在產品製程中，可能導致多環芳香化合物殘留於產品中。以這些油類所能製成的產品相當廣泛，其中包含製程材料，像是添加劑、脫模劑、潤滑油、防銹油、電解溶液；石化產品則有 ABS、PP 等塑膠原料，及自行車握把、輪胎、鞋墊等橡膠製品；工業用品包括表面塗料與油漆、用於刷毛、皮革、纖維和木材的防腐劑、汽油阻凝劑、染料；民生用品包括輪胎、蚊香、藥物、農藥、殺菌劑、殺蟲劑。上述含多環芳香化合物的日常用品可能經接觸透過油脂進入皮膚，產生致癌性。

❷ 多環芳香化合物容易在不完全燃燒及高溫條件下的處理過程中產生，像是電廠、焚化場、汽機車與工廠排氣、抽煙、燃香、烤肉、廚房油煙、發電機，會經由吸入含多環芳香化合物的空氣懸浮物質而累積於人體中，造成中毒現象，也會經由飲水、食物或所接觸過的泥土進入人體。

過量危害

❶ 國際上已確認具致癌性的多環芳香化合物達三十種以上，是目前世界已知的致癌化學物最龐大的一群，其可能破壞體內的遺傳物質，引發癌細胞增長，若長期接觸高濃度多環芳香化合物的混合物，會引起皮膚癌、肺癌、胃癌及肝癌等疾病。

❷ 多環芳香化合物進入人體後，會迅速溶於腎臟、肝臟、脾臟、腎上腺及卵巢等的脂肪組織。雖然大部分的多環芳香化合物最終會隨著排泄物排出體外，但殘留在體內的部分會逐漸累積，損害生殖系統、神經系統，造成上消化道腫瘤、動脈硬化、不孕症、急性或慢性呼吸道症狀、過敏性呼吸道疾病，以及自發性免疫系統疾病，如氣喘、紅斑性狼瘡等。

毒性分類

☑難分解物質 ☐慢毒性物質 ☐急毒性物質 ☐疑似毒化物

危險度

| 致癌 ✗ | 過敏 ✓ | 器官受損 ✓ 呼吸系統、消化系統 |

環境危害

多環芳香化合物的散布，主要是由於含碳化合物的不完全燃燒或是石化燃料的使用過程所產生，其極易因沉澱或吸附作用，進而污染河川、湖泊、底泥或形成空氣中的懸浮微粒。由於多環芳香化合物不易在自然界中自行分解，且易累積於脂肪中，因此多環芳香化合物進入身體後，幾乎會散布至所有的內部器官，尤其是含有大量脂質的器官。因此，此類毒性物質藉環境擴散和生物累積的特性，嚴重地危害生物，並且可能藉食物鏈的傳遞而危害人體。

污染事件

世界各地皆有遭多環芳香化合物污染的例子。加拿大鋁礦煉製業造成河流及底泥受多環芳香化合物的污染；英國威爾斯地區的農田土壤中，則受到大氣沉積的多環芳香化合物污染；研究亦指出台灣交通流量高的地區，其多環芳香化合物的平均濃度為一般都市及郊區大氣的5.3至8.3倍；台灣南部石化工業區大氣中的多環芳香化合物濃度明顯較其他區域高，顯示位於多環芳香化合物污染源的周邊地區，其空氣亦有遭污染之虞。

◎ 持久性有機污染物4

有機氯農藥（Chlorinated Hydrocarbons，又名有機氯化烴殺蟲劑）

常見相關化合物

有機氯農藥大致包含氯化乙烷類、環二烯類、六氯環己烷類等三大類：
❶ **氯化乙烷類**：滴滴涕（DDT）
❷ **環二烯類**：阿特靈（Aldrin）、可氯丹（Chlordane）、地特靈（Dieldrin）、滅蟻

樂（Mirex）、安特靈（Endrin）、飛佈達（Heptachlor）

❷ 六氯環己烷類：六氯（Hexachlorobenzene）靈丹（r-BHC）

性質

有機氯多用於農業及環境用途。此類化合物不會自然產生，對昆蟲有強烈的毒殺性，為較早發展出來的有機合成殺蟲劑。有機氯農藥不易分解、揮發性低，並具疏水性而不易溶於水，其半衰期長、在大自然中不易分解，易轉化成更穩定的代謝產物及衍生物，導致殘毒和污染的問題益發嚴重。

主要功能及使用物品

除蟲：有機氯殺蟲劑是過去廣泛使用的化學物質，用以控制農作物害蟲及傳播瘧疾、斑疹和傷寒的昆蟲，增加了農作物的產量，亦減少人類受蚊蟲叮咬的干擾，因此廣泛應用於農業、畜牧業、林業及優生保健。

使用規定

❶ 根據行政院衛生署〈毒性化學物質管理法〉規定，將多氯聯苯、可氯丹、地特靈、滴滴涕、毒殺芬、安特靈、飛佈達、阿特靈、靈丹、六氯苯等十種物質公告列管為毒性化學物質，並規定除試驗、研究、教育用途外，均禁止製造、輸入、販賣及使用。

❷ 根據行政院衛生署〈環境用藥管理法〉規定，可氯丹、蟲必死、地特靈、靈丹、大利松、鄰-二氯苯、鄰-二氯苯、滴滴涕、飛佈達、阿特靈、六氯苯等為環境衛生用藥成分禁止含有的化學物質種類。

❸ 根據行政院農業委員會〈農藥管理法〉規定，目前陸續評估是否禁用有機氯烴劑、具致試驗動物畸胎的農藥及有致癌大的虞的農藥等三類藥物。歷年來，依法陸續評估禁用的農藥包含安特靈、有機水銀劑、滴滴涕、飛佈達、阿特靈、地特靈、蟲必死等有機氯；護谷、毒殺芬、氰乃淨、達諾殺、樂乃松、白粉克、錫蟎丹及三苯醋錫等具致試驗動物畸胎的農藥；克氯苯、二溴乙烷、靈丹、四氯丹、福爾培、蓋普丹、五氯硝苯、全滅草、得脫蟎及能死蟎等有致癌之虞的農藥。

危害途徑

❶ 有機氯農藥易經由食物鏈蓄積而急速增加濃度，例如：微量的有機氯農藥流入水中，經由浮游生物、食草性魚類、食肉性魚類等食物鏈過程，最後人類再吃下食物鏈末端的生物，累積的濃度可達到一百萬倍以上。

❷ 有機氯農藥物質若經由工廠或容器釋放出環境中，可能藉由垃圾處理過程中進入土壤；另外，直接噴灑殺蟲劑或間接由雨水沖刷也會使土壤受污染，並會進入地下水，或從土壤中蒸發而進入空氣中，人類可能經由呼吸或吃下種植在污染土壤的農作物而攝入有機氯農藥。

❸ 有機氯農藥多用於農作物，殘留有機氯農藥的農作物若製成食品或衣物材質，可能會經由攝食、接觸而暴露在此物質的毒害中。

過量危害

❶ 過量有機氯農藥中毒容易造成神經系統、肝和腎等器官的傷害，初期會產生頭暈、頭痛或精神不振等現象；急性中毒會造成出汗、流涎、視力模糊、劇烈嘔吐、腹痛、腹瀉、四肢無力、肌肉抽搐、震顫、昏睡、心悸，以及中毒性肝病、肝腫大及壞死，並可能產生接觸性皮膚炎；中樞神經系統則會表現出不安、躁鬱、手腳顫抖、抽搐或多發性神經病等臨床症狀，嚴重時甚至引起昏迷、呼吸衰竭、急性腎衰竭、癲癇抽搐狀態或心律不整而致命。

❷ 有機氯農藥屬於持久性有機污染物且被歸類為環境荷爾蒙，可能透過胎盤及哺乳過程影響下一代，部分則具致癌性，其影響程度與個人體質及免疫力相關，孕婦和嬰孩尤其易受影響，感染者可能數年後才發病。

毒性分類

大部分列管的有機氯農藥在不同劑量分別屬於「難分解物質」和「急毒性物質」。

危險度

| 致癌 | ? | 過敏 | ? | 器官受損 | ✓ 肝、腎、神經系統 |

環境危害

　　由於有機氯殺蟲劑屬於脂溶性而不易溶於水，且物理化學性質非常安定，因此進入生物體的有機氯殺蟲劑，多累積於脂肪組織內而不易經新陳代謝排出，不但對生態環境造成巨大影響，還會在生物體內形成生物累積。有機氯農藥的殘留會透過大氣、水、土壤、食品，最終進入人體，一旦累積過量，便會引起各種慢性或急性病害。

污染事件

　　許多有機氯農藥一直廣為世人使用，直到美國生態作家瑞秋·卡森於一九六二年發表《寂靜的春天》一書，書中指出，DDT等有機氯農藥的濫用，已造成生物生育率降低、干擾生物的生殖系統，動物陸續發生性器官異常、雌性化、蛋殼薄化、早產、子代存活率及卵孵化率降低等現象，使許多物種瀕臨絕種，其論證引起國際關注，各國才開始重視有機氯農藥所造成的影響，先後訂定法規禁用具持久性毒害的有機氯農藥。我國雖已於民國六十一年起陸續禁用大部分的有機氯農藥，但近年來的報告指出，尚有部分有機氯農藥殘留於土壤及河川、水庫等的底泥，其危害仍具有影響力。

阻燃劑

安定劑

防水劑

金屬

持久性有機污染物

◎ 持久性有機污染物5

五氯酚（Pentachlorophenol；PCP；Tertafluoroethylene）

常見相關化合物

五氯酚鈉（sodium pentachlorophenate；PCP-Na）

性質

　　五氯酚是人工合成的物質，一般為無色結晶固體，不溶於水但極易溶於醇和醚，遇熱會有刺鼻味。五氯酚在過去常做為紡織品、皮革製品、木材等的防腐劑，但由於其具有高毒性，且化學性質穩定、不易分解，一旦散布在環境中會造成長期污染，現在大部分的國家都已禁止使用，是聯合國建議列管的持久性有機污染物之一。

主要功能及使用物品

防腐、殺菌：五氯酚對細菌、微生物會產生強烈的毒性，可防止蟲蛀、腐蝕，常用在免洗筷、木材及木製品，以及除草劑、抗菌劑等清潔消毒用品，也用在皮革、織品。

使用規定

❶ 根據行政院環保署〈環境用藥管理法〉規定，環境用藥（如：殺蟲劑、殺菌劑）不得含有五氯酚。

❷ 根據行政院勞委會〈勞工安全衛生法〉規定，勞工作業環境空氣中的五氯酚及其鈉鹽，平均容許濃度需在0.5毫克／立方公尺以下。

❸ 根據行政院環保署〈毒性化學物質管理法〉規定，五氯酚列管為毒性化學物質，禁止製造、輸入、販賣及使用，但試驗、研究、教育用者，不在此限。

❹ 美國國家科學研究委員會「The National Research Council」（NRC）建議，五氯酚在飲用水中無副作用下的允許攝入量為21微克／公升。

❺ 美國食品藥物管理局（FDA）規定使用五氯酚為木材防腐劑時，其殘餘量不可超過50ppm。

❻ 紐西蘭自1988年起禁止使用五氯酚。

危害途徑

　　五氯酚類化合物多用在木材類製品，容易經由皮膚接觸進入人體，或是吸入含有五氯酚的氣體。因此像是接觸到塗有過量五氯酚類防腐劑的木材家具，居住在揮發五氯酚氣體的木造房屋，或是使用不合格的木製免洗筷，都可能攝入微量的五氯酚。另外，五氯酚鈉在常溫下於水中溶解度為26.1%，易溶於水，因此可能經由飲用水進入人體。儘管五氯酚能經由皮膚接觸、呼吸或食用進入人體，不過在人體的半衰期約為30小時，若是在短時間少量接觸，可藉由代謝作用隨尿液排出體外。

過量危害

❶ 五氯酚口服的最低致死劑量為29毫克／公斤，誤食過量的五氯酚，會先出現呼吸急促、血壓升高、排尿量增加，然後這些現象趨緩後，會出現發燒、腸的作用增加、運動衰弱、虛脫、痙攣，嚴重者可能致死，並導致肺、肝、腎的損害。

❷ 皮膚短期暴露在五氯酚的極限為1.5毫克／立方公尺，短時間暴露在過量的五氯酚會造成一級灼傷，接觸超過105毫克／公斤則有50%的致死機率。

❸ 空氣中五氯酚的粉末濃度在0.3～1毫克／立方公尺，會刺激眼睛及鼻子，吸入五氯酚後會對循環系統產生急性毒害，造成心臟衰竭，對肺功能或腎功能不佳者傷害更甚。高溫燃燒五氯酚，會產生氯氣與戴奧辛，毒性危害極大。

毒性分類

☐ 難分解物質　☐ 慢毒性物質　☑ 急毒性物質　☐ 疑似毒化物

危險度

| 致癌 | ? | 過敏 | ✔ | 器官受損 | ✔ 肺、肝、腎 |

環境危害

　　五氯酚用於農業上除草、除蟲，也用於木材的防腐，常隨著農業用水和工廠廢水、工業廢棄物的棄置而進入水中或土壤。五氯酚在土壤中的半衰期為數星期到數個月，並會附著在土壤中，特別是酸性土壤。揮發在空氣與水中的五氯酚，則會經日照分解成對人體有害的氯化氫。由於五氯酚的水溶性低，在土壤中不易分解，殘留在土壤中不但影響環境和植物的生態，經由食物鏈還會持續累積在生物體中。

污染事件

　　過去名為台灣製鹼公司台南安順廠位於台南鹿耳門，於民國五十三年開始大量生產五氯酚鈉做為木材防腐劑、農藥等用途，民國五十八年設置大型工廠以外銷日本等國。安順廠雖於民國七十一年在經濟和環保考量下關廠並與中國石油公司合併，但是廠區在過去已排放大量戴奧辛，還留下5000公斤的五氯酚鈉，經長期雨水沖刷並隨著溝渠滲入土壤與水，廠區東南側污泥驗出戴奧辛濃度達世界第一的176毫克／公斤，附近居民血液中的戴奧辛濃度高於世界衛生組織建議值的數十倍，吳郭魚的戴奧辛含量也比標準值多出了六十倍，虱目魚也出現魚鰭、魚尾畸形而死亡，重創養殖漁業，至今仍在推動整治計畫以改善環境污染問題。

◉ **持久性有機污染物1**

草脫淨（Atrazine）

常見相關化合物

氨基三唑（Aminotriazole）、氰草津（Cyanazine）、西瑪津（Simazine）、草達津（Trietazine）

性質

草脫淨是一種三氮六環衍生物，外觀為無味的白色結晶，微溶於水且具可燃性。在自然環境中可透過水解或去烷化的過程進行分解；主要用來製造除草劑。

主要功能及使用物品

除草劑：由於草脫淨會和植物行光合作用的重要物質——質醌連結蛋白質結合，阻斷光合作用的運作，藉以使農作物的闊葉雜草無法行光合作用，讓雜草不易滋生，主要做為製造除草劑的原料。

使用規定

❶ 根據行政院衛生署〈食品衛生管理法〉規定，草脫淨在大漿果類、雜糧類及甘蔗類作物的殘留量不得超過0.25ppm。

❷ 根據世界衛生組織規定，草脫淨的每日容許攝取量（ADI）為0.0015毫克／公斤，以體重50公斤的成人為例，每天攝取的草脫淨不得超過0.075毫克。

危害途徑

草脫淨會殘留於農作物，經人攝食後進入人體；或是農耕時殘留在土壤中的農藥會滲入水中，經由水生食物鏈的累積進入魚、蝦等，再被人攝食後進入人體；另外，人亦可能接觸到遭草脫淨污染的水源，透過皮膚吸收進入人體。

過量危害

❶ 草脫淨會對眼睛、皮膚及呼吸道造成刺激，誤食則會引起噁心、嘔吐及下痢，亦可能造成腎功能受損。

❷ 動物實驗中發現，草脫淨對老鼠的肝及循環系統造成傷害，亦可能引發老鼠的乳癌，但目前尚未能推論至人類。

毒性分類

☑難分解物質　□慢毒性物質　□急毒性物質　□疑似毒化物

阻燃劑

安定劑

防水劑

金屬

持久性有機污染物

危險度

| 致癌 | ? | 過敏 | ✓ | 器官受損 | ✓ 腎臟、呼吸系統 |

環境危害

草脫淨對環境造成的危害，主要透過其製成的除草劑滲入地表污染地下水，而草脫淨在土壤中的半衰期可長達兩百多天，又具生物累積性，一旦透過食物鏈進入生物體，可能累積在肝、腦等軟組織，並可能干擾生物的生殖系統。有研究發現，草脫淨曾造成雄性蝌蚪發育成雌雄同體的成蛙。

污染事件

草脫淨是否危害兩棲動物及魚類，至今仍論戰不休。像是二○○三年加州大學整合生物學系的研究團隊指出，暴露在濃度0.1ppb以上的草脫淨中，會使豹蛙的生殖腺發育遲緩、形成雌雄同體；二○○八年美國塔夫斯大學生物學學者也指出，蝌蚪暴露在受到草脫淨污染的水域，易造成心臟畸形，損害其腎及消化系統；二○一○年美國地質學調查亦指出，一般水域所含的草脫淨濃度已降低部分魚類的繁殖能力。然而，由草脫淨製造商正先達所贊助的研究則顯示，草脫淨並不會危害野生動物。歐盟已於二○○四年禁用草脫淨，但全球用量較大的美國、澳洲和中國尚未制訂限用規範。論戰的終止及全球限用規範的訂定，仍有待更具體的研究結果出爐。

◎ 持久性有機污染物7

有機錫

常見相關化合物

❶ 三丁基錫類（Tributyltin；TBT）：氧化三丁錫（Tributyltin Oxide）、氫化三丁錫（Tributyltin Hydride）

❷ 三苯基錫類（Triphenyltin）：氫氧化三苯錫（Triphenyltin Hydroxide）、氯化三苯錫（Triphenyltin Chloride）、醋酸三苯錫（Triphenyltin Acetate）

性質

有機錫化合物包含丁基錫、苯基錫和甲基錫等類型；三丁基錫類及三苯基錫類具有防腐、殺菌、防黴等作用，因而用做於防髒污殺菌劑、木材防腐劑、驅蟲劑、除蟲劑、抗垢油漆。有機錫屬於環境荷爾蒙的一種，會穩定存在於水中和土壤，透過食物鏈影響人體，尤其是荷爾蒙的正常運作可能受其干擾。

主要功能及使用物品

防腐、殺菌：三丁基錫和三苯基錫對昆蟲、細菌、藻類等的毒性大，應用於製造臨海建築物或船舶外殼的防髒污殺菌劑、木材防腐劑、驅蟲劑、除蟲劑、抗垢油漆。部分不肖廠商也利用有機錫的殺菌效果，在尿布、合成纖維中添加含有有機錫的抗菌劑，或是加入化妝品中做為抗菌、防腐的成分。

使用規定

❶ 根據行政院環保署〈毒性化學物質管理法〉規定，氧化三丁錫禁止使用於製造船用防污漆。

❷ 根據行政院環保署環境用藥管理法規定，環境用藥不得含有氧化三丁錫。

❸ 根據行政院衛生署〈化妝品衛生管理條例〉規定，化妝品成分不得含有氧化三丁錫。

❹ 根據行政院內政部營建署〈建築技術規則〉規定，綠建材所應用的水性塗料不得使用三丁基錫（TBT）。

❺ 根據行政院環保署〈環保標章規格標準〉規定，符合環保標章規格標準的水性及油性塗料，三苯基錫的含量必須在2ppm以下。

❻ 國際海事組織（IMO）通過〈國際管制船舶有害防污系統公約〉，自二〇〇八年一月一日起全面禁止船隻使用含有三丁基錫的船漆，禁令實施前就已塗裝者，則應就以下方式擇一處理：1.去除含有三丁基錫的防污漆，並使用不含有機錫的防污漆；2.用新塗層將原含有三丁基錫防污漆的區域封存，以避免外漏。

危害途徑

有機錫化合物會經由皮膚接觸、飲食、呼吸等途徑進入人體，因此像是吸入或接觸到含有機錫的油漆及其揮發的氣體，或是皮膚直接接觸含有機錫抗菌劑的尿布、運動衣物、化妝品和木材家具，甚至是這些含有基錫的物品隨意棄置後，透過食物鏈進入人體並產生累積。

過量危害

❶ 接觸三丁基錫類的化合物（如：氧化三丁錫、氫化三丁錫）可能傷害眼睛、刺激呼吸道並造成喉嚨痛、咳嗽、呼吸困難，若吸入過量的氧化三丁錫氣體還會傷害生殖系統；誤食三丁基錫類的化合物會造成噁心、嘔吐、下痢或便秘，嚴重會傷害中樞神經系統。

❷ 接觸三苯基錫類的化合物（如：氫氧化三苯錫、三苯錫、醋酸三苯錫），會刺激呼吸道並出現頭痛、咳嗽、呼吸困難等症狀；誤食會造成噁心、嘔吐及下痢等消化道症狀；其中氫氧化三苯錫更會造成視力模糊，長期暴露損及免疫系統及肝功能。

❸ 有機錫屬於環境荷爾蒙的一種，會干擾荷爾蒙的正常運作，造成雄性雌化或雌性雄化等性變異的現象，全球海港附近的水生動物皆發現此一現象，是否對人類也有相同影響仍在研究中。

毒性分類

氧化三丁錫、氫氧化三苯錫

☑難分解物質　□慢毒性物質　□急毒性物質　□疑似毒化物

氫化三丁錫、氯化三苯、錫醋酸三苯錫

□難分解物質　□慢毒性物質　□急毒性物質　☑疑似毒化物

危險度

| 致癌 | ? | 過敏 | ✓ | 器官受損 | ✓ 神經系統、呼吸系統、皮膚、肝、胃 |

環境危害

　　有機錫化合物主要應用於船舶外殼的抗菌、防腐及除蟲，常因此而散布於沿海水體；有機錫化合物的半成品亦可能因處理過程的不當而流入土壤及地下水。其中三丁基錫類易與土壤結合而不易清除，還會累積在水生生物體並透過食物鏈影響其他較高階的生物；另外，三苯基錫類在土壤中不易揮發，並且容易附著於水中的懸浮微粒，也會沉澱在水體底部的淤泥中，透過生物濃縮作用影響食物鏈上層的生物。

污染事件

　　有機錫自一九六〇年代起即大量做為船舶外殼的防污劑，致使部分有機錫溶出流入海洋，干擾海洋生物體內的雄性激素正常運作，特別是螺貝類影響最顯著。自一九九六年就有海洋生物學者發現，三丁基錫會造成峨螺類生物產生性變異，出現雌性個體發育出雄性性徵（陰莖），造成峨螺無法繁殖後代，甚至死亡。另外，有機錫也會損害海洋生物的其他器官，像是二〇〇八年在加州、華盛頓州及阿拉斯加沿岸都發現，死亡海獺的肝臟含有高濃度的有機錫，其中許多海獺的死因是罹患傳染病。儘管國際海事組織（IMO）已於二〇〇八禁用含三丁基錫的船漆，各國政府相關部門也陸續制訂有機錫的使用限制，但由於早期使用的有機錫積存在海洋及沿岸，其造成的污染仍在危害海洋生物。

阻燃劑

安定劑

防水劑

金屬

持久性有機污染物

聚合物

　　聚合物是日常用品中最常見的材質，其原料多是提煉自石油，再經過加熱、施壓等加工製成，依功能可以分成塑料、橡膠、纖維、塗料、黏合劑。聚合物本身大多無害，但是其加工過程中為了塑型、軟化、加熱等需求，添加具毒性的可塑劑、安定劑、顏料等添加物，一旦消費者使用不當便可能使得添加物釋出，可能刺激眼睛或鼻腔黏膜，或是溶入食物而累積在體內，長期接觸容易致癌。

◎ 塑料1

聚對苯二甲酸乙二酯（Polyethylene Terephthalate，PET；又名聚乙烯對苯二甲酸酯）

常見相關化合物

聚對苯二甲酸乙二酯－二元醇共聚物（PETG，又名Glycol- Polyethylene Terephathalate），非結晶化聚對苯二甲酸乙二酯（APET，又名Amorphous Polyethylene Terephthalate），再生聚對苯二甲酸乙二酯（RPET，又名Recycled Polyethylene Terephthalate），GAG三夾層（PETG，APET，PETG Three Layer Product），GRG三夾層（PETG，RPET，PETG Three Layer Product）

性質

　　聚對苯二甲酸乙二酯（以下簡稱PET）是由對苯二甲酸乙二酯為單體聚合成的高分子化合物，PET可溶於甲酚、濃硫酸、硝基苯、三氯醋酸，不溶於甲醇、乙醇、丙酮，常見的商業產品是聚對苯二甲酸乙二酯－二元醇共聚物（PETG），具有高透光性、高強韌度、高彈性、抗衝擊、耐高溫、耐酸鹼、耐磨性等優點，但是仍然有熔融時安定性不佳、易起靜電等缺點，常用於食品外包裝、人造紡織品、影音設備及塑膠卡片等生活用品。

主要功能及使用物品

❶ **高強韌度**：PET由於結構不易被延展拉開，而且具有高強韌性、高耐磨性、硬度大、易於印刷，所製成的塑膠製品不易變形並可當做物品外殼以保護物品，加上具有低度透氣性，對生鮮食品具有保鮮效果，常用於寶特瓶及食品、化妝品、玩具、電器等產品的外包裝或外殼，也用來製成信用卡、文具、纜繩。PET纖維不易變形、彈性好、易乾，加上性質近似羊毛，可與羊毛、嫘縈絲、棉等混紡，可製成衣服、襯衫、地毯底布等紡織品。

❷ **高透光性**：PET經過二元醇改變性質後，使共聚物具有優良的表面光澤度和高透

光性，適用於要求高透明度的產品，質感佳、具有良好的展示效果，常用於展示櫥窗、錄音、錄影或LED用的基片。

❸ **耐水性**：PET本身結構較緊密，加上結構不易受到外力而變形，所製成的塑膠材料因而具有耐水性、低滲透性、不易吸水、容易乾燥等特性，常製成消防水管、防水布、漁網、浴簾等。

❹ **電絕緣性**：PET本身不會導電，加上具有耐化學腐蝕、不易變形等特性，常用於電器零組件、齒輪、絕緣膜。

使用規定

❶ 根據行政院環保署〈廢棄物清理法〉規定，聚對苯二甲酸乙二酯製成的容器應交由回收商做資源回收，所製成的容器商品應標示容器回收標誌 ♲。

❷ 根據行政院衛生署〈食品衛生管理法〉規定，以聚對苯二甲酸乙二酯所製成的食品器具、容器、包裝，經檢驗所溶出的鉛、鎘、銀皆須低於100ppm。

❸ 根據行政院衛生署〈食品衛生管理法〉規定，以聚對苯二甲酸乙二酯所製成的酒盛裝容器，經檢驗所溶出的鉛、鎘需在100ppm以下。

❹ 根據行政院衛生署〈食品衛生管理法〉規定，乳粉用的金屬罐封口部分僅限於使用聚乙烯（PE）或聚對苯二甲酸乙二酯（PET）製成的合成樹脂。該二類合成樹脂經檢驗所溶出的鉛、鎘、銀皆不得超過100ppm；乳粉用的合成樹脂積層容器包裝，其內部材質與內容物直接接觸的部分為聚對苯二甲酸乙二酯，經檢驗所溶出的銻不得超過0.025ppm，鍺不得超過0.05ppm。

危害成分

PET對人體的危害，主要是源於製作過程中所添加的抗氧化劑丁基羥基甲苯、紫外線吸收劑二苯甲酮及三氧化二銻、醋酸銻等催化劑，這些成分若釋出，可能對人體健康產生不良影響。

❶ **丁基羥基甲苯**：是抗氧化劑的成分之一，化學性質穩定，常用來減緩油脂類的氧化速度，毒性低，但是食入過量可能出現腸胃炎、噁心、嘔吐等症狀（參見P.106）。

❷ **二苯甲酮**：是紫外線吸收劑（抗光劑）的成分之一，可增加PET的抗光分解強度，避免塑膠因光線照射而變質，不過食入過量可能會導致腸胃不適、噁心、嘔吐（參見P.135）。

❸ **三氧化二銻、醋酸銻**：是催化劑的成分之一，添加三氧化二銻、醋酸銻可以降低反應作用的溫度、加快反應速度，有助於降低成本。三氧化二銻、醋酸銻食入過量可能會導致腸胃不適、噁心、嘔吐，有致癌的可能性。

危害途徑

PET是寶特瓶的主要材料，雖然不容易被分解，但是如果長時間暴露在光照、空氣、高溫中，PET仍會與其他物質發生化學反應，因此必須添加抗光劑、抗氧化劑，但是如果盛裝含有酒精、酸性的飲料，尤其是瓶裝米酒，很容易溶出抗氧化劑、抗光劑等有機成分而對人體健康造成影響。

warning 重複使用寶特瓶的注意事項

市售寶特瓶所含的重金屬銻十分低，但是長時間使用仍可能會釋出，重複使用也可能遭受細菌污染，因此，使用寶特瓶建議保存在低溫、無光照的環境，並且不要長時間儲存，通常就不會釋出有毒物質；如果要重複使用，最好經常清洗，使用一個月後便汰換，使用期間盡量不要盛裝熱水、酸性飲料和酒精飲料。

◎ 塑料2

聚乙烯 (Polyethylene；PE)

常見相關化合物

低密度聚乙烯 (low-density polyethylene；LDPE)、高密度聚乙烯 (high-density polyethylene；HDPE)

性質

聚乙烯是由乙烯聚合而成的一種常見塑膠成分，可分為低密度聚乙烯 (LDPE)和高密度聚乙烯 (HDPE)。LDPE是使用高壓法製成，因為支鏈較多，強度較低，多用來製成薄膜；反之，HDPE則是在低壓下製成，所含的長鏈較多、密度較高，強度亦較高。LDPE的薄膜呈現乳白色半透明，但是當厚度增加至HDPE，會因為光線散射而呈白色。這類的塑膠能抵抗酸鹼腐蝕，常見的有機溶劑對它幾乎不起作用，並具有優良的耐低溫性能，可耐最低溫度達 -70～ -100度C。

主要功能及使用物品

❶ **耐低溫、抗酸鹼**：聚乙烯的結構整齊，因而具有耐低溫和耐酸鹼腐蝕的特性，常用來製作免洗餐具、瓶子、罐子、夾鏈袋、平口霧面塑膠袋、飲料杯、水壺、保鮮膜等餐具容器，及食用油、化妝品、沐浴用品、清潔用品等產品的容器。

❷ **耐摔、韌性強**：聚乙烯塑膠的分子量比其它聚合物低，因此耐摔、質輕，其中低密度聚乙烯由於韌性強，可製成薄膜狀，常用於食物包裝袋，及衣物、玩具等新品的透明外包裝。而高密度聚乙烯的常見成品有外帶飲料杯、各式瓶蓋等餐具容器，以及收納箱，亦可用於製作畏光溶液或化妝品的容器。

❸ **密度小、防水**：聚乙烯的密度比水小，且吸水性差，所以多用來製作保鮮膜、各種用品的包裝膜、環保袋等包裝材料，及雨衣、漁具、防水塑膠布等防水用品，以及各種塑膠家具、塑膠地板、天花板等家具建材。

❹ **絕緣性**：聚乙烯具有良好的絕緣性，並且不受濕度影響，常用於家電等電器產品外殼以及各式絕緣零件。

使用規定

❶ 根據行政院衛生署〈食品衛生管理法〉規定，以聚乙烯所製成的食品器具、容器、包裝，經檢驗所溶出的鉛和鎘皆須低於100ppm。

❷ 根據行政院環保署〈廢棄物清理法〉規定，聚乙烯製品應交由回收商做資源回收，所製成的容器商品應標示容器回收相關標誌，其中又分為兩種，高密度聚乙烯的產品應標示塑膠分類標誌為 ②；低密度聚乙烯則是 ④。

❸ 根據行政院環保署〈廢棄物清理法〉規定，聚乙烯材質（PE）及塗敷聚乙烯的紙類餐具，因大部分該聚乙烯製品耐熱溫度低於110度C，因而不可稱為耐高溫餐具。

危害成分

聚乙烯本身並無顯著的毒害，主要的危害成分是來自於其添加於製品表面的顏料所含的添加物。

❶ 鉛：是安定劑的成分之一，安定劑可增加聚乙烯的耐熱度，以便高溫加工製作各種用途的產品，部分外觀或內層有彩繪裝飾的微波餐盒，其顏料也含有鉛。鉛會沉澱在人體體內造成慢性鉛中毒，將導致消化系統、神經系統、生殖系統和腎臟的損害（參見P.174）。

❶ 鎘：是安定劑的成分之一，鎘進入人體後不會進一步代謝，而是經由血液循環攜帶至體內各個器官，其中以腎臟皮質、肝、胰、腎上腺的含量最多（參見P.171）。

危害途徑

❶ 聚乙烯與聚丙烯均為較安全的塑膠，但聚乙烯的耐高溫能力較差，尤其是低密度聚乙烯，約100度C即可能軟化分解，因此若使用平口霧面塑膠袋盛裝沸騰熱湯時，可能因溫度超過聚乙烯的耐熱度而溶出有害物質。

❷ 聚乙烯製成的保鮮膜在短時間加熱是安全的，但是經長時間加熱至較高溫度時可能會使保鮮膜軟化變形，若接觸到食物可能導致溶入。

❸ 使用聚乙烯製成的微波餐具，若盒蓋有彩繪圖案，則不應與微波盒本體一起置放於微波爐中加熱，以免盒蓋上色料所含的鉛或鎘在高溫下溶出。

❹ 聚乙烯的材質相對於其他塑膠較能耐酸鹼、抗油脂，能夠承受適度的酸鹼性和油脂食物，但是若是使用過多添加物、品質較差的聚乙烯容器，則可能在強酸強鹼的環境下釋出有害物質。

◎ 塑料3

聚氯乙烯 (Polyvinyl Chloride；PVC)

性質

聚氯乙烯是由多個氯乙烯組成的高分子化合物，是硬質塑膠的原料，具有穩定、耐酸鹼、阻燃的特性，因此多用來製造電線外皮、雨衣或玩具等塑膠用品。

主要功能及使用物品

❶ 防水：聚氯乙烯塑膠的密度較一般塑膠類為高而具有防水效果，並有良好的伸展性，常用於製造薄膜類的防水物品，如：食品外包裝、各種產品外包裝、收縮膜，及桌布、雨衣、塑膠吹氣玩具等居家用品，以及水管、窗簾、塑膠地板等裝潢材料。

❷ 耐酸鹼、耐摔：聚氯乙烯由於化學性穩定，能夠抵抗酸、鹼的腐蝕，也禁得起一定程度的撞擊力，因此多用於製作水壺、免洗餐具、塑膠杯、飲料包裝等餐具容器，以及兒童玩具、塑膠公仔、鞋底、人造皮件、車前燈、安全帽等日用品。聚氯乙烯塑膠亦有耐藥性、透明性等特性，常用來製造部分醫療器材，像是輸血管、導尿管、血袋等。

❸ 阻燃、絕緣：聚氯乙烯塑膠有良好的阻燃、電氣絕緣的效果，可降低電線走火或助燃等狀況的發生，常用於電線外皮、阻燃電線、電纜、合成皮、絕緣膠布、泡棉、防火建材、廣告招牌等建築材料，及汽車座椅人造皮套。

使用規定

❶ 根據行政院衛生署〈食品衛生管理法〉規定，聚氯乙烯塑膠製品（PVC）經檢驗所溶出的鉛和鎘皆須低於100ppm，二丁錫化物必須在50ppm以下，甲酚磷酸酯必須在1,000ppm以下，氯乙烯單體則需在1ppm以下。

❷ 根據行政院環保署〈廢棄物清理法〉規定，聚氯乙烯製成的容器應由製造、輸入業者負責回收、清除、處理，並應在製造完成的容器商品標示容器回收標誌 ♵。

❸ 行政院環保署依據〈資源回收再利用法〉公告，量販店和超級市場等指定公私場所應減少指定容器的使用量，其中包含容器原料含有PVC（聚氯乙烯）的容器，自民國九十七年度起減量25%，其後年度減量率，則視前一年度達成情形檢討修正。

危害成分

　　聚氯乙烯對人體的危害，主要是源於製作過程所加入的鄰苯二甲酸酯類和含有鉛、鎘的安定劑；另外，生產過程的中間產物如二氯乙烷，則會產生有毒物質而污染環境；最嚴重的污染來源則是燃燒聚氯乙烯所產生的戴奧辛。

❶ 鄰苯二甲酸酯類：是用來增加PVC材質的彈性和韌性最常見的可塑劑，但進入人體則可能影響內分泌系統的正常運作（參見P.75）。

❷ 鉛：是安定劑的成分之一，安定劑可增加PVC的耐熱度，以便高溫加工製作各種用途的產品。鉛在人體會沉澱造成慢性鉛中毒，將導致消化系統、神經系統、生殖系統和腎臟的損害（參見P.174）。

❸ 鎘：是安定劑的成分之一，安定劑能提高PVC的耐熱度，讓PVC可因應各種產品的需求進行高溫加工。鎘會累積在人體的腎臟，破壞神經系統，並造成骨質疏鬆（參見P.171）。

❹ 二氯乙烷：為了生產PVC，必須將氯氣與乙烯合成二氯乙烷，再將二氯乙烷脫去氯化氫產生氯乙烯單體，最後才能得到聚氯乙烯，然而，在氯氣與乙烯合成二氯乙烷的過程中，會產生大量戴奧辛，從而釋出至環境。

❺ 戴奧辛：是致癌物質，會累積於人體的脂肪組織中，也會使內分泌失調、免疫力下降及造成肝腎受損（參見P.193）。

危害途徑

聚氯乙烯經高溫加熱後，會釋出鄰苯二甲酸二酯，用PVC製的容器或塑膠袋盛裝食物再加熱，會使其溶入食物中導致誤食。另外，聚氯乙烯所製成的兒童玩具，可能在幼兒舔、咬玩具而直接吃進鄰苯二甲酸二酯。另外，聚氯乙烯可能在長期日照下，釋出安定劑中的鉛或鎘，像是聚氯乙烯所製的百葉窗，長期受到太陽光的照射會釋出微量的鉛或鎘，影響居民的健康，對幼童的風險更大。

info ── **PVC伴隨的毒害**

PVC從生產、使用到廢棄階段都會伴隨著毒性物質的衍生，這些毒性物質包括：PVC在製造過用來聚合所添加的氯乙烯、為製成不同硬度的塑膠產品所添加的安定劑與可塑劑，以及廢棄後燃燒產生的鹽酸與世紀之毒戴奧辛，都會對人體健康或環境造成傷害。因此多數環保團體都建議政府應下令禁止PVC使用於各式食品包裝和醫療器材，改以其他較安全無污染的物質替代。

◎ **塑料4**

聚丙烯（Polypropylene；PP）

常見相關化合物

等規聚丙烯（isotaetic polyPropylene）、間規聚丙烯（syndiotatic Polypropylene）、無規聚丙烯（atactic PolyPropylene）

性質

聚丙烯由丙烯聚合而製得的一種熱塑性塑膠，無毒、無味。由於結構整齊且高度結晶化，能抵抗酸鹼腐蝕，常見的酸、鹼有機溶劑對它幾乎不起作用，並且熔點相較於一般塑膠來得高（167度C），其製品可用蒸汽消毒是一大優點。聚丙烯的密度僅0.90克／立方公分，質地輕盈且具有耐衝擊性，其強度、剛性和透明性都較聚乙烯佳，因此在工業界與日常用品都有廣泛的應用。唯其缺點是在8度C低溫時易脆，也較易在紫外光和熱能作用下氧化分解。

主要功能及使用物品

❶ **耐高溫、抗酸鹼：** 聚丙烯的整齊結構使其具有耐高溫和抗酸鹼的特性，可用蒸汽消毒，也適合用於醫藥方面。因此常用來製作免洗餐具、飲料瓶（豆漿米漿瓶、牛奶瓶）、布丁盒、水壺、奶瓶、微波餐盒等餐具容器，及化妝品和清潔用品的產品容器。

❷ **耐摔、易塑型：** 以丙烯為原料的聚丙烯塑膠耐摔、質輕，常見的製成品有外帶飲料杯、各式瓶蓋等餐具容器，以及收納箱、衣架、蚊帳、牙刷、玩具、繩

索、地毯等居家用品。

❸ **密度小、防水**：聚丙烯密度比水小，且不吸收水，盛裝液體不會滲漏，所以多用來製作塑膠袋、保鮮膜、各種用品的包裝膜、環保提袋等包裝材料，及雨衣、漁具、防水布等防水用品，以及塑膠家具、塑膠地板、天花板等家具建材。

❹ **絕緣性**：聚丙烯具有良好的電性能與絕緣性，並且不受濕度影響，常用於電器產品外殼以及各式絕緣零件。

使用規定

❶ 根據行政院衛生署〈食品衛生管理法〉規定，以聚丙烯所製成的食品器具、容器、包裝，經檢驗所溶出的鉛和鎘皆須低於100ppm。

❷ 根據行政院環保署〈廢棄物清理法〉規定，聚丙烯應交由回收商做資源回收，所製成的容器商品應標示容器回收相關標誌，聚丙烯的產品應標示塑膠分類標誌為 ♷。

危害成分

聚丙烯對人體的危害，主要來自為了促進塑型的可塑劑，以及提升耐熱度的安定劑所導致。

❶ **鄰苯二甲酸酯類**：是用來增加聚丙烯的彈性和韌性的可塑劑，以鄰苯二甲酸二酯最常用，但進入人體則可能影響內分泌系統的正常運作（參見P.75）。

❷ **鉛**：是安定劑的成分之一，安定劑可增加聚丙烯的耐熱度，以便高溫加工製作各種用途的產品，部分外觀或內層有彩繪裝飾的微波餐盒，其顏料也含有鉛。鉛會沉澱在人體體內造成慢性鉛中毒，將導致消化系統、神經系統、生殖系統和腎臟的損害（參見P.174）。

❸ **鎘**：是安定劑的成分之一，安定劑能提高聚丙烯的耐熱度，讓聚丙烯可因應各種產品的需求進行高溫加工。鎘進入人體後不會進一步代謝，而是經由血液循環攜帶至體內各個器官，其中以腎臟皮質、肝、胰、腎上腺的含量最多（參見P.171）。

危害途徑

❶ 聚丙烯經高溫加熱後，會釋出鄰苯二甲酸二酯，直接包裝高溫、含油脂的食物，會使其融入食物中導致食入。另外，聚丙烯所製成的嬰幼兒奶瓶，可能在加熱過度而使鄰苯二甲酸二酯釋出。因此像是用外帶飲料杯盛裝熱的飲品，或是以PP材質塑膠袋外帶含油脂的高溫湯品，都可能使鄰苯二甲酸二酯釋出，經由食物吃下有害物質。

❷ 聚丙烯較易在太陽光和熱能作用下，釋出安定劑中的鉛或鎘。顏色愈鮮艷的微波餐盒，所含的鉛與鎘愈高。所以使用標示不清或是顏色過於鮮艷的微波餐盒加熱時，很可能使鉛與鎘釋出在食物中，經由進食進入人體。

❸ 聚丙烯的可耐高溫雖達120℃，且屬可微波的塑膠材質，但因含有油脂的食物在加熱時會促使溫度上升，極易超過此溫度，用於加熱高油脂食品會造成有毒物質釋出。欲微波加熱，建議使用無金屬裝飾的瓷器或玻璃容器。

塑料

warning　聚丙烯製的環保袋不易分解

　　隨著包裝減量的宣導，許多店家轉而製作並發送環保袋，但如果民眾仍未養成重複使用環保袋的習慣，同樣將之視為一次性的袋子來使用，還是會造成污染。另外，大部分非布質環保袋的主要材料是聚丙烯，該成分在自然環境中並不易被分解，一個環保袋可能需要數年時間才能經由生物分解融入自然環境中，因此店家若生產過量，亦可能在將來成為自然環境的負擔。

橡膠

◎ 塑料5

聚苯乙烯（Polystyrene，PS）

纖維

常見相關化合物

發泡聚苯乙烯（保麗龍）

性質

　　聚苯乙烯是由苯乙烯為單體聚合成的高分子化合物，為一種熱塑性樹脂，質地硬而脆，具有耐酸鹼、不吸水、絕緣性佳、外觀無色透明的特性。由於價格便宜且容易加工，常用來製造餐具容器、各式包裝材料及居家用品，應用十分廣泛。

黏著劑

主要功能及使用物品

❶ **抗震、保溫佳**：苯乙烯可使塑膠材料具有耐衝擊及熱絕緣特性，所製成的發泡聚苯乙烯塑膠充滿空氣，使其耐水性佳，能隔熱保溫、抗震、隔音，加上價格低廉，多做為保麗龍碗盤、生鮮食品托盤和食品包裝容器（速食麵及雞蛋等外包裝）、速食店的熱飲杯（裝湯、茶及咖啡）、食品包裝容器（速食麵及雞蛋等外包裝）等餐具容器的材料，也用於百葉窗、塑膠管、隔熱材、隔音材、天花板、招牌等建材。

❷ **透明、質輕**：苯乙烯可使塑膠材料具有高度折光係數，故外觀呈現透明感，容易依使用需求上色，所製成的聚苯乙烯塑膠亦具有質輕的特色，常做成養樂多、布丁盒、外帶冷飲杯、速食店飲料的杯蓋、化妝品及清潔用品的容器、光碟外殼、牙刷柄、時鐘、冰箱白色內襯、廣告裝飾品、汽車儀板及照明標誌等。

❸ **不易變形**：苯乙烯可使塑膠材料具有耐高溫、耐磨及尺寸穩定等特性，可用於須承受嚴苛環境的日用品外殼，像是原子筆、鞋底、牙刷、塑膠卡片（信用卡、會員卡）、玩具、運動器材、汽車輪胎及製模塑膠的主要原料。

❹ **電絕緣性佳**：苯乙烯可使塑膠材料表面具有電阻高的特性，是良好的絕緣材料，常用於收音機及電視機等家電外殼。

塗料

使用規定

❶ 根據行政院衛生署〈食品器具容器包裝衛生標準〉規定，聚苯乙烯製品經檢驗所溶出的鉛和鎘，皆須在100ppm以下。

❷ 根據行政院衛生署〈食品器具容器包裝衛生標準〉規定，聚苯乙烯製品經檢驗所溶出的苯乙烯、甲苯、乙苯、正丙苯、異丙苯等揮發性物質合計，則需在5,000ppm以下。

❸ 根據行政院衛生署〈食品器具容器包裝衛生標準〉規定，以聚苯乙烯為材料的餐具，不適合盛裝100度C以上的食品。

❹ 根據行政院環保署〈廢棄物清理法〉規定，聚苯乙烯及發泡聚苯乙烯製成的容器應由製造、輸入業者負責回收、清除、處理，並應在製造完成的溶器商品標示容器回收標誌 ⑥。

危害成分

　　聚苯乙烯對人體的危害，主要是製作過程中所添加的安定劑丁基烴基甲苯、鉛、鎘；此外，聚苯乙烯製品亦可能有苯乙烯殘留在物品上，而對人體健康產生不良影響。

❶ 丁基烴基甲苯（BHT）：是安定劑的成分之一，可以增加聚苯乙烯的強度，食入可能會有致癌風險（參見P.106）。

❷ 鉛：是安定劑的成分之一，可增加聚苯乙烯的耐熱度，以便高溫加工製作各種用途的產品。一旦誤食鉛，會累積在人體造成慢性鉛中毒，將導致消化系統、神經系統、生殖系統和腎臟的損害（參見P.174）。

❸ 鎘：是安定劑的成分之一，能提高聚苯乙烯的耐熱度。鎘會累積在人體的腎臟，破壞神經系統，並造成骨質疏鬆（參見P.171）。

❹ 苯乙烯：是聚苯乙烯的單體即製造的原料之一，其進入人體可能影響內分泌系統的正常運作（參見P.71）。

危害途徑

　　聚苯乙烯的化學穩定性較差，容易因為加熱而釋放一氧化碳或苯乙烯，在高溫環境下易受熱軟化而變形。因此，像是用保麗龍碗盛裝剛炸過的食物，表面會受熱軟化，甚至可能溶化。另外，聚苯乙烯所製成的兒童玩具，可能在幼兒舔食或咬玩具時吃進鉛或其他有毒物質。

info　合成魚油的部分成分與保麗龍互溶

　市售的部分合成魚油膠囊，將膠囊內的合成魚油滴在保麗龍上，會出現類似腐蝕保麗龍的現象，這是因為合成魚油的乙基酯含量較高，而此一成分結構與保麗龍類似，因此會與保麗龍產生互溶情形，並非腐蝕現象。

◎ 塑料6

聚偏二氯乙烯（Polyvinylidene chloride，又名聚二氯乙烯；PVDC）■

性質

聚偏二氯乙烯（以下簡稱PVDC）是以偏二氯乙烯、氯乙烯、丙烯酸酯、丙烯腈聚合成的高分子化合物，加工前呈白色多孔粉末狀，加工後是一種無色透明的熱塑性塑膠，耐熱性比聚氯乙烯（PVC）高。PVDC不溶於油脂、有機溶劑，具有高彈性、抗皺性、耐化學腐蝕、耐水性等優點，但是因為熱軟化點較高、對熱不穩定，加工成型較困難，應用比聚氯乙烯少，常用於保鮮膜、包裝膜、水管、電線及電纜的絕緣皮、雨衣、人造皮革、建材、醫療用品的原料。

主要功能及使用物品

❶ 高彈性：PVDC由於本身結構不易延展拉開，但拉開後能恢復原狀、具有抗皺性，所做成的塑膠製品不易變形，外殼並具有保護外力衝擊的特性，常用於製作保鮮膜、食品包裝塑膠罐、包裝用塑膠膜、絨毛玩具、鞋墊，以及塑膠尺、書架、筆筒等文具用品。

❷ 耐腐蝕：PVDC因為不溶於大部分的有機溶劑、油脂，也不易受到空氣氧化變質，具有耐化學性腐蝕、抗氧化的特性，加上製成的產品不易變形、龜裂，常用於人造皮革、淨水和空氣等機械設備的過濾器、電子設備的屏幕、磁帶、塑膠椅，及花園造景、人造草坪等各式建材，以及醫療用品。

❸ 耐水性：PVDC本身結構較緊密，同時不易受到外力而變形，可使塑膠材料具有耐水性、低透氣性、低滲透性、不易吸水、容易乾燥等特性，常用來製成雨衣、水管、防水布、漁網、浴簾、抹布、耐水性樹脂等。

❹ 電絕緣性：PVDC本身不會導電，加上具有耐化學腐蝕、抗氧化、不易變形等特性，做為電線、電纜、家電用品等的外殼可使其不易漏電，常用於電線和電纜的絕緣外皮、家電用品的絕緣組件。

❺ 低生煙性：PVDC由於不耐高溫、對熱度的穩定性低，加上燃燒時不易產生煙霧，具有低生煙性，比較不易產生公共危險，被應用在煙火、沖天炮、鞭炮等物品。

使用規定

行政院衛生署根據〈食品器具容器包裝衛生標準〉公告，食品器具、容器、包裝的內部材質與內容物直接接觸的部分是以聚偏二氯乙烯為原料者，經檢驗所溶出的鉛、鎘、鋇皆應低於100ppm，偏二氯乙烯單體應低於6ppm以下。

危害成分

PVDC對人體的危害，主要是製作過程中所添加的安定劑癸二酸二丁酯或己二酸二異丁酯、鉛、鎘、鋇；此外，PVDC製品亦可能殘留微量的單體偏二氯乙烯或

其他共聚物成分在物品上，這些成分可能對人體健康產生不良影響。

❶ **癸二酸二丁酯或己二酸二異丁酯**：是增塑劑、溶劑的成分之一，黏性低且具有耐冷性，可與PVDC互溶並促進加工的便利性；其毒性低，但是吸入過量可能出現頭暈、意識不清等急性症狀（參見P.82）。

❷ **鉛**：是安定劑的成分之一，安定劑可增加PVDC的耐熱度、耐腐蝕性，以便高溫加工製作各種用途的產品。鉛在人體會沉澱造成慢性鉛中毒，將導致神經系統、生殖系統、心血管系統和腎臟的損害（參見P.174）。

❸ **鎘**：是安定劑的成分之一，安定劑能提高PVDC的耐熱度、膠化性。鎘會累積在人體的腎臟、骨骼，導致神經系統、生殖系統的損害並造成骨質疏鬆，有致癌的可能性（參見P.171）。

❹ **鋇**：是安定劑的成分之一，安定劑能提高PVDC的耐熱度。鋇會累積在人體的骨骼、牙齒，可能造成骨骼、呼吸道、消化道損傷。

❺ **偏二氯乙烯**：是PVDC的單體，對呼吸道、消化道黏膜、眼睛有刺激性，吸入過多會出現暈眩、嘔吐、意識不清，並會使神經系統受損。

危害途徑

PVDC雖然比聚氯乙烯耐熱性高，但是PVDC對熱度具不穩定性，高溫下會造成製品軟化分解，其共聚物分子、重金屬可能釋出、造成毒性。另外，PVDC在燃燒過程會產生含氯的有毒氣體，吸入過量可能造成呼吸道、黏膜、神經系統損傷，有致癌的可能性。因此，若使用以PVDC製成的器具盛裝熱食，可能藉由食物而誤食所分解的安定劑或偏二氯乙烯；另外，部分的電線絕緣外皮是PVDC、聚氯乙烯的製品，如果發生電線走火或燃燒可能會釋出含氯的有毒氣體，造成空氣污染。

info 判斷保鮮膜材質的方法

PE、PVC、PVDC及PMP皆可製成保鮮膜，若無法辨識保鮮膜所屬的材質，可剪裁一小塊保鮮膜，戴上口罩並至安全處以燃燒測試。PE和PMP材質的保鮮膜燃燒時會產生蠟燭味的白煙，PVC和PVDC則會產生帶有臭味的黑煙，此即含有劇毒的戴奧辛。測試確認後應立即將著火的保鮮膜撲滅，以免發生危險，吸入過量毒氣。

◎ 塑料7

聚甲基丙烯酸甲酯（Polymethyl Methacrylate，PMMA；又名有機玻璃、壓克力）■

常見相關化合物

聚丙烯酸乙酯（Polyethyl Acrylate）、聚丁二醇二丙烯酸酯（Aolytetramethylene Glycol Diacrylate）、聚甲基丙烯酸月桂酯（Polylauryl Methacrylate）

性質

聚甲基丙烯酸甲酯（以下簡稱PMMA）是以甲基丙烯酸甲酯為單體所聚合成的熱塑性樹脂，多為無色、無定形聚合物，其透光率可達92%且抗紫外線佳，易於加工並能著色，是常見的玻璃替代材料。PMMA的密度低、重量輕，機械強度與韌性均佳，經拉伸處理後可提升耐衝擊性而應用廣泛。PMMA的化學性質穩定，耐久性、電絕緣性和生物相容性均佳，因而常用來製作假牙、人工眼角膜等醫學用途；但是其耐磨損性能較差，且熔點低、不耐高溫，接觸有機溶劑則會霧化。

主要功能及使用物品

❶ **質輕、易於成型：** PMMA具有適當的玻璃轉移溫度，也就是加熱至約100～120度C之間，能使塑料從玻璃型態轉為橡膠型態，便於加工、塑型。加以成本低廉，所以應用範圍十分廣泛，例如：餐具、托盤、蛋架、杯墊、收納盒、糖果餅乾盒、酒架、冰桶等餐具容器；名片夾、筆筒、膠帶台、相框、獎牌、鑰匙圈、化妝品容器、CD架、面紙盒等居家用品；以及浴缸、淋浴門、洗臉盆及水槽等家具。

❷ **透色佳、可著色：** PMMA的透光率可達92%、霧度低於2%，且可塑性強，為一性能優異的透明材料，因此廣泛應用於許多方面，像是：相機鏡頭用的光學玻璃，及各式照明燈具的外殼、商品廣告櫥窗、廣告招牌、做為通訊傳輸線的塑料光纖等裝潢建材；及汽機車的儀器儀表錶盤、罩殼、刻度盤、飛機座艙玻璃、防彈玻璃等交通器具零件。

❸ **硬度強：** 經由加熱和拉伸處理後，可使得PMMA的分子鏈排列有次序，因而提高其材料韌性，使其抗拉伸和抗衝擊的能力比普通玻璃高出許多，常應用於擋風玻璃、建築用玻璃等建築材料。

使用規定

❶ 根據行政院衛生署〈食品衛生管理法〉規定，以聚甲基丙烯酸甲酯為材料的食品器具，經檢驗所含的鉛與鎘均需低於100ppm以下；經溶出試驗所溶出的重金屬需在1 ppm以下，容器蒸發的殘渣需在30 ppm以下。

❷ 行政院衛生署〈菸酒管理法〉規定，市售酒裝容器中，以聚甲基丙烯酸甲酯為材料的酒類之盛裝容器（包括其蓋子、蓋墊片、瓶塞等封口裝置），經檢驗所含的鉛與鎘均需低於100ppm以下；經溶出試驗所溶出的重金屬必須在1ppm以下；另外，溶出的甲基丙烯酸甲酯單體必須在15ppm以下。

危害成分

　　PMMA對人體的危害，主要是製作過程中添加的增塑劑含有的成分己二酸酯類，及安定劑所含的鉛、鎘；以及在加工過程做為接著劑的三氯甲烷，可能影響人體健康。

❶ **三氯甲烷（氯仿）**：三氯甲烷能夠溶解PMMA，所以常使用三氯甲烷做為黏著劑，將PMMA黏合為產品所需的形式。然而，三氯甲烷是具有高揮發性的有機溶劑，吸入高濃度的三氯甲烷會導致昏迷、休克，並可能有致命危險，長期暴露會影響中樞神經系統、心臟、肝和腎（參見P.47）。

❷ **己二酸酯類**：是可塑劑的成分之一，可增加PMMA的可塑性、耐腐蝕性，以便加工製成各種用途的產品。己二酸酯類會刺激皮膚和眼睛，若過量攝入體內，可能影響男嬰生殖系統的發育（參見P.77）。

❸ **鉛**：是安定劑的成分之一，可增加PMMA的耐熱度、耐腐蝕性，以利高溫加工。鉛在人體會沉澱造成慢性鉛中毒，將導致神經系統、生殖系統和腎臟、心血管系統的損害（參見P.174）。

❹ **鎘**：是安定劑的成分之一，能提高PMMA的耐熱度、膠化性。鎘會累積在人體的腎臟、骨骼，導致神經系統、生殖系統和腎臟的損害並造成骨質疏鬆，有致癌的可能性（參見P.171）。

危害途徑

　　在組裝PMMA時，若使用三氯甲烷做為黏著劑，必須注意保持通風，且避免如吸入、接觸、食入等大量曝露；因此，若是購買市售的壓克力板自行組裝水族箱等日用品，應在通風處使用黏著劑，避免吸入過量的有機溶劑氣體。PMMA製品在高溫下，或是盛裝油脂類、強酸強鹼物質，可能會釋出可塑劑己二酸酯類和重金屬鉛、鎘，若誤食會累積在體內，危害健康。

◉ **塑料8**

甲醛樹脂（Formaldehyde Resins）

常見相關化合物

尿素甲醛樹脂（Urea-formaldehyde Resin，又名脲醛樹脂Urea-methanal），酚甲醛樹脂（Phenol-formaldehyde Resin，又名酚醛樹脂、電木），三聚氰胺甲醛樹脂（Melamine-formaldehyde Resin）、聚甲醛樹脂（Polyoxymethylene，又名聚氧化聚甲醛POM）

性質

　　甲醛樹脂的單體是以甲醛為主，從尿素、酚或三聚氰胺等三種化合物擇一縮合製成，再將所合而成的單體聚合製便是甲醛樹脂聚合物。它是一種的熱固性塑膠，具有高強度、抗變形、抗衝擊、高耐磨性、耐高溫、不燃性、耐化學腐

蝕、高潤滑性、低吸水性、不溶於油脂和有機溶劑等優點。常用來製成餐具容器、裝潢材料、居家用品及樂器零件。

主要功能及使用物品

❶ **高強度**：由於甲醛樹脂結構簡單，聚合物分子之間以三度空間連結，因此其耐衝擊力和耐摔性強，常用於製作美耐皿餐具、塑膠水壺、塑膠碗盤、奶瓶、刀柄等餐具容器；及書櫃板材、木材夾板黏著劑等建材；以及琴弦、潛水器材等日用品。

❷ **高耐磨性**：甲醛樹脂由於縮合結構緊密而增強其硬度、不易磨損，可使製成的產品不易變形、龜裂，常用於各式建材、安全鎖等裝潢材料，及耳環、長笛、白板、麻將牌等日用品。

❸ **耐高溫**：三聚氰胺甲醛樹脂因為含有三聚氰胺，使製成的產品不容易燃燒、耐高溫，加上具有高強度結構，可使塑膠材料具有耐高溫、防火、不易吸水、容易乾燥等特性，可製成防火材料、防火布、塑膠改良劑、汽缸空氣槍等。

❹ **電絕緣性**：酚甲醛樹脂、三聚氰胺甲醛樹脂本身不會導電，加上具有耐化學腐蝕、抗氧化、不易變形等特性，使用於電器用品的外殼能預防漏電，又可抵抗外力撞擊，常用於插座塑膠板、電器開關、變電箱等電器周邊產品，也可用於陶瓷改良劑。

使用規定

　　根據行政院衛生署根據〈食品衛生管理法〉規定，食品器具、容器、包裝以甲醛為合成原料的塑膠，及其內部材質與內容物直接接觸之部分是以甲醛為合成原料的塑膠者，經檢驗所溶出的鉛、鎘皆須低於100ppm，並且不得驗出酚、甲醛。

危害成分

　　甲醛樹脂對人體的危害，主要是製造過程中所使用的單體甲醛、三聚氰胺、酚，以及安定劑所含的鉛、鎘，這些成分可能對人體健康產生不良影響。

❶ **甲醛**：是甲醛樹脂的反應物，其化學反應性強，揮發的氣體對皮膚黏膜具有強烈刺激性，吸入過量會導致肺臟、肝臟、腎臟的損傷（參見P.57）。

❷ **三聚氰胺**：是三聚氰胺甲醛樹脂單體的反應物，它的化學反應性和毒性皆低，且不具有揮發性，但是若食入過量的三聚氰胺會出現疲倦、噁心、血尿等症狀，嚴重者會導致膀胱結石、腎臟損傷（參見P.72）。

❸ **酚**：是酚甲醛樹脂的反應物，也是甲醛樹脂的溶劑，其揮發的氣體對呼吸道黏膜具有刺激性，如果吸入或接觸過量的酚會出現頭痛、腹痛、嘔吐、肌肉無力、皮膚搔癢等症狀，嚴重者會導致肝臟敏感性腫大、腎臟損傷。

❹ **鉛**：是安定劑的成分之一，安定劑可增加甲醛樹脂的耐熱度、耐腐蝕性，以便高溫加工製作各種用途的產品。鉛在人體會沉澱造成慢性鉛中毒，將導致神經系統、生殖系統和腎臟、心血管系統的損害（參見P.174）。

❺ **鎘**：是安定劑的成分之一，安定劑能提高甲醛樹脂的耐熱度、膠化性。鎘進入

人體會累積在腎臟、骨骼，損害神經系統、生殖系統和腎臟並造成骨質疏鬆，有致癌的可能性（參見P.171）。

危害途徑

❶ 以甲醛樹脂所製成的產品雖有一定範圍的耐熱度，但是所用的甲醛樹脂若是屬於三聚氰胺甲醛樹脂類，其所含的三聚氰胺則可能在高溫或強酸、強鹼的環境下溶出。所以使用此類甲醛樹脂製成的餐具盛裝酸性飲料、高溫熱飲，有可能會溶出三聚氰胺而造成危害。加以三聚氰胺甲醛樹脂的耐熱性比其他種類的甲醛樹脂高，所以市售塑膠耐高溫餐具多採三聚氰胺甲醛樹脂，使用上更應格外注意盛裝的內容物。

❷ 尿素甲醛樹脂、酚甲醛樹脂會殘留劑量不一的甲醛在製成品當中，因此若是使用上述甲醛樹脂製成的建材、家具與電器等相關產品進行裝潢或布置，加以施工品質不良或位於通風不佳的場所，會長期持續釋出甲醛並造成毒性。

◎ 塑料9

聚碳酸酯（Polycarbonate；PC）

性質

聚碳酸酯是由雙酚A（Bisphenol A）與碳酸縮合而成的單體，再聚合成的高分子化合物，是一種無色無定性的熱塑性塑膠，其產品性能接近於壓克力（即聚甲基丙烯酸甲酯），不溶於油脂和有機溶劑，而且具有透明、抗變形、抗衝擊、重量輕、耐高溫、不燃性、耐水性、耐強酸等優點，但是聚碳酸酯仍有不耐強鹼、不耐磨、不耐紫外線等缺點。常做為水壺、水杯、眼鏡等各塑膠製品的原料，以及部分汽車零件。

主要功能及使用物品

❶ **抗衝擊**：聚碳酸酯由於本身結構緊密且強韌，而且具有高抗衝擊特性，因此所製成的產品不易變形、保護產品抵抗外力衝擊，加上質地輕盈，不會增加產品的重量，常應用於安全帽、水桶、畚箕、防彈玻璃、車窗、動物籠、玩具車、飛機組件。

❷ **透明度高**：聚碳酸酯由於分子結構不易形成結晶，使其加工後仍然具有高透光率、高折射率，適用於需要高透明度、高光澤的產品，加上製成的產品不易變形、龜裂，常用於CD／DVD光碟、眼鏡鏡片、太陽眼鏡、儀表板、檔案夾、汽車車頭燈罩、廣告看板。

❸ **耐高溫、耐油性**：聚碳酸酯因為耐高溫、對熱穩定，遇到火源不會燃燒，加上聚碳酸酯對油性物質不具明顯化學反應，可製成塑膠水壺、嬰兒奶瓶、水杯、遮陽板。

使用規定

❶ 根據行政院衛生署〈食品衛生管理法〉規定，以聚碳酸酯所製成的奶瓶，經檢驗所溶出的鉛、鎘、銦皆不得超過100ppm，雙酚A則不得超過0.00003ppm（30ppb）。

❷ 根據行政院環保署〈廢棄物清理法〉規定，聚碳酸酯應交由回收商做資源回收，所製成的容器商品應標示容器回收相關標誌，聚碳酸酯的產品屬於其他類塑膠，應標示塑膠分類標誌為 ♳。

危害成分

聚碳酸酯對人體的危害，主要是原料聚碳酸酯的單體雙酚A，及製造過程中所添加的鉛、鎘、銦等成分，可能對人體健康產生不良影響。

❶ **雙酚A**：是聚碳酸酯的其中一種單體，可以增加聚碳酸酯的強度，易溶於醚類、苯等有機溶劑，具有揮發性，吸入過量可能有急性症狀，進入體內可能引起皮膚紅腫過敏。同時，它是一種內分泌干擾物質，會影響神經、生殖、內分泌系統發育，並有致癌的可能性（參見P.78）。

❷ **鉛**：是安定劑的成分之一，安定劑可增加聚碳酸酯的耐熱度、耐腐蝕性，以便高溫加工製作各種用途的產品。鉛在人體會沉澱造成慢性鉛中毒，將導致神經系統、生殖系統和腎臟、心血管系統的損害（參見P.174）。

❸ **鎘**：是安定劑的成分之一，安定劑能提高聚碳酸酯的耐熱度、膠化性。鎘會累積在人體的腎臟、骨骼，導致神經系統、生殖系統和腎臟的損害並造成骨質疏鬆，有致癌的可能性（參見P.171）。

❹ **銦**：是安定劑的成分之一，安定劑能提高聚碳酸酯的耐熱度。銦會累積在人體的骨骼、牙齒，可能造成骨骼、呼吸道、消化道損傷。

危害途徑

因為聚碳酸酯本身含有雙酚A，遇到鹼性清潔劑、漂白水或是長期高溫、光照下，很容易釋出雙酚A，可能經由食入或是接觸皮膚而進入人體。因此，在使用PC製成的塑膠水壺、嬰兒奶瓶時，若盛裝高溫、酸鹼性飲料（如：運動飲料、汽水），或是使用水桶盛裝鹼性清潔劑，都可能使水壺、奶瓶和水桶等容器釋出雙酚A，對人體造成危害。

塑料

橡膠

纖維

黏著劑

塗料

◎ 橡膠1

丁苯橡膠（Styrene-Butadiene Rubber，又名苯乙烯-丁二烯橡膠，Styrene-Butadiene、SBR）■

常見相關化合物

溶液聚合丁苯橡膠（Solution-polymerized styrene butadiene rubber，S-SBR）、乳膠聚合丁苯橡膠（Emulsion-polymerized styrene butadiene rubber，又名E-SBR、Styrene-Butadiene latex compound）

性質

　　丁苯橡膠是由苯乙烯與丁二烯縮合成單體，再聚合成的高分子化合物，是一種熱塑性塑膠，成本低廉且產品性能接近天然橡膠，具有高耐磨性、耐高溫、不易燃、不易老化、低吸水性、絕緣性佳等優點，但是仍有強度較弱的缺點，約有75%的產量皆用來製作輪胎，其他還可製成防水雨具、汽車零件、把手、輸送帶、膠帶等各式橡膠製品。

主要功能及使用物品

❶ 耐用性高、耐磨：丁苯橡膠由於質地均勻，結構不易受到磨擦而損傷，也不易因光照、氧化而變質、龜裂，其耐磨性、耐用性比天然橡膠為佳，但是強度較弱，部分產品會與天然橡膠混合製成以增加強度，常用於膠鞋、皮鞋、把手、扣環、面具等日用品，及汽車輪胎、腳踏車輪胎、擋泥板、汽車零件、輸送帶等工業產品。

❷ 耐高溫：丁苯橡膠的燃點很高，遇到火源不易燃燒、對熱穩定，接觸空氣也不易氧化變質，並具有耐化學腐蝕、抗氧化的特性，常用於窗框橡膠、膠管、電線電纜、汽車零件、黏著劑。

❸ 耐水性：丁苯橡膠的性質近似天然橡膠，對水的吸附性很低，可使產品具有耐水性、低滲透性、不易吸水、容易乾燥等特性，可製成雨衣、水管、防水層、潛水衣等防水用具。

使用規定

❶ 根據行政院環境保護署〈廢棄物清理法〉規定，廢輪胎含有長期不易腐化的成分，應由販賣業者負責回收，廢輪胎分解處理應採破碎處理、裂解處理、能源利用或其他經中央主管機關指定的方法。處理作業須在四周有圍牆之廠區內進行，處理作業區需為混凝土鋪面，以防止污水、油類等滲入地下污染土壤或地下水體，廠區應設置油類或液體之截流、收集、油水分離及相關處理設施，並應設置消防安全設備及避雷設備或接地設備，並應定期檢修。

危害成分

丁苯橡膠對人體的危害，主要是製作過程中所添加的溶劑四氫呋喃、鉛、鎘；此外，亦可能殘留微量的苯乙烯在成品上，這些成分可能對人體健康產生不良影響；另外，丁苯橡膠經燃燒亦會產生有毒氣體。

❶ **四氫呋喃**：是溶劑的成分之一，黏性低且具有揮發性，是丁苯橡膠的有機合成反應劑，能夠避免苯乙烯自行聚合形成聚苯乙烯，可以提升丁苯橡膠的純度。吸入過量可能有呼吸道急性症狀（參見P.63）。

❷ **鉛**：是安定劑的成分之一，安定劑可增加丁苯橡膠的耐熱度、耐腐蝕性，以便高溫加工製作各種用途的產品。鉛在人體會沉澱造成慢性鉛中毒，將導致神經系統、生殖系統和腎臟、心血管系統的損害（參見P.174）。

❸ **鎘**：是安定劑的成分之一，安定劑能提高丁苯橡膠的耐熱度、膠化性。鎘會累積在人體的腎臟、骨骼，導致神經系統、生殖系統和腎臟的損害並造成骨質疏鬆，有致癌的可能性（參見P.171）。

❹ **苯乙烯**：是丁苯橡膠單體的成分之一，對呼吸道、消化道黏膜、眼睛有刺激性，吸入過多會出現暈眩、嘔吐、意識不清、神經系統受損（參見P.71）。

❺ **丁苯橡膠**：意即丁苯橡膠的製成品，在燃燒過程會產生含有苯環的有毒氣體，及一氧化碳、一氧化氮，吸入過量可能造成呼吸道、黏膜、神經系統的損傷，並有致癌、窒息的可能性。

危害途徑

❶ 丁苯橡膠雖然耐高溫，但是在製造過程所添加的四氫呋喃、苯乙烯等成分，在高溫下會造成製成品所殘留的有害物質溶出，可能造成毒性。例如：新購買的雨衣、膠帶，可能會殘留在製造過程所添加的有機溶劑，如果存放或使用於高溫、不通風的環境，可能會吸入揮發性的有機溶劑氣體，對身體造成毒害。

❷ 丁苯橡膠在燃燒過程會產生嚴重危害人體的毒性氣體，像是以丁苯橡膠製成的廢棄輪胎，若未依照主管機關規範的處理方式進行廢棄物處理，或是處理廠區的設備不佳而致使處理過程的代謝物流布於環境中，可能經由食物鏈而對人體造成危害。

◉ 橡膠2

乙烯─丙烯橡膠（又名乙丙橡膠、二元乙丙橡膠，Ethylene-Propylene Rubber；EPR）■

常見相關化合物

三元乙丙橡膠（Ethylene Propylene Diene Monomer；EPDM）

塑料

橡膠

纖維

黏著劑

塗料

性質

乙烯—丙烯橡膠（EPR）是用乙烯與丙烯聚合而成的聚合物，而三元乙丙橡膠（EPDM）則是在乙烯與丙烯之外，另加入非共軛雙烯（例如：雙環戊二烯，簡稱DCPD）。EPR具有耐高溫、耐臭氧、耐化學腐蝕、耐氧化和電絕緣的性能，用途十分廣泛，可以做為電線電纜、建築材料、汽車零件、電子零件。而三元乙丙橡膠具有極好的硫化特性，是所有橡膠中比重最小的種類，因此可以製造出成本低廉的橡膠化合物，應用在汽車工業、絕緣及防水材料等方面居多。

主要功能及使用物品

❶ **絕緣**：EPR橡膠的分子結構結構單純，因而具有優異的電絕緣性能，常用於電纜、電線、絕緣材料。

❷ **耐高低溫、耐酸鹼**：EPR橡膠製品在高低溫下可長期使用，且因結構中沒有雙鍵，性質穩定耐酸鹼，常用於各式密封膠條，例如：門窗密封條、汽車密封條、防水膠條、隔熱建材等。

❸ **彈性佳、密度低**：EPR橡膠製品的分子內聚能低，分子鏈的拉伸範圍較寬，彈性佳，且密度低而不易滲水，常來做成鞋底、塑膠地板、防水膜。

使用規定

目前國內尚無日用品相關法規。

危害成分

EPR橡膠對人體的危害，主要是由於製作過程中所使用的溶劑與安定劑。

❶ **鎘**：是EPR橡膠在製造過程中所用到的增強熱電阻劑與穩定劑。鎘會累積在人體的腎臟，破壞神經系統，並造成鈣質流失（參見P.171）。

❷ **三氯甲烷**：是EPR橡膠在製造過程中必須添加的有機溶劑，可能在常溫下揮發，吸入過量會引起暈眩、頭痛、疲勞等症狀，吸入過量可能導致心肺功能或肝、腎的衰竭。（參見P.47）。

❸ **苯**：是製成用來黏接EPR橡膠的原料。由於苯帶有芳香的味道，如果使用不當，很容易在不知不覺中吸入而中毒，會刺激呼吸道、眼睛，吸入過量會導致中樞神經系統和循環系統異常，並對孕婦有不良影響（參見P.53）。

危害途徑

EPR橡膠製品的性質穩定，正常使用並不會有問題，但是生產過程中所使用的溶劑屬於低沸點，劣質品可能殘留過高，在高溫或日曬的環境中會漸漸釋出有毒氣體。因此像是冰箱或是汽車門上的封條，若其所在環境會長期處於高溫狀態，則有機氣體便可能釋出，並經由呼吸道影響人體。建議保持室內通風良好，則可避免此危害情形發生。

塑料

橡膠

纖維

黏著劑

塗料

◎ 纖維1

聚丙烯腈纖維（又名腈綸、壓克力棉；Polyacrylonitrile fiber；PAN fiber）◼

性質

聚丙烯腈纖維為丙烯腈含量85%以上的丙烯腈聚合物，具有絕佳的柔軟性和保暖性，耐曬性和耐氣候性也相當優異。不過聚丙烯腈纖維的強度並不高，且吸濕差、染色不易，但可藉由混紡改進其缺點並增加性能，各種改質後的聚丙烯腈纖維具有不起毛球、吸水、易染色、抗靜電、阻燃等特性，使其應用更為廣泛。聚丙烯腈纖維可製成多種毛料、窗簾、毛毯、排汗衫、人造毛皮、遮陽布等織品。

主要功能及使用物品

❶ **彈性好、保暖性佳**：聚丙烯腈纖維的密度比羊毛小，強度比羊毛高1～2.5倍，保暖性亦佳，常用來代替羊毛，有「人造羊毛」之稱，並具有蓬鬆、柔軟等優點，且可與天然纖維混紡，廣泛地用於各種服飾與保暖衣物，例如：運動服、內衣、圍巾、襪子、毛衣等。

❷ **耐曬性**：丙烯腈能夠吸收紫外線能量，並將之轉變為熱能，因此聚合製成的聚丙烯腈纖維能夠抵抗紫外線，耐曬性能佳，常做成窗簾、陽傘布等居家用品。

使用規定

目前國內尚日用品無相關法規管制。

危害成分

聚丙烯腈纖維對人體的危害，主要是由於所使用的單體和溶劑在製造過程中殘留。

❶ **丙烯腈**：是製造聚丙烯腈纖維的原料，燃燒時會產生有毒氣體，如氮氧化物與氰化氫，可能經由呼吸、皮膚接觸進入人體，其中氰化氫溶於水會變成氫氰酸，短時間內吸入高濃度的氰化氫，可能導致呼吸停止而死亡。（參見P.68）。

❷ **二甲基甲醯胺**：是製造聚丙烯腈纖維的主要溶劑之一，屬於低揮發液體，以蒸汽形式擴散，通常經呼吸道吸入和皮膚吸收而造成危害，主要傷害器官為肝臟（參見P.64）。

危害途徑

❶ 聚丙烯腈纖維製成的織品十分易燃，且燃燒時會產生有毒氣體，因此，穿戴或披掛含有聚丙烯腈纖維的衣物、毛毯、窗簾等織品，切勿靠近火源處。

❷ 以聚丙烯腈纖維製成的衣物，若在製造過程未將所用的溶劑二甲基甲醯胺處理乾淨，便可能經由穿著衣物而讓二甲基甲醯胺附著在皮膚上，不過二甲基甲醯胺可溶於水，故只要穿著前先清洗過，即可避免接觸。

◎ 纖維2

聚氨基甲酸酯（Polyurethane，又名聚胺甲酸酯、聚氨酯；PU）■

常見相關化合物

聚酯型聚氨酯、聚醚型聚氨酯、芳香族異氰酸酯型聚氨酯、脂肪族異氰酸酯型聚氨酯

性質

聚氨基甲酸酯（以下簡稱PU）是以聚醚多元醇為主，與二異氰酸甲苯或多異氰酸甲苯其中之一先縮合成單體，再聚合成PU。PU大致有五種，其中芳香族異氰酸酯型聚氨酯占絕大部分，商業產品是PU與苯乙烯、丙烯腈的共聚物，是一種發泡性塑膠。PU不溶於油脂、有機溶劑，且具有高彈性、耐衝擊、耐化學腐蝕、耐水性、隔音性佳、絕緣性佳等優點，但是仍有不耐磨的缺點，常用於製造皮飾配件、橡膠置品，及保溫、隔音、抗震等各式建材。

主要功能及使用物品

❶ **發泡性**：PU反應後會發泡膨脹並填滿模型，因此能依產品需求的外觀塑型，常用於製造軟硬質泡棉、清洗用海綿、工業用發泡劑、PU材料、接著劑。

❷ **不易變質**：由於硬質的PU不容易受到光照、接觸空氣產生氧化作用而變質、變黃，加上本身耐衝擊、有彈性，常用來製造手提包、鞋底、拖鞋、衣服等服飾用品，及PU建材、PU跑道、門窗框架、壁台、雕像等裝潢材料。

❸ **防水、保溫、隔音**：PU能夠發泡填滿模型，而且不易滲漏，可以應用在防水材料及填補漏洞的填縫劑，並具有隔熱保溫、隔音防震的作用，應用在冷凍庫保溫材料、隔音防震建材、橡膠管、橡膠輪、密封圈、PUO環。

❹ **接著性**：PU在發泡聚合反應時，能與塑膠、橡膠材質產生化學作用而形成緊密的連結，可以當做接著劑的原料，用在黏貼鞋子和服裝商標的TPU熱熔膠，或是鞋類、衣物、合成紡織品等的TPU接著劑，以及低溫貼合化學片。

❺ **電絕緣性**：PU本身不會導電，加上具有耐化學腐蝕、抗氧化、不易變形等特性，包覆在電器外層可防止漏電，常用於儀器內部夾層、家電用品。

使用規定

根據行政院環境保護署〈空氣污染防制法〉規定，聚氨基甲酸酯合成皮的製成過程中，所排放的揮發性有機物每月排放限量不得超過190克／立方公尺。

危害成分

PU對人體的危害，主要是製作過程中所添加的二異氰酸甲苯、鉛、鎘；此外，聚偏二氯乙烯製品亦可能殘留微量共聚物苯乙烯、丙烯腈成分在物品上，這

些成分可能對人體健康產生不良影響。

❶ **二異氰酸甲苯**：是PU的反應物氨基甲酸酯的成分之一，屬於具有揮發性的有機溶劑，具有耐冷性，毒性略高，但是吸入過量可能會造成呼吸道損傷、白血球增多等症狀（參見P.41）。

❷ **丙烯腈、苯乙烯**：是PU的共聚物之一，可以使PU更耐磨損，對呼吸道、消化道黏膜、眼睛有刺激性，吸入過多會出現暈眩、嘔吐、咳嗽、頭痛、神經系統受損等症狀（參見P.68、71）。

❸ **鉛**：是安定劑的成分之一，安定劑可增加PU的耐熱度、耐腐蝕性，以便高溫加工製作各種用途的產品。鉛在人體會沉澱造成慢性鉛中毒，將導致神經系統、生殖系統和腎臟、心血管系統的損害（參見P.174）。

❹ **鎘**：是安定劑的成分之一，安定劑能提高氨基甲酸酯的耐熱度、膠化性。鎘會累積在人體的腎臟、骨骼，導致神經系統、生殖系統和腎臟的損害並造成骨質疏鬆，有致癌的可能性（參見P.171）。

危害途徑

❶ PU雖然耐高溫，但是高溫下使用新製品仍可能使二異氰酸甲苯、苯乙烯、丙烯腈等共聚物原料揮發釋出而造成毒性，如：剛出廠的泡棉、PU建材、橡膠管往往會殘留少許有機溶劑，使用前如果沒有先置於通風處讓有機溶劑揮發完全，一旦吸入很可能會造成呼吸道損傷。

❷ 由於PU本身極難分解，其廢棄製品多半採用燃燒法處理，而PU在燃燒過程會產生氰氫酸（HCN）的有毒氣體，而氰氫酸易溶於水並會產生氰酸根（CN-）劇毒，如果氰酸根進入地下水、河水、海水，可能經由食物鏈而影響人體，一旦吸入或是誤食，可能造成呼吸道、神經系統損傷，有致死的可能性。

◉ **纖維3**

尼龍纖維（Nylon，又名聚醯胺，Polyamide）

常見相關化合物

尼龍6（Nylon 6，又名聚己內醯胺Polycaprolactam、Polyamide6），尼龍6－6（Nylon 6,6，又名聚己二胺己二酸酯PA66、Polyamide 6－6、Nylon 66），尼龍6－12（Nylon 6,12，又名聚己二胺正十二二酸酯PA612、Polyamide 6－12）

性質

尼龍纖維有兩種比較常見的結構，分別是以己內醯胺和己二胺己二酸酯為單體聚合而成，所製成的商業產品分別稱為尼龍6與尼龍6－6，外觀皆呈現白色或無色的熱塑性半結晶型塑膠，尼龍6－6的耐熱性高於尼龍6。尼龍纖維不溶於油脂，且具有低吸濕性、低耐水性、低導電性、高強度韌性、高彈性、高延展性、耐磨

塑料

橡膠

纖維

黏著劑

塗料

性、易加工等優點，成為使用最普遍的工程塑膠之一，但是仍有不耐強酸強鹼的缺點。常用於製作服裝、居家織品、釣魚用具、電器絕緣外皮、機械管路等。

主要功能及使用物品

❶ **低吸濕性**：尼龍纖維由於本身結構較緊密，因而水分子不易滲透，具有耐水性、低透氣性、低吸濕性、容易乾燥等特性，可製成汽車輸油管、水管、防水布、漁網、簾布。

❷ **高韌性彈性**：尼龍纖維的結構緊密，其纖維有高度韌性，加以其性質容易改變，只要添加改質劑便可大幅增強纖維的韌性、剛性，使製成的產品不易斷裂，常用於黏扣帶鉤面、釣魚線、漁網、屏幕。

❸ **容易加工**：尼龍纖維可以藉由溫度、溼度、時間的改變，便可控制加工後的成品樣貌，並且尼龍纖維具有容易上色、高附着性、容易塗膜、延展性高的優點，可製成衣服、手套、地毯、不織布、家具表面布等織品，不過由於尼龍的透氣性低，製成的織品會比純棉織品來得悶熱；另外，也可用於食品包裝、物品塗膜。

❹ **耐腐蝕性**：尼龍纖維能抵抗鹽類的腐蝕、不溶於油類物質、耐乾旱嚴寒，且具有高度耐磨性，常應用在管道鋪設、工業、軍事裝備，如：輸油管、煤氣管、軸承、機械凸輪、槍托、握把、扳機護圈、降落傘蓋。

❺ **電絕緣性**：尼龍纖維本身不會導電，並具有耐化學腐蝕、抗氧化、不易變形等特性，包覆在電器外面可防止漏電，常用於電線覆皮、電纜覆皮及家電用品外殼。

使用規定

❶ 根據行政院衛生署〈食品衛生管理法〉規定，以聚醯胺（尼龍）製成的食品器具、容器、包裝，經檢驗所溶出的鉛、鎘皆須低於100ppm。

危害成分

　　尼龍對人體的危害，主要是製作過程中所添加的可塑劑癸二酸二丁酯和己二酸二異丁酯，以及安定劑所含的重金屬鉛、鎘、鋇，這些成分可能對人體健康產生不良影響。

❶ **癸二酸二丁酯、己二酸二異丁酯**：是可塑劑的成分，黏性低且具有耐寒性，可與聚醯胺互溶，毒性低，使尼龍纖維易於加工塑型，但是吸入過量可能有急性症狀（參見P.82）。

❷ **鉛**：是安定劑的成分之一，安定劑可增加尼龍纖維的耐熱度、耐腐蝕性，以便高溫加工製作各種用途的產品。鉛在人體會沉澱造成慢性鉛中毒，將導致神經系統、生殖系統和腎臟、心血管系統的損害（參見P.174）。

❸ **鎘**：是安定劑的成分之一，安定劑能提高尼龍纖維的耐熱度、膠化性。鎘會累積在人體的腎臟、骨骼，導致神經系統、生殖系統和腎臟的損害並造成骨質疏鬆，有致癌的可能性（參見P.171）。

❹ **鋇**：是安定劑的成分之一，安定劑能提高聚偏二氯乙烯的耐熱度。鋇會累積在人體的骨骼、牙齒，可能造成骨骼、呼吸道、消化道損傷。

危害途徑

尼龍纖維在高溫下製品會軟化，其增塑劑、重金屬可能釋出造成毒性，且經燃燒會產生有毒氣體，吸入過量可能造成呼吸道、黏膜、神經系統損傷，並有致癌的可能性，其中尼龍6的風險較尼龍6－6高。像是在尼龍地毯上放置電熱器、電暖爐可能導致地毯過熱燒焦，因而釋出有機胺類的有毒氣體，吸入可能造成呼吸道傷害。

◉ 纖維4

玻璃纖維（Glass fiber，fiberglass）

常見相關化合物

無鹼玻璃纖維（Alkali-free glass fiber）、中鹼玻璃纖維（medium-alkali glass fiber）、高鹼玻璃纖維（High-alkali glass fiber）、玻璃塑鋼（又名玻璃纖維強化塑膠，Fiber Reinforced Plastic；FRP、Glass Reinforced Plastic）

性質

玻璃纖維是由二氧化矽（石英砂）為單體聚合成的無機非金屬材料，依添加氧化鋁、氧化鈣、氧化硼、氧化鎂、氧化鈉的比例，可分為無鹼玻璃纖維、中鹼玻璃纖維、高鹼玻璃纖維，依比例不同來改變玻璃纖維的強韌度、延展性、耐酸鹼性、導電性。經過抽絲過程所製成的玻璃纖維強度會大增，可做為塑膠增強材料，添加在高分子環氧樹脂可製成玻璃塑鋼複合材料，具有質輕、韌度高、抗衝擊、耐化學腐蝕、電熱絕緣性佳、耐高溫、耐水性、無磁性、易加工等優點，比起其他塑膠和金屬材料更為優異，常應用於室內裝潢、建築、交通工具、造船工業等領域，應用廣泛。

主要功能及使用物品

❶ **耐衝擊**：玻璃本身易碎，但是經過抽絲過程製成的玻璃纖維強度會大增，且具有柔軟性、高彈性、高拉伸強度，可使製品不易變形、耐衝擊、耐高壓、抗爆裂，常用於建材內襯、強化水泥、強化橡膠、紗窗等裝潢材料；及瓦斯鋼瓶、輪胎網線、雨傘骨架等日用品，以及撐竿跳專用竿、防彈衣。

❷ **耐高溫**：玻璃纖維屬於無機纖維，不會受到氧化而變質，遠比有機纖維具有更好的耐熱性、防焰性、保溫性、耐化學腐蝕、抗霉性，加上製成的產品不易變形，常用於防火毯、防火衣、混紡紗、太空保溫衣等紡織品；及建築外牆保溫層、防潮防火牆、隔音棉等裝潢建材。

❸ **耐水性**：玻璃纖維經過加工使結構更緊密，加上結構不易變形，可使製品具有耐水性、低透氣性、低吸濕性、易乾燥等特性，可製成浴缸、水管、防水布、浴簾、救生艇、救生圈等。

❹ **重量輕**：玻璃塑鋼是塑膠複合材料，重量不到同體積鋼材的三分之一，但是強韌度卻與鋼材不相上下，抗壓性更高於鋼材，用於運輸工具可以減少燃料消耗，而且安全性更高，常應用在汽車、輪船、飛機外殼、小型氧氣瓶。

❺ **電絕緣性、無磁性**：玻璃塑鋼本身不會導電，加上不具有金屬成分、耐化學腐蝕、抗氧化、不易變形等特性，包覆在外面可使電線、電纜不易漏電，常用於電線電纜覆皮、印刷電路板、配電箱。玻璃塑鋼因為沒有磁性，不會干擾電磁波流通，可以用於地面雷達站、飛彈的雷達罩。

使用規定

❶ 根據行政院內政部〈下水道法〉規定，管渠種類可採用強化玻璃纖維管，材質應符合國家標準的規範。

危害成分

　　玻璃纖維對人體的危害，主要是碎裂的玻璃纖維，以及製作過程中所添加的抗磨劑聚四氟乙烯、可塑劑己二酸二異丁酯，這些成分可能對人體健康產生不良影響。

❶ **己二酸二異丁酯**：可塑劑的成分之一，黏性低且具有耐冷性，可與環氧樹脂互溶，毒性低，使玻璃纖維易於加工塑型，但是吸入過量可能有急性症狀。

❷ **聚四氟乙烯（鐵氟龍）**：是抗磨劑的成分之一，因為玻璃纖維製品的缺點是不耐磨，添加聚四氟乙烯能提高其抗磨性。然而，聚四氟乙烯的碎屑進入人體會對胚胎、免疫系統、肝臟、胰臟產生毒性，並有致癌的可能（參見P.236）。

❸ **玻璃纖維碎片**：用於隔音、保溫、防火材料的玻璃棉，在長期使用或是外力破壞的情況下，會導致細微碎片產生，皮膚接觸到會有嚴重搔癢感，吸入、食入則會傷害呼吸道和消化道，出現咳嗽、流血、發炎等症狀。

危害途徑

❶ 由於玻璃纖維極細微、非肉眼可見，如果用手直接碰觸玻璃棉或穿著接觸過玻璃纖維的衣物，便可能遭到玻璃纖維的危害。因此，如果建材使用含有玻璃纖維的隔音、保溫、防火材料，若施工不當便可能導致玻璃纖維碎片外洩，在無意間吸入或誤觸。

❷ 由於玻璃塑鋼含有合成樹脂，表面也可能有鐵氟龍的鍍膜，長時間使用玻璃塑鋼，可能會釋出合成樹脂的可塑劑，或是鐵氟龍產生脫落，像是雨傘骨架、瓦斯鋼瓶、塑鋼門窗經長期使用，會有表面鍍膜脫落、可塑劑釋出的情形，如果手接觸過此類物品，沒有清洗乾淨就拿取食物，有可能會誤食而對消化道、肝臟產生危害。

> **info** 玻璃塑鋼應用廣泛
>
> 　玻璃塑鋼的應用相當廣泛，根據化學工業界約略統計，大約有三成的產量用來製造車輛、機械和民生消費品，近三成的產量用在造船工業，兩成用於建築工業，一成用於化工管路、耐腐蝕容器，並有一成用於飛機製造工業，因此生活中隨處可見玻璃塑鋼，基本上其性質十分安全，僅管長期使用可能會釋出有害物質，但勤洗手即可避免誤食。

◎ 黏著劑1

環氧樹脂（Polyepoxide，又名人工樹脂、人造樹脂、樹脂膠 Epoxy、Epoxy resins）■

性質

　　環氧樹脂是先以環氧氯丙烷（epichlorohydrin）和雙酚A（bisphenol A）縮合而成單體，再聚合成高分子化合物，是一種受熱後會硬化形成不可熔融的熱固性塑膠，搭配適當填料、硬化劑、反應性稀釋劑，可以製成不同特性的產品，不同的添加物能使環氧樹脂具有高強度、耐衝擊、耐壓、耐化學腐蝕、耐磨性、高絕緣性、高黏合性、抗紫外線等優點，常應用於食品容器、電器外殼、裝潢材料、高級建材等方面。

主要功能及使用物品

❶ **高強度、耐衝擊、抗紫外線**：環氧樹脂與硬化劑反應後，會形成三度空間的網狀結構，大幅增加產品的強度，使之不易受到外力衝擊而變形、斷裂，並且環氧樹脂所含的雙酚A，可以吸收紫外線，加上化學性質穩定可以防止生鏽，常用於強化水泥、玻璃塑鋼等建材，及高爾夫球桿、衝浪板、滑雪板等運動器材；也常用於鋁罐內層、金屬容器等食品容器，及光纖。

❷ **耐壓、耐磨**：環氧樹脂添加硬化劑之後，能產生三度空間的網狀結構，不會因外力或高溫而收縮、變形，常用於塗料、無接縫地板、天花板、游泳池內層等裝潢材料，及洗衣機、乾衣機等家電器具。

❸ **高黏合性**：環氧樹脂搭配硬化劑反應作用後，具有優良的黏合性，可以緊密地結合兩個物體，常應用在高級建材、磨石子地板、層板塗層等裝潢材料。

❹ **電絕緣性**：環氧樹脂本身不會導電，加上具有耐化學腐蝕、抗氧化、不易變形等特性，包覆在電子產品的外層可確保不易短路、漏電，常用於馬達、變壓器、電路板、開關。

使用規定

目前國內暫無日用品相關法規。

危害成分

環氧樹脂對人體的危害，主要是製造過程中所添加的單體雙酚A、環氧氯丙烷、硬化劑雙氰胺、反應性稀釋劑縮水甘油烷基醚，這些成分可能對人體健康產生不良影響。

❶ **雙酚A**：是環氧樹脂單體的成分之一，可以增加環氧樹脂的強度，並能吸收紫外線，易溶於醚類、苯等有機溶劑，具有揮發性，吸入過量會出現過敏、腹瀉、頭痛等症狀，嚴重者則影響中樞神經、生殖、內分泌系統，並會在體內累積，可能會降低生育力、干擾胎兒發育（參見P.78）。

❷ **環氧氯丙烷**：是環氧樹脂單體的成分之一，可以增加環氧樹脂的強度，易溶於醚類、苯等有機溶劑，具有揮發性，吸入過量可能有急性症狀，更甚者將損害神經、內分泌系統，並且有致癌的可能性。

❸ **雙氰胺（dicyandiamide）**：是環氧樹脂硬化劑的成分之一，硬化劑可增加環氧樹脂的聚合反應速度。雙氰胺的熔點、沸點皆高，常溫下為白色粉末，不具揮發性，但是具有急毒性，誤食、吸入或經由皮膚吸收對身體有害。

❹ **縮水甘油烷基醚（alkyl glycidyl ether）**：是環氧樹脂反應性稀釋劑的成分之一，反應性稀釋劑可調節環氧樹脂的黏性，增加填充物、樹脂的填充體積，此物質具有揮發性，可能刺激呼吸道，並造成睏倦、暈眩、皮膚過敏、眼睛刺激等症狀。

危害途徑

環氧樹脂本身並沒有毒性，但由於在製備過程必須使用含有毒性的單體、添加有機溶劑，會殘留劑量不一的毒物在成品中，因此不少環氧樹脂的製品仍具有毒性。目前市售的環氧樹脂塗料和環氧樹脂膠著劑多屬溶劑型塗料，含有大量的可揮發有機化合物（VOC），具有毒性而且易燃，若在通風不良處使用，可能會吸入其揮發的有毒氣體而危害身體。購買相關產品時，可挑選經過改良、未添加有毒溶劑的水性環氧樹脂的產品，可有效減少危害。

◎ 黏著劑1

聚丙烯酸酯 （polyacrylate，又名壓克力樹脂、多丙烯酸鈉；polyacrylic ester、Acrylate polymer、PA）■

常見相關化合物

聚丙烯酸鈉（Sodium polyacrylate，又名聚丙烯酸酯鈉acrylic sodium salt polymer、ASAP、super-slurper）、聚丙烯酸鉀（Potassium polyacrylate，又名聚丙烯酸酯鉀acrylic potassium salt polymer）

性質

聚丙烯酸酯是由丙烯酸酯為單體聚合成的高分子化合物，是一種無色透明的熱塑性乳膠，易溶於丙酮、乙酸乙酯、苯及二氯乙烷，而不溶於水，具有高彈性、耐水性、耐候性、不易沾黏、密度高等優點，但是仍然有抗張力弱、對熱不穩定、易揮發等缺點，可用於製作黏著劑、增稠劑、清潔劑、潤滑劑等加工用製劑，及感光樹脂印刷版、水性水泥漆、塗料、漿紗、印花、塗層等材料，以及尿布。

主要功能及使用物品

❶ **高彈性**：聚丙烯酸酯由於成分都是高分子鏈，添加無水甘油酯、羥烷基酯所形成的共聚物，可使塗層表面柔軟有彈性，常用於黏著劑、塗層、漿紗、印花、製成衣服花樣、馬克杯、書本封面。

❷ **高密合度**：聚丙烯酸酯大多帶有陰性電荷，能使聚合物分子結合得更緊密，形成具耐水性並帶有光澤的表面，常用於高級裝飾塗料、水性水泥漆、植絨產品、鞣製皮革、樹脂印刷版等用途。

❸ **高吸水性**：聚丙烯酸酯鈉製成的高分子交聯聚合物又稱水晶泥，分子的網狀結構可以吸收高達數百倍的水分形成凝膠，常用來製成尿布、裝飾品，也用於土壤保濕、水膠化劑、魔晶土等園藝用品。另外，聚丙烯酸酯鈉粉末加入大量的水可以形成白色凝膠，是製造人造雪的原料。

❹ **吸附金屬離子**：聚丙烯酸酯帶有陰性電荷，可以吸附水中的鈣、鎂正價離子，使硬水軟化，促進界面活性劑的運作，常添加在清潔劑當做硬水軟化劑、親水性增稠劑、乳化劑。

使用規定

國內目前暫無在日用品相關法規。

危害成分

聚丙烯酸酯對人體的危害，主要是製作過程所添加的共聚物成分：無水甘油酯、羥烷基酯、丙烯酸、鉛、鎘等所導致；此外，聚丙烯酸酯的製成品亦可能殘留微量的丙烯酸酯或其他共聚物成分，這些成分可能對人體健康產生不良影響。

❶ **無水甘油酯、羥烷基酯**：是增稠劑的成分之一，與聚丙烯酸酯互溶會形成共聚物，可以調節聚丙烯酸酯的黏稠度，使其容易加工製造，毒性低，但是吸入過量可能有急性的呼吸道症狀。

❷ **丙烯酸**：丙烯酸是製造聚丙烯酸酯的原料，對呼吸道黏膜、眼睛有強烈的刺激性，接觸過多會出現暈眩、嘔吐、意識不清、頭痛、肺水腫、眼角膜受損等症狀。

❸ **鉛**：是安定劑的成分之一，安定劑可增加聚丙烯酸酯的耐熱度、耐腐蝕性，以便高溫加工製作各種用途的產品。鉛在人體會沉澱造成慢性鉛中毒，將導致神經系統、生殖系統和腎臟、心血管系統的損害（參見P.174）。

❹ **鎘**：是安定劑的成分之一，安定劑能提高聚丙烯酸酯的耐熱度、膠化性。鎘會

塑料

橡膠

纖維

黏著劑

塗料

累積在人體的腎臟、骨骼，導致神經系統、生殖系統和腎臟的損害並造成骨質疏鬆，有致癌的可能性（參見P.171）。

❺ **聚丙烯酸酯**：聚丙烯酸酯本身具有急毒性，吸入其氣體會刺激呼吸道黏膜，對眼睛、皮膚也有輕微的刺激性，吸入過量可能造成支氣管黏膜受損、發炎、咳嗽、呼吸困難等症狀，並有致癌的可能性。

危害途徑

聚丙烯酸酯的共聚物成分在高溫下可能釋出造成毒性，經燃燒會產生有毒氣體，例如：水性水泥漆雖然毒性較油性油漆低，但是在高溫下仍然可能會釋出丙烯酸、無水甘油酯等有毒氣體造成危害。

◎ **黏著劑3**

聚丙烯醯胺（Polyacrylamide；簡稱PAM或PAAM）

常見相關化合物

聚丙烯醯胺凝膠（Polyacrylamide Gel；PAAG）

性質

聚丙烯醯胺為無色固體，由單體丙烯醯胺聚合而成，為水溶性的聚合物，並具有良好的延展性、黏著力，能吸附溶液中的不純物，由於溶於水後會呈現凝膠狀態，可調節水溶液的濃度。常應用在化妝產品、紙張等製作過程的添加劑，以及局部整型、建築防漏的材料。

主要功能及使用物品

❶ **成膜性、延展性佳**：聚丙烯醯胺的溶液屬水溶性，能快速結成透明而具硬度的薄膜，並具有良好的延展性，可塑造成產品所需的外型，常製成軟式隱形眼鏡，以及隆乳、隆鼻的填充物；聚丙烯醯胺的溶液則可做為紙張強度增進劑，添加在瓦楞紙、西卡紙等特殊紙張。

❷ **黏著性佳**：聚丙烯醯胺擁有強力的黏性，早期用來當隧道中的密封劑，可防堵地下水滲出，現則製成膠帶、膠水等文具用品，也製成用來注漿、堵漏的原料，和加固、防水用的建材。

❸ **吸附能力佳**：聚丙烯醯胺有很強的表面吸附能力，能吸附水中的雜質，會和水中固體物質結合，有助於過濾、移除飲水中的顆粒、髒污，是飲用水處理藥劑中的一種。

❹ **增稠劑**：聚丙烯醯胺能夠使水溶液變黏稠，具有凝膠及增稠的效果，能夠使產品呈現凝膠狀以利塗抹。常加在燙髮用藥水、保濕凝膠等美妝用品。

使用規定

❶ 行政院環保署依〈飲用水管理條例〉公告，使用聚丙烯醯胺做為飲用水處理藥劑，用量必須在1毫克／公升以下，處理過後的飲用水所含的丙烯醯胺殘留量，不得超過0.05重量百分比（wt%）。

❷ 根據WHO公布飲用水水質準則，用於飲用水或廢水的處理，聚丙烯醯胺的標準值為0.5微克／公升。

❸ 歐盟規定，飲用水中的聚丙烯醯胺濃度為0.1微克／公升。

危害成分

聚丙烯醯胺對人體的危害，主要是由於其單體丙烯醯胺溶出或揮發，經由接觸或呼吸會影響人體健康。

❶ **丙烯醯胺**：是聚丙烯醯胺的單體，即製造聚丙烯醯胺的的主要原料，常以溶出或揮發等方式經由皮膚接觸或呼吸道進入體內，會刺激眼睛、皮膚並產生刺痛、水泡及皮膚脫皮，吸入高濃度氣體則會干擾神經系統，並有導致癌症或是心血管疾病的疑慮（參見P.69）。

危害途徑

聚丙烯醯胺並非穩定性高的物質，會受到光與熱的影響而分解、釋出其單體丙烯醯胺，可能經由表皮接觸或吞食會進入人體。舉例來說，品質不佳的隱形眼鏡長期與眼睛接觸，丙烯醯胺就可能刺激眼睛黏膜；或是隆乳、隆鼻填充物中的聚丙烯醯胺也可能因為長期置放人體中，當填充物品質不穩定而導致單體溶出時，便會進入體內、影響神經系統，甚至導致癌症。

info 慎用奧美定填充物

奧美定是一種整型手術常用的軟組織填充材料，又稱為「長效性玻尿酸」，其成分即為聚丙烯醯胺。由於成本低、易塑形，造成的傷口小，曾一度廣泛用於隆乳、隆鼻等整型手術。然而，聚丙烯醯胺在人體內可能會分解為對人體有害的丙烯醯胺，世界衛生組織已將丙烯醯胺列為可疑致癌物，國內衛生署亦尚未核准使用奧美定凝膠進行隆乳，因此進行整型手術前務必了解所選用的填充物。

塑料

橡膠

纖維

黏著劑

塗料

◎ 塗料

聚四氟乙烯 （鐵氟龍，Teflon，Polytetrafluoroethene；PTFE）

性質

聚四氟乙烯（以下簡稱PTFE）又稱鐵氟龍，是由四氟乙烯聚合而成，過程中可能會添加全氟辛酸，其是含氟聚合物分散聚合時最主要的乳化劑。在室溫下為軟性、蠟質的牛奶色固體，不易吸附水分、不會沾黏任何物體，並具有耐高低溫、耐腐蝕、摩擦係數低及絕緣性佳的特性。是氟塑料中消耗最大且用途最廣的一種，常做為不沾鍋的塗層。

主要功能及使用物品

❶ **防沾黏性：** PTFE的表面帶有一層惰性的含氟外殼，所以具有塑料中最小的摩擦係數，目前已知的固體材料都無法附著在其表面上，是一種表面能最小、最佳的無油潤滑材料，加以其質地柔軟，可製成塗層，常用來塗附在各式不沾鍋具、電子鍋內層，水管內塗層等日用品。

❷ **耐高低溫性：** PTFE構造單純，在-190～260度C的溫度範圍內不會起化學反應，因而適用於餐具容器的原料，常做成咖啡壺、各式烤盤、糕點模具、製冰器、各式鍋具等餐具容器。

❸ **絕緣性：** PTFE的結構不含游離電子，整個分子呈中性，使其具有良好的電子阻抗特質，常用於電器產品外殼、電容器的絕緣材料、電纜的絕緣層、電器儀錶的絕緣層、絕緣膠帶等絕緣材料。

❹ **耐酸鹼與穩定性：** PTFE僅以一種單體組成，沒有雙鍵，故耐酸鹼性與化學穩定性極佳，常製成許多實驗室的器材，例如：管線、燒杯等，加以其耐酸鹼而可用各種方法消毒，並對人體無生理副作用，也應用在醫療器材，例如：人工血管、縫線、注射針、針管、滴液具、導管等。

❺ **防污、抗塵：** 添加全氟辛酸所製成的PTFE，做為塗層具有防污、抗塵的功用，用於微波爆米花外包裝、西式速食餐點外包裝、Gore-Tex紡織品、紙類、抗污布料、塗料和石材防護。

使用規定

❶ 根據行政院環保署〈廢棄物清理法〉規定，含有全氟辛酸的PTFE製的平板容器屬於需回收材質，應由製造商或輸入業者負責回收、清除、處理。

危害成分

PTFE對人體的危害，主要是由於製造過程所添加的分散劑全氟辛酸。

❶ **全氟辛酸：** 全氟辛酸主要使用於PTFE的生產過程中，用來處理程序的分散劑，根據動物實驗結果推論，全氟辛酸可能與睪丸、胰腺、乳腺等部位的腫瘤有關，是美國及歐盟認定為疑似對人類有害的物質，當它加溫至250度C左右時，

即會分解而產生氟化氫（Hydrogen Fluoride）的有毒蒸氣，吸入可能會產生刺激感、灼傷皮膚，並造成骨質弱化甚至是骨質疏鬆症（參見P.80）。

危害途徑

❶ PTFE製成的廚具（一般多稱之為鐵氟龍廚具）多含全氟辛酸，因此用此類廚具烹調時，若溫度過高可能會分解出的全氟辛酸及其氣體氟化氫、氟氧化碳，可能經由吸入或是食入而進入人體。但是一般家用烹調器具並不易超過250度C，且各廠牌鐵氟龍廚具的全氟辛酸含量不一，是否釋出有害物質尚待證實；而至今美國環保署仍未證實全氟辛酸對人體的危害程度，並且多數市售的鐵氟龍餐具並未標示全氟辛酸的含量，因此在鐵氟龍的使用上尚存疑慮。

❷ 以全氟辛酸製成的PTFE各式器具，若廢棄後處理不當，會流布在環境中影響水質，並可能隨食物鏈進入人體，由於其不易代謝，可在人體累積長達四年以上並增加罹癌率，還會藉由孕婦傳遞給胎兒。

其他常見的聚合物

聚甲基戊烯〈Polymethylpentene, PMP〉

功能用途	聚甲基戊烯是一種透光性高、密度低的熱塑性塑膠，因熔點高達235度C，可耐高溫，並有良好的耐化學性、低吸濕性和絕緣性。可用於保鮮膜、微波食品器具、容器，以及需高溫消毒的醫療設備等各式日常用品。
使用規定	根據行政院衛生署〈食品衛生管理法〉規定，聚甲基戊烯用於食品器具、容器、包裝時，其鉛與鎘的含量分別不得超過100ppm。
引發危害	聚甲基戊烯所含的鉛、鎘經高溫加熱會釋出，因此使用以聚甲基戊烯製成的食品器具，若長時間加熱可能使得容器中的鉛、鎘放出來，溶入食物中並經飲食進入人體。

塑料

橡膠

纖維

黏著劑

塗料

物理性物質

　　物理性危害因子主要包括游離輻射、非游離輻射、粉塵、噪音、振動、高低溫傷害。其中，輻射依照能量（或頻率）來區分，可分為游離輻射、非游離輻射；游離輻射通常是指能量超過一萬電子伏特的輻射，依照能量（或頻率）大小，包含X射線、γ射線；非游離輻射則有：無線電波、微波（電磁波、電磁輻射）、紅外線、可見光等，能量（或頻率）愈高愈容易傷害身體，可能會造成皮膚、眼睛、免疫、神經、生殖系統的病變。粉塵和噪音是常見的工業傷害，粉塵很容易經由呼吸道、黏膜侵入人體，長期累積會造成肺部病變；噪音則會導致聽力受損，及失眠、焦慮、精神恍惚等神經症狀。

◎ 輻射1

游離輻射：粒子輻射（Lonizing radiation：Particle radiation）■

常見相關化合物

　　常見的放射性物質，如：氚氣、鉀－40、鉅－147、鋂－241、釷－232、鈾－238等，可能會釋放出粒子輻射，所釋放的種類包括：α粒子（α particles，又名氦原子，Helium）、β射線（β rays，包括電子以及正子，Electron、Positron）、中子（Neutron）、重核（Heavier atomic ion）

性質

　　游離輻射通常指能量超過一萬電子伏特的輻射，可分為電磁輻射與粒子輻射二種。常見的電磁輻射像是X射線、γ射線（參見P.246），粒子輻射一般是指α射線與β射線，這兩種射線的穿透能力較弱，無法穿過鐵板，但是能量很高，如果近距離接觸會造成人體組織嚴重的損傷，因此使用時必須具備良好的輻射防護設施，常用於核能發電、工業殺菌、醫用放射性攝影、煙霧偵檢器、微波接收器、指北針、逃生用指示燈、手錶、時鐘等，另外如：建材、岩石、陶磁器、玻璃也可能含有放射性物質。

主要功能及使用物品

❶ 螢光光源：氚氣、鉅－147在通電後可以產生螢光，比過去使用的鐳安全性高，常用於手錶、時鐘、逃生用指示燈、夜視鏡。

❷ 導電性：鋂－241可以產生使空氣具有導電性的α粒子，能偵測微弱的煙霧、微波訊號，常裝設在煙霧偵檢器、微波接收器內部。另外，將微量的釷添加在電焊使用的焊條，可以增加交流電的流量，並減少電極腐蝕，常用於工業上的焊條、鎢條。

❸ **核能發電**：3%的鈾－235經過核分裂，可以加工製成核反應爐燃料棒，經過核分裂後會產生大量的可用能源，其發電成本是各式發電廠中最低的，常用於核能發電。

❹ **醫療用途**：核子醫學使用鉻－51、碘－123、碘－125、鉈－201、鎝－99m等同位素，用於甲狀腺、腎臟、心臟的掃描與治療，常使用於醫學診斷方面。

❺ **天然來源**：大理石、花崗岩等建築用的天然石材可能含有氡氣，由於氡氣可以釋放α粒子，因此可能會釋放粒子輻射，但是吸入氡氣會造成肺部傷害。另外，鉀肥、低鈉鹽等商業用肥料含有高濃度鉀，也會增加鉀－40含量，鉀－40會釋放β射線，鉀肥可以提供養分加速植物生長。煤礦含有鉀－40、釷－232、鈾－238，釷－232、鈾－238會釋放α粒子以及β射線，燃燒煤礦後的煤灰，常用來製造水泥和混凝土等建築材料。

輻射

粉塵

使用規定

根據行政院原子能委員會〈游離輻射防護法〉規定，下列商品，其所含放射性物質不超過所訂之限量者：

❶ **鐘錶**：所含氚不超過十億（1E+9）貝克，或鉕－147不超過一千萬（1E+7）貝克。

❷ **氣體或微粒之煙霧警報器**：所含鋂－241不超過一百萬（1E+6）貝克。

❸ **微波接收器保護管**：所含氚不超過六十億（6E+9）貝克，或鉕－147不超過一千萬（1E+7）貝克。

❹ **航海用羅盤**：所含氚不超過三百億（3E+10）貝克。

❺ **其他航海用儀器**：所含氚不超過一百億（1E+10）貝克。

❻ **逃生用指示燈**：所含氚不超過三千億（3E+11）貝克。

❼ **指北針**：所含氚不超過一百億（1E+10）貝克。

❽ **軍事用途的瞄準具、提把、瞄準標杆**：所含氚不超過四千億（4E+11）貝克。

危害途徑

❶ 居住在置放核廢料鄰近區域或輻射鋼筋屋的居民，非常容易受到粒子輻射的危害，因為核廢料如果存放不當，一旦外洩就會化成灰塵，人體可能會因為呼吸吸入灰塵，或食入受到污染的食物而遭受到永久性傷害。

❷ 3%的鈾－235反應爐燃料棒，同時也會產生少量具有放射性的氣體，像是：碘－131、銫－137、銫－134、鍶－90、氙－133等，在正常運作中，這些氣體主要會封存在燃料棒中，設計良好的核電廠會以控制系統隔離放射性氣體，直到放射性消失才排出。但是如果發生緊急事故造成控制系統失效，導致反應爐內氣壓過高，為了降壓而釋放這些氣體以防核能電廠氣爆，這時就可能有輻射外洩的疑慮。

❸ 煙霧偵檢器、逃生用指示燈、手錶、時鐘等儀器，由於所含的放射性物質的量、能量都很低，可視為環境中持續存在的背景輻射，長期效應並不明顯，正常使用下不致於產生危害。

❹ γ射線等宇宙射線會隨著高度而增加，像是經常搭機者、空服員、高海拔山區居民等比較容易暴露在較高的輻射之中。

過量危害

❶ 受到輻射照射的一次劑量超過1,000毫西弗（即1西弗，Sv），會造成類似燒燙傷的症狀；受高劑量輻射的照射會出現急性效應，3～6西弗會使紅骨髓死亡失去造血能力，10西弗會造成消化道損傷而無法吸收養分、水分並發生嚴重腹瀉；其他症狀像是：皮膚紅腫、發炎、過敏、噁心、嘔吐、腹瀉、掉髮等症狀，並傷害脾臟、消化道、發生骨髓病變、白血球減少等病症。人體全身受輻射照射的半致死劑量為4西弗（Sv），全致死劑量為6西弗。（參考劑量：拍一張胸部X光片，胸部組織約攝入0.1毫西弗。）

❷ 長期經輻射照射會引起慢性效應包括背景輻射、生物體內累積所造成的組織及遺傳基因損傷，會使眼睛損傷、白內障，甚至會造成白血病、癌症、不孕症等嚴重疾病。

❸ 地殼中的天然放射性核種──鈾-238與釷-232，一旦經過衰變會形成氡氣，長期處在地底下或是接觸大理石建材，可能因吸入過量的氡氣而導致肺部損傷，進而引發肺癌。

危險度

致癌 ✓　過敏 ✓　器官受損 ✓ 皮膚、造血系統

info　核能災變及面對輻射的自保原則

　核能發電相較於其他發電方式來得環保，不過一旦發生事故所造成的風險也相對較高。近年來嚴重的核能災害，主要有一九七九年美國三浬島核電廠事故、一九八六年的俄羅斯車諾比核電廠事故以及二〇一一年的日本福島第一核電廠事故。其中車諾比核電廠由於電廠未設置圍阻體，使得附近區域居民暴露在高劑量的輻射中，方圓半徑三十公里不能住人，並導致大量的居民患病與死亡，上百萬名新生兒出現畸形。而美國三浬島與日本福島的事故主要是由於爐心熔毀，但因為設置有圍阻體，輻射外洩的主要物質為反應爐爐心的放射性氣體，包括碘-131、銫-137、銫-134、鍶-90、氙-133等，其中以碘-131的含量最多。

　由於人體的甲狀腺在正常運作下，會儲存大部分攝入的碘，因此碘-131一旦進入人體會累積在甲狀腺，長期可能引起甲狀腺癌。另外，銫-137會經過食物進入體內，需長達半年才會排出體外，並會影響全身器官，可能引起多種癌症。

　對於碘-131的危害，一般對策是在受到放射性碘暴露前的一～二小時，經醫師指示先服用碘片（主要成分為130或65毫克碘化鉀）使甲狀腺充滿碘，碘-131就不易累積在甲狀腺。銫-137會經由誤食受污染的食物或水源進入人體，除了不要食用受到輻射污染的食物之外，最重要的是遠離輻射污染區，倘若遭受輻射暴露，應以大量清水沖洗身體，避免輻射塵滲入皮膚、吸入或誤食，造成不必要的體內輻射暴露，並要多喝水，加速排除體內放射性物質。

◎ 輻射2

非游離輻射：電磁波（Non-ionizing radiation：
Electromagnetic wave）■

常見相關化合物

紫外線、可見光、紅外線、微波射頻、無線電波、極低頻電磁場、靜電場

性質

　　非游離輻射是指能量低於一萬電子伏特的電磁輻射，也就是一般人常說的電磁波。電磁波強度與距離的平方成反比，意即距離愈遠，電磁波愈小。依照電磁波種類不同，其頻率範圍可從30赫茲（Hz）至3,000十億赫茲（GHz）之間。透過特殊裝置可將電磁波的能量轉為熱能或訊號，因此在日常生活的應用相當廣泛，包括電磁爐、微波爐、行動電話、無線網路、衛星導航、無線電視、廣播、雷達、電車、電力配電設備等。

主要功能及使用物品

❶ **釋放熱能**：電磁波可藉由各式裝置轉化原本的能量，像是電磁爐利用感應線圈將電磁波轉變成熱能，具有快速加熱、加溫均勻、控溫精準等優點。常應用在電磁爐、微波爐、微波烤箱等烹調家電。

❷ **訊號傳輸**：無線電波、微波射頻的能量較低，而且波長較長，比短波長射頻不易受到建築物干擾，可進行遠距離的通訊傳輸，常應用於收音機、無線網路、無線電視、基地台、手機通訊、藍芽等通訊傳播設備。

❸ **精準定位**：全球衛星定位系統（GPS）是利用衛星、GPS接收器，使用1227.6百萬赫茲（MHz）、1575.42百萬赫茲（MHz）的電磁波頻率接收衛星訊號，再經由三角測量原理計算出接收器的位置，像是行動電話的GSM、GPRS，及雷達，也是利用電磁波的發送和接收來定位。

❹ **交通運輸**：電車、捷運、磁浮列車利用電能轉換成磁場，提供列車所需的動能，具有省能源、低污染的特性，常應用於大眾運輸系統。

❺ **醫療用途**：醫學上利用特殊的磁場發射、接收電磁波，提供磁振造影儀器影像訊號，可進行非侵入性檢查。另外，醫療用的透熱儀器是利用發射特定波長的電磁波，來達到熱治療的目的。

使用規定

❶ 根據行政院環保署所公告的〈非職業場所之一般民眾於環境中暴露各頻段非游離輻射之建議值〉規定，60赫茲（Hz）電力電頻（台灣電力公司電力電頻）的建議安全值為833毫高斯。另針對行動電話基地台產生電磁波的建議值分別如下：900百萬赫茲（MHz）的功率密度應低於0.45毫瓦／平方公分，1800百萬赫茲（MHz）的功率密度應低於0.9毫瓦／平方公分，目前交通部電信總局已將該建議值納入第三代行動通信業務管理規則中。

❷ 行政院環保署根據〈低功率射頻電機技術規範〉公告，聽覺輔助器材的主波發射距3公尺處，其主波電場強度不得超過80毫伏／公尺；低功率無線電對講機的有效載波功率（e.r.p.）應低於1瓦（W）以下；低功率無線電麥克風的有效載波功率（e.r.p.）應低於10毫瓦（mW）以下。

❸ 美國ANSI／IEEE根據〈射頻輻射最大容許暴露標準〉公告，依照30分鐘的最高功率密度訂定，一般民眾在行動電話基地台天線下所產生射頻輻射的最大容許暴露值為0.57～1.2毫瓦／平方公分，如果民眾屬於連續暴露，標準必須降低為原標準的五分之一，以更保守規範民眾射頻輻射暴露；若是針對職場暴露，最大容許暴露值為2.28～4.8毫瓦／平方公分。

危害途徑

❶ 只要電流流經電器就會產生電磁波，所以家電產品只要開啟電源就會有電磁波，像是冰箱、電視等電器用品都有，不過大部分的電磁波強度都很低，對健康的影響不大，或僅為暫時性現象。

❷ 電磁爐、電暖爐、手機、吹風機、省電燈泡等電器，因為使用功率較高，加上使用時通常距離使用者較近，容易暴露在較高的電磁波之中，若使用時間長、次數多，並且使用時機器距離人體在50公分內，會對健康造成危害。

過量危害

❶ 目前沒有醫學報告直接指出電磁波對人體的影響，但根據研究，短時間暴露在高頻電磁波可能會出現頭暈、頭痛、記憶力減退、注意力不集中、抑鬱、煩躁、睡眠障礙等神經症狀。並且有研究指出，哺乳類動物暴露於電磁波後，出現褪黑褪激素分泌遲緩的現象，影響神經和內分泌系統運作。

❷ 暴露在高能量電磁波可能使皮膚曬黑、紅腫、燒傷，並導致眼角膜炎、結膜炎、眩光、白內障等眼睛的病症。

❸ 如果長期暴露在高頻率的電磁波，可能損傷人體細胞內的DNA，造成基因突變，並與罹患白血病、腦瘤、神經病變、不孕症等病症有關。

危險度

| 致癌 | ? | 過敏 | ✓ | 器官受損 | | 神經系統 | ✓ |

(info) 我國將推行電磁波公害防治法

目前市售的3C產品並未強制標示電磁波值，也未標示使用警語，而高壓電纜地下化、基地台等釋放電磁波的公共工程，其興建也未避開校園和住宅區，對發育中的青少年和孕婦增添無形的風險。因此，環保人士及部分立委推動〈電磁波公害防治法〉草案，已於二○○六年完成，將循朝野協商機制完成正式立法，該法將透過公權力較能有效改善電磁波輻射污染源的防治，改善對象以電塔、高壓電纜、變電所、變電箱、基地台及電台為主，並且規範電器用品、電磁波危害區應標示電磁波值及警告標語。

◉ 輻射3

微波（Microwave）

常見相關化合物

無

性質

　　微波是電磁波的一種，通常是指波長介於紅外線（Infrared ray）與特高頻無線電波（UHF）之間的射頻電磁波，因為此區間的電磁波頻率訊號傳遞效率較高，訊號相對其他頻率穩定，使用能量也較低，常被應用於電信、通訊、訊號傳輸，其波長範圍大約在1m～1mm之間，所對應的頻率範圍是0.3GHz～3,000GHz。由於微波的頻率接近水分子轉動的頻率，能使水溫升高，常應用在微波爐加熱；其他方面的應用包括：微波偵測器、無線網路、手機基地台、藍芽、雷達、衛星電視、電漿電視等。

主要功能及使用物品

❶ **釋放熱能：** 由於微波的頻率與水分子轉動的頻率相近，激發的微波可將食物中的水加熱，水再將熱傳導到食物，常應用在加熱、烹調食物，像微波爐、烤爐微波爐、蒸氣烤爐微波爐等烹調用家電，就是利用微波的此項功能。

❷ **訊號傳輸：** 微波射頻的能量較低，具有低功耗的特性，而且波長較長，較不易受到建築物干擾，有助於遠距離的通訊傳輸，常應用在無線網路、微波電台、手機傳輸、藍芽等通訊設備。

❸ **能量轉換：** 微波可以將電能轉變成光能，投射在面板上可以迅速產生影像，常應用於電漿電視的電漿產生器。

使用規定

❶ 根據經濟部標準檢驗局制訂之CNS標準，微波爐之微波最大容許量為100毫瓦／平方公分，安全管制量為 5毫瓦／平方公分，微波洩漏的量測值最大容許量是50瓦／平方公尺。

❷ 根據經濟部標準檢驗局制訂之CNS標準，家用微波爐之輻射波電場強度（微伏特／公尺），微波功率500瓦以下的微波爐，其輻射波電場強度需在100微伏特／公尺以下，但500瓦以上者，須在0.5微伏特／公尺以下。

❸ 經濟部標準檢驗局根據CNS標準，家用微波爐之能源效率（E.F.）值應高於55%（含）以上。

危害途徑

　　微波可以穿透塑膠、紙製品，但是會被金屬阻隔反射，如果直接暴露在微波的環境會對健康造成不良影響，但是只要正常使用微波爐、行動電話等電器，不必太過擔心微波的危害；使用符合家用電器產品安全規定的微波爐，爐門如果沒

有完全關閉，門縫邊緣可能會發生微波洩漏。如果在微波爐加熱期間距離微波爐太近，又或是長時間使用微波做通訊傳輸的行動電話，或是距離基地台太近，都可能會發生過量接觸電磁波而造成危害。

過量危害

❶ 長期處在低強度微波作用的環境下，可能造成心跳減慢、意識不集中、視覺疲勞、眼睛乾燥不適、視野縮小、適應黑暗的時間延長，可能加速水晶體的衰老和混濁，甚至可能造成視覺障礙。

❷ 過量微波外洩會造成組織和皮膚的永久性燒傷、白血球增多症等問題，可能提升癌症的罹患率。

❸ 手機微波對健康的危害目前各國研究尚未有定論，其微波強度雖然低於微波爐，但是手機射頻直接進入人的腦、身體，長時間使用仍可能對健康造成影響，引起所謂的「微波病」，症狀包括眼睛、耳朵、鼻子、嘴巴、喉嚨等部位發炎，及頭痛、耳痛、失眠、頭昏和各種精神和神經的失常。

危險度

| 致癌 | ? | 過敏 | ✗ | 器官受損 | ✓ | 神經系統 |

◎ 粉塵1

粉塵：石棉（Asbestos）

常見相關化合物

溫石棉（chrysotile）、褐石棉（棕石棉，amosite）、青石棉（crocidolite）、矽酸鐵鎂礦（authophyllite）、透閃石（tremolite）、斜方角閃石（anthophyllite）和陽起石（acetinolite）等。

性質

石棉是纖維狀矽酸鹽礦物的統稱，形狀類似纖維，大多呈灰色或白色，其中溫石棉含量最豐富、用途最廣，具有良好的隔熱性、耐磨性、耐腐蝕性、絕緣性、抗拉力，因此廣泛地應用於建築材料、電器製品、交通工具零件、家庭用品等。石棉在開採、加工、生產和使用的過程中，會分裂成微細的纖維，釋出後可長時間浮游於空氣中，吸入人體會造成肺部損傷。

主要功能及使用物品

❶ 隔熱絕緣材料：由於石棉的導電性與導熱性非常低，且化學性質穩定，不可燃，因此具有保溫、絕緣、耐酸鹼等特性，故常做為防火建材、纖維水泥板（如：珍珠岩板、石棉瓦、矽酸鈣板）、隔音板、電熱絕緣板等建材，及需要

承受高溫的窯墊等。另外，石棉混合塑料後，也可應用在國防工業中，製成火箭的抗燒蝕材料、飛機機翼、油箱、火箭尾部噴嘴管及魚雷高速發射器，也做為坦克、艦船中的隔音、隔熱材料。

❷ **耐磨動力耗材**：石棉即使在高溫下減損的質量也非常少，經過處理後可以增加剛性跟硬度，具有耐磨耐熱的特性，因此常使用在機車傳動系統中的煞車來令片、自行車剎車皮。

輻射

粉塵

使用規定

❶ 根據行政院環保署〈毒性化學物質管理法〉規定，禁止製造、輸入、販賣及使用青石棉及褐石棉；另外，自民國九十七年一月一日起，石棉禁止用於石棉板、石棉管、石棉水泥及纖維水泥板的製造，亦禁止石棉用於新換裝的飲用水管及其配件，但使用中的水管及水管配件得繼續使用至報廢為止；但包括煞車來令片、石棉瓦、擠出成形水泥複合材中空板的製造，則不受限制。

❷ 根據行政院環保署〈空氣污染防制法施行細則〉公告，石棉及含石棉物質為空氣污染物中的毒性污染物，依照〈固定污染源空氣污染物排放標準〉規定，石棉及含石棉物質的排放標準為肉眼不可見。

❸ 根據行政院勞工委員會〈勞工安全衛生法〉規定，石棉纖維的空氣中容許濃度為每立方公尺僅可有一根石棉纖維。

❹ 根據行政院環保署〈事業廢棄物貯存清除處理方法及設施標準〉規定，含石棉廢棄物應先經溼潤處理，再以厚度萬分之七十五公分以上的塑膠袋雙層盛裝後，置於堅固的容器中，或採具有防止飛散措施的固化法處理。根據〈有害事業廢棄物認定標準〉規定，含石棉的廢棄物如下列：

（一）製造含石棉的防火、隔熱、保溫材料及煞車來令片等磨擦材料，在研磨、修邊、鑽孔等加工過程中產生易飛散性的廢棄物。

（二）施工過程中吹噴石棉所產生的廢棄物。

（三）更新或移除使用含石棉的防火、隔熱、保溫材料及煞車來令片等過程中，所產生易飛散性的廢棄物。

（四）盛裝石棉原料袋。

（五）其他含有百分之一以上石棉且具有易飛散性質的廢棄物。

危害途徑

❶ 管制石棉的法令通過後所製造的產品，大多都不含石棉，但年代較久的建物還是可能有含石棉的建材。完整無缺及靜置的石棉物料不會危害健康，但當這些石棉物料遭到毀損時，便會散發纖維。例如：舊住宅拆除、清修、重整時，含有石棉的天花板、屋頂、管路、水泥牆會散發出細小的石棉纖維，或是石棉水泥製成的輸水管進行整修，也可能使石棉纖維污染飲用水。這些石棉纖維透過空氣或水的飄散，經由呼吸或飲水進入人體，長久沉積在體內，潛伏期可達數年才發病。

❷ 使用品質不良的爽身粉可能暴露在石棉中，因為爽身粉的主要成分為滑石粉，滑石粉與石棉同屬矽酸鹽類礦石，開採後若未妥善處理，其中容易混有石棉，屬於滑石粉中的不純物，可能在使用時吸入爽身粉夾雜的石棉。

過量危害

❶ 短時間內吸入過量石棉會對呼吸道產生刺激，導致咳嗽、呼吸困難、胸及腹痛，並會刺激皮膚及黏膜。

❷ 石棉沒有明顯的急毒性，進入人體沉積在體內，其毒性通常經過十到四十年後才會逐漸發作。長期接觸石棉可能引起肺部和胸膜的纖維化、石棉沉著症、胸膜和腹膜的間皮瘤（mesothelioma），以及肺癌。

毒性分類

☐難分解物質　☑慢毒性物質　☐急毒性物質　☐疑似毒化物

危險度

致癌　✔　過敏　✔　器官受損　✔　肺

info　九一一紐約災變現場的石棉過量

於九一一事件崩毀的美國紐約世貿大樓，是在法定禁用石棉前興建，所以大部分都還使用石棉為鋼樑的絕緣材料，使得災變現場產生石棉污染問題。經美國環保署檢測，現場許多空氣污染物都超過管制標準，其中也包括石棉在內，造成許多救災人員呼吸道不適。

其他常見的物理性物質

游離輻射

X射線、γ射線

功能用途	日常生活中X射線的曝露大都發生在X光、牙科檢查，而γ射線來源大多來自天然、宇宙輻射。 1. X射線是一種穿透力很強的游離輻射，比起γ射線比較不會損傷照射區域周圍的組織，常用於醫學檢查、材料檢驗。 2. γ射線是一種輻射能量高且穿透力極強的游離輻射，常用於放射治療、殺菌、工業材料改良。
使用規定	行政院原子能委員會根據〈游離輻射防護法〉公告，放射性物質與可發生游離輻射設備及其輻射作業管理辦法，使用下列可發生游離輻射設備者，申請人應向主管機關申請登記備查： 一、公稱電壓為十五萬伏（150kV）或粒子能量為十五萬電子伏（150keV）以下者。 二、櫃型或行李檢查X光機、離子佈植機、電子束焊機或靜電消除器在正常使用狀況下，其可接近表面5cm處劑量率為5微西弗／小時以下者。 三、其他經主管機關指定者。

| 引發危害 | 長期接觸到高於低限值的X射線和 γ 射線，會造成精神疾病、皮膚病變、落髮、嘔吐等症狀，並產生消化道傷害、白內障、白血病、免疫力下降、癌症等疾病。 |

非游離輻射

紫外線

功能用途	1. 自然界的紫外線多來自太陽照射；不過紫外線也可以由電能激發而產生，經過光線過濾能產生可見光，常見於日光燈管、鹵素燈、霓虹燈。 2. 紫外線也能用來殺菌，對微生物的照射能破壞其脫氧核糖核酸（DNA），產生強大的殺傷力，殺菌紫外燈廣泛地運用在各式物件的消毒，如：飲用水、污水、理髮工具、醫療用品、餐飲用具、票證等，也用於空氣淨化殺菌器。
使用規定	國內目前暫無日用品相關法規。
引發危害	長期暴露在超過低限值的紫外線，容易造成皮膚變紅、變黑、脫皮，長期下來可能會導致皮膚癌的發生率增加，還會傷害眼睛，導致多種眼疾：白內障、黃斑部病變、眼瞼部癌症、視網膜損傷。

聲音

噪音、震動

功能用途	噪音、震動經常發生在車輛行駛、施工現場等日常生活情境，啟動高功率的電器多半也有噪音、震動的產生。
使用規定	行政院環境保護署根據〈噪音管制法〉公告，快速道路、高速公路、鐵路及大眾捷運系統等陸上運輸系統內，車輛行駛所發出聲音，經主管機關量測該路段音量，超過85分貝以上者，應自主管機關通知之日起一百八十日內，訂定該路段噪音改善計畫。
引發危害	一般人長期處於90分貝以上環境中，會出現聽力受損、焦慮、失眠、內分泌失調等症狀。如果長期處在施工的震動環境下，會導致精神恍惚、聽力受損、骨質疏鬆、關節病變等症狀。

粉塵

石英、方矽石

功能用途	石英、方矽石的主要成分是二氧化矽的矽酸鹽類，主要用於玻璃製造、室內裝潢加工；煤礦開採、砂石開採的工人也很容易暴露在粉塵的環境下，有可能因此造成職業傷害。
使用規定	根據行政院勞委會〈勞工衛生管理法〉規定，勞工工作環境中空氣所含的100%石英或方矽石可呼吸性粉塵，不得超過0.098 毫克／立方公尺。
引發危害	在短時間內暴露於高濃度粉塵，主要症狀為呼吸情況迅速惡化並出現呼吸困難、咳嗽、咳痰、疲勞、體重減輕、胸痛等，易造成角膜受損，為引發矽肺症的主因，可能造成肺纖維化，嚴重時可能會導致呼吸衰竭。

輻射

粉塵

Chapter 3

買對、用對就安心

　　由於日用品潛藏有害物質的新聞事件頻傳，經抽檢不合格的日用品亦時有所聞，聰明選購、正確使用，是因應這些健康風險的策略。選購時，除了看懂商品標示所傳遞的資訊、選購貼有安全合格標章的產品外，針對必須送交政府檢驗的日用品，還應辨識許可證字號等標示。買對日用品後，則必須搭配正確的使用方法，不隨心所欲地濫用日用品，便可杜絕毒害的入侵，安心享受日用品的好處。

本篇
教你

→ 聰明買對日用品的原則

→ 讀出商品標示的重要資訊

→ 認識日用品的安全合格標章

→ 了解政府檢驗日用品的程序及重點

→ 日用品的常見誤用和正確用法

日用品選購原則

　　市售的日用品琳瑯滿目，由於涵蓋的範圍廣、製造廠商多，即便有保護消費者使用安全的法規，但在實際執法未能一一檢視之下，消費者可能大意買了對人體有害的商品而不自知，若再錯誤使用的話，很容易便會讓自己的健康受損。消費者自保之道，首重了解基本知識，掌握聰明選購商品的原則，避免買到對人體有害的黑心商品，同時避開潛藏危害。

日用品選購的一般性原則

　　選購日用品時可以先掌握最普遍、一般性原則，剔除掉不符合一般原則條件的商品後，再依照不同種類商品的選購要點進一步篩選。日用品的一般性選購原則大致可分為下列四個面向：

❶選擇具誠信有口碑的商家

　　正派經營的廠商，品牌和口碑是其重要資產之一，對所販售的商品通常也會有較完善的把關制度，包括符合規範且統一的生產作業流程和管理標準，甚至自有一套品管認證機制，以及良好的退換貨等售後服務。廠商若能嚴格管控產品，消費者也就多了一層保障。

> **tips**
>
> 　　消費者可參考行政院消費者保護委員會不定期在其官方網站（http://www.cpc.gov.tw/conwarn.asp）公告的資訊，包括「瑕疵產品召回改正通知」及「產品抽驗資訊」。消費者除了藉此判斷商品優劣，也可觀察當產品發生問題時廠商的因應態度，評估廠商是否具誠信、值得信賴。

❷確認商品外觀

　　外觀良好、完整的商品，較能確保在運送和上架過程未損及商品的品質，特別是家電類、交通工具等精密儀器用品，以及清潔消毒用品、美妝沐浴用品等容易變質的日用品，尤應仔細觀察商品外觀。例如外盒損毀、外觀老舊或塗料剝落的商品表示其存放過久、存放方式不當，或受過外力撞擊，可能導致商品產生物理或化學作用，而使其喪失原本功能或縮短其使用壽命，嚴重時更可能會發生具危險性的毒化物或重金屬外洩。因此，消費者務必在購買前仔細確認商品外觀、測試實際功能，並在購買後善用商品鑑賞期確認商品品質。

日用品選購流程

STEP 1 選擇具誠信的商家

選擇信譽良好的商店,確保提供售後服務和流暢的退貨管道。

//////// 未落實的風險 //////

黑心商店不追究商品來源,架上商品缺乏把關,買錯、誤用的損失難以彌補。

STEP 2 確認商品外觀

選購商品時,注意外觀的完整性,確認沒有破損、剝落等情形。

//////// 未落實的風險 //////

外觀若已呈現部分損毀,商品可能存放不當或受外力重擊,恐影響商品品質。

STEP 3 看清商品標示

詳閱商品標示有助於了解其規格、成分、保存期限和使用注意事項。

//////// 未落實的風險 //////

遺漏商品標示可能買錯或買到過期產品,若錯誤使用還可能發生危險。

STEP 4 認明合格標章

選擇有合格標章的商品,確保商品品質經過把關,消費者權益有保障。

//////// 未落實的風險 //////

沒有合格標章的商品,品質參差不齊,可能買到不敷使用的劣質品。

❸看清商品標示

商品標示是關於該商品的所有重要資訊,也是消費者判斷是否選購的憑據之一。依照我國〈商品標示法〉規定,商品標示應包含:商品名稱、生產製造商及進口商名稱、電話、地址與原產地;在商品內容方面則需標示主成分及容量;並要附上製造日期或有效期限。因此,若能確認商品規格,較能買到符合需求的商品,還可避免用錯或不了解商品屬性而產生危害。另外,過期的產品可能導致功能失效或變質,且不肖業者竄改有效期限的情事頻傳,因此選購前要辨明商品是否遭塗改或覆蓋。消費者應拒絕購買沒有商品標示和製造日期的商品,以避開可能的風險(參見P.256)。

❹認明合格標章

不論是國外進口或國內廠商生產製造的商品,都必須通過一定的檢驗流程才能在國內上市販售。為了保護消費者權益,經檢驗通過的商品大多會在商品本體張貼驗證標章,以利消費者在選購時辨識。日用品相關的合格標章相當多,其中「商品檢驗標識」和「CNS正字標記」是商品通過國家檢驗標準的表徵,是以具有公信力的檢驗方式,確認符合標準後才核發的標章。目前主要是針對電子、電器、機械、化工、玩具等日用品所設置,其他類別的日用品,消費者亦可參考相關主管機關授權的許可證字號及標章,做為選購的參考指標(參見P.280)。

● 日用品選購的注意事項

由於日用品種類繁多,在掌握了第一步的選購基本原則之外,可以將一般常用的日用品分門別類,進一步了解各類用品的選購重點,多一些知識,便能給自己和家人多一層把關。

❶餐具容器

餐具容器一般都具有不易碎、耐高溫、抗酸鹼的特性,但是不同材質的硬度、耐熱度、抗腐蝕及耐酸鹼的程度都不同,因此購買前需確認材質成分,以免誤用而超過容器能夠承受的酸鹼度和耐熱度。另外,容器內層印有精美圖案,所使用的色素、顏料在盛裝食物時可能溶出著色劑及砷、鉛等重金屬,食入人體後會蓄積於體內。再者,餐具表面若發現刮痕或掉漆也不應購買,以免細菌大量滋生於縫隙。

❷清潔消毒用品

一般來說,具有殺菌、清潔或除臭能力的清潔消毒用品亦可能破壞人體細胞、危害生態環境,強效的產品可能帶有更危險的副作用,因此不論清潔劑、殺蟲劑或揮發性室內香氛劑,選購時最好以對人體無傷害、無二次污染的產品為首要考量,再考慮清潔效果、殺菌力、價格及使用方便性等因素。購買產品前尚需注意清潔消毒劑的濃度,因為不同成分的清潔消毒劑有其殺菌的最適濃度,有些用品購買後仍需經過稀釋步驟始能使用,因此需詳閱產品規格說明,或參考各類物質安全資料表(簡稱MSDS),以避免稀釋後濃度過高而導致浪費、產生毒害,或是濃度過低而失去效用。另外,了解產品的使用時效及時機,確認能在效期內使用完畢,以達使用效果。再者,除臭產品像是合成精油或空氣芳香劑,大多僅能以香氣蓋住臭味,而非實際去除臭味或達到殺菌效果,因此購買前需考慮實際需求。

日用品選購原則提示單

餐具容器

| 不要購買餐具內層（與食物接觸面）彩繪過於鮮豔花俏的品項。 | → | 上色過於鮮豔的餐具，可能導致烹煮過程吃下帶有毒性的塗料。 |

| 勿選購美耐皿或塑膠容器做為高溫或酸鹼物盛裝容器 | → | 美耐皿或塑膠容器在高溫或強酸鹼的環境中容易析出毒化物。 |

清潔消毒用品

| 購買殺蟲劑、殺菌劑等環境用藥要注意有效期限、濃度及適用場所。 | → | 超過有效期限或稀釋濃度不當，消毒效果可能不彰。 |

| 依標示的使用方法正確操作，不要購買帶有「通殺」等誇大用語的產品。 | → | 未依標示方法來使用，可能危害個人健康及安全。 |

美妝沐浴用品

| 考慮信譽良好的廠商及合格的檢驗標識，並了解產品的成分與保存期限。 | → | 不肖廠商會採用不良化合物，有檢驗標識的商品較能避開風險。 |

| 了解個人膚質，購買保養品或化妝品前先進行皮膚試驗。 | → | 皮膚敏感程度因人而異，看似無害成分可能誘發嚴重的過敏。 |

居家用品

| 選購具檢驗認可標誌的家電，並注意電力供應規格和不正常現象的發生。 | → | 未經檢驗或規格不合的家電可能產生物理或化學性毒害。 |

| 避免購買來路不明、標示不清或過於廉價的衣物。 | → | 便宜的黑心織品可能含有毒成分。 |

| 避免購買過於鮮豔或具濃郁香味的文具。 | → | 芳香鮮豔的文具中可能添加有毒的顏料、可塑劑及有機溶劑。 |

裝潢家具、交通器具

| 建議購買具有認證環保、綠建材等標章的家具建材。 | → | 未經認證的家具建材可能含禁用材質或毒化物含量超標的黏著劑。 |

| 購買家具或建材時，避免選購同一種材質的商品。 | → | 在同一室內空間大量使用單一材質，容易造成有害物質超標。 |

| 選擇低碳排放量及揮發性物質含量檢測合格的車種。 | → | 未經檢測可能有車缸汽油燃燒不完全，及內裝採不良塑膠的情形。 |

❸美妝沐浴用品

　　市售美妝沐浴用品的主要成分除了油脂、香精、界面活性劑之外，還可能添加的化學物質就超過了三千種，其中已知超過一百種的物質會引起過敏。根據〈化妝品衛生管理條例〉規定，化妝品必須標明所使用的全部成分，並嚴格禁止添加毒性物質。但是仍有一些毒物或過敏原，即使僅添加微量也會嚴重影響健康，卻未被檢驗出來或未經立法管制而得以合法上架。

　　除了留意成分外，還必須留意製造日期與保存期限。因為過期的產品容易因氧化或劣化而變質，導致效果不彰或產生皮膚過敏之虞。另外，針對含藥化妝品還需認明衛生署許可證字號，而一般化妝品則可參考「化妝品優良產品製造規範」（Good Manufacturing Practice, G.M.P.），具備此認證表示該項產品的成分、來源、製造通過政府合格檢驗，是選購時重要考量。不過，由於美妝沐浴用品的成分標示並不容易記住，因此在選購時可取用一些此類商品試用包做過敏試驗，就能判斷是否適合自身膚質、有無過敏情形。可在紗布塗上測試化妝品，並貼在上臂，經四十八小時後，如果發生搔癢、紅腫、發炎的現象，就應避免使用。

❹居家用品

　　居家用品涵蓋種類多元，其中以電器、衣物織品和文具的構成複雜，選購時須特別留意。電器類的商品需符合當地的安全規格，未符合規格的產品可能導致電線走火、局部電磁波過高等物理性毒害。購買時可選擇能試用的店家，試用時若出現啟動困難、噪音或震動過大、裂縫、鬆脫，及變色、焦黑或變形等過熱跡象，則不建議購買。

　　在衣物織品方面，選購時要看清成分標示和洗標，避免購買含有螢光增白劑、甲醛、苯、酚與偶氮染料等有害成分，或聞起來有強烈刺鼻味的織品；另外，像是內衣褲等直接與皮膚接觸的衣物及嬰幼兒衣物更應謹慎挑選，有些孩童會對化學織品過敏，嚴重時甚至會發生「化學物質過敏症」或「接觸性皮膚炎」，如果購買前無法辨識出，購買後也應該先行洗滌再穿。

> ### info　如何避免買到黑心商品
>
> 　　所謂黑心商品是指製作或包裝時，使用各種有害人體的原料、產品，或是以回收品冒充新品上市，或以偽劣、不符合法令規範標準所生產的商品。一般來說，商品標示若未載明生產或進口業者的名稱及地址、價錢過高或過低、仿冒名牌等，其屬於黑心商品的機率較高，購買前建議「多聽、多看、多問」。若要購買的商品屬於應施檢驗者，應注意商品本體是否貼有商品檢驗標識；此外，同性質的商品建議貨比三家，價格相同比品質、品質接近比價格，可避免買到劣質或價格不合理的商品。

在文具方面，購買的文具若屬於化學類（如：修正液、白板筆、廣告顏料）、黏著類（如：快乾膠、樹脂、雙面膠），成分多含有機溶劑或揮發性物質，盡量於通風處使用，以免吸入有害氣體。而金屬類文具及刀具和雷射筆等光學類文具，其組成零件則多伴隨物理性的風險。上述文具依照經濟部〈文具商品標示基準〉皆需加註主要用途及使用方式、警語、緊急處理方法等，且應詳閱後再行購買。另外，文具的表層塗料可能含有過量有毒的重金屬，因此儘量不要購買外殼顏色過於鮮豔或色料容易脫落的商品；避免購買香味過於嗆鼻的文具，以防可能含有揮發性有機溶劑及含氯塑化物。

❺裝潢家具

裝潢家具主要為塑料、木材及皮革等材質，常夾帶具有毒性的接著劑、有機溶液及塗料。選購裝潢材料和家具擺飾時，宜選擇附有環保、綠建材等認證標章的商品，儘量在能看到實體商品的店家購買，才能觀察商品的色澤、尺寸及使用的便利性，並確認商品是否帶有刺鼻異味，以避免買到含有毒化物質的商品。委請室內設計工作室進行裝潢時，建議避免使用單一建材，因為即便單一材料合乎綠建材標準，卻可能因使用比例大，而造成室內空氣中特定有害物質超標；自購或請裝飾公司購買材料時，消費者最好能留下一塊樣品，一旦出問題可以此做為判斷責任的依據，並可於施工結束後，要求針對甲醛、揮發性有機物等物質進行室內環境檢測報告，以確保室內空氣品質合乎標準。

❻交通器具

汽車內的座椅、椅套、內裝材料、機車的坐墊及安全帽等塑膠產品多半不耐高溫及日曬，若其所用的可塑劑及接著劑含有毒性化合物，處於40度C以上的高溫即容易揮發溢散，因此購買通過檢測與認證的交通器具，才具備應有的防護能力及安全性。另外，為防止交通器具排放出過量的有害氣體，對人體造成傷害，汽機車加油時，應選擇合格的油品或燃料，購買汽機車也建議選擇低污染的環保引擎，並定期進行排氣檢驗，以確保合乎排放標準。

看懂商品標示

　　商品標示可說是產品的身分證和說明書，不僅能展現企業經營者的信譽，更是消費者選購與否的重要判準。性質特殊的日用品更應注意商品標示的指定標示項目，以便充分掌握商品的成分、正確用法和應避免的使用方式。耐心詳閱商品標示，才能買到適合的日用品並正確有效地運用。

● 什麼是商品標示？

　　商品標示就是在商品本身、內外包裝或說明書以文字、符號等記載商品相關資訊，不僅便於消費者迅速了解商品，也能藉此檢驗商家的信譽。目前我國規範日用品商品標示的法規主要是行政院經濟部制訂的〈商品標示法〉，商品標示應包含的資訊內容及呈現方式均有其相關規定，舉凡店家陳列或網路張貼販售的物件，都受到〈商品標示法〉的規範。商品標示一般應包含以下基本項目：

　　1.商品名稱：即內容物的名稱。現行法規對於商品名稱並沒有特殊限制，以供商家在行銷上的操作，但如此一來，廠商可能追逐誇大的名稱以吸引消費者青睞，甚至魚目混珠以仿冒知名品牌的同類商品名稱或商標。前者容易因誇大名稱而與實際內容物不符，後者甚至可能使消費者花冤枉錢高價買到贗品。因此消費者選購商品前，有必要注意名稱及商標是否有過度誇大或仿冒之嫌，以免花錢又吃虧。

　　2.廠商相關資訊：商品標示必須清楚寫出製造商名稱、電話、地址；屬進口商品者則應標示進口商名稱、電話、地址及商品原產地。

　　3.商品成分：商品標示要清楚說明此商品製造過程所使用的主要成分或材料，主成分的選取則由商家自行決定，唯化妝品於民國八十九年起應標示全成分（參見P.268）。

　　4.商品的淨重、容量或數量：商品標示必須標示商品內容物的分量，並且盡量以法定度量衡單位來標示，例如：公克（g）、公斤（kg）、毫升（ml）、公升（l）等。

　　5.日期：國曆或西曆的製造日期是商品標示中的必備資訊，一般以年、月、日或月、日、年標示；有時效性的產品（如：洗衣粉、殺蟲劑等清潔消毒用品及沐浴乳、護唇膏等美妝沐浴用品），還必須加註有效日期或有效期間。部分市售產品（如：化妝品）會以不易解讀的批號代替製造日期，業者各有其標示方法，屬於廠商內部運作系統，政府不便強制統一。因此民眾選購時，若遇到商品帶有無法判讀的批號，可詢問銷售人員該批號所代表的製造日期。此外，部分商品製

商品標示有哪些重點？

■**商品名稱**
此即產品內容物的名稱，目前法規無特殊規範，但消費者應留意誇大不實的商品名稱。

品名：大主廚單柄鍋

材質：高級不鏽鋼

■**商品成分**
應標示該商品用在製造過程中的主要成分，其中化妝品則應標明全部的成分。

規格：18cm 淨重：約0.3公斤 數量：乙入

■**商品的淨重、容量或數量**
說明商品的分量。根據商品的屬性，必須以適合的法定度量衡單位描述。

⊙使用方法

1.新鍋使用前以濕的菜瓜布沾中性清潔劑，將鍋子內外洗淨。

2.由於本鍋傳熱效果佳，為避免燙傷，烹調後最好以布套或抹布拿取鍋蓋及把手。

3.清洗鍋具請利用烹煮後的餘熱，加入溫水和中性清潔劑，以菜瓜布或鋼刷清洗乾淨。

■**用法**
產品的使用方法並非商品標示的基本項目，但部分較詳盡的商品標示會特別說明。

進口商：凱家實業股份有限公司

住址：台北市新民北路三段20號

電話：（02）2500-7000

MADE IN CHINA

■**廠商相關資訊**
清楚寫出廠商 名稱、地址、聯絡電話，進口產品還需標明商品原產地。

製造日期：99.01

有效期限：常態下可永久存放

■**日期**
需明確寫出產品的製造日期，一般以年月日或月日年為來標示，民國年或西元年則不拘，具有時效性的產品還需加註有效期限。

造日期並非標示於產品本身，因此消費者最好保存外盒和使用說明，或將保存期限自行註明在產品本體上。

此外，商品標示還必須符合以下格式：

1. 商品標示應清楚、明顯：清楚、可辨識是商品標示的基本格式，如果商品體積過小、散裝出售或性質特殊而無法於商品本身或另貼商品標示，應以其他方式標示。像是內衣、手套、圍巾等服飾織品，會在產品內層縫製商品標示以供消費者參考。

2. 商品標示應以中文撰寫：商品標示的內容以中文為主，再輔以英文或其他外文，其中無法以中文標示的資訊，像是無統一譯名的化合物成分及材質，可以用國際通用文字或符號標示。

3. 進口商品應附中文說明：進口商品應附加中文標示及說明書，外國製造商的名稱及地址則仍以原文標示。

warning 從商品標示辨識黑心商品

黑心商品的手法以「舊品新裝」為主，像是舊電視、舊床墊混充新品，或是含過量有害物質的毛巾、衛生筷、嬰幼兒用品，這類日用品的商品標示大多不完全，或是遭到塗改、破壞、剪貼或抹掉等情形，尤其是有效日期及產品成分最容易造假。另外，違反常態的低價商品也很可能潛藏安全問題。選購時可確認以上要點，以避免買到黑心商品。

特定日用品的指定標示項目

日用品的種類多元，針對某些日用品具有危險性、攸關衛生安全、容易因使用者操作不慎而受到傷害，因此〈商品標示法〉特別規定這類商品標示需加註「指定標示項目」，規範業者應根據日用品的特性特別標明使用方法、注意事項等，以保障消費者的安全。需加註「指定標示項目」的商品如下：

❶餐具容器類：

1. 免洗餐具容器：免洗餐具容器用後即可丟棄，未妥善處理會造成環境污染，因此依規定必須附上資源回收標誌。資源回收標誌包含「回收標誌」♻ 和「塑膠材質回收辨識碼」♳（參見P.289），帶有此標誌的日用品表示可以再利用，提醒消費者應交付清潔隊或回收點，促進消費者配合回收可再利用的日用品。帶有此類標誌的日用品以餐具容器為主，例如：鐵罐、鋁罐、玻璃瓶、鋁箔包、塑膠餐具容器等，其他還有美妝沐浴用品的外瓶、各式電池等。

2. 紙製免洗餐具、免洗筷：一般紙製免洗餐具多為散裝，根據法規必須在大包裝或個別包裝附上廠商資訊，免洗筷還需標示有效日期。另外，可微波的紙杯、紙碗、塑膠餐盒則應標示使用溫度上限。

❷清潔消毒用品

1. 環境用藥：維護環境衛生所用的殺蟲劑、殺鼠劑等都屬於環境用藥，這類日用品的成分多含有機溶劑及高濃度的強酸、強鹼溶劑，一旦誤用可能對人體造成嚴重危害。為了維護消費者的使用安全，環境用藥的指定標示項目相當多，包含：

①環境用藥字樣：該產品帶有「一般環境用藥」字樣，表示屬於環保署定義的環境用藥，其成分、劑量等需受到環境用藥管理法的規範。

②許可證字號：環境用藥在上市前必須向主管機關申請許可證字號才能開始販

售，具有許可證字號的日用品表示其成分、來源、廠商、安全性、效能等皆通過政府層層把關及檢驗。選購環境衛生用藥時，應注意產品上是否有環保署核可的許可證字號，如「環署衛製字第○○○○號」、「環署衛輸字第○○○○號」，才是合法登記的環境衛生用藥，消費者亦可依據許可字號於網路查詢各種環境用藥資訊，以做為參考依據。

③**警語及警示圖案**：除了直接以文字說明該日用品對環境和人體的危害，並依不同環境衛生用藥、微生物製劑原體的毒性及產品特性分類，以樣式簡單的警示圖案標示，便於使用者快速分辨環境用藥的危險性及使用方式等，警示圖案的底色亦有其意義，例如紅底代表高毒、極毒；黃底代表中毒；藍底代表低毒。

④**有效成分及含量**：環境用藥需標明能除滅害蟲的成分及含量，有效成分常以重量百分比（%W／W）表示，並佐以容許誤差（%）表示其有效成分的誤差範圍；如果環境用藥屬於微生物製劑，其成分則以微生物活體數或效力單位表示，例如用於防治昆蟲的蘇力菌粉劑標示為16,000 IU/mg，則表示一毫克的粉劑中含有16,000個酵素活性單位；若屬於電蚊香劑等片劑，則以其重量含量表示（W／片）。

⑤**性能**：環境用藥的防治性能可經由行政院環保署的藥效試驗評定，其中包含殺蟲、殺蟎、殺鼠、殺菌等不同的試驗，通過測試後，政府才會授與環境用藥許可證字號。消費者可從其性能比較產品效果優劣，但需注意性能愈強的環境用藥，其毒性亦可能愈高，必須審慎使用。

⑥**劑型及內容量**：環境用藥的類型有噴霧劑、凝膠餌劑、藥片、溶液等，不同類型的劑量單位各異，標示清楚可供消費者選購適合的類型及劑量。

⑦**適用範圍及使用方法**：明確定義可使用該產品的區域，並詳述操作步驟，確保產品發揮除滅害蟲的功效。

⑧**使用及儲藏時應注意事項**：環境用藥的成分性質比較不穩定，在使用和存放方面需格外注意外在環境條件，可避免造成環境污染、公共安全疑慮或健康危害。

⑨**中毒症狀急救及解毒方法**：環境用藥倘若誤用可能致毒，因此標示需提供判斷是否中毒的症狀，以及簡易的急救法，通常多建議送醫時一併攜帶產品前往診治。

⑩**廢容器回收清理方式**：環境用藥若採可回收容器盛裝，如：鐵、鋁罐、鋁箔包、紙容器、玻璃容器、塑膠容器等，需於容器加註回收管道、回收標誌、包裝材質。標示有「♻ 資源回收標誌」，就表示該環境用藥用畢，容器可交由清潔隊資源回收車回收或送到各大型或連鎖超商、超市、量販店的回收桶集中回收。農藥及特殊環境用藥的廢容器因具有危險性，消費者不宜重複利用，應交付回收後焚化處理。

看懂環境用藥的商品標示

❶ 一般環境用藥

❷ 許可證字號：環署衛輸字第00763號

❸ 警語：本劑對水生物具毒性，請勿污染或使用於魚池、水源、池塘、湖泊、河流等水域。

商品名稱：淨滅噴霧殺蟲劑

❹ **有效成分及含量**：治滅寧（Tetramethrin）0.35%w／w、異亞列寧（d-allethrin）0.10% w／w、百滅寧（permethrin, cis:trans＝25：75）0.10%w／w

❺ **性能**：防治蚊子、蒼蠅

❻ **劑型及內容量**：500毫升（噴霧劑）

❼ ⊙**適用範圍**　適用一般家庭及周圍環境。

⊙**使用方法**　使用前上下搖動均勻，向空中噴灑每立方公尺約2～3秒的劑量，飄浮於空氣中的微粒即有防制效力。

❽ ⊙**注意事項**
1. 使用前先緊閉窗戶，並淨空人員及寵物。
2. 使用時遠離火源，並避免經口、鼻吸入，噴灑後離開現場，經30分鐘後再進入該處，並開啟門窗使空氣流通。
3. 請置於兒童不易觸摸及乾燥陰涼處，並與食物隔離儲存。
4. 勿置放於火爐、電鍋、微波爐、電磁爐等電器附近，或室溫超過50度C以上場所，或長期曝曬日光下，或置放於潮濕處，以免空氣罐生鏽或氣體外洩。
5. 使用完的空氣罐嚴禁再利用；需先在無火氣處將剩餘氣體噴完，在交付回收點或清潔隊回收。

❾ ⊙**中毒症狀**　頭暈、目眩、嘔吐、胸悶等

⊙**急救方式**
1. 使用不慎而沾染皮膚，請用肥皂水洗淨，如沾染眼睛則以大量清水洗淨，若仍感不適則應盡速送醫診治。
2. 若不慎吸入而產生中毒症狀，請立刻持本品標示送醫診治，依一般解毒方法處理。

❿ ⊙**廢容器回收清除方式**
使用完畢後交付回收點或清潔隊回收
免費回收專線　0800-088-077

⊙**包裝材質**　鐵罐　　⊙**回收標誌**

製造日期（MFG）：990606　**有效期限**（EXP）：2年
批號：BOBE88
製造廠商：東角化學工業有限公司
地址：新竹市人倫路二段11號
電話：（03）755-2551

❶ 需加註環境用藥字樣
帶有此字樣，表示這個產品屬於環境用藥，只能用在空間中，做為各種防制用途，不能用在人體。

❷ 許可證字號
這個產品是經環保署核准的進口殺蟲劑。

❸ 警示圖案或警語
這個產品會污染水源，並且依照圖案所示，紅框表示此產品屬於「高毒」，靠近火源恐起火。

❹ 有效成分及含量
這個產品的主要成分是治威寧、異亞列寧和百滅寧，劑量分別是0.35%w／w、0.1%w／w、0.1%w／w。

❺ 性能
此產品「淨滅噴霧殺蟲劑」的功能是預防蚊子和蒼蠅。

❻ 劑型及內容量
此產品是噴霧劑，內容量有500毫升。

❼ 適用範圍及使用方法
此產品可用在居家的室內外空間，使用時應遵循使用方法的描述操作之。

❽ 注意事項
此產品的毒性較強，在使用時和儲存上應嚴加配合注意事項的說明，以免發生危險或危害環境。

❾ 中毒症狀、急救方法
使用過程若發生不適情況，可參照此處描述做基礎的急救，並儘速送醫。

❿ 廢容器回收清理方式
此產品的外瓶包裝應回收後焚化，不宜自行重複使用或任意丟棄。

❸美容保養用品：

1. 化妝品：化妝品分為一般化妝品和含藥化妝品，一般化妝品像是各式保養、彩妝、香水及卸妝用品均屬之；含藥化妝品則是指含有〈化妝品含有醫療或毒劇藥品基準〉所規定的含藥成分，像是防曬乳、染髮劑、燙髮劑、止汗劑、美白乳液、美白牙膏、角質軟化及預防面皰粉刺劑等。由於化妝品的使用必須直接接觸皮膚，因此不論一般化妝品或含藥化妝品，均需列出以下指定標示項目：

　　①全成分：即廠商應標示出該產品使用的所有成分，以讓消費者更了解化妝品的本質。如此一來，若該產品有安全上的不確定性或是過敏的可能，消費者才能握有充分的資訊以決定是否接受潛在的風險。

　　②用途：需清楚說明該產品可用於哪些部位及使用目的，以規範廠商依其產品所添加的成分實際標示用途，以避免誇大不實或涉及療效的詞句，而誤導消費者。

看懂化妝品的商品標示

Elegance保濕防曬粉底凝露 （含藥化妝品）無香料	**■用途** 可據此了解該化妝品的作用，但即使是含藥化妝品，易不得宣稱具有療效。
用途：修飾、防曬肌膚。	
使用方法：使用前先充分搖勻，於妝前霜後使用，以指腹沾取直徑5公釐的份量，重複2次分邊均勻塗抹臉部兩側。	**■使用方法** 應依照標示所描述的方法來操作使用，以利產品發揮其效果，並能避免不必要的誤用。
劑型：溶液　　**容量：**30ml **保存方法：**請勿置於陽光直射處或高溫處。	
注意事項：用後肌膚若有不適，請停止使用。	**■注意事項** 含藥化妝品可能因個人體質不同而反應各異，使用時應遵循其建議以維護自身健康。
許可字號：衛署妝輸第024607號	
製造商：Elegance CO., LTD. 1700 Lamar Blvd #200, Austin, TX 78704 **原產地：**日本 **進口商：**翠司國際股份有限公司	**■許可證字號** 該產品為經過衛生署檢驗核可的進口含藥化妝品。
批號：922T　　**保存期限：**2016.07	**■批號與保存期限** 可據此判斷該化妝品的出廠時間，同時若主管機關公告相關不良品，亦可透過批號來確認。
主成分：TITANIUM DIOXIDE 12.5% **其他成分：**CYCLOMETHICONE, WATER, ALCOHOL, DIPROPYLENE GLYCOL, TALC (Cl No:77718), PEG-9 POLYDIMETHYLSILOXYETHYL DIMETHICONE, BHT, POCOPHEROL	**■主成分與其他成分** 化妝品必須標示出全部成分，選購時應詳細閱讀，並注意是否摻有自身容易過敏的物質。

③**用法**：化妝品的種類多元，粉狀、膏狀、溶液的使用方式亦有區隔，因此需詳細描述使用步驟，以利產品發揮效果。

④**批號或出廠日期**：從批號或出廠日期可以判斷該產品是否過期，一旦如此則有產品變質或損壞之虞。另外，檢驗機關檢驗出不良的產品也會以批號來公告，消費者可根據公告的批號確認是否買到該批不良產品。

另外，含藥化妝品的部分成分具有醫療效果且濃度較高，且使用方法亦各異，因此針對含藥化妝品還需列出以下指定標示項目：

①**許可證字號**：含藥化妝品需進行成分及安全性查驗登記，通過查驗、取得許可證後，廠商才能輸入或製造。因此消費者可藉由許可證字號的有無，確認該含藥化妝品是否安全無虞。民眾如想查詢自己所使用含藥化妝品是否通過許可，亦可至主管單位網站查詢。

②**配方中所含藥品的名稱、含量**：含藥化妝品的含藥成分出於安全性的考量，其特定用途、濃度等必須受到管制，因此需詳細列出此類成分的名稱及含量，並經由主管機關審慎評估後才可上架。

(info) **許可證字號的格式及真偽**

根據現行法規，常用的日用品中僅藥用化妝品和環境用藥必須申請許可證字號。帶有許可證字號除了表示該產品經主管機關核可，亦可藉此辨認該商品是國內製造或進口輸入。許可證字號中帶有「輸」即為進口產品，「製」則為本國製產品。

經衛生署核准的化妝品許可證字號有三種：

❶**衛署妝製字第000000號**　❷**衛署妝輸字第000000號**　❸**衛署妝陸輸字第000000號**

　　屬於國產含藥化妝品　　　　屬於進口的含藥化妝品　　屬於大陸製的含藥化妝品

經環保署核准的環境用藥許可證字號有兩種：

❶**環署衛製第000000號**　❷**環署衛輸第000000號**

　　屬於國產環境用藥　　　　屬於進口環境用藥

若發現商品的許可證字號非上述寫法，或是在網站查詢系統中無法查到的字號，極可能是偽造的字號。此外，部分品牌並非藥用化妝品，但卻帶有許可證字號如：「衛妝廣字第000000號」，這是該化妝品的廣告內容通過衛生署核准的廣告字號，與產品本身優劣實無關連。若對商品的許可證字號有疑慮，可上網查詢：

①化妝品請至行政院衛生署網站查詢：http://www.doh.gov.tw/，連結路徑：查詢服務→查詢系統連結→〈藥物、醫療器材、化妝品許可證查詢〉

若要確認手中的化妝品其許可證字號是否過期，亦可上行政院衛生署查詢，連結路徑：查詢服務→查詢系統連結→〈過期許可證字號查詢〉

②環境用藥請至行政院環保署網站查詢：http://www.epa.gov.tw/，連結路徑：環境衛生及用藥→環境用藥許可證照及標示查詢系統

　　③**使用時應注意事項**：含藥化妝品常用於皮膚上的特殊症狀，若使用方式錯誤，可能導致身體的傷害，因此此類化妝品必須詳述其使用注意事項，教導消費者正確地使用，以維護其健康與權益。

❹居家用品：

1. 服飾織品：外套、內衣、圍巾、泳衣、雨衣等屬服飾類，枕頭、床墊、餐墊、窗簾、地毯等則屬織品類。這兩類日用品在使用過程會長時間接觸到皮膚，為保護消費者的使用安全、控管產品品質，這兩類日用品的商品標示受到相同的法規規範，必須標明以下指定標示項目：

　　①**廠商資料**：廠商名稱、聯絡電話及地址是廠商的基本資料。

　　②**生產國別**：目前市售服飾織品的產地與廠商多半分屬不同國家，因此依規定應標示生產地的國名。

　　③**尺寸**：服飾需標示其大小，以供消費者選購合適的大小。一般服飾的尺碼有美制的S（小）、M（中）、L（大），前後可加碼為XS（特小）、XL（特大）；英制則依序為34、36、38、40、42，F則是指free size（不分尺碼）。而嬰幼兒服裝的尺碼表示方式常見的是直接用年齡來表示，如：1Y（一歲）、2Y（二歲）、3Y（三歲），或以身高來表示，如：80CM、90CM、100CM。

　　④**纖維成分**：應以中文學名或慣用名稱標示，再輔以法定英文學名；使用纖維

 看懂服飾織品的商品標示

ナチュウル　スタイル

SIZE：F
PRICE：$ 6880
表布：68%羊毛（WOOL）
　　　32%聚醯胺纖維（POLYAMIDE FIBER）
裡布：95%聚酯纖維（POLYESTER）
　　　5%彈性纖維（SPANDEX）

田中服飾有限公司
台北市忠孝東路八段122號11樓
02-2500-7000
Made In Vietnam

■**尺寸或尺碼**
這件商品不分尺碼。

■**纖維成分**
這件商品分為表布和裡布，表布含有近七成的羊毛和約三成的人造纖維，裡布則完全屬人造纖維。

■**洗燙處理方法**
這件商品不可漂白、水洗及烘乾，因此正確清潔此商品的方式是送至乾洗店乾洗。

■**廠商資料及生產國別**
該產品的廠商所在地是台灣，生產地則在越南。

達5%以上者，必須標示在成分表上，但5%以下的纖維其特性若會影響整體產品或洗燙處理方式，也應標示出來，且應分別標示表布、裡布、填充物的成分。

⑤**洗燙處理方法**：針對洗滌、漂白、乾燥、熨燙等四種方式，主要採洗標圖案示意，再輔以中文說明圖示無法表達的部分，說明該產品清洗時可採行與不可採行的洗滌方式，以防錯誤的洗滌方式破壞衣物，導致有害成分釋出。

2. 文具：可分為一般性文具及特殊性文具，後者是指化學類（如：修正液、白板筆、廣告顏料）、黏著類（如：快乾膠、樹脂、雙面膠）及金屬類（如：刀具）。特殊性文具的成分多含有揮發性物質或帶有物理性潛在危險，且使用者以學生族群為最大宗，為了保護消費者安全，依〈文具商品標示基準〉其商品標示需加註的指定標示項目有：

①**主要用途及使用方法**：特殊性文具應說明用途及使用上的正確操作步驟，以免誤用。像是快乾膠等體積小的產品，使用方法通常會另外印製使用說明書。

②**注意事項或緊急處理方法**：針對危險性較高的化學類及黏著類文具，一旦誤用或存放不當可能造成危害，此項標示可提醒消費者正確使用，以及誤用時的簡易急救原則。

3. 玩具：提供十四歲以下的兒童玩耍遊戲的產品都屬於玩具，像是絨毛玩具、拼裝玩具、模型玩具等。玩具的使用者以嬰幼兒及孩童為主，因此格外需要規範其商品的安全性。因應玩具的特點，其指定標示項目為：

①**適用年齡**：由於每種玩具是針對各年齡層孩童的需求所設計、製造，若讓孩童使用非適用年齡的玩具，可能會造成誤食、創傷等不必要的傷害，因此玩具皆需標明其適合的年齡層。

②**使用方法或注意事項**：各項玩具商品在設計上有其特性，可能也潛藏著風險，因此需加註以提醒消費者。例如含有細小零件的商品應警示避免孩童吞嚥。

③**警告標示或特殊警告標示**：對於孩童有安全或健康之虞的玩具，必須標明警告標示或特殊警告標示，例如風箏及其他飛行玩具，必須標明：「禁止在高壓電線附近使用」；含有乙二醇的特殊玩具，則需標明：「吞嚥會造成致死傷害」。

4. 電器、耗材：電器（如：冰箱、電扇、吹風機等家電，以及電腦、手機等3C產品）及耗材（燈泡、充電電池），容易因操作不當而導致意外事故，故應加註以下指定項目：

①**型號**：各種廠牌的電器產品常有不同的型號，其電器規格、樣式及功能亦不同，通常相近的型號代表其為同系列的產品，消費者可根據商品型號購買所需求的商品。

②**製造年分及製造號碼**：消費者可以根據其製造年分判斷電器產品的新舊，存放過久的家電可能會有劣化、生鏽、不符規格等風險，容易縮短電器使用年限。

③**生產國別或地區**：不同國家生產的產品，其信譽、價格及產品品質亦有優

劣之分,可做為消費者選購時的參考依據。

④**總額定消耗電功率或額定輸入電流**:總額定消耗電功率(瓦特,縮寫代號為「W」,是電流乘以電壓計算得之)是衡量耗電程度的單位,瓦特數愈高代表此電器愈耗電,乘上使用時間即可算出此電器的使用電量,消費者可從電器的耗電量評估並調整適合自己的省電模式。

⑤**額定電壓(V)及額定頻率(Hz)**:不同國家可能有不同的電壓(即頻率)要求,使用不合該國電壓要求的電器容易造成短路、電線走火,甚至火災,因此從其額定電壓可判斷其是否適合台灣使用,例如某一電器的額定電壓標示為220~240V,即顯示該電器可以在220V~240V之間的任何電壓下操作,而台灣電器的電壓標準為110V/60Hz,則此電器無法在台灣直接使用,消費者需到五金行或電器行購買變壓器,加裝在插頭與插座間才可使用。

⑥**規格**:一般是指輸入電流、消耗電功率、額定電壓及頻率,特定電器常標示的有:防水等級、電池大小等,消費者可藉此參考,根據產品規格搭配不同的使用環境。

⑦**注意事項或警語**:特定用途的電器常標示注意事項或警語標示,以提醒消費者正確地操作電器,例如:「避免使用超過標示的電力」、「使用完畢必須關閉電器的開關,並拔下電源轉換器及電器插頭」或「使用時必須有人看管,禁止孩童獨自使用」……等。

⑧**使用方法及緊急處理方法**:許多電器帶有潛在的危險性,使用不當而發生事故時,可依照標示上的緊急處理方法處置,以降低危害程度。例如洗衣機常標示:「20秒內脫水槽無法停止轉動時,請中止使用,並請求服務修理。請勿將手伸入洗衣機底部,以防手受傷。」

❺生活空間

1. 耐燃裝潢建材:一般裝潢是由裝潢承包商處理,消費者不會親自選購裝潢材料,不過近年來由於裝潢材料購買便利,親自動手裝潢自家環境的做法日益普及。耐燃建材的防火性能與居家安全關連甚大,因此依規定除需標示製品名稱、製造日期、廠商名稱及種類外,另應標示耐燃等級,依照經濟部標準檢驗局規範,分為耐燃一級(不燃材料)、耐燃二級(耐火板)與耐燃三級(耐燃材料);此外,建材亦常以防火時效標示耐燃度,防火時效表示建材或構造體遭受火災時可耐燃的時間,區分為三十分鐘、一小時、二小時、三小時與四小時。不同用途的建築物有不同耐燃等級與防火時效的規定。

❻交通用品

1. 安全帽:安全帽是經濟部標準檢驗局規定「應施檢驗」商品,也就是必須符合國家標準CNS2396的標示規定,應標示的指定標示項目有:

①**種類及主要用途**：一般種類分為自行車專用安全帽、半罩式安全帽、3/4罩式安全帽（適用速克達騎士）、全罩式安全帽（適用大部分機車騎士或四輪賽車手）、越野車用安全帽（越野車騎士）等。

②**標稱尺寸**：不同安全帽廠有其自定的尺碼，一般尺寸分級為S、M、L、XL、XXL等。消費者購買時宜至店家試戴，並選擇一個符合自己頭形的安全帽，若安全帽過大，行車時會導致安全帽搖擺而降低保護能力；如果安全帽過小，會造成使用者頭痛或頭暈。此外，東方人和西方人的頭型明顯不同，購買進口安全帽需特別注意。

③**製造年月或其代號**：安全帽的塑料材質會因太陽高溫及紫外光照射而加速其劣化過程，存放在室內則在長時間放置後同樣會產生劣化，因此安全帽有一定的使用期限，若超過期限，安全帽的保護作用會大為下降，建議及早更換以確保自身安全。

④**使用說明**：國產品大都有簡單說明或注意事項，教導使用者如何調整頤帶扣具、配戴方式、簡易保養清潔、更換鏡片及帽體的時機等，以幫助消費者快速了解並使用安全帽。

2. 汽車：為了達成節能行車的目標，因此經濟部能源局要求所有展示的新車（包含：小客車、小貨車及小客貨兩用車等各型汽車及機器腳踏車）應標示「中華民國能源效率標示」，以做為消費者選購時的指標。該標示的內容包含年耗油量、車輛類別、廠牌、認證車型、油耗值（包含測試方法）與能源效率等級。它是依排氣量等級測試該車輛的油耗值，耗油量愈低，排氣量等級愈低，代表其車輛愈省油。

看懂汽車的節能效率標示

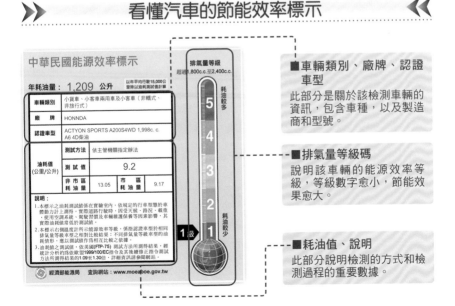

看懂成分標示

　　成分標示是商品標示中相當關鍵的一部分，它不僅說明商品所使用的原料，同時代表商品適用的方式。雖然現今多數商品僅需標示主成分，寫法往往是拗口的化學名稱，形成辨識上的阻礙，但標示內容仍具有一定的參考性。因此，看懂日用品的成分標示，並了解成分標示中可能潛藏的風險，仍舊是選購日用品時的判斷依據。

● 成分標示的規則

❶ 主成分標示 VS. 全成分標示

　　現行的成分標示方式主要有主成分及全成分兩種，主成分是指商品標示需寫出商品所用的主要成分或材料；全成分則應寫出商品所用到的全部成分。由於日用品種類多元，成分包羅萬象、規格不一，而各商家研發的配方涉及商業機密，更有許多化合物因為是在製造過程中產生，不會明列在產品成分表中，因此除了成分複雜的化妝品應以全成分標示，其他的日用品皆採用主成分的標示方式。現行法規並未明確制訂主成分在產品的用量占比，因此商家可自行決定成分標示的詳盡程度。一般來說，成分標示得愈清楚、完整，表示產品的可信度就愈高，亦可窺知製造商的負責程度。而化妝品則由於所含的成分可能導致敏感性膚質或過敏體質的使用者出現肌膚傷害或嚴重不適，因此依規定需將所添加所有成分都羅列出來，提供消費者完整的選購資訊。

❷ 依配方量的多寡、濃度高低順序標示

　　不論採主成分或全成分的標示方式，成分項目的排列順序大致是依照配方量的多寡或濃度，由多到少、由高到低依序標示，但配方量低於 1 ％的成分則隨機排序。例如塑膠製品通常是塑料寫在最前面，一般保養品成分則以水（water／aqua）排第一。

❸ 以中文標示為主，英文為輔

　　現行的成分標示除外銷產品外，依規定皆需以正體中文為主，以保障消費者權益，但有些成分（例如化學分子）不易翻譯成中文，則可以英文等國際通用文字或符號標示，另外像塑膠、布料材質等尚未有統一譯名的成分，則可以採用中、英文併列方式標示。

成分標示的規則

全成分的標示

品名：米雅嬰兒潤膚乳液
全成分：詳見英文標示
主成分 尿囊素（Allantoin）0.2%

Content: Aqua, Cetearyl Alcohol, Glycerin, Sorbital, Paraffinum liquidum, Sodium Lactate, Decyl Oleate, Chamomilla recutita extract, Lecithin, Ascorbyl Palmitate, Allantoin, Caprylic/Capric Triglyceride, Sodium Cetearyl Sulfate, Dimethicone, Sodium Citrate, Parfum, Alcohol denat., Benzyl Alcohol, Phenoxyethanol, Sodium Benzoate.

尿囊素（Allantoin）為天然保溼成分，補充肌膚流失的水分，具有保溼滋潤效果，使寶寶肌膚柔嫩健康。

■此處表示，該產品的主要有效成分是含有濃度0.2%的尿囊素（Allantoin）溶液。

產品成分的排列順序，一般依照含量多寡來排序，列在愈前面的含量愈多。

■該產品的成分中，水（Aqua）是其中含量最多的成分。

■針對主成分的特點及功效詳加說明。

主成分的標示

品名：康福暖暖包

主成分 鐵粉、水、活性碳、鹽類、蛭石

■此為主成分的標示法，所標出的內容僅用量較大的成分，其他用量小或重要性低的成分就沒有標出，例如：暖暖包的外袋。

info　商品標示可彌補主成分標示不足的資訊

市售商品多採主成分的標示方式，選購時若對商品仍有疑惑，可詳閱商品標示的其他內容，例如：用途、用法、規格等，若商品已經買回家才發現有使用上的疑惑，合格的商品標示通常有廠商的聯絡資訊或消費者服務專線，亦可據此直接洽詢廠商。

成分標示潛藏的風險

日用品的成分標示往往帶有艱澀難懂的化學專有名詞，或是一長串的英文名稱，雖然大部分的成分依規定會附上中文成分標示，但不易翻譯成中文的仍以原文標示，加以多數日用品只需標示主成分，還可能含有不在成分標示中的微量有害物質，這些情況都讓消費者無所適從。因此，以下就餐具容器、清潔消毒用品及美容保養用品等製作成分複雜的日用品在成分標示中常見的風險做說明：

❶餐具容器

陶瓷容器在成分標示上通常只會寫出陶土、黏土等主成分，不會寫出所用的彩繪顏料成分，而這些成分可能含有重金屬，如果用來盛裝食物則可能在無意中吃下重金屬。

塑膠餐具的成分標示通常會列出主要使用的塑料，但並不會標示出該塑料所含的有害物質。例如聚碳酸酯（PC）製的微波保鮮盒大多含有環境荷爾蒙雙酚A，是在製造聚碳酸酯的過程中添加的原料，在高溫環境下會溶解。另外，有些塑膠製品在製造過程所含的添加物可能有害，也無法從成分標示中辨識。例如聚氯乙烯（PVC）製的塑膠容器為了提升塑膠的可塑性，常添加致癌物壬基苯酚或鄰苯二甲酸酯，在高油脂環境中會釋出。不過塑膠容器依不同材質成分和製程，分別對應不同的用途，大致可分為七類，只要熟記這些常見材質，在選購時利用三角回收標誌內的數字與列出的英文縮寫來辨識其所用的材質，並依循其使用條件，就可安心使用。

❷清潔消毒用品

一般清潔劑的主要成分是界面活性劑，但是可做為界面活性劑的化學成分達數十種，且毒性差異甚大，但成分標示往往是「天然非離子界面活性劑（Nonion）、陰離子界面活性劑（Anion）、陽離子界面活性劑（Cation）」等統稱，無法得知實際採用的化學成分，難以判斷、查詢可能產生的毒性。因此，選購時盡量選擇成分標示清楚的化學物質，並標示使用比例的產品。另外避免購買含有磷酸鹽（Phosphates）的清潔劑，以免破壞飲用水的水質。

❸美容保養用品

一般化妝品雖然有全成分標示，但大都以英文或艱澀的化學名詞標示，未具備專業知識的消費者多半無法判斷；另外，部分廠商為了規避監督，會將有疑慮的化合物改寫成其他名稱，更加深辨識的困難度，例如帶有致癌疑慮的抑菌成分「三氯沙（Triclosan）」常改寫為「玉潔新」，讓消費者忽略其隱藏的危害。此外，成分的含量多寡也相當重要，用量不足則效果不彰，用量過多將引起過敏、發炎等反效果，但是僅部分化妝品會詳細標示各成分的含量。對此，可以上網至衛生署的〈化

妝品原料基準〉查詢，或是購買衛生署出版的〈中華藥典〉，以了解化妝品的成分。

　　化妝品標示其使用天然成分，即表示不含有機的人工香料、人工合成色素、矽、石蠟，及其他經過石油裂解後的成分，如：丙烯、甘油等，並且該產品所使用的天然香料應符合國際標準規範的許可範圍。不過，部分天然化妝品為使成分不變質，會使用天然防腐劑如：苯甲酸（Benzoic acid）、苯甲酸鹽（Benzoates）、水楊酸（Salicylic acid）、水楊酸鹽（Salicylates）、己二烯酸（Sorbic acid）、己二烯酸鹽（Benzoates）、苯甲醇（Benzyl alcohol）等，因此並非天然成分的化妝品就完全不含防腐劑，不過依規定應在商品標示中註明：「本產品添加XXX（防腐劑名稱）」，消費者可據此判斷。

info　保養品常見的產品保證術語

1.低敏感性（Hypoallergenic）： 表示該產品不含一般引發過敏成分，如防腐劑、香料等，因此使用時較不會引發過敏反應。

疑慮 雖排除常引發過敏的成分，但敏感體質的使用者仍可能產生過敏反應。

2.不會阻塞毛孔（Noncomedogenic）： 意指不含過量的潤膚劑，如礦油等，因此通常不會造成毛孔阻塞。

疑慮 適量的潤膚劑亦可能造成使用者產生過敏反應，使用後若有不適需即刻停止使用。

3.不會形成粉刺（Nonacnegenic）： 表示此類配方不會刺激或造成皮膚油脂分泌，因此不會形成面皰。

疑慮 廠商可能為了誘導消費者選購而浮濫標示，導致使用後仍誘發面皰。

4.無香（Unscented）： 表示該產品完全無香味。

疑慮 雖然產品本身聞不出氣味，但卻可能使用薄荷精油、檸檬精油等覆蓋性香料，代替可辨識的香氣。

5.不含香精或香料（Fragrance-free／Perfume-free）： 表示無添加任何天然或人工香味。

疑慮 同「無香」標示，可能使用覆蓋性香料替代可辨識的香氣。

6.經過敏測試（Allergy-tested）： 表示該公司已進行產品的皮膚過敏貼布測試。

疑慮 此類檢測結果與取樣多寡有關，取樣的劑量尚無明文規定，因此通過測試並不表示一定不會過敏。

7.無油脂（Oil-free）： 表示不含過量油脂。

疑慮 並非真的全無油脂，且可能為了使塗布滑順而添加矽硐，易引起過敏。

8.不含防腐劑（Preservative-free）： 表示未使用傳統的防腐劑。

疑慮 可能含有其他替代品，以維持產品的新鮮。

常見的成分標示及潛藏風險

在餐具容器、清潔消毒品及美容保養用品等日用品的成分標示中，若讀到以下成分或圖示，分別有其可能的潛藏風險，如下表所示：

餐具容器

成分標示	常見產品	可能的風險	詳細資訊
聚乙烯對苯二甲酸酯、PET、塑膠1號、	寶特瓶	可能釋出鄰苯二甲酸酯（DEHP），可能影響內分泌系統運作。	參見可塑劑 P.75
聚氯乙烯、PVC、塑膠3號、	保鮮膜、油瓶、食品的透明蓋	可能釋出鄰苯二甲酸酯（DEHP）或壬基酚，可能影響內分泌系統運作。	參見可塑劑 P.75
聚苯乙烯、PS、塑膠6號、	保麗龍碗、免洗杯蓋	遇熱會釋出苯乙烯單體，濃度過高會抑制中樞神經系統而引起心律不整，並損害肝臟及腎臟。	參見塑膠原料P.65
聚碳酸酯、PC、塑膠7號、	奶瓶、保鮮盒、飲料瓶	聚碳酸酯在高溫下會釋出雙酚A。	參見聚合物 P.206
三聚氰胺－甲醛樹脂、美耐皿	美耐皿餐具	在高溫、強酸環境下可能釋出甲醛。	參見塑膠原料P.65
不鏽鋼、陶土、黏土、瓷石、瓷土	不銹鋼餐具、陶瓷餐具	釉料、顏料或材質本身可能含有鉻、鎳、鉛、鎘、汞等重金屬。	參見金屬 P.169
亞硫酸鹽（Sulfites）、二氧化硫（Sulfur dioxide）、漂白劑	免洗筷	漂白劑可能殘留在免洗筷表面。	參見漂白劑 P.122

清潔消毒用品

成分標示	常見產品	可能的風險	詳細資訊
界面活性劑、陰離子界面活性劑（Anion）、天然非離子界面活性劑（Nonion）、棕櫚油醇界活性劑、天然陰離子界面活性劑、特殊去污洗淨界面活性劑、特殊柔軟洗淨界面活性劑、陽離子界面活性劑、Polyoxyethylene Lauryl Ether Sodium Sulfides、Lauryl Sulfuric Triethanolamine	一般居家用清潔劑、洗碗精、洗衣粉、沐浴乳、洗髮乳	接觸過量可能刺激皮膚，出現過敏症皮膚炎、皮膚受損及龜裂，進入體內累積過量可能造成肝腎病變、干擾內分泌系統。	參見界面活性劑P.83
酒精（Alcohol）、醛醛（Acetaldehyde）、三氯沙（Triclosan）、甲醛（Aldehyde）、紅海蔥、弗拉倒、必滅鼠等殺鼠劑，及必安住、巴拉松、DDT、甲品松、四氯丹等數百種農藥	殺蟲劑、殺菌劑、殺蟎劑、殺鼠劑	直接接觸可能刺激皮膚黏膜，濃度過高會造成全身神經系統傳遞訊息功能障礙、急性肺水腫，出現呼吸肌肉乏力、意識模糊等症狀。	參見持久性有機污染物P.191、抗菌劑P.114

| 強氧化劑、臭氧、氯、次氯酸鹽、氯胺、過氧化氫、二氧化氯、碘、高錳酸鹽（Permanganate）、酚醛化合物、過醋酸（Peroxyacetic acid）、季銨化合物（Quats）消毒劑、清潔劑、殺菌劑、漂白劑 | 消毒劑、清潔劑、殺菌劑、漂白劑 | 進入人體後會使組織缺氧中毒，高濃度有刺激和腐蝕作用，可能造成身體嚴重的傷害。 | 參見抗菌劑P.114、漂白劑P.122 |

美容保養用品

成分標示	常見產品	可能的風險	詳細資訊
SLS、AES、AE、發泡劑、二乙醇胺（Diethanolamine、DEA）、1,4-二氧陸圜	洗髮精、沐浴乳、牙膏	致癌、刺激皮膚。	參見界面活性劑P83
BHT、EDTA、二烷基硫酸鈉、乙二胺四乙酸鈉	洗髮精、沐浴乳	刺激皮膚。	參見抗氧化劑P.106
煤焦油（Coal tar）、石油（Petroleum）、液態石化（Liquid petrochemical）、苯（Benzene）、甲苯（Toluene）、酚（Phenol）、苯酚（Hydroxybenzene）	牙膏、漱口水、染髮劑、睫毛膏	致癌、刺激皮膚。	參見多環芳香烴化合物P195
香料、鄰苯二甲酸二辛酯（Di-no-octylphthalate、Phthalates）	香水類化妝品	香料可能含有鄰苯二甲酸鹽等環境荷爾蒙。	參見可塑劑P.75
p-phenylenediamine,PPD、1,4-苯二胺（1,4-benzenediamine、p-aminoaniline、1,4-diamino benzene）	染髮劑	傷害神經系統、刺激肺部、導致過敏或失明。	參見染色劑P.93
美白劑、對苯二酚（Hydroquinone）	面霜、眼霜	具神經毒素，易引發過敏。	參見抗氧化劑P.106
月桂基硫酸納、烷基硫酸鹽（SLS）、聚二乙醇（PEG），或成分的英文名稱結尾有-xynol、-ceteareth、-pleth	洗髮精、沐浴乳	含有1,4-二氧陸圜，是一種已知的動物致癌物質，也可能造成人類癌症。	參見界面活性劑P.83
抗菌劑、三氯沙（Triclosan）、苯甲酸酯類（Paraben）、壬基酚（Nony phenol）	清潔用品、化妝品、保養用品	干擾內分泌系統、釋出毒素、產生抗藥性。	參見抗菌劑P.114 界面活性劑P.83

認識政府對商品的把關動作

為了確保上市商品的品質、維護民眾使用安全，政府針對日用品的品質設有一套審核和控管制度。受到管轄的商品均需依規定送審，經確認符合規範後才可上市銷售。現行的制度分為兩大類，一般日用品由經濟部標準檢驗局施以〈商品檢驗制度〉，環境用藥、含藥化妝品則分別由環保署和衛生署施以〈查驗登記制〉。

● 一般日用品在上市前的檢核制度：商品檢驗制度

商品檢驗制度可說是政府對上市商品最主要的把關動作，它是由經濟部標準檢驗局（以下簡稱標檢局）依〈商品檢驗法〉執行，檢測的商品對象涵蓋電機類（如：冷氣機、洗衣機）、電子類（如：電視、數位相機）、化工類（如：安全帽、太陽眼鏡）及機械類（如：瓦斯爐、滅火器）等商品，不論是國產或進口商品都必須接受這個制度的檢核。同時，為了配合市場經濟脈動，縮短業者上市前等待檢驗通過的時間，標檢局依照商品所隱含的危害風險程度，設置四種嚴格程度不同的檢驗方式，由嚴格至寬鬆分別為：逐批檢驗、監視查驗、驗證登錄及符合性聲明。

❶逐批檢驗

「逐批檢驗」是四種檢驗程序當中最嚴格的一種。它針對目前製造技術還不穩定，或安全顧慮比較高的商品，例如：微波爐、打火機等。它要求每一批商品在出廠銷售或海關進口之前都必須經檢驗人員抽樣檢驗，確定抽樣的商品符合標準後核發證明，由標準檢驗局或業者自行印製內容清晰可辨且不易磨滅的「商品檢驗標識」，並將此標識以永久固定的方式貼附在每件商品本體的明顯處之後，才可以上市銷售。

❷監視查驗

「監視查驗」是依賴業者自律的檢驗方式，適用於安全衛生顧慮較高的商品，例如：寢具、玩具、防火塗料。生產這類商品的工廠，其品質管理系統必須取得標準檢驗局或其認可驗證機構的登錄證書、辦妥監視查驗登記且備置基本檢驗設備，並取得「管理系統認可登錄廠場監視查驗」，即表示該廠商具有證明產品符合標準的能力和設備。查驗方式則可在連續多次的「逐批查驗」皆符合規定後，簡化為數批商品中隨機抽驗一批，並且廠商可申請自行印製商品檢驗標識，通過檢驗即可自行副署簽發監視查驗證明，這種做法就是「監視查驗」。如此一來，不但可加速優良商品通關與出廠的速度，減輕政府與業者的檢驗負荷，並可防止不良商品流入市

場影響消費者權益。不過若抽批查驗未能通過則要恢復「逐批檢驗制」，並且檢驗機關每年會到工廠或經銷商取樣檢驗。

❸驗證登錄

「驗證登錄」是針對同一型式不斷複製、生產的商品，像是：開飲機、洗衣機、乾衣機等。採行這種檢驗方式不需逐批抽樣檢驗，只須在該種商品設計完成、量產之前，將商品設計及製造過程的相關資料送交經濟部標檢局或其指定的實驗室，經測試確定符合標準，標檢局就會核發「商品驗證登錄證書」，業者之後就同一規格的產品，可自行將「商品檢驗標識」貼在產品本體上，即可上市販售。

❹符合性聲明

對於製造技術趨於穩定，安全顧慮較低的商品，標檢局便提供此檢驗方式，由業者自行聲明其產品符合規定。其做法是業者向標準檢驗局或其認可之指定試驗室辦理商品試驗，並將檢驗報告和產品的技術文件送交審核，通過即可取得「符合性聲明指定代碼」，之後業者在產製過程應採取管制措施，以確保其商品符合技術文件的內容，並與測試樣品一致，商品生產完成後，只要在商品本體貼上「商品檢驗標識」，無須向標檢局申請報驗，商品就能上市銷售。

> **info**
> ### 主動查詢「應檢驗商品」和「不合格商品」可自保
> 上述四種檢驗方式所針對的商品既多且廣，若不清楚所要選購的商品是否應送交檢驗，可上網至經濟部標檢局網站查詢（http://www.bsmi.gov.tw/，連結路徑：業務專區→商品檢驗業務→應施檢驗商品查詢→應施檢驗／查驗品目資料查詢）。至於部分商品不符合檢驗規定逕行銷售，亦可上網至〈商品安全資訊網〉查詢（http://safety.bsmi.gov.tw/，連結路徑：首頁→違規商品資訊），便可清楚知道計畫購買的商品有哪些廠牌不合規定，避免購買。

商品檢驗制度的四種檢驗方式

嚴格程度	逐批檢驗	適用商品	技術不穩定、危險性較高的商品。 例 打火機、運動用頭盔、電熨斗、微波爐、電烤箱、電鍋、電磁爐、烤箱、電咖啡壺、電咖啡機、烤麵包器、電熱式烘碗機、電蚊香器等。	
嚴格 ↑		主要流程	業者向標檢局報請檢驗➡標檢局針對每批商品取樣檢驗通過檢驗的該批商品取得證書➡在商品貼上「商品檢驗標識」並上市➡標檢局對上市商品進行市場抽驗	(J) C1 0000000
	監視查驗	適用商品	安全衛生顧慮高的商品。 例 壓力快鍋、床罩、床單、寢具、玩具、防火塗料、耐燃建材、耐燃壁紙、合板、地板、輪胎、安全帽等。	
		主要流程	業者長期符合逐批檢驗的規定➡業者申請並取得「管理系統認可登錄廠場監視查驗」的資格➡業者自行檢驗商品並發授核准的證明➡在商品貼上「商品檢驗標識」並上市➡標檢局對上市商品進行市場抽驗	M00000
	驗證登錄	適用商品	適用於同一形式不斷複製的商品。 例 開飲機、即熱型燃氣熱水器、布料脫水機、洗碗碟機、洗衣機、乾衣機、電鬍刀、電剪髮器等。	
		主要流程	業者將商品的技術文件、樣品送交標檢局進行試驗➡通過檢驗並取得證書➡開始量產商品➡在商品貼上「商品檢驗標識」並上市➡標檢局對上市商品進行市場抽驗	R00000
	符合性聲明	適用商品	製造技術比較穩定、安全性顧慮低的商品。 例 太陽眼鏡、護目鏡。數位相機、數位攝影機、收銀機、打卡機、光碟機、電腦儲存資料設備、計算機、主機板、防焰壁紙。	
寬鬆 ↓		主要流程	業者將樣品送交標檢局或其指定實驗室檢驗，並於進入市場前完成檢驗程序➡向標檢局登記取得商品檢驗標識的指定代碼➡於商品本體標示「商品檢驗標識」並上市➡標檢局對上市商品進行市場抽驗	D00000

一般日用品在上市後的檢核制度：市場抽驗

由於商品檢驗制度是採行抽樣檢核，並且其中監視查驗、驗證登錄及符合性聲明三種檢驗方式，都是基於信任業者的自我管理能力，和維護商譽以深耕市場的經營概念，施以較為寬鬆的檢核制度。因此，標檢局為了確保商品在長期施以寬鬆的制度下，仍能維持一定的品質，針對通過商品檢驗制度並貼有「商品安全標識」的商品，除了定期到工廠取樣檢測，還會派員到賣場、工廠或倉儲場進行市場檢查，以確認通過商品檢驗制度的商品，在廠商的自行監管、運作下，仍符合〈商品檢驗法〉的規定。另外，為配合民眾實際使用的情境、緊盯業界不斷推陳出新的新興商品，標檢局也會針對不需檢驗即可上市的商品、節慶商品，以及消費者或媒體等各界反映的熱門商品進行市場抽驗。標檢局每年會依據商品特性及商品風險評估，訂定「年度市場購樣計劃」，並且配合年節辦理「節慶商品購樣檢測計畫」，針對購樣清單中的日用品進行檢測；此外，還會參考商品義務監視員、檢舉人、消費者、消費者保護團體以及媒體所反映的資訊，針對發生意外並危及消費者安全的商品執行檢查。

上述商品所查核的內容包括：商品標示是否符合規定、已貼附檢驗標識的商品與原報驗或登錄的商品是否吻合、限令回收的違規商品是否依規定回收、禁止陳列銷售的商品是否繼續陳列販售等。上市商品若違反標示規定、不符合檢驗規定或偽造檢驗合格證書，依法須限期回收或改正，否則將處新臺幣十萬元以上一百萬元以下的罰鍰，並得按次連續處罰，並且將依法限期停止輸出或進口、生產、製造、陳列或銷售，違者可處新臺幣二十五萬元以上二百五十萬元以下罰鍰，並得按次連續處罰，同時會沒收或銷燬商品。

info　市場抽驗的商品項目及抽驗結果

標檢局每年進行市場抽驗的商品項目會隨市場情況有所變動，該局抽查的品項和抽查結果，可上網至〈商品安全資訊網〉查詢（http://safety.bsmi.gov.tw/，連結路徑：首頁→商品訊息→市售商品抽測結果），做為選購商品的參考資訊。

環境用藥、含藥化妝品在上市前的檢核制度：查驗登記制

　　政府針對環境用藥（如殺蟲劑、蟑螂藥等）及化妝品在上市前的把關動作，都是採行查驗登記制，環境用藥屬於環保署管轄，化妝品則屬衛生署管理。環境衛生用藥方面，業者必須先向環保署申請查驗登記，申請時要提供商品標示、樣品，以及環境用藥的名稱、成分、性能、製作方法、毒理報告、藥效等相關資料或證件，經環保署核發「許可證」後才可以開始製造、加工或進口，並且環境用藥相關業者必須設置全職的專業技術人員督導環境用藥相關業務。環境用藥在上市前，若不是業者自行製造的環境用藥，還需申請「販賣許可執照」才可上市，但若是自行製造的環境用藥則不需申請販賣業許可執照即可上市販售。

　　在化妝品方面，現行法規將化妝品分為一般化妝品（即未含有醫療或毒劇藥品的化妝品）及含藥化妝品（即含有醫療或毒劇藥品化妝品）。一般化妝品在進口或製造前無須向衛生署辦理核備，上市前也無須申請許可證字號；含藥化妝品則是指成分中含有衛生署公告〈化妝品含有醫療或毒劇藥品基準〉（又稱〈含藥化妝品基準〉）的化妝品，需於進口或上市前辦理「含藥化妝品查驗登記」，並將原製造廠檢驗規格、製造方法等文件交付衛生署查核，經核准發給許可證後才可以進口或製造。

市場抽驗

　　環保機關每年都會針對市售環境用藥進行查核，各縣市環保局會不定期派員至超商、雜貨店、藥局、量販店、十元商店等環境衛生用藥販賣場所購樣抽查，針對商品標示、成分、含量、有效期限、許可證字號等項目進行抽驗。商品標示及有效成分不合格的產品，可依法裁處並要求限期下架或回收；查獲店家售有過期的環境用藥，環保機關會先勸導店家將商品下架並通知業者進行回收，但若再查到店家仍繼續販售，便會開予新臺幣三萬元至十五萬元的罰單。至於查獲未經登記查驗、偽造許可證字號的環境用藥，則裁處新台幣三十萬元。環保機關抽驗結果可至環保署網站查詢（http://www.epa.gov.tw/，連結路徑：環境衛生及用藥→環境用藥查獲案件）。

　　另一方面，衛生署每年也會不定期到藥局、藥妝店、超市、賣場抽驗化妝品，一般化妝品的查驗重點以商品標示是否符合〈化妝品衛生管理條例〉的規定為主，含藥化妝品則查核其是否依規定取得含藥化妝品許可證、品質是否符合〈含藥化粧品基準〉。若查獲一般化妝品的商品標示不符規定，將處以新台幣十萬元以下罰鍰；若不符合化妝品相關法規，經確認有損害消費者生命、身體、健康或財產之虞者，應限期改善、回收或銷毀，必要時會勒令廠商立即停止生產、製造、加工或經銷該商品；若查獲含藥化妝品未取得許可即輸入或製造，或是偽造許可證字號，將處以一年以下有期徒刑、拘役，或併科十五萬元以下罰金，並將產品沒收、銷毀。

政府對上市商品的把關動作

一般日用品

上市前：商品檢驗制度

對象 電機類、電子類、化工類及機械類等日用品為主。

主管機關 行政院經濟部標準檢驗局負責。

辦法 針對商品的特性，分別以逐批檢驗、監視查驗、驗證登錄及符合性聲明四種方式進行查驗。

上市後：市場抽驗

對象 貼有商品安全標識的商品、市場、媒體所反映的熱門商品。

主管機關 行政院經濟部標準檢驗局負責。

辦法 主管機關會派員至工廠及店家取樣抽驗，經查獲違規產品，除了勸導店家下架、廠商回收，還可依據違規程度依照相關法規處以罰鍰、限期停止進口等處分。

環境用藥、含藥化妝品

上市前：查驗登記制

對象 環境用藥、含藥化妝品為主

主管機關 環境用藥：環保署
化妝品：衛生署

辦法 業者需先將環境用藥、化妝品的產品成分、含量、製作方法等資料，送交主管機關以申請許可證，核准後才可生產或進口。

上市後：市場抽驗

對象 環境用藥、化妝品為主

主管機關 環境用藥：環保署
化妝品：衛生署

辦法 主管機關會不定期到市場上購樣抽驗，針對不合格的產品可依法要求限期下架或回收，並依照違規情事處以罰鍰、拘役等處分。

認識安全合格標章

對消費者而言，辨識商品標章可說是基礎的保障之一。商品標章表示商品通過具公信力的機關檢驗、測試，其性能、品質、精密度、產地等皆符合標準，具有一定的品質保障，不僅是經過政府機構的把關，也是企業優質商品的表彰。因此，消費者有必要在琳瑯滿目的商品中辨識商品標章，做為基本的選購參考指南。

國內常見的安全合格標章

國內現行的商品標章主要可分為「強制性」及「自願性」兩類。「強制性商品標章」是指法規所規範的特定商品，不論國產或進口都必須通過主管機關的檢驗以取得標章，才能上市販售。上市後主管機關還會針對貼有標章的商品進行抽驗檢測，確認上市商品仍符合標準，並將檢測結果及相關懲處提供消費者查詢。「自願性商品標章」則是由品質達到標準的廠商主動申請，雖然這類商品沒有標章亦可上架銷售，但具備標章的商品表示品質較佳，更能吸引消費者選購，同時提升企業和產品形象。申請安全合格標章的審查程序一般包括樣品抽驗、文件審查、現場稽核與後續追蹤考核等方式，依照商品所隱含的危害風險程度採行不同的方式（參見P.274）。

在全球貿易的帶動、消費習慣變化快速之下，標章必須能緊貼著市場商品推陳出新的速度，並隨時檢視各種新產品技術、製程可能隱藏的健康風險，讓標章得以涵蓋各種商品、有效把關。近年來，奈米標章、光觸媒標章、台灣製產品MIT標章、環保標章、節能標章、省水標章、綠建築標章……等，都是因應著各式消費需求、以及環保政策而推動的認證，讓民眾在選購上多了一層保障。

常見的各國商品標章

為了保障消費者的權益，世界各國政府皆制定標準來管制有毒、有害或不安全的商品，同時也以法規規範或鼓勵等方式推行各類商品標章，藉以證明其產品品質符合標準。雖然我國並未認可其他國家的商品標章，進口商品必須以我國的商品檢驗制度來規範，屬於應施檢驗的進口商品，不論該商品是否取得原產地的標章，都必須通過商品檢驗流程才得以進口販售。不過他國的商品標章仍具有一定的參考性，因為各國的檢驗標準和檢驗重點不盡相同，應檢驗的商品品項亦各異，因此國外的商品標章能補足我國檢驗不全之處，對消費者來說，亦是選購優質商品的參考

指標。

目前與我國生活最相近、最受國人認識，以及流通最廣泛的外國標章，主要有歐盟、美國及日本三大類。其中歐盟特別注意有害物質對人體及環境的危害，帶有危害疑慮的商品必須取得相關標章才能在歐盟會員國販售。美國針對食器和電器用品皆有管制，必須通過美國官方的驗證，才能在美國境內販售。日本在日用品方面的標章則有電器、瓦斯用品、玩具、嬰幼兒及年長者用品等，其中特別重視電氣用品的使用安全，在日本國內銷售之日本國產或進口電氣商品，原則上須依〈電氣用品安全法〉附上通過檢驗的PSE標誌，未標示者不得陳列販賣。

》》 國內常見的安全合格標章 《《

● 強制性標章

商品檢驗標識（經濟部標準檢驗局）

標章特徵	此標章是以藍色圖示和流水字號組成。藍色C代表商品，藍色箭頭代表檢驗，缺口則代表檢驗標準，整體則表示商品通過檢驗；下方流水號一般是字軌C及五碼流水號，另有字軌T、Q、M、R、D分別代表不同的商品檢驗方式（參見P.274）。 C00000
說明	1.附有此標章的商品表示通過經濟部標準檢驗局的檢驗，該商品符合安全、衛生及環保等要求。 2.欲確認某商品確實為檢驗合格的商品，可上網至〈商品檢驗業務申辦服務系統〉查詢（http://civil.bsmi.gov.tw/，連結路徑：首頁→商品檢驗標示查詢）；或電洽商品安全諮詢中心：0800-007123。
適用商品	目前公告的應施檢驗商品，可歸納為下列五大類。 1.電子類商品：電視機、影印機、電子安定器、電子遊戲機、數位相機及車用或攜帶式且具接收功能的全球衛星定位系統（GPS）接收器等商品。 2.電器類商品：電冰箱、冷氣機、洗衣機、電扇、吹風機、電熱水瓶及省電燈泡等商品。 3.機械類商品：瓦斯爐具、滅火器、防火門、鋁合金汽車輪圈及電動工具等商品。 4.化工類商品：安全帽、防火建材、輪胎及太陽眼鏡等商品。 5.玩具類商品：玩具熊、機器戰士、玩偶及拼圖等商品。

法定度量衡器型式認證及檢定（經濟部標準檢驗局）

標章特徵	該標章是以流水字號標示，文字標示「型式認證」表示通過經濟部標檢局核可，並帶有三位數字的流水號。	型式認證 第ＸＸＸ號
說明	附有此標章的度量衡器表示通過經濟部標檢局檢驗，該儀器的外觀、標示、式樣、功用及性能等，能在一定期限內維持一定的準確度。	
適用商品	體溫計、電子血壓計、電鍍錶。	

醫療器材查驗登記（行政院衛生署）

標章特徵	該標章是以流水字號標示，文字「衛署醫器製字」表示是衛生署檢驗通過的醫療器材，並附有六位數字的流水號。 衛署醫器製字第XXXXXX號
說明	1.附有此流水字號的標示，表示經衛生署檢驗，該醫療器材的性能、用途、材料、規格都通過測試。 2.醫療器材依照風險程度三個等級，同時依照器材的屬性分為新醫療器材和體外診斷試劑，經列管的醫療器材必須送檢取得字號後，才能上市販售。 3.字號效期一般為五年，可上網確認字號的真偽和效期（參見P.263）
適用商品	體脂體重計、隱形眼鏡、輪椅、驗孕試劑、紅外線耳溫槍、保險套、退熱貼及醫療用口罩。

含藥化妝品查驗登記（行政院衛生署）

標章特徵	1.該標章是以流水字號標示，文字部分「衛署妝製字」是國產貨，「衛署妝輸字」是進口貨，「衛署妝陸輸字」是中國大陸進口貨（參見P.263）。 2.可上網確認字號的真偽（參見P.263）。 衛署妝製字第XXXXXX號 衛署妝輸字第XXXXXX號 衛署妝陸輸字第XXXXXX號
說明	含藥化妝品帶有此標章，表示其成分、用途、用法經過行政院衛生署檢驗核可，其含藥成分的劑量、濃度皆受到管制。
適用商品	防曬乳、染髮劑、燙髮劑、面膜、洗髮精、護髮乳、粉餅及乳液。

防焰性能認證（內政部消防署）

標章特徵	該標章是以文字及登錄號碼標示，紅色大字「防焰」表示該商品具有防火的性能；登錄號碼包括業別（A、B、C、D、E）、地區（2碼數字）及序號（4碼數字）。 內政部消防署試驗合格 登錄號碼 A-XX-XXXX 樣張 防　焰
說明	1.附有此標章的商品表示其經過防焰處理，雖商品材質屬可燃性，但是需較長時間才會引燃，可延緩火焰擴大，遇到小火焰還會因引燃緩慢而熄滅。 2.各縣市消防單位每年會針對具有防焰性能認證的廠商進行查核，確認其防焰產品的標示情況，並辦理市場購樣抽驗，抽查是否有未依規定標示防焰標章的產品。
適用商品	地毯、布質製窗簾、布製百葉窗簾、施工用帆布、合板、展示用廣告板等。

● 自願性標章

正字標記（經濟部標準檢驗局）

標章特徵	「正字標記」標誌是以我國國家標準的英文代號「CNS」（Chinese National Standards，縮寫CNS）及中文符號「㊣」所組成，表示商品的品質符合國家標準。
說明	1. 正字標記為自願性標章，帶有此標章的商品，表示其工廠品質管理系統符合CNS12681（即ISO9001），且其產品品質符合CNS國家標準者，同時符合每年不定期的品管追查及產品抽驗。 2. 消費者可上網查詢正字標記產品（〈正字標記推廣宣導網站〉：http://www.cnsmark.org.tw，連結路徑：首頁→正字產品查詢）。
適用商品	1.餐具容器：塑膠水壺、不銹鋼壺、不銹鋼保溫杯、桌上用塑膠製有蓋食品容器、家用廚具。 2.美容保養用品：洗滌肥皂、洗衣精、牙膏、牙刷、香皂及化粧棉。 3.家用電器：瓦斯爐、電磁爐、電烤箱、飲水供應機、電扇、除濕機、電熱水器、空氣調節器、洗衣機、乾衣機。 4.生活雜物：文具用品、聚氯乙烯塑膠雨衣、家庭用聚氯乙烯塑膠手套、嬰兒床、手推嬰幼兒車。 5.家具裝潢：油漆、鋼筋、壁紙、鋁合金製窗、木質地板、洗臉盆、馬桶、石質地磚、陶質壁磚。 6..交通：車輛用座椅安全帶、汽車用零組件、安全帽。

環保標章（行政院環境保護署）

標章特徵	此標誌是以一片綠色樹葉包裹著綠色的地球，象徵「可回收、低污染、省資源」的環保理念，並帶有綠色消費是全球性、無國界的意涵。
說明	1.貼有此標章的產品表示該產品在製造過程的原料取得、生產、銷售，乃至消費者使用及廢棄處理等過程，皆經過環保署認定符合減量、重覆使用、回收再使用或再生利用、低污染、省能源或省資源等條件，選購帶有該標章的產品，能維護環境、亦能保護消費者。 2.消費者可上網查詢附有環保標章的日用品（〈行政院環境保護署綠色生活資訊網〉：http://greenliving.epa.gov.tw/，連結路徑：首頁→環保產品→資訊產品查詢）。
適用商品	1.餐具容器：食品包裝用塑膠薄膜、飲料外包裝、食品容器、購物袋、可重複使用的包裝或容器、玻璃容器、塑膠發泡包裝材。 2.清潔沐浴用品：洗碗精、洗衣清潔劑、洗髮精、洗手乳、潤髮乳、肌膚清潔劑、衛浴廚房清潔劑、地板清潔劑。 3.生活雜物：服飾紡織品、布製床片、衛生用紙。 4.文具玩具：書寫用紙、修正帶、墨水筆、鉛筆、印刷品、水性油墨、木製玩具。 5.家電器具：吹風機、熱水器、省水馬桶、省水龍頭、除濕機、冷氣機、電風扇、電冰箱、微波爐、電磁爐、飲水機、電視機、DVD播放機、變壓器、洗衣機、烘乾機、太陽能電池產品、行動電話、傳真機、印表機、影印機、電腦。

適用商品	6.裝潢建材：水泥、隔熱建材、磚類建材、塑膠類管材、水性塗料、油性塗料、木製傢俱。 7.交通：電動機車、機車、小客車。

省水標章（經濟部水利署）

標章特徵	藍色系表示水質純淨，左邊箭頭將水滴接起，代表水資源再利用；右邊三條水痕代表「愛水、親水、節水」，意即愛護水資源、親近河川、湖泊及水庫、節約用水；微笑水滴代表如此用水便不虞匱乏，皆大歡喜。
說明	1.產品貼有此標章，代表通過工業技術研究院測試，該產品具備省水效果，能在不影響原本用水習慣的情況下，仍能省水， 2.消費者可上網查詢有省水標章的商品（〈節約用水資訊網〉：http://www.wcis.itri.org.tw/，連結路徑：首頁→省水標章→產品查詢）
適用商品	洗衣機、馬桶、水龍頭、蓮蓬頭、省水器材配件（安裝於水龍頭、蓮蓬頭等供水設備）、小便斗。

節能標章（行政院衛生署）

標章特徵	心形及手的圖案代表用心節約電力，電源插頭則表示生活用電，中間的火苗代表可燃油氣，整體圖示意指節約能源要用心從生活小處中做起。
說明	1.貼有此標章的家電產品，表示其能源效率比正字標記CNS的標準高10～15%，是兼具品質保障和省電的優良品。 2.消費者可上網查詢有節能標章的商品（〈節能標章資訊網〉：http://www.energylabel.org.tw/，連結路徑：首頁→節能商品櫥窗）
適用商品	冷氣機、冰箱、電視機、洗衣機、烘衣機、電扇、除濕機、熱水瓶、開飲機、電鍋、燈泡、燈管、液晶顯示器、汽車、機車、瓦斯爐、熱水器、烘手機。

ST安全玩具（台灣玩具研發中心玩具安全鑑定委員會）

標章特徵	此標章以兩部分構成，上方為長方形白底上的綠色ST及安全玩具字樣，ST是Safe Toy的英文縮寫；下方印有玩具安全鑑定委員會的標誌及字樣，是審核發放此標章的機構。
說明	1.貼此標章是民國73年由經濟部工業局輔導台灣玩具研發中心玩具安全鑑定委員會，參考日本玩具安全協會的安全玩具驗證制度所制訂。 2.依法規定，無論是國產或進口的玩具，均需取得商品檢驗標識，才能上市銷售，但是玩具商品同時貼有ST安全玩具標章者，表示該商品不但符合商品檢驗標識的標準，還通過以下危險性測試：尖角、銳邊、毒性（重金屬、可塑劑）、易燃，對消費者更具保障。 3.台灣玩具研發中心每年會派員不定期進行市購抽查，若發現不合格時，將即刻取消張貼標章的資格。該中心亦成立「玩具安全鑑定委員會」，負責調查使用玩具所導致的傷害事件，若是廠商未依檢驗標準製造而導致事故，廠商應負全責；若是使用過程導致傷害，則由廠商視傷害程度酌予慰問金。 4.欲查詢獲得ST安全玩具標章的玩具，可至〈財團法人台灣玩具研發中心〉（http://www.ttrd.org.tw/）的〈ST安全玩具線上型錄查詢〉。

適用商品	玩具指其設計、製造、銷售、陳列或標示等目的是供14歲以下兒童玩耍遊戲的產品，包含以下類別： 人形玩具（娃娃、公仔）、非人形玩具（怪獸、填充玩具）、騎乘玩具（三輪車、腳踏車）、建構玩具（堆疊玩具、組合積木）、樂器玩具（敲琴、鋼琴、口琴等）、益智玩具（拼圖、魔術方塊、積木）、遙控玩具（飛機、汽車、火車等）、吹氣玩具（氣球、泳圈、手臂浮圈）、仿真玩具（仿真飾品玩具）、食品玩具（驚奇蛋）、節慶玩具（燈籠、裝扮玩具）、武器玩具（槍形玩具、玩具刀）、傳統童玩（風箏、毽子）、其他玩具（吹泡泡玩具、砂畫）。

機能性紡織品驗證標章（中華民國紡織業拓展會）

標章特徵	藍綠交錯的線條代表布料紡織的紋路，下方以中英文說明此為「台灣機能性紡織品」，該紡織品具備品質、舒適、安全、健康的概念。
說明	1.機能性紡織品是指具備抗菌、排汗、保暖、防水等特殊功能的服飾織品，由於這類織品通常不易從產品外觀和觸感判斷是否具備所標榜的功能，附有此標章的產品表示通過商品檢驗測試，確定該商品確實具有所標榜的特殊功效，品質和效果具有保障。 2.若欲選購機能性紡織品，可上網查詢（〈中華民國紡織業拓展會〉：http://design.doitex.org.tw/approved/index2.asp，連結路徑：首頁→驗證通過廠商與產品）。
適用商品	抗菌襪、排汗衣、防電磁波輻射衣、遠紅外線紡織品、抗紫外線紡織品等。

台灣製產品MIT微笑標章（經濟部工業局）

標章特徵	此標章以銀藍色台灣和桃紅色笑臉組成。台灣圖形代表在台灣製造，銀藍色則表品質純正、安全、可信賴；桃紅笑臉以MIT組成，表示購買Made In Taiwan的產品，使用上安全、健康。桃紅則為台灣傳統紅色，代表誠懇實在的台灣精神及活力。
說明	1.貼有此標章的商品，表示產品的產地經認定確實在台灣製造，且品質通過國家標準（CNS）、我國法規規定或其他驗證制度的檢測。 2.消費者可上網查詢附有此標章的商品（〈台灣製產品MIT微笑標章網站〉：http://proj2.moeaidb.gov.tw/mit/search03.php，連結路徑：首頁→查詢專區→標章產品查詢）
適用商品	成衣、內衣、毛衣、泳裝、毛巾、寢具、織襪、製鞋、袋包箱、家電、石材及陶瓷。

綠建材（內政部建築研究所）

標章特徵	此標章的設計理念為「綠環保，美家園」，屋頂為葉子造型的人字，意指綠建材是以人為本，房子造型則結合為英文字母G，代表Green綠建材的意涵，外圍則以綠建材的中英文做環狀排列。

說明	1. 綠建材是指在製造過程、施工過程和使用後，對環境負擔最小、對人類無害的建材；而貼有此標章的建材代表經過內政部建築研究所以書面預查、技術審查和現場查核，確認所使用的建材在性能、環保、人類健康三方面皆符合綠建材的定義。 2. 消費者可上網查詢屬於綠建材的商品（〈財團法人台灣建築中心〉：http://www.tabc.org.tw/，連結路徑：首頁→綠建材標章→綠建材資料庫）。
適用商品	地板類建材、牆壁類建材、天花板、塗料類、接著劑、窗簾、壁紙、水泥板、磁磚、隔音建材等。

奈米標章（經濟部工業局）

標章特徵	中間的白色曲線代表無限「∞」符號，意味著奈米是無限地微小，以及奈米技術能夠無限廣泛地應用。輔以英文奈米「nano」，以供國際辨識。外圈下方帶有八碼的流水編號，三碼廠商編號、五碼產品編號。
說明	1. 綠此標章是由經濟部工業局委託工業技術研究院量測技術發展中心執行，確保消費者能選購真正具備奈米水準的商品，也是國際上第一個奈米相關的標章。 2. 貼有此標章的商品，表示該商品應用奈米技術，或是利用奈米技術來提升產品功能，並通過檢核具備安全性。 3. 消費者可上網查詢附有奈米標章的商品（〈奈米標章網站〉：http://proj3.moeaidb.gov.tw/nanomark/，連結路徑：首頁→奈米標章產品）。
適用商品	脫臭塗料、抗菌陶瓷面磚、抗菌燈管、PU合成皮革、空氣清淨機及濾網、陶瓷馬桶、抗菌襪等。

● 常見的各國商品標章

歐盟		
電源供應器安全規格	**RoHS指令**	**WEEE指令**
CE	RoHS並無統一標章，產品並須提供符合RoHS的規格書，並附上六大項檢測報告。	
在歐盟市場販售的強制性標章，表示該產品符合歐盟相關指令的規定，規範對象有玩具、低壓電器等。	規範進入歐盟市場的新電機電子設備，不得含有鉛、汞、鎘、六價鉻、聚溴二苯醚（PBDE）或聚溴聯苯（PBB）等六種有害物質的材料。	製造商必須負責收集、回收、妥善處置廢棄的電子電機產品。

美國		
美國食品暨藥物管理局認證（FDA）	**美國UL認證安全標誌**	**美國國家基金會認證（NSF）**

直接接觸食物和口舌的餐具容器，必須通過此驗證，才能在美國境內販售。	針對具有潛在安全風險的電器、電機商品進行檢驗，包括：家電、電子、燈具、建材、資通設備等。	美國專營產品認證的非營利組織，其中以淨水器的認證廣為多國採納，符合NSF表示產品材料不會污染水質。

日本		
日本電器用品安全規格（PSE標誌）	**電氣產品品質與安全標誌（S標誌）**	**工業產品品質與安全標誌（JIS標誌）**
屬於日本官方強制性的標章，表示該電器產品符合日本法規。標章的左方為PSE標誌，右方是驗證機構的標誌（圖為財團法人電氣安全環境研究所）。	屬於日本官方非強制性的標章，表示符合日本〈電氣用品安全法〉與國際規格。標章中間為S標誌，右方是驗證機構的標誌。	屬於日本官方非強制性的標章，表示符合日本工業規格的電器用品，對象商品為洗衣機、冷藏庫、冷氣機、電熨斗、微波爐等。
SG 標誌		**ST 標誌**
表示符合日本規定為嬰幼兒及高齡者適用的日用品。		日規的安全玩具標章，由日本玩具安全協會所制訂，亦即台灣ST安全玩具標章的參考來源。表示通過危險性測試。

誘發日用品毒性的錯誤行為

日用品的潛在毒性往往與使用方法息息相關，錯誤的使用習慣會導致看似無害的日用品在不知不覺中危害人體健康。了解日用品的成分及特性，養成正確的使用習慣，便能有效避免攝入有毒物質，安心享受日用品所帶來方便舒適的居家生活。

導致吃下有害物質的錯誤行為

餐具的誤用很容易釋出有害物質並隨食物進入體內。最常發生的錯誤用法就是隨個人習慣任意盛裝食物，因而超過容器的耐熱度、抗酸鹼能力。另外，印花餐具、塑膠餐具等特定容器亦有其應遵循的使用守則。以下具體說明可能導致吃下有害物質的錯誤用法：

錯誤行為 1　使用塑膠、紙製容器盛裝高溫食物

不同原料的塑膠容器耐熱程度不同，一般在容器底部多標示有塑膠分類代碼，可供辨識塑膠容器的材質。其中耐熱度較不理想的塑膠容器為塑膠一號（PET）及三號（PVC），耐熱度僅70度C；而塑膠六號（PS）、塑膠七號（PC）的耐熱度雖然分別可達90和135度C，但盛裝高溫食物仍可能造成苯乙烯、壬基酚或雙酚A等環境荷爾蒙溶出。另外，一般紙製容器的內層多塗有防水層以防滲漏，而其中冷飲用的紙杯是採蠟質防水層，很容易在高溫環境下溶解。如果記不住複雜的塑膠分類代碼，最簡易安全的做法就是任何塑膠和紙製容器，都不要盛裝超過60度C的食物。

錯誤行為 2　使用不適合微波的材質以微波爐加熱

一般來說，除了經過特殊處理的容器，僅陶器、瓷可以放心使用微波爐加熱。含有金屬材質的容器以微波爐加熱會引起火花，甚至爆炸；塑膠容器只有標示可微波字樣的塑膠五號（PP）能用來微波加熱，但仍須控制在120度C以下。其他像是塑膠一號（PET）、塑膠三號（PVC）、塑膠六號（PS）和塑膠七號（PC）都不能以微波加熱，其中塑膠七號雖然耐熱度佳，但是經過微波所產生的高溫可能會釋出環境荷爾蒙。在食品外包裝方面，保鮮膜最好不要隨食物放入微波爐，若非得使用則建議避開PVC、PVDC和IPE等材質，選用PMP製，但注意不可碰觸到油性食物，並在加熱完成後立即拆去。另外，部分紙盒包裝雖可微波，但溫度過高則可能變形並溶出防水層所含的有毒物質，微波加熱時不要超過60度C。

常見塑膠容器及常見錯誤用法

塑膠編號	常見日用品／耐熱度	常見錯誤用法
塑膠一號：PET 聚乙烯對苯二甲酸脂 PETE	寶特瓶（參見P.342）	長時間讓寶特瓶暴露在光線和高溫下，或盛裝含酒精、酸性食物，可能釋出重金屬。
	耐熱至40～70度C	
塑膠二號：HDPE 高密度聚乙烯 HDPE	塑膠袋（參見P.352）	相對於其他塑膠製品較為安全，但盛裝高溫熱食仍可能危害健康。
	耐熱至60～120度C	
塑膠三號：PVC 聚氯乙烯 PVC	保鮮膜（參見P.344）	直接接觸油脂性食物，或在高溫下接觸食物，會釋出鄰苯二甲酸酯類的環境荷爾蒙。
	耐熱至60～70度C	
塑膠四號：LDPE 低密度聚乙烯 LDPE	牙膏、乳液的軟管包裝	其產品不常直接接觸食物，風險相對較小。
	耐熱至60～80度C	
塑膠五號：PP 聚丙烯 PP	保鮮盒（參見P.326）	目前尚無研究顯示會溶出有害物質，是公認唯一可微波的塑膠容器。
	耐熱至120～135度C	
塑膠六號：PS 聚苯乙烯 PS	保麗龍碗（參見P.312）	盛裝高溫或高油脂性食物，可能釋出苯乙烯、壬基酚等有害物質。
	耐熱至70～90度C	
塑膠七號 其他，常見材質為聚碳酸脂（PC） OTHER	奶瓶（參見P.332）	盛裝高溫食物，可能釋出環境荷爾蒙雙酚A。
	耐熱至120～135度C	

錯誤行為 3 持續使用有刮痕的塑膠餐具

塑膠餐具硬度低，長期使用加上反覆刷洗，會在表面留下細微的刮痕，容易藏污納垢，不易清潔而可能殘留清潔劑和食物碎屑，每次使用都可能隨食物混和吃下這些殘留物。因此若透明的塑膠容器表面呈現霧狀，或是接觸食物面的內層觸感不平坦，都是留有刮痕的徵兆，最好定期汰舊換新。

錯誤行為 4 使用塑膠製容器長期存放高油脂、酒精類和酸性溶液

沙拉油、香油等油脂性溶液，與米酒、高粱等酒精溶液，及檸檬汁等酸性溶液都不適宜長時間裝在塑膠瓶內，因為油脂性食品可能會將塑膠製作過程中未清除乾淨的油溶性單體溶出；而高濃度酒精成分和酸性溶液則會侵蝕、溶解塑膠內壁，導致塑膠瓶身日漸變薄。塑膠容器長期存放這些物質，會將溶解的有害物質混入內容物並隨之吃下肚。

錯誤行為 5 使用金屬材質的容器盛裝強酸食物

大部分的金屬餐具都不耐酸性，像是鋁、鐵、鋅、銅、錫、鎳等金屬都不耐酸性，若直接接觸強酸食物可能會溶出微量的容器金屬，進而引起中毒。需格外注意的是，不銹鋼是以鐵、鎳和鉻三種金屬合成，因此同樣不耐酸性。因此，使用上述材質的容器盛裝、烹煮偏酸性的食物，像是蕃茄、鳳梨或添加酸性調味料如醋、檸檬汁等，都可能溶出上述金屬並隨著食物進入體內。

錯誤行為 6 使用重金屬上色的餐具

多數色彩鮮豔的餐具是由含有重金屬的染料上色，像是陶瓷、砂鍋、瓷器內壁的彩釉可能含有鉛、汞、鎘等重金屬，筷子表面的油漆還可能含有苯，在加熱過程中使顏料溶出，或是進食的過程中油漆脫落，便可能讓這些有毒物質隨著食物進入人體。

---

info 常見食材、調味料的酸鹼性

食物的酸鹼性有兩種檢測方式，一種是直接檢測食物本身的酸鹼性，另一種是檢測食物在經過體內消化所留下的代謝物。同一種食材以不同的檢測方式測出的酸鹼值並不同，上述所提及的酸鹼性是採第一種檢測方式，經此檢測後，常見的酸性食品有：梅子、檸檬、木瓜、番茄、泡菜、紅豆、茄子、食醋、酸奶；鹼性食品有：蛋、麵包、蘇打餅乾、穀類。

錯誤行為 7 使用文具後未洗手便進食

　　使用鉛筆、橡皮擦等文具用品的過程，可能讓鉛筆中的鉛、墨水中的染料、橡皮擦所含的可塑劑殘留在手上，若未洗手就進食，可能讓有害物質與食物一同吃下肚，影響健康。

 ## 導致吃下有害物質的錯誤行為

錯誤行為	正確做法
❶使用塑膠、紙製容器盛裝高溫食物 風險 餐具變形，並溶出有毒物質而吃下肚	應盡量使用非一次性的餐具盛裝食物，如陶瓷製、玻璃製餐具。
❷使用不能微波的材質以微波爐加熱 風險 引發爆炸或吃下溶出的可塑劑	微波前注意是否標示有「可微波」的耐高溫容器。
❸持續使用有刮痕的塑膠餐具 風險 細菌孳生引發食物中毒	塑膠餐具應定期更換，即便外觀尚無損壞，出現刮痕仍應淘汰。
❹使用塑膠製容器長期存放高油脂、酒精類和酸性溶液 風險 吃下溶出的可塑劑	前述物質欲長期存放，應使用玻璃或陶瓷製容器。
❺使用金屬材質的容器盛裝強酸食物 風險 吃下溶解的金屬並累積在體內	欲保存強酸食物，應改以玻璃或瓷器盛裝。
❻使用以重金屬染料上色的餐具 風險 吃下染料所含的重金屬	應選用有品質保障或花樣較少、素色的餐具，尤其不要選購內層有圖樣的餐具。
❼使用文具後未洗手便進食 風險 墨水、鉛或可塑劑殘留在手上	使用後務必洗手，並選用符合規定的文具。

造成接觸有害物質的錯誤行為

皮膚是人體最大的器官，也成了各種有害物質進入人體的可能途徑之一。因此，像是清潔劑、美妝沐浴用品、衣物等常接觸到皮膚的日用品，一旦誤用便可能造成有害物質進入體內。

錯誤行為 1 用手直接接觸殺蟲劑、清潔劑，用後未洗手即拿取食物

殺蟲劑、蟑螂藥等環境用藥多帶有劇毒，接觸後未洗手就拿食物可能引起中毒；而清潔劑的屬性多為強酸或強鹼或含有強度氧化劑，不但具有腐蝕性，溶於水會使水溫上升，使用時未戴手套可能造成接觸部位的灼傷或燙傷。

錯誤行為 2 讓美妝沐浴用品長時間停留在皮膚上

許多美妝沐浴產品中含有酒精，像是面膜、化妝水、去光水、卸妝液和漱口水常含有酒精，若過度使用含高濃度酒精的衛生保養用品，或是停留時間過久，可能會刺激接觸部位，產生過敏或是黏膜細胞壞死等症狀。

錯誤行為 3 塗抹乳液的皮膚直接穿戴塑膠材質的衣物

塑膠產品所含的可塑劑屬於油溶性物質，乳液中的油脂能將之溶解，因此皮膚若塗抹乳液並直接接觸塑膠材質的衣物，如塑膠鞋、塑膠飾品，便會促進皮膚吸收這些物品的可塑劑，長期累積在體內將危害健康。

錯誤行為 4 全新衣物未下水清洗就直接穿上

剛出廠的衣物上可能殘留製作過程所用的各種化學物質，如：氧化劑、助染劑、染色劑、增白螢光劑等導致過敏或對人體有害的物質，雖然一般正常程序中，衣服出廠前會先去除這些化學物質，但仍可能含劑量不一的殘留物，因此全新衣物應先下水清洗再穿，尤其是貼身衣物更應如此，以免皮膚接觸到有害物質並吸收進入體內。

錯誤行為 5 長期頻繁地靠近釋放電磁波的家電

微波爐、電磁爐、手機、吹風機等產品的功率高，其中手機和吹風機需近距離使用，對使用者的影響尤其顯著，如果使用過久、距離過近或是次數過於頻繁，這些家電所釋出的高頻率電磁波可能使人感到不適，電器運作所產生的高熱也可能造成燙傷。

》 造成接觸有害物質的錯誤行為 《

錯誤行為	正確做法
❶ 以手直接接觸環境用藥、清潔用劑，或用後未洗手就用手拿取食物 **風險** 接觸部位灼傷	使用時應配戴手套，使用後應洗手。
❷ 讓美妝沐浴用品長時間停留在皮膚上 **風險** 刺激皮膚、引起過敏或使黏膜壞死	盡量選購不含酒精的皮膚清潔品，或降低使用次數與時間。
❸ 塗抹乳液的皮膚直接穿戴塑膠材質的衣物 **風險** 皮膚吸收溶出的可塑劑	應穿著其他材質的衣物以隔絕塑膠製品。
❹ 全新衣物未下水清洗就直接穿 **風險** 皮膚吸收出廠前殘留的有毒物質	應先清洗並經日光曝曬後再穿著。
❺ 長期頻繁地靠近釋放電磁波的家電 **風險** 高頻率電磁波會造成身體不適，接觸發熱的機體恐燙傷	應節制使用頻率與長度，並盡量遠離運作中的家電。

● 導致吸入有害物質的錯誤行為

一般清潔消毒用品多具有揮發性，使用過程或多或少會吸入其氣體；另外，像是裝潢建材、影印機等電子設備也會散發出懸浮微粒或有害氣體。因此，掌握可能引起吸入性危害的錯誤用法，確保自身安全。

錯誤行為 1 ▶ 在密閉空間使用揮發性強的清潔消毒用品

具有揮發性的日常用品，如：殺蟲劑、玻璃清潔劑、髮膠、修正液、電蚊香等，其所含的有害物質容易在使用過程中以氣態形式散發到空氣中，在通風不良的環境中使用，會提高空氣中有害物質的濃度，吸入後會刺激呼吸道，引起過敏甚至可能致癌。另外，像是鹽酸、氫氧化鈉等無機強酸、強鹼類的清潔劑，容易形成微小顆粒飄散在空氣中，吸入呼吸道會造成灼傷，使用前應先戴上口罩。

錯誤行為 2 ▶ 長時間待在有多台電子設備的密閉空間

一般辦公室常用的電子設備，像是印表機、影印機和傳真機，在運作時會釋放臭氧及二甲苯、乙苯等揮發性有機溶劑，部分空氣清淨機也會釋放臭氧，這些設備若設置在密閉空間，其所製造的有害物質會累積在室內無法散去，長期下來將使身

買對、用對就安心

體感到不適。

錯誤行為 3 混合使用不同的清潔消毒用品

強酸（如鹽酸）與強鹼（如氫氧化鈉）的清潔劑同時使用，會出現酸鹼中和反應，使周圍空氣與水的溫度升高，可能會造成呼吸道灼傷。另外，清潔浴廁常使用漂白水和鹽酸，但由於漂白水所含的氧化劑成分一旦碰到鹽酸會放出有毒的氯氣，若在打掃過程中吸入過量，可能會造成氯氣中毒。

錯誤行為 4 新居落成後即刻遷入

室內裝潢所使用的油漆、塗料，以及合板、隔板所用的黏合劑，都含有高度揮發性的甲醛，這些材料在裝潢後一個月內會揮發出大部分的甲醛，若新屋的通風不良，裝潢完工後立即搬遷，可能會刺激呼吸道並造成身體不適，甚至有致癌之虞。

錯誤行為 5 在拆除老舊建物的工地附近逗留過久

老舊建物的建材多含有石綿，其油漆則含有鉛，拆除工程會使這些物質飄散到空氣中，經過此類工地會吸入上述物質，石棉會沉積在肺部，鉛則會累積在骨頭或血液，若逗留時間過久可能會引起過敏、支氣管不適，或造成慢性鉛中毒。

》》 導致吸入有害物質的錯誤行為 《《

錯誤行為	正確做法
❶ 在密閉空間使用揮發性強的清潔消毒用品 **風險** 吸入有機溶劑散發的氣體	使用時應保持室內空氣流通，或減少使用量、戴口罩
❷ 長時間待在有多台電子設備的密閉空間 **風險** 吸入二氧化碳、臭氧、懸浮微粒	適時開窗流通空氣或暫時離開該空間
❸ 混合使用不同的清潔消毒用品 **風險** 吸入化學反應產生的有毒氣體、或是受溫度高的空氣或水灼傷	盡量使用單一清潔劑，若不確定其屬性，不要混用以免危險。
❹ 新居落成後即刻遷入 **風險** 吸入過多甲醛	盡量延後搬遷日，若不得已需入住，應隨時保持通風，加速甲醛濃度減低
❺ 拆除老舊建物的工地附近逗留過久 **風險** 吸入石棉或鉛的粉塵	經過類似工地應快速通過，若需逗留可配戴口罩。

簡易的中毒急救原則

使用日用品一旦出現不適感而有中毒的情形，應冷靜謹慎觀察中毒症狀，做為是否送醫及送醫後的診療資訊。部分急性中毒者在等待就醫時就必須給予急救處置，若能判斷出中毒原因並給予適當處理，除了能舒緩病患的不適感、防止病情惡化，還能在關鍵時刻解除中毒對身體所造成的立即性危害。

● 出現中毒症狀的判斷與因應

當患者出現身體不適、甚至可能危及生命安全的症狀時，必須掌握導致中毒的原因及病情，才能給予所需的協助，有效遏止病情惡化。

❶ 根據中毒症狀判斷可能造成的原因

人體攝入不同的有害物質會引起不同的中毒症狀，因此從症狀便可反推導致中毒的有害物質。若患者出現咳嗽、頭暈、嘔吐、腹瀉、昏迷等症狀，極可能是誤食具有毒性的有害物質，像是：溶劑、染色劑，可能出現在新買的家具、剛裝潢好的房子、家用殺蟲劑、寵物除蟲劑、新買的衣物等；患者如果有支氣管、食道、胃等部位的不適，或是皮膚出現發炎、紅腫和刺激感，則可能遭到具有腐蝕性的有害物質刺激所導致，例如：金屬表面處理劑、洗滌脫脂劑、漂白劑，可能是使用家用清潔劑、浴廁清潔劑、廚房清潔劑所造成；若患者感到咽喉不適、呼吸困難、暈眩，並伴隨咳嗽、流鼻水等症狀，則可能是吸入過量的有害氣體，可能是鹽酸、氫氧化鈉、氨水、石棉等所引起，浴廁清潔劑、水管疏通劑、房屋建材等日用品都可能造成上述症狀。

❷ 近期所從事的活動納入評估

若僅藉由患者的症狀仍無法推斷可能致毒的有害物質，還可以回顧症狀發生前後二、三天所從事的活動，有助於確認造成中毒的原因。像是打掃環境時，可能因為吸入或接觸到清潔消毒用品而導致中毒；或是前往新落成的室內空間，可能吸入裝潢材料所揮發的有害氣體而造成不適感。另外，還可回想最近開始使用的日用品，例如：美容保養用品、餐具容器……等，可能是這些日用品含有引起刺激、不適的成分。綜合評估患者的症狀和活動，不但有助於確定導致中毒症狀的有害物質，還能掌握可能攝入的劑量或濃度，提供醫師做為診斷的依據。

❸ 觀察症狀持續的時間及頻率

一般來說，人體可承受一定劑量的有害物質並能透過代謝排出體外，所以有些

症狀會在數分鐘或幾小時內自動復原，這種情況只要記住造成不適的物質並避免再次接觸即可。不過，若攝入的劑量過高，在短時間內則無法單靠人體的代謝功能將之排出，中毒的症狀便會持續。因此一旦發現類似中毒的症狀，應回想症狀出現的時間，並密切觀察症狀持續的時間及發生的頻率，尤其是年長、年幼、敏感體質及身體孱弱等耐受度較低的患者，更應提高警覺。若患者的症狀持續不斷或加劇，則應即刻就醫治療。

急救的簡易步驟

在觀察和判斷患者的症狀之後，症狀未能自動復原者應儘速就醫診治，不過在得到專業治療前，仍可進行幾道初步的護理程序，緩解症狀的惡化。

誤食

經判斷確認患者是誤食有害物質導致中毒，若患者意識清醒、且確知並非清潔劑和強酸、強鹼物質導致中毒時，應盡快服用大量的溫開水稀釋有害物質在體內的濃度，同時也能促進中毒物盡快吐出，但切記不可催吐、不可進食，如果口中含有殘留的毒物應即刻吐掉以免傷害加劇。若患者意識不清醒，則不要餵食任何東西，以免造成呼吸道阻塞。另外，如果誤食的是殺蟲劑、漂白劑、各式清潔劑，或強酸、強鹼溶液，切記不可讓患者喝水，也不可催吐，而應盡快送醫，並將導致中毒的物品帶到醫院以供檢驗。

吸入

若發現患者吸入有毒氣體，應該立即打開門窗以免自己也吸入高濃度的毒氣，再將病患帶離中毒現場，移到空氣流通處休息，同時可鬆開患者的衣領、內衣、腰帶等具有束縛感的衣物，以利呼吸新鮮空氣，並注意保暖。若吸入的是清潔劑混用所揮發的氯氣，還需要脫除中毒時所穿著的衣物，以避免衣物將氯氣帶入其他空間，並且不可對患者進行徒手壓胸式的人工呼吸法。此外，若發現有毒氣體屬於可燃或易燃性氣體，像揮發的有機溶劑氣體，則切記避開高溫及火源，並且暫時不要開啟電器。

接觸

經由皮膚接觸致毒的物質大多具有腐蝕性，發生中毒現象時應立即脫去沾附有害物質的衣物，並用流動的清水反覆沖洗患部以清除有害物質，不可對患部塗抹任何藥物。如果患部在頭部或臉部，還 必須特別清洗眼、耳、鼻、口等部位，必要時可將眼眶皮掀起沖洗，以徹底去除有害物質的殘留。充分清洗後再以細紗布或乾淨的棉布稍做覆蓋，即可送醫治療。

急救的簡易步驟

中毒症狀 + 患者活動	咳嗽、頭暈、嘔吐、腹瀉、昏迷 + 3～5天內患者接觸過，可能誤食的各種有毒物質，或在24小時內大量服用的產品。	咽喉刺激感、咳嗽、流鼻水、呼吸困難 + 4小時內患者所處空間內中，可能揮發的氣體。	發炎、紅腫、刺激感 + 4小時內患者使用過，可能以手拿取、接觸過的物質。
中毒類型	誤食	吸入	接觸
急救原則	不可催吐、禁食，並去除口中殘留毒物。	快速移至通風處。	以大量清水沖洗患部，並且不可塗抹任何藥物。
急救步驟	① 判斷病患意識，若意識不清，則不可餵食任何東西，並即刻送醫。 ② 病患意識清醒，與之確認所誤食的物質。 ③ 確認患者的意識清醒，且誤食的物質不屬於強酸、強鹼、漂白水等物質，盡快提供大量溫開水。 ④ 攜帶可疑的誤食物品。	① 將門窗打開。未能確定氣體屬性，勿開啟任何電器。 ② 將病患移至通風處。 ③ 鬆開患者緊繃的衣物以協助正常呼吸，同時注意保暖。 ④ 病患若吸入含氯氣體，需協助脫除身上衣物，並且勿採行壓胸式人工呼吸法。	① 脫去患部的衣物。 ② 以大量清水持續沖洗。若患部在頭、臉，應仔細清洗五官。 ③ 以細紗布覆蓋後送醫。

日用品的選購
指南與正確用法

　　市售日用品種類多元、款式琳瑯滿目，但其中不少慣常使用的日用品其實潛藏「有害物質」，選購時除了跳脫對外觀的注目和價格的比較，還應該注意哪些重點呢？使用時又有哪些以訛傳訛的錯誤用法應該導正？本篇將日用品分為六大類，共介紹110項常見日用品，分別說明釋出毒性的錯誤用法、聰明選購的原則和安心正確的用法，徹底落實買對、用對的自保原則，不讓毒害在不知情下潛入居家生活。

本篇教你

→ 塑膠及免洗餐具的正確用法

→ 家電器具的聰明選購原則

→ 如何避免美容沐浴用品對身體的危害

→ 居家空間可能潛藏的有害物質

鋁鍋

　　鋁製品具有傳熱快速、質地輕巧的優點，廣為家庭及餐飲業使用。鋁製器皿在一般使用下相當穩定，不易釋放出鋁，但若長時間以高溫使用鋁鍋燉煮，或是盛裝酸性的食材並放置過久，則會促進鋁的釋放而造成溶出或剝落，使得溶出的鋁和食物一同進入人體，形成慢性鋁中毒。

●部分鋁鍋的內層表面未經過陽極處理，容易溶出或剝落。

常見種類	鋁製各式鍋具
成分	鍋體―鋁
製造生產過程	首先將鋁壓成薄片狀的鋁板，再切割、壓製成製造鋁鍋所需的形狀。部分鋁鍋會在內層表面加工一層緻密而穩定的氧化鋁皮膜，以隔絕空氣達到防止氧化的效果，稱之為陽極處理。再依照產品類型的需求，加裝鍋柄、鍋蓋等配件，即可上市販售。
致毒成分及使用目的	鋁：製造鋁鍋的原料。

鍋具

免洗餐具

塑膠及其他餐具

食品外包裝

對健康的危害

　　誤食過量的鋁，會累積在大腦、肌肉、血液和骨骼，一旦在體內累積過量，可能形成老人癡呆症和失智症的因子。

常見危害途徑

1. 使用鋁鍋烹煮偏酸性的料理（例如：雞肉、番茄及紅豆湯）、含高量維他命C的食材（例如：紅椒），會釋出鋁溶入食物中，和食物混和一同吃下肚子。
2. 鋁鍋不宜用鍋鏟來煎、炒，因為鋁質地較軟，金屬鏟在炒菜時與鋁鍋碰撞、摩擦，都有可能使鋁出現些微剝落，或由金屬與鍋中的電解質產生化學變化而溶出鋁。
3. 鋁鍋在高溫下長時間烹煮食物（例如：熬製中藥湯），會增加鋁的溶出量，而且時間愈久，鋁進入食物中的量也就愈多。
4. 使用鋁鍋儲水、存放大米、麵粉會引起化學反應，時間一久會腐蝕鋁鍋，使得鋁溶入食物而被吃下。

選購重點

1. 選購鋁鍋時，建議前往具有信譽的商家看實體商品。檢查鍋內表面的塗料是否均勻，是否出現凹痕或刮痕，並確認鍋子把手是否牢固。
2. 若要避免表面的鋁金屬剝落，可選用經過陽極處理的鋁鍋。

安全使用法則

1. 避免使用鋁鍋烹煮酸性的食物，也不要用鋁鍋存放酸性食物和剩菜，以免腐蝕鋁鍋表層。
2. 使用過的鋁鍋若沾滿油垢，只要浸泡熱水並用濕布擦拭，便可去除污垢。若要使用清潔劑，建議將去污粉和水調成糊狀塗在鍋內，同樣用濕布來回擦拭，而不要用菜瓜布用力刷洗。

---

info 　　**鋁可經由人體代謝**

　　鋁是輕金屬，與有害的鉛、鎘等重金屬不同，較不易積聚在體內，可藉由攝取維他命C幫助排除體內的鋁。

鐵氟龍鍋具

烤盤

同類日用品▶

　　鐵氟龍的主要成分為聚四氟乙烯，其特性為抗沾黏，塗布在鍋具表面有助於烹煮食材時不易黏鍋，可減少食用油的用量，加以用畢後易於清理，因此廣為民眾使用。然而，經研究發現，鐵氟龍鍋具所殘留的製程添加物全氟辛酸，在高溫使用下可能釋出，混入食物攝入後會蓄積在體內並可能會危害生殖系統；另外，溫度過高也會使鐵氟龍塗層分解，釋放有害氣體危害人體。

● 鍋具內的鐵氟龍塗層含有全氟辛酸，在高溫環境下或遭刮傷剝落，可能釋出並混入食物中。

常見種類	不沾鍋、鐵氟龍製成的各式鍋具
成分	1.鍋體：鋁、鋁合金金屬 2.鍋體外部塗層： 　●鐵氟龍塗層：聚四氟乙烯 　●染色劑：例如三氧化鉻等。 　●銜接劑：銜接劑之使用以及成份依各家廠商而定。 3.鍋柄：電木、耐熱塑膠
製造生產過程	先將金屬鍋體鎔鑄塑型為產品所需的形狀，再處理金屬鍋體表面並塗上銜接劑使鐵氟龍容易附著，接著在鐵氟龍層表面塗布染色劑以美化鍋體外觀，最後藉由高度真空環境，利用化學反應使鐵氟龍改質以達到黏附的效果，在高溫下將鐵氟龍重複附著在鍋體的表面，塗布均勻後進行冷卻，安裝鍋柄便製成鍋具。
致毒成分及使用目的	1.全氟辛酸：是製造鐵氟龍的過程中必要的分散劑。 2.鐵氟龍：是由主成分聚四氟乙烯和少量的其他化學物質構成，做為鍋具表層的塗料，其在常溫下非常安定，熔點在327度C，具有耐酸、耐鹼、抗沾黏的特性。

對健康的危害

1. **全氟辛酸**：會累積於人體內。動物實驗顯示會影響生殖及胚胎發育，可能誘發睪丸、胰腺、乳腺等不同部位的腫瘤，並導致實驗動物體重減輕。高劑量全氟辛酸會造成肝受損，並可能致癌。
2. **鐵氟龍**：主成分聚四氟乙烯超過260度C會變質，350度C以上開始分解。鐵氟龍在高溫下所釋放的氣體經吸入後會造成類似感冒的症狀，俗稱燻煙熱。若溫度升高至攝氏400度，則進一步釋出水解性氟化物，例如氟化氫或氟光氣等含氟氣體，吸入後可能導致肺部損害。

常見危害途徑

1. 鐵氟龍塗層內含有殘留的全氟辛酸，在250度C以上的高溫環境下，可能釋出而混入食物內。
2. 鍋具加熱至260度C時，鐵氟龍會開始變質。因此像是大火烹煮或空燒鍋具時，容易超過此溫度，而超過350度時，鐵氟龍開始裂解，可能釋出有毒氣體在烹煮過程吸入。
3. 清洗鍋具時若使用尖銳或硬質刷具，例如菜瓜布硬面或鋼絲，或在烹煮時使用硬質鏟，都易使鍋具產生裂痕，加劇鐵氟龍裂解後有毒氣體的釋放。

選購重點

1. 選購時可認明具有廠商委託經濟部標準檢驗局檢驗的合格字號，或是民間認證單位檢驗合格標章的鍋具。
2. 選購時，確認金屬鍋體表面平滑無裂痕，並且鍋體和鍋柄連接處以金屬或不鏽鋼材質所製的為佳。

安全使用法則

1. 鐵氟龍鍋具不適合高溫烹煮，且空燒及預熱可能使鍋內溫度超過200度C。因此建議不要空燒或預熱鍋具，使用中低溫或冷油方式烹調，並且不要用鐵氟龍鍋具來烤肉。
2. 烹煮時避免使用尖銳或硬質的金屬鏟子，建議配合木質鏟烹炒，以避免刮傷鍋體表面塗層，造成剝落並混入食物。
3. 欲清洗鍋具應等待鍋體降溫後，以海綿等軟質刷洗用具清潔鍋體內部，不可使用會刮傷鍋體內部塗層的清洗用具，例如菜瓜布粗糙面，鋼絲絨等。

> **info** 　**使用鐵氟龍不沾鍋的「四不原則」**
>
> 　　由於鐵氟龍鍋在美國曾經引起健康疑慮（參見P.82），一度也造成我國消費者恐慌。於是行政院消費者保護委員會在二○○六年五月發布使用鐵氟龍鍋具的「四不原則」，建議消費者在使用鐵氟龍製鍋具時遵循，以避免鐵氟龍鍋具散發有害物質，包括：1.不要把空的不沾鍋放到爐子上加熱；2.不要在放油前預熱不沾鍋；3.不要用不沾鍋烤肉；4.不要使用金屬鍋鏟。

鍋具

免洗餐具

塑膠及其他餐具

食品外包裝

不鏽鋼鍋

鐵鍋

同類日用品▶

　　不鏽鋼鍋泛指以鎳鉻合金所製成的鍋具，其特點為抗酸鹼、耐高溫、不易產生鏽蝕，部分不鏽鋼鍋鍋體還添加鋁合金等金屬以增加保溫、導熱效果，能因應國人烹煮的習慣，因而廣為消費者所青睞。一般認為不鏽鋼鍋是較為安全的金屬鍋具，其主要的健康疑慮在於鍋面的鎳鉻合金，一旦經不當的使用方式造成鎳鉻溶入食物，攝入過多將有損健康，且鎳、鉻為具有致癌風險的元素，使用上必須注意。

●不鏽鋼鍋具為鎳鉻合金製成，具有抗酸鹼、耐高溫等優點，但若損壞鍋面而釋出鎳、鉻，則對人體有害。

常見種類	不鏽鋼製成的各式鍋具
成分	1.鍋面：製成鍋具的不鏽鋼，主要是用鐵和其他金屬混和冶煉為鉻鎳合金或鉻合金，這兩種合金所含的鐵、鎳、鉻三者的比例約為74：18：8或是82：18：0 2.鍋體：不鏽鋼、鋁或鋁合金金屬層 3.鍋柄：電木、耐熱塑膠
製造生產過程	先將鐵、鎳、鉻等金屬混和，以高溫冶煉成不鏽鋼，部分廠商會直接將不鏽鋼打造為鍋具的形狀，有些廠商則為了產品訴求、使熱傳導更迅速或更均勻，會將不鏽鋼與鋁或鋁合金金屬層接合後，再打造為產品所需的形狀，最後安裝鍋柄，便可上市販售。
致毒成分及使用目的	不鏽鋼：做為烹煮食材的鍋具表面，能使鍋具擁有耐酸鹼、耐高溫及不易鏽蝕的特性。

對健康的危害

1. **鎳、鉻**：不鏽鋼所含的鎳、鉻元素雖然是人體所需的元素，然而過量亦損害健康。目前尚未證實攝入不鏽鋼鍋具釋出的鎳、鉻對人體有健康疑慮，但是鎳、鉻已被證實有致癌的可能性。過量的鎳可能導致肺癌及鼻癌，過量的鉻則可能導致肺癌。

常見危害途徑

1. 使用金屬鍋鏟反覆快炒，或以硬質刷具用力刷洗不鏽鋼鍋具，使鍋面產生凹洞或刮痕，較易釋出不鏽鋼所含的鎳、鉻等金屬。
2. 加鹽空燒或是使用燒焦的不鏽鋼鍋，或是用不鏽鋼鍋長時間存放過酸或過鹼的食材，可能會增加鍋面腐蝕的風險，進而釋出有害物質。

選購重點

1. 購買不鏽鋼鍋具時，可選擇信譽良好的廠商，並應詳閱商品標示後再購買。
2. 購買前，可進一步透過商品標示或洽詢業者，確認該鍋具的不鏽鋼材質是以哪些金屬混和冶煉，以及該不鏽鋼鍋的層數，並確認產品特性和正確使用方法是否符合個人的烹調習慣，例如含鋁層則不宜用來煮酸性食材。

安全使用法則

　　不鏽鋼鍋相對於鋁鍋、鐵氟龍鍋等其他鍋具較為安全，但仍有以下建議：
1. 建議盡量使木質鍋鏟，以中小火烹煮食材並避免空燒，以免溫控不當而造成燒焦、損壞鍋面。
2. 建議避免使用硬質刷洗用具清洗鍋面，以免刮傷而釋出金屬層，可使用海綿搭配清潔劑去除污漬。
3. 避免直接烹煮鹽類、過酸或過鹼的食材，亦避免燉煮中藥，降低鍋面腐蝕的風險。

鍋具

免洗餐具

塑膠及其他餐具

食品外包裝

陶鍋

同類日用品▶

陶瓷碗盤

陶瓷刀

　　陶鍋是以黏土為原料經高溫燒製而成，具有受熱均勻、耐高溫、保溫的特性，可長時間燉煮且易於清洗，加以古樸的外型，相當受到消費者的青睞，燉煮中藥尤為首選。不過，陶鍋對於健康的唯一疑慮在於鍋體所採用的釉層，劣質品或未經檢驗的陶鍋可能含有鎘、鉛、六價鉻等重金屬，經撞擊、微波爐加熱或一般烹煮過程，可能導致重金屬混入食物中而攝入，危害身體健康。

●陶鍋的外層釉
　藥 可 能 含 有
　鉛、鎘或六價
　鉻等重金屬，
　使用不當可能
　影響健康。

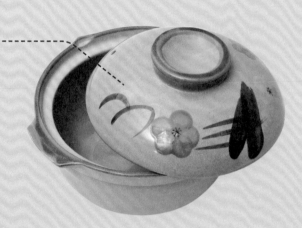

常見種類	黑陶鍋、陶瓷砂鍋、陶瓷湯鍋
成分	1.鍋體黏土（坯體）：以矽酸鋁鹽類、矽砂為主。 2.外層釉藥（釉層）及塗布花紋常用的釉藥：二氧化矽、一氧化鉛、二氧化鉛、四氧化三鉛、硫化鎘、硒化鎘、氧化鉻、 氧化鉀、氧化鈉、氧化鈦、氧化鋅等釉藥。
製造生產過程	先將黏土塑型成鍋體、鍋柄為一體成型的陶製鍋具外形，靜置待乾燥凝固後，視產品所需的顏色在鍋體塗布釉色，或塗布花紋，隨後放入窯中高溫燒製，燒製過程中依照所需顏色調節溫度。最後，通過符合重金屬含量標準的檢驗後，便可上市販售。
致毒成分及使用目的	1.鉛化物：一氧化鉛、二氧化鉛、四氧化三鉛主要是做為釉藥成分，並可降低鍋體黏土融化的溫度，節省燒製所需的能源、降低成本。 2.鎘化物及鉻化物：是釉藥成分，除了可塗布於容器，亦可用以勾勒花紋。

對健康的危害

1. **鍋**：長期食入低劑量的鎘會累積在肝、腎，造成腎的病變，嚴重時會出現尿毒症；鎘會干擾骨中鈣質的沉澱，和骨膠原的正常代謝，過量將引起軟骨症、骨骼痠痛、骨折等病症。
2. **鉛**：鉛會造成中樞及周邊神經病變，影響神經傳導及孩童智能發育，亦會造成慢性腎衰竭及貧血症狀。
3. **六價鉻**：氧化鉻中的鉻為六價鉻，食入會引起暈眩、口渴、嘔吐、胃腸道出血，長期食入則可能危害血液、呼吸系統、肝、腎，並導致肺癌。

常見危害途徑

1. 陶鍋的主要危害來自於塗層所含的重金屬，因此若將烹調完畢、仍處於高溫的陶鍋體，直接沖入冷水清洗，會因溫差過大導致鍋體出現細小裂縫；或是使用不慎而摔落、碰撞，都會造成塗層剝落，讓塗層所含的重金屬混入食物內攝入。
2. 用內層帶有塗漆的陶盤盛裝食物，並以微波爐加熱或烹煮料理，可能造成塗料微溶並滲入食物內。

選購重點

1. 建議選購鍋具內層無上色或花紋的陶鍋，若需求內層上色的產品，可購買標明無重金屬釉料上色的陶鍋，或避開較容易溶出重金屬的黃、紅、綠色製品。
2. 目前我國及美、加等國，針對鍋具的重金屬含量設定檢驗合格標準，因此選購時可挑選有合格標章，或符合出產國標準的鍋具。

安全使用法則

1. 在置放或移動陶鍋時，應小心保護內面，以免塗層裂損而滲入食物。
2. 避免使用內層帶有塗漆的陶製容器烹煮食物或以微波爐加熱。
3. 由於陶鍋非常耐用，因此早期製成、未經檢驗的陶鍋可能仍在使用中，民眾可能無法輕易判別是否含重金屬。因此建議避免使用於盛裝及烹煮食物，若有烹煮熱食的需求，則建議添購檢驗合格的陶鍋。

鍋具

免洗餐具

塑膠及其他餐具

食品外包裝

免洗塑膠碗

同類日用品▶ 湯杯蓋 果汁瓶

免洗塑膠碗的主要材質是聚丙烯（PP），具有材質輕巧、不易透水、不易斷裂的特性，並有廠商針對店家的需求設計出大小、形狀、顏色不一的容器，是外食族經常接觸到的免洗餐具。但是此類塑膠碗的耐熱度、抗油力皆不理想，製造過程所添加的可塑劑、安定劑和色素，容易受過熱或油膩的食物而產生微量溶解，恐隨著食物進入人體而造成危害。

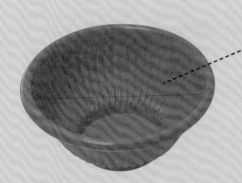

● 免洗塑膠碗在製造過程所添加的可塑劑和人工色素，可能因使用不當而釋出，隨食物進入人體並影響健康。

常見種類	各色塑膠免洗碗
成分	1.塑料：以聚丙烯（PP）為主 2.色素：食用紅色七號 3.可塑劑：鄰苯二甲酸酯類、磷酸酯類、脂肪酸酯類 4.抗氧化劑：受阻酚類抗氧化劑、亞磷酸酯類抗氧化劑、硫酯類抗氧化劑 5.安定劑：鉛鹽化合物、金屬皂類、有機錫化合物
製造生產過程	免洗塑膠碗的主要成分是聚丙烯，先將丙烯以適當的溫度、壓力及催化劑聚合為聚丙烯，再添加可塑劑、抗氧化劑、安定劑，經加熱塑型為塑膠碗的形狀，最後輔以食用色素美化外觀。
致毒成分及使用目的	1.鄰苯二甲酸酯類：用來軟化塑料，促進塑型過程能製成產品所需的外型。 2.食用紅色七號（Erythrosine）：是一種色素，用來美化塑膠碗的外觀。 3.安定劑：添加後可提升聚丙烯對熱的安定性，以利加熱塑型的順暢。

對健康的危害

1. **鄰苯二甲酸酯類**：是一種會干擾內分泌系統運作的環境荷爾蒙，經腸道吸收會分布在肝、腎、膽汁，累積過多會干擾人體的內分泌系統，造成男性雌性化、增加女性罹患乳腺癌的機率。
2. **食用紅色七號**：食用過多紅色色素會導致兒童過動或注意力不集中。
3. **安定劑**：鉛鹽化合物、有機錫化合物會釋出重金屬，其中以鉛危害人體最甚，在體內累積過量會損害腎臟、貧血，嚴重可能造成腎衰竭，並會造成急性神經症狀，累積在兒童體內則會降低其注意力。

常見危害途徑

　　長時間使用免洗塑膠碗盛裝高溫、含油脂的食物，會使塑膠碗所含的鄰苯二甲酸酯類、鉛釋出，甚至溶入食物而被誤食。因此，像是辦桌或小吃店若使用此類塑膠碗盛裝熱食、熱湯，可能溶出微量的鄰苯二甲酸酯類、鉛而隨食物進入人體。

選購重點

1. 大宗採購免洗塑膠碗時，可詳閱外包裝上的商品標示，是否登錄廠商統一編號、批號、製造商地址、產地、警告標示等，不要購買標示不清的產品。
2. 最好避免到使用這類餐具的店家用餐，若必須使用這種塑膠免洗碗，則不要用來盛熱湯、油炸物。

安全使用法則

1. 粉紅色免洗塑膠碗在高溫或油性環境中會溶出有害的成分，因此盡量不要使用盛裝熱湯或含油脂食物。
2. 一般不會用塑膠碗盛裝飲品，但是外食時若缺乏容器，也不可用此類塑膠碗盛裝酸性或氣泡飲料。

鍋具

免洗餐具

塑膠及其他餐具

食品外包裝

吸管

　　吸管大多以聚丙烯為主要材質，具有不透水、不易斷裂的特性，部分吸管還添加人工色素染上各種顏色，並針對各式飲品的需求，設計可彎式、大口徑等各種不同功能的吸管，提升啜飲飲品的便利性和樂趣。但是吸管的耐熱度有限、製造成分複雜，可能由於飲品的溫度酸鹼性不同，而釋出人工色素、可塑劑、安定劑等致毒物質，恐隨著飲品進入人體而造成危害。

● 塑膠產品中，常添加可塑劑在塑料中，以增加產品的柔軟性。

● 部分廠商為了美化吸管的外觀，若添加不良的人工色素，或添加後處理不當，可能對人體造成傷害。

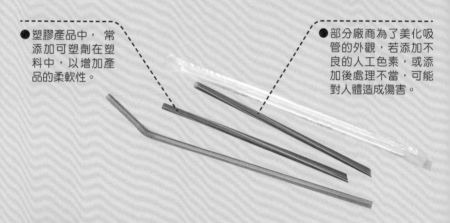

常見種類	單支吸管、可彎吸管、大口徑吸管、造型吸管
成分	●吸管本體： 1.塑料：以聚丙烯（PP）為主 2.色素：人工色素常用藍色一號、大麥麥芽、食用黃色四號、蔗糖素、食用紅色七號。 3.可塑劑：鄰苯二甲酸酯類、磷酸酯類、脂肪酸酯類。 4.抗氧化劑：受阻酚類抗氧化劑、亞磷酸酯類抗氧化劑、硫酯類抗氧化劑 5.安定劑：鉛鹽化合物、金屬皂類、有機錫化合物 ●吸管外包裝： 1.塑膠薄膜 2.油墨、人工色素
製造生產過程	吸管是將丙烯在適當的溫度、壓力及催化劑的作用下，聚合為聚丙烯，再添加可塑劑並透過加熱塑化成型，過程中加入抗氧化劑使加工順利並延長壽命；加入安定劑增加對熱的安定性，最後輔以人工色素美化外觀，部分產品會再以印製圖樣的塑膠薄膜包裝。

致毒成分及使用目的	1.可塑劑：一般聚丙烯所製的吸管，常會使用鄰苯二甲酸酯類等可塑劑來軟化塑料，以利高溫塑型，但是亦有部分聚丙烯是不含可塑劑。 2.人工色素：為了美化吸管的外觀，添加色素以增加對消費者的吸引力。 3.安定劑：熱塑過程中使用鉛鹽化合物、金屬皂類、有機錫化合物，增加聚丙烯對熱的安定性，以利加熱塑型的順暢。

鍋具

免洗餐具

塑膠及其他餐具

食品外包裝

對健康的危害

1. **可塑劑**：鄰苯二甲酸酯類是一種環境荷爾蒙，短時間並不會產生急性症狀，但是從腸子吸收會累積分布在肝、腎、膽汁，累積過多會干擾人體的內分泌系統，可能會破壞原本的平衡及功能，造成男性雌性化，以及增加女性罹患乳腺癌的機率。
2. **色素**：人工色素不但無營養價值，還會危害人體健康，可能造成兒童肝臟解毒功能、腎臟排泄功能發育不健全，導致腹瀉、腹脹、腹痛、營養不良和多種過敏症，如皮疹、蕁麻疹、哮喘、鼻炎等。較容易發生過敏人工色素為為藍色一號、大麥麥芽、食用黃色四號、蔗糖素、食用紅色七號。人工色素中多含有重金屬，其中綠色及黃色吸管所釋出的鉛量最多，人體攝入可能出現神經症狀，影響兒童的注意力及智力，並損害成人的腎臟、導致生育力下降、畸胎率提高等等，有些人工色素在人體內還可能轉換成致癌物質。
3. **安定劑**：多屬重金屬鹽類，會釋出重金屬，其中以鉛最嚴重，累積在體內會損害腎臟、貧血，嚴重可能造成腎衰竭，並會造成急性神經症狀，影響兒童的注意力。

常見危害途徑

1. 吸管所含的鄰苯二甲酸酯類、鉛容易受到溫度、使用時間的影響而釋放到環境中。因此，若經常使用吸管喝熱飲，可能溶出微量的鄰苯二甲酸酯類、鉛而隨內容物飲入。
2. 幼兒啃咬吸管，會增加吃下鄰苯二甲酸酯類、鉛鹽的風險。
3. 外包裝的油墨或人工色素可能附著在開封吸管包裝的手，若再碰觸吸管或食物會傳遞進入口中。

選購重點

1. 由於彩色吸管多添加人工色素，一般建議選購透明無色的商品。
2. 購買前，需注意商品標示上的廠商統一編號、批號、製造商地址、產地、警告標示等，切勿貪小便宜，以免買到使用有害成分製作的黑心商品。

安全使用法則

1. 以聚丙烯製作的吸管並不耐熱，盡量不要使用吸管喝熱飲；若在特殊情況下必須使用，也不要用在超過60度C的熱飲。
2. 在店家取用吸管時，請盡量避免使用綠、黃兩色，最好選擇無色透明的吸管。
3. 為了防止幼兒因啃咬吸管而誤食塑膠碎屑，請盡量避免讓幼兒使用塑膠吸管飲食。
4. 在撕除外包裝時，盡量不要接觸油墨及人工色素，若不慎碰觸，請務必擦拭乾淨再拿取食物或食器。

保麗龍碗

同類日用品▶ 泡麵碗　 生鮮底盤　 蛋糕盒

　　過去為了防制B型肝炎而提倡使用免洗餐具，保麗龍餐具因而一度為衛生的代名詞。保麗龍具有材質輕盈、不易變形，能隔熱隔水，並且其成本低廉，因此常做為餐具容器。但是保麗龍碗的耐熱度不佳，抗酸性和油脂的能力亦不理想，在錯誤的使用習慣下可能使保麗龍所含的毒性物質釋放於食物之中，伴隨食物進入人體、危害健康。

●保麗龍碗不但本身材質具有毒性，在製作過程所添加的抗氧化劑、發泡劑，在高溫下可能會釋放出來，隨食物進入體內並影響人體健康。

常見種類	保麗龍分為平板型保麗龍和發泡型保麗龍，平版型有免洗餐具、生鮮托盤、漢堡盒；發泡型有冰淇淋盒、冰淇淋蛋糕盒、泡麵碗。
成分	1.保麗龍材質：發泡聚苯乙烯 2.發泡劑：丁烷 3.抗氧化劑：丁基烴基甲苯、壬基酚
製造生產過程	將苯乙烯加工聚合為聚苯乙烯，過程中添加抗氧化劑等，再以聚苯乙烯為主原料，添加丁烷做為發泡劑製成發泡聚苯乙烯，要製成平版型的保麗龍就將此原料送入押出機，經加熱將之發泡10～20倍，製成厚度為2～5公釐的保麗龍平板。而欲製成發泡型保麗龍則是將發泡聚苯乙烯粒子放在模具內，用高溫蒸氣發泡30～50倍成型。
致毒成分及使用目的	1.苯乙烯：可分為單體及雙體，經聚合後成為聚苯乙烯（PS），是保麗龍的主要材料，塑膠分類代碼為 ⑥。 2.丁烷：由天然氣或煉油氣中分解產生，是一種無色、帶有沼氣或類似汽油味的氣體，可微溶於水中，加熱或燃燒會有爆炸的危險，在製作保麗龍過程中做為發泡劑。 3.壬基酚：在苯乙烯聚合過程添加抗氧化劑，使聚苯乙烯更穩定，能抵抗光、熱及紫外線的傷害，延長產品的使用期限。

對健康的危害

1. **苯乙烯**：攝入過量苯乙烯會刺激眼睛、上呼吸道，出現流淚、咽痛、咳嗽、頭暈、嘔吐、全身乏力等症狀。長期攝入可能會抑制中樞神經，甚至出現渾身無力、食慾減退、精神混亂等症狀，與皮膚接觸會使皮膚粗糙、發癢或發炎。經研究屬於可能致癌物及環境荷爾蒙，可能干擾內分泌系統的運作。

2. **丁烷**：是一種有刺激性的氣體，吸入濃度過高的丁烷會刺激呼吸道，並造成頭痛、呼吸急促、四肢無力、麻痺及意識不清甚至死亡。若皮膚或眼睛接觸到液態的丁烷，會導致灼傷或凍傷，若吞入其液體則會凍傷口腔。

3. **壬基酚**：暴露在高濃度的壬基酚蒸汽中，會造成呼吸道灼傷、皮膚刺痛，並且此物質是一種環境荷爾蒙，攝入過量會降低男性精子濃度，造成青春期提早到來，或促進乳癌細胞分裂。

常見危害途徑

1. 保麗龍的耐熱度不佳，盛裝溫度在75～95度C的內容物，可能會釋出苯乙烯，因此若用保麗龍碗盛裝高溫熱湯，可能會釋出有害物質溶入湯中並隨之喝下肚。

2. 保麗龍的抗油性、抗酸性並不理想，油性食物容易破壞保麗龍的結構，溶出有害物質；酸性物質則會腐蝕保麗龍，像是柑橘類所含的松稀油（terpene）會和保麗龍產生腐蝕作用。因此若用保麗龍盛裝油炸物或柑橘果汁，都可能溶出有害物質。

選購重點

1. 保麗龍碗常伴隨泡麵杯出售，選購泡麵杯時可優先購買以紙杯製成的產品。
2. 保麗龍餐具以小吃店或路邊攤等使用居多，前往使用該類餐具的店家建議自備耐熱較佳的餐具，或選擇溫度較低的食物。

安全使用法則 ○

1. 不要使用保麗龍製成的容器盛裝熱咖啡或茶等高溫飲品，也不要用保麗龍碗盛裝熱食，尤其是高溫多油的食物。
2. 盡量避免到使用保麗龍碗的店家用餐，同時避免購買以保麗龍杯盛裝的熱飲。
3. 若購買以保麗龍製成的泡麵杯，應採用爐子煮熟，若只能用熱水泡，則不要用滾燙熱水泡開，最好將內容物換裝在磁碗或不鏽鋼碗等耐熱度高的器皿，再加熱水。
4. 外帶的食物若屬於高溫、高油脂、強酸等性質，不要用保麗龍盛裝。

鍋具

免洗餐具

塑膠及其他餐具

食品外包裝

免洗塑膠杯

同類日用品▶

外帶飲料杯　果凍盒

免洗塑膠杯大多以聚丙烯或聚苯乙烯為主要材質，具有透明質輕、不透水、耐摔的特性，還可利用人工色素和油墨染上各式彩繪圖案，美化外觀，並可因應外帶的需求在杯口覆蓋塑膠薄膜，防止飲品外漏。但是免洗塑膠杯的耐熱度有限、製造成分複雜，可能在高溫下釋出人工色素、可塑劑、安定劑等致毒物質，恐隨著飲品進入人體而造成危害；杯口塑膠薄膜雖然方便，卻潛藏油墨和人工色素釋出的風險。

● 部分廠商為美化外觀，塑膠杯封口膠膜多印刷圖案，無形中增加食入油墨和人工色素的風險。

● 部分廠商會在免洗塑膠杯製造過程中添加可塑劑，增加杯子的柔軟性，可能溶入內容物而導致誤食。

成分	● 塑膠杯本體： 1. 塑料：聚丙烯（PP）、聚苯乙烯（PS） 2. 人工色素：食用色料為藍色一號、大麥麥芽、食用黃色四號、蔗糖素、食用紅色七號。 3. 可塑劑：鄰苯二甲酸酯類、磷酸酯類、脂肪酸酯類 4. 抗氧化劑：丁基烴基甲苯、亞磷酸酯類抗氧化劑、硫酯類抗氧化劑 5. 安定劑：鉛鹽化合物、金屬皂類、有機錫化合物 ● 塑膠杯封口膠膜： 1. 塑膠薄膜 2. 油墨、人工色素
製造生產過程	塑膠杯是將丙烯或苯乙烯在適當的溫度、壓力及催化劑的作用下，聚合為聚丙烯或聚苯乙烯，再視個別需要添加可塑劑後加熱塑化成型，加熱過程中加入抗氧化劑、安定劑，最後輔以人工色素美化外觀。部分產品會再以印製圖樣的塑膠薄膜封口，以方便攜帶。
致毒成分及使用目的	1. 塑膠原料：聚苯乙烯的苯乙烯單體、雙體與三體，是用來製造塑膠杯本體及封口膜中的原料，具有不透水、不易斷裂的特性。 2. 人工色素：為了美化塑膠杯和封口膠膜的外觀，添加色素以增加對消費者的吸引力。 3. 可塑劑：部分廠商會在聚丙烯所製的塑膠杯添加鄰苯二甲酸酯類當做可

> 塑劑，用來軟化塑料以利高溫塑型，但是亦有部分聚丙烯不含可塑劑。
> 4. 安定劑：在聚丙烯或聚苯乙烯的熱塑過程中添加安定劑，可增加塑膠原料對熱的安定性，以利加熱塑型順暢。

對健康的危害

1. **塑膠原料**：苯乙烯單體、雙體與三體屬環境荷爾蒙，進入人體會累積在腸子、肝、腎和血液，累積過量會干擾內分泌系統的運作。
2. **人工色素**：人工色素多含重金屬，人體攝入可能出現神經症狀，損害肝臟、腎臟並導致生育力下降、畸胎率提高，有些人工色素還可能轉換成致癌物質。另外，人工色素對兒童損害亦鉅，影響其注意力、智力，並可能造成其肝臟解毒功能、腎臟排泄功能發育不全，導致腹瀉、腹脹、腹痛、營養不良和多種過敏症，如皮疹、蕁麻疹、哮喘、鼻炎等。人工色素中較容易產生過敏的有：藍色一號、大麥麥芽、食用黃色四號、蔗糖素、食用紅色七號。
3. **可塑劑**：鄰苯二甲酸酯類是一種環境荷爾蒙，短時間並不會產生急性症狀，但是從腸子吸收會累積分布在肝、腎、膽汁，累積過多會干擾人體的內分泌系統，可能會破壞荷爾蒙的平衡及功能，造成男性雌性化，或增加女性罹患乳腺癌的機率。
4. **安定劑**：多屬重金屬鹽類，所釋出的重金屬其中以鉛的危害最嚴重，累積在體內會損害腎臟、導致貧血，嚴重可能造成腎衰竭，並會造成急性神經症狀，降低兒童的注意力。

常見危害途徑

1. 免洗塑膠杯的材質苯乙烯單體、雙體與三體，以及可塑劑、人工色素，都容易在高溫環境中釋放出來。因此，使用免洗塑膠杯盛裝高溫熱飲，可能導致上述物質釋放而隨內容物喝下肚。
2. 外包裝的油墨或人工色素可能附著在封口膠膜，可能會順著吸管進入飲料，或在封口膠膜利用機器加熱封口時，溶出而被食入。

選購重點

1. 購買外帶飲料時，注意店家提供的免洗塑膠杯外觀，透明無色的杯身較能避開人工色素的風險，若部分商家提供的免洗塑膠杯外觀過於鮮豔，盡量避免購買該店家的熱飲，或是使用自備的杯子。
2. 市售免洗塑膠杯的材質以聚丙烯（PP）或聚苯乙烯（PS）為主，其中PP材質相對比較穩定，選購時可認明杯底印有塑膠分類標誌 ，即為PP所製。
3. 購買前，需注意商品標示上的廠商統一編號、批號、製造商地址、產地、警告標示等，切勿貪小便宜，以免買到使用有害成分製作的黑心商品。

安全使用法則

1. 免洗塑膠的耐熱度和抗酸性腐蝕力都不理想，因此儘量不要用來裝熱飲和酸性飲料，尤以聚苯乙烯為材質的塑膠杯（即杯底印有塑膠分類標誌 ）最不宜。以聚丙烯製作的塑膠杯耐熱溫度相對較高，但仍不建議盛裝熱飲；若在特殊情況下必須使用，也不要超過60度C。
2. 購買免洗塑膠杯時盡量不要使用封口膜，若有必要使用，在吸管插入封口膜時，盡量選擇沒有印製圖樣的地方插入，可避免人工色素和油墨滲入內容物。

鍋具

免洗餐具

塑膠及其他餐具

食品外包裝

紙杯

同類日用品▶

速食餐盒　紙製免洗碗　餐墊紙

　　紙杯具有使用便利、成本低廉的特性,用完即丟的免洗紙杯帶給使用者衛生乾淨的印象,是許多公共場合和外帶飲料店家提供的液體容器。一般紙杯可分為冷飲用和熱飲用,分別塗布不同的防水膜,但是兩種紙杯的耐熱度都有限,盛裝過熱的液體可能會溶出防水膜所含的有害物質;加以紙杯的溫度上限多半僅標示在大包裝上,紙杯杯身常無標示,使得誤用情況頻繁,消費者常在不自覺下將有害物質喝下肚,可能危害人體健康。

● 紙杯在紙張製造過程中,可能添加螢光增白劑加以漂白,若處理不當可能殘留在成品中。

● 紙杯為了防止盛裝的液體滲漏,內層需塗上防水膜,一旦盛裝過熱的溶液便可能溶出,恐隨溶液進入人體。

常見種類	冷飲紙杯、熱飲外帶杯
成分	1.紙張 2.防水膜:熱飲杯多採用聚乙烯(簡稱PE膜),冷飲杯則以石蠟為主 3.色料:油墨、顏料、人工色素 4.螢光增白劑
製造生產過程	先將紙張使用螢光劑漂白後,再加工附上PE膜或蠟膜,並裁切成為單張紙張後再依照設計印刷圖案印刷。印有圖案的紙張再以切線機裁切成符合紙杯尺寸、形狀的展開圖,接著送入紙杯成型機黏合杯身及杯底,並捲出杯緣卷口,就是加工完成的紙杯了。
致毒成分及使用目的	1.聚乙烯(PE):做為熱飲紙杯的內膜,能提升紙杯隔水的能力。 2.石蠟:製成冷飲紙杯的防水膠膜,以保持紙杯遇水的完整性。 3.螢光增白劑:可當做一種無色染料,用來漂白紙杯的紙張,使紙杯外觀白晰。

對健康的危害

1. **聚乙烯**：相對於其他聚合物製成的塑膠製品較為安全，但耐熱度不佳，在高溫下可能軟化分解，釋出聚乙烯所含的安定劑等有害物質。
2. **石蠟**：一旦加熱可能溶出長鏈碳氫化合物，不僅具毒性，身體也無法分解，由石蠟製成的化合物對人體呼吸道會造成不良影響，降低免疫功能，容易患上呼吸道疾病。
3. **螢光增白劑**：此物質雖然不會對人體造成急性傷害，但會藉由碰觸或啃咬而轉移到人體皮膚或黏膜，可能引起過敏、紅腫，其中聯苯胺屬於可疑致癌物。

常見危害途徑

1. 紙杯的內膜若屬於蠟質，只能盛裝低溫飲品，若盛裝超過60～80度以上的高溫熱飲，會溶出有毒物質並可能隨飲料喝下肚。
2. 熱飲紙杯若盛裝滾燙熱飲，可能破壞PE膜的穩定性，而釋出有害物質並溶入飲品。

選購重點

1. 購買紙杯時，應選購外包裝的商品標示詳盡清楚的產品，需包含：廠商名稱及基本資料、所採用的紙漿、可否微波，及使用溫度上限。
2. 紙杯在距離杯口上方三分之一處若有印刷圖案，最好不要選購，以免不注意將顏料隨飲品喝入。

安全使用法則

1. 紙杯若沒有標示耐熱溫度和微波記號，則不要裝熱飲和微波加熱。
2. 一般紙杯不要裝超過60度C的熱飲，熱飲用的紙杯也盡量避免盛裝100度C的滾燙熱飲。
3. 一般紙杯都不能微波加熱，若需加熱應換裝在可微波的玻璃或瓷器中再加熱。
4. 紙杯的隔熱能力較差，盛裝熱飲後直接拿取杯子容易燙手，可使用杯套或以紙巾包裹杯身。

鍋具

免洗餐具

塑膠及其他餐具

食品外包裝

免洗竹筷

　　政府為了防禦B型肝炎的蔓延，在數年前推廣免洗竹筷這類一次性餐具。免洗竹筷由於成本低廉、使用便利、看似衛生等特性，小吃攤、平價餐廳等賣家都主動提供。直到近年來，政府有鑑於免洗筷不但耗損許多竹材，也造成大量廢棄物，並且竹筷在製作過程所殘留的二氧化硫和漂白劑，在使用過程中恐吃下肚，危害人體健康。

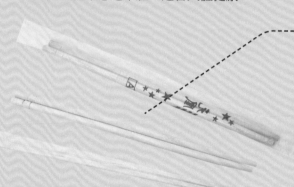

● 為了美化免洗竹筷的外觀，在製造過程使用許多化學物質，可能殘留在成品並危害身體健康。

● 竹筷的外包裝通常印有圖樣，印製的油墨可能在開封過程沾附在竹筷並進入人體、傷害健康。

常見種類	單支筷、雙支筷（雙生筷）
成分	●竹筷本體 1.薰蒸劑：硫磺 2.漂白劑：過氧化氫（雙氧水）、滑石粉、硫酸鈉 ●外包裝 1.塑膠袋 2.紙袋 3.油墨 4.螢光增白劑
製造生產過程	將鋸下的竹子交由工廠裁切，依照單支筷或雙生筷的需求削成竹條之後，以硫磺進行薰蒸將外觀漂白，再費時一週進行水煮清洗以去除殘存的二氧化硫，並烘乾或曬乾。部分筷子可能在烘乾前添加漂白劑以美化外觀。最後再以塑膠外袋或紙袋包裝。
致毒成分及使用目的	1.二氧化硫：為了改善竹筷的賣相、使之外觀白晰，業者通常會使用硫磺薰蒸竹筷原料，能防止筷子變黃、變黑及發霉，而硫磺燃燒後會產生二氧化硫殘留在筷子上。 2.過氧化氫：是一種強力的殺菌劑及漂白劑，能防止竹筷變黑，發黃，還能使竹筷的外觀潔白。

3.螢光劑：主要添加在紙製外包裝上，提高包裝紙的白皙度，同時增強印刷效果，使竹筷外包裝看來潔白有光澤。

4.油墨：用在塑膠或紙製的包裝印製上，主要為餐廳或廠商名稱等宣傳的用途。

鍋具

免洗餐具

塑膠及其他餐具

食品外包裝

對健康的危害

1. **二氧化硫**：會刺激喉、鼻、眼睛、皮膚，出現喉嚨不適、皮膚發癢、眼睛流淚等過敏症狀，長期接觸會引起嗅覺和味覺退化，損害呼吸系統。另外，二氧化硫進入人體後，多數會轉換成硫酸鹽並隨著尿液排出體外，但部分體質特殊者無法轉換（如缺乏亞硫酸鹽氧化酵素（Sulfite Oxidase）的人），一旦攝入可能會產生喘或呼吸困難等過敏反應。

2. **過氧化氫**：吃下少量會出現嘴角起泡、噁心、嘔吐、腹脹、腹瀉等，濃度超過10%會導致腸胃燒灼、腐蝕、出血等，長期接觸有致癌的疑慮。

3. **螢光增白劑**：雖不會造成急性傷害，但會藉由接觸或啃咬而轉移到人體皮膚或黏膜，可能引起過敏、紅腫，其中聯苯胺屬於可疑致癌物。

4. **油墨**：油墨大多含有重金屬，像是鉛、鉻、鎘、汞等都可能對人體產生危害。其中鉛可能造成貧血、腎衰竭，累積過量將危害神經系統、生殖系統，減少精子數量或提高畸胎率。

常見危害途徑

1. 免洗竹筷所含的有害物質會隨著進食的過程中進入人體，其中二氧化硫容易在高溫下釋出。因此若用免洗竹筷攪拌熱湯，或用來煮火鍋、夾熱湯的餡料，都可能使二氧化硫溶解到食物中。

2. 免洗竹筷外包裝所含的油墨，可能在打開包裝的過程中沾附在竹筷上，或是手觸摸到油墨再接觸到筷子而沾附。

選購重點

1. 購買大包裝免洗竹筷時，應注意外包裝是否有清楚完整的商品標示，建議可購買通過衛生署檢驗的商品，表示該商品的二氧化硫殘留量在50ppm以下。

2. 免洗筷的顏色看起來過白，或是拆封後散發淡淡酸味，都可能是含硫量過高的產品；像是外包裝的印刷圖樣與筷子直接接觸，或是印刷文字距離包裝封口五公分內，最好不要購買或使用。

3. 建議選購粗端相連的雙支筷（雙生筷），因為不能重複使用，筷身材質亦較佳，比單支筷來得安全。

安全使用法則

1. 外食時，若餐廳所提供的免洗筷顏色看起來過白，建議不要使用並以其他等餐具代替，若無替代餐具，可以先將筷子浸泡於溫或熱水中數秒，減少二氧化硫殘留量再使用。

2. 包裝印有圖案的免洗筷，則建議從免洗筷較粗的一端打開包裝，以避免油墨沾到食用的一端。

3. 盡量自備餐具，但用後要徹底洗淨、要保持清潔，以免滋生細菌。

攪拌棒

攪拌棒不但為外帶熱飲的飲用帶來便利，也是招待外賓訪客時常見的免洗餐具。攪拌棒一般分為木質及塑膠製，木質攪拌棒因加工漂白過程可能殘留有害物質；塑膠製攪拌棒則由於塑膠材質本身不耐熱、有害人體健康。不論哪一種材質都可能在接觸高溫熱飲時，釋放出對身體有害的物質到飲料中，進而影響身體健康。

●木質攪拌棒在製程中會使用殺菌劑及漂白劑美化外觀，卻可能殘留在成品並釋放到飲料中，影響使用者的健康。

●塑膠攪拌棒多由聚苯乙烯製成，材質本身及所含的添加物可能因高溫釋出。

常見種類	木質攪拌棒、塑膠攪拌棒
成分	●木質攪拌棒 1.木材 2.薰蒸劑：二氧化硫 3.漂白劑：過氧化氫（雙氧水）、滑石粉、硫酸鈉 4.螢光增白劑 ●塑膠攪拌棒 1.苯乙烯 2.塑化劑：壬基酚、2,6-丁基烴基甲苯 3.人工色素
製造生產過程	攪拌棒依照材質的不同，製造過程亦各異： ●木質攪拌棒：先將木料裁切成適合的形狀，再以二氧化硫薰蒸將外觀漂白，接著經過一週的水煮以清洗殘餘的二氧化硫，最後再烘乾或曬乾。部分筷子可能在烘乾前添加漂白劑、螢光增白劑來美化外觀。 ●塑膠攪拌棒：先將主要材質苯乙烯加工聚合為聚苯乙烯，在聚合過程中添加可塑劑以利塑形，接著將聚苯乙烯送入押出機加熱製成產品需求的形狀，再添加人工色素美化外觀。
致毒成分及使用目的	1.二氧化硫：經過硫磺的薰蒸處理，可以防止木材變黃、變黑及發霉，不過硫磺燃燒後會產生二氧化硫並殘留在筷子上。 2.過氧化氫：具有強力殺菌及漂白的功能，避免木材變黑、發黃，還能使木製的攪拌棒外觀潔白。 3.螢光增白劑：能將光線折射並釋放出藍光，使木料看起來較潔白、美觀。

4. **苯乙烯**：是攪拌棒主體，由苯乙烯單體經過加熱聚合形成聚合物聚苯乙烯，塑膠分類代碼為 ，能使產品具有光澤、質輕、透明、成本低廉等優點。

5. **壬基酚**：是一種抗氧化劑，添加在聚苯乙烯以減少光、熱及紫外線的傷害，延長塑膠攪拌棒的使用期限。

6. **人工色素**：添加後能使外觀花樣多元，更為吸引消費者。

對健康的危害

1. **二氧化硫**：會刺激喉、鼻、眼睛、皮膚，出現喉嚨不適、皮膚發癢、眼睛流淚等過敏症狀，長期接觸會引起嗅覺和味覺退化，損害呼吸系統。另外，二氧化硫進入人體後，多數會轉換成硫酸鹽並隨尿液排出，但部分特殊體質者無法轉換（如缺乏亞硫酸鹽氧化酵素〔Sulfite Oxidase〕的人），可能會誘發氣喘或呼吸困難等過敏反應。

2. **過氧化氫**：吃下少量會出現嘴角起泡、噁心、嘔吐、腹脹、腹瀉等，濃度超過10%會導致腸胃燒灼、腐蝕、出血等症狀，長時間密切接觸有致癌風險。

3. **螢光增白劑**：此物質雖然不會對人體造成急性傷害，但會藉由碰觸或啃咬而轉移到人體皮膚或黏膜，可能引起過敏、紅腫，其中聯苯胺屬於可疑致癌物。

4. **苯乙烯**：攝入過量會刺激眼睛和上呼吸道，出現流淚、流鼻涕、打噴嚏、喉嚨痛、咳嗽、頭暈、嘔吐、全身乏力等症狀，嚴重者會有眩暈、步態蹣跚。此物質經研究屬於可能致癌物及環境荷爾蒙，可能干擾內分泌系統的運作。

5. **壬基酚**：暴露在高濃度的壬基酚蒸汽中，會造成呼吸道灼傷、皮膚刺痛，並且此物質類似女性荷爾蒙，會讓男性精子濃度下降、青春期提早到來、促進乳癌細胞分裂。

6. **人工色素**：人工色素多含有鉛、鍋等重金屬，微量接觸可能產生皮膚過敏、蕁麻疹、哮喘、鼻炎等過敏症狀，長期過量接觸會影響肝臟、腎臟功能，產生腹瀉、腹脹、腹痛、營養不良等。其中鉛可能造成貧血、腎衰竭，超過100ppm的鉛足以造成兒童智力發展遲緩，累積過量會造成慢性鉛中毒，將危害神經系統、生殖系統，減少精子數量或提高畸胎率。

常見危害途徑

1. 攪拌棒通常用來攪拌熱飲，若飲料溫度過高，可能使木質攪拌棒釋出二氧化硫，使塑膠製攪拌棒釋出苯乙烯、壬基酚於飲料之中，隨著飲品喝下肚。

2. 過於白晰的木質攪拌棒，可能含有過氧化氫或螢光增白劑，在高溫下可能溶出。

選購重點

選購時應注意廠商名稱、聯絡資訊、產品成分；塑膠製的攪拌棒若標示成分為已經禁用的PVC（聚氯乙烯），切勿購買。

安全使用法則

1. 一般店家提供的木質攪拌棒，若表面過於白晰，建議不要使用。

2. 黃色和橘色的塑膠攪拌棒比較可能釋出重金屬，因為這兩個顏色的染料含鉛機率特別高，因此建議避免使用這兩色的塑膠攪拌棒。

3. 由於木質和塑膠製的攪拌棒多半不耐熱，無法承受70度C以上的高溫，而一般熱飲多半超過此溫度，因此最好能自備鐵製或玻璃製的攪拌棒，或用自備的相同材質筷子來替代，方能避開有害物質。

塑膠杯蓋

同類日用品▶

保麗龍碗

湯杯蓋

　　速食店、咖啡廳及便利商店所販售的現泡熱飲，都以各式花樣的外帶杯盛裝，並附上人性化的杯蓋口，兼具便利性及質感，因而廣為消費者愛用。然而杯蓋所用的塑膠材質並不耐熱，接觸高溫雖不會溶解變形，卻可能溶出製造過程中添加的可塑劑、抗氧化劑等有害物質，這些物質可能影響荷爾蒙的分泌，並有致癌的疑慮。儘管熱飲經過杯蓋所溶出的劑量相當低，但由於其對人體的危害尚未證實，仍應避免攝入。

● 聚苯乙烯製成的塑膠杯蓋，遇熱溶出製造過程所用的苯乙烯及壬基酚，經杯蓋口喝熱飲，可能喝下有害物質。

● 聚丙烯的耐熱度較高，但是成品仍可能含有可塑劑，在高溫下仍可能溶出，同樣不宜經杯蓋口喝高溫熱飲。

成分	1.塑料：目前市面上常見材質主要為：聚苯乙烯（PS）、聚丙烯（PP） 2.安定劑：壬基苯酚、丁基羥基甲苯。 3.可塑劑：鄰苯二甲酸酯類。 4.染料：白色染劑二氧化鈦，或是黃色，橘色等鮮艷顏色的染劑鉻酸鉛、硫化鎘等重金屬化合物。
製造生產過程	廠商依照杯蓋外型設計模具，將聚苯乙烯或聚丙烯等塑料灌入模具並加熱並加入染色料，使塑料在模具內凝固成型，待冷卻降溫後即為塑膠杯蓋。
致毒成分及使用目的	1.苯乙烯：用於聚苯乙烯塑膠杯蓋的原料，具保溫效果且質地輕巧，並能依照廠商設計杯蓋的需求上色。 2.壬基酚：用於聚苯乙烯聚合反應的安定劑，可使聚苯乙烯更為柔軟，以利塑型成塑膠杯蓋所需的外觀。 3.丁基羥基甲苯：是一種安定劑，能用來減緩油脂類的氧化速度，添加在聚苯乙烯可增加塑料的強度並防止遇熱變形。 4.鄰苯二甲酸酯類：用在聚苯乙烯以及聚丙烯製成的塑膠杯蓋，可增加其柔軟度，以免加壓塑型造成斷裂，並可維持塑料的穩定性。 5.鉻酸鉛、硫化鎘等重金屬化合物：做為色料，可使塑膠成品上色。常見含有鉛、鎘等重金屬的色料為黃色，橘色及紅色等鮮艷顏色。

對健康的危害

1. **苯乙烯**：較無急毒性，長期攝食可能引起內分泌失調，研究指出，可能影響生長激素及女性體內泌乳激素的分泌，屬於可疑的環境荷爾蒙；其致癌風險仍未有定論，屬於可能致癌物。
2. **壬基酚**：因化學結構與雌性激素相似，可能干擾雌性激素的機能，經研究指出可能會影響血中荷爾蒙濃度，屬於可疑的環境荷爾蒙，攝入過量會降低男性精子濃度，造成青春期提早到來，或促進乳癌細胞分裂。
3. **丁基烴基甲苯**：該物質主要從人體的肝、腎代謝，因此攝入過多會增加肝腎負擔，並有研究懷疑其可能會增加其他致癌物的毒性，導致神經毒性的可能。
4. **鄰苯二甲酸酯**：攝入過多易造成胎兒和嬰兒的生殖器官畸形，或損害生育能力，進入成人體內會累積，可能干擾內分泌系統造成男性雌性化、增加女性罹患乳腺癌的機率，是一種環境荷爾蒙。
5. **鉛**：鉛會造成中樞及周邊神經病變，影響神經傳導及孩童智能發育，亦會造成慢性腎衰竭及貧血症狀。
6. **鎘**：長期食入低劑量鎘會累積在肝、腎，造成腎的病變，嚴重時會出現尿毒症；鎘會干擾骨中鈣質的沉澱，和骨膠原的正常代謝，過量將引起軟骨症、骨骼痠痛、骨折等病症。

常見危害途徑

1. 聚苯乙烯、聚丙烯都有一定的耐熱度，若長時間在高溫環境下，可能具有溶出上述有害物質的疑慮，直接經塑膠杯蓋喝下高溫熱飲，亦可能喝下溶出的物質。
2. 如果熱飲盛裝過滿，接觸到塑膠杯蓋，放置時間較長可能會溶出有害物質。

選購重點

1. 聚苯乙烯的耐熱度約在70～90度C之間，聚丙烯的耐熱度則高達120～135度，後者目前研究尚未顯示會溶出有害物質，較為安全，建議選擇聚丙烯製成的杯蓋，可認明杯蓋上印製的回收標誌或英文簡稱，聚丙烯（PP）是塑膠5號 ，聚苯乙烯（PS）則為塑膠6號。

安全使用法則

1. 為了安全起見，建議盡量避免直接從杯蓋口飲用高溫飲品，可掀開杯蓋後再飲用，並避免將熱飲盛裝過滿，以降低健康風險。
2. 由於聚苯乙烯的材質不易分解、不環保，並且比較容易溶出有害物質，因此建議避免使用聚苯乙烯製的杯蓋，或最好使用不銹鋼容器裝熱飲，耐熱溫度較高，相對也較為安全。
3. 塑膠杯蓋遇熱可能溶出的有害物質，其對人體的影響仍在研究評估中，並且由於熱飲通過杯蓋的時間不長，因此即便溶出上述有害物質，也未必達到傷害人體的濃度，只要避免長期、經常性攝入即可，無須過度恐慌。

info 非PC製的塑膠杯蓋不會釋出雙酚A

曾有媒體報導指出，塑膠杯蓋在高溫下會溶出可塑劑雙酚A，但事實上，雙酚A僅存於以聚碳酸酯（PC）所製成的塑膠製品，而市面上流通的塑膠杯蓋材質多採聚丙烯（PP）或聚苯乙烯（PS），因此只要非PC所製的塑膠杯蓋，應該不會釋出雙酚A。

美耐皿餐具

一般平價餐廳常用的餐具多為美耐皿，因為這類餐具有成本低廉、耐摔耐用、不沾污等優點，廣為餐飲業者愛用，因此外食族便經常接觸到美耐皿餐具。不過美耐皿其實是三聚氰胺製成，一旦接觸到高溫或酸性的食物可能會溶出，恐混入食物而攝入，長期攝入不僅會干擾人體的生理運作，還可能會增加罹患腎臟癌等疾病的風險。

●美耐皿餐具是由三聚氰胺樹脂所製成，錯誤的使用方法可能會使其中的有害物質溶出，影響人體健康。

常見種類	雙色拉麵碗（以內紅外黑最常見）、各色美耐皿碗（以黑、綠兩色最常見）、附碗蓋的拉麵碗。
成分	1.塑料：三聚氰胺樹脂 2.塑料反應物：甲醛 3.安定劑或色料：鉛、鎘
製造生產過程	先將三聚氰胺加上甲醛縮合製成三聚氰胺樹脂聚合物，再將此樹脂經塑膜成型、上色，便可上市出售。
致毒成分及使用目的	1.三聚氰胺：又稱美耐皿，是主要的合成原料，由於具有耐摔、耐高溫、易乾、不易沾污的特性，常應用在餐具的製造。 2.甲醛：用來製成三聚氰胺的合成原料。 3.鉛、鎘：做為塑膠安定劑或色料

對健康的危害

1. **三聚氰胺**：會刺激眼睛、皮膚、呼吸道，長期暴露會增加罹癌風險。攝入過量的三聚氰胺而無法藉人體的代謝作用排出，便會由消化道吸收並累積在腎、膀胱等器官，導致腎結石、腎臟癌、膀胱癌等疾病。同時三聚氰胺也是一種環境荷爾蒙，會干擾內分泌的運作。

2. **甲醛**：長期接觸會刺激呼吸道和皮膚，吸入過量會損害肺、肝、腎等器官，甚至會中毒而導致昏迷、休克等現象。

3. **鉛、鎘**：累積在體內的鉛會造成慢性鉛中毒，使神經系統及腎和心血管受到損害，而鎘會累積在腎臟和骨骼，損害腎臟並造成骨質疏鬆，影響神經系統正常運作，且有致癌的疑慮。

常見危害途徑

1. 以美耐皿餐具盛裝超過80度C的熱食或酸性食物（如酸辣湯），或用來微波加熱，可能會使餐具原料中的有害物質溶出，並與食物參雜在一起被吃下肚。

2. 美耐皿碗的內裡若有圖樣或亮漆，可能會因裝熱食而溶出，或在重複的清洗過程中剝落，在下次使用時混入食物中。

選購重點

1. 美耐皿餐具可分為一級、次級兩種等級，雖然次級的售價約僅一級的一半，但是材質較輕薄，表面光澤約半年就會退掉，裝熱食會使餐具變形，因此建議購買一極品，產地出自日本、台灣的產品比較可能屬一級品。

2. 盡量挑選素色的美耐皿餐具，尤其是接觸到食物的那面最好不要有花樣或圖案。

3. 務必購買有口碑及通過合格檢驗的產品，不要購買來路不明及標示不全的產品。

安全使用法則

1. 美耐皿的一級品耐溫可達120度C，次級品則約80度C，因此要用來裝熱湯或麵只能使用一級的產品，次級美耐皿餐具只適合裝冷食。不過塑膠製品多半不耐熱，最好能以不鏽鋼餐具裝熱食。

2. 刷洗時不要用菜瓜布或鋼刷，改用海綿清洗，以免刮傷表面而滲出有害物質。餐具若已出現刮痕、霧面或變形的情形，建議不要再使用。

3. 避免將美耐皿餐具存放在陽光直射的地方，以免變質。

4. 美耐皿餐具不可放入微波爐加熱，以免發生意外。

鍋具

免洗餐具

塑膠及其他餐具

食品外包裝

微波保鮮盒

同類日用品▶

隨身杯　塑膠水壺　塑膠奶瓶

　　微波保鮮盒是一種可微波的塑膠容器，可存放食物於冰箱，並可直接放入微波爐加熱，免去微波前要換陶瓷容器的不便。雖然微波保鮮盒為生活帶來便利，但是由於部分材質的微波保鮮盒在製作過程中必須使用可塑劑、安定劑，在微波所產生的高溫下恐使其釋出，可能溶入食物中，吃下這樣的微波食物會危害人體健康並增加致癌危險。

●劣質保鮮盒可能以廉價的橡膠代替矽膠，造成食物不新鮮。

●以聚碳酸酯製成的微波保鮮盒，製作過程所添加的雙酚A可能會在微波高溫時釋出並溶入食物中。

成分	●保鮮盒本體： 　1.塑膠原料：常見的材質有聚丙烯（PP）、聚碳酸酯（PC） 　2.安定劑：鉛、鎘、鋇 　3.可塑劑：鄰苯二甲酸酯 ●盒蓋密封條：矽膠、橡膠
製造生產過程	保鮮盒本體及盒蓋塑膠部分由單一塑料加工製成，依材質或用途的不同使用PP或PC塑料，先將其加熱溶解，加入可塑劑及安定劑促使並穩定塑化反應後，再注入模型內冷卻成型，最後再將矽膠密封條與盒蓋組裝，並包裝出售。
致毒成分及使用目的	1.雙酚A（BPA）：是聚碳酸酯的原料，能與碳酸縮和成聚碳酸酯單體。 2.鎘、鉛、鋇：是製造聚合物過程中所添加的安定劑，能增加塑膠原料的耐熱度，以利加熱塑型。 3.鄰苯二甲酸酯：常用在聚丙烯的可塑劑，可增加其彈性和韌性。

對健康的危害

1. **雙酚A**：具有揮發性，吸入過量可能有急性症狀，進入體內可能引起皮膚紅腫過敏；它還會干擾內分泌正常運作，造成荷爾蒙失調、女性性器官早熟、男性性器官異常，並會提高致癌風險。
2. **鎘、鉛、鎳**：這類重金屬進入人體便不易經代謝排出，容易累積在器官、損害器官功能。鎘的累積會導致神經系統、生殖系統和腎臟的損害並造成骨質疏鬆。鉛的累積會造成慢性鉛中毒，傷害肝、腎、骨骼，並引起食慾不振、神經衰弱等症狀。
3. **鄰苯二甲酸酯**：是一種會干擾內分泌系統運作的環境荷爾蒙，多累積在肝、腎、膽汁等器官，過量會造成男性雌性化、增加女性罹患乳腺癌的機率。

常見危害途徑

1. 劣質的PC保鮮盒可能含有超過標準含量的雙酚A，在微波高溫下滲入食物，並在不知情下被食用而進入人體。
2. 微波時將保鮮盒的蓋子緊閉，盒中的氣體會因加熱膨脹而有爆炸危險。
3. 有色盒蓋中可能含有的染料重金屬，會經由清洗的過程與清潔劑一併殘留在保鮮盒的裂痕或刷縫中，並在下次使用時接觸到食物。
4. 劣質的仿冒微波專用保鮮盒的原料，可能使用未經消毒、檢驗的回收料，容易殘留有毒物質，提高使用上的風險。
5. 劣質保鮮盒在盒蓋密封條的部分，可能以品質低劣的橡膠取代矽膠，橡膠容易在熱漲冷縮後彈性疲乏，可能使水氣滲入保鮮盒內並滋生細菌，食物在此種保鮮盒中恐變質。

選購重點

1. 建議購買有合格標章的保鮮盒，不要購買來路不明及標示不全的產品，並需注意密封矽膠是否有鬆弛、彈性疲乏、盒蓋容易脫落等現象。
2. 可微波保鮮盒的耐熱標示應達120度C以上。
3. 選購微波保鮮盒，外觀以乳白半透明的產品為佳，並建議選購以聚丙烯（PP）製成的產品，其尚未證實會釋出有害物質，是公認較為安全的塑膠容器，可認明盒底的塑膠回收標誌 ♷。不過若要完全確保微波過程不會出現有害物質，一般建議選購可微波的玻璃製或陶瓷製的保鮮盒。

安全使用法則

1. 微波時要鬆開盒蓋，以利盒內壓力釋出，並且微波加熱的時間盡量不要超過3分鐘。
2. 不要微波不含水及高油脂的食物，以免微波後盒身因高溫而變形。
3. 由於PC製的微波保鮮盒不耐酸鹼、紫外線、不耐磨，故盡量避免用PC製成的保鮮盒來裝酸性食物，並應避免存放在陽光直射的地方，刷洗時也不要用菜瓜布或鋼刷，要改用海綿清洗。
4. 目前尚未證實PP製的微波保鮮盒會釋出有害物質，是公認較為安全的塑膠容器；不過若要完全確保微波過程不會出現有害物質，一般建議使用可微波的玻璃製或陶瓷製的保鮮盒為佳。

隨身杯

　　隨身杯具有攜帶方便、重複使用等優點，在注重環保的今日受到廣泛使用，但由於市面上的隨身杯大多為塑膠製品，不同的塑膠材質耐熱程度和抗酸鹼的情況不同，一旦誤用可能會使塑膠成分中的有毒物質釋出，污染杯中的飲用品。常見的隨行杯主要以PC塑膠較為常見，但PC所含的雙酚A容易在高溫、強酸、強鹼等環境下釋出，累積在人體可能會干擾神經及生殖系統的正常運作。

●塑膠製隨身杯的耐熱度並不佳，抗酸鹼的程度亦有限，一旦裝高溫、強酸、強鹼的內容物，可能釋出有毒物質，影響人體健康。

常見種類	保溫杯、隨行杯
成分	1.塑膠原料：以聚碳酸酯（PC）為主 2.色料
製造生產過程	將塑膠原料及色料等添加物以溶劑溶解，加熱混合均勻後，注入模型內冷卻凝固成型，再將杯蓋與杯身組裝後包裝出售。
致毒成分及使用目的	1.雙酚A（BPA）：是聚碳酸酯的原料，能與碳酸縮和成聚碳酸酯的單體。 2.色料：使透明塑膠呈色，增加賣相。

對健康的危害

1. **雙酚A**：具有揮發性，吸入過量可能有急性症狀，進入體內可能引起皮膚紅腫過敏；它還會干擾內分泌正常運作，造成荷爾蒙失調、女性性器官早熟、男性性器官異常症狀且有致癌風險。
2. **色料**：有些色料成分內含鉛、鎘等重金屬及偶氮染料，都會危害人體健康。其中偶氮染料分為脂溶性及水溶性，脂溶性物質進入人體可能會累積在肝臟等器官，增加罹患腫瘤及癌症的機率，像是奶油黃（BY），已證實為致癌劑。

常見危害途徑

1. 不論是哪種材質的隨身杯，若是長時間盛裝高溫或酸鹼度較高的飲品，不但會使杯身扭曲變形，還可能使隨身杯所含的有毒物質遭溶解而釋出，如雙酚A，恐隨飲品喝下肚。隨身杯的內裡出現裂縫會殘留清潔劑，繼續使用可能使清潔劑混入杯中飲品並遭誤食。
2. 劣質的塑膠隨身杯可能使用回收料加工製成，回收原料若未經過消毒檢驗，容易殘留有毒物質，影響使用者的安全。

選購重點

1. 為了避免買到以回收料加工的劣質隨身杯，建議購買有口碑、通過具公信力的驗證機構檢驗合格的產品，不要購買來路不明、標示不全的隨身杯。
2. 建議盡量選購無添加色料的款式（如：黑色、透明瓶身），或無雙酚A（BPA-free）的隨身杯。

安全使用法則

1. 請遵照產品標示的說明來使用，特別是耐熱度。一般耐熱度在65度C的隨身杯，不能用來裝一般的熱飲，例如剛煮沸的咖啡、高溫沖泡的熱茶。若不確定隨身杯的塑膠材質，盡量不要用來裝超過50度C的熱飲，並避免裝酸性飲料，如：可樂、果汁、醋、乳酸、酒精飲料等。
2. 刷洗時應使用海綿，不可使用菜瓜布或鋼刷，以免造成刮痕。使用清潔劑必須稀釋，再用清水徹底沖洗，擦乾或晾乾後再使用。
3. 塑膠製品有其使用效期，若是杯身或內裡出現刮傷、霧面或變形時，即便仍可盛裝液不滲漏，卻可能殘留污垢或變質，建議不要再使用。
4. 塑膠製的隨身杯經陽光照射會釋出有毒物質，因此避免存放在陽光直射的地方。

鍋具

免洗餐具

塑膠及其他餐具

食品外包裝

塑膠水壺

同類日用品▶

塑膠水壺具有質輕、耐摔、方便攜帶的特性，並有各式造型和花樣，因此使用率非常高。但在塑膠製程中為了使產品容易塑型、外型美觀所添加的各項化學物質，極可能因製造過程疏失或錯誤的使用方式而釋放出有害物質，溶入盛裝的內容，恐在飲入後危害人體健康。

●塑膠水壺不論以哪種材質製成，都可能因製成不良或使用不當而使有害物質釋出。

●外觀帶有顏色的塑膠水壺可能含有人工色素，恐影響人體健康。

成分	●水壺本體： 　1.塑膠原料：聚碳酸酯（PC）、聚丙烯（PP）、聚乙烯對苯二甲酸酯（PET）、低密度聚乙烯（LDPE）、高密度聚乙烯（HDPE） 　2.可塑劑：雙酚A、鄰苯二甲酸酯 　3.紫外線吸收劑：二苯甲酮 　4.抗氧化劑：丁基烴基甲苯 　5.人工色素：鉛、鎘 ●水壺瓶蓋：聚丙烯（PP）、聚碳酸脂（PC） ●吸管：低密度聚乙烯（LDPE）、矽膠軟管
製造生產過程	首先製造水壺本體，將丙烯、碳酸酯等塑料單體加工為聚丙烯、聚碳酸酯等塑膠原料，再將之加熱溶解並注入模型，待冷卻凝固成型；接著再以同樣方法，依照製造商選定的材質製作水壺瓶蓋及吸管，經組合、包裝後即可上市出售。
致毒成分及使用目的	1.雙酚A（BPA）：是PC的原料，能與碳酸縮和成聚碳酸酯單體。PC具有透明、耐摔的特性，並可因應產品需求製成各式顏色的水壺，使用廣泛。 2.鄰苯二甲酸酯類：常用在PP當做可塑劑來軟化塑料，可增加其彈性和韌性以利塑型。

3.人工色素、安定劑：多含有鎘、鉛、鋇等重金屬，除了能美化產品外觀，也是製造聚合物過程中所添加的安定劑，能增加塑膠原料的耐熱度，幫助塑型。
4.丁基烴基甲苯（BHT）：是一種抗氧化劑，用來緩解油脂的氧化速度。

鍋具

對健康的危害

1. **雙酚A**：是一種環境荷爾蒙，在體內累積過量會干擾內分泌正常運作，造成荷爾蒙失調、女性性器官早熟、男性性器官異常，並會提高致癌風險。
2. **鄰苯二甲酸酯**：也是環境荷爾蒙之一，吸收過量多累積在肝、腎、膽汁等部位，可能導致內分泌系統失衡，造成男性雌性化，或增加女性罹患乳腺癌的機率。
3. **人工色素**：過量會損害肝臟的解毒功能、腎臟的排泄功能，其所含的重金屬還會影響神經系統和生育力，兒童攝入過量可能損害注意力及智力。
4. **丁基烴基甲苯**：食入過量可能出現腸胃炎、噁心、嘔吐等症狀。

免洗餐具

常見危害途徑

1. 使用塑膠水壺盛裝超過60度C高溫，或高酸、高油脂的飲品，會使可塑劑、重金屬及可塑劑等有害物質溶入飲品中，吃下會影響健康。
2. 以PC製成的塑膠水壺在重覆使用下，經反覆摩擦、刷洗而造成表面刮傷，會釋放雙酚A。
3. 以PET製成的塑膠水壺，盛裝超過40度的液體會導致容器變形、釋出紫外線吸收劑和抗氧化劑，反覆使用長達一個月可能變質並溶入內容物。

塑膠及其他餐具

選購重點

1. 應慎選外觀良好、標示完整的產品，完整的標示應包括材質、耐熱溫度、塑膠回收編號及使用期限。
2. 以PET製成的產品無法長期反覆使用、耐熱性能差，不建議選購；其中標示材質為PP、LDPE、HDPE使用上相對較為安全。切勿購買沒有標示材質的水壺。
3. 外觀色澤豐富的塑膠水壺可能含有大量重金屬，應避免選購。

食品外包裝

安全使用法則

1. 塑膠水壺所標示的耐熱溫度，是指在該溫度範圍內不會導致產品變形，並非代表不會溶出有害物質，因此所有塑膠水壺都不建議盛裝熱飲，若有需求也不要超過60度C。
2. 剛買到的塑膠水壺在使用前，先用小蘇打粉加溫水清洗，在室溫中自然陰乾，可減少可塑劑的釋出。使用塑膠水壺時，不要讓陽光直接照射瓶身以免變質。
3. 不要用洗碗機、烘碗機清洗塑膠水壺，也不要以硬毛刷刷洗，以免刮傷塑膠表面而造成有害物質釋出。
4. 所有塑膠產品都有使用期限，一旦透明的瓶身呈現霧面或刮痕，則不宜繼續使用。特別是附有吸管的塑膠水壺不易清洗髒污，最好定期更換。

塑膠奶瓶

同類日用品▶ 保鮮盒 隨身杯 塑膠水壺

塑膠奶瓶有質量輕、耐摔及耐熱等優點，讓幼兒使用比玻璃奶瓶安全，是多數家長的選擇。不過，塑膠奶瓶雖然耐熱，但在加熱後可能影響塑膠成分的穩定結構，容易釋出塑料所含的雙酚A等有害物質，可能混入奶瓶的內容物導致嬰幼兒喝下肚，過量將影響其內分泌正常運作，並導致日後不孕或生殖系統等問題，因此使用時務必小心謹慎。

● 塑膠奶瓶可能會在遇熱釋出塑料所含的有害物質，溶入奶瓶內容物並被喝下，影響嬰幼兒的健康。

常見種類	曲線型奶瓶、吸管奶瓶、標準型奶瓶
成分	1.塑膠原料：聚丙烯（PP）、聚碳酸酯（PC）、聚酯（PE）、丙烯氰苯乙烯（SAN）。 2.可塑劑：鄰苯二甲酸酯。 3.安定劑：2,6-丁基烴基甲苯、重金屬（鉛、鎘等）。 4.染色劑：重金屬（鉛、鎘等，也可當染色原料）、偶氮染料等。
製造生產過程	塑膠奶瓶是以單一塑料加工製成，依照廠商的設計使用PP或PC等其中一種塑料，先將其加熱溶解，添加可塑劑、安定劑等以促進塑型，再注入模型內冷卻凝固成型，部分產品外觀會再上色，最後組裝上奶嘴及瓶蓋後包裝出售。
致毒成分及使用目的	1.雙酚A（BPA）：組成聚碳酸酯的成分之一，能與碳酸縮和成聚碳酸酯。 2.鄰苯二甲酸酯：是用來製成聚丙烯的可塑劑，能增加其彈性和韌性。 3.偶氮染料：使透明塑膠呈色、增加賣相。 4.重金屬：做為安定劑，能增加高溫塑型過程中的穩定性，還可當做染色劑，美化產品外觀。

對健康的危害

1. **雙酚A**：具有揮發性，吸入過量可能有急性症狀，進入體內可能引起皮膚紅腫過敏；它還會干擾內分泌正常運作，造成荷爾蒙失調、女性性器官早熟、男性性器官異常症狀且有致癌風險。

2. **鄰苯二甲酸酯**：是一種會干擾內分泌系統運作的環境荷爾蒙，多累積在肝、腎、膽汁等器官，過量會造成男性雌性化、增加女性罹患乳腺癌的機率。

3. **偶氮染料**：可分為脂溶性及水溶性兩大類，脂溶性的物質容易被肝臟吸收，若進入人體可能會累積在肝臟等器官，增加罹患腫瘤及癌症的機率，有些偶氮染料如奶油黃（Butter Yellow），經研究已證實為致癌劑。

4. **重金屬**：在人體中的重金屬因不易經代謝排出，容易累積在器官，造成器官功能損害。鎘的累積會導致神經系統、生殖系統和腎臟的損害並造成骨質疏鬆。鉛的累積會提高致癌風險並造成慢性鉛中毒，使肝、腎、骨骼等器官損害，並引起食慾不振、神經衰弱等症狀。

常見危害途徑

1. 塑膠奶瓶中的有毒物質遇高溫時會被溶解而釋出，很容易溶入瓶中的飲品並被吃下肚。因此不論是以塑膠奶瓶盛裝高溫飲品，或是以滾燙熱水消毒，都可能造成有害物質釋出。

2. 酸、鹼物質可能會溶解聚碳酸酯（PC），因此使用PC製的奶瓶裝柳橙汁等酸性飲料給嬰幼兒喝，可能使雙酚A釋出並溶入飲品。

3. 殘留在塑膠奶瓶裂痕中的清潔劑，可能會而在下一次使用時被沖出，混入牛奶或幼兒飲用物中。

4. 劣質的塑膠奶瓶可能使用回收料加工製成，回收原料若沒有經過消毒檢驗，容易殘留有毒物質，影響到嬰幼兒的健康。

選購重點

1. 不要購買來路不明及標示不全的產品，選購時應注意包裝上是否完整標示製造原料、製造廠商名稱及廠址、使用注意事項等項目。

2. 建議選購無添加色料的黑色、透明瓶身或標示「無雙酚A（BPA-free）」的塑膠奶瓶。

3. 注意塑膠材質及耐熱標示，如聚丙烯製的奶瓶（PP，塑膠回收編碼 ）可以耐熱130度C，目前尚未證實會釋出有害物質，較其他材質安全；聚碳酸酯（PC，塑膠回收編碼 ）雖可耐熱100～300度C，但卻容易釋出雙酚A。不過若要確保遇熱不會溶出有害物質，仍建議選購玻璃製的耐高溫奶瓶。

安全使用法則

1. 一般塑膠奶瓶在首次使用前，先以95度C以上的高溫熱水浸泡處理，以洗去製造過程中殘留在表面的化學物質。針對聚碳酸酯製（PC）的奶瓶，則要用洗碗機所附設的臭氧或紅外線消毒功能來消毒，或用小蘇打粉加溫水，以洗去第一次使用時釋出的雙酚A。

2. 使用塑膠奶瓶，泡奶粉的熱水不要超過90度C，最好維持在40～50度C，並避免用來裝酸性飲料，如果汁、優酪乳等。

3. 清洗塑膠奶瓶時宜使用軟毛刷，以保護奶瓶內壁；若瓶身已有刮傷或產生霧面甚至變形，建議應汰舊換新。

4. 避免用熱開水消毒奶瓶，使用蒸汽消毒法較安全，洗淨後避免存放在陽光直射的地方，以免塑料變質。

5. 為了避免嬰幼兒長期攝入塑膠奶瓶的有害物質，建議盡量少用塑膠奶瓶，改用玻璃奶瓶。

鍋具

免洗餐具

塑膠及其他餐具

食品外包裝

兒童餐具

塑膠餐具

　　兒童餐具多以塑膠材質製成，具有耐摔、質量輕、易清洗、售價便宜等優點，加以兒童使用時，也較陶瓷餐具來得安全，因此廣為家長愛用。不過塑膠產品在製造過程中必須添加各式化學成分，一旦因使用不當便會將之釋出，兒童餐具中常見的有害物質，如：雙酚A、重金屬、三聚氰胺等，對於發育尚未健全的幼兒傷害可能會比成人更大，因此選購和使用上應更加謹慎。

● 塑膠製的兒童餐具遇熱會釋出塑料所含的有害物質，可能隨碗盤中的食物被吃下肚，危害幼兒健康。

● 兒童餐具上的鮮豔紋路，可能含有色料殘留的重金屬，吃下恐影響幼兒的正常發育。

成分	1.塑料：聚丙烯（PP）、聚碳酸酯（PC）、聚酯（PE）、三聚氰胺樹脂 2.安定劑或色料：鉛、鎘等重金屬 3.可塑劑：鄰苯二甲酸酯
製造生產過程	依照廠商選定的塑料，先將其加熱溶解，再按照各塑料塑型過程所需的添加物加入安定劑、可塑劑，接著注入模型內冷卻凝固成型，依照設計在碗盤適當處上色美化，待色料凝固後再加以包裝出售。
致毒成分及使用目的	1.雙酚A：與碳酸縮和成聚碳酸酯單體，可讓聚碳酸酯擁有質輕、耐高溫、耐摔的特性。 2.三聚氰胺：美耐皿的主要合成原料，添加後能使美耐皿具有耐摔、耐高溫、易乾、不易沾污的特性。 3.鄰苯二甲酸酯：是聚丙烯在聚合過程中添加的可塑劑，能增加其彈性和韌性。 4.甲醛：用來製成三聚氰胺樹脂（即美耐皿）的合成原料。 5.重金屬（鎘、鉛等）：是塑料在製造過程中所添加的安定劑，能使其不易產生氧化、發泡等副作用。色料中可能也含有重金屬，使塑膠呈色、美化產品外觀。

對健康的危害

1. **雙酚A**：具有揮發性，吸入過量可能有急性症狀，進入體內可能引起皮膚紅腫過敏；另外，此物質會干擾內分泌正常運作，造成荷爾蒙失調、提高致癌風險。
2. **三聚氰胺**：會刺激眼睛、皮膚、呼吸道，長期暴露會增加罹癌風險。攝入過量的三聚氰胺而無法完全藉人體的代謝作用排出，便會由消化道吸收並累積在腎、膀胱等器官，導致腎結石、腎臟癌、膀胱癌等疾病。同時三聚氰胺也是一種環境荷爾蒙，會干擾內分泌的運作，引發生殖系統方面的疾病。
3. **鄰苯二甲酸酯**：是一種會干擾內分泌系統運作的環境荷爾蒙，多累積在肝、腎、膽汁等器官，過量會造成男性雌性化、增加女性罹患乳腺癌的機率。
4. **甲醛**：長期接觸會刺激呼吸道和皮膚，吸入過量會損害肺、肝、腎等器官，甚至會中毒而導致昏迷、休克等現象。
5. **重金屬（鎘、鉛等）**：在人體中的重金屬因不易經代謝排出，容易累積在器官，造成器官功能損害。鎘的累積會導致神經系統、生殖系統和腎臟的損害並造成骨質疏鬆。鉛的累積會提高致癌風險並造成慢性鉛中毒，使肝、腎、骨骼等器官損害，並引起食慾不振、神經衰弱等症狀。

常見危害途徑

1. 美耐皿及PC製的兒童餐具中含有三聚氰胺及雙酚A等有害物質，可能會因盛裝熱食或酸性食物，或以微波加熱等不當使用的方式溶出並混入食物，吃下後會危害身體健康。
2. 兒童餐具上各式的圖樣可能含有重金屬，可能會在裝熱食或重複清洗過程中剝落，殘留在食物中。
3. 兒童餐具中若出現裂痕會殘留清潔劑，可能會在下一次使用時混入食物中。

選購重點

1. 不要購買來路不明及標示不全的產品，選購時應注意包裝上是否完整標示製造原料、製造廠商名稱及廠址、使用注意事項等項目。
2. 盡量挑選素色的產品，尤其是接觸到食物的那面最好不要有花樣或圖案。
3. 注意產品所用的塑膠材質及耐熱標示，如聚丙烯製的兒童餐具（PP，塑膠回收編碼 ）可耐熱130度C，目前尚未證實會釋出有害物質，較其他材質安全；聚碳酸酯（PC，塑膠回收編碼 ♸）雖可耐熱100～300度C，但卻容易釋出雙酚A。不過若要確保遇熱不會溶出有害物質，仍建議選購陶瓷或玻璃製的一般餐具。

安全使用法則

1. 一般兒童餐具在第一次使用前，最好先消毒後再使用，一般塑膠餐具可以用95度C以上的熱水浸泡，但是PC製兒童餐具則不適用高溫消毒，可使用洗碗機或烘碗機所附設的臭氧或紅外線消毒功能來消毒；或在使用前先用小蘇打粉加溫水清洗，可去除大部分殘留的雙酚A。
2. 盛裝熱食、微波加熱前，應先確認該餐具的材質及使用限制，像是美耐皿製品及未經微波處理的PP、PC製品都不可微波，並建議依照各材質的耐熱溫度來使用，以免塑料變質、產品變形。
3. 刷洗兒童餐具時不要用菜瓜布或鋼刷，宜用海綿清洗，洗淨後避免存放在陽光直射的地方，以免塑料變質。
4. 兒童餐具若已出現刮傷、霧面或變形時，建議不要再使用。

鍋具

免洗餐具

塑膠及其他餐具

食品外包裝

奶嘴

同類日用品 ▶ 安撫奶嘴 固齒器

　　嬰幼兒在學會使用餐具進食前，奶嘴為主要的輔助進食工具，同時也有安撫幼兒的作用。市面上的奶嘴主要由乳膠與矽膠兩種材質製成，其中乳膠的觸感近似皮膚且彈性佳，主要做為安撫奶嘴，但容易老化變質、發出異味；矽膠雖耐用且耐熱度高，但缺乏彈性、容易斷裂，恐使嬰幼兒誤食。此外，奶嘴在製造過程中必須添加安定劑，若使用屬於含胺的化合物，可能會在橡膠硬化後釋出亞硝胺致癌物，影響嬰幼兒健康。

● 奶嘴在製造過程中需添加安定劑，若使用含胺化合物，可能會在產品硬化後釋出亞硝胺致癌物。

● 乳膠奶嘴的材質不耐熱，消毒或接觸溫度過高的飲品，可能導致材質變質。

常見種類	奶瓶奶嘴、防漲氣奶嘴、防爆牙奶嘴、防舌苔奶嘴
成分	1.乳膠、矽膠、異戊二烯橡膠 2.添加劑：亞硝胺、亞硝胺類化合物 3.有機溶劑
製造生產過程	依照廠商設定的原料而定，以矽膠、橡膠成分為例，將液態的矽膠、橡膠及添加劑混合均勻後注入模型，待凝固成型後，便可包裝出售。
致毒成分及使用目的	亞硝胺：防止乳膠、矽膠或橡膠類物質在塑型過程中氧化而劣化，添加在乳膠或矽膠奶嘴可增加彈性及耐用度。

鍋具

免洗餐具

塑膠及其他餐具

食品外包裝

對健康的危害

亞硝胺：亞硝胺為一毒性強烈的致癌物，長期食用可能會造成肝硬化、肝癌、口腔癌、食道癌、鼻癌、氣管癌、肺癌、肝癌及胰臟癌等各種癌症。

常見危害途徑

橡膠奶嘴在製造過程中所添加的亞硝胺或亞硝胺類化合物，當橡膠硬化就會釋出並殘留在奶嘴上，可能在嬰幼兒吸吮的過程進入體內並累積，影響嬰幼兒健康。

選購重點

1. 選購時應詳閱包裝上標示的成分，目前市售奶嘴以矽膠製品為最大宗，乳膠、橡膠奶嘴則不常見，不同種類的奶嘴各有其優缺點，可依使用需求來選購：像是橡膠或乳膠奶嘴（黃奶嘴）雖然柔軟有彈性近似母親乳頭，但缺點是帶有橡膠味，且加熱消毒超過60度C就容易變質；矽膠奶嘴（白奶嘴）較耐用且無異味，但易被嬰兒咬裂可能誤食。
2. 一體成形的奶嘴比較不易被嬰兒咬斷，奶嘴墊片上附有安全孔洞的產品，則在萬一遭嬰兒誤食時，能預防窒息的危險。
3. 依照行政院衛生署規定，使用於嬰兒奶嘴中的亞硝胺不得超過十億分之十，因此選購時建議購買經衛生署檢驗合格的產品，或標示「不含亞硝胺」的奶嘴。

安全使用法則

1. 矽膠、橡膠奶嘴在首次使用前，先以煮沸熱水浸泡處理，以去除製造過程中可能殘留在表面的化學物質（例如：亞硝胺），浸泡時間約5分鐘即可。
2. 奶嘴消毒常見的方式為煮沸和蒸汽，煮沸法較為省時、簡便；蒸汽法則較能充分殺死細菌，且不影響奶嘴材質。煮沸法首先盛裝足夠的水量並將水燒開至沸騰，再將洗淨的奶嘴放入水中持續煮2～3分鐘，並確定奶嘴都浸泡在水中。注意煮沸時間不要超過五分鐘，以免使奶嘴的材質提早老化。蒸汽法要配合奶瓶烘乾消毒鍋，將適量的水倒進消毒鍋底盤，再將洗淨的奶嘴放在鍋中並蓋上蓋子，消毒鍋會將水煮沸為高溫蒸汽，約過12～15分鐘即可完成消毒。
3. 一般安撫奶嘴大約可使用三個月，奶瓶奶嘴則視嬰幼兒個別的使用狀況不一，若發現奶嘴有刮傷、變形、破裂、起霧時，建議立即更新，不要再使用，以免細縫處滋生細菌、藏匿清潔劑。
4. 使用安撫奶嘴不要以長繩套在嬰幼兒的脖子上，以免發生勒住脖子窒息的意外。若怕奶嘴遺失，可用短鍊別在衣服上。
5. 不要將安撫奶嘴沾糖漿等甜食給嬰幼兒吸吮，以免導致奶瓶性蛀牙。

餐墊

同類日用品▶

　　餐墊除了具有隔熱、止滑、防污等功能，還可用來營造美好的用餐氣氛、增加食物賣相。目前市面上的餐墊樣式以餐墊紙及塑膠餐墊的使用最廣泛，其中塑膠餐墊主要以PVC、PP等材質較常見，耐熱性佳、清洗方便，主要為家庭使用；餐墊紙則因價格便宜、用過即可丟棄，廣受餐飲業者的喜愛。但PVC餐墊含有鄰苯二甲酸酯、重金屬等有害物質，可能會因餐具過熱或沾到油脂而釋出；餐墊紙則可能內含螢光增白劑，直接接觸食物會沾附在其上，因此使用上要特別注意。

●PVC製的餐墊在製造過程中需添加鄰苯二甲酸酯、安定劑等有害物質，這些物質可能會因沾附油污而釋出，影響人體健康。

●餐墊紙多含有可疑致癌物螢光增白劑，直接接觸食物可能遷移在食物表面。

常見種類	餐墊紙、塑膠餐墊
成分	●塑膠製餐墊 　1.塑料：聚氯乙烯（PVC）、聚丙烯（PP） 　2.可塑劑：鄰苯二甲酸酯類 　3.安定劑：鉛、鎘等重金屬 ●餐墊紙 　1.原料：紙漿、木漿 　2.添加物：螢光增白劑 ●其他種類： 　1.原料：軟木、竹片、布匹、矽膠 　2.色料：各式染色劑
製造生產過程	依餐墊材質不同而略有差異，餐墊紙為一般造紙過程，將原木打漿後，在調製過程添加螢光增白劑等化學物質，經抄紙機壓榨乾燥後，再上膠壓光，捲紙後裁切成適當大小，再進行印刷上色為成品。塑膠餐墊需先將氯乙烯或丙烯單體及催化劑在適當的溫度、壓力下進行聚合反應，並

	於過程中添加可塑劑、安定劑以維持化學反應的穩定，接著以模具塑模成型後，再加工印上圖樣便可出售。
致毒成分及使用目的	1. 鄰苯二甲酸酯類：製造聚氯乙烯、聚丙烯的過程中所添加的塑化劑，能增加塑膠的可塑性，可以依需求製成不同大小的塑膠餐墊。 2. 重金屬（鎘、鉛等）：是聚氯乙烯、聚丙烯在製造過程中所添加的安定劑，能穩定塑化的化學反應。 3. 螢光增白劑：為合成染料，可增加白色亮度，使餐墊紙看起來更加潔白乾淨。

鍋具

免洗餐具

塑膠及其他餐具

食品外包裝

對健康的危害

1. **鄰苯二甲酸酯類**：是一種環境荷爾蒙，會干擾人體荷爾蒙的分泌，影響生殖及免疫系統正常運作，可能引發攝護腺癌、乳癌等。
2. **重金屬（鎘、鉛等）**：進入人體的重金屬不易經代謝排出，容易累積在器官，造成器官功能損害。鎘的累積會導致神經系統、生殖系統和腎臟的損害並造成骨質疏鬆。鉛的累積會提高致癌風險並造成慢性鉛中毒，損害肝、腎、骨骼等器官，並引起食慾不振、神經衰弱等症狀。
3. **螢光增白劑**：為可疑致癌物，實際毒性在研究方面尚未有明顯定論，但可能會使嬰兒及皮膚敏感者出現過敏症狀，其中可遷移性螢光劑可能在接觸皮膚的過程被吸收，有危害健康的疑慮。

常見危害途徑

1. PVC材質的餐墊不耐油，接觸到油脂類或過熱食物，可能會釋出鄰苯二甲酸酯或重金屬等有害物質並附著在餐墊表面，因此像是使用餐墊墊牛肉湯、麻油雞湯等高油脂料理，一旦不慎使湯汁潑灑在餐墊上，便可能釋出餐墊的有害物質，若手或餐具接觸到餐墊，便可能間接接觸到食物而進入人體。
2. 若將醬料或食物直接放在餐墊紙上，餐墊紙中的螢光增白劑可能會沾附在醬料或食物表面，並被吃下肚。

選購重點

購買塑膠餐墊時應注意材質標示，盡量不要選擇聚氯乙烯（PVC）材質的產品，改選購其他較無致毒疑慮的材質，如PP、矽膠等。

安全使用法則

1. 不論是餐墊紙或塑膠餐墊，都應避免將醬料、食物直接放至在其上，以免沾附有害物質，包括清洗好的水果也不要放在餐墊上。
2. 盛裝油性食物時，最好避免使用塑膠餐墊，改用軟木餐墊或餐墊布等材質的餐墊。
3. 清洗塑膠餐墊時避免用鋼刷，改用海綿等不易破壞塑膠表面的刷具。
4. 不要將塑膠餐墊存放在陽光直射的地方，以免塑膠受到高溫及紫外線的影響而脆化或釋出有害物質。
5. 塑膠餐墊的表面出現裂痕、磨損或老舊時，建議不要再使用。
6. 一般速食餐廳多附有餐墊紙，用餐時不要將食物、醬料放在餐墊紙上，若要沾取醬料可直接倒在食物上，以免吃到螢光增白劑。

家用木筷

同類日用品▶ 木煎匙 木飯匙

　　家用木筷相對於其他種類的筷子，具有輕盈、有質感、不滑手、不燙手等優點，由於木筷及竹筷本身無害，部分環保筷也使用相同材質，但是事實上部分有花紋的筷子在加工時所上的色料內含有害物質，可能在使用或清洗過程剝落，容易混入食物並被吃下肚。這些加工產物多為致癌的有機溶劑或重金屬，進入人體不易排出，影響健康甚鉅。

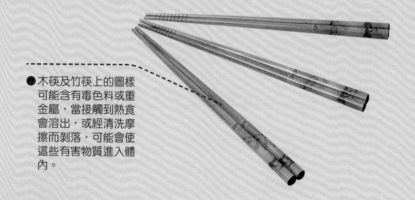

●木筷及竹筷上的圖樣可能含有毒色料或重金屬，當接觸到熱食會溶出，或經清洗摩擦而剝落，可能會使這些有害物質進入體內。

常見種類	無上色竹筷、上漆著色竹筷、環保筷、學習筷
成分	●原料 　1.木材 　2.竹材：孟宗竹、桂竹等 ●色料 　1.偶氮染料：脂溶性偶氮染料、水溶性偶氮染料 　2.油漆：苯、甲苯等有機溶劑、鉛、鎘等重金屬 ●漂白劑：常見的有二氧化硫、過氧化氫等 ●抗菌劑：三氯沙
製造生產過程	將原竹抽取竹枝後，利用機器裁切竹筷原型，再經過磨光、上色、上漆等加工，便可包裝出售。
致毒成分及使用目的	1.偶氮染料：是一種上色的原料，用以增加筷子的美觀及賣相。 2.油漆：屬於色料的一種，用來上色或使筷子的表面光滑。

對健康的危害

1. **偶氮染料**：可分為脂溶性及水溶性兩大類，脂溶性的物質容易被肝臟吸收，若進入人體可能會累積在肝臟等器官，增加罹患腫瘤及癌症的機率，有些偶氮染料如奶油黃

（Butter Yellow），已被研究證實為致癌劑。

2. 油漆：油漆成分複雜，可能含有以下物質：

❶ **有機溶劑**：像是苯、甲苯等化學物，遇熱時可能會溶出有毒物質並產生刺鼻異味，其中苯的毒性甚大，長期接觸可能會損害血液，破壞白血球、紅血球或血小板，導致細胞病變，引發白血病或免疫系統失調等症狀。

❷ **重金屬**：在人體中的重金屬因不易經代謝排出，容易累積在器官，造成器官功能損害。鎘的累積會導致神經系統、生殖系統和腎臟的損害並造成骨質疏鬆。鉛的累積會提高致癌風險並造成慢性鉛中毒，使肝、腎、骨骼等器官損害，並引起食慾不振、神經衰弱等症狀。

3. 漂白劑：誤食會出現過敏症狀，例如二氧化硫會出現喉嚨不適、皮膚發癢、眼睛流淚等，過氧化氫則會出現嘴角起泡、噁心、嘔吐、腹脹、腹瀉等情形，濃度超過10%會導致腸胃燒灼、腐蝕、出血等，長期接觸有致癌的疑慮。

4. 三氯沙：過敏體質者接觸過量會出現皮膚和眼睛的過敏症狀；進入體內易與脂肪結合，不易代謝排出體外，累積過量可能導致荷爾蒙失調、肝病。

常見危害途徑

1. 木筷上有上漆或圖樣的部分可能殘留色料的有害質物，若使用木筷吃熱食（如熱湯麵）的過程可能將之溶出並混入食物，也可能殘留在竹筷前端的刻痕中被吃進人體中。

2. 木筷清洗後若未完全瀝乾，且存放在潮濕不通風的環境裡（如密閉的筷盒），可能會使木筷發霉，導致微生物等病菌在竹筷表面滋長。

3. 部分市售的家用木筷為了美化外觀、強調抗菌功能，可能會添加過量漂白劑及抗菌劑，這些過量的化學藥劑可能會藉由使用過程，沾附在食物或直接被吃入身體。

選購重點

1. 不要購買來路不明或過於廉價的木筷，像是沒有商品標示，或是商品標示中的廠商及成分資訊不明，都應避免購買。

2. 選購時可藉由木筷表面的色澤或紋路判斷品質，色澤自然、不鮮豔的竹筷，經過漂白、重新上色的可能性較低，安全性相對於過白的竹筷來得高。

3. 盡量避免購買表面有雕刻或圖樣的竹筷，尤其是花紋設計在會接觸到食物的筷尖部分。

4. 若要購買附有收納筷子的筷盒，建議選購筷盒的周圍或底部有空隙的款式，以利筷子通風、乾燥。

安全使用法則

1. 使用木筷夾食物時，建議直接將食物放入口中，不要含著木筷，減少木筷觸碰到口腔的頻率，可避免吃下木筷表面可能殘留的有害物質。

2. 刷洗時避免使用菜瓜布或鋼刷，改用海綿清洗，以免破壞木筷表面的平滑，造成有害物質釋出。

3. 建議定期消毒竹筷，可在沸水中煮約5～10分鐘，利用高溫殺菌，但是若表面有上漆或圖樣則不適用加熱煮沸消毒，煮沸的方式容易使上漆的圖樣脫落，沾附在筷子的其他部分，可改採蒸汽、臭氧或紅外線消毒。

4. 若木筷表面出現刮痕，或局部顏色變黑、變暗，表示可能有縫細容易藏污納垢，或是木筷發霉，建議不要再使用。

鍋具

免洗餐具

塑膠及其他餐具

食品外包裝

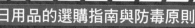

寶特瓶

同類日用品▶

 礦泉水外瓶

 清潔劑外瓶

 洗髮精外瓶

寶特瓶的主要材質是聚乙烯對苯二甲酸乙二酯（簡稱PET），其材質特性為硬度強、韌性佳、透光性優異，大部分的寶特瓶為透明無色，也有部分寶特瓶瓶身會添加人工色素做為裝飾，加以攜帶方便，是許多消費者隨手的水分補給品。但是寶特瓶的耐熱度有限、製造成分複雜，存放寶特瓶的環境溫度以及內容物的溫度、性質，都可能促成抗光劑、抗氧化劑、人工色素、金屬催化劑等物質的釋出，可能危害人體健康。

● 在寶特瓶的製程中，部分廠商會添加銻系金屬催化劑縮短製程，但可能因使用不當而釋出銻金屬。

● 部分廠商可能使用人工色素裝飾寶特瓶外觀，一旦處理或使用不當，都可能導致釋出、危害人體健康。

成分	1.塑料：聚乙烯對苯二甲酸乙二酯（PET） 2.色素：藍色一號、大麥麥芽、食用黃色四號 3.抗氧化劑：受阻酚類抗氧化劑、亞磷酸酯類抗氧化劑、硫酯類抗氧化劑 4.催化劑：有機銻化合物，如：三氧化二銻或醋酸銻；少數使用鍺系（Ge）或鈦系（Ti）金屬，如：PC-64 5.安定劑：鉛鹽化合物、金屬皂類 6.抗光劑（紫外線吸收劑）：二苯甲酮
製造生產過程	首先將乙烯對苯二甲酸酯加工聚合為PET，加工過程添加抗氧化劑、安定劑等，再製成PET的塑膠粒，透過機械射出，並加入銻系、鍺系或鈦系金屬的催化劑，再採用吹瓶法塑造瓶身的外型，最後附上瓶蓋即為成品。部分產品會視廠商需求，在瓶身添加人工色素，或套上印製品名的塑膠膜來美化外觀。

致毒成分及使用目的	1.人工色素:增添寶特瓶瓶身的顏色,美化外觀。 2.丁基羥基甲苯(BHT):是一種抗氧化劑,用來緩解油脂的氧化速度。 3.安定劑:塑膠製程過程中使用鉛鹽化合物、金屬皂類,能夠增加PET對熱的穩定度,促進熱塑的製程。 4.銻系金屬催化劑:做為PET的縮聚催化劑,縮短聚合的反應時間,增加耐燃性。 5.二苯甲酮:能夠吸收紫外線,增加PET對抗光分解的強度,避免塑膠因光線照射而變質。

對健康的危害

1. **色素**:人工色素可能影響兒童的肝臟解毒功能、腎臟排泄功能,導致腹瀉、腹脹、腹痛、營養不良等,並會出現皮疹、蕁麻疹、哮喘、鼻炎等過敏症狀。人工色素也還可能含有重金屬,影響神經系統,導致兒童的注意力及智力低落,成人生育力下降、畸胎率提高,還可能轉換成致癌物質。
2. **丁基羥基甲苯(BHT)**:會刺激皮膚,進入人體會增加肝臟、腎臟的負擔,並有增加其他致癌物毒性的疑慮。
3. **安定劑**:含有重金屬鉛會傷害腎臟,並可能造成急性神經症,干擾兒童的發育和注意力。
4. **銻系金屬催化劑**:銻會刺激黏膜部位及皮膚,持續接觸可破壞心臟及肝臟功能,過量則導致銻中毒,症狀包括嘔吐、頭痛、呼吸困難、心臟麻痺,嚴重者可導致死亡。
5. **二苯甲酮**:會刺激皮膚,並導致噁心、嘔吐等腸胃不適的症狀,此物質遭質疑為環境荷爾蒙,可能干擾內分泌系統的正常運作。

常見危害途徑

1. 長時間讓寶特瓶暴露在光照和高溫中,一旦寶特瓶所添加的抗光劑和安定劑消耗殆盡,可能使瓶身產生質變,進一步導致銻系金屬催化劑釋出。因此像是將寶特瓶放置汽車內讓陽光曝曬,便可能使銻系金屬催化劑溶入寶特瓶的內容物中。
2. 瓶身過於鮮豔的產品可能含有人工色素,會溶入飲品中並隨之食入。
3. 以寶特瓶盛裝含有酒精或酸性的飲料,容易溶出抗氧化劑、抗光劑,像是寶特瓶裝的米酒就很容易含有釋出的物質。

選購重點

1. 購買寶特瓶時,建議購買瓶身為透明無色的,因為過於鮮豔的產品可能添加了人工色素,盡量避免購買。
2. 選購寶特瓶時,如果商家將之放在受到光線直射處,且未冷藏保存,建議不要購買。
3. 購買時,盡量選擇距離出廠日期愈近愈好,不但能確保寶特瓶的使用期限,內容物也較為新鮮。

安全使用法則

1. 盡量避免將寶特瓶放置於車內或高溫環境中,以避免溶出抗光劑、安定劑及銻系催化劑。
2. 最好選擇無色透明的寶特瓶,盡量避免購買瓶身有顏色的產品。
3. 寶特瓶的堅固外殼雖看似耐用,但長期使用,即使未加熱,也會釋出微量的銻系金屬催化劑,因此建議不要重覆使用,若不得不重複利用,也不要盛裝熱水、酸性和酒精飲料,並且不要使用超過一個月。

保鮮膜

同類日用品▶

　　保鮮膜質地輕薄、延展性佳，廣為消費者用以保存食物，也是包覆市售食材、食品相當普遍的包裝材。用保鮮膜包裹食物能抑制水分蒸散，還能保持食物的清潔、完整，因此常搭配加熱烹調、賣場陳列或置入冰箱時使用。不過，在上述便利的使用情境中，卻可能導致PVC和PVDC保鮮膜所含的可塑劑、安定劑溶解，這些有害的物質可能輕易地溶入食物，吃下便有致癌的危險。

●市售保鮮膜在製作過程中，需添加對人體有害的可塑劑、安定劑，直接接觸高油脂食物或遇高溫，可能會造成有害物質的釋出。

常見種類	保潔膜、PE保鮮膜
成分	1.塑膠原料：保鮮膜的主要原料為鏈狀的熱聚性聚合物，常用的原料有四種，大致分為兩大類： （1）不含氯的塑膠原料：聚乙烯（PE）、聚甲基戊烯（PMP）、聚乙烯一氧化式可生物分解塑膠（OP） （2）含氯的塑膠原料：聚氯乙烯（PVC）、聚偏二氯乙烯（PVDC） 2.可塑劑：鄰苯二甲酸酯、癸二酸二丁酯、己二酸二異丁酯。 3.安定劑：二丁基錫化物、鉛、鎘。 4.添加劑：$d_2w^®$生物可分解塑膠粒子（以1%比例添加於PE塑膠原料內）
製造生產過程	首先將聚合物單體加溫熔化，其中含氯的聚合物單體要特別加入安定劑及可塑劑，並使其均勻混和，再將熔化的塑膠原料置放在兩個壓膜滾輪下，經由滾輪軋壓、拉伸之後，將塑膠拉伸形成薄膜，再以保鮮膜分裝機包裝，便可上架販售。
致毒成分及使用目的	1.鄰苯二甲酸酯：常添加在PVC、PVDC保鮮膜，添加後可維持保鮮膜的穩定性、增加其柔軟度，以免加壓塑型造成斷裂，添加量最高可達70%，其中常用的是鄰苯二甲酸二乙基己酯（DOP）。 2.二丁基錫化物：是安定劑的一種，可使PVC、PVDC保鮮膜在高溫的製造環境中不會裂解，維持保鮮膜的穩定性。 3.低密度聚乙烯單體：是PE保鮮膜的主要成分，能提升保鮮膜的柔軟度。 4.偏二氯乙烯：是PVDC的成分之一。

對健康的危害

1. **鄰苯二甲酸酯類**：是一種生殖與發育毒素，也是一種環境荷爾蒙，易造成胎兒和嬰兒有生殖器官畸形、生育能力受損的問題，成人接觸過量會累積在體內，可能干擾內分泌系統，並可能引起血栓、微血栓，是中風的潛在因子。
2. **二丁基錫化物**：在室溫下為透明淡黃色液體，對呼吸道、皮膚、眼睛具有刺激性，直接接觸此物質有可能會引起皮膚紅腫、起疹、眼睛充血、肌肉無力、影響胎兒發育；吸入過量蒸氣或是經由皮膚吸收可能會致死，對鼻腔、舌頭有致癌的可能性。
3. **低密度聚乙烯單體**：幾乎無毒性，並不會引起人體過敏反應，但是如果誤食高溫溶解的保鮮膜，含有大量支鏈的低密度聚乙烯物質仍然有致癌的可能性。
4. **偏二氯乙烯**：會刺激呼吸道、消化道黏膜、眼睛，過量還會使神經系統受損。

常見危害途徑

1. 以保鮮膜包裹盛裝食物的碗盤，並放進微波爐或電鍋加熱，在高溫下可能溶出保鮮膜材質中所含的有害物質，並可能滲入食物。
2. PVC和PVDC製的保鮮膜，在常溫下、冰箱中或是與高油脂食物直接接觸，可能會溶出鄰苯二甲酸酯類。
3. 由於保鮮膜透氣性較低，如果直接覆蓋在餐具容器上並進行烹調，容器內會產生大量高溫水蒸氣，拆開保鮮膜可能會被燙傷。

選購重點

1. 選擇保鮮膜時可根據使用用途及耐熱需求，來購買適合的保鮮膜，可詳閱商品標示來確認成分，但部分商品會採中文標示，購買前可先熟記其對應的中文。
2. 保鮮膜保存期限一般標示為五年，建議選擇製造日期較近的產品為佳。
3. 標示為安全裝置的保鮮膜，其盒子所附的裁切鋁片位置比較靠近內側，且有紙片保護，可避免使用時割傷。

安全使用法則

1. 一般建議，不要使用保鮮膜直接高溫加熱，或直接接觸高油脂食物。即使外包裝標明「加熱遇高溫時不釋放有毒物質」，仍不建議用來加熱，因為食物所含的油脂可能使加熱環境的溫度高於保鮮膜的耐熱度，容易破壞保鮮膜成分的穩定性。
2. 若必要使用保鮮膜微波加熱，微波完的保鮮膜待冷卻後便應丟棄，不要重複利用以免溶出有害物質。
3. 不論哪種材質的保鮮膜，在放入微波爐前先以牙籤搓幾個小洞，讓水蒸氣可以排出，或是加熱完待溫度降低後再拆開保鮮膜，可避免燙傷。
4. 用畢的保鮮膜務必先將外盒刀片撕下再行丟棄，以免割傷，同時便利回收處理。

info 常見的保鮮膜種類及正確用法

	耐熱情況	保存食材
PVC、PVDC	不耐熱，不可用來加熱食物。	需距離食物約2.5公分。
PE、OP	不耐熱，不可用來加熱食物。	可直接接觸食材，並可直接放置冰箱或低溫烹調。
PMP	耐熱限度為180度C。	

鋁箔包

同類日用品▶

飲料瓶封

罐封

　　鋁箔包又稱無菌紙盒包，是利用紙板、聚乙烯、鋁箔製成的包裝材料，韌性強、並能阻絕空氣、細菌和光線，搭配無菌的灌裝技術使之能在無冷藏的環境下長時間運送，內容物也不會腐壞。鋁箔包經長時間包裹液體，與食物的接觸最多，疑慮也較大，其對人體的危害至今尚無定論，但是部分市售的鋁箔包經檢驗會釋出有毒的壬基酚，壬基酚是環境荷爾蒙，會干擾內分泌系統，男性生殖系統格外可能遭干擾而出現雌性化的現象。

●鋁箔包利用聚乙烯來黏著和密封，製造聚乙烯所用的壬基酚可能影響人體健康。

●鋁箔包吸管口的鋁箔，以及部分飲料的鋁箔瓶封，若設計不良可能有鋁滲入內容物之虞。

綠茶

常見種類	利樂包
成分	●鋁箔包本體： 　1.紙板 　2.聚乙烯 　3.鋁箔 ●吸管口： 　1.塑膠薄膜 　2.鋁箔
製造生產過程	以紙板為主體，紙板和鋁箔之間則使用多層的聚乙烯，用以黏著、密封以及阻隔光線、濕氣和細菌。這三種材質組成六層薄層，經加工、黏著、密封，即為市售的鋁箔包。

致毒成分及 使用目的	1.壬基酚：是聚乙烯在製造過程所用的抗氧化劑，能抑制或延緩聚合物鏈斷裂，增加塑料的穩定性。 2.鋁：鋁箔的原料，用來阻隔光線、氣體，防止味道流失。

鍋具

免洗餐具

塑膠及其他餐具

食品外包裝

對健康的危害

1. **壬基酚**：會干擾人類內分泌系統，可能使男性的精子濃度下降、孩童青春期提早，並會促進乳癌細胞分裂。長期暴露在壬基酚的環境下可能導致免疫力降低，出現食慾減低、煩躁易怒、無助、無望等症狀。
2. **鋁**：過量的鋁會累積在體內，血中鋁濃度過高會造成情緒低落、易倦、胸悶等症狀，長期會傷害神經系統，並將造成腦病變，嚴重過量者可能會形成老人癡呆症。

常見危害途徑

1. 鋁箔包的內容物若是乳製品、豆漿等帶有油脂的液體，容易溶出微量壬基酚；若存放時間過長也可能因為塑料老化而增加溶出量。
2. 壬基酚也可能在食品加工過程中，由於工業用清潔劑殘留在飲料輸送管線，導致壬基酚混入鋁箔包內容物，或是食品原料生長環境（例如水、土壤）受到壬基酚的污染，致使食品原料吸收壬基酚，而一併帶入鋁箔包內容物中。
3. 有些包裝設計不佳的鋁箔包吸管口和鋁箔瓶封，可能在開封時造成鋁箔碎片掉進內容物而喝下肚子。

選購重點

1. 購買時應注意包裝是否完整，特別觀察鋁箔包的吸管口或鋁箔瓶封部分是否平整、無缺口，並確認商品仍在保存期限之內。
2. 建議選購時，應避免選用內容物屬油脂性含量高的鋁箔包商品，以減少攝入壬基酚的風險。

安全使用法則

1. 開封後應盡速用畢，以免內容物因離開冰箱而變質。
2. 打開鋁箔包後，若無法即刻喝完，應將內容物移至其他容器中保存。

info 回收鋁箔包的正確方式

使用過的廢鋁箔包是環保署公告應回收的容器類項目，一般建議先壓扁並拔除吸管的塑膠膠膜，再投入資源回收袋和一般飲料瓶罐一起回收。鋁箔包不屬於紙類，政府的分類廠會將鋁箔包獨立分出，其中不同成分可以分別回收再製成紙製品、金屬箔以及塑膠粒，但是若將塑膠吸管塞進鋁箔包在壓扁，不同材質的吸管會影響鋁箔包回收的有效性，因此應採取正確的回收動作和分類，便可減少對環境的傷害。

鋁箔紙

巧克力外包裝

同類日用品▶

　　鋁箔的成本低廉、質地輕薄、延展性佳、導熱快速，具有容易加熱、方便衛生、防油污、保持食物的風味等優點，因此會搭配加熱烹調、賣場陳列或置入冰箱時使用。但是鋁箔紙是以鋁、鋅等多種金屬製成，高溫加熱恐造成金屬溶出，接觸到高酸性或高鹼性食材會使鋁金屬產生有害物質。由於鋁箔紙常做為食物調理之用，這些有害物質可能輕易地溶入食物，食入過量會有金屬中毒或致癌的危險性。

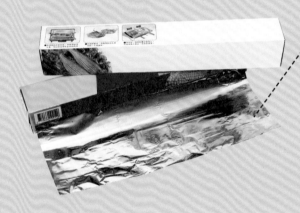

● 鋁箔在製造過程所使用的鋁、鋅等金屬，在高溫加熱下可能溶出金屬並滲入食物。

● 鋁箔紙含有金屬成分，直接接觸酸性或鹼性食材，或是沾有醬料的食材，可能引起化學變化，造成金屬成分釋出。

常見種類	鋁箔紙碗
成分	鋁合金：占鋁箔紙的92～99％，主原料為鋁，搭配不同比例的銅、鋅、錳、矽、鎂，製作成鑄造用鋁合金。
製造生產過程	鋁箔的原料是92～99％鋁合金製成的鋁塊，首先用輾壓機將鋁塊壓成薄片，再切割成合適的尺寸並以滾筒捲起收集，最後經由分裝機切割、分裝，便製成市售的鋁箔紙。
致毒成分及使用目的	1.鋅：是鋁合金的成分之一，高純度鋁的強度不夠，添加鋅可以增強鋁塊的強度，使鋁合金易於加工以製成鋁箔紙的薄片形狀。 2.氧化性鋁化合物（三氧化二鋁、鋁酸鈉）：並非鋁箔本身的成分，而是鋁箔長時間不使用、保存過程受潮，或包裝高酸鹼性食材，導致鋁箔氧化所形成。

對健康的危害

1. **鋅**：鋅的毒性較低，但是並非人體所需的微量元素，食入會影響消化、神經、免疫系統，可能引起腸胃不適、噁心、嘔吐、痙攣、免疫力下降等症狀。
2. **氧化性鋁化合物**：此物質屬於非腐蝕性，毒性不大，但是食入過量可能引起噁心、嘔吐、腹瀉、疲倦和頭痛，對腦部、消化系統、肝臟具有傷害性，長期食入可能致癌；吸入氧化鋁粉塵會造成塵肺症及支氣管炎，吸入氧化鋁燻煙會造成金屬燻煙熱及肺炎。

常見危害途徑

1. 鋁箔經高溫加熱可能會溶出製造過程所添加的鋁、鋅等金屬，若直接包覆食物可能滲入並誤食，長期誤用可能會影響神經、消化、免疫系統。
2. 使用鋁箔紙直接接觸含有高酸性或鹼性的食材（如：醋、檸檬汁或蘇打水），或是沾有醬料的食材，會使鋁金屬產生化學變化而生成氧化鋁等有毒物質，並可能滲入食物中，在無意間造成誤食。
3. 開封後久未使用或受潮的鋁箔紙，如果用在高溫加熱的料理，鋁箔紙表面可能已有氧化性鋁化合物，在高溫中容易溶入食材而誤食。
4. 以鋁箔包覆食物並使用微波爐加熱，由於鋁箔屬於金屬物質，會反射微波爐所發出的微波，可能冒出火花、閃電，甚至引起火災。

選購重點

1. 鋁箔的保存期限一般標示為五年，建議選擇製造日期較近的產品為佳。
2. 建議選購標示為「安全裝置」的鋁箔產品，因為其盒子所附的裁切鋁片位置比較靠近內側，且有紙片保護，可避免使用時割傷。
3. 目前市售金屬包材製品多以鋁箔為主要商品，但仍有少數的錫箔製品，不但售價可能較高，烹調食物還容易產生金屬異味，故選購時應注意包裝上面的標示，以免買錯。

安全使用法則

1. 不宜使用鋁箔紙包裹含有高酸性或鹼性食材的食物，或是沾有醬料的食材，因為醬料多為高鹽、高油、弱酸鹼性醃製物，高溫下容易引起鋁金屬的化學變化，產生有毒物質並且溶入食材，造成健康上的危害。
2. 使用鋁箔應以隔水加熱或一般烹煮為宜，不宜採高溫加熱的烹調方式（如：烤肉、鐵板燒、煎烤），因為鋁箔紙在加熱後可能溶出重金屬鋅、鋁，恐導致金屬中毒。
3. 一般市售鋁箔紙有霧面與亮面二面，如果要包覆食物加熱，建議將鋁箔紙以亮面包裹食物、霧面朝外，可減少對熱能的反射，加快食物煮熟的速度，減少重金屬溶入的劑量。
4. 鋁箔紙絕對不可以用於微波爐加熱，以免導致火災。

鍋具

免洗餐具

塑膠及其他餐具

食品外包裝

罐頭

　　罐頭透過真空包裝能長期保持食物風味，並具有不易變形、可回收等優點，常見於市售各式食品外包裝。罐頭的種類相當多元，開罐方式分為易開罐、旋轉蓋、撬開蓋、壓封蓋等形式，常見材質有：鐵罐、鋁罐、錫罐、玻璃罐等製品。儘管罐頭食品使用便利，但是金屬罐頭盛裝高酸性食材會產生化學變化，並可能使有害物質溶入食物而誤食；強鹼性食物則會腐蝕玻璃罐頭，因此長期食用罐頭盛裝的食物不利健康。

● 金屬製罐頭的內容物為酸性食材，開封後未能盡速吃完，可能溶解罐頭金屬或鍍層等有害物質。

● 玻璃罐頭若盛裝強鹼性食物，若開瓶後長期存放，可能破壞玻璃材質的穩定性，導致有害物質溶入食物。

常見種類	錫罐頭（如：茶葉罐）、鐵罐頭（如：肉類罐頭）、鋁罐頭（如：易開罐）、玻璃罐頭（如：果醬罐頭）。
成分	●罐頭本體 　1. 瓶身：錫、不鏽鋼、鐵（馬口鐵）、鋁、玻璃 　2. 旋蓋：玻璃瓶身多附有PP、PE等高硬度塑膠。 ●內層塗料 　1. 鍍錫：錫酸鈉或錫酸鉀、氫氧化鈉，主要用在鐵、錫製成的罐頭。 　2. 氧化鉻：主要用在鐵罐頭 　3. 塑膠聚合物薄膜：主要用在鋁、錫製成的罐頭。
製造生產過程	依照廠商的設計選用低碳薄鋼板、鐵板或錫板，將材質的兩面以氫氧化鈉當做電解質鍍上錫層；若使用鋁板則鍍一層聚合物薄膜。接著，將電鍍完成的金屬板材捲曲壓製成罐頭外型，並將經過檢驗的食物充填在罐內，注入食品調製液體，裝罐、脫氣後密封，再進行加熱殺菌，待冷卻後即可包裝、張貼商品標示，最後進行保溫、品管試驗，經檢驗核可就可以上架販售。

致毒成分及使用目的	1. 鋁、氧化鋁：罐頭的原料，具有質輕、延展性佳、易回收加工等優點，製成鋁罐易於塑型、方便運送。氧化鋁則是鋁接觸空氣後所產生的保護層。 2. 錫：是電鍍的原料，錫接觸空氣後會產生一層氧化錫保護層，也具有不易脫落的特性，因此鍍錫可以避免罐頭生銹、降低食品被氧化的程度。 3. 過氧化氫：是鍍錫所用的電解質具有強氧化性，可以避免錫氧化程度不完全，減少不良鍍層的發生率，並能在高溫下提高殺菌作用。 4. 鉛：並非罐頭本身的成分，而鐵、錫、鋁等金屬原料所含的微量雜質。

對健康的危害

1. **鋁、氧化鋁**：長期食入鋁會累積在腦部、肌肉、血液、骨骼並導致鋁中毒，造成貧血、骨軟化症、肌肉抽蓄、尿毒症。
2. **錫**：長期食入過量的錫會造成錫中毒，產生腸胃不適、消化不良、腹瀉等症狀。
3. **過氧化氫**：長期食入可能會引起噁心、嘔吐、胃黏膜及免疫系統受損等症狀。
4. **鉛**：長期誤食會累積在體內形成慢性鉛中毒，可能會傷害肝、腎、腦部、神經系統，造成肌肉無力、關節痛、高血壓、頭痛、學習障礙。

常見危害途徑

1. 部分鋁罐頭的外層沒有鍍層，在開罐後會經過氧化產生一層氧化鋁絕緣層，與酸性飲料接觸過久，可能會溶出微量的鋁，長期飲用會導致鋁中毒。
2. 製造粗劣的鐵、錫罐頭可能殘留過高的過氧化氫，溶入罐頭食物中而導致誤食，長期下來會損害消化道的黏膜。
3. 鹼性物質（如：蘇打水）會腐蝕玻璃、金屬，酸性食物（如：醋酸、檸檬汁）則會腐蝕金屬並產生氧化物質，因此若食用強酸、強鹼性的罐頭食品，可能吃下含有有害物質的食物。
4. 罐頭若高溫殺菌不完全、食物發生污染，或是將食物長期存放在開罐後的罐頭內，很容易造成微生物滋生。

選購重點

1. 購買罐頭時應選購通過衛生署檢驗、符合〈罐頭食品類衛生標準〉的產品，以確保金屬罐頭的含鉛量在安全範圍內；並避免購買標示不實、包裝有瑕疵的商品。
2. 購買強酸性食物的罐頭最好選購以玻璃罐盛裝的產品，強鹼性食物則不宜購買罐頭食品，以免吃下有害物質。
3. 市售的錫罐頭常用包裝容易受潮的食品（如：茶葉），因此選購前，若發現店家將錫製產品存放在高溫、潮濕處，會導致防潮性降低，建議不要購買。

安全使用法則

1. 未開封的罐頭應存放於低濕度、低溫的環境，並避免碰撞產生凹痕或破損漏氣，以免內容物因氧化而變質。
2. 開罐的罐頭建議儘快食用完畢，若無法吃完則應將食物倒入餐盤以保鮮膜包覆保存，或是準備煮沸過的空玻璃罐盛裝，避免罐頭變質或滋生細菌黴菌。

鍋具

免洗餐具

塑膠及其他餐具

食品外包裝

塑膠袋

同類日用品▶ 保鮮膜 飲料外瓶 鮮奶外瓶

　　塑膠袋具有質地輕薄、抗拉伸、耐重、不透氣、不透水，以及表面可印刷等特點，為店家和民眾所愛用，經常用於包裝各式物品。目前在市面上流通的塑膠袋材質相當多元，其中流通量最大的以聚乙烯製為主，不論哪種材質，如果盛裝熱食或是接近火源，都可能導致有害物質的釋出。另外，塑膠袋在自然掩埋下難以分解，焚化則會污染空氣，因此建議減少塑膠袋的用量，有益健康又環保。

●塑膠袋在製造過程中必須使用塑膠原料、可塑劑、染料等，在高溫、高油脂環境中會導致這些物質溶出。

常見種類	軟式手提塑膠袋、背心型塑膠袋、洞口型塑膠袋、平口型塑膠袋
成分	1.塑膠原料： ①一般塑料：聚乙烯（PE）、低密度聚乙烯（LDPE）、高密度聚乙烯（HDPE）、聚丙烯（PP）、聚對苯二甲酸乙二酯（PET）、聚苯乙烯（PS）、聚氯乙烯（PVC）。 ②複合塑料：OPP（定向性聚丙烯）、定向性苯乙烯（OPS）。 ③生物可分解塑料：聚乳酸（PLA）、超淨環保材質（SEP，Super Environment Protection） 2.可塑劑：以鄰苯二甲酸酯類為主。 3.安定劑：二丁錫化物、鉛、鎘等重金屬。 4.抗氧化劑：壬基酚（NP）、丁基烴基甲苯（BHT）
製造生產過程	依照廠商的設定準備產品所需求的塑膠原料，將塑膠原料放入進料筒，加熱熔化原料後，用熱風將塑膠吹成薄膜形狀，再置入冷卻風車使之冷卻成形，最後將半成品塑膠袋捲裝並進行油墨印刷、封口、裁切裝配，經過包裝即可上架販售。

致毒成分及使用目的	1.鄰苯二甲酸酯類：常添加在PVC、PS、OPS所製成的塑膠袋，添加鄰苯二甲酸酯可增加柔軟度及穩定性，以免加壓塑型造成斷裂。 2.二丁基錫化物：是安定劑的一種，可增加耐熱性，使聚合物在高溫的製造環境中不會裂解。 3.鉛：用在染料可以增加鮮豔度，當做安定劑可增加聚酯的耐熱度、耐腐蝕性，以便高溫加工製成各式塑膠袋。 4.丁基烴基甲苯：化學性質穩定，能減緩油脂類的氧化速度，添加在PET、PS以增加塑料的強度。 5.壬基酚：能使PVC、PS、PE、PP更穩定，能抵抗光、熱及紫外線的傷害，延長塑膠袋的使用期限。

對健康的危害

1. **鄰苯二甲酸酯類**：屬於環境荷爾蒙，易損害胎兒和嬰兒的損害生育能力，成人接觸過量可能干擾內分泌系統，造成男性雌性化、增加女性罹患乳腺癌的機率。
2. **二丁基錫化物**：直接接觸會刺激呼吸道、皮膚、眼睛，並會影響胎兒發育；此物質具有中毒性，接觸過量可能會致死，對鼻腔、舌頭亦有致癌的可能性。
3. **鉛**：人體吸收後會沉積在肝臟、骨髓，造成慢性鉛中毒，將導致肝病變、神經系統、骨質、心血管系統的損害。
4. **丁基烴基甲苯**：進入體內主要從肝、腎代謝，因此攝入過多會增加肝腎負擔，並可能會增加其他致癌物的毒性。
5. **壬基酚**：屬於可疑的環境荷爾蒙，攝入過量會降低男性精子濃度，造成青春期提早到來，或促使乳癌細胞分裂。

常見危害途徑

1. 目前流通的塑膠袋大多使用工業級印刷染料並含有可塑劑、安定劑，如果盛裝熱食或接近火源，可能造成上述添加物的釋出。
2. PVC、PET、PS、OPS等製成的塑膠袋若接近火源時間過長，可能會熔解並釋放出可塑劑、安定劑及含氯毒氣。
3. PVC製成的塑膠袋直接接觸高油脂食物，在常溫或冰箱中同樣會溶出可塑劑。

選購重點

1. 使用塑膠袋，建議選擇可回收的HDPE材質並重複使用，最好能自備購物袋以利環保。
2. 所購買的塑膠袋若要用來盛裝熱食，建議使用HDPE、PP材質，這兩款遇熱雖同樣會溶出可塑劑，但劑量尚在安全範圍內。HDPE製成的塑膠袋，外觀呈現不透明的霧狀，用手搓揉不太有聲音；PP塑膠袋的外觀呈透明狀，經搓揉會有沙沙聲。

安全使用法則

1. 一般不建議使用塑膠袋盛裝熱食，但在必要情況下（如：外帶食物），建議自備HDPE、PP製成的塑膠袋，或是以不銹鋼製、陶瓷、玻璃等容器供店家盛裝。
2. 丟棄塑膠袋應將之分類，PE塑膠袋應投入回收桶，其他材質則因無法回收應　一般垃圾桶，以利垃圾減量。

鍋具

免洗餐具

塑膠及其他餐具

食品外包裝

洗衣粉

　　市售洗衣粉除了清潔衣物之外，尚有漂白、亮彩、殺菌等功能。部分品牌還會以長效、柔軟衣物、天然酵素或增添衣物芬芳為行銷訴求。由於其溶解力強、適用洗衣機、功能多元等優點，是相當普遍的居家清潔品。但是洗衣粉所含的界面活性劑和助溶劑容易刺激皮膚，有些廠牌所採用的界面活性劑還會污染環境。此外，含磷洗衣粉若殘留在衣物中，長時間穿著還可能影響人體對鈣的吸收。

●市售洗衣粉多利用界面活性劑為主原料，同時添加軟化硬水的物質，並有強鹼物質來中和污垢，但是這些成分可能刺激人體皮膚、危害環境。

常見種類	濃縮洗衣粉、酵素洗衣粉、天然洗衣粉
成分	1.界面活性劑：十二烷基硫酸鈉（SDS）、壬基酚（NP）、壬基酚聚乙氧基醇類 2.助溶劑：三聚磷酸鈉等 3.酸鹼調整劑：蘇打粉、硫酸鈉等 4.增效成分：蛋白酶、脂肪酶、澱粉酶等 5.防塊劑：以亞鐵氰化鈉、亞鐵氰化鉀、碳酸鈣和碳酸鎂等比較常用
製造生產過程	依次加入十二烷基硫酸鈉、三聚磷酸鈉、蘇打粉、硫酸鈉等主要成分，以適當劑量混合、過篩至均勻。接著灑水以便保濕，部分製造商會在水中加入特殊配方，再進行造粒程序，此程序是影響洗衣粉的顆粒大小和水分含量的關鍵步驟，做法是一邊噴水一邊混和直到均勻。放置乾燥後，經包裝便可出售。
致毒成分及使用目的	1.界面活性劑：是洗衣粉的主要原料，具有去污、帶走油漬的清潔效果。 2.助溶劑：三聚磷酸鈉具有軟化水質的效果，添加在洗衣粉有助於提高去污功能。

3.酸鹼調整劑：一般多以鹼性化合物為主，由於一般衣物的髒污屬於酸性，在洗衣粉中加入鹼性化合物來調節酸鹼值，讓活性成分發揮作用，促進髒污脫離衣物纖維。

對健康的危害

1. 界面活性劑：會刺激皮膚、眼睛等黏膜部位，其中壬基酚屬於干擾生物內分泌系統的環境荷爾蒙，過量接觸將引發生殖器官的病變。
2. 三聚磷酸鈉：其所含的磷酸鹽非常容易和鈣、鎂、鐵等金屬離子結合，因此攝入過量的磷酸鹽，可能導致人體缺鈣，甚至引發孩童罹患軟骨病。
3. 蘇打粉、硫酸鈉：過量接觸蘇打粉、硫酸鈉等強鹼性的化學物質，會讓接觸的部位呈現紅腫、灼熱感。

常見危害途徑

1. 皮膚接觸是最常見的危害途徑，像是使用洗衣粉直接手洗衣服未戴手套，長時間可能引起皮膚乾燥、龜裂或過敏。
2. 以洗衣機清洗時，若洗衣粉使用過量，或洗衣機的水量不足，都可能使得洗衣粉殘留於衣物中。
3. 使用不慎時，可能吸入洗衣粉的粉塵，或飛進眼睛，刺激黏膜部位。

選購重點

1. 購買洗衣粉應看清商品標示，避免購買陌生且未載明成分的廠牌，也不要購買外包裝有破損的產品。
2. 購買前請先確認成分標示，不要購買含有壬基酚、壬基酚聚乙氧基醇類等已遭禁用的產品。
3. 由於洗衣粉款式多元，建議購買符合國家標準或是帶有環保標章的產品，即代表該產品已通過檢測，不致造成人體及環境的危害。

安全使用法則

1. 購打開包裝後，若洗衣粉結塊、潮解或變色等現象，可能已經變質，不建議使用。
2. 建議洗衣服的水溫維持在25～35度C，以免破壞洗衣粉中所含的酶製劑，降低酶的活性，減損洗淨衣物的功效，並以用量充分的清水沖洗，以避免洗衣粉殘留在衣物上。
3. 使用洗衣粉直接手洗，建議盡量戴手套，以免傷害手部皮膚。
4. 切勿將洗衣粉與消毒水混用，因為消毒水多含氯，會和洗衣粉中的界面活性劑發生化學反應，若與酸性洗衣粉混用，還會產生有毒的氯氣。另外，也不要混用不同廠牌的洗衣粉，因為兩者配方不盡相同，混合使用會減低清潔去污的成效。

這樣用最安心 若不想使用化學性洗衣粉，可選擇過去常用的天然洗衣粉——皂莢（Soap Nuts）。皂莢又名皂角，是皂角樹的莢果，含有天然的界面活性劑皂精，所以可用於衣物洗滌。不過皂莢的產量並不多，成本並不便宜，所以未受大眾廣泛使用，現今一般多在中藥店可購買。

衣物漂白水

　　衣物漂白劑主要是用來去除衣物上的污垢，部分產品還具有使衣物色澤更鮮豔的效果，其主成分是雙氧水、螢光增白劑，另含有香料、色料和防腐劑，都是具有刺激性的化學物質，長期接觸可能會刺激皮膚而造成過敏或發炎，其中部分種類的螢光增白劑還被列為可能致癌物，使用時應留意用量和清洗過程。

● 殘留的螢光增白劑會轉移到人體，容易引起紅腫、搔癢等過敏症狀。

● 衣物漂白水中所含的香料、色料和防腐劑，都有其潛在危害。

成分	1.螢光增白劑。 2.漂白劑：過氧化氫（雙氧水）。 3.增強劑：聚乙二醇或聚乙烯醇。 4.助溶劑：三聚磷酸鈉、蘇打粉等。 5.防腐劑：苯甲酸類、去水醋酸鈉等。 6.其他成分：香料、色料
製造生產過程	在適量的純水中加入螢光增白劑並加熱，再慢慢加入增強劑。接著，部分使用湖水、河水等水質不佳的廠商，會再加入助溶劑以改善水溶液的水質，並將溶液攪拌均勻。待溶液降至常溫之後，依比例倒入過氧化氫並攪拌，再依序放入香料、色料和防腐劑等配方，最後經包裝便可出售。
致毒成分及使用目的	1.螢光增白劑：本身並無顏色，但在紫外線照射下可釋放出藍光，添加在衣物漂白水中能使原本偏黃的衣服看起來偏明亮的藍色，形成潔白、鮮豔的效果。 2.過氧化氫：加入洗衣精中可釋出氧，因而具漂白、防腐和除臭等作用。 3.三聚磷酸鈉、蘇打粉：主要功能是軟化水質，去除水垢和調整酸鹼值。多是衣物漂白水的製造廠商採不良水質製造才添加此成分，又或

是未妥善控制劑量，便可能造成傷害。

4.苯甲酸類、去水醋酸鈉：防止產品受空氣或水氣而氧化變質，在衣物漂白水的劑量相當低，但若製造過程未妥善控管，可能添加過量。

對健康的危害

1. **螢光增白劑**：目前尚無法證實此類物質會造成急性傷害或長期致癌性，但會經由碰觸而轉移到皮膚、黏膜，進入人體會導致過敏，引起皮膚紅腫；其中聯苯胺可能與膀胱癌有密切關連。

2. **過氧化氫**：會刺激皮膚、眼睛的黏膜，濃度過高或長時間接觸時，可使表皮起泡或嚴重損傷眼睛；其蒸氣進入呼吸系統後會刺激肺部，甚至導致器官嚴重損傷。

3. **三聚磷酸鈉、蘇打粉**：屬鹼性物質，使用過量會刺激皮膚和黏膜部位。

4. **苯甲酸類**：使用過量可能導致食慾變差、成長緩慢、皮膚過敏。

5. **去水醋酸鈉**：高濃度會傷害腎功能，並造成噁心、嘔吐、抽搐等症狀。

常見危害途徑

1. 若手洗衣服直接接觸衣物漂白水，浸泡時間過長，可能刺激皮膚、產生過敏症狀。

2. 部分衣物漂白水含有螢光增白劑，清洗過程過於草率而使漂白水殘留在衣物上，可能使螢光增白劑轉移到人體。

3. 部分品牌的衣物漂白水含有氯，若與酸性洗衣粉混用，或是水溫高於35度C，會產生有毒的氯氣，吸入恐危害人體。

選購重點

1. 購買前先確認是衣物用的氧系漂白水，切勿買成消毒環境用的氯系漂白水，以免損害衣料、造成褪色。

2. 建議購買符合國家標準的產品，即代表該產品已通過檢測；切勿購買含有磷酸鹽的衣物漂白水，以免危害人體健康、污染環境。

3. 若發現衣物漂白水變色、混濁、沉澱，表示可能已經變質，不建議使用。

安全使用法則

1. 使用衣物漂白水時，建議戴手套使用，以免傷害手部皮膚，並以清水充分沖洗衣物，以避免漂白水殘留。

2. 不要將漂白水倒在浸有衣物的清水中，會使衣物局部褪色，應先將衣物漂白水溶於清水中，再將衣服置入，並浸泡一段時間再清洗；局部去污時，可將適量的漂白水直接倒在衣物髒污處。

3. 衣物漂白水已經具有殺菌功能，所以不需要再添加消毒水。

這樣用最安心 若不想使用化學製成的衣物漂白水，可使用白醋來替代；或是在清水中加入少許檸檬汁來清洗衣物。另外，棉麻類的衣物則可利用煮沸法，以半鍋清水加入精鹽和小蘇打各一匙，在滾水中煮三分鐘後 能使衣物較為潔白有光澤。

洗碗精

　　洗碗精是一種能夠結合水和油垢的清潔劑，可用來對抗用餐後杯盤沾黏的油污，這是由於洗碗精的主要成分是界面活性劑，能使油污均勻分散在水中，因此只要在油漬處抹上洗碗精，沖水後便能帶走油污。但是界面活性劑不易分解，排入水管中會污染環境，並且皮膚長期接觸會引起過敏症狀，部分界面活性劑甚至會損害內分泌系統，因此在使用上不可掉以輕心。

●洗碗精所含的界面活性劑能去除油污，但同時對人體有潛在的危害，並會污染環境。

常見種類	洗潔劑、餐具洗滌液、油污去除劑
成分	1.界面活性劑：三乙醇胺、二乙醇胺、脂肪醇聚氧乙烯醚、烷基苯酚（AP）、辛基苯酚（OP）、壬基苯酚（NP） 2.乳化劑：烷基苯磺酸鈉、阿拉伯膠 3.其他成分：香料、色料和安定劑
製造生產過程	將界面活性劑放入定量的純水中，再加入乳化劑並加熱，攪拌混和至乳化劑均勻為止。稍待此溶劑降溫之後，再依照各廠商的配方，依序放入香料、色料和安定劑並攪拌混和。成分經化驗合格後，便可包裝出售。
致毒成分及使用目的	1.界面活性劑：是洗碗精的主要原料，具有去污、去油的清潔效果。 2.烷基苯磺酸鈉：是一種乳化劑，能使洗碗精維持在不易凝固的乳液狀態，並能增加洗碗精與油污接觸的面積，有助於提高去污功能。

對健康的危害

1. **界面活性劑**：大多數的界面活性劑都會刺激皮膚和眼睛等黏膜部位，造成發炎、濕疹或眼睛流淚，排放到環境中很難分解，會污染水源和土壤；其中三乙醇胺會因受熱產生蒸氣，可能從皮膚滲透吸收，會造成肝、腎的損害；烷基苯酚、辛基苯酚、壬基酚則屬於環境荷爾蒙，接觸過量會干擾內分泌系統的運作。

2. **烷基苯磺酸鈉**：對皮膚有很強烈的脫脂作用，容易造成皮膚乾裂、過敏等症狀。

常見危害途徑

1. 使用洗碗精若清洗不完全而殘留在餐具容器上，可能在下次盛裝食物時，連同食物將洗碗精的有害成分吃下肚。

2. 使用洗碗精洗碗時，若未戴手套直接用手接觸，經常使用會導致手部皮膚乾燥，甚至出現過敏反應。

選購重點

1. 購買洗碗精時，建議購買符合國家標準的產品，可保障該產品已通過檢測；或是購買貼有環保標章的產品，則表示該洗碗精的界面活性劑含有一半以上的天然原料，在排入水管後有九成以上可分解，較不危害人體及環境。

2. 一般洗碗精的瓶身為透明寶特瓶，選購前先觀察溶液是否變色、混濁、沉澱，若有類似現象，可能產品已經變質，不建議購買。

安全使用法則

1. 使用洗碗精洗碗，建議先戴上防水手套再清洗，以免手部因過度接觸界面活性劑而產生過敏反應。

2. 市售洗碗精都調製成一定的濃度，可先以水稀釋再行清洗。

3. 在使用洗碗精清洗油膩的餐具前，先以熱水沖洗、溶解大部分的油污，便可減少洗碗精的用量，避免餐具殘留洗碗精，引發過敏症狀。

這樣用最安心 若不想使用化學合成、含有界面活性劑的洗碗精，可以將橘子、柳丁、檸檬等柑橘類的果皮加水，煮沸後的果皮汁液便能去除餐具上的油污；白醋、洗米水也有類似的效果。

浴廁清潔劑

同類日用品▶ 廚房清潔劑 地板清潔劑 水垢清潔劑

　　浴廁清潔劑是針對浴缸、馬桶及浴室磁磚常出現的陳年污垢、黴菌斑等難以去除的污漬，其性質以強酸或強鹼為主，它的作用原理是透過有機溶劑溶解不溶於水的油脂污垢，輔以界面活性劑透過起泡、滲透等效果，讓污垢能隨水沖走。使用浴廁清潔劑打掃浴廁較為省力，但是其所含的有機溶劑往往會在清掃過程中揮發而吸入體內，界面活性劑不但會干擾人體內分泌系統，還會污染環境和水源，因此使用上仍須留意正確的用法。

● 浴廁清潔劑所含的有機溶劑、界面活性劑和洗淨後的殘留物，都會造成人體和環境的傷害。

● 浴廁清潔劑含有有機溶劑，其揮發性高，使用不慎會吸入過多有害氣體。

成分	1.主成分：氨基磺酸、乙二胺四乙酸二鈉、草酸尿素。 2.界面活性劑：一般常見的有烷基苯酚、壬基酚、烷基苯磺酸鈉、壬基酚氧乙烯醚等。 3.助溶劑：醇醚溶劑為主，如：乙二醇醚、丙二醇醚。 4.酸鹼調整劑：強酸型如：鹽酸；強鹼型如：氫氧化鈉。 5.香料。
製造生產 過程	將定量的主成分加入定量的純水中，加熱到適度溫度，加入界面活性劑並混和攪拌至乳化均勻。接著放入助溶劑，直到主成分完全溶解之後，再依照酸鹼程度加入酸鹼調整劑。最後添加香料即完成。上市前將之送交主管機關化驗合格，經包裝之後便可出售。
致毒成分及 使用目的	1.界面活性劑：具有乳化效果和強大滲透力，能促進浴廁清潔劑起泡以吸附污垢。 2.助溶劑：使浴廁清潔劑的噴霧粒子更均勻，強化去污能力，其中乙二醇醚能夠溶解油脂、去除油漬和污垢，浴廁清潔劑用來當做洗淨污垢的成分。

對健康的危害

1. **界面活性劑**：烷基苯酚和壬基酚流入水中不但會污染環境，還屬於環境荷爾蒙，累積在人體過量會干擾內分泌系統正常運作，尤其會導致男性生殖器官病變。
2. **乙二醇醚**：其蒸汽會刺激眼睛，甚至造成疼痛及發紅的現象，吸入過量可能造成呼吸道刺激、意識喪失，以及腎、肝的損害。乙二醇醚類也很容易經由皮膚進入人體，並會累積在體內，過量將損害中樞神經系統、腎臟、肝臟。

常見危害途徑

1. 浴廁清潔劑若設計為噴霧式，經由噴頭所噴出的噴霧所含的乙二醇醚含量較高，容易經由呼吸和皮膚進入人體，長期下來很可能因過度暴露而危害健康。
2. 使用噴霧式的浴廁清潔劑時緊閉門窗，或在通風不良的環境中持續使用，可能吸入過量的有機溶劑而導致輕微中毒。
3. 未戴手套直接接觸浴廁清潔劑，其所含的界面活性劑會從皮膚毛細孔滲入體內，累積過量會危害身體健康。

選購重點

1. 購買浴廁清潔劑要詳閱商品標示，認明有標示廠商資訊、成分、使用期限和注意事項的產品，並確認其適用範圍符合實際需求。
2. 盡量購買製造日期愈新，或有效期限愈長的產品，可確保去污功能較為有效。
3. 若店家有試用品，可試按噴頭確認不會有液體漏出，且該產品的包裝設計操作合乎人體工學及使用便利。
4. 浴廁清潔劑的成分標示通常不會詳細寫出廠商所用的化學物質名稱，因此可購買具有環保標章的產品，即代表該產品所含的成分及劑量，已通過行政院環保署的檢測。

安全使用法則

1. 使用浴廁清潔劑前，請務必戴上手套，過敏體質者則建議另戴上護目鏡和口罩，以避免飛散在空氣中的微粒。使用時應保持使用場所空氣流通，以免吸入浴廁清潔劑所含的有機溶劑而中毒。
2. 浴廁清潔劑多屬強酸或強鹼，所以使用前應詳閱產品的適用範圍，以免用在不適合的物品或空間而造成腐蝕、損害。
3. 浴廁清潔劑應保存在孩童不易取得及室內陰涼處，以免陽光直射而造成變質。
4. 浴廁清潔劑不小心沾到皮膚或眼睛，應即刻以清水充分沖洗；誤食浴廁清潔劑，可先服用蘇打水後儘速就醫。

這樣用最安心　若不想使用化學製成的浴廁清潔劑，可以改用檸檬酸代替。可先在化工行買檸檬酸，以200：1的比例加入清水並拌勻，再將調好的弱酸水溶液裝在瓶中就可以當做浴廁清潔劑。

水管疏通劑

同類日用品▶

馬桶疏通劑

　　流理台、洗手台等水管，可能因使用習慣而導致水管嚴重阻塞，而水管疏通劑能去除水管所累積菜渣、污垢，主要是所含成分具有腐蝕性、溶解力和去油性，因此這類產品往往都有著高含量的強酸或強鹼的化學成分，以鹽酸和氫氧化鈉最為常見。這兩種成分易揮發，所形成的蒸氣吸入後會腐蝕呼吸道，水溶液接觸到皮膚時，會造成腐蝕性的灼傷，所以應格外留意正確的使用方法。

● 水管疏通劑不論是強酸或強鹼型的產品，都具有強大的腐蝕效果，不論是接觸到溶液或吸入其氣體，都會造成身體的灼傷。

成分	1.疏通劑：強酸型水管疏通劑以鹽酸為主成分、強鹼型水管疏通劑則以氫氧化鈉為主成分 2.緩衝劑（抗金屬腐蝕劑）：鋁、鎂等化合物，主要功能是調整酸鹼值以防強酸或強鹼腐蝕水管 3.色料
製造生產過程	先將鹽酸或氫氧化鈉少量分次放入定量的純水中，攪拌均勻並注意溫度變化。冷卻之後，依照酸鹼程度加入緩衝劑。成分經主管機關化驗合格後，經包裝之後便可出售。
致毒成分及使用目的	1.鹽酸：其強酸性質可溶解頑垢及鐵鏽、銅綠等金屬氧化物，做為水管疏通劑的原料能有效去除阻塞物。 2.氫氧化鈉：具有強鹼的通性，可溶解油脂、去除油垢，用在水管疏通劑可溶解管道內積存的油垢、去除水管阻塞物。

對健康的危害

1. **鹽酸**：直接接觸皮膚、眼睛會有刺激感，濃度過高會造成腐蝕或使眼睛失明，其蒸氣和霧滴會刺激鼻子，急性引起喉嚨痛、咳嗽及呼吸困難的症狀。暴露的時間過久可能導致鼻、喉的灼傷及潰瘍，長期暴露在低濃度環境則會引起慢性支氣管炎，孕婦吸入則可能造成畸胎。

2. **過氧化氫**：接觸到皮膚會造成灼傷、潰瘍及永久性發紅，在短時間內吸入過量的氣體，會刺激呼吸道和眼睛，可能導致肺炎、肺積水和失明，甚至威脅生命。

常見危害途徑

1. 強酸型的水管疏通劑產品為加強去污力，通常含有鹽酸成分，使用過程若不慎接觸到皮膚，或在密閉空間使用而吸入鹽酸氣體，都可能造成程度不一的灼傷。

2. 強酸型的水管疏通劑含有鹽酸，如果和漂白水同時使用會釋出具有毒性的氯氣，恐遭熱氣灼傷、氯氣中毒；若與強鹼型清潔劑（如：浴廁清潔劑）同時使用會發生酸鹼中和反應，周邊物品溫度會快速上升，可能有燙傷的危險。

3. 強鹼型的水管疏通劑接觸到皮膚會造成灼傷；在水氣過高的環境中使用，會生成具強鹼性的霧滴或粉塵，吸入會灼傷呼吸道。

4. 強鹼型的水管疏通劑所含的氫氧化鈉能溶解玻璃，因此若用來疏通玻璃製的洗手台，恐破壞玻璃而釀成割傷意外。

選購重點

1. 購買時確實檢視商品標示是否完整地標示成分、廠商資訊、使用方法、適用範圍等資訊，切勿購買廉價但標示不清的產品。

2. 選購前仔細看過製造日期和有效期限，盡量購買能在效期截止前用完的產品，以確保疏通效果。

3. 市售的水管疏通劑以強鹼型的產品居多，強酸型的產品較少，若阻塞物以毛髮、廚餘為主，兩種類型的產品皆適用；若阻塞物以淤泥為主，則建議選購強酸型產品。

安全使用法則

1. 不論是強酸或強鹼型的水管疏通劑，使用前一定要先戴上塑膠防水手套，避免直接接觸皮膚。

2. 使用時，開啟門窗以保持環境通風，以免在使用過程吸入水管疏通劑所散發的有毒氣體。

3. 不慎誤食水管疏通劑會腐蝕食道和消化系統，不要催吐，應立刻喝下大量的清水加以稀釋，再儘速就醫；不小心噴到眼睛或皮膚，則應立刻用大量清水沖洗，並且就醫治療。

這樣用最安心 使用非化學性的方式來疏通水管，便可避免化學物質的風險，像是水管疏通棒或水管疏通器。此外，平時可使用過濾袋或濾網來阻隔頭髮、廚餘等殘渣，不要讓殘渣流入水管，並定期清理過濾工具，可減少水管阻塞的問題。

蟑螂藥

蟑螂藥是透過其化學毒性讓蟑螂在食用後中毒死亡，是一般民眾杜絕蟑螂害蟲危害環境衛生、影響日常生活的環境用藥。目前市售的殺蟑成分主要為有機磷類的陶斯松（Chlorpyrifos），是一種廣效性的殺蟲劑，也可用來消滅蒼蠅、白蟻、蚊子、寵物寄生蟲及稻穀害蟲，但具有化學毒性的藥劑往往也會影響人體健康，不僅蟑螂藥本身的毒性可能藉由手部接觸而吃下肚，蟑螂藥所含的有機溶劑還會透過其揮發性將藥劑散播至空氣中，長期處於這類環境恐有致癌的疑慮。

●蟑螂藥本身就是具有毒性的環境衛生用藥，使用不慎可能導致誤食而中毒。

●蟑螂藥含有具揮發性的有機溶劑，放置在高溫潮濕處可能會加速有毒氣體的揮發，吸入過量將影響健康。

常見種類	殺蟑屋、殺蟑噴霧劑、蟑螂藥錠
成分	●蟑螂屋外盒：聚丙烯（PP） ●殺蟑藥劑： 　1.稀釋的化學毒藥劑：常見的有陶斯松（Chlorpyrifos）、愛美松（Hydramethylnon）等。 　2.惰性成分：除了具有趨蟲功能以外的其他添加劑都屬於惰性成分，像是：溶劑、界面活性劑、稀釋劑、載體、催化劑、協力劑、強化劑等用途的化學物質，蟑螂藥中常見的惰性成分有：二甲苯、三甲苯、異丙苯、乙基甲苯、丙烯乙二醇、三氯乙烷。
製造生產過程	依照各廠商選定的化學毒藥劑加入有機溶劑，溶解後做成藥丸狀；另外以聚丙烯製成蟑螂屋外盒，再將藥丸置入盒內，經過主管機關檢驗後便可包裝出售。
致毒成分及使用目的	1.陶斯松：屬於有機磷類的殺蟲劑，使用廣泛，加在蟑螂藥中可藉由噴灑或誘食進入蟑螂體內，使之引發毒性身亡。 2.惰性成分：蟑螂藥的惰性成分以溶劑為主，能讓有機磷藥劑均勻地溶於水中，並與其他水溶性的成分混合均勻。

對健康的危害

1. **陶斯松**：為一種中樞神經抑制劑，可能造成胸悶、呼吸急促、噁心、嘔吐、腹痛、腹瀉等現象，嚴重時恐引發呼吸衰竭、腦神經受損、頸部伸肌與上肢近端肌肉無力等症狀，長期接觸可能有致癌的疑慮，但尚未有明確的研究證據。

2. **二甲苯**：會刺激口鼻、喉嚨、眼睛，吸入過多會造成肺發炎、噁心、嘔吐等症狀，長期吸入可能會增加血癌與皮膚癌的機率，進入人體會累積在脂肪組織內，有輕微肝毒性，長期可能損傷記憶力及聽力。

3. **三甲苯、異丙苯、乙基甲苯、丙烯乙二醇、三氯乙烷**：此類有機物質會刺激眼睛和黏膜部位，也會抑制中樞神經系統，接觸過多會引起頭痛、疲倦、暈眩等症狀，高濃度可能造成意識不清的症狀。三氯乙烷可能與增加血癌的發生率有關。

4. **化學毒藥劑與有機溶劑**：這兩種物質交互作用，可能引發更嚴重的毒害。像是有機溶劑的揮發性可能將藥劑帶入空氣中，使人體同時吸入有機溶劑與藥劑，可能產生急性中毒，長期接觸可能致癌。其中陶斯松與二甲苯的交互作用會加強對神經系統的毒性，更易引起癲癇的發作，並且有引起癌症、造成基因突變的疑慮。

常見危害途徑

1. 將蟑螂藥放置在高溫潮濕處，會加速有機溶劑和藥劑的揮發，吸入過量可能危害健康。

2. 接觸蟑螂屋具有毒性的部分且未立即洗手，若又以手直接拿取食物，恐將誤食有害物質。

選購重點

1. 一般蟑螂藥屬於環境衛生用藥，多含有有毒物質，因此選購時必須特別認明有環保署許可證字號的產品，以確保產品品質和安全。若非必要，不需刻意選購有毒成分含量較高的產品，也不要購買來路不明的殺蟑藥。

2. 選購時應注意製造日期及保存期限，效期過近的產品可能影響藥效。

安全使用法則

1. 開啟蟑螂藥外包裝之前，務必先詳閱使用方式及適用範圍，遵守外包裝建議的使用方法，以免中毒。

2. 蟑螂藥開啟包裝後不要放置在孩童及寵物可輕易觸及的地方，以免誤食；萬一誤食導致中毒，則務必攜帶所誤食的蟑螂藥盡速就醫。

3. 使用殺蟑噴霧劑時，盡量在室內無人時噴灑，並且先把室內的食品、食器及接觸身體的日用品收到抽屜或櫃子再行噴灑，噴灑後立即洗手。

這樣用最安心　將硼酸、馬鈴薯或奶粉混合揉製蟑螂藥丸，就是不具揮發性、毒性較低、價格低廉，同時對環境影響也較小的環保殺蟑藥劑。另外，也可利用矽藻土，矽藻土是矽藻類微生物的化石，在蟑螂常出沒的角落灑上少許矽藻土，可侵蝕蟑螂表皮並且吸乾其體液，使之逐漸脫水死亡。

黏鼠板

　　生活空間若出現老鼠，往往造成居住者極大的困擾，老鼠不但是疾病病原散播的媒介，造成生活環境的髒亂，還會啃食電線、木頭，破壞硬體設備及裝潢家具。利用黏鼠板消滅老鼠，其超強力黏膠可將老鼠固定在板上，捕獲老鼠後直接將黏鼠板丟棄即可，使用便利，比傳統的捕鼠籠來得衛生，但價格相對較高，加以黏鼠板必須添加有機溶劑，使用不當可能讓有機溶劑進入人體，損害健康。

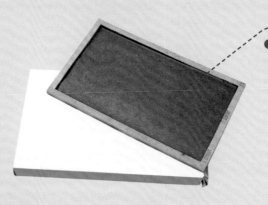

●黏鼠板的表面是具有揮發性的有機溶劑，不小心接觸可能刺激皮膚和黏膜處，放置在密閉空間時，可能導致吸入過多有害氣體，危害健康。

常見種類	黏蠅紙、黏鼠筒、捕鼠筒
成分	1.底座：木板 2.黏膠：合成樹脂、合成橡膠、香料。
製造生產過程	大部分的合成樹脂與合成橡膠製成後會呈現黏稠狀，再依各家廠商不同設計加入改善韌性的增韌劑、降低硬度的增塑劑、提高使用壽命的防老劑、降低成本的填料，以及降低黏度的溶劑等，部分廠商還會加入可吸引老鼠的香料，混合均勻後，鋪平在木板上，最後經過包裝即可上架販售。
致毒成分及使用目的	1.甲苯、甲醛：是樹脂、橡膠製造時所用的溶劑之一，能夠促進各種互不相溶的原料徹底混合互溶，讓反應能較順利的進行。

對健康的危害

1. 甲苯： 對皮膚及黏膜有刺激性，會刺激呼吸系統、造成支氣管痙攣，並且對於中樞神經系統有抑制、麻醉的效果，吸入過多會造成頭暈、頭痛、噁心、嘔吐、胸悶、四肢無力、意識模糊等症狀，嚴重時可能抽搐、昏迷。

2. **甲醛**：皮膚接觸易造成過敏、溼疹性皮膚，或使皮膚變硬、變黑。吸入過多則會造成喉嚨刺激、咳嗽、刺激呼吸道，並會損傷眼睛及黏膜部位，嚴重時可能造成鼻及咽發炎、支氣管肺炎、肺水腫，甚至死亡。

常見危害途徑

1. 若黏鼠板的黏膠使用甲苯或甲醛來製作，這兩種有機溶劑在打開產品後會揮發到空氣中，藉由呼吸進入人體。
2. 若不小心接觸到黏鼠板上的黏著劑，可能透過皮膚進入人體，引起不適。

選購重點

1. 選購黏鼠板應認明附有環保署許可證字號的產品，以確保成分經過檢驗，此外，最好選購不含有機溶劑及毒餌的產品。
2. 黏鼠板分有不同尺寸的款式，可依照家中常出沒的老鼠體型選擇大小適當的產品。

安全使用法則

1. 使用黏鼠板的空間應保持室內通風，使用後立即移除死鼠，並將周圍環境消毒乾淨，並且切勿忘記清潔雙手。
2. 黏鼠板的黏性與成效取決於周圍環境，盡量存放在室溫15~35度C之間，避免高溫、高濕度的環境，也不要放在會有很多沙塵的地方。
3. 若不小心誤觸黏鼠板具超強黏性的表面，可利用卸妝油或沙拉油大量澆淋在沾到膠的部分，將油充分塗布後，使之促進乳化、溶解黏膠後，再慢慢剝除。

🔆 warning 小心鼠糞傳染疾病

　　鼠類是多種疾病的傳播媒介，它們可能帶有鼠疫、鼠型斑疹傷寒、螺旋體性黃膽病、鼠咬熱、旋毛蟲病、狂犬病等三十多種疾病病原，因此鼠糞多半含有大量的細菌，容易滋生病媒。所以，清理黏鼠板等捕鼠器具時，應先用漂白水或酒精噴灑放置捕鼠器具的周遭環境，消毒後再行清理，以免經鼠糞染上疾病。

info 改善環境衛生才能徹底驅鼠

　　想有效驅趕老鼠，必須多了解老鼠的生態習性，首先從改善居家環境衛生做起，不要在角落堆放雜物，讓老鼠沒有地方可以躲藏、築巢，並將門窗角落出入洞口補起，阻斷老鼠進入屋內的途徑，吃不完的食物要冷藏保存，或用密封罐收好，垃圾廚餘務必包裝妥當，斷絕老鼠的食物來源。若仍有老鼠出沒，可在房屋附近種植薄荷與艾菊，此類植物散發的味道可趨避老鼠；若要遏止老鼠啃咬管線，在管線外殼上塗抹具辛辣刺鼻味的忌避劑。由於老鼠的視線短淺又有色盲，時常沿牆角爬行，因此可沿著牆角擺放捕鼠器、黏鼠板、毒餌。

清潔劑

殺蟲劑、芳香劑

寵物除蟲劑

蟑螂藥

同類日用品▶

　　寵物除蟲劑所含的藥物對昆蟲有專一性，對昆蟲的毒性大，對人類的影響則較小，此類成分不僅用於治療寵物的跳蚤壁蝨感染症，也廣泛用於農業殺蟲藥劑與一般家庭殺蟑除蟲噴劑。不但可以使寵物家畜免於搔癢的困擾，也可以避免寵物將外來的害蟲帶回家中感染其他人，影響居住品質。但是，各界對這類藥物的毒性並未完全掌握，對寵物及人類的致癌性亦未能下定論；此外，藥劑中若含有除蟲菊精的成分，則對人類與寵物都有毒性，應小心使用並妥善收存。

● 寵物除蟲劑本身含劇毒性的除蟲藥劑，使用不慎或誤食都可能引發毒性。

● 藥劑中的佐劑可能含有揮發性物質及可燃性物質，使用過程若靠近火源，可能引起燃燒。

常見種類	除跳蚤藥
成分	1.主成分（藥劑）：各家廠商所使用的成分可能含有不同藥劑，常見的有：Fipronil（芬普尼）、Imidacloprid（益達胺）、Permethrin（百滅寧）、Selamectin（色拉菌素）等。 2.有機溶劑：依照主成分不同可能含有不同有機溶劑，芬普尼藥劑中可能含有甲醇、百滅寧液劑中可能含有二甲醚或丁烷。 3.佐劑：酒精、丁基羥基苯甲醚（BHA）以及丁基羥基甲苯（BHT）、苯甲酸甲脂（Methylparaben）等。
製造生產過程	根據廠商的配方調製藥劑所需的劑量，並以溶劑稀釋、混和，再依照產品需求配置成適當濃度後，加入佐劑後裝罐便可出售。
致毒成分及使用目的	1.藥劑主成分：寵物除蟲劑的主成分大多對昆蟲具有劇毒，能麻痺昆蟲的中央神經，引發死亡，施藥在附著於寵物身上的昆蟲體內，能達到

清潔劑

殺蟲劑、芳香劑

除蟲的目的。

2. 有機溶劑：能夠溶解脂質、油質等不溶於水的物質，幫助藥劑及各成分能相互均勻混和，及調整成分濃度。

3. 佐劑：丁基羥基苯甲醚、丁基羥基甲苯屬於抗氧化劑，在藥物中可做為穩定劑，對藥物分子有穩定作用，可防止藥物氧化變質，延長寵物除蟲劑成分的藥效。苯甲酸甲脂屬於抗菌防腐劑，也可以防止藥物變質，延長寵物除蟲劑使用壽命。

對健康的危害

1. **百滅寧**：此物質屬於除蟲菊精類的殺蟲劑，對人類的毒性較其他種類的藥劑高，中毒時會感到噁心，且有嘔吐或呼吸道不適、氣喘的症狀。此外，百滅寧疑似為致癌物質，可能會干擾生殖系統及免疫系統。

2. **芬普尼**：對昆蟲的毒性較高，而對人類的毒性較不顯著，但仍可能引起肝與甲狀腺病變，接觸過多可能引起頭痛、噁心、頭暈、乏力等症狀，並可能刺激眼睛。

3. **有機溶劑**：有機溶劑所揮發的氣體大多具有刺激性，吸入過量會刺激呼吸道並出現咳嗽、咽喉疼痛等症狀，對皮膚和黏膜也會形成刺激，引起乾燥、刺激、發紅及龜裂等症狀。誤食則會傷害食道和胃。誤食過量甲醇可能會造成失明。

4. **丁基羥基苯甲醚、丁基羥基甲苯**：本身不具致癌性，但可增加致癌物的毒性。進入體內會經由肝、腎的代謝作用排出體外，因此攝入過量會造成肝、腎的負擔；誤食過量的此類物質可能引起肝腫大、腸胃炎、噁心、嘔吐等症狀。

5. **苯甲酸甲脂**：會引起皮膚敏感，長期接觸會對眼睛、皮膚、消化道、呼吸道的接觸部位造成刺激。

常見危害途徑

1. 寵物除蟲劑可能含揮發性或易燃性成分，使用時靠近火源使用，可能導致引燃或爆炸。

2. 噴灑、塗抹寵物除蟲劑時，若未佩戴手套直接以手觸摸、接觸皮膚，或是使用後立即用手撫摸寵物，可能使得藥劑沾附在手上，不但可能刺激皮膚，也可能進入體內。

選購重點

1. 此類寵物用藥為獸醫師指示用藥，需至合法開業的動物醫院洽詢購買，切勿自行選購，並慎防劣質品及仿冒品。

2. 若獸醫師推薦的寵物除蟲劑含有芬普尼，該成分遇光易分解，儲存時應避開強光、高熱與靠近火源處。

安全使用法則

1. 使用時盡量配戴手套進行塗抹，並於通風處使用，同時不要一邊飲食或吸菸，一邊幫寵物上藥，以免誤食藥劑或是點燃藥劑所含的易燃性成分。

2. 使用後應避免接觸寵物及自身皮膚，特別是眼睛、黏膜等部位，並請務必清洗雙手。

噴霧殺蟲劑

　　噴霧殺蟲劑是利用壓縮空氣將液態的殺蟲劑噴出，均勻地以霧狀散布於室內空間中，使害蟲吸入體內並遭撲殺，適用於蚊蟲、螞蟻等體積小的害蟲。這類殺蟲劑大多以人工合成除蟲菊精搭配有機溶劑配製而成，雖然殺蟲成效顯著且使用便利，但這些成分使用過量也會危害人體健康，並且目前市售噴霧殺蟲劑常用的幾種藥物可能與癌症有關，使用時務必謹慎小心。

●噴霧殺蟲劑的主成分除蟲菊精，能夠有效消滅惱人的蚊蟲，但是其毒性同樣會對人體產生作用，使用不慎可能危害健康。

常見種類	噴霧殺蟑劑、滅蟻噴霧
成分	●外包裝：金屬罐與高壓噴頭。 ●內容物： 　1.壓縮空氣 　2.化學藥劑：主要為除蟲菊精類化合物，分為天然除蟲菊精和合成除蟲菊精，天然的如：天然除蟲菊精（Pyrethrun）；合成的則如：百滅寧（Permethrin）、第滅寧（Deltamethrin）、治滅寧（Tetramethrin）、賽芬寧（Cyphenothrin）、亞列寧（Allethrin）、賜百寧（Esbiothrin）、依芬寧（Etofenprox）。 　3.有機溶劑：正己烷、丙酮、二甲苯等。
製造生產過程	依照廠商選用的除蟲菊精化合物，與有機溶劑混和配置到適當濃度後，用壓縮機將壓縮空氣壓縮進金屬瓶中，再送入輸送帶加裝高壓噴頭及蓋子，包裝完成後即可販售。
致毒成分及使用目的	1.除蟲菊精：化學藥劑中含有除蟲菊精類的化合物，其成分能透過對神經傳導通道的作用，迅速麻痺昆蟲的神經系統，添加在噴霧殺蟲劑用以毒斃家庭病蟲害。

> **2.有機溶劑**：能夠溶解脂質、油質、樹脂等不溶於水的物質，用來促進噴霧殺蟲劑的化學藥劑混和均勻，以利噴霧中的藥劑量平均釋出。

對健康的危害

1. **除蟲菊精**：其毒性較低，但吸入過多仍可能引起咳嗽、流鼻水、流鼻涕、鼻塞、喉嚨刺痛等症狀，容易過敏的患者可能會產生打噴嚏、氣喘、呼吸困難、呼吸短促、胸悶或胸痛，甚至休克昏倒。誤食後口腔會有麻木感，待除蟲菊精隨血液流遍全身後，可能產生躁動、頭痛、噁心、嘔吐、顫抖、腹瀉、運動失調等症狀；接觸則可能造成眼睛刺痛、腫脹及大量流淚，並會造成皮膚刺激、過敏或灼傷。賽滅靈及百滅靈被列為疑似的人類致癌物，且賽滅靈有導致肺水腫、抽搐後死亡的個案，使用上須特別注意。
2. **有機溶劑**：大部分的有機溶劑所揮發的氣體具有毒性，吸入過量會刺激呼吸道並出現咳嗽、咽喉疼痛等症狀，高濃度還可能致死。皮膚和黏膜接觸有機溶劑也會形成刺激，過量且頻繁地接觸會造成乾燥、刺激、發紅及龜裂等症狀。誤食則會傷害食道和胃，其中二甲苯會抑制中樞神經而出現運動不協調，並會損害肝、腎功能。

常見危害途徑

1. 噴霧殺蟲劑含有具揮發性的有害物質，因此使用噴霧殺蟲劑時，若噴灑後仍停留在密閉的室內，或是對著人或動物噴灑，可能導致吸入過量有害氣體而中毒。
2. 罐內含有壓縮空氣，若向火源、電器噴灑或是保存不善，可能引起火苗甚至導致爆炸的危險。

選購重點

1. 此類產品含有化學毒性，選購時應認明附有環保署許可證字號的產品，以確保成分經過檢驗。
2. 最好選用毒性較低的產品，不建議購買含有賽滅靈及百滅靈等可能致癌的成分。市售噴霧殺蟲劑已針對不同的害蟲有不同的類型，選購時應詳細閱讀商品標示，以確保成效。

安全使用法則

1. 噴灑前應驅散人員及寵物，並將食物、衣物、餐具、水族箱、魚缸等設備收好或覆蓋，以免污染；噴灑後便關上門窗並且最好即刻離開室內，不要久待，待三十分鐘後才可回到室內，並立即開窗。
2. 使用時不要對著火源或電源噴灑。另外，若是針對飛行類昆蟲（如：蚊子、蒼蠅），使用時應將噴霧罐的噴頭以約45度角向上噴灑，並可加強蚊蟲時常出沒處，例如：樓梯、水槽、浴廁、桌腳下等。若針對爬行類昆蟲（如：蟑螂、螞蟻）則可針對牆角、家具底下等害蟲可能行經之處噴灑。
3. 噴霧殺蟲劑平時應遠離火源與高溫處，最好置於孩童不易取得的陰涼處。除蟲菊精遇光易分解，盡量不要放置在照光處，以保有藥效。
4. 萬一誤食噴霧殺蟲劑，切勿催吐以免病情惡化，應攜帶誤食的藥劑並儘速就醫。
5. 用罄的噴霧殺蟲劑金屬罐必須交付清潔人員回收，切勿鑽孔、敲打、壓扁，以免壓縮氣體釋放造成危險。

電蚊香片

　　電蚊香片是透過電蚊香器的發熱元件，將電蚊香片中的化學藥劑揮發到空氣中，使蚊子昏厥、死亡，達到驅蚊與滅蚊的效果。用於驅趕室內的蚊蟲，具有無火花、無菸灰的優點，不過電蚊香片所含的除蟲菊精在高溫加熱下，化學藥劑會加速擴散到空氣中並快速累積濃度，容易在無意間接觸過量，可能引起身體不適，使用時間不宜過長。

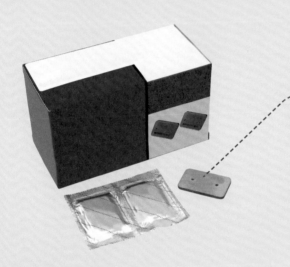

● 電蚊香片所含的除蟲菊精能麻痺蚊蟲的神經系統，進而達到消滅蚊蟲的效果，但是使用不當同樣會對人體產生不良影響。

常見種類	液體電蚊香、蚊香貼片、蚊香卷、防蚊風扇
成分	1.主成分：以合成除蟲菊精（Pyrethroids）為主，例如：百滅寧（Permethrin）、百亞列寧（Bioallethrin）、普亞列寧（Prallethrin）、賜百寧（Esbiothrin）、拜富寧（Transfluthrin）等。 2.有機溶劑：甲苯。 3.專用紙片。
製造生產過程	先以紙漿混合澱粉、木粉，製成能吸附藥劑的電蚊專用紙片，另外，將廠商所選用的合成除蟲菊精與有機溶劑混和製成殺蟲藥劑，再滴於專用的紙片上，便製成電蚊香片，經包裝密封後即可上架出售。
致毒成分及使用目的	1.合成除蟲菊精：是電蚊香片的主要成分，能抑制蚊蟲的神經傳導，快速麻痺蚊蟲，使之失去活動力甚至死亡，添加在蚊香片用以毒殺蚊蟲。 2.有機溶劑：能夠溶解脂質、油質、樹脂等不溶於水的物質，能讓電蚊香片的化學藥劑混和均勻，以利專用紙片吸收藥劑。

清潔劑

殺蟲劑、芳香劑

對健康的危害

1. **合成除蟲菊精**：吸入除蟲菊精可能引起咳嗽、流鼻水、喉嚨痛、過敏性休克等症狀；誤食則可能引起腸胃道的症狀，包括噁心、嘔吐、腹痛、腹瀉等，並可能伴有頭痛、運動失調、肢體麻痺、痙攣的情況。長期接觸除蟲菊精類對人體的影響並不明確，可能影響腦部、運動神經、免疫系統，或引起過敏作用等。部分研究認為賽滅靈、百滅靈等除蟲菊精類對動物具有致癌性與生殖毒性，但目前未能推論至對人體的危害。

2. **有機溶劑**：其所揮發的氣體具有毒性，吸入過量會刺激呼吸道並出現咳嗽、咽喉疼痛等症狀，高濃度還可能致死。皮膚和黏膜接觸有機溶劑也會形成刺激，過量且頻繁地接觸會造成乾燥、刺激、發紅及龜裂等症狀。

常見危害途徑

1. 電蚊香片所含的藥劑具有毒性，因此若使用時間過長，像是長時間處在點著蚊香的密閉空間，或是點著蚊香睡覺，都可能影響健康甚至中毒。

2. 市售電蚊香片所含的藥劑濃度不一，若選用藥劑濃度超過1%的產品，會造成呼吸道的負擔。

選購重點

1. 電蚊香片屬於環境用藥，選購時應認明附有環保署核發的許可證字號的產品，以確保成分經過檢驗。

2. 選購時可閱讀商品標示上所載明的藥劑成分和濃度，除蟲菊精對蚊蟲的專一性較高，少量即能驅避蚊蟲，因此選購時不需要特地選用化學毒藥劑濃度高的產品。

安全使用法則

1. 電蚊香片使用時應慎防觸電，建議先將電蚊香片放置在電蚊香器的發熱元件上，再接通電源；通電中的電蚊香器應遠離易燃物品，以免引起火災。

2. 一般建議的用法是在睡前關閉門窗、打開電源大約1～2個小時即可，睡前1小時再打開門窗通風，室內空氣中的藥劑濃度就足以消滅蚊蟲，最好不要開著電蚊香睡覺，如此不但浪費電蚊香片所含的有效藥劑，還可能在睡夢中吸入過量的有害氣體，傷害身體健康。

3. 一般電蚊香片的有效滅蚊面積約10平方公尺（3～4坪），有效使用時間約為7～8小時，蚊香片顏色隨時間變淡後，應淘汰更換以維持滅蚊效果。

這樣用最安心 若不想使用含有化學藥劑的電蚊香片來驅蚊，也可加裝紗窗並搭配電風扇來隔絕蚊蟲的干擾。紗窗可將蚊蟲隔絕於室外，而電風扇可擾亂蚊蟲的飛行，使牠們無法停留在人體上，一方面也能降低體溫、吹散體味，使蚊蟲不容易辨識人體所在的位置。

樟腦丸

　　樟腦的特殊氣味有防蟲的效果，而氣候潮濕溫暖的台灣正是蚊蟲蠅蚋滋生的溫床，因此於家中櫥櫃置放樟腦丸是許多家庭的習慣。然而，市售許多樟腦丸多用萘、對二氯苯來取代天然樟腦，由於這些成分都能製成白色結晶體的產品，一般大眾常忽視產品的製造成分並隨心所欲地使用，但是以萘、對二氯苯這兩種化學物質所製成的樟腦丸，會干擾血液系統、肝臟、腎臟等的正常運作，使用上應更加小心留意。

● 合成樟腦丸可能含有萘、對二氯苯，吸入過量揮發氣體，會造成身體不適。

常見種類	廁所除臭劑、臭丸、萘丸、水晶腦、防蟲劑
成分	●天然樟腦丸：由樟樹蒸餾而得的萜類（terpene）化合物，或由松科植物萃取的α苯烯（α-pinene）加工製成。 ●人造樟腦丸：有機化合物對二氯苯（p-,dichlorobenzene）或由原油提煉的稠環芳香烴──萘（naphthalene）。
製造生產過程	自萜類、α苯烯、萘、對二氯苯擇一，再加上芳香精油，大約以99：1的比例調製；或是天然樟腦的成分混和萘或對二氯苯，並做比例上的調配。這些成分是固態原料，熔化後倒入模具冷卻定型成狀，經包裝後出售。
致毒成分及使用目的	1.萘：發出近似樟腦的氣味，具有殺蟲及防腐的作用，由於其成本較低廉，常用來取代天然樟腦丸，也用於生產殺蟲劑、防腐劑、防蛀劑等。 2.對二氯苯：有類似樟腦的味道、性質，且與萘同樣因成本考量，而做為合成樟腦原料。 3.間位二氯苯：此物質是在合成對位二氯苯的過程中，若純化不完全可能殘留的副產品，屬於行政院環保署列管的毒化物。

對健康的危害

1. 萘： 在室溫下會昇華為氣體，刺激皮膚、眼睛，蠶豆症患吸入該氣體可能產生溶血作

用，出現貧血、黃疸、腎功能不全等等症狀。一般人長期暴露在萘氣體的環境中，可能引起白內障、干擾並破壞造血細胞、腎功能失調、中樞神經受損，甚至有致癌性。

2. 對二氯苯： 揮發性極高，接觸過多會刺激鼻子、喉嚨和肺，並引起倦怠、頭暈、頭痛、腹瀉等症狀。長時間大量吸入會傷及肝、腎，並損害神經及血液系統，嚴重甚至導致皮膚癌、白血病。對蠶豆症的患者，也會造成溶血現象。

常見危害途徑

1. 合成樟腦丸的成分進入人體需透過肝臟代謝，若使用樟腦丸的家庭有兩歲以下的嬰幼兒或孕婦，由於胎兒和嬰幼兒的肝臟功能尚未發育成熟，吸入過量人造樟腦恐造成新生嬰兒黃疸症持續過長。
2. 在密閉空間使用人造樟腦丸，導致氣體無法有效散逸，可能累積至人體無法代謝的高濃度。
3. 蠶豆症患者若接觸人造樟腦丸，恐導致急性溶血性症狀產生。
4. 樟腦丸的外形類似糖果，市售樟腦丸更推出多款各色的合成樟腦丸，若未妥善收藏可能遭幼兒誤食。

選購重點

1. 合成樟腦丸屬於環境用藥，務必選購附有行政院環保署核可的許可證字號，切勿買到成分標示不清的產品。
2. 要判斷樟腦丸的成分可將之投入水中，人造樟腦丸會沉入水底，浮在水面上的可能是天然樟腦丸，或是天然和人造成分的混合物。

安全使用法則

1. 使用樟腦丸時，應使用乾淨的紙張包裹樟腦丸，並留下可散發空隙，再置於衣櫥角落，不要直接放在會接觸身體的物品上。
2. 在衣櫃中若長期使用樟腦丸，取出其中要穿的衣物前，應先將之放在通風處，讓有害物質揮發後再穿。
3. 放置樟腦丸的空間應保持室內空氣的流通，以免有害氣體的濃度累積過量。
4. 孕婦、嬰幼兒和兒童的衣物，最好不要使用樟腦丸；另外，家中有年長者或身體孱弱者，也盡量避免使用。

info 樟腦丸恐導致蠶豆症幼兒死亡

台灣每一百名新生兒就有三名蠶豆症遺傳患者，其中男嬰比女嬰遺傳機率高，客家籍男性尤為擁有蠶豆症基因最多的族群。患者不能接觸人造樟腦丸、不能吃蠶豆。新生幼兒若接觸到會造成黃疸，嚴重會導致腦性麻痺。曾有案例是一位剛出生六天的女嬰，連續三天都使用以萘丸儲藏的毯子和尿片，結果發生黃疸症狀，最後因為急性溶血作用導致貧血而死亡，因此家有孕婦和新生兒，盡量避免使用樟腦丸。

這樣用最安心 樟腦丸的天然替代品像是薰衣草、迷迭香、薄荷、胡椒粒、杉木屑等，都具有防蟲效果，可到一些藥草店或天然原料店購買上述的乾燥植物，選擇幾樣將放在透氣小袋中，即為天然防蟲劑。

蠟燭

同類日用品▶

 線香

 薰香

　　蠟燭主要是石油提煉製成，再添加香精、精油、色素等，現已較少用在停電時當做照明用品，主要是當做節慶或特殊日子的裝飾品，或是利用蠟燭所含的精油以改變環境氣氛、舒緩壓力等用途。由於蠟燭在使用上必須透過燃燒，不但可能釋放多環芳香烴化合物、一氧化碳等有毒氣體，也可能使蠟燭的添加成分變質，且使用不慎容易發生意外，亦是潛在的危害因子，使用上需格外留意。

● 蠟燭的成分經燃燒後可能起化學變化，產生不穩定的有害物質，不慎吸入過量恐危害健康。

● 部分劣質蠟燭為了延長燃燒時效，蕊芯含有重金屬，會釋放有毒氣體。

常見種類	果凍蠟燭、精油蠟燭、芳香蠟燭、浮水蠟燭
成分	1.石蠟：為固體烷類混合物，並含微量鐵、硫、氮等無機物雜質，可讓石蠟呈色。 2.蕊芯：棉質材料。 3.添加物：精油、色素、熱塑性橡膠（TPR）。
製造生產過程	先將石油分餾後，經冷榨或溶劑精製等處理而製得石蠟塊，再將石蠟塊放入鍋爐中加熱直到融化，依不同產品融入調製的精油或色素，再用機器將液態蠟灌入含燭芯的耐高溫熱塑性橡膠容器或模具，待冷卻凝固後便可包裝販售。
致毒成分及使用目的	1.多環芳香烴化合物：此物質並非蠟燭的成分，而是來自石蠟燃燒後產生的氣體。石蠟與精油成分是碳氫化合物，在燃燒不完全情況下，所產生的黑煙及微粒物質就是多環芳香烴化物。 2.二氯甲烷、甲苯：由於石蠟原料產地不同，或是不同石化工廠萃取純化的方式優劣不一，若製蠟工廠選用較便宜的原料，或是未採取較佳

清潔劑

殺蟲劑、芳香劑

的萃取純化方式，會含有較高比例的二氯甲烷、甲苯等有機混雜物。
3. 重金屬物質（如：鉛、汞、砷等）：劣質的工業石蠟會含有較高的重金屬雜質；此外，為維持蕊芯的燃燒時效，蕊芯也可能添加重金屬。

對健康的危害

1. **多環芳香烴化合物**：長期暴露在存有多環芳香烴化物環境中，可能引起皮膚病、呼吸道疾病及神經系統損傷等疾病。此物質進入人體後，未能排出體外的殘留量會逐漸累積，損害生殖系統、神經系統、免疫系統，並有致癌的可能。
2. **二氯甲烷、甲苯**：二氯甲烷是一種人類可能致癌物，會刺激黏膜、呼吸道或造成頭痛，暴露在500～1000ppm環境中1～2小時會昏眩、四肢麻木等，濃度超過50,000ppm則會對生命產生立即危險。而食入或吸入甲苯會累積在體內，造成慢性中樞神經受損、記憶力減退等，長期暴露則會影響聽力、引發皮膚炎。
3. **重金屬物質**：鉛、汞、砷等重金屬，因不易排除而容易累積於體內，會造成肝腎功能異常、記憶力下降、縮減紅血球的壽命、貧血等許多危害人體症狀。

常見危害途徑

1. 在密閉空間中點燃蠟燭，燃燒所產生的多環芳香烴化物及重金屬會大量充斥在密閉空間裡，增加吸入和皮膚接觸有害物質的機會；且在密閉空間點蠟燭將使氧氣不足，容易產生有毒氣體一氧化碳，同樣危害人體。
2. 部分市售蠟燭（如：精油蠟燭、果凍蠟燭等），可能含有不宜燃燒的成分，點燃這類蠟燭會使成分變質，產生未知的潛在危害。

選購重點

1. 選購時應認明不含氯蠟油產品，並選擇染料及透明度均勻的蠟燭。
2. 由於蠟燭製作技術門檻不高，部分製造商為了利潤而使用較劣等的原料，或是混摻含鉛汞的蕊芯，因此選購時切勿貪小便宜，應購買商品標示完整、標明廠商、產地、成分等的蠟燭。
3. 若要購買精油蠟燭、香氛蠟燭或線香，務必格外仔細確認其成分為宜燃燒的物質，以免吸入有害氣體。

安全使用法則

1. 點燃蠟燭時，應注意環境的通風情況，若通風不佳，可透過開門窗、空調等方式增加室內的換氧量。
2. 點蠟燭時，應使用陶器、玻璃、金屬製等不易燃的燭台，且遠離風口處，以避免火災意外發生。
3. 蠟燭在無風狀態下燃燒時，若出現火焰形狀不固定或忽大忽小等現象，表示蠟燭所含的不純物質過高，可藉此判斷是否為安全合格蠟燭的依據。

精油

　　市售精油主要是提煉自植物的天然香料，由於使用便利且具有抗菌、鎮靜的功效，是生活在緊張、壓力下的現代人用來紓壓的香氛產品。由於精油成分主要為植物萃取物，容易被歸類為天然製品而視為無害，但事實上萃取物質仍具有化學特性，可能因劑量控制不當而傷害人體；部分經稀釋的精油則含有不利人體健康的定香劑和有機溶劑，無疑地存在健康風險。

● 精油在製造過程所添加有機溶劑使用過量會嚴重刺激皮膚，吸入過量則可能引發中毒。

● 精油所含的定香劑，累積在體內過量可能干擾內分泌系統的正常運作。

● 部分精油所含的成分，對呼吸道、中樞神經系統和代謝功能不佳者會有不良效應，更可能造成孕婦流產。

常見種類	單方精油、複方精油、SPA按摩油、純露
成分	1.精油植物萃取物：依據萃取的植物品種大致可區分六大類，分別為柑橘、花香、樟腦、辛香、木質、草本，從上述植物萃取出有芳香性的植物萃取物。 2.溶劑： 　a.有機類：異丙醇、乙醇（酒精）、甘油、丙二醇、苯甲醇、三乙酸甘油酯等。 　b.天然油脂類：花生油、菜子油、芝麻油、橄欖油、茶油等。 3.定香劑：鄰苯二甲酸酯類。
製造生產過程	精油產品的製造方式主要有蒸餾法、脂吸法、溶劑萃取法及壓榨法等方式，蒸餾法是以水或蒸汽將植物加熱而得濃縮液體；脂吸法是將脂肪塗抹在植物上以吸收植物精油，再用酒精溶解脂肪即可得到精油；溶劑萃取法是將植物浸泡在溶劑並加熱以得萃取物；壓榨法則是以機器擠壓植物以取得精油。經過以上方式萃取而得的濃縮高純度物質，即市面上販售的100%純精油產品；部分濃度極純的精油因香味不易受消費者接受，會再添加稀釋劑來稀釋，並加入溶劑提高精油的揮發性；另有部分產品為了延長香氣，避免香氣逸散速度太快，產品會添加定香劑。
致毒成分及使用目的	1.精油萃取物：植物香氣受人喜愛，故經由加工提煉出高濃度芳香分子，但植物中對人體有害成分也相對被提高物質濃度，如側柏桐、水

楊酸甲酯、氫氰酸、異硫氰酸烯丙酯等。
2. 異丙醇：是一種有機溶劑，添加在精油能使所有不溶於水的成分均勻混和。
3. 鄰苯二甲酸酯類：能避免香味快速逸散，添加在精油能維持精油的香味。

對健康的危害

1. 精油萃取物：
   a. 側柏酮（thujone）：吸入會使人嗜睡，過量會造成抽蓄、嘔吐，甚至出現呼吸停止、器官衰竭；孕婦接觸可能導致流產或早產。
   b. 水楊酸甲酯（Methyl Salicyate）：吸入過量可能會出現呼吸困難、中樞神經中毒等症狀，孕婦還可能導致畸胎。
   c. 氫氰酸（prussic acid，hydrocyanic acid）：為氰化物的一種，少量接觸即有致死的毒性。
   d. 異硫氰酸烯丙酯（isothiocyanato-alkyl isothiocyanate）：會刺激皮膚、眼睛、鼻腔等黏膜部位。
2. 異丙醇：直接接觸容易刺激皮膚、眼睛和呼吸道，接觸過量會使皮膚產生灼燒感，吸入過量會導致暈眩、噁心、昏迷等症狀；另外，其液體與蒸氣皆為易燃物質，異丙醇的濃度在密閉空間達到2～12％時，再遇上熱源或火源就會發生氣爆。
3. 鄰苯二甲酸酯類：其分子結構類似動物體內的荷爾蒙，攝入過多易造成胎兒和嬰兒的生殖器官畸形，或損害生育能力，長期累積會干擾內分泌系統運作，影響生殖和神經系統造成男性雌性化、增加女性罹患乳腺癌的機率，是一種環境荷爾蒙。

常見危害途徑

1. 精油是濃度高的萃取物，若未經稀釋即長時間使用，可能有慢性中毒危險。
2. 精油所萃取的植物在成長過程中，若土壤曾遭砷（As）、鉛（Pb）、鎘（Cd）、汞（Hg）等重金屬污染，或是有農藥殘留，可能會進入植物體內並殘留在精油中。
3. 柑橘類、檜木的按摩精油，塗抹身體後再經過陽光照射曝曬，光敏感性體質者會出現皮膚紅腫、疼痛、黑色素沉澱等症狀，嚴重者甚至出現如灼傷後的小水泡。
4. 孕婦、氣管疾病患者（如：氣喘）、中樞神經患者（如：癲癇）、過敏體質者、高血壓患者及代謝功能不佳者（如肝腎問題），使用精油可能使原本病症加劇。

選購重點

1. 精油的包裝選擇以深色玻璃瓶、滴孔包裝為佳，因純精油可能會溶解塑膠瓶身，透明的瓶身則會因透光而加速精油成分氧化；滴孔包裝則有助於控管劑量。
2. 精油的價錢範圍相當大，可透過純度、產地、栽種方式、容量等條件做比較，找出符合需求和使用習慣的產品。
3. 精油的商品標示應清楚標明製造商或進口商資訊、產地和使用方法，並注意保存期限，選擇能在期限能用完的商品。
5. 選購時可認明有認證標識的精油，表示通過認證機構檢驗品質或土壤有機測試，較能避開重金屬和農藥的毒害。
6. 精油的種類可以中英文俗名或拉丁文學名來標示，俗名是依照地方習慣來命名，學名則為國際通用，選購時要根據拉丁文學名確認是否為所要購買的種類。

日用品的選購指南與防毒原則

安全使用法則

1. 皮膚或體質敏感者在使用精油前，建議先進行過敏測試。可用棉花棒沾一滴精油擦在手腕內側、耳後或頸部，停留24小時後，若發現該部位有發癢、紅腫或其他不適反應，則不宜使用。

2. 精油的濃度很高，一般建議劑量約為3％，也就是一瓶10毫升（ml）的精油不要使用超過6滴；使用時不要直接接觸皮膚，可以滴在手帕或面紙上，或是使用香氛機讓精油緩慢蒸發在空氣中，並注意使用空間要保持通風，以免吸入過量而中毒。

3. 使用精油時，如果不慎接觸到皮膚、眼睛或眼部周圍，請立即用清水沖洗15～20分鐘。

4. 使用精油後若有頭昏眼花、噁心、頭痛、易怒、興奮等情形，極有可能是劑量過重，請即刻停止使用，並開啟門窗或空調，或是到通風良好處休息，並在下次使用時減量。

5. 精油應存放在陰涼處，並避免陽光直射以免紫外線破壞精油的穩定性，最好能將精油放在深色玻璃瓶，拴緊瓶蓋後置於木盒或不透光的盒子內。

6. 孕婦、氣管疾病患者（如：氣喘）、中樞神經患者（如：癲癇）、過敏體質者、高血壓患者及代謝功能不佳及年老年幼者，應避免使用精油，特別是嬰幼兒與孕婦若要使用，務必諮詢婦產科醫師及藥局專業藥師，確認成分是否為孕婦、孩童適用，以避免造成流產、畸胎或死胎，或傷害幼兒成長。

info 可能引起不適反應的精油種類

◎高血壓患者應避免使用的精油

俗名	俗名（英文）	學名（拉丁文）
迷迭香	Rosemary	Rosmarinus officinalis
鼠尾草	Sage	Salvia officinalis
肉豆蔻	Nutmeg	Myristica fragrans

◎癲癇症患者嚴禁使用的精油

俗名	俗名（英文）	學名（拉丁文）	俗名	俗名（英文）	學名（拉丁文）
洋茴香	Aniseed	Illicium verum	艾草	Mugwort	Artemisia argyi
牛膝草	Hyssop	Hyssopus officinalis	野馬鬱蘭	Oregano	Origanum vulgare
迷迭香	Rosemary	Rosmarinus officinalis	鼠尾草	Sage	Salvia officinalis
苦杏仁油	bitter almond	Prunus amygdalus amara	苦艾	Wormwood	Artemisia scoparia
			艾菊	Tansy	Tanacetum vulgare
樟樹	Camphor	Cinnamomum Camphora	龍艾、龍蒿	Tarragon	Artemisia dracunculus
肉桂皮	Cinnamon Bark	Cinnamomum zeylanicum	菖蒲	sweet flag or calamus	Acorus calamus

◎孕婦禁止使用的精油

俗名	俗名（英文）	學名（拉丁文）	俗名	俗名（英文）	學名（拉丁文）
洋茴香、茴香籽	Aniseed	Illicium veru m	歐洲赤松	Pine Scotch	Pinus sylvestris
德國洋甘菊	Chamomile German	Matricaria reticulata	大馬士革玫瑰	Rose Damask	Rosa damascena
甜茴香	fennel sweet	Foeniculum vulgar	白千層	Cajuput	Melaleuca leucodendron
綠花白千層	Niaouli	Melaleuca viridiflora	快樂鼠尾草	Clary Sage	Salvia sclarea
			沒藥	Myrrh	Commiphora myrrha

俗名	俗名（英文）	學名（拉丁文）
胡椒薄荷	Peppermint	Mentha piperita
鼠尾草	Sage	Salvia officinalis
西洋薔薇	Rose Centifolia	Rosa centifolia
西洋蓍草	Yarrow	Achillea millefolium
圓葉當歸	Lovage	Levisticum officinalis
杜松果	Juniperberry	Juniperus Communis
甜馬鬱蘭、甜馬玉蘭	Sweet Marjoram	Origanum majorana
肉豆蔻	Nutmeg	Myristica fragrans
岩蘭草	Vertiver	Vetiveria zizanioides
羅勒	Basil	Ocimum basilicum
樺木	Birch Tar	Betula lenta

俗名	俗名（英文）	學名（拉丁文）
牛膝草	Hyssop	Hyssopus officinalis
百里香	Thyme	Thymus vulgaris
印度薄荷、廣藿香	Patchouli	Pogostemon cabin
芸香	Rue	Ruta graveolens
北美香柏	Arborvitae	Thuja occidentalis
唇萼薄荷	Pennyroyal	Mentha pulegium
北艾	mugwort or wormwood	Artemisia vulgaris
冬青	Wintergreen	Goulheria procumbens
白珠樹	teaberry	Gaultheria leucocarpa
新疆圓柏	Savin	Juniperus sabina

◎容易導致光毒性、光過敏性的精油

俗名	俗名（英文）	學名（拉丁文）
佛手柑	Bergamot	Citrus bergamia
檜木	Hinoki	Chamaecyparis obtuse
柑橘	Mandarin Cold Pressed	Citrus madurensis
橙	Orange	Citrus sinensis
檸檬	Lemon	Citrus limonum

俗名	俗名（英文）	學名（拉丁文）
歐白芷、當歸	Angelica	Angelica archangelica
龍蒿	Tarragon	Artemisia dracunculus
香茅	Citronella Ceylon	Cymbopogon nardus
紅桔	Tangerine	Citrus reticulate

◎可能造成慢性中毒的精油有

俗名	俗名（英文）	學名（拉丁文）
鼠尾草	Sage	Salvia officinalis
龍艾、龍蒿	Tarragon	Artemisia dracunculus
黑胡椒	Pepper Black	Piper nigrum
肉桂	Cassia	Cinnamomum cassia
香茅	Citronella ceylon	Cymbopogon nardus

俗名	俗名（英文）	學名（拉丁文）
丁香	Clove	Syzygium aromaticum
薑	Ginger	Zingiber officinalis
檸檬香茅	Lemongrass Cochin	Cymbopogon flexuosus
肉豆蔻	Nutmeg	Myristica fragrans
檸檬馬鞭草	Lemon verbena	Aloysia citrodora

◎皮膚敏感者容易過敏的精油

俗名	俗名（英文）	學名（拉丁文）
茴香籽	Aniseed	Illicium verum
苦扁桃仁	bitter almond	Prunus amygdalus amara
月桂	Bay	Pimenta racemosa
羅勒	Basil	Ocimum basilicum
黑胡椒	Pepper Black	Piper nigrum
樟樹	Camphor	Cinnamomum camphora
肉桂	Cassia	Cinnamomum cassia
香茅	Citronella Ceylon	Cymbopogon nardus
快樂鼠尾草	Clary Sage	Salvia sclarea
沒藥	Myrrh	Commiphora myrrha

俗名	俗名（英文）	學名（拉丁文）
百里香	Thyme	Thymus vulgaris
丁香	Clove	Syzygium aromaticum
檸檬香茅	Lemongrass cochin	Cymbopogon flexuosus
檸檬	Lemon	Citrus limonum
香蜂草	Melissa	Melissa officinals
野馬鬱蘭	Oregano	Origanum vulgare
胡椒薄荷	Peppermint	Mentha piperita
甜茴香	fennel sweet	Foeniculum vulgar
天竺葵	Geranium	Pelargonium graveolens
迷迭香	Rosemary	Rosmarinus officinalis
西洋蓍草	Yarrow	Achillea millefolium

空氣芳香劑

同類日用品▶ 衣物芳香劑

　　空氣芳香劑可散發出香味，使室內空間充滿宜人芬芳的香氣。它藉由有機溶劑的揮發性將香味成分一併散布到空氣中，但在聞到這些香氣的同時，也會把有機溶劑吸入體內。有機溶劑大多有毒性，其氣體同樣會對人體產生危害，使用不當、長期接觸可能引起慢性中毒，增加呼吸道疾病的發生率。

●空氣芳香劑含有會刺激呼吸道與皮膚的有機溶劑，釋放香味的同時也會釋出有害氣體，吸入過多會引起呼吸道不適。

常見種類	噴霧式空氣芳香劑、空氣清新劑、除臭芳香劑。
成分	1.基底：海藻膠、界面活性劑 2.有機溶劑：多為醇類、烷類等，如：二氯苯、甲醇 3.香味成分：香精、精油
製造生產過程	先將有機溶劑與香味成分利用界面活性劑混合成適當的濃度後，再添加海藻膠使香味溶液轉化為膠狀物質，最後以塑膠盒包裝便可上架販售。
致毒成分及使用目的	1.有機溶劑：為主要的致毒成分。此類物質具有高度揮發性，容易散發出濃烈氣味，空氣芳香劑就是利用此一特性促進香味成分發散香味。其中具有除臭效果的二氯苯、可做為散發劑的甲醇，這兩種有機溶劑常用於劣質產品中。 2.甲醛：並非空氣芳香劑的成分，而是當空氣芳香劑與會產生臭氧的機器並用時所產生的，這是由於臭氧會加速芳香劑中酯類物質的氧化，進而產生有毒的甲醛。

對健康的危害

1. **有機溶劑**：吸入過量會刺激眼睛、鼻子及喉嚨，並引起頭暈、胸悶等症狀，皮膚長期接觸可能會乾燥、脫皮、皮膚發炎，並且伴有頭痛、失眠、視覺障礙等慢性中毒症狀。誤食則可能引起嘔吐、頭暈、腹瀉、腹痛等症狀。

2. **1,4-二氯苯**：會增加呼吸道的敏感性，增加氣喘機率，並使肺部功能下降，是國際癌症研究中心（IARC）認定的人類可能致癌物。

3. **甲醇**：毒性很強，經由呼吸道或皮膚進入人體後，會影響神經系統與血液系統，並損害呼吸道黏膜與視力。甲醇中毒會引起頭痛、噁心、胃痛、疲倦、視力模糊，甚至失明。長期接觸引起的慢性中毒症狀包括：暈眩、昏睡、頭痛、耳鳴、視力減退、消化障礙等。

4. **甲醛**：吸入過量會危害呼吸道，並導致黏膜細胞受損，引起嗅覺異常、刺激、過敏、肺、肝及免疫系統的功能異常，並且有致癌性與致畸胎性。長期接觸低劑量的甲醛可能造成呼吸道疾病，並可能引起鼻咽癌、結腸癌、腦癌等病症。

常見危害途徑

1. 若使用添加有毒成分的空氣芳香劑，或是在密閉空間吸過多的空氣芳香劑氣體，都可能引起身體不適。

2. 同時使用空氣芳香劑與空氣清新機、印表機、影印機等會產生臭氧的機器，空氣芳香劑的氣體接觸到臭氧後，會產生有致癌性的甲醛。

選購重點

1. 建議選購商品標示資訊清楚、詳細的空氣芳香劑，切勿購買來路不明或成分標示不清的產品，以免買到含有濃度過高或是毒性極強的有機溶劑。

安全使用法則

1. 使用空氣芳香劑的空間必須是通風處，並務必保持門窗敞開。

2. 為避免溶劑濃度過高，不要一次使用多罐，也不要放置在高溫處，以免高溫加速有機溶劑的揮發，使空氣中累積濃度過高。

3. 部分有機溶劑具有可燃性，使用或存放都應遠離火源，並且避免在車上使用。

4. 空氣芳香劑含有具刺激性的物質，因此不可使用在人體上，也盡量不要接觸到皮膚。

這樣用最安心　咖啡渣與茶葉是天然的除臭劑，像是百里香、迷迭香、薰衣草等香草植物會散發清香。這些天然物質同樣能消減空間異味，可曝曬至完全乾燥後，用小袋子或絲襪等包裝，即可放置在浴廁、衣櫃或任何欲除臭的空間。

除濕劑

同類日用品▶ 乾燥劑

　　除濕劑常用在衣櫥、儲藏室等易囤積濕氣、通風不良處，利用除濕劑內具有吸水性的化學物質吸收水分，乾燥周圍空氣，不需插電就能達到除濕效果。但是除濕劑中主要用來吸水的化學藥劑具有刺激性，誤觸會造成紅腫、疼痛感，部分產品另有除臭、防蟲的功能，可能含有萘、對二氯苯等成分，其氣體的潛在危害更甚。

●除濕劑的主成分氯化鈣以及除蟲劑、除臭劑等添加成分，若使用不當，可能經接觸或吸入造成皮膚與呼吸道不適。

常見種類	除濕盒、除濕蛋
成分	●主成分： 　脫水劑：以氯化鈣最常見。 ●添加劑： 　1.防霉劑：鄰苯基苯酚 　2.防蟲劑：對二氯苯（即俗稱的水晶腦）、萘。 　3.芳香劑：香精、精油。
製造生產過程	先預備劑量足夠的氯化鈣，分別將防霉劑、防蟲劑、芳香劑加入，混和均勻後，以輸送帶裝入除濕盒並封裝，即可上架出售。
致毒成分及使用目的	1.氯化鈣：具有吸水性，是除濕劑中的主要乾燥成分。 2.防霉劑：鄰苯基苯酚能消除黴菌，加在除濕劑中可以幫助防霉殺菌。 3.防蟲劑：萘與對二氯苯具有類似樟腦的特殊刺鼻味，能驅逐害蟲，取代成本較高的天然樟腦，添加在除濕劑中可幫助除蟲及除臭。

對健康的危害

1. **氯化鈣**：對皮膚、黏膜等部位有刺激性，接觸後可能引起刺激感、紅腫、刺痛感。
2. **萘**：吸入過量可能引起溶血、內出血、肝中毒等症狀。長期接觸萘蒸氣可能引起頭痛、四肢無力、噁心、嘔吐、皮膚發炎等症狀，及白內障、視網膜病變等病症，並會破壞中樞神經和造血系統，並有致癌的疑慮。蠶豆症患者吸入後可能造成急性血管內溶血現象，產生貧血、臉色蒼白、發燒、黃疸、腎功能不全等症狀。
3. **對二氯苯**：具有刺激性，會刺激皮膚或呼吸道。長時間吸入可會引起輕微中毒症狀，如：倦怠、頭暈、腹瀉。吸入過量高濃度氣體會抑制中樞神經，並造成肝、腎的損壞，對人類可能具有致癌性。對蠶豆症患者同樣可能引起溶血現象。
4. **鄰苯基苯酚**：對皮膚及眼睛有刺激性，接觸後可能造成紅腫、疼痛。

常見危害途徑

1. 氯化鈣吸水溶解後產生的水溶液具有刺激性，因此若刻意打開使用過的除濕盒，造成液體接觸到皮膚，可能引起不適。
2. 氯化鈣吸水溶解後可能產生微量的氯氣，長時間放在密閉櫥櫃，可能會使具刺激性的氯氣累積在櫥櫃裡。
3. 除濕劑的添加物可能含有萘、對二氯苯、鄰苯基苯酚，吸入這些藥劑所揮發的氣體可能引起不適，並可能使蠶豆症嬰兒產生溶血現象。

選購重點

1. 選購時應詳閱商品標示，避免購買含有非天然成分添加劑的產品，例如：標有合成樟腦、萘、對二氯苯等字樣，注意製造日期仍在期限內，並檢查產品包裝是否有破損。

安全使用法則

1. 使用前應仔細檢查商品外觀，有破損則不宜使用，以免液體外漏。
2. 開啟後的除濕盒避免以手接觸盒內的除濕劑，更換補充包後，最好立即清潔手部。
3. 應將除濕劑放置在不易傾倒、兒童無法拿取處，以免發生液體外漏、誤食等危險。

這樣用最安心　其實生活中有許多天然的物品都具有除濕的效果，因此自製天然除濕劑並不困難。以下列舉三種方式：

1. **木炭**：先將木炭洗乾淨、曬乾，再用舊報紙或紙袋包起來，放入盒子或箱子中，擺放到房間各個角落。由於木炭表面有許多孔隙，可吸附空氣中的水分子，如此便可達到除濕的效果，只要每隔兩三個月拿出來清洗曬乾，就可以不斷重複利用。
2. **蘇打粉**：將蘇打粉裝入用過的除濕盒，由於本身具有吸水性，隔一段時間粉末吸收水分便會結塊，再將結塊的蘇打粉倒掉，換上新的蘇打粉即可。
3. **咖啡渣、泡過的茶葉、柑橘皮**：這些成分都具有除臭吸濕的功能，做法是將咖啡渣、泡過的茶葉及柑橘皮曬乾，放入紗布袋或褲襪中，吊掛在衣櫥內，就是方便環保的天然芳香除濕包。

家具亮光蠟

同類日用品▶ 地板亮光蠟 汽車亮光蠟

家具在經年使用後看起來較為老舊，使用家具亮光蠟能改善家具表面的光澤度，因為家具亮光蠟含有能附著在家具表面、深入木製家具縫隙的成分，塗布後會形成保護層。不過，家具亮光蠟所含的有機溶劑成分容易刺激呼吸道，有些產品中更含有酚、硝基苯等有害物質，使用後散播在空氣中，吸入過量可能引起血液及神經系統的病變，長期累積還可能損害肝、腎等器官。

●家具亮光蠟多含有具揮發性的有機溶劑，部分不良品還含有毒性更強的酚、硝基苯，可能在使用過程刺激口鼻，甚至累積在體內，不利健康。

常見種類	清潔亮光劑
成分	1.基底：礦物油（如：矽油等）或黃蠟、棕梠蠟。 2.有機溶劑：異丁烷、乙醇胺、酚、硝基苯等。 3.乳化劑：界面活性劑。 4.香味物質：香精、精油等。 5.其他添加劑：冷煤、液化石油氣。
製造生產過程	先預備濃度、劑量足夠的基底（油或蠟），再加入有機溶劑、乳化劑混和均勻後，依照產品訴求的香味加入不同的香味物質，或加入酚、硝基苯等添加物混和，再將溶液裝在金屬罐。接著，利用壓縮機將壓縮空氣壓灌入金屬瓶，再送入輸送帶加裝高壓噴頭及蓋子，包裝完成後即可販售。
致毒成分及使用目的	1.異丁烷、乙醇胺：能夠溶解脂質、油質、樹脂等不溶於水的物質，添加在家具亮光蠟，能使各項油性、水性成分充分互溶、混和均勻，以利噴霧中的各種成分平均釋出。

2.酚：可做為溶劑幫助各種成分互溶，另外也能穿過木材細胞間的孔洞紋路，深入木材內層，填充或塗布於細胞內腔，使木材不會受到生物或水氣的侵蝕而腐朽，用於家具亮光蠟可使上蠟後的木製家具具有防腐的效果。

3.硝基苯：是常用的溶劑與光澤劑，能使物品表面具有光澤，家具亮光蠟含有此物質，讓上蠟後的家具看起來平整光滑。

對健康的危害

1. **有機溶劑**：吸入過量此類物質所揮發的氣體會刺激口鼻與呼吸道，接觸皮膚和眼睛會形成刺激，過量且頻繁地接觸會造成乾燥、刺激、發紅及龜裂等症狀，誤食則會傷害食道和胃引起嘔吐、頭暈、腹瀉、腹痛等症狀。

2. **酚**：對皮膚、呼吸道、黏膜有強烈的腐蝕性，吸入過量酚蒸氣可能會導致頭痛、頭暈、乏力、視力模糊、肺水腫等症狀。誤食會引起消化道灼傷，食入過量可能導致胃腸穿孔，伴隨休克、肺水腫、肝或腎損害、呼吸衰竭等症狀。長期接觸可能會引起頭痛、頭暈、咳嗽、食欲減退、噁心、嘔吐、蛋白尿、皮膚發炎等慢性中毒症狀，還有致癌的可能。

3. **硝基苯**：進入體內會經過生物轉化形成對氨基酚、間硝基酚，引起高鐵血紅蛋白血症，會有胸悶、心悸、頭暈、乏力、手指麻木等症狀，嚴重時可能引起溶血性貧血、黃疸及肝損害。長期接觸可能造成神經衰弱綜合症，引起慢性溶血作用，引發貧血、黃疸、肝炎。

常見危害途徑

1. 家具亮光蠟多含有具揮發性的有機溶劑，因此若在密閉空間使用家具亮光蠟，很容易吸入過多的有機溶劑揮發出的蒸氣，可能引起中毒。

2. 家具亮光蠟所含的有害物質會附著在皮膚表層，或經由毛細孔進入體內，所以如果未配戴手套就長時間或頻繁地使用家具亮光蠟，可能形成致毒的途徑。

選購重點

1. 建議選購商品標示資訊清楚、詳細的家具亮光蠟，切勿購買來路不明或成分標示不清的產品。

2. 選購時可詳閱商品標示的成分，避免購買含有酚或硝基苯的產品，最好選用以天然蠟製成的家具亮光蠟。

3. 家具亮光蠟多以密封的金屬罐包裝，選購時應注意瓶身是否有凹毀等情形。

安全使用法則

1. 使用時應保持使用空間通風良好，若需長時間擦拭大範圍，可配戴手套、口罩。

2. 家具亮光蠟最好用來擦拭商品標示所建議的適用物品，若要用來擦拭不確定的物品，不要一次噴灑過大的面積，應噴灑在軟布上，並擦拭小範圍以做測試。

3. 金屬罐的家具亮光蠟不宜置放在火源附近及高溫處。

沐浴乳

同類日用品 ▶

　　呈現乳狀質感、易起泡的沐浴乳，不但質地細緻，還有護膚、美白、保濕等功效可選擇，逐漸成為香皂以外的另一種身體清潔用品。然而，沐浴乳的成分複雜，其中不乏對人體有疑慮的化學添加物。像是界面活性劑可能破壞皮脂膜，還有為了防止變質的防腐劑、能讓香味持久的定香劑，這些都是沐浴乳所隱藏的風險。

● 沐浴乳所含的界面活性劑、防腐劑與定香劑等成分，會從皮膚進入人體並累積，長期使用對人體健康具有威脅。

常見種類	乳霜滋潤沐浴乳、抗菌沐浴乳、男性淨化沐浴乳、嬰兒舒眠沐浴乳
成分	1.界面活性劑：十二烷基硫酸鈉、月桂基兩性醋酸鈉等。 2.保濕劑：小黃瓜萃取物、丙二醇、甘油、玻尿酸、乳酸鈉。 3.乳化劑：二乙醇二硬脂酸、月桂醇聚醚-4、澱粉羥丙基三甲基氯化銨。 4.增稠劑：氯化鈉、氯化鉀、苯乙烯、丙烯酸酯聚合物、瓜耳膠 5.螯合劑（抗氧化劑）：乙二胺四乙酸（EDTA）。 6.定香劑（可塑劑）：鄰苯二甲酸酯類。 7.防腐劑：苯甲酸鈉、對羥基苯甲酸酯類等。 8.酸鹼調節劑：檸檬酸、乳酸、氫氧化鈉。 9.其他成分：抗氧化配方、香料、色素。
製造生產過程	首先，將保濕劑與螯合劑加入蒸餾水攪拌均勻並加熱至70度C，再將界面活性劑、抗氧化配方、定香劑依序加入，持續攪拌並使水溶液保持在70度C；另外，將乳化劑加熱至75度C使其完全溶解，再加入先前調好的水溶液中攪拌均勻，待冷卻至40度C後，投入酸鹼調節劑調整pH值，再加入防腐劑、香料與色素並攪拌均勻，最後以增稠劑調整濃稠度，經包裝便可上架販售。
致毒成分及使用目的	1.界面活性劑：藉由分散、滲透、起泡、乳化等四種作用來去脂力，添加在沐浴乳能去除身上的油脂和髒污。

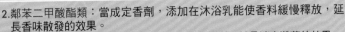

2. 鄰苯二甲酸酯類：當成定香劑，添加在沐浴乳能使香料緩慢釋放，延長香味散發的效果。
3. 防腐劑：能抑制細菌生長，防止沐浴乳腐化變質，並具消毒殺菌的效果。
4. 色素：能使沐浴乳的乳液具多元色彩，提升質感。

身體清潔

對健康的危害

1. **界面活性劑**：對皮膚具刺激性，經常使用會過度洗去皮膚油脂、降低角質層修復能力，甚至使皮膚乾燥、紅腫、脫皮。
2. **鄰苯二甲酸酯類**：會刺激皮膚造成過敏反應，而且是一種會擾亂內分泌系統的環境荷爾蒙，累積過量會使生殖器官異常。
3. **防腐劑**：會刺激皮膚和黏膜部位，使用過度會破壞保護皮膚的皮脂膜，其中對羥基苯甲酸酯類屬於環境荷爾蒙，體內累積過量會干擾內分泌系統的運作。
4. **色素**：可能引發皮膚過敏反應，並有實驗指出，藍色一號、綠色三號和黃色四號與腎臟腫瘤、膀胱腫瘤及兒童過動有關。

保養美妝

常見危害途徑

1. 皮膚是人體的最大器官，任何沐浴乳中的致毒成分，都可能透過皮膚的吸收進入人體並累積，長期使用含有致毒成分的沐浴乳，可能威脅人體健康。
2. 使用沐浴乳清潔身體，若讓泡沫停留在身上過久，或刻意以大量清水反覆沖洗搓揉，可能破壞皮脂膜，導致肌膚乾澀敏感、容易受感染。

選購重點

1. 選購沐浴乳要注意成分，特別留意防腐劑、定香劑和色素，若含有上述致毒成分則不建議購買。
2. 沐浴乳應選用清潔力足夠的款式，不需刻意追求具有保溼、美白等功能的款式，因為沐浴乳用後即沖掉，特殊功能不易發揮，還可能影響洗淨力。不要購買強調香味持久的沐浴乳，因為產品可能含有大量定香劑。
3. 問題肌膚可透過局部使用測試以了解自身過敏原，並建議選擇不含皂性成分且質地溫和的沐浴乳或合成皂。

安全使用法則

1. 使用沐浴乳洗澡時，用量不需太多，主要用於腋下、胯下、足部及有異味處即可，並將身體洗淨就立即以清水沖洗乾淨，不要讓泡沫在身上停留太久，也不要用太燙的水清洗。洗後若感覺皮膚乾澀，可塗上乳液滋潤皮膚。
2. 使用會讓肌膚具有滑潤感的沐浴乳要沖洗乾淨，以免致毒成分殘留，但沖洗時切勿過度搓揉。
3. 由於身上的油脂較多、角質層厚，比較不易敏感，所以洗身體的沐浴用品最好不要拿來洗臉，以免較為脆弱敏感的臉部肌膚乾燥、過敏。

info 沐浴乳和肥皂的差異

肥皂的酸鹼值約在pH9～10之間，而沐浴乳約pH5～7，人體健康皮膚則為pH4.5～6.5，雖然看似沐浴乳的酸鹼值比較接近人體，但人體能自行調節肥皂對皮膚帶來的刺激性，反而是部分沐浴乳可能含有人體無法代謝的成分，對人體的危害比刺激皮膚更嚴重。

洗髮精

潤絲精

洗髮精是頭髮的合成洗劑，使用後不僅能洗淨頭髮的髒污，還能使頭髮觸感滑順，呈現光澤細緻的質感。然而，洗髮精所含的成分大多無益健康，像是界面活性劑會過分洗去油脂、造成頭髮失去抵抗力，而防腐劑、定香劑與色素等則可能刺激皮膚，過量還會影響器官功能，因此務必適量使用。

● 洗髮精的成分多數會刺激皮膚和眼睛，使用過量可能傷害頭皮的健康，洗髮精泡沫滲入眼睛會造成過敏反應。

● 洗髮精所含的成分會透過頭皮進入人體，其中有害的成分便可能日漸累積，影響健康。

常見種類	滋潤型洗髮乳、清爽型洗髮精、抗屑洗髮精、雙效合一洗髮乳
成分	1.界面活性劑：十二烷基硫酸鈉、烷基磺酸鹽等。 2.保濕劑：甘油、丙二醇、山梨醇、聚乙二醇等。 3.定香劑（可塑劑）：鄰苯二甲酸酯類為主。 4.防腐劑：丁基羥基苯甲醚（BHA）、丁基羥基甲苯（BHT）、對羥基苯甲酸酯類。 5.色素：黃色4號、黃色5號、綠色3號、藍色1號、藍色2號。 6.其他成分：潤髮劑（去靜電劑）、護髮劑、止癢劑、酸鹼調節劑、增稠劑、珠光劑、螯合劑（抗氧化劑）、香料。
製造生產過程	先將潤髮劑與螯合劑加入蒸餾水中攪拌均勻，再加熱至75度C，接著加入保濕劑、界面活性劑、護髮劑、定香劑、去頭皮屑藥劑與酸鹼調節劑，在75度C的溫度下持續攪拌便製成潤髮劑水溶液；另外，預先將珠光劑溶解並加熱至75度C，再加入潤髮劑水溶液中，激烈攪拌十分鐘後，待冷卻降溫至30度C便可加入防腐劑、色素與香料，攪拌均勻後以增稠劑調整洗髮乳的濃稠度，即可包裝出售。
致毒成分及使用目的	1.界面活性劑：具有強效發泡力，添加在洗髮精可提升清潔效果。 2.定香劑：能避免香料快速逸散，使洗髮精能維持香味。

3.防腐劑：能減緩腐敗速度，並能抑制細菌、黴菌的生長，具有抗氧化與抗菌的作用，防止洗髮精腐化變質。
4.色素：賦予洗髮精繽紛的色彩，吸引消費者購買。

對健康的危害

1. **界面活性劑**：對眼睛和皮膚具刺激性，經常使用會過度洗去頭皮膚油脂，導致頭皮屑加劇、毛囊萎縮和掉髮。
2. **定香劑**：對皮膚具刺激性，是一種會擾亂內分泌系統的環境荷爾蒙，累積過量會使生殖器官異常。
3. **防腐劑**：會刺激皮膚和黏膜部位，使用過度會破壞保護皮膚的皮脂膜，其中對羥基苯甲酸酯類屬於環境荷爾蒙，體內累積過量會干擾內分泌系統的運作。
4. **色素**：可能引發皮膚過敏反應，並有實驗指出，藍色一號、綠色三號和黃色四號與腎臟腫瘤、膀胱腫瘤及兒童過動有關。

常見危害途徑

1. 洗髮精在使用時會直接接觸頭皮，因此任何洗髮精所含的成分皆可能透過頭皮吸收而累積在體內，長期累積會影響人體健康。
2. 未經稀釋的洗髮精直接倒在頭皮上，或是使用過量的洗髮精，可能會刺激頭皮並使致毒成分殘留。
3. 標示「不流淚配方」的洗髮精流進眼睛，若因無刺激感而未立即以清水沖洗，將導致其他成分傷害眼睛、累積在人體。

選購重點

1. 選購洗髮精應詳閱商品標示，並可認明具有環保標章的產品。如果含有上述致毒成分或距離有效期限過近，切勿購買。
2. 強調香味持久的洗髮精，可能含有大量定香劑，最好不要購買。
3. 洗髮精主要目的在徹底清潔，建議購買功能單純的商品，因為附加潤絲功能的洗髮精會在頭皮表面留下一層潤絲成分，影響清潔效果，而且持續使用會不斷將潤絲成分覆蓋在頭髮表面而愈發厚重黏膩。

安全使用法則

1. 依照個人的髮量使用適量的洗髮精，切勿過量使用，並以大量清水徹底沖乾淨，但水溫不要過高，以免髮質受損。若泡沫不慎流入眼睛，務必立即用清水沖洗。
2. 不要直接將洗髮精倒在頭皮上，應先倒在手心並摻清水稀釋，搓揉起泡後，再將泡沫均勻抹在頭髮上按摩即可。

> **這樣用最安心**
> 市售洗髮精九成以上都含有劑量不一的致毒成分，要避開這些成分的危害，可以直接拿洗澡用的香皂來洗頭，或者自製不添加有害物質的天然洗髮精。做法是先調製液體肥皂，將橄欖油、椰子油、蓖麻籽油、氫氧化鉀（苛性鉀）攪拌均勻並加熱，再加蒸餾水或冷水、檸檬酸與甘油來稀釋，最後依個人喜好加入精油、蛋黃、蜂蜜或蘆薈液等天然滋潤成分，就是天然無害的洗髮精。

牙膏

　　牙膏是清潔牙齒、維持口腔健康的每日必需品,多半具有易起泡、易塗抹和氣味清爽的特點。市售牙膏種類琳瑯滿目,除了具備基本的清潔功能外,還兼有美白、抗敏感、抗菌等功效。然而,製作牙膏的部分基本成分可能會引起過敏反應、干擾荷爾蒙運作、甚至引發腫瘤,而具有特殊功效的牙膏更可能添加不利牙齒健康的成分,像是過分強調美白可能造成牙齒表面的磨損,或是透過抑制神經以達抗敏感的效果,這些都是牙膏潛藏的風險。

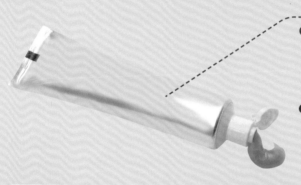

● 牙膏所含的摩擦劑、保濕劑、甜味劑等多種成分,都有其潛在危害,可能在刷牙時不慎而進入人體。

● 部分牙膏成分可能會和自來水中的氯產生致毒物質,在刷牙時恐對人體產生不良影響。

常見種類	含氟牙膏、美白牙膏、抗敏感牙膏、鹼性牙膏、全效牙膏
成分	1.摩擦劑:碳酸鈣、磷酸氫鈣、二氧化矽、氫氧化鋁。 2.保濕劑:甘油、丙二醇、山梨醇、己六醇、二甘醇。 3.界面活性劑:十二烷基硫酸鈉。 4.膠黏劑(結合劑):甲基纖維素鈉、鎂鋁矽酸鹽複合膠體、海藻酸鈉。 5.香料:薄荷、水果香精。 6.甜味劑:木糖醇、糖精。 7.著色劑:二氧化鈦(白色。) 8.其他特殊成分:氟化物(氟化鈉)、碳酸氫鈉、三氯沙、硝酸鉀、過氧化氫。
製造生產過程	先將膠黏劑和水、甘油混合並攪拌均勻製成稠厚凝膠;另外,將粉狀的摩擦劑過篩,再加入薄荷精油中混和攪拌均勻,將之倒入膠黏劑所製成的凝膠中繼續攪拌,再依序加入界面活性劑、甜味劑和其他特殊成分攪拌均勻,注入軟管並包裝後即可出售。
致毒成分及使用目的	1.界面活性劑:可促進發泡以增強去污力,是牙膏用來清潔的主成分。 2.三氯沙:具殺菌消毒效果,添加在牙膏能殺死口腔內的細菌。 3.硝酸鉀:具麻醉作用,可降低牙神經敏感度。 4.過氧化氫:做為漂白劑,使牙齒潔白,添加在強調美白效果的牙膏。

對健康的危害

1. **界面活性劑**：會刺激眼睛、皮膚，接觸過量將造成眼疾。接觸到皮膚則因其強大的去污力，可能造成脫皮和觸覺粗糙，導致皮膚系統的生理功能失常。
2. **三氯沙**：屬於雌激素，透過皮膚層進入體內，易與脂肪結合且不易排出，體內累積過量易形成腫瘤或導致荷爾蒙失調。
3. **硝酸鉀**：對皮膚、口腔黏膜具刺激性，長期誤食微量的硝酸鉀，可能導致虛弱、頭痛及精神受損。
4. **過氧化氫**：在低濃度約3%左右僅具輕度刺激性，會產生嘔吐、腹瀉、腹脹等腸胃道刺激症狀。

常見危害途徑

1. 使用牙膏可能誤吞，或有微量殘留在口腔，透過口腔黏膜而進入人體，因此若長期使用含有致毒成分的牙膏，可能讓致毒成分累積在體內。
2. 使用含有三氯沙的牙膏，再用自來水漱口，可能與自來水中的氯反應而產生三氯甲烷，經由口腔黏膜進入人體會危害健康。
3. 抗敏感牙膏多半含有類似麻醉劑作用的硝酸鉀，長期使用會使牙神經一直處於麻醉狀態，易忽略牙齒產生敏感反應的真正病因；另外，具美白效果的牙膏其成分顆粒較粗，長期使用可能造成牙齒表面的損傷。

選購重點

1. 選購牙膏時，請務必仔細查看成分標示，建議不要選購成分中含有上述致毒成分的產品。其中三氯沙又可稱為三氯生、玉潔新、玉晶純，並有六種英文名稱：Triclosan、Aquasept、Gamophen、Irgasan、Sapoderm、Ster_Zac；選購時應慎防部分不肖廠商為規避監督而用別名來標示。
2. 在選購美白牙膏、抗敏感牙膏等具有特殊功效的牙膏前，先請教牙醫師是否有使用的必要，及適用期限，以免使用時間太長，反而造成牙齒的傷害。
3. 選購牙膏時，要確認製造日期與保存期限，因為牙膏是多種化學物質的混合劑，所以過期產品的成分容易變質，防蛀效果也較差。

安全使用法則

1. 刷牙時，不必擠太多牙膏，只要配合正確的刷牙方法，就能有效清潔牙齒；過多的牙膏反而會增加化學物質殘留與吞入的風險。
2. 含氟牙膏的氟化物成分雖可防止蛀牙，但十二歲以下的兒童其牙齒正在萌發階段，若不當或長期過量使用氟化物，反而易在牙面上形成小白點或凹陷褐斑，即俗稱的「氟斑齒」，會造成齒質脆化，咀嚼硬質食物易磨損牙齒，甚至使牙齒較易斷裂。
3. 若是使用含三氯沙的牙膏，建議以冷開水代替自來水漱口，可避免產生三氯甲烷。

這樣用最安心 若擔心市售牙膏的化學成分殘留在體內，可使用鹽巴來刷牙，是經濟便利又無毒的好方法。鹽巴與牙膏同樣具有殺菌效果，還兼具摩擦作用，同樣能達到牙齒清潔的效果。但由於鹽巴的顆粒較粗，刷牙時務必放輕力道，以免刮傷牙齒及牙床。

漱口水

　　漱口水是一種具有殺菌和清潔效果的溶液，具有清潔口腔、消除口臭的效果，而且使用比刷牙來得便利，有不少民眾便直接以漱口水取代牙膏，做為口腔與牙齒的清潔保健用品。然而，漱口水並不具備牙膏的摩擦作用，無法去除附著力較強的食物殘渣；另外，倘若不當使用漱口水，其所含的殺菌劑與酒精等成分可能導致牙齒變色、味覺遲鈍，甚至引發口腔潰瘍與口腔癌，若誤吞則會累積在體內。

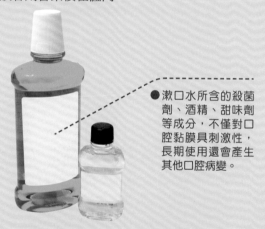

● 漱口水所含的殺菌劑、酒精、甜味劑等成分，不僅對口腔黏膜具刺激性，長期使用還會產生其他口腔病變。

常見種類	含氟化物漱口水、防牙菌膜漱口水、抑制牙菌膜漱口水、防敏感漱口水
成分	1.殺菌劑：洗必泰、西吡氯、苯甲酸鈉、苯甲酸、碘伏、三氯沙、二氧化氯、替硝唑、過氧化氫、海克西定、西曲溴銨。 2.精油：百里香酚、桉葉油、甲基水楊酸、薄荷油、丁香油。 3.溶劑：酒精。 4.界面活性劑：聚山梨酯80。 5.甜味劑：木糖醇、山梨醇、糖精、甘油。 6.色素：藍色1號、黃色4號、黃色5號。 7.其他特殊成分：氟化物、硝酸鉀。
製造生產過程	先將薄荷油、甲基水楊酸與丁香油等各種精油加入酒精中，攪拌均勻成酒精溶液；另外，將少量的蒸餾水和甘油、甜味劑混合並攪拌均勻，將之加入酒精溶液中繼續攪拌，此時的溶液呈混濁狀。接著加入界面活性劑使混濁液體變澄清，再把殺菌劑和其他特殊成分加入，並以適量蒸餾水稀釋，最後加入色素調色，並密封包裝後，即為市售的漱口水。
致毒成分及使用目的	1.殺菌劑：能夠抑制細菌滋生，其中洗必泰能抑制牙菌膜滋長，防止牙周病；三氯沙、過氧化氫兼具消除口臭的功效；苯甲酸鈉、苯甲酸還

可當做漱口水的防腐劑。
2.酒精：促進薄荷油、葉油等不溶於水的成分能混入溶液。
3.色素：添加後能賦予漱口水繽紛的色彩。
4.硝酸鉀：有麻醉效果，可舒緩牙齒敏感的症狀。

對健康的危害

1. 殺菌劑：漱口水用的殺菌劑種類繁多，其中比較容易產生危害的有：
   ①苯甲酸鈉、苯甲酸和過氧化氫：三者都會刺激口腔黏膜，若在口腔中停留時間過長，會產生灼熱刺痛感。
   ②洗必泰：長期使用容易使牙漬積聚在牙齒表面，導致牙齒變色、味覺改變。
   ③三氯沙：容易蓄積在人體中，可能導致憂鬱症、肝病變甚至荷爾蒙失調或癌症。
   ④替硝唑：長期攝入會產生發疹、噁心、食慾不振、頭痛及胃部不適的反應，甚至會出現短暫性白血球減少的現象，導致免疫系統的防禦力降低。
2. 酒精：長期使用含酒精濃度15%以上的漱口水，會破壞口腔及舌頭黏膜，產生上皮脫落、口腔潰瘍及牙齦炎等口腔問題，甚至提高罹患口腔癌的風險。
3. 色素：可能引發皮膚過敏反應，並有實驗指出，藍色一號、黃色四號和黃色5號，可能與腎臟腫瘤及兒童過動有關。
4. 硝酸鉀：會刺激口腔黏膜，少量食入會產生虛弱、頭痛或抑鬱等情況；長期累積則會加速細胞老化、增加罹癌機率。

常見危害途徑

1. 漱口水的成分以殺菌為主，通常比牙膏更具刺激性，加上漱口水為液態製劑，若使用不慎而吞下，可能造成胃部不適，並使得致毒成分累積在體內。
2. 漱口水對口腔黏膜具有刺激性，含在口中太久會損傷黏膜，增加病菌入侵的機會。
3. 使用含有三氯沙的漱口水漱口後，立即以含氯的自來水漱口，會產生對人體有害的三氯甲烷。

選購重點

1. 漱口水是口腔清潔保健的輔助品，主要是給無法刷牙的患者使用，口腔的清潔仍應採刷牙為佳，因此選購前可向牙醫師諮詢使用的必要性及適用期限。
2. 選購漱口水應仔細看看商品標示，若含有上述致毒成分或是酒精濃度高於15%，則不建議購買。另外，避免購買製造日期太久遠的產品，以免殺菌效果不佳，甚至因產品變質而引起過敏反應。

安全使用法則

1. 使用時建議約含七分滿的漱口水，以利口腔攪動、清潔口腔牙齒，還可避免將漱口水吞下肚。
2. 漱口水含在口中的時間大約是三十秒到一分鐘，便可達到清潔殺菌效果。
3. 使用漱口水後最好隔三十分鐘再進食，才不會把致毒成分連同食物一併吞入。

這樣用最安心 若擔心使用漱口水會其成分的刺激，利用鹽水漱口是很好的選擇，因為高濃度鹽水的滲透壓可使大部份的細菌脫水死亡，具有不錯的殺菌效果。一般大約100CC的水加入0.9克的鹽攪拌均勻即可。

假牙清潔劑

　　假牙清潔劑是清潔假牙的用品，主要是由殺菌劑和漂白水組成。由於假牙需要每天清潔才能保持乾淨，使用假牙清潔劑成為快速消毒殺菌的便利選擇。然而，假牙清潔劑並不能完全取代人工刷洗，其成分還可能殘留在假牙上並隨之進入人體，可能引起過敏反應，若不慎吞入則會造成腸胃不適，使用時應徹底清洗。

●假牙清潔劑含有殺菌劑和漂白劑，若使用不慎殘留在假牙上，讓這些物質進入人體，會傷害身體健康。

常見種類	假牙清潔錠
成分	1.殺菌劑：過硼酸鈉、單過硫酸鉀（過硫酸鹽）。 2.界面活性劑（清潔劑）：聚磷酸鈉。 3.漂白劑：過氧化氫、次氯酸鈉。 4.蛋白分解酵素。 5.發泡劑：碳酸鈉、碳酸氫鈉、檸檬酸。 6.除臭劑：薄荷油。 7.黏合劑：阿拉伯膠、甲基纖維素。 8.賦型劑：澱粉、纖維素。 9.保濕劑：甘油。
製造生產過程	將少量的蒸餾水加入賦型劑攪拌均勻，再加入保濕劑繼續攪拌成稠糊狀，接著依序將殺菌劑、漂白劑、發泡劑、界面活性劑與蛋白分解酵素加入並攪拌，再加入除臭劑與之均勻混合，最後加入黏合劑加強凝聚力，並以機器壓錠，經過乾燥後，包裝入盒即可販售。
致毒成分及使用目的	1.過硼酸鈉：主要是做為殺死細菌、黴菌等微生物的殺菌劑，除此之外還具有漂白與防腐的功能。 2.單過硫酸鉀（Potassium Monopersulfate）：可殺菌與漂白假牙。 3.漂白劑：漂白假牙，同時也具有殺菌功效。

對健康的危害

1. **過硼酸鈉**：少量接觸對人體的毒性並不高，但過量誤食或長期暴露會危害中樞神經系統與腎臟，長期接觸會引起全身性的脫皮及紅疹現象，以及缺乏維他命B2，導致喉痛、口角炎、舌炎或貧血等病症。
2. **單過硫酸鉀**：會引起刺激疼痛感、組織受損、紅腫、蕁麻疹、牙床脆弱、呼吸困難和低血壓等過敏反應。
3. **漂白劑**：會刺激皮膚，不慎吞入則會刺激口腔和食道，出現腸胃不適的症狀。

常見危害途徑

1. 泡過假牙清潔劑的假牙，若未用清水沖洗就直接放入口腔配戴，會把假牙清潔劑殘留的有毒成分送入口中，導致有毒成分累積在體內並損害健康。
2. 假牙清潔劑是用來清潔假牙的產品，成分與漱口水不同，若當做漱口水拿來漱口，會把大量的殺菌劑與漂白劑等高刺激性成分含在口中甚至不小心吞入，造成口腔黏膜嚴重破損，進而導致發炎、感染與口腔潰瘍以及腸胃道不適。

選購重點

1. 選購假牙清潔劑時，若是盒裝錠劑要注意外盒是否遭拆封或破損，同時檢查製造日期與保存期限，以免產品受潮或過期而變質，導致清潔效果不佳，亦可能造成過敏反應。
2. 選購時要仔細閱讀成分表，若成分表中含有容易引起過敏的單過硫酸鉀，則需確認是否會對該物質產生過敏反應再行購買。

安全使用法則

1. 使用假牙清潔劑浸泡過的假牙，應以大量清水沖洗或浸泡一夜後再配戴，才不會讓殘留的清潔劑隨假牙進入口腔。
2. 假牙清潔劑含有強力的殺菌劑和漂白劑，因此不可用來漱口，維護口腔健康應使用牙膏配合正確刷牙方式即可。

---

info 清潔假牙的要訣

清潔假牙不能只用假牙清潔劑浸泡，因為假牙上的牙菌斑必須使用軟毛牙刷輕輕刷洗才能去除，再配合假牙清潔劑的浸泡，才能徹底清淨。另外，漱口水也不宜用來清潔假牙，因為一般漱口水只能對付厭氧細菌，對於假牙上的黴菌則沒有效用。

這樣用最安心　清潔假牙最安全無毒害的方式，是每天以較小的軟毛牙刷輔以清水去除污漬。首先，將假牙刷洗乾淨，去除所有食物纖維。接著，以清水浸泡約兩小時後再將假牙刷洗一次。刷洗時不需太用力，只要徹底清潔假牙表面即可。另外，使用假牙黏著劑者則要注意活動假牙接觸口腔的部位。如果發現假牙上出現不易清除的污點或牙結石，就必須求助專業牙醫。

乳液

同類日用品▶ 護手霜 面膜   化妝水

　　乳液主要是由溶劑、乳化劑、保濕劑等成分組成，藉由保濕劑的吸水及保水特性將水分留在皮膚表層，以避免皮膚乾燥，加以製造商為了提高乳液的保存期限、迎合消費者的需求，推出含有美白、抗痘、防曬等功能的乳液，使其成分更趨於複雜，像是其中所含的防腐劑、殺菌劑和香精，不但用量過多會刺激皮膚，還可能累積在體內，對健康造成影響。

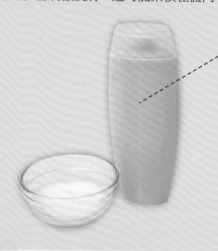

●為了延長乳液的保存期限，部分產品會添加防腐劑，長期使用反而會影響皮膚分泌皮脂的功能。

常見種類	美白乳液、防曬乳液、保濕乳液、抗痘乳液
成分	1.溶劑：酒精、水。 2.乳化劑：硬脂酸、棕櫚醇。 3.防腐劑：對羥基苯甲酸酯類、安息香酸。 4.殺菌劑：三氯沙。 5.防曬劑：二氧化鈦。 6.其他添加物：保濕劑、香料等。
製造生產過程	將乳化劑、防腐劑等成分加熱混合均勻後，待冷卻再添加香精、香料等不耐高溫的原料，加以混合均勻並盛裝至容器中，便可包裝出售。
致毒成分及使用目的	1.對羥基苯甲酸酯類：具有防腐抗菌的效果，能讓乳液不腐敗，延長保存期限。 2.三氯沙：是一種殺菌劑，添加後可使乳液不易生菌腐敗，延長乳液保存期限。 3.二氧化鈦：是一種物理性防曬劑，能夠隔離紫外線，添加後能使乳液具備防曬效果。 4.香料：增加乳液的香氣，吸引消費者購買。

對健康的危害

1. **對羥基苯甲酸酯類**：皮膚長期接觸此類化合物會破壞保護皮膚的皮脂膜，降低分泌皮脂的功能，使皮膚變得乾燥，進而引起皮膚炎等症狀。另外，此類化合物也是一種環境荷爾蒙，可能會干擾人體正常的內分泌機制，根據相關研究曾在乳癌切片細胞中發現此物，因此被懷疑與乳癌的發生有關。

2. **三氯沙**：三氯沙容易和脂質結合，透過皮膚吸收後，容易累積在體內不易排出，並可能干擾人體荷爾蒙正常作用，長期累積下來可能會造成憂鬱症、肝功能失調或刺激細胞病變形成腫瘤。

3. **二氧化鈦**：皮膚無法吸收此物質，導致皮膚毛囊阻塞，可能引發皮膚炎；吸入其粉塵會刺激呼吸道黏膜，進而引起肺發炎。

4. **香料**：香料成分複雜，可能引起過敏體質的使用者過敏。

常見危害途徑

1. 由於乳液的使用方式是直接塗抹在皮膚上，因此乳液中的有毒成分相當容易透過皮膚吸收，累積在體內。乳液塗抹過量還會影響皮膚油脂的正常分泌。

2. 乳液中的三氯沙可能與自來水中具殺菌功能的氯產生化學作用，形成可疑致癌物三氯甲烷，若經由皮膚吸收，可能造成皮膚充血、紅斑或阻塞汗腺。

3. 使用摻有二氧化鈦等防曬劑的乳液，由於二氧化鈦不易沖洗乾淨，進入皮膚後容易殘留在表層皮膚，造成毛囊阻塞，可能進而引發皮膚過敏或皮膚炎。

選購重點

1. 選購時需注意成分、製造廠商、代理商、衛生署許可字號等項目是否標示完全，避免購買來路不明或標示不清的產品。

2. 具有過敏體質的消費者，盡量選擇陳列試用品的店家購買，或在購買前向店家索取試用品在耳後或手部測試，確認沒有過敏反應再購買。

安全使用法則

1. 使用含有防曬功能的乳液要按照一般卸妝程序進行卸妝，以避免化學物質殘留在皮膚。

2. 乳液應存放在陰涼處，避免陽光直接照射到產品。另外，過期的產品可能變質，切勿繼續使用。

3. 請依照商品標示的建議適量塗抹，以免干擾皮膚油脂的分泌。

身體清潔

保養美妝

爽身粉

爽身粉以滑石粉、硫酸鎂、硼酸等具吸水功能的礦物成分為主，可以吸收汗液、滑順肌膚，並能降低因皮膚潮濕而長痱子的機率，主要是給嬰幼兒沐浴後使用。然而，由於爽身粉呈現細緻粉狀的顆粒，容易在使用時經呼吸進入人體，其成分多是人體不易代謝的礦物，如滑石粉、碳酸鎂等，長期累積在體內會產生不良影響。另外，撲在女嬰身上的爽身粉，亦可能因使用不慎而經外陰部進入體內，日後可能引發生殖系統的疾病。

●爽身粉為使其觸感良好，可能摻有滑石粉、石棉，其細緻的粉狀內容物容易在使用時被吸入，長期累積在體內將產生危害。

常見種類	粉狀體香劑
成分	滑石粉、石綿、硼酸、氧化鎂、碳酸鎂、香料。
製造生產過程	滑石粉、石綿等天然開採的成分，先經過純化製成粉狀，再和其他原料均勻混合，經乾燥處理後包裝出售。
致毒成分及使用目的	1.滑石粉、石棉：添加後能使產品觸感順滑。 2.鉛：容易參雜在滑石粉等天然粉狀礦物中，難以完全分離。

對健康的危害

1. **滑石粉及石棉**：因不易被身體代謝，進入人體呼吸道後，會累積在肺部或橫隔膜及腹膜間，其中石棉更會造成該組織或器官細胞病變，引發肺癌或間皮瘤。

2. **鉛**：長期累積在人體會造成慢性鉛中毒，可能引發肝、腎衰竭、貧血等症狀，並對神經系統造成影響。

常見危害途徑

1. 顆粒細致的石棉纖維或滑石粉，可能在使用過程從口鼻吸入進入人體，可能會刺激呼吸道，其中嬰兒則因為尚未發展完全，更容易引起呼吸道感染或過敏。

2. 使用爽身粉時，石棉可能隨外生殖道進入體內並影響生殖系統，尤其女嬰在長大後可能容易患有婦科疾病。另外，長期使用爽身粉的女性罹患卵巢癌的機率也較高。

3. 爽身粉具有吸水功能，若使用過多，吸水後的粉狀顆粒容易凝結在一起變得粗大，可能會附著在衣物或尿布上，穿在身上活動時會與皮膚產生摩擦。特別在嬰兒尿濕後，尿布中的環境潮濕、不通風，更容易因爽身粉造成毛孔阻塞，引起皮膚起疹、發炎。

選購重點

1. 選購時，需注意成分、製造廠商、代理商、衛生署許可字號等項目是否皆標示完全，避免購買來路不明或標示不清的產品。

2. 石棉在台灣已禁用於化妝品成分，因此選購時若看到成分含有石棉，或對成分有相關疑慮，切勿購買。

3. 有些爽身粉的成分使用玉米澱粉等植物性原料，取代可能危害人體的滑石粉，亦是購買時的另一選擇。

安全使用法則

1. 身上有傷口時不要使用爽身粉，以免造成傷口惡化，特別是嬰兒出現尿布疹，不要施予爽身粉。

2. 女性使用爽身粉時，盡量避免撲在腹部、臀部和大腿內側，以免爽身粉從外陰部進入體內。

3. 避免在電風扇直吹等風口處使用爽身粉，以防吸入過多爽身粉。

身體清潔

保養美妝

刮鬍膏

同類日用品▶ 除毛膏

　　刮鬍膏是多數男性常備的個人清潔用品，其成分多具有潤滑皮膚、產生泡沫和抗菌的效果，能夠降低刮鬍刀和皮膚之間的阻力，避免刮傷皮膚，還能達到清潔臉部的效果。但是刮鬍膏所含的化學成分可能會透過皮膚吸收至人體，接觸過量恐會產生過敏症狀，或刺激體內細胞病變，因此在選購、使用上要注意。

● 刮鬍膏所含的化學成分通常對皮膚黏膜具刺激性，容易產生過敏症狀，部分成分還可能增加致癌機率。

● 部分市售刮鬍膏產品採密封金屬罐包裝，若存放不當導致罐內壓力不平衡，可能使金屬罐爆炸。

常見種類	刮鬍泡、刮鬍水
成分	1.界面活性劑：二乙醇胺（DEA）、三乙醇胺（TEA）。 2.防腐劑：對羥基苯甲酸。 3.其他添加物：礦物油、人造香精、人工色素。
製造生產過程	將界面活性劑及防腐劑等成分按比例混調製，再加入添加物混合均勻成膏狀或泥狀填充至軟管，或成液狀以氣體加壓至鐵、鋁罐中，經包裝便可出售。
致毒成分及使用目的	1.二乙醇胺、三乙醇胺：使肌膚濕潤、增加起泡能力，以降低刮鬍刀和皮膚表面的摩擦力。 2.對羥基苯甲酸：防腐抗菌，延長刮鬍膏的使用效期，並達到殺菌的效果。

對健康的危害

1. **二乙醇胺、三乙醇胺**：容易經皮膚進入人體，對眼睛、皮膚、黏膜具有刺激性，可能會使皮膚炎、哮喘、過敏等症狀惡化，長期接觸可能造成慢性中毒，引發肝、腎器官障礙。另有研究指出，此類物質可能會在生物體內轉化產生亞硝胺，提高致癌的可能性。

2. **對羥基苯甲酸**：長期接觸會破壞保護皮膚的皮脂膜，降低分泌皮脂的功能，使皮膚變得乾燥，引起皮膚炎等症狀。另外，此物質也是一種環境荷爾蒙，可能會干擾人體正常的內分泌機制，並有研究指出此物質與乳癌的發生有關。

常見危害途徑

1. 使用刮鬍膏會直接接觸皮膚，產品若含有不良的化學成分，會透過皮膚吸收累積在體內。

2. 密封金屬罐內因罐內壓力大，若外觀有凹凸損毀或因潮濕生鏽的情形，會使罐內壓力不穩而可能有爆炸的風險，雖然此情況不常見，但也需小心提防。

選購重點

1. 選購時應詳閱產品的成分標示，盡量購買化學成分添加比較少的產品，並注意產品外觀是否有破損凹毀等情形。

2. 建議選購製造日期愈近的產品，以確保能在效期內用完。

安全使用法則

1. 刮鬍子時，刮鬍膏的用量不需過多，布滿要刮除的臉部即可，刮完鬍子要仔細清洗留在臉上的刮鬍膏，避免有害成分殘留。

2. 刮鬍膏若屬鐵罐包裝產品，應避免放置在高溫、潮濕的環境，並盡量保持表面乾燥。

髮膠

同類日用品▶

髮蠟

定型噴霧

髮膠為相當普遍的頭髮造型品，利用具有黏性的膠狀物質來固定髮絲，達到整理或定型頭髮的目的。然而，部分市售的髮膠所含的溶劑，可能遭不肖業者以成本低廉的溶劑代替，這些便宜的溶劑可能含有毒性較強的化學物質，如甲醇等，不但會傷害頭皮，長期使用還會造成慢性中毒，產生頭暈、嘔吐、頭皮乾燥等症狀。

●髮膠是由化學物質組成，若摻雜廉價的有機溶劑，長期使用會導致中毒。

常見種類	泡沫式髮膠、噴霧式髮膠、塗抹式髮膠
成分	1.溶劑：乙醇（即酒精）、甲醇、異丙醇等。 2.膠質：PVC類膠質聚合物、阿拉伯膠、樹脂。 3.其他添加物：保濕劑、界面活性劑、防腐劑、矽油、礦物油、香料等。
製造生產過程	先準備好膠質成分，再以廠商設定的有機溶劑溶解，部分不肖廠商會使用劣雜的有機溶劑。將膠質和有機溶劑混合均勻後，再加入保溼劑、界面活性劑、防腐劑等添加物，填充至軟管或以高壓壓縮在金屬罐之後，即可出售。
致毒成分及使用目的	有機溶劑：能溶解不溶於水的物質，用於髮膠能讓膠質及其他添加物混合均勻。

對健康的危害

1. **乙醇**：又稱為酒精，為常見過敏原，過敏體質者接觸後可能會有皮膚紅腫、發癢等過敏症狀。部分髮膠會採用成本較低但甲醇含量較多的工業酒精做為溶劑。
2. **甲醇**：甲醇可經由皮膚吸收進入人體，累積至一定程度會造成甲醇中毒，皮膚會呈紅腫、乾燥、發炎，造成視覺損傷，並會損害腎臟、心臟等器官。

常見危害途徑

1. 使用噴霧式髮膠時，噴出的髮膠中所含有機溶劑可能會揮發至空氣中，若在密閉空間使用或使用量過多，可能會因吸入大量的有機溶劑而造成身體不適。
2. 髮膠若在使用時沾附到頭皮，可能會阻塞毛孔，造成毛囊發炎。
3. 泡沫或噴霧式髮膠的鐵罐包裝，是利用高壓將髮膠內容物及溶劑壓縮在罐中，在高溫或不當外力碰撞下可能會爆裂。

選購重點

1. 選購時，需檢查產品是否標示成分、製造廠商或代理商等項目，避免購買含有上述有害成分，或是來路不明、標示不清的產品。
2. 購買泡沫或噴霧式鐵罐包裝品時，要注意外包裝是否有凹損或褪色等狀況，並避免購買擺放在酷熱室外、受陽光直射的商品。

安全使用法則

1. 使用時要適量，用量過多會讓膠質和樹脂凝成白色塊狀，傷害髮質又影響美觀。
2. 使用泡沫或噴霧式的髮膠，應在空氣流通處使用，以免吸入過量有害氣體。
3. 髮膠應存放在乾燥陰涼處，特別是金屬罐產品更不可靠近火源，用罄時應交付回收。
4. 若對髮膠的成分有疑慮，亦可使用其他毒性較低的頭髮造型品來代替，例如：髮蠟、髮油。

身體清潔

保養美妝

染髮劑

　　染髮劑可以改變髮色，增加美觀、提供造型搭配，是許多人在頭髮造型的選擇之一。不論是在美髮沙龍或自行染髮，所用的市售染髮劑成分多為化學合成物質，不但可能引起頭皮過敏、破壞髮質健康，還有致癌的風險。在染髮的過程中為使色素附著在頭髮，需先用氨水使毛鱗片張開，讓過氧化氫及染色劑進入毛桿，有毒化學物質便可能輕易在此過程藉由毛囊進入人體造成危害。

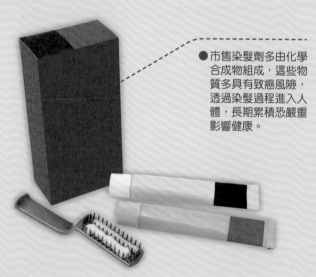

●市售染髮劑多由化學合成物組成，這些物質多具有致癌風險，透過染髮過程進入人體，長期累積恐嚴重影響健康。

常見種類	暫時性染髮劑、漸進式染髮劑、半永久性染髮劑、持久性染髮劑、植物性染髮劑、礦物性染髮劑、化學合成染髮劑
成分	1.氧化劑：6%的過氧化氫溶液。 2.鹼劑：氨水。 3.染色劑、色素：對苯二胺（PDD）、甲苯二胺（PTD）、醋酸鉛、鉻等。
製造生產過程	染髮劑通常包含兩劑，一劑為鹼劑、著色劑及其他添加物混合的膏狀物，另一劑為過氧化氫溶液。兩劑分別將所需的成分依比例調製後，包裝出售。
致毒成分及使用目的	1.對苯二胺（PPD）：黑、棕髮色的必要色素。 2.過氧化氫：氧化頭髮的黑色素，使髮色變淺。 3.鉛：是組成染色劑醋酸鉛的元素之一，能使頭髮呈現其他色彩。

對健康的危害

1. **對苯二胺（PPD）**：是一種高強度的過敏原，過敏體質的皮膚接觸到，可能會發癢或引起水泡，且屬於備受爭議的可疑致癌物質，雖在人體皮膚測試未有明確結果，但在動物實驗中，證實經口餵食會導致癌症，已遭歐盟禁用於化妝品中。
2. **過氧化氫**：濃度低於10%的過氧化氫仍對皮膚有刺激性，長期受到刺激的皮膚易發炎並較敏感。這類破壞蛋白質的氧化劑常用在染髮劑中，體質敏感者容易因這些化學物質產生局部或全身性過敏，並可能伴隨嘔吐、頭暈、頭痛等症狀。
3. **鉛**：長期累積在人體會造成慢性鉛中毒，可能引發肝、腎衰竭、貧血等症狀，並對神經系統造成影響。

常見危害途徑

在染髮過程中難免會碰觸到頭皮，使得染髮劑中的有害成分會透過頭皮表面的毛囊經血液循環進入身體中，長期接觸會累積在人體並造成危害。

選購重點

1. 避免購買來路不明或標示不清的產品，選購時需注意成分、製造廠商、代理商等是否標示完全，特別是成分標示中含有可疑致癌物對苯二胺（PPD），不建議購買。
2. 部分市售染髮劑雖標榜成分屬於天然或植物性染髮劑，但是為使顏色持久亮麗，還是會添加其他化學合成物，並非所有成分都屬天然物質，因此在選購時還是要仔細閱讀標示的成分。

安全使用法則

1. 一般建議非必要最好不要染髮；若有需要一年不要超過兩次，且兩次染髮需間隔兩個月以上，並避免染髮後再接著燙髮。
2. 染髮前四十八小時先取一小滴染髮劑在耳後皮膚做過敏測試，確定無紅腫、搔癢等過敏反應後再使用，若有不適感則建議更換他牌染髮劑，或暫停染髮。
3. 染髮時可在耳際和髮際塗抹凡士林保護皮膚，並戴上具保護性的手術手套，塗抹染劑時需距毛髮頂端至少0.5公分的距離，以免染劑接觸到頭皮，並依照產品說明使用，勿擅自增加染髮劑停留在頭髮的時間，並且不要用熱毛巾或熱風罩加熱，以避免毛囊吸收過多染劑。
4. 染髮後應大量喝水，可排除染髮過程中進入身體的毒物。
5. 頭皮有傷口、過敏體質、腎臟病、貧血的患者，以及孕婦、哺乳中的婦女，應避免染髮。

這樣用最安心 針對白髮或淺色頭髮，可利用指甲花粉搭配合首烏粉、熱咖啡、熱洛神花茶、綠茶、啤酒等，以適當的劑量調配出想要的顏色，便是成分全屬天然的染髮劑，不過這種染髮劑對於黑髮的上色效果不佳，但具有護髮的效果。

口紅

同類日用品▶ 護唇膏　眼影　 腮紅

　　口紅是以色料、油脂、蠟質等組成的美妝商品，用來美化唇部、改善臉部氣色，其成分中的油脂和蠟質能滋潤唇部、避免嘴唇乾裂，色料則提供商品多元的顏色，並可搭配各種造型。然而，由於口紅這種彩妝品需直接塗抹在唇部，相當容易在使用時不經意地吃下，所以若不肖業者使用價格低廉或劣質的原料，所含的有毒物質就能輕易地進入人體、累積在體內，並可能產生危害。

●口紅在製造過程需添加色料，如採用劣質的重金屬、色素，長期接觸會對人體造成傷害。

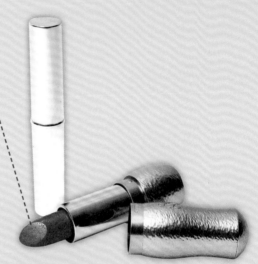

常見種類	市售各色口紅、帶有珠光或亮粉的口紅
成分	1.蠟：棕櫚蠟、蜜蠟等。 2.油：礦物油、羊毛脂、蔥麻油、凡士林等。 3.抗氧化劑：丁基羥基苯甲醚（BHA）。 4.香料。 5.色料：煤焦性色料、人工合成色素、重金屬。 6.其他添加物：二氧化矽、氧化鐵等。 7.防腐劑。
製造生產過程	將色料及其他乾燥原料磨成光滑顆粒，再加入熱油脂及熱蠟混合均勻，倒入鋁製模具冷卻成型即為口紅的芯，再將之裝入金屬或塑膠的容器中後，加以包裝即為市面上銷售成品。
致毒成分及使用目的	1.人工合成色素、重金屬：添加後能使口紅呈現不同顏色，以達美化唇部的效果。

身體清潔

保養美妝

2.煤焦性色料：從焦油或石油提煉而來，具有油的特色，能使口紅質地滑順易上色。
3.丁基羥基苯甲醚：防止其他成分氧化，並具有抗菌效果，用以增加商品的保存期限。

對健康的危害

1. **人工合成色素、重金屬**：有些化妝品常用色素為致癌物質（如紅色13號、橙色3號），已禁止用於化妝品；色素所含的鉛、鎘等重金屬，進入人體後容易殘留在血液或器官中，不易代謝排出，會對器官造成傷害，其中慢性鉛中毒會影響肝、腎、骨骼，並引起食慾不振、神經衰弱等症狀；鎘則會造成骨質軟化和疏鬆，並累積在腎臟，可能引起尿毒症。
2. **煤焦性色料**：為可疑致癌物質，對皮膚滲透力強，容易停留在皮膚上。
3. **丁基羥基苯甲醚**：長期接觸可能會使眼睛和皮膚出現過敏現象，長期食用可能會刺激消化道黏膜。

常見危害途徑

1. 由於口紅是直接塗抹在唇部，容易經由進食或抿嘴等動作，將口紅中的有害化學成分食入。
2. 卸妝不徹底或是使用持久性口紅，都可能使色料殘留在唇部，刺激細胞產生黑色素，造成唇部暗沉。

選購重點

1. 不要購買標示不清的商品，合法的化妝品標示應清楚標明產品名稱、製造廠商名稱、廠址及國別、進口商名稱及地址、內容物淨重或容量、成份、用途及用法、出廠日期或批號，並有衛生署核可的字號，才是有保障的合格化妝品。
2. 持久性或含有珠光、亮粉等添加成分過多的口紅，雖然裝飾效果佳、上妝便利，但因不易完全卸除，容易殘留在唇部，因此若非必需，還是盡量避免購買此類商品。

安全使用法則

1. 使用前可先用護唇膏打底，避免口紅上的有害物質與嘴唇直接接觸。
2. 為避免長期吃進口紅所含的大量化學物質，吃東西前可先擦拭或卸除唇上的口紅，減少有害物質累積在身體的危害。
3. 卸妝時要確實卸除唇部的口紅，特別是使用持久性或含珠光、亮粉的口紅，更應仔細卸妝，避免色素殘留在嘴上。
4. 一般口紅的保存期限約一至兩年，若口紅的蕊芯表面出現冒汗，或是發出酸敗臭味，表示已經變質，不宜再使用。

香水

　　香水主要以具有揮發性的溶劑和香精組成，所散發的香味不僅可以遮掩體味、汗味，獨特的香氣也成為個人魅力及時尚品味的代表，使用度日益普遍。但是香水的成分多元、組成複雜，不僅使得價格有大幅差異，部分不良品還可能使用導致過敏的溶劑。其中工業合成香水為了延長香氣散發的時間，可能添加對人體有害的定香劑鄰苯二甲酸酯，體內累積過量恐干擾內分泌系統的運作。

● 複雜的香水成分中，可能含有屬於過敏原或致癌物質的有機溶劑、香料，長期使用會危害人體。

● 香水直接塗抹在皮膚上，複雜未知的化學成分可能會被皮膚吸收，若含不良的溶劑會隨香味吸入過量的揮發汽體，可能使身體不適。

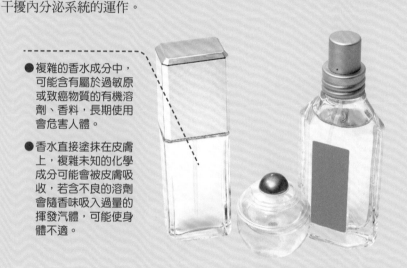

常見種類	各種香味的香精、淡香水、古龍水、汽車香水等
成分	1.香精、香料：合成麝香（nitromusks）等。 2.溶劑：乙醇（酒精）、乙酸乙酯。 3.定香劑：鄰苯二甲酸酯。
製造生產過程	將各種香精及酒精依商品設定的香味所需的比例，攪拌均勻、調製而成後，再裝入各式玻璃容器後即可出售。
致毒成分及使用目的	1.鄰苯二甲酸酯：是一種定香劑，能使香味持久 2.合成麝香：是一種人工調製成的香料 3.乙醇、乙酸乙酯：做為溶劑，能使香水中的成分均勻混合。

對健康的危害

1. **鄰苯二甲酸酯**：是一種環境荷爾蒙，會干擾人體荷爾蒙的分泌，影響生殖及免疫系統正常運作，可能引發攝護腺癌、乳癌等。
2. **合成麝香**：是一種環境荷爾蒙，會干擾人體荷爾蒙的分泌，使內分泌系統無法正常運作，其中含氮麝香化合物更為致癌物質。
3. **乙醇、乙酸乙酯**：為過敏物質，吸入其揮發的氣體會刺激呼吸道，過敏體質者接觸到可能會引起氣喘、皮膚紅疹、頭痛、打噴嚏、流淚等症狀。

常見危害途徑

1. 工業合成香水使用量過多，其中所含的有害成分可能會經由鼻腔及皮膚進入人體，若所用的是不良品、含有過量甲醛，在密閉空間大量吸入會造成昏迷、嘔吐等現象。
2. 香水受到陽光照射，高溫及紫外線容易使香水中的成分產生化學作用，分解後所形成的物質，可能會對人體造成過敏等症狀。

選購重點

1. 選購時應注意香水的外包裝標示是否清楚，並閱讀成分標示中內含的物質是否含上述有害成分。合法的化妝品標示應清楚標明產品名稱、製造廠商名稱、廠址及國別、進口商名稱及地址、內容物淨重或容量、成分、用途及用法、出廠日期或批號，並有衛生署核可的字號，才是有保障的合格化妝品。
2. 找到中意的香水商品若對成分有疑慮，可先試噴在手上，回家觀察數天確認沒有過敏症狀，再前往購買。

安全使用法則

1. 避免在密閉空間大量使用香水，以防不慎過度吸入化學性的合成香料或溶劑。
2. 使用時建議噴在衣物上，如裙角和衣領，避免直接與皮膚接觸；若直接噴在皮膚，噴頭最好與皮膚保持一段距離。
3. 香水應放在陰涼處保存，避免受到陽光照射，使香水變質。
4. 若當天多在陽光充足的戶外，應避免噴灑香水，以避免皮膚上的香水受陽光直曬而變質。
5. 不要使用過期香水，因過期或保存不當的香水在長時間與空氣接觸下，可能產生刺激皮膚的氧化物。
6. 香水中所含的有機溶劑多為易燃物，因此避免在靠近火源處使用香水，以免產生危險。
7. 若需分裝香水，分裝瓶最好使用玻璃材質，避免使用塑膠材質，以免有機溶劑溶解塑膠導致產生丙酮等有毒物質。

指甲油

同類日用品▶

　　指甲油是用來美化手指甲和腳指甲的化妝品，具有容易揮發、易於塗抹的特性，塗抹後能夠保護指甲不易斷裂，並有多款的顏色可搭配裝飾。不過，指甲油的主要成分多為甲醛樹脂、甲苯、異丙醇等有機化合物，部分市售劣質品為降低成本，常使用有毒劣質原料，過度暴露在這些高毒性的化學物質下，容易對人體造成傷害，並增加罹癌風險。

● 指甲油是使用具有毒性及高揮發性有機化學溶劑調製而成，長期吸入其揮發的氣體，可能影響健康。

常見種類	市售各色指甲油
成分	1.溶劑或稀釋劑：乙酸乙酯、乙酸丁酯、異丙醇、丙酮、甲苯。 2.薄膜成型劑：硝化纖維素、甲苯磺醯胺／甲醛樹脂。 3.可塑劑：鄰苯二甲酸二丁酯（DBP）。 4.紫外線吸收劑（防曬劑）：二苯甲酮。 5.染色劑：天然色素或合成色料。
製造生產過程	指甲油主要製造過程是將薄膜成型劑溶於有機溶劑中，並加入染色劑（色素）、紫外線吸收劑及各種塑料和添加劑，依適當比例混合調製完成後，再以不與有機溶劑產生反應的玻璃瓶包裝出售。
致毒成分及使用目的	指甲油內所含的化學溶劑長期接觸都對身體有害，以下為毒性較強及容易致毒的物質： 1.甲苯磺醯胺／甲醛樹脂：增加指甲薄膜的堅韌度及延展性。

身體清潔

保養美妝

2.鄰苯二甲酸二丁酯：使指甲油的香味持久，並增加薄膜的可塑性。
3.甲苯、乙酸乙酯、乙酸丁酯、異丙醇、丙酮：屬於揮發性強的溶劑，能使指甲油的各種化學成分互融，使其顏色均勻，其揮發性還能讓指甲油快乾。

對健康的危害

1. **甲苯磺醯胺／甲醛樹脂**：此物質是以毒性物質甲醛為原料所製成，一旦指甲油變質，可能會釋出甲醛，長期接觸或誤食對人體有負面影響，會刺激呼吸道，造成皮膚過敏、皮膚炎，甚至會中毒而導致昏迷、休克等現象。
2. **鄰苯二甲酸二丁酯**：屬於環境荷爾蒙，會干擾人體荷爾蒙的分泌，影響生殖及免疫系統正常運作，可能引發攝護腺癌、乳癌等。
3. **甲苯**：為致癌物質，對皮膚黏膜有刺激性，長期暴露於低濃度甲苯中，會使聽力受損、神經衰弱、月經失常、皮膚乾燥等。
4. **乙酸乙酯、乙酸丁酯、異丙醇、丙酮**：屬於有機溶劑，其揮發性氣體容易釋放至空氣中，過度吸入會刺激呼吸道黏膜，損害肝、腎等器官，增加罹癌風險，並造成暈眩、嘔吐、麻醉等症狀。

常見危害途徑

1. 指甲油成分中的有機溶劑會在擦拭過程揮發至空氣中，若在密閉空間或不通風處使用，可能會過量吸入這些有害氣體。
2. 塗抹時若長期接觸指甲邊緣皮膚，可能會刺激該塗抹部位，一旦塗抹部位有傷口，指甲油中的有害成分可能會由此進入人體。
3. 超過有效期限的指甲油容易變質，可能會因此釋出如甲醛等有毒物質，危害人體健康。

選購重點

1. 選購指甲油時，不要購買標示不清或來路不明的商品，特別要注意在大賣場和路邊攤等非專門的彩妝販售地點所陳列的廉價指甲油，建議購買附有完整標示的商品。
2. 市售指甲油的成分可能因品牌不同有所差異，在專櫃和開架式化妝品據點購買指甲油，仍要注意產品標示上的成分，其中是否含有容易影響人體的甲醛（formaldehyde）、鄰苯二甲酸二丁酯（DBP）、甲苯（Toluene）等致毒物質。

安全使用法則

1. 擦拭指甲油時應小心不要沾到皮膚，且務必在通風良好處塗抹指甲油，以利揮發至空氣中的有機溶劑能散去，並有助於指甲薄膜快速凝固。
2. 使用完畢要盡快蓋上蓋子，避免瓶中有機溶劑揮發而吸入過多的有毒物質。

除毛膏

　　市面上的除毛用品種類甚多,除毛原理大致可分為化學性和物理性,其中化學性除毛最普遍的是除毛膏,它是利用能使毛髮脫離皮膚的化學物質來除毛,通常用來剔除手、腿及腋下的毛髮,以達到美觀效果。但複雜的化學成分可能會刺激皮膚,使用不當或過量,還可能造成皮膚潰爛、黑色素沉澱等副作用。

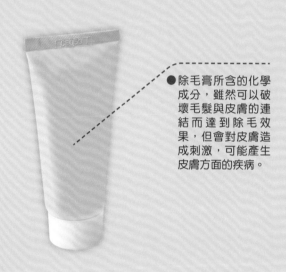

● 除毛膏所含的化學成分,雖然可以破壞毛髮與皮膚的連結而達到除毛效果,但會對皮膚造成刺激,可能產生皮膚方面的疾病。

常見種類	蜜蠟、脫毛蠟
成分	硫醇乙酸鈣、氫氧化鈣、氫氧化鈉、硫化物或錫化物等。
製造生產過程	將各成分按比例,以水或酒精等溶劑混合後,以軟管包裝出售。
致毒成分及使用目的	硫醇乙酸鈣(Calcium Thioglycolate Trihydrate):能夠破壞毛髮蛋白質與皮膚連結的雙硫鍵,使毛髮脫落。

對健康的危害

　　硫醇乙酸鈣：是一種具刺激性的化學藥品，不僅會破壞毛髮皮層上的雙硫鍵，長期或過量使用可能會刺激位於真皮層的黑色素細胞，導致色素沉澱、皮膚暗沉，甚至造成皮膚紅腫潰爛、毛囊發炎或起疹等症狀。

常見危害途徑

1. 使用過量或不當使用，容易讓藥物殘留在皮膚上，特別是天氣炎熱、潮濕悶熱的環境中，可能使硫醇乙酸鈣或其衍生的溴化物過度刺激皮膚，造成腋下毛囊紅腫發炎，尤其是腋下皺摺多的部位。
2. 在皮膚發炎處或受傷處使用除毛膏，容易造成黑色素沉澱。

選購重點

　　選購時，除了避免購買來路不明或標示不清的產品，並盡量避免購買含硫醇乙酸鈣的產品。由於硫醇乙酸鈣為衛生署管制藥品，上市前需申請藥品許可證字號，並標示所含劑量及用法、用量，因此可確認欲購買的產品是否標明上述項目。

安全使用法則

1. 使用前建議先做皮膚過敏測試，可先塗抹適量在局部皮膚，確認不會產生紅腫等不適現象，再進行大面積的除毛。
2. 使用前應詳細閱讀使用方法，並依照指示進行，切勿擅自增加藥劑停留在皮膚的時間。
3. 除毛後要以清水洗淨，避免化學物品殘留在皮膚上，如果除毛的部位感覺乾燥不適，可塗上適量的乳液或化妝水舒緩皮膚。
4. 使用除毛膏的時間至少間隔72小時以上，以免過度刺激皮膚；另外，過敏體質或皮膚有傷口者不建議使用。

這樣用最安心　　除了使用除毛膏這種化學性的除毛方法，亦可使用物理性的除毛方法，最普遍的就是利用除毛刀除毛，但在使用時要小心刀片刮傷皮膚，可在使用前先塗上乳液或刮鬍膏，減少刀片與皮膚摩擦。除此之外，雷射除毛也是一種選擇，利用雷射光破壞毛囊的再生構造，能夠維持兩年到五年的除毛效果，但缺點是花費較高，而且倘若雷射操作不當，可能會傷害到皮膚。

止汗噴霧

活動量大、排汗量高的消費者，為了消解腋下排汗所產生汗臭味和不適，通常使用止汗噴霧來減少排汗量。此類產品的止汗原理是因為止汗劑所含的進入汗管後，會改變細胞滲透壓，使細胞膨脹以阻塞汗腺口，使汗水無法流出。但是止汗噴霧所含的抗菌劑、防腐劑等添加物，對過敏體質者可能造成刺激，並且醫學界始終未排除鋁鹽與羥基苯甲酸酯類和乳癌的關連性，使用時應特別注意。

● 止汗噴霧的成分複雜，並容易透過腋下皮膚吸收，其中還包含有致癌疑慮的羥基苯甲酸酯類和鋁鹽，在人體累積過多可能會提高罹患乳癌風險。

常見種類	膏狀止汗劑、滾珠式止汗劑
成分	1.防水劑：鋁鹽及鋯鹽，其中以鋁鹽為主，常見的有：氯化鋁、三氯化鋁、氫氧化鋁等。 2.溶劑：乙醇（又稱酒精） 3.防腐劑：羥基苯甲酸酯類
製造生產過程	將防水劑等主要成分以溶劑溶解後，再添加防腐劑等添加劑，均勻混合後再包裝出售。
致毒成分及使用目的	1.乙醇（Ethyl Alcohol）：也就是酒精，是用來溶解止汗噴霧成分的溶劑，並具有殺菌的功效。 2.羥基苯甲酸酯類：是一種防腐劑，具有防腐、殺菌作用，能延長止汗劑的效期。 3.鋁鹽：屬於防水劑，是止汗噴霧抑制汗水的主要原料，能夠改變細胞滲透壓，使細胞膨脹擋住汗腺出口，以達到制汗效果。

對健康的危害

1. **乙醇**：為常見過敏原，過敏體質者接觸後，可能會有皮膚紅腫、發癢等過敏症狀。口服過量可能導致中毒，會出現興奮、麻醉、呼吸不規律、意識喪失等症狀。
2. **羥基苯甲酸酯類**：使用此類化合物會破壞保護皮膚的皮脂膜，降低皮膚分泌皮脂的功能，導致皮膚乾燥、引起皮膚炎。有研究指出，此類化合物有類似女性荷爾蒙的作用，可能會提高罹患乳癌風險。
3. **鋁鹽**：多經由口服誤食而中毒，長期誤食會影響鐵和鈣的吸收。過敏體質者接觸到可能刺激皮膚，引起搔癢感。另有研究報導指出，鋁鹽可能會干擾雌激素的作用，與乳癌的發生可能具關連性。

常見危害途徑

1. 使用止汗噴霧會直接接觸皮膚，其所含的羥基苯甲酸酯類容易透過皮膚吸收累積在人體內，乙醇或其他抗菌劑可能會對腋下皮膚有刺激性。
2. 噴霧式的鐵罐包裝，在高溫或不當外力碰撞下，可能會引發罐內壓力不穩而爆裂。

選購重點

1. 避免購買來路不明或標示不清的產品。良好的產品通常附有成分、製造廠商、代理商、衛生署許可字號等項目的標示，可多加留意。
2. 購買鐵罐包裝品時，要注意外包裝是否有凹損或褪色等狀況，這類產品若擺放在炎熱環境或受太陽直射之處，建議不要購買，以免使用過程爆炸。

安全使用法則

1. 有過敏體質的人，使用前可先在手臂皮膚做過敏測試。
2. 若已大量流汗，使用前應先做局部清潔，以免止汗噴霧使已排出的代謝廢物阻塞在汗腺，可能會造成毛囊發炎，也會降低止汗劑的制汗效果。
3. 不要使用過期產品，腋下有傷口時也不要使用，避免傷口感染、惡化發炎。

💡 warning 使用止汗劑者建議採定期乳房自我檢查

使用止汗劑導致罹患乳癌的論點，至今尚未有醫學研究能證實兩者之間的關連性，但醫學界也仍未排除止汗劑導致乳癌的可能性。雖然止汗劑的致癌性尚未有結論，但這類外用品畢竟含有化學成分，一般建議應酌量使用，並建議止汗劑的慣用者應建立定期乳房自我檢查的習慣，以維護自身健康。

微波爐

電磁爐

同類日用品▶

　　微波爐使用2.45兆赫頻率的微波，將食品加熱、煮熟，比起傳統烹調方式更省力、省時、節能，同時具有乾淨、無油煙的好處，還能保持食物原有的風味和營養價值。目前市售的微波爐功能多樣化，多半同時具備加熱、烹調、解凍、烘烤等功能。經過經濟部標檢局檢驗合格的市售微波爐在正常操作下是安全的，因為爐內部都設有安全裝置可以防止微波洩漏；然而，如果太靠近啟動中的微波爐，可能會受到較高的電磁波影響；若使用如金屬、密封容器等不適當的容器來微波，可能會損壞微波裝置、安全裝置，導致微波從損壞的地方外洩而影響健康。

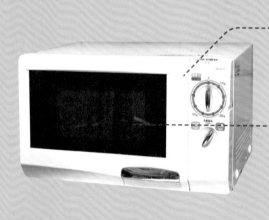

● 微波爐門縫因為無法完全被金屬安全裝置密封，加熱時微波有可能從門縫洩漏，危害人體健康。

● 微波爐是利用電磁波震動水分子產生熱能，而非直接加熱，若微波純液體的時間過長，會累積過多能量在液體中。

常見種類	微電腦微波爐、機械式微波爐、變頻式微波爐、烤爐微波爐、蒸氣烤爐微波爐
組成組件	1.加熱室、外殼：金屬、陶瓷、玻璃、絕緣絕熱塑膠。 2.微波發生裝置：磁控管、磁鐵。 3.風扇馬達：金屬、陶瓷。 4.控制裝置：金屬、陶瓷、絕緣絕熱塑膠。 5.安全裝置：金屬製安全聯鎖開關、金屬製過熱保護器、雲母片導波隔板 6.托盤：玻璃托盤。 7.電熱裝置或蒸汽發生裝置：金屬、磁鐵。
製造生產過程	微波爐是由微波裝置、風扇馬達、加熱室控制裝置、安全裝置拖盤、外殼等零件組成。微波裝置是將高壓變壓器、高壓電容器和高壓二極管所組成，構成能提供工作電壓的倍壓整流電路，可將電能轉變成微波。再以金

	屬、陶瓷材料製成爐壁，並在爐門設置金屬網格、加裝安全裝置，以預防微波洩漏。最後裝上拖盤、接上線路，經主管機關檢核通過後，即可上市出售。
致毒成分及 使用目的	微波：是微波爐能夠加熱、烹調食物的功能來源，藉由磁控管釋放微波震動食物中的水分使之發熱，間接煮熟食物。

對健康的危害

　　長期接觸微波會引起頭痛、頭昏、精神病症和神經病症，直視微波會造成眼睛不適感；接觸過量微波，可能提高癌症發生率。

常見危害途徑

1. 微波爐發生微波洩漏最常出現在門縫邊緣，像是在微波爐加熱期間太靠近微波爐，或是爐門沒有完全關閉，都會導致微波洩漏。
2. 使用微波爐微波自來水、湯汁、牛奶等液體，若時間過長可能會發生液體突然起泡、噴濺的「突沸現象」，很容易發生燒燙傷危險，建議在杯中放入木製攪拌棒以分散能量，或使用電子面版的微波爐，較易控制微波的秒數。
3. 微波爐不可微波塑膠製品（例如：PVC、PE保鮮膜），可能會使塑膠溶解、燒焦起火，並產生有毒氣體。

選購重點

1. 微波爐應挑選貼有「商品檢驗標識」的產品。此外，市售微波爐分為電子式、機械式和變頻式，電子式微波爐能設定比機械式更精準的加熱時間，而變頻式微波爐則較省電，可依使用者需求選擇。
2. 一般而言，微波爐容積愈大，加熱均勻程度愈好，但是加熱效率則相對較低，可依使用需求選購產品。

安全使用法則

1. 微波爐加熱要注意爐門是否完全關閉，並在加熱期間與微波爐保持70公分以上的安全距離，加熱完成後最好能靜候一分鐘再開爐門，以避免爐內殘留的微波釋出。
2. 要放入微波爐的食物必須含有水分，才能避免食物燒焦。
3. 以微波爐加熱食物，最好使用PP保鮮盒、微波專用蓋、耐高溫無釉彩瓷器、玻璃、紙製杯盤等容器盛裝。
4. 微波爐不可以微波鋁箔紙、不鏽鋼容器、鋁罐、罐頭、陶器、瓷碗盤（有釉彩、裂痕缺角、材質厚重）、密封瓶罐、PVC／PE保鮮膜、保麗龍等容器。

吹風機

同類日用品▶

電動牙刷　電動刮鬍刀

　　吹風機是家庭必備的小家電，具有構造簡單、功能單純的特點，除了吹乾頭髮、加速水氣蒸發的速度，搭配梳子、髮捲等用品，還能做出各式髮型變化。但是一般吹風機出風口的電磁場值達80毫高斯，且使用時需靠近頭部方能吹乾頭髮，容易受到電磁波影響。此外，部分機型在使用時，風扇轉動會產生較大的噪音，若頻繁使用也可能造成聽力的損傷。還需注意的是，若在潮濕的浴室以濕淋淋的手操作吹風機，可能引發觸電。

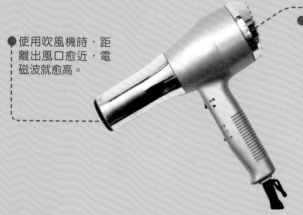

●使用吹風機時，距離出風口愈近，電磁波就愈高。

●馬達及加熱器在使用中會產生電磁波，若吹風機吹風管的材質屏蔽效果較差，容易對人體產生危害。

常見種類	整髮器、負離子吹風機、壁掛式吹風機、遠紅外線吹風機
組成組件	1.外殼：金屬、鋁合金、塑膠 2.馬達、風扇：金屬、陶瓷 3.加熱器（電熱線）：金屬線圈（以直徑0.4mm的鎳鉻線為主）、陶瓷 4.前出風口：塑膠 5.安全裝置：溫控自動斷電裝置
製造生產過程	吹風機主要由加熱器、馬達、風扇等裝置組成，加熱器是以300W～400W的鎳鉻線盤繞在陶瓷的十字型支架，後方裝設有馬達和風扇，並以金屬、鋁合金、塑膠製成外殼，再接上電源線經檢測便可出售。部分吹風機為了避免機身溫度過高，導致馬達損壞或出風口塑膠熔化，另裝有溫控自動斷電裝置。
致毒成分及使用目的	1.電磁波：吹風機的馬達運轉需要插電，通電時會產生磁場，磁場所引起的電流通過馬達及加熱器即產生電磁波。 2.噪音：吹風機是靠風量、風速吹乾頭髮，由於機器體積小，要達到一定的風量需加快馬達的轉速，因而產生極高頻的噪音。一般吹風機產生的噪音約在70～100分貝。

3.高溫：吹風機通電後能讓加熱器產生高溫，並透過風扇將熱風吹出來，以達到快乾的功效，但過高溫度有燙傷的風險。

4.阻燃劑：一般市售吹風機可能含多溴聯苯（PBB）、多溴二苯醚（PBDE）等阻燃劑，增加防火安全性。但是吹風機多藉由熱風以加快頭髮乾燥的速度，若溫度過高可能導致出風口過熱融化，或產生有毒氣體。

對健康的危害

1. **電磁波**：目前沒有醫學報告直接指出電磁波對人體的影響，但大腦中的松果體在電磁波的影響下，會使褪黑激素的分泌速度遲緩，影響神經和內分泌系統的機能，造成頭痛、神經質、睡眠不安。另外，長期暴露在高單位的電磁波環境下，可能造成基因突變、致癌，故孕婦需特別注意。

2. **噪音**：人耳接收若超過70分貝的音量，會造成煩躁、緊張、焦慮等情緒症狀，若長期處於超過100分貝的環境中，可能會損害聽力，甚至失聰。

3. **高溫**：當皮膚表面接觸70度C以上的高溫1分鐘，或接觸50度C持續5分鐘時，皮膚外表就會有輕度至重度的發紅，且會有疼痛、麻刺感，若持續接觸高溫，則可能燙傷、脫皮、甚至起水泡。

4. **阻燃劑**：多溴聯苯（PBB）、多溴二苯醚（PBDE）經實驗動物顯示會干擾甲狀腺的分泌、破壞肝腎、記憶與學習的障礙、青春期發展遲緩、胎兒畸形等，但仍尚無法直接推論至人體的危害。

常見危害途徑

1. 吹風機使用時若太靠近吹風管，可能會增加人體受到電磁波的干擾，尤其吹風管的側壁比較靠近馬達與加熱器，其產生的電磁波較前出風口高。

2. 若吹風機的溫度太高，使用時又太靠近頭部，容易傷害頭皮、造成燙傷，且出風口的塑膠也可能會熔化，產生有毒的含氯氣體。

3. 在潮濕的空間或未擦乾便使用吹風機，或是讓電線過度扭曲而造成脫落，都可能導致觸電。

選購重點

1. 建議選購通過CNS國家標準的產品，表示其熱風溫度介於50～100度C，較能避免吹風時的燙傷。

2. 為了避開電磁波的干擾，建議選擇吹風管較長的吹風機，可以拉開與馬達和加熱器接觸的距離。

3. 頭髮較多的消費者，選擇風量較大的吹風機能加快吹乾、減少使用時間；若為美髮業者等使用頻率較高，最好能選購噪音較小的吹風機，以免聽力受損。

安全使用法則

1. 國內目前沒有明確制定家電用品電磁波暴露標準，但參考瑞典訂定的標準，一般建議距家電用品50公分處，電磁場值不要超過2.5毫高斯。根據消基會檢測結果，目前一般市售吹風機出風口10公分處電磁場值多低於3毫高斯。因此使用時距離頭部10公分以上，便無須過度擔心電磁波的影響，且使用時間不宜超過30分鐘。

2. 定期清理吹風機，去除出風口的毛髮、灰塵，以避免使用時因堵塞而提高出風口溫度，導致有毒氣體的產生，也可延長使用壽命。

手機

同類日用品▶ 無線電話

　　手機是利用高頻率的電磁波（又稱射頻）來接收及發射訊號，讓持有者不論在何處都能享有即時通訊與聯絡的便利，但是這種便利性卻伴隨著電磁波潛藏的未知風險。一般行動電話GSM系統是使用900萬赫茲及1,800萬赫茲兩種高頻電磁波，相對於一般家電用品的電磁波來得高，加上與人體接觸時間較長，使用時也相當靠近腦部，儘管電磁波的危害尚未能證實，但使用時間過長仍會造成身體不適。另外，手機使用時所產生的熱度也會影響眼部和腦部的健康。

● 使用手機時所產生的高頻率電磁波能量，易被使用者吸收，造成體內組織局部體溫上升，若通話時間過長、過度靠近腦部時，可能造成身體不適。

常見種類	直立式手機、滑蓋式手機、掀蓋摺疊機、觸控式行動電話
組成組件	1.電路板：電子元件（如：電阻、電容、電晶體）、塑膠、金屬。 　❶天線（收發器）：分為外接天線和內建。 　・外接天線：金屬片、塑膠支撐物。 　・內建：內建在電路板上，或是在手機外殼安裝微型電路，以金屬粉末等製成導體。 　❷微型馬達：線圈、金屬。 2.鍵盤、外殼：金屬、絕緣隔熱塑膠、玻璃。 3.螢幕：玻璃、液晶。
製造生產過程	手機藍圖設計完成後，發派不同工廠負責各部分零件的生產和製造，將天線、馬達組裝後，利用表面貼裝技術將電子元件安裝集成電路板，經過測試及檢修後，再安裝鍵盤、螢幕及外殼，最後再包裝成手機成品出售。
致毒成分及使用目的	1.電磁波：手機是藉由高頻率電磁波來傳遞與接收訊息，使用手機通訊時，會透過天線內導體正負電荷的變化接收與發送電磁波。 2.熱效應：高頻率電磁波與人體互相作用後會使體內組織受熱。使用手

機時，大部分的電磁波能量會被皮膚、表面組織吸收，使得靠近手機的腦部、眼部等部位溫度升高。

對健康的危害

1. **電磁波**：GSM系統手機所利用的高頻電磁波，具有強度的方向性，電磁波束相當集中，因此所釋放的電磁波能量小，人體暴露的電磁波也較低。根據國際非游離輻射防護委員會及現有的醫學報告，目前尚無一致性或使人信服的證據顯示，高頻率電磁波會導致任何健康效應，僅確定長期接觸會引起頭痛、頭昏、精神和神經相關病症。不過國際癌症研究機構指出，根據實驗結果，受手機電磁波照射的動物會提高患癌症的風險。

2. **熱效應**：使用手機會產生熱效應，每次使用手機通話，最多會使眼球及腦部增加0.1度C。眼部無法藉由血液循環排除熱能，加以眼睛內水晶體飽含水分，一旦溫度上升容易混濁而形成白內障，但手機電磁波的能量是否足以讓水晶體升溫導致白內障，目前尚無有力的證據。

常見危害途徑

1. 手機天線在使用時比較靠近頭部，長時間使用可能會增加人體受到高頻電磁波的干擾。
2. 在加油站或插電電鍋等易燃環境使用手機，會使手機溫度升高，可能引起火災。
3. 以潮濕的手操作正在充電的手機，可能引發觸電危險。

選購重點

建議選購電磁波釋出能量較低的手機款式，可參考SAR值（Specific Absorption Rate，人體暴露在高頻率電磁波的環境下所吸收的電磁波能量的比率）做為判斷的基準，根據目前為止的研究，若手機的SAR值低於美國聯邦傳播委員會（FCC）所公布的1.6瓦／公斤，應不致有產生危害，但此研究結果缺乏使用手機15年以上的健康效應資料，未來仍可能更新SAR值的數據。

安全使用法則

1. 手機開機後即有能量傳遞（對使用者而言即暴露於高頻電磁波中），距離手機愈遠，電磁波能量愈低。手機通話時不要緊貼耳部，建議保持約1.5公分的距離，或配合擴音、耳機等免持裝置使用，但使用耳機勿將音量開啟過大，以免造成聽力受損。
2. 建議縮短每次使用手機的時間，如：一般手機所使用的電磁波頻率約1,800萬赫茲（Hz），其安全使用時限以不超過12.5分鐘為宜。
3. 手機所發出的高頻率電磁波會干擾電子儀器，故在醫院、飛機上盡量不要使用，尤其在飛機起降期間更不宜使用；裝有助聽器、心律調節器的使用者，需注意避免手機太靠近儀器，以免干擾儀器的效果。
4. 一般而言，手機在接通前的一瞬間和電池快沒電時，電磁波能量相對較強，因此，不要長期將手機擺在身上，並注意保持手機電力充足。

(inFo) 手機保護貼片無法阻絕電磁波

市售的手機保護貼片宣稱可降低電磁波，不過，世界衛生組織於1999、2010年先後澄清，這類物品其實無效，應禁止使用。美國生物電磁學協會和歐洲生物電磁學協會的官方雜誌《生物電磁學》（Bioelectromagnetics）期刊則進一步說明，手機貼片不但無法阻絕電磁波，還會干擾手機收訊導致提高電磁波以維持通話，造成電池壽命縮短、加速手機溫度升高。

電視機

同類日用品▶ 電腦 筆記型電腦

　　不論是過去的傳統電視機或是畫質更清晰的液晶電視，電視機已經成為現今接收新知與休閒娛樂的必備用品。傳統電視利用高電流透過映像管發射電子束來放出影像，液晶電視則是利用電流改變液晶分子的排列狀態，造成光線穿透液晶層形成影像，在通電的運作過程都會產生電磁波，暴露時間過長可能影響人體健康。另外，為了防止電視機在電流流通產生火花而引燃機身，部分電視機在製造過程中會添加阻燃劑以防火，但卻容易隨著電視機身釋出，可能進入體內並累積，對健康恐有不良影響。

●不論傳統電視機或液晶電視，只要電流通過就會產生電磁波，尤其傳統電視機背後及側面發散出的電磁波更強。

●為了防止電視機因高電流而引起火花，塑膠外殼、基座和電路板會添加阻燃劑，高溫易發散並隨灰塵累積在人體內。

常見種類	傳統電視、類比電視、液晶電視、電漿電視
組成組件	●傳統電視機 　1.遮蔽屏、外殼：玻璃、金屬、絕緣絕熱塑膠。 　2.映像管：玻璃。 　3.電子槍、偏向線圈：金屬、燈絲。 ●液晶電視 　1.電視前框：金屬、絕緣絕熱塑膠。 　2.液晶面板：玻璃基板、偏光板、濾光片、液晶分子。 　3.背光模組：光學膜片、燈管。 　4.驅動迴路系統：金屬、驅動IC、驅動電路板。
製造生產過程	傳統電視機主要由電子槍、偏向線圈與真空的玻璃組成映像管，加上高壓轉換器、玻璃遮蔽屏，玻璃內層塗布三色螢光粉，並以金屬、塑膠製成外殼，部分產品在塑膠外殼、電路板會添加多溴二苯醚、多溴聯苯阻燃劑以防火，最後再接上電源線，經檢測通過即可出售。 液晶電視則是先由供應商研發液晶面板、背光模組並組合後，再加裝驅動迴路與電源線，最後裝上前框固定液晶面板及強化整體結構剛性，部分產品的前框和電路板會添加阻燃劑以防火，經檢測即可出售。

家電器具

服飾織品

文具玩具

生活雜物

致毒成分及使用目的	1.電磁波：傳統電視是利用高電流透過映像管發射電子束來放出影像，通電時會產生磁場，磁場所引起的電流通過偏向線圈和映像管會產生較強的電磁波。液晶電視則是藉由驅動迴路及液晶面板來控制光線透過的強度，產生各種顏色及影像，通電時亦會產生電磁波，但強度非常弱。 2.阻燃劑：外殼與基座添加多溴聯苯、多溴二苯醚等阻燃劑，可提升防火效果，以避免電線走火或火源靠近而起火。

對健康的危害

1. **電磁波**：目前雖然沒有醫學報告直接指出電磁波對人體的影響，但大腦中的松果體在電磁波影響下，褪黑激素分泌會變慢，可能影響神經和內分泌系統的機能，造成頭痛、神經質、睡眠不安。此外，長期暴露在高單位的電磁波環境下，可能損傷人體細胞內的基因體（DNA），造成基因突變、致癌，故孕婦需特別注意。
2. **阻燃劑**：多溴聯苯（PBB）、多溴二苯醚（PBDE）經實驗顯示，會使實驗動物體重減輕、皮膚不適、影響神經系統及胎兒的發育與出生，並且損害肝、腎、甲狀腺和免疫系統等，但目前尚無法確定其對人體的危害。

常見危害途徑

1. 不論傳統電視機或液晶電視，即使沒有打開電源，插著插頭即有電流通過，同樣有微量的電磁波產生，距離電視機愈近電磁波愈高，因此長時間待在電視機的附近會暴露在電磁波的環境中。
2. 電視機若長時間在110V的高電壓下運作，可能爆炸或燃燒。
3. 電視機外殼的灰塵會吸附阻燃劑，使用時阻燃劑逸散到空氣中，若太接近易吸入體內。此外，若長期未擦拭電視機，灰塵的溼氣會造成絕緣不良，也可能引發火災。

選購重點

1. 建議至合法開立、具公信力的商店購買電視機，電視機屬於強制性應施檢的影音類商品，選購時可認明經濟部標檢局核發的「商品檢驗標識」。
2. 目前液晶、電漿等平面電視逐漸取代傳統電視，雖然這種螢幕所釋出的電磁波較傳統電視小，仍要考慮家中擺設的空間，避免選擇過大的尺寸而暴露在高電磁場值的環境中。

安全使用法則

1. 傳統電視機（29吋）表面的電磁場值約36毫高斯，液晶電視機（32吋）表面的電磁場值約6.7毫高斯，且隨著距離愈遠、電磁波愈弱，距離50公分，電磁場值則降至2.5毫高斯以下，但電視的背面、側面電磁波仍較高，應避免長期靠近。
2. 定期清潔電視機外殼的灰塵，並讓電視機與牆壁間隔20公分以上以利通風，驅散阻燃劑。
3. 不宜在電視機機體上放置盆栽，以免澆花時滲漏而導致電線走火或損壞電視機。

💡 warning 筆記型電腦不宜放在腿上

部分消費者會利用筆記型電腦收看影片，由於筆記型電腦的螢幕多以液晶或電漿為材質，成像方式與傳統電視不同，故電磁波較低，但筆記型電腦的電池、鍵盤和變壓器都會釋出電磁波，因此不宜放在腿上使用。

印表機

　　印表機已成為辦公室必備的器材，不僅能縮短文件輸出的時間，所印製的文件也具一定的品質和解析度。目前市售印表機依照列印方式主要有噴墨和雷射兩種：噴墨印表機售價可親、列印品質優良，但是列印時會釋放電磁波，並產生含有機溶劑的粉塵，如苯、醚、醇類等；雷射印表機雖能快速印出具防水性的文件，但是馬達運轉容易會產生100毫高斯的電磁場，且可能會產生臭氧等有害氣體，長時間近距離使用，會危害人體健康。

●雷射印表機藉由加熱使碳粉固定於紙張表面，易產生揮發性氣體；而一般印表機在列印過程使用高電壓，會產生臭氧、電磁波，長期近距離接觸，會影響身體健康。

常見種類	噴墨印表機、雷射印表機
組成組件	1.外殼、紙張托盤：聚碳酸酯、玻璃纖維。 2.邏輯板：電子主機板。 3.列印機構： 　・噴墨印表機： 　　①噴墨頭：金屬、電路纜線、電路板、螺絲。 　　②直流馬達：磁鐵、金屬線圈。 　　③時規皮帶、光學尺、光學編碼器、齒輪：軟性膠片、金屬、不鏽鋼、塑膠。 　　④墨水：去離子水、水溶性溶劑、染料或顏料、界面活性劑、殺菌劑、緩衝溶液、發泡劑、增溶劑等。 　・雷射印表機： 　　①感光滾筒：有機族類的半導體、鎢絲線。 　　②馬達：磁鐵、金屬線圈。 　　③六腳反射鏡、透鏡、筒狀透鏡、反射鏡：聚甲基丙烯酸甲酯（PMMA，又稱壓克力、有機玻璃）。 　　④碳粉：黑碳、苯乙烯樹脂、聚酯樹脂。
製造生產過程	使用標準半導體生產程序製造電路板，接著將列印機構的各部分零件組裝妥善，並測試組裝後的印表機功能，再加上外殼與紙張托盤，經包裝後即可出售。

家電器具

服飾織品

文具玩具

生活雜物

致毒成分及使用目的	1.揮發性氣體：噴墨印表機的墨水會隨廠牌以不同的成分調配，在列印時會產生揮發性氣體，如：苯、醚、醇類，這些有機溶劑能增加墨水的抗潮性與穩定性。 2.粉塵：碳粉具活性，易附著、能均勻分布且不會遇水而暈開，所以用來做為雷射印表機的顯像成分，但是列印時可能有粉塵散逸。 3.臭氧：噴墨和雷射印表機在列印時，由於電流流通而產生高電壓、紫外線強光，會撞擊印表機附近空氣中的氧氣產生臭氧。 4.電磁波：噴墨和雷射印表機內都有驅動馬達，列印時電流通過會形成磁場，並產生電磁波。

對健康的危害

1. **揮發性氣體**：粒徑大於10微米（μm）的微粒可完全沉積於鼻咽部，並隨呼氣、鼻涕被排出體外，小於10微米的微粒會進入呼吸道，小於2.5微米的懸浮微粒會深入肺部；高濃度懸浮微粒會引起呼吸道病變，長時間可能引起塵肺症、肺炎等危害。
2. **臭氧**：低濃度臭氧會傷害上呼吸道和肺部，若吸入過量則可能出現頭暈、咳嗽、哮喘、皮膚泛青、呼吸道受嚴重刺激，甚至引發支氣管炎、肺炎等疾病。
3. **電磁波**：目前沒有醫學報告直接指出電磁波對人體的影響，但是根據研究及長期病例得知，短時間暴露在高頻電磁波環境下，可能出現頭暈、頭痛、記憶力減退、注意力不集中、抑鬱、煩躁、睡眠障礙等症狀。長期暴露在高單位的電磁波環境下，可能損傷人體細胞內的基因體（DNA），造成基因突變、致癌，故孕婦需特別注意。

常見危害途徑

1. 噴墨與雷射印表機列印時，出風口的電磁波比較強，過於靠近會暴露在高頻電磁波的環境中。
2. 噴墨及雷射印表機列印時會逸散出揮發性氣體臭氧，因此機器若擺放在靠近使用者的位置，長期暴露在此環境中，可能吸入過量的揮發性氣體與臭氧。
3. 噴墨印表機列印時會產生揮發性氣體，雷射印表機則會造成粉塵，在啟動列印功能時若長時間逗留在印表機附近，易受到這些物質的影響。

選購重點

1. 選購印表機時，建議在具有信譽的商家購買，並可認明貼有「商品檢驗標識」的產品。
2. 市售印表機主要分為雷射和噴墨兩款，雷射印表機雖有列印速度快、印製文件能防水等優點，但易產生較強的電磁波及碳粉粉塵；噴墨印表機列印時產生較低的電磁波與臭氧，但列印文件不具防水性、且列印時會產生揮發性氣體，因此可視使用環境和實際需求選購，不需刻意追求高價或最新款式。

安全使用法則

1. 使用印表機時，應保持室內空氣的流通，以利臭氧、揮發性氣體散出，並建議與印表機拉開一公尺以上的距離，以免長期處在電磁波的環境中。
2. 印表機列印時，離出風口愈近，電磁波愈高，也愈易吸入體內，因此文件送出後，不要立刻在印表機前等文件印出，可避免暴露在較強的電磁波之中。
3. 若經常列印大量文件，或是文件內容的文字、頁數多，會產生較高濃度的臭氧、粉塵，應定期更換印表機的臭氧濾網與碳粉濾網。
4. 不同廠牌的墨水成分不一定相同，建議選購原廠廠牌，因為混合使用容易造成印表機損壞，並可能增加揮發性氣體。

洗衣機

同類日用品▶ 烘衣機

　　洗衣機已是現今代勞清洗衣物、相當普遍、便利的家用電器。它是透過內部馬達產生動力，驅使洗衣槽內的水從各種方向流動去除衣物上的污垢，再藉由快速旋轉產生離心力，甩去衣服上的水分。不過，洗衣機使用時會產生30～100毫高斯的電磁波，並會發出50～80分貝的噪音，使用時太接近會暴露在較高的電磁波和較大的噪音中，不利人體健康。

●洗衣機前方與側面的電磁波較強，經常靠近運作中的洗衣機，會暴露在較強的電磁波中，可能危害人體健康。

●一般洗衣機運作時所發出的聲音，會超過人體耳朵可承受的舒適音量，長期接觸會影響情緒及聽力。

常見種類	迴轉盤式洗衣機、攪拌式洗衣機、滾筒式洗衣機
組成組件	1.洗滌槽：金屬、不鏽鋼。 2.馬達：磁鐵、金屬線圈。 3.放水管：塑膠。 4.傳動帶：橡膠。 5.外殼：FRP塑鋼（聚酯樹脂及玻璃纖維）、鋁合金、烤漆鋼板。 6.微電腦：IC電路板。
製造生產過程	洗衣機主要由洗滌槽、馬達、傳動帶、冷卻風扇等裝置組成，依據不同洗滌原理而有不同設計，接上排水管，並以塑鋼、鋁合金、烤漆鋼板製成外殼，將內部裝置和外殼組裝後，再接上電源線，經檢測合格便可出售。部分洗衣機為了避免脫水中打開蓋子發生意外，另裝有自動斷電安全裝置。
致毒成分及使用目的	1.噪音：洗衣機靠馬達快速轉動以產生不同水流方式去除污垢，並透過內槽轉動的離心力甩去衣服的水分，馬達快速轉動會產生約50～80分貝的噪音。 2.電磁波：洗衣機的馬達運轉時需要插電，通電時會產生磁場，電流通過馬達即產生電磁波。

對健康的危害

1. **噪音**：一般人的耳朵可若長期身處70分貝的環境就會產生煩躁、神經緊張、無法專心，若長期處於85分貝以上的噪音環境，可能會使聽力受損，甚至造成永久性重聽。
2. **電磁波**：目前沒有醫學報告直接指出電磁波對人體的影響，但根據研究，短時間暴露在高單位的電磁波環境下，可能出現頭暈、頭痛、記憶力減退、注意力不集中、抑鬱、煩躁、睡眠障礙等症狀。長期暴露在高單位的電磁波環境下，可能損傷人體細胞內的DNA，造成基因突變、致癌，故孕婦需特別注意。

常見危害途徑

1. 洗衣機前方與側面的電磁波較強，過於靠近洗衣機會暴露在高單位的電磁波環境中，也會接觸到較大的噪音。
2. 若將過量的衣物放入洗衣機，或放入含有金屬裝飾的衣物，會產生更高頻的噪音，亦可能損壞洗衣機。

選購重點

1. 依現行法規，一般家用的全自動洗衣機屬於應施檢驗商品項目，因此選購時可認明貼有「商品檢驗標識」的產品；亦可選購符合國家標準、貼有正字標記（CNS）的產品，代表廠商主動拉高產品品質以符合較高規格的檢驗標準，使用上相對有保障。
2. 選購洗衣機時，可在具有信譽的商家購買，並向銷售人員確認機器品質及故障時的維修流程，勿忘索取說明書，在使用洗衣機前詳細閱讀使用方法和注意事項。
3. 選購洗衣機的款式時，可評估家中的洗衣量和可擺放空間，以及洗衣、脫水和不同水溫的需求，選擇合適的洗衣機。

安全使用法則

1. 洗衣機不宜放在浴室或晾衣架下方等潮濕處，因為機體受潮或滲水，可能造成故障甚至發生電線走火的意外。
2. 洗衣機的水位需依照各廠牌的標準，水位過低易損害馬達等零件，水位過高水位則可能有漏電危險。
3. 衣物若沾到奇異筆、油漆等，若以松香水、去漬油等易燃溶劑浸泡後，必須待上述溶劑揮發後者再放入洗衣機內清洗，以免因洗衣機運轉所產生的火花而引燃機體。
4. 洗衣機運轉時，盡量不要開啟蓋子，更不可觸碰運轉中的洗衣槽、脫水槽或衣物，以免發生危險。
5. 使用洗衣機清洗GORE-TEX外套、雨衣、羽絨衣等防水衣物，避免一次清洗太多件，以免脫水時洗衣機產生異常的振動，造成洗衣機損壞甚至引發危險。

info　洗衣機也需要清潔

洗衣機運作時常有水分，所以容易滋生霉菌，使用較久的洗衣機內槽含菌量更高，可能導致過敏症狀。除了選購標榜含臭氧、奈米銀等抗菌功能的洗衣機，也可以自行定期清潔洗衣機。首先將適量的超氧系漂白粉、去漬粉或洗衣機清潔劑加入內槽後，加水至高水位，讓機器正常運轉5分鐘以充分溶解清潔劑，關閉洗衣機電源浸泡1小時，再按一般洗衣模式清洗即可；另外，棉絮濾網、軟化劑盒等可拆卸零件可拆下清洗，控制面板與機體則可使用軟布擦拭。

熱水瓶

同類日用品▶ 電子鍋 烤箱

　　熱水瓶可以將水煮沸，並有保溫效果能維持水溫在所需的溫度，是許多家庭常備的小家電。熱水瓶是利用底部的環形加熱器，通電後產生熱能，配合瓶內傳導、對流與輻射以煮沸開水，再利用不鏽鋼內膽和塑膠外殼之間的真空斷熱層與空氣斷熱層來保溫。不過使用熱水瓶煮沸水及保溫都需要電力，因此會產生電磁波，太靠近熱水瓶會影響人體健康；此外，部分熱水瓶內膽含有鐵氟龍塗層，在高溫環境中可能溶入飲水中，經由飲水進入體內並累積。

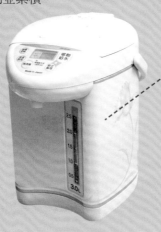

● 熱水瓶在使用時需要通電，會產生電磁波，長時間靠近機體會暴露在電磁波的環境中。

● 部分熱水瓶內膽含有鐵氟龍塗層，可能因熱水瓶空燒或清洗時方法錯誤而使塗層溶入水中而誤食。

常見種類	電動熱水瓶、氣壓熱水瓶
組成組件	1.隔熱裝置（內膽）：不鏽鋼、鐵氟龍塗層（聚四氟乙烯）。 2.加熱裝置：金屬。 3.控制面板：玻璃。 4.瓶蓋：塑膠（如：聚丙烯）。 5.安全裝置：自動斷電裝置。
製造生產過程	以聚丙烯塑膠做成外瓶、不銹鋼製作內膽，將內膽和底部的環形加熱器安裝在聚丙烯塑膠外瓶，並加上瓶蓋、出水裝置與微電腦控制系統，經檢測通過後即可出售。
致毒成分及使用目的	1.電磁波：熱水瓶使用加熱及保溫等功能需要插電，通電時會產生磁場，磁場所引起的電流通過加熱器即產生電磁波。 2.鐵氟龍（聚四氟乙烯）：部分熱水瓶的不鏽鋼內膽會塗上鐵氟龍塗料，其具有防沾黏污垢、耐高溫與絕緣性，塗布在內膽上可防止水垢沾黏、易清洗。 3.全氟辛酸：是製造鐵氟龍（聚四氟乙烯）塗層的必備原料。

4.聚丙烯：能夠耐高溫並具絕緣性，且不受濕度影響，用於熱水瓶瓶蓋、外殼不會因瓶內熱水而融化，熱水瓶加熱時也不會導電。

對健康的危害

1. **電磁波**：目前尚無醫學報告指出電磁波對人體的影響，但短時間暴露在高頻電磁波環境下，可能出現頭暈、頭痛、記憶力減退、注意力不集中、抑鬱、煩躁、睡眠障礙等症狀；經實驗顯示，長期暴露在高單位電磁波中的實驗動物出現基因突變，因此亦可能損傷人體細胞內的DNA而有致癌、致畸胎的可能，故孕婦需特別注意。

2. **鐵氟龍（聚四氟乙烯）**：遇熱超過250度C會變質，超過350度C會分解，吸入體內可能產生類似感冒症狀，超過400度C會產生含氟的有毒氣體，吸入會刺激、灼傷皮膚，造成骨質弱化甚至是骨質疏鬆症。

3. **全氟辛酸**：聚四氟乙烯在-190度C以下及250度C以上會引起化學反應，可能釋出全氟辛酸。根據動物實驗結果，全氟辛酸可能與睪丸、胰腺、乳腺等部位的腫瘤有關。

4. **聚丙烯**：可耐溫達120度C，但經高溫加熱後，會釋出鄰苯二甲酸二酯、安定劑中的鉛或鎘，飲用含聚丙烯的水，可能影響內分泌系統、慢性鉛中毒，甚至損害消化、神經、生殖等系統和腎臟皮質、肝、胰、腎上腺。

常見危害途徑

1. 熱水瓶保溫時會釋放約6毫高斯的電磁波，因此像使用熱水瓶裝水、將熱水瓶放在靠近人體的位置，都容易受電磁波的影響。

2. 部分熱水瓶內膽含有鐵氟龍塗層，若溫度超過250度C可能分解出微量的全氟辛酸及其氣體氟化氫、氟氧化碳，可能溶入水中或揮發出有害氣體，因此若讓熱水瓶長時間空燒或是熱水連續沸騰，都可能造成內膽溫度過高，而有釋出有害物質的疑慮。

3. 熱水瓶內的塑膠組件在長期使用後，可能因老化、龜裂產生白色粉末及顆粒，若持續使用可能影響人體健康。

選購重點

1. 依現行法規，熱水瓶目前尚不屬於應施檢驗的商品，但是優質產品可以志願申請國家標準（CNS）或節能標章，表示符合較高標準的檢驗，購買時應挑選有上述標示的產品。此外，可選購熱水瓶的產地、製造商資訊、功能、材質等標示清楚的產品。

2. 熱水瓶種類琳瑯滿目，不需刻意追求多功能的產品，應依照實際需求挑選款式，可配合家中人數選擇合適的容量，有孩童的家庭可選購附有防燙裝置的產品，經常出遠門或容易忘記加水的消費者，則可選購有防空燒功能的產品。

安全使用法則

1. 國內目前沒有明確制定家電用品電磁波暴露標準，若參考瑞典訂定的標準，一般建議距家電用品50公分處，電磁場值勿超過2.5毫高斯，而使用熱水瓶取水的距離處測出約6毫高斯，因此熱水瓶的擺放位置至少與人體保持30公分，以免暴露在超過2.5毫高斯的電磁波中。

2. 插頭處有灰塵附著時應仔細擦拭，並記得加水、維持瓶內水位，避免空燒而釀成火災意外。

3. 定期清潔熱水瓶內膽，清洗時不可使用松香水、汽油、去污粉、漂白劑，以免殘留而誤食，建議使用中性清潔劑、檸檬，且不要使用菜瓜布、尼龍、金屬刷等刷具刷洗，以免造成不鏽鋼表面出現刻痕，使用海綿輕輕擦拭即可。

4. 熱水瓶有其使用年限，若發現有白色粉末、顆粒等變化，應請人維修或更換熱水瓶。

冷氣機

電冰箱

同類日用品▶

　　冷氣機不但在夏季能調節室內溫度，也是許多大樓和公共商場調節空氣的必備大型電器。冷氣機的運作原理是應用壓縮機壓縮冷媒產生冷氣，運轉時會產生相當高的電磁波，若長期太靠近機身會影響健康。此外，冷氣機所含的冷媒若使用不慎導致外露，同樣會影響人體健康。因此，應謹慎規劃機器安裝的位置，並保養機器、定期清洗冷氣濾網，才能在享受便利舒適的同時也維護健康。

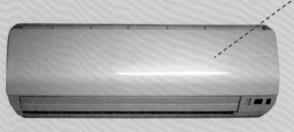

● 運轉中的冷氣機表面可測得強度約50～100毫高斯的電磁場值，太靠近機身會暴露在高電磁波的環境中。

● 冷氣機所含的冷媒若不慎外露，吸入或接觸將對人體產生不良影響。

常見種類	窗型式冷氣機、分離式冷氣機
組成組件	1.外殼：塑膠、塑鋼。 2.壓縮機：馬達、線圈。 3.冷凝器、冷媒控制器、金屬蒸發器（鋁、鐵為主）。 4.濾網：合成樹脂、尼龍、活性碳。 5.冷媒：氟氯碳化物。
製造生產過程	先將冷氣機的主要裝置：壓縮機、冷凝器、冷媒控制器、蒸發器等組合完成，接著在內部灌注冷媒，並加裝風扇、電線，最後將外殼組裝後，經檢驗合格即可出售。
致毒成分及使用目的	1.電磁波：冷氣機是靠壓縮機內的馬達而得以運轉，馬達運轉則需要插電，通電時會產生磁場，電流通過磁場即產生電磁波。 2.冷媒：冷媒是冷凍空調系統中，用來傳遞熱能，產生冷凍效果的物質。目前冷氣機常用冷媒的主要成分為氟氯碳化物，其沸點在-26.2度C以下，當它蒸發成氣體時會吸熱以達沸點，冷氣機便利用此一特性，將冷媒透過蒸發器吸收室內的熱量，再藉由冷凝器將熱量排出，使室內溫度下降。

對健康的危害

1. **電磁波**：目前沒有醫學報告直接指出電磁波對人體的影響，但根據研究，短時間暴露在高單位的電磁波環境下，可能出現頭暈、頭痛、記憶力減退、注意力不集中、抑鬱、煩躁、睡眠障礙等症狀。大腦中的松果體在電磁波的影響下，會造成褪黑激素的分泌速度遲緩，影響神經和內分泌系統的機能，造成頭痛、睡眠失調。另外，長期暴露在高單位的電磁波環境下，可能損傷人體細胞內的DNA，造成基因突變、致癌，故孕婦需特別注意。
2. **冷媒**：依各家家廠牌不同，而添加不同混和成分，主要為氟氯碳化物。在高溫環境下，冷媒可能分解出氫氟酸、鹵化物，接觸高濃度冷媒可能影響中樞神經、心律不整以及皮膚、眼睛的凍傷。

常見危害途徑

1. 若將冷氣機安裝在靠近床鋪或書桌等位置，導致與運轉中的冷氣機距離過近，會受到過量電磁波的影響。
2. 冷凍空調管路破裂會造成冷媒外露，不慎吸入或直接接觸冷媒，將影響人體健康。
3. 未定期清潔冷氣機、冷氣濾網，使得冷氣機成為各種細菌及黴菌的滋生源，會阻礙空氣流通，引發呼吸道方面的不適症狀。

選購重點

1. 冷氣機屬於應施檢驗的商品，因此建議選購通過經濟部檢驗合格的冷氣機，可認明商品本體貼有「商品檢驗標識」的產品。
2. 選購冷氣之前，先確定冷氣安裝位置，並依照使用的用途、人數、空間位置的不同，選購因應實況的的機種。
3. 冷氣機的出風口主要有左吹、右吹、下吹等三種位置，選購時應配合室內格局，例如預計安裝在左面有牆的冷氣機，則不宜選購左吹式的款式。

安全使用法則

1. 我國目前尚未明確制定家電用品電磁波暴露標準，參考瑞典訂定的標準，一般建議距家電用品50公分處，電磁場值不得超過2.5毫高斯；而冷氣機表面的電磁場值約有50～100毫高斯，因此人體與冷氣的距離建議應大於20公分。
2. 冷氣機應避免安裝於受太陽直射或風吹雨淋之處，以免銅管破裂造成冷媒外露，也需遠離熱源，並安排單一插座供應電力，以防電線走火。
3. 應定期清理冷氣機，除了擦拭外殼的灰塵、去除棉絮，夏季使用前後尤應清潔濾網，以維持冷氣機吹出的空氣品質，同時能使壓縮機運轉順暢，維持正常的使用年限。
4. 應由專業技術人員安裝冷氣機，並確認其保持原件的密閉，避免受潮。分離式冷氣機內機與外機距離避免超過10公尺，且避免覆蓋的銅管過多彎曲，以預防冷凍空調管路破裂造成冷媒外漏。

果汁機

同類日用品▶ 電扇 除濕機

　　果汁機利用高速轉動的刀片攪拌、切割食品，用來製作新鮮果汁和各式生機飲食十分便利，不但廣為飲料店家使用，也有愈來愈多家庭添購。果汁機雖然使用便利，但是機器轉動時的電磁場值相當高，而且使用時相當靠近使用者，使身體暴露在強大的電磁波環境，影響我們的健康；部分機款的容杯是不耐熱、不抗強鹼的塑膠材質，若用來調理高溫或強鹼飲品，恐溶出有害物質並喝下肚。

● 果汁機的高速馬達轉動時，會發出較高的電磁波，太靠近機器易暴露在高電磁波的環境中。

● 部分款式的果汁機，採用的塑膠材質容杯，盛裝高溫飲品或強鹼果汁，恐溶出有害物質。

常見種類	果汁攪拌器、榨汁機、食物調理機。
組成組件	1.蓋子：矽膠或PE食品及塑膠。 2.容杯：塑膠（如：丙烯－丁二烯－苯乙烯聚合物（ABS）、聚碳酸酯（PC））或玻璃塑鋼或玻璃。 3.刀片：不鏽鋼。 4.轉動裝置：馬達（磁鐵、金屬）、線圈。 5.底座：ABS耐熱塑膠、防滑軟墊。 6.自動斷電裝置。
製造生產過程	果汁機主要以機座與容杯兩個部分組成，依照廠商設計採硬質玻璃或塑膠材質製成容杯；另一方面將高速馬達、線圈、刃軸、刀片組裝成轉動裝置，並安裝在底座中便完成機座部分，再將機座接上容杯與電源線即可。部分廠商為了避免機身溫度過高，導致馬達損壞，會另外加裝溫控自動斷電裝置。最後，經檢測核可便可出售。

家電器具

服飾織品

文具玩具

生活雜物

致毒成分及使用目的	1.電磁波：果汁機的刀刃轉動靠馬達運轉，馬達運轉需要插電，通電時會產生磁場，電流通過馬達即產生電磁波。 2.雙酚A（BPA）：是PC塑膠容杯聚碳酸酯的原料，可以增加聚碳酸酯的耐摔性。聚碳酸酯耐高溫、透明性佳，常做為容杯的塑膠原料。

對健康的危害

1. **電磁波**：目前沒有醫學報告直接指出電磁波對人體的影響，但根據研究，短時間暴露在高單位的電磁波環境下，可能出現頭暈、頭痛、記憶力減退、注意力不集中、抑鬱、煩躁、睡眠障礙等症狀。此外，大腦中的松果體在電磁波的干擾下，會減緩褪黑激素的分泌，影響神經和內分泌系統的機能，造成頭痛、神經質、睡眠不安穩。依據動物實驗結果推論，長期暴露在高單位的電磁波環境下，可能損傷細胞內的基因體（DNA），造成基因突變、致癌，故孕婦需特別注意。
2. **雙酚A**：具有揮發性，吸入過量可能引起皮膚紅腫、過敏，食入過量會引起噁心、腸胃不適、腹瀉等症狀。屬於環境荷爾蒙，動物實驗證實攝入高劑量會影響神經、生殖、內分泌系統發育，並有致癌的可能性，尤其影響新生兒的生殖系統和免疫系統發育。

常見危害途徑

1. 果汁機在運轉時所散發的電磁波相當強，因此若啟動果汁機同時用手按壓在蓋子上，距離果汁機的馬達較近，會受到電磁波的影響。
2. 部分廠牌的容杯使用不耐高溫的塑膠材質製成，若盛裝高溫熱水，可能溶出有毒物質，並在無意間喝下肚。
3. 以聚碳酸酯製成的塑膠容杯盛裝高溫、強鹼飲品（如：茶）或使用強鹼性清潔劑清潔、當容杯表面刮傷等情況，易增加雙酚A溶入飲品並喝下肚。

選購重點

1. 果汁機屬於應施檢驗商品，務必購買符合經濟部標檢局檢驗標準、貼有「商品檢驗標識」的商品，以確保機器的品質。
2. 市售各廠牌果汁機的功能各異、款式琳瑯滿目，選購時可以注意馬達的馬力和容量大小是否符合需求，機器的裝置是否容易拆裝以利清潔、底部是否附有防滑的軟墊、是否設置自動斷電裝置等重點。
3. 各廠牌果汁機所用的容杯材質不同，選購時應了解各產品對溫度及酸鹼性的承受限度。
4. 家中有年幼的孩童，建議選購加裝安全設計的款式，以防孩童誤觸造成意外。

安全使用法則

1. 果汁機運轉時電磁場值高達200～500毫高斯，應遠離機身至少30公分，不建議待在機器旁以手按壓蓋子，應待果汁機攪拌完再打開蓋子取用。
2. 果汁機使用後應拆下容杯清洗，若為聚碳酸酯材質的容杯應避免用強鹼清潔劑及以菜瓜布刷洗，以免造成雙酚A釋放；同時避免讓機座碰到水，以免造成馬達故障，使用時發生危險。
3. 使用前應仔細閱讀說明書，確認果汁機的刀具所能切碎食材種類和分量，以免投入過硬食材（如冰塊）或過多分量，不但會損壞刀片，更可能發生危險。
4. 切勿讓馬達空轉，或在運轉中拿下容杯，以免造成容杯磨損，甚至食材噴出的危險。

電毯

　　電毯發熱的原理是透過電流流經內部的電熱絲，使溫度升高以溫暖被褥。由於電毯使用方便，相較於電熱器，具有無噪音、不占空間等優點，成為家用禦寒家電。但是電毯通電時會發出電磁波，使用時需覆蓋在身上，若長時間使用會使人體受電磁波的影響。此外，電毯若收納、使用不當，可能導致故障而過熱，甚至有漏電的危險。

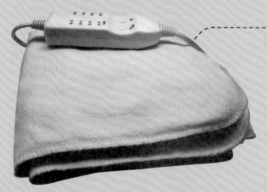

● 電毯在通電使用時，會發出電磁波，電源線一帶的電磁場值最高，長時間蓋在身上會暴露在較高的電磁波中。

● 若使用時間過長、損壞電熱絲，可能出現異常高溫而燙傷。

常見種類	電熱毯、電熱墊、電座墊。
組成組件	1.內墊：聚氯乙烯（PVC）。 2.填充物：聚丙烯腈纖維（壓克力棉）、聚酯纖維、棉、人造纖維、薄毛呢棉花等。 3.電熱絲：內層為金屬，以鎳鉻合金材質最為普遍，外層以尼龍包覆。 4.阻燃劑：多溴聯苯、多溴二苯醚。 5.安全裝置：溫控自動斷電裝置。
製造生產過程	先在電毯內層安裝電熱絲，並加裝恆溫斷電裝置，再包覆絕緣的尼龍，依照廠商的設計填入符合成本考量的填充纖維，接著添加阻燃劑，剪裁縫製成所需的樣式，最後裝上電源開關、電線，經檢驗測試合格後即可出售。
致毒成分及使用目的	1.電磁波：電毯使用時需插電才會發熱，通電時會產生磁場，磁場變化引起的電流通過電熱絲時會產生電磁波。 2.高溫：電毯通電後可加熱產生高溫，以提供舒適的睡眠環境，但溫度過高使用時有燙傷的風險。 3.阻燃劑：多溴聯苯、多溴二苯醚等阻燃劑覆蓋在材料表面，能阻隔空氣以減緩阻止火勢蔓延。由於電毯在插電加熱或經摺疊而損壞電熱絲，都可能產生異常高溫，若又採用易燃材質可能釀成火災，因此添

加阻燃劑增加防火安全性。

4.聚丙烯腈纖維：這種材質比羊毛容易清洗、較不易引起過敏，且具有絕佳的柔軟度和保暖性，用來製成電毯有助於維持電毯通電後的溫度。

家電器具

服飾織品

文具玩具

生活雜物

對健康的危害

1. **電磁波**：目前沒有醫學報告直接指出電磁波對人體的影響，但根據研究，短時間暴露在高單位的電磁波環境下，可能出現頭暈、頭痛、記憶力減退、注意力不集中、抑鬱、煩躁、睡眠障礙等症狀，哺乳類暴露於電磁波後，會減緩大腦中的松果體分泌褪黑激素的速度，影響神經和內分泌系統的機能。此外，長期暴露在高單位的電磁波環境下，可能損傷人體細胞內的DNA，造成基因突變、致癌，故孕婦需特別注意。

2. **高溫**：通常皮膚表面接觸60度C以上的高溫，就會有輕度至重度的發紅，且有疼痛、麻刺感，若持續接觸高溫，則可能燙傷、脫皮，甚至起水泡。

3. **阻燃劑**：目前尚無法確定人類可承受的劑量以及對人體的影響，但是根據實驗顯示，對實驗動物投與高劑量的多溴聯苯會損害肝、腎、甲狀腺和內分泌系統，是可疑的環境荷爾蒙；投與高劑量的多溴二苯醚則會影響腦部、神經系統、甲狀腺素分泌以及胎兒生長，是可疑的致癌物。

4. **聚丙烯腈纖維**：該物質本身不會造成危害，但燃燒時會產生有毒氣體氰化氫，短時間內吸入高濃度可能導致呼吸停止而死亡。

常見危害途徑

1. 使用電毯時會直接將毯子覆蓋在身體，長時間使用等同暴露在電磁波的環境中，並且增加觸電的風險。

2. 長時間使用電毯，因體內溫度升高易使體內水分流失，造成皮膚乾燥或過敏。

3. 若使用電毯的時間較長，或過度摺疊電毯，可能損壞電熱絲而導致電毯出現異常高溫，造成燙傷。

4. 孩童、長者及長期臥床者在睡眠中使用電毯，出現異常高溫可能無法立刻掀開電毯，燙傷的風險較一般人高。

選購重點

1. 電毯屬於經濟部標準檢驗局規範的應施檢驗商品，選購時可認明「商品檢驗標識」，選購通過安全檢測的商品，表示其表面溫度不超過60℃，電熱絲不超過95℃。

2. 由於電毯填充材質不同，建議選購不易燃燒的聚丙烯腈纖維，降低因高溫造成燒燙傷的危險。

3. 電毯在插電使用時，不宜蜷曲折疊以免漏電，因此應視實際需求選購合適的尺寸，若買過大尺寸會讓使用時過度摺疊。

安全使用法則

1. 電毯依廠牌不同，其表面電磁場值約10～200毫高斯，其中又以靠近肩、頸的電源線一帶最高，因此最好只用來暖被，睡覺時宜將插頭拔除，避免暴露於高電磁場環境中。

2. 若必須長時間將通電中的電毯蓋在身上，建議可加一層被單再蓋，可減少觸電及燙傷的危險。

3. 電毯應依據洗滌標示來清洗，切記不可以乾洗，因為乾洗溶劑可能會破壞電熱絲的絕緣性，恐造成漏電、起火的意外。

空氣清淨機

　　市售空氣清淨機多標榜能去除室內污染物，像是懸浮微粒（如：塵蟎、粉塵、香菸）、污染氣體（如：菸害、揮發性有機物質）、微生物（如：細菌）等，另有臭氧、負離子、活性碳等機型，強調除臭與殺菌的功能。空氣清淨機確實能改善室內空氣，但運作時會產生電磁波，若近距離長時間接觸易暴露於電磁場環境中；此外臭氧與負離子型則有導致室內空氣臭氧濃度過高的疑慮，而活性碳濾網雖然吸附功能佳，但是當吸附達飽和時則會有再釋放污染物的問題。

● 空氣清淨機過濾空氣時會產生電磁波，長時間近距離接觸可能危害人體健康。

● 臭氧空氣清淨機會釋放臭氧以去除空氣中的異味並消毒，若使用不慎會導致臭氧濃度過高，有害人體健康。

常見種類	桌上型臭氧空氣清淨機、車用型空氣清淨機
組成組件	1.外殼：ABS塑膠（丙烯腈－丁二烯－苯乙烯聚合物） 2.風扇：強化塑膠、鋁合金 3.電動機、高壓放電裝置（負離子、臭氧產生裝置）：馬達、金屬 4.集塵器：空氣清淨機過濾技術主要分下列兩種： 　・機械集塵式：濾網的主要材質為聚丙烯、聚酯類塑膠、海綿、金屬或玻璃或動物纖維、植物性或合成纖維等材質編織而成；其中活性碳機型使用活性碳纖維濾網。 　・靜電集塵式：金屬集塵板、放電電極（由高碳鋼、不鏽鋼、銅、鈦合金、鎢、銅鋼合金以及鋁等材料組成）。 5.阻燃劑：多溴聯苯、多溴二苯醚。 6.光觸媒：紫外線燈管。
製造生產過程	目前市售空氣清淨機多半合成多項功能，採用多層的濾網，不過大致來說，空氣清淨機主要由集塵器、電動機等裝置組成，依照強調效果不同，內部裝置的製作有所差異。以臭氧及負離子空氣清淨機為例，是以高壓放電裝置和金屬集塵板、放電電極為主要裝置，並以ABS塑膠製成外殼，再接上電源線，經檢測即可出售。

致毒成分及 使用目的	1.電磁波：空氣清淨機運轉時所利用的風扇要靠馬達運轉，馬達運轉必須插電，電流通過馬達即產生電磁波。其中負離子、臭氧空氣清淨機的運作原理是利用高壓電，因此通電時所產生的電磁波比其他機型來得強。 2.臭氧：臭氧分子能快速分解空氣中的臭味氣體、氧化微生物，具有除臭、抑菌的效果，因此臭氧空氣清淨機透過高壓放電裝置使空氣中的氧轉為臭氧，利用臭氧的特性去除空氣污染物。 3.阻燃劑：多溴聯苯、多溴二苯醚等阻燃劑可抑制有機化合物的燃燒，添加在空氣清淨機可避免電線走火或火源靠近而起火。

對健康的危害

1. **電磁波**：目前沒有醫學報告直接指出電磁波對人體的影響，但根據研究顯示，哺乳類暴露於電磁波後，會影響神經和內分泌系統的機能，造成頭痛、睡不好；長期暴露在高單位的電磁波環境下，可能造成基因突變、致癌。
2. **臭氧**：濃度大於2ppm會刺激眼睛，低濃度即會傷害上呼吸道和肺部，短時間暴露也可能導致永久性的肺部損害。長時間暴露將導致慢性中毒，引起頭痛、鼻子和喉嚨的刺激感、胸悶、肺部充血。
3. **阻燃劑**：此成分易在人體及環境中累積，但目前尚無法確定對人體的影響，根據實驗顯示，高劑量的此類物質會干擾實驗動物的甲狀腺素分泌、腦、肝、腎、神經系統、免疫系統及胎兒發育。

常見危害途徑

1. 空氣清淨機風扇靠馬達運轉，電流通過馬達即產生電磁場；負離子、臭氧等機型利用高壓放電，使用時表面電磁場值更高，因此長時間近距離接觸空氣清淨機，會暴露在高電磁波的環境中。
2. 臭氧空氣清淨機製造的臭氧在空氣中會產生有害物質（如：過氧乙醯硝酸鹽類化合物），造成二次空氣污染物。因此，若在密閉空間使用，可能使臭氧濃度過高而造成中毒，並生成過多有害物質。
3. 靜電集塵式及活性碳濾網的空氣清淨機，其濾網未定期更換並清潔，不但會影響機器吸附微塵的功能，且灰塵、已吸入的有害物質還會隨出風口送出，污染空氣。

選購重點

1. 空氣清淨機屬於經濟部標準檢驗局列管為應施檢驗商品，應選購經檢驗通過、貼有「商品檢驗標識」的產品。
2. 選購之前，先確定安裝位置與室內空間，挑選符合室內坪數的機型與功率大小，並參考廠商公告建議的適用坪數來選購。

安全使用法則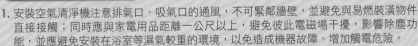

1. 安裝空氣清淨機注意排氣口、吸氣口的通風，不可緊鄰牆壁，並避免與易燃裝潢物件直接接觸；同時應與家電用品距離一公尺以上，避免彼此電磁場干擾，影響除塵功能，並應避免安裝在浴室等濕氣較重的環境，以免造成機器故障、增加觸電危險。
2. 應定期清潔空氣清淨機、更換濾網，可提升抑菌、過濾的功能、減少細菌和霉菌的滋生，但不可使用有機溶劑清潔臭氧空氣清淨機，以免滲入機器造成毀損。
3. 若要使用臭氧空氣清淨機消毒，建議在無人的密閉空間中使用，且用後需保持通風，以驅散臭氧。

尼龍絲襪

同類日用品▶

雨衣

　　市售尼龍絲襪主要以尼龍和萊卡類的彈性纖維製成，使其具有強韌的彈性，加以纖維交錯的紡織方式能服貼腿部，在各種腿部伸展中也不失去彈性，廣為女性消費者選購使用。然而，尼龍纖維在生產過程中為了增加纖維的韌度，會使用可塑劑、甲醛及重金屬類安定劑，但這些化學物質容易因為製造過程處理不完全而殘留於絲襪中，長期接觸影響人體健康。

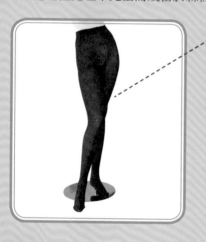

● 劣質的尼龍絲襪可能殘留甲醛、重金屬及可塑劑等多種有害化學物質，讓消費者暴露在高危險因子的環境。

● 部分顏色鮮豔的尼龍絲襪可能含有螢光增白劑，可能透過穿著而沾附在皮膚上，長時間將引起過敏。

常見種類	彈性絲襪、保暖褲襪、西裝男絲襪、吊帶襪、網襪
成分	1.合成纖維布料： 　❶尼龍（Nylon）：可稱為耐綸，又名聚醯胺Polyamide。 　❷氨綸（Spandex）：又名萊卡（Lycra），其主成分是聚氨基甲酸酯彈性纖維（Polyurethane Fiber；PU Fiber）。 2.可塑劑：癸二酸酯類、己二酸二異丁酯。 3.溶劑：甲醛。 4.漂白劑：螢光增白劑。 5.重金屬：鉛、鎘、鋇等。
製造生產過程	先將化學工業原料縮合成尼龍的聚合物，添加適當的催化劑、溶劑、安定劑經過化學作用產生粗產物，透過高壓製成絲狀尼龍纖維，再與彈性纖維混紡製成絲襪的基本布料，再進行漂白等布料加工，最後依需求剪裁、縫製花紋，便完成市售各式樣尼龍絲襪。
致毒成分及使用目的	1.癸二酸酯類、己二酸二異丁酯：屬於可塑劑，能使尼龍纖維具高韌性、低吸濕性，增強彈性並具防水效果。 2.甲醛：用來催化製成尼龍纖維的有機溶劑，能夠提高產量，亦可與纖維作用、保持染料的耐久性。

3. 螢光增白劑：具增白效果，使纖維看起來偏向明亮的藍色，呈現潔白、亮彩及鮮豔的效果。
4. 鉛、鎘、鎳：是合成纖維在生產過程中添加的催化劑，能提升尼龍纖維的耐熱度和耐腐蝕度。

對健康的危害

1. **癸二酸酯類、己二酸二異丁酯**：低毒性，但是吸入過量可能有急性呼吸系統方面症狀。
2. **甲醛**：長期接觸過量的游離甲醛可能會引起皮膚刺痛、乾燥、發紅等皮膚過敏發炎症狀，嚴重刺激鼻、眼睛及呼吸系統，甚至引發癌症。
3. **螢光增白劑**：此物質不會造成急性傷害，但可能會經由皮膚、黏膜進入人體而導致紅腫等過敏症狀。目前並無明確證據顯示螢光增白劑具有致癌性，但也無法排除螢光增白劑與膀胱癌間的關連性，其中聯苯胺屬於可疑致癌物。
4. **鉛、鎘、鎳**：容易引起皮膚過敏反應，如紅腫、搔癢、發炎等症狀。雖然重金屬殘留在絲襪纖維內的含量極低，但是長期接觸可能累積在體內，損害肝、腎、骨骼等器官，並危害呼吸、神經、生殖系統，並增加罹癌的風險。

常見危害途徑

1. 尼龍絲襪若有殘留生產加工時所使用的上述有害物質，可能在高溫環境及強酸強鹼的化學清潔劑清洗下，降低纖維中有害物質的安定性而釋出。
2. 螢光增白劑具有可遷移性，容易經由洗滌、搓揉、流汗或是穿著時與皮膚碰觸，附著在人體皮膚及黏膜。

選購重點

1. 建議消費者選購具有完整商品標示的尼龍絲襪，並於選購時先聞一聞，若有刺鼻的化學藥物味可能是有機溶劑殘留，不建議購買。
2. 愈是明亮有光澤的尼龍絲襪，添加螢光增白劑的可能性就愈高，因此選購時，以膚色及光澤合理的款式為主。
3. 過敏體質的消費者，建議選購材質為純棉或透氣性高的絲襪，並同時考慮穿著時的鬆緊程度，不宜過度緊繃。
4. 目前衛生署審核認定為具有醫療功效的彈性絲襪，僅侷限於腿部血液循環的改善，因此部分市售女性絲襪強調具有可燃脂、消除腫脹、美白、防紫外線等誇大或醫療功效，表示這類商品未經衛生署審核，很可能是標示不實或添加違法的化學物質，除了可能達不到標示所宣稱的功效外，還有安全性的疑慮，不建議購買。

安全使用法則

1. 新買的絲襪在使用前，建議先以中性洗潔劑洗去新品所殘留的化學物質。
2. 使用後避免以熱水和具漂白效果的強酸、強鹼和強氧化力的清潔劑清洗，最好以手洗並放置在陰涼處晾乾，不要直接日曬或放入烘乾機，以確保纖維裡的毒性物質穩定、不易釋出。
3. 不建議利用絲襪來過濾料理過程中的渣滓，或用在其他處理食品處理的做法，因為絲襪中可能殘存有害物質，所以絲襪不宜做為料理工具，更不可用在涉及加熱處理的烹調程序。

排汗衣

　　排汗衣多採用聚酯纖維布料材質，具有耐皺、耐摩擦、彈性佳等優秀的紡織性能，可單獨製成各式織品，也可與其他纖維混紡，因此市售許多衣物都具有聚酯纖維的成分。但此類合成纖維在生產過程中，為了改善它的吸濕性及防燃性而添加界面活性劑及阻燃劑，同時，增添衣物色彩所使用的化學染料，這些都可能殘留在成品中，消費者穿著時與皮膚長期接觸可能引起各種不適感，還可能增加罹癌風險

● 排汗衣所用的聚酯纖維成分，可能殘留界面活性劑、阻燃劑等化學物質，直接接觸皮膚可能使這些物質進入身體。

● 五顏六色的排汗衣可能殘留染色劑，長期穿著可能引起皮膚不適感。

常見種類	排汗衫、排汗透氣服
成分	1.合成纖維布料：聚酯纖維，最常見的有聚對苯二甲酸乙二酯（PET）、聚對苯二甲酸丙二酯（PTT）等纖維。 2.界面活性劑：聚乙二醇 3.阻燃劑：三氧化二銻、醋酸銻、三（2,3—二溴丙基）磷酸酯。 4.染色劑：天然色素、化學合成染料（例如：偶氮染料、聯苯胺類、對苯二胺）
製造生產過程	先將對苯二甲酸二甲酯和乙二醇以適當溶劑和催化條件進行反應，生成對苯二甲酸乙二酯的纖維聚合物，加熱成熔體，再高壓擠出絲狀的纖維，並添加界面活性劑、阻燃劑改善其吸濕性及易燃性，便可利用製成的纖維紡織成布料，依照產品設計進行純紡或和其他纖維混紡，接著染色並剪裁縫製成市售排汗衣。
致毒成分及使用目的	1.聚乙二醇：親水性界面活性劑，能增加聚酯纖維的吸濕性，改善排汗衣的吸汗功能。

2.三氧化二銻、醋酸銻、三（2，3—二溴丙基）磷酸酯：阻燃劑，使纖維與火焰接觸能燃燒不充分，同時，能較快自行熄滅，改善排汗衣原本易燃的缺點。

3.偶氮染料、聯苯胺類、對苯二胺：染色劑，透過染料分子與纖維的結構結合而附著，使排汗衣較易呈色。

對健康的危害

1. **聚乙二醇：** 此物質毒性低，但是大量吸入中毒會出現昏厥、眼球震顫、淋巴細胞增多等症狀。
2. **三氧化二銻、醋酸銻：** 此類有機銻化合物，少量接觸導致頭痛、頭暈、情緒低落，長期吸入會造成免疫系統異常。
3. **三（2，3—二溴丙基）磷酸酯：** 低毒性，但長期或反覆接觸有可能增加罹癌風險。
4. **偶氮染料、聯苯胺類、對苯二胺：** 刺激黏膜，造成口鼻、喉嚨、眼睛、皮膚等部位的不適感，甚至可能引起過敏接觸性皮膚炎；長期接觸可能提高罹患膀胱癌、肝癌、肺癌、血癌的機率。

常見危害途徑

1. 部分市售排汗衣在製造過程疏失恐殘留毒性化學物質，一旦長時間穿著，加上如果在流汗悶熱的條件下，會使毒性物質不安定而釋出，可能導致殘留的化學物質進入人體。
2. 以高溫熱水或強酸、強鹼化學清潔劑清洗，會使布料上的化學染料或添加物的附著力降低，易導致有害化學物質釋出而提高健康風險。

選購重點

1. 排汗衣的標示應包含製造廠商、產地、纖維成分及洗燙處理方式等資訊，切勿貪圖便宜而購買標示不詳、成分不明的廉價商品。
2. 盡量不要選購顏色鮮艷的排汗衣，因其必須添加較多的著色劑以利顏色吸附，一旦製造過程處理不當，著色劑的殘留量也較多。
3. 欲選購以POLARTEC材質製的排汗衣（100%聚酯布絨製），要特別認明專利認證標章。

安全使用法則

1. 建議避免使用熱水、漂白水，或是含漂白劑的洗衣粉清洗，因為高溫、強氧化力的環境會降低染劑的安定性，導致染劑脫離布料表面，增加有毒物質溶出的風險。
2. 聚酯纖維結構較不耐鹼性，因此避免使用含有氫氧化鈉、氫氧化鉀等強鹼性清潔劑，否則纖維遭受破壞會影響使用壽命。
3. 聚酯纖維製的衣物吸濕性較差，穿著此類衣物時若大量流汗，應即時更換衣物，避免潛在毒性物質隨汗液覆蓋於身體表面。
4. 若穿著後皮膚出現明顯過敏、發炎等不適症狀，應立即停止穿著。

泳衣

同類日用品 ▶

一般市售泳衣主要是由高延展性彈性纖維製成，不易吸附水分、貼身且伸縮彈性佳，是適合各種水中運動的衣著。但為了使泳衣具備上述特性並增添色彩，在製造泳衣布料的過程，必須添加有機溶劑、安定劑和染料，而這些化學物質由於生產過程處理不完全，難免出現部分殘留，若消費者使用不當，常刺激皮膚，引起過敏、發炎等問題；另外，部分黑心商品甚至添加已遭禁用的有毒染料，不僅影響健康，還會提高罹癌率。

● 泳衣若是製造過程粗劣，恐有甲醛、染劑或重金屬等化學物質殘留，可能會刺激皮膚。

常見種類	泳褲、連身泳衣、比基尼、比賽用泳衣
成分	1.合成纖維布料：尼龍（耐綸，Nylon）、氨綸（Spandex），又稱萊卡（Lycra），氨綸的主成分是聚氨基甲酸酯彈性纖維（Polyurethane Fiber；PU Fiber） 2.染色劑：天然色素、化學合成染料（例如：偶氮染料、聯苯胺類、對苯二胺） 3.溶劑：甲醛 4.催化劑：汞、鉻、鎘、鎳、鉛、銻
製造生產過程	泳衣的布料主要是以尼龍和氨綸兩種合成纖維混紡而成，其中氨綸的製造過程是將多元醇和二異氰酸酯等化工業常用的有機化合物原料在溶劑中混合，加入適當催化劑以產生粗產物，透過高壓製成絲狀彈性纖維，再與尼龍混紡製成泳衣的基本布料，接著以染色劑和著色劑上色，剪裁成泳衣出售。
致毒成分及使用目的	1.甲醛：甲醛是用來催化製成彈性纖維的有機溶劑，能夠提高產量，亦可與纖維作用、保持染料的耐久性。 2.偶氮染料、聯苯胺類、對苯二胺：這些化學合成染料能與纖維結合，

使色彩不易脫落。
3.汞、鉻、鎘、鎳、鉛、銻：這些重金屬是合成纖維在生產過程中添加的催化劑；另外，由於重金屬本身色彩鮮豔，也常做為染色劑。

對健康的危害

1. **甲醛**：是造成接觸性皮膚炎的過敏原，長期接觸過量的游離甲醛可能會引起皮膚刺痛、乾燥、發紅等症狀，甚或導致皮膚炎。
2. **偶氮染料、聯苯胺類、對苯二胺**：接觸偶氮染料會刺激黏膜，造成口鼻、喉嚨、眼睛、皮膚等部位的不適感，甚至可能引起過敏接觸性皮膚炎。長期接觸其分解所形成的致癌物質「芳香族胺類分子」，可能會提高罹患膀胱癌、肝癌、肺癌、血癌的機率，目前已有二十多種偶氮染料遭禁用。
3. **汞、鉻、鎘、鎳、鉛、銻**：此類重金屬影響人體健康的途徑不一，但普遍容易引起皮膚過敏反應，如搔癢、灼熱、紅腫、發炎等症狀。雖然重金屬殘留在衣物內的含量極低，但是長期接觸亦可能累積在體內，干擾神經、呼吸、生殖等系統的運作，並增加罹癌的風險。

常見危害途徑

1. 部分市售泳衣因製造過程的疏失，可能殘留有機溶劑或化學染料，一旦長時間穿著，並且覆蓋在泳衣下的皮膚表面又有未癒合的傷口，可能導致殘留的化學物質進入人體。
2. 若以高溫及強酸鹼化學清潔劑清洗泳衣，會使布料上的化學染料或有機溶劑附著力降低，導致有害化學物質釋出，增加影響人體健康的風險。
3. 泳衣在高溫下可能使染劑釋出，若穿著泳衣進入溫泉或烤箱等高溫環境，時間過長可能導致泳衣釋出微量的染劑，恐進入人體。

選購重點

1. 建議消費者應選購商品標示資訊清楚詳細的泳衣，並特別注意商品標示關於纖維成分、洗滌標示、製造廠商及產地等資訊，切勿購買標示不清的廉價泳衣，以免買到黑心商品。
2. 選購時，可先聞一聞泳衣是否帶有異味，若有刺鼻的化學藥物味，該商品便可能殘留甲醛等有機溶劑，不建議購買。
3. 顏色過於飽和鮮豔的泳衣，特別是黑、紅兩色，在染色過程中需添加較多的著色劑以利顏色吸附，一旦製造過程處理不當，著色劑的殘留量也較淺色系泳衣多，選購飽和色泳衣時，建議購買以天然染料製的商品。

安全使用法則

1. 新買的泳衣在使用前，建議先在冷水中浸泡、搓洗15分鐘，再以中性洗潔劑或冷洗精清洗。
2. 避免熱水清洗泳衣，或是使用強酸、強鹼和強氧化力的清潔劑（例如：漂白水、傳統的洗衣粉），建議使用環保型洗衣粉，或是洗衣球、冷洗精；同時，洗淨的泳衣建議放置在陰涼處晾乾，而不要直接日曬或放入烘乾機。採取正確的清洗及陰乾方式不僅可延長彈性纖維布料的使用壽命，泳衣上的染劑也較不易脫離布料表面，可減少有毒物質溶出的風險。
3. 倘若發現泳衣有明顯褪色現象，應立即停止使用。

防水透氣外套

同類日用品▶

　　防水透氣外套具有抗UV、防水、防風、透氣功能，可用於登山或其他野外活動，能有效對抗低溫、高濕度等環境。這是因為具有上述功能的高科技布料，多含有以聚四氟乙烯所構成的薄膜層，其孔隙比水滴還小，因而兼具防水透氣的效果。然而，聚四氟乙烯在生產過程的添加劑——全氟辛酸可能導致罹癌，使用同樣材質的鐵氟龍鍋便曾引起使用安全的疑慮。雖然目前對於這類高科技材質衣物的毒性尚無定論，但仍舊無法排除使用時可能產生的健康風險。

●製造防水透氣布料的材質過程中所添加的全氟辛酸，被證實有致癌、致畸胎性，若衣料上殘留此類毒性物質，或是破損導致外露，長期接觸可能增加罹癌的風險。

常見種類	市售各品牌的防水透氣衣物、鞋、帽子、手套、襪套
成分	●防水透氣布料 1.薄膜：聚四氟乙烯（Polytetrafluoroethene，PTFE） 2.黏合布料 3.防水膠條
製造生產過程	將具有防沾黏性、防高低溫性的聚四氟乙烯原料，製成孔隙比水滴小兩萬倍的薄膜，再將此薄膜結合在黏合布料上，經過剪裁及特殊縫製，並於接縫處加上防水膠條的處理，製成後經測試確認能達到完全防水、防風的效果，即可上市出售。
致毒成分及使用目的	全氟辛酸（PFOA）：主要使用於聚四氟乙烯的生產過程中，添加以做為處理程序的分散劑，使其原料分布均勻。

家電器具

服飾織品

文具玩具

生活雜物

對健康的危害

全氟辛酸：孕婦若接觸到全氟辛酸，會通過臍帶傳輸給胎兒，並累積在其體內，干擾其發育。另外，現已有研究發現，全氟辛酸會誘發睪丸、胰腺、乳腺等不同部位的腫瘤，並導致實驗動物的體重減輕。

常見危害途徑

1. 防水透氣外套在高溫、強酸鹼的環境中，或以強氧化力化學清潔劑清洗，會降低薄膜結構的安定性，導致有害的全氟辛酸釋出，直接影響人體健康。
2. 由於防水透氣外套隔離聚四氟乙烯層的材質僅為一層薄膜，若不小心撕裂、刺穿或磨破使得聚四氟乙烯層受到破損，一旦外套在製造過程殘留全氟辛酸，便會增加皮膚接觸的風險。

選購重點

1. 這類高科技衣物的價格普遍高於其他材質的同類商品，建議消費者選購具有專利技術認證標章的商品，且切勿貪求便宜購買標示不清的廉價品，以避免買到粗劣製造、殘留全氟辛酸的商品。
2. 建議在有信譽的商家或知名專櫃購買，才能得到完整正確的使用資訊，並且可獲得售後服務及維修。

安全使用法則

1. 防水透氣衣物的主要防水層是聚四氟乙烯製的薄膜層，一旦破損不但喪失防水透氣功能，也可能增加全氟辛酸接觸皮膚、導致罹癌的風險，所以使用時應避免反覆折損、拉扯、刺穿。
2. 建議使用不含磷、漂白劑成份的中性洗潔劑或專用洗劑，浸泡約15～20分鐘，先以海綿或軟毛刷輕刷衣料表面，以清水將專用洗劑沖洗乾淨後，再裝入洗衣袋單獨以洗衣機清洗。切勿使用硬毛刷或過度用力刷洗，以免破壞薄膜結構而使有害物質露出，也勿使用衣物柔軟精，以免干擾薄膜上孔隙的透氣性，影響防水透氣的正常功能。
3. 建議陰涼晾乾，避免陽光直接照射可維護衣服色澤。也可使用烘衣機以低溫烘乾，但務必精準掌控烘衣機的溫度，以免破壞薄膜的穩定性。
4. 防水透氣外套表布的防潑水處理層，會在雨淋、反覆洗滌中逐漸失去防水的功能，可使用烘衣機的熱氣或是熨斗以低溫蒸汽熨燙，能使防潑水層恢復效果，若還是不能恢復，可使用防潑水恢復劑來改善。

人造皮外套

同類日用品▶

　　人造皮外套主要以化學工業合成的塑膠原料製成，雖然使用起來多半不比真皮外套來得舒適透氣，但因為價格便宜且外觀酷似真皮外套，所以市售皮外套仍以人造皮占大多數。然而，為了使人造皮外套具備真皮外套的效果，在生產過程必須添加許多化學物質，一旦製造過程處理不當常會使化學物質殘留在人造皮外套上，例如：聚苯二甲酸酯類的可塑劑、二甲基甲醯胺的有機溶劑等，這些物質都具有高毒性，長期接觸不僅會造成器官或系統的病變，還可能提高罹患癌症的機率。

●人造皮外套在生產過程必須使用可塑劑、有機溶劑等化學物質，可能會殘留並在穿著時經皮膚進入體內。

常見種類	無
成分	1.人工皮革：主要以聚氯乙烯（PVC）、聚氨基甲酸酯（PU）居多。 2.可塑劑：鄰苯二甲酸酯類。 3.有機溶劑：二甲基甲醯胺、苯、甲苯、二甲苯。 4.催化劑：有機鉛、汞、錫、鎘等重金屬的化合物。
製造生產過程	人工皮革種類繁多，目前市售人工皮外套多以聚氯乙烯或聚氨基甲酸酯等製成，先將選定的塑料材質，在適當溶劑、有機重金屬類催化劑作用下，製成最初塑料合成纖維皮，接著透過多重加工，例如：加入可塑劑並以高壓處理皮革質感、表面紋路加工等，使塑料皮近似於動物皮革的觸感。最後，將人工皮革剪裁縫製成一般市售皮外套。
致毒成分及使用目的	1.鄰苯二甲酸酯類：軟化塑膠，能使聚氯乙烯材質柔軟，增加彈性及韌性，使聚氯乙烯製的人造皮外套觸感較佳。 2.二甲基甲醯胺、苯、甲苯、二甲苯：用來製造聚氨酯類人工皮革的有機溶劑，能使不溶於水的塑料和其他物質混和均勻。 3.有機鉛、汞、錫、鎘等化合物：有機重金屬化合物，為生產人工皮革

所添加的催化劑,同時具有安定劑的功能,增加塑料在高溫塑型的穩定性。

對健康的危害

1. **鄰苯二甲酸酯類**:經由呼吸、皮膚接觸過量,可能出現頭暈、皮膚過敏反應,進入體內多累積在肝、腎、膽汁等器官,過量會干擾人體內分泌系統,造成男性雌性化、增加女性罹患乳腺癌的機率,現已由世界衛生組織公布為環境荷爾蒙。
2. **二甲基甲醯胺**:是劇毒性物質,不易被生物體排出,與癌症發生有關,並能導致新生兒缺陷。
3. **苯、甲苯、二甲苯**:接觸到此類有機溶劑會刺激皮膚黏膜,過量將對中樞神經產生麻痺作用,並引起急性中毒,如頭痛、噁心、嘔吐等;長期接觸低劑量可能引起慢性血液中毒,屬於致癌物。
4. **有機鉛、汞、錫、鎘等化合物**:容易引起皮膚過敏反應,如搔癢、灼熱、紅腫、發炎等症狀。雖然重金屬殘留在衣物內的含量極低,但是長期接觸亦可能累積在體內,干擾神經、呼吸、生殖等系統的運作,並增加罹癌的風險。

常見危害途徑

1. 長時間穿著或因流汗悶熱,容易形成破壞皮外套材質穩定度的環境,增加皮外套殘留毒性物質接觸皮膚的可能性。
2. 如果長期將人造皮外套置於衣櫥等密閉狹小空間的環境,人工皮革所含的大量有機溶劑,可能會揮發形成高濃度的毒性氣體,導致吸入後影響呼吸系統健康。

選購重點

1. 建議購買符合〈商品標示法〉規定,標示有製造廠商、產地、纖維成分及清洗處理方式等資訊的人造皮外套,切勿購買標示不清的廉價品。並建議在有信譽商家或知名專櫃購買,較能得到正確的清洗保養資訊及售後服務。
2. 選購時先聞一聞是否發現異味,若有刺鼻的化學藥物味,可能殘留有高揮發性的有機溶劑,應拒絕購買。
3. 避免購買皮革表面形狀不規則,或是厚度不均勻、有裂紋的商品,以免買到較為劣質的人工皮革。

安全使用法則

1. 建議遵循洗標來清洗、烘乾、熨燙外套,以免因處理錯誤而使皮革受損,導致殘留物質釋出。一般而言,人工皮革通常建議用乾洗方式清潔,乾洗時儘量將洗滌時間降到最低,不要使用有機溶劑如苯、汽油及四氯乙烯等洗滌,以免皮革脆裂、變硬。另外,避免高溫烘乾,也不宜直接熨燙,以避免折損皮革的使用壽命,同時破壞其安定性導致殘留的化學物質釋出。
2. 切勿使用來路不明或不符合洗滌標示說明的皮革清潔劑、中性洗滌劑來刷洗,尤其是標榜強力去污的清潔劑,可能會使皮革受損,導致有毒物質產生。
3. 定期將衣櫥內的皮外套置於陰涼通風處晾曬,以免人造皮外套因長期置於密閉衣櫥中而揮發出毒性物質。
4. 穿著後,皮膚若出現明顯的過敏、發炎等不適症狀,應立即停止穿著。

印花T恤

同類日用品▶

市售印花T恤多以合成纖維混紡天然棉製成，穿起來舒適透氣，而T恤上色彩繽紛、款式多樣的圖案，更成為多數人休閒時的穿搭選擇。但T恤若添加禁用的染色劑及螢光劑，或以粗劣的手法製作導致化學物質的附著力不穩定，等於是讓穿上T恤的消費者大面積地接觸毒性物質侵害的環境，因為這些禁用染色劑及螢光劑會經由衣服接觸皮膚而進入人體，不僅會引發皮膚病變，還可能增加罹癌的風險。

●顏色過於雪白或鮮豔的印花T恤，可能選用違法的致癌染料或具遷移性的螢光劑，穿上身恐危害人體健康。

常見種類	卡通T恤、紀念T恤
成分	1.合成／天然纖維布料：聚酯纖維（Polyester Fiber）、天然棉 2.染色劑：天然色素、化學合成染料（例如：偶氮染料、聯苯胺類、對苯二胺） 3.溶劑：甲醛 4.漂白劑：螢光增白劑
製造生產過程	T恤布料多由純天然棉質或聚酯纖維混紡棉製成。棉質布料的處理過程是從棉花抽取粗纖維後去除雜質，透過紡織技術製成纖維較細的棉絲，再紡成布料。聚酯纖維則以多元醇、多元酸等做為原料，在適當溶劑、催化劑的作用下縮聚成聚酯類聚合物，此產物高壓製成絲狀纖維，再進一步與棉絲混紡成T恤基本布料，再依照款式需添加漂白劑、染色劑及剪裁過程，最後燙印染成各式印花圖案，即為一般市售印花T恤。
致毒成分及使用目的	1.螢光增白劑：具增白效果，使纖維看起來偏向明亮的藍色，呈現潔白、亮彩及鮮豔的效果。 2.甲醛：做為纖維合成聚合物所需的溶劑，同時能與纖維作用保持染料耐久性，具固定色彩作用。 3.偶氮染料、聯苯胺類、對苯二胺：是化學合成染料，能與纖維內的結構結合，使色彩不易脫落。

家電器具

對健康的危害

1. **螢光增白劑**：具有遷移性，可能會經由皮膚、黏膜進入人體而導致過敏。雖然目前並無明確證據顯示螢光增白劑會造成急性傷害或長期致癌性，但也無法排除此物質與膀胱癌的關連性。
2. **甲醛**：長期接觸過量的游離甲醛可能會引起皮膚刺痛、乾燥、發紅等症狀，嚴重則會刺激鼻、眼睛及呼吸系統，可能引起肺水腫、致畸胎，甚至引發癌症。
3. **偶氮染料、聯苯胺類、對苯二胺**：接觸偶氮染料會刺激黏膜，造成口鼻、喉嚨、眼睛、皮膚等部位的不適感，長期接觸可能提高罹癌的機率。

常見危害途徑

1. 製造粗劣或添加禁用染料的T恤可能殘留有害物質，以高溫強酸鹼化學清潔劑清洗，會降低化學染料或有機溶劑的附著力並導致釋出，長時間穿著可能影響人體健康。
2. 螢光增白劑具有可遷移性，容易經由洗滌、搓揉、流汗或是穿著時與皮膚碰觸，附著在人體皮膚及黏膜。另外，嬰幼兒還可能以接觸過衣服的手直接拿取食物而無意中食入螢光增白物質。

選購重點

1. 建議選購標示有製造廠商、產地、纖維成分及洗燙處理方式等資訊的T恤，並聞一聞是否有殘留化學物質的異味，以免買到添加禁用成分的黑心商品。
2. 愈是雪白明亮的T恤，添加螢光增白劑的可能性就愈高，因此若要買亮色T恤，建議購買經認證不含螢光劑的產品。
3. 選擇透氣度、吸汗度高的T恤，可降低衣物因熱流汗、高溫悶熱而釋出有害物質的風險。

安全使用法則

1. 新買的T恤建議先以不含螢光增白劑的清潔劑（如：肥皂、皂絲）及溫水清洗數次後再穿著，清洗時則避免使用熱水、漂白水，或含漂白劑的洗衣粉清洗，同時儘量與貼身衣物分開洗滌，以避免螢光物質沾附。
2. 穿著T恤若因流汗而濕透，應勤於更換衣物，避免潛在毒性物質隨汗液附著於身體表面。
3. 若發現穿著後，皮膚有明顯過敏搔癢等不適症狀，應立即停止穿著。

info 含農藥的棉質T恤未必傷害人體

製成含棉T恤的棉花，在種植過程需要施以大量的農藥，近年來始有T恤殘留農藥而傷害人體的臆測。棉花田的農藥使用量占全球總量的四分之一，所用的農藥包括有機磷類、有機鹵化物、氨基甲酸鹽、除蟲菊類等，都會嚴重影響生物體各器官、系統的正常運作。不過目前國內外檢驗局尚無棉質T恤殘留農藥的相關報告，也無法證明T恤若殘存微量的農藥是否會對人體造成傷害，但在這些疑慮尚無定論的同時，國外許多環保聯盟、農業發展協會已陸續推動有機棉種植標準，並結合成衣廠商，頒發「有機棉認證標章」，代表棉花從栽種到製成衣都無農藥殘留的疑慮，也是選購棉質T恤的參考指標。

防蟎床墊

　　塵蟎是目前常見的過敏原之一，常孳生在潮濕溫暖的衣物織品，因此近年來市面上紛紛推出具有防蟎功能的寢具。然而，市售防蟎床墊多添加防蟎藥劑以杜絕塵蟎，而這些防蟎藥劑對於人體亦具毒性，可能會刺激呼吸道、皮膚黏膜，甚至引起器官系統的病變；特別是寢具會長時間與皮膚接觸，在選購和使用上需格外留意。

● 大部分的市售防蟎床墊在製造過程會添加防蟎藥劑，殘留在床墊纖維的化學物質可能直接接觸人體，形成健康風險。

常見種類	各式具防蟎效果的寢具
成分	1.布料： ❶合成纖維：聚酯纖維、尼龍（耐綸，Nylon，又名聚醯胺，Polyamide）、氨綸（Spandex，也可稱為萊卡，Lycra）。 ❷天然纖維：天然棉、羊毛、蠶絲等。 2.溶劑：甲醛。 3.漂白劑：螢光增白劑。 4.防蟎劑：冰片衍生物、N,N-二乙基間甲苯甲醯胺（又稱敵避，DEET）等脫氧醋酸類、鄰苯二甲酸酯類、二苯醚類、2-萘酚、鄰苯二甲醯亞胺等醯亞胺類、除蟲菊等。
製造生產過程	床墊布料材質多元，可為天然的棉、絲、毛，也可以是合成纖維類的聚合物或混紡纖維。不論採用哪種布料，在防蟎床墊生產過程中，都會將纖維布料浸泡在防蟎劑，先浸泡數分鐘後，再以120～200度C的溫度烘乾，如此反覆數次以提高纖維的防蟎效果，最後剪裁縫製成床墊所需的樣式，即可出售。
致毒成分及使用目的	冰片衍生物、敵避等　氧醋酸類、鄰苯二甲酸等芳香族羧酸酯類、二苯醚類、2-萘酚、鄰苯二甲醯亞胺等醯亞胺類、除蟲菊：防蟎劑，用於床墊纖維加工處理，可去除床墊布料的塵蟎。

對健康的危害

1. **冰片衍生物**：低毒性，偶爾引起過敏，大量口服才會造成頭暈、嘔吐等症狀。
2. **敵避（DEET）等脫氧醋酸類**：兒童接觸過量會產生腦部病變、手腳顫抖、抽搐、口齒不清、行為改變、昏迷等症狀。
3. **鄰苯二甲酸酯類**：為一種會干擾內分泌系統運作的環境荷爾蒙，進入體內會長時間累積在肝、腎、膽汁，累積過量有致畸胎性，也會造成不孕症。
4. **二苯醚類、2-萘酚**：急性中毒會引起頭痛、頭　、噁心、嘔吐、嗜睡、肌肉無力、呼吸困難，長期接觸會引起皮膚發炎、過敏，並會損傷肝、肺、腎。
5. **鄰苯二甲醯亞胺等醯亞胺類**：低毒性，大量吸入會造成眼睛嚴重損傷，引發過敏性皮膚炎、結膜炎及呼吸道過敏。
6. **除蟲菊**：直接接觸或吸入體內容易產生皮膚過敏及灼燒麻痛感、氣喘等症狀，在體內累積過量可能產生眼瞼水腫、喉痛、胸悶、低血壓、腹痛、嘔吐、食慾不振、視覺模糊、抽搐等症狀。

常見危害途徑

1. 使用防蟎床墊會長時間直接接觸皮膚，所以纖維織物裡的防蟎化學藥物、甲醛或其他有機溶劑等，可能透過接觸、吸入方式進入人體。
2. 以高溫的水、強酸或強鹼的化學清潔劑等錯誤的洗滌方式，會降低纖維上有害物質的附著力，增加有害化學物質釋出的可能性。

選購重點

1. 建議選購關於纖維成分及清洗處理方式等資訊清楚的床墊，並以純棉等天然材質為主，其高透氣性、排濕性可降低塵蟎孳生。
2. 皮膚或呼吸道的過敏患者在購買前，必須確實了解防蟎劑的化學成分，若有必要最好先詢問醫生再購買。

安全使用法則

1. 清洗床墊請遵循所附的洗標，一般建議避免使用熱水，或以漂白水、含漂白劑的洗衣粉清洗，以免化學物質釋出。
2. 由於床墊的防蟎功效會隨著洗條的次數而逐漸降低，但切勿因此而降低原本應清洗床墊的頻率，以免塵蟎孳生。
3. 使用後皮膚若出現明顯過敏、發炎或噁心、嘔吐等不適症狀，應立即更換床墊，並特別注意嬰幼兒的使用反應。

這樣用最安心　市售的防蟎床墊普遍都含有化學藥劑，且會隨著洗滌次數而降低防蟎效果。若想要避開化學藥劑的疑慮，同時想拉長防蟎的時效，可以選擇「物理性防蟎床墊」。它是利用精密的紡織技術製成比一般織物微小的孔洞，讓塵蟎與塵蟎屍體、排泄物無法通過，徹底阻絕過敏原接觸人體的機會，來達到長期的防蟎效果，因它不含化學藥劑，所以建議過敏患者選購物理性的防蟎寢具。

家電器具

服飾織品

文具玩具

生活雜物

枕頭

　　市售枕頭的款式五花八門，其中乳膠枕和矽膠枕是採用人工合成材質、彈性佳、易塑型，能夠配合人體工學設計，使用後不易變形。然而，人工合成的乳膠枕頭在生產過程需要添加硫化劑及發泡劑；矽膠枕本身材質為石化原料，同時也必須添加發泡劑，這些化學物質都具有程度不一的毒性，若製造過程處理程序不徹底而殘留在枕頭上，長時間接觸將影響人體健康。

● 枕頭填充物採乳膠或矽膠等合成材質，製作過程需經過特別處理，所添加的化學物質可能殘留在成品，使用過程可能透過吸入或接觸進入人體，會刺激皮膚，甚至累積體內並損害器官系統。

常見種類	乳膠枕、矽膠枕、記憶枕
成分	1.纖維布料： ❶合成：聚酯纖維、尼龍、氨綸等。 ❷天然：天然棉、羊毛、蠶絲等。 2.填充物： ❶乳膠：苯乙烯、丁二烯。 ❷矽膠：聚胺酯泡綿（矽膠枕、太空枕、記憶枕的主要材料）。 ❸天然填充物：羽毛、棉花。 3.硫化劑：硫磺、二硫化碳。 4.發泡劑：氟氯烴類化合物、N-亞硝基二苯胺等亞硝基類、二異氰酸甲苯（TDI）。 5.有機溶劑：甲醛。
製造生產過程	市售枕頭的主要差異在於填充物的材質，其中以乳膠和矽膠較具健康風險。合成乳膠以苯乙烯、丁二烯等化工原料製造，發泡過程中添加發泡劑及硫化劑，再以大量清水沖洗並經過脫硫處理，即為填充用的乳膠。至於矽膠枕頭的材質是聚氨酯泡綿，先將泡棉原料攪拌待反應完全後，再加入發泡劑二異氰酸甲苯混合，以完成發泡。上述生產過程中，乳膠、矽膠及其發泡劑、硫化劑皆可能選用甲醛當做有機溶劑。最後將填充物填入枕頭套，經剪裁、縫製即完成市售枕頭。

致毒成分及使用目的	1.硫磺、二硫化碳：硫化劑，能使乳膠在製造過程具有良好的耐磨性和結構強度，增加乳膠填充物的硬度。 2.N-亞硝基二苯胺等亞硝基類：乳膠用發泡劑，加熱分解能釋放出氣體，並在乳膠中形成細孔狀海棉結構，增加膨鬆感，使之具有彈性。 3.二異氰酸甲苯：聚氨酯泡綿發泡劑，添加後能使矽膠膨脹、填滿模型，幫助矽膠枕頭塑型。 4.甲醛：有機溶劑，提供合成乳膠以及矽膠填充物適當的反應環境，以利乳膠及矽膠等產物生成。

對健康的危害

1. **硫磺**：低毒性，接觸到皮膚會引起結膜炎、皮膚炎、濕疹，但是在皮膚或體內吸收代謝後，易轉換成毒性極強的硫化氫、二氧化硫。
2. **二硫化碳**：吸入體內會刺激鼻腔、咽喉，長期暴露在低劑量的環境中，可能會引起視網膜病變、視神經萎縮，孕婦則可能經由胎盤傳遞到胎兒體內，影響胎兒發育。
3. **硫化氫、二氧化硫**：根據動物實驗，接觸此類物質會刺激皮膚及呼吸道黏膜，嚴重者恐引起中樞神經系統的病變，破壞大腦皮層機能，影響智力發展。
4. **N-亞硝基二苯胺等亞硝基類**：對人體呼吸道及皮膚有刺激性和毒性，尤其受熱會分解出有毒的氮氧化物氣體，吸入可能致癌。
5. **二異氰酸甲苯**：吸入過量會造成呼吸急促、胸悶、咳嗽、氣喘、化學性肺炎、肺水腫等症狀，也會引起眼睛疼痛、紅腫、流淚、角膜發炎，以及皮膚發炎、過敏。
6. **甲醛**：長期接觸過量可能會引起皮膚刺痛、乾燥、發紅等症狀，甚或導致皮膚炎。

常見危害途徑

1. 枕頭在使用過程會長時間直接接觸人體，所以纖維織物裡的硫化物、發泡劑等製造填充物所使用的添加物或甲醛、防蟎藥劑，可能透過接觸、吸入方式進入人體。
2. 以高溫的水、強酸或強鹼的化學清潔劑等錯誤的洗滌方式清洗，會降低纖維上毒性物質的附著力，增加有害化學物質釋出的風險。

選購重點

1. 選購枕頭時，建議選擇商品標示清楚、詳細的商品，聞一聞確認無殘留化學物質的異味，最好選擇能現場試用的店家，試躺以確認舒適、透氣、符合自身人體工學。
2. 購買枕頭不須特別追求商品所宣稱的附加功能，如幫助學習、舒壓等廣告標示，因為枕頭不屬於醫療器材，不在衛生署管轄範圍，所以枕頭廣告中提及與醫療相關的功能，都是未經檢驗核准的項目，不但可能無法達到其宣稱的效果，恐還有安全性的疑慮。
3. 購買乳膠枕頭，建議選擇天然乳膠，尤其是過敏體質的使用者。因為合成乳膠本身為石化原料，且製造過程需添加硫化劑及發泡劑，若脫硫程序不完全便可能殘留。

安全使用法則

1. 使用枕頭若搭配枕頭套，應該經常清洗並定期更換枕頭保潔墊，若發現枕頭有凹陷或是缺乏支撐力時，就該汰舊換新。
2. 使用後若皮膚出現明顯過敏、發炎或噁心、嘔吐等不適症狀，應立即更換枕頭。
3. 乳膠枕頭切勿在陽光下直接曝曬，以免造成乳膠結構氧化，不僅縮短使用壽命，還可能增加乳膠枕頭內的毒性物質釋出的風險。

修正液

　　修正液能以美觀、便捷的方式修改墨水書寫的錯誤，它是利用具有揮發性的溶劑混入白色不透明的化學物質，塗布後稍待有機溶劑揮發、白色物質凝固，便能完全覆蓋原本的圖案或文字。修正液雖然帶來塗改上的便利，但是其所含的有機溶劑具有刺激性，會造成皮膚、眼睛、呼吸道的不適感，還會揮發具有毒性的氣體，若吸入高濃度會造成頭痛、暈眩等症狀，使用時應注意用量和使用安全。

●修正液含有容易揮發的有機溶劑，能使修正液快速凝固，但也會揮發有害氣體，吸入過量可能造成頭痛、暈眩，對皮膚、黏膜部位則有刺激性。

常見種類	立可白、修正帶
成分	1. 有機溶劑：三氯乙烷、甲基環己烷、環己烷或乙酸乙酯等。 2. 塗布劑：二氧化鈦（俗稱鈦白粉）。 3. 塗層劑：丙烯酸樹脂等。 4. 塑膠外瓶。
製造生產過程	在適當的溫度下，將有機溶劑倒入容器中並且開始低速攪拌，隨後倒入塗布劑與塗層劑，此時因濃稠度增加而須加速攪拌，以便使塗布劑能均勻分布於容器內。待混合均勻後，分裝至塑膠瓶內，組裝瓶蓋並封裝。
致毒成分及使用目的	1. 有機溶劑：能溶解無法溶於水的油脂、蠟質、樹脂等物質，並具有高度揮發性。修正液就是利用此特性將二氧化鈦溶在其中，使用時，有機溶劑會揮發散去，並留下白色覆蓋物以清除書寫的錯誤。 2. 丙烯酸樹脂：修正液自瓶內釋出，此物質可在有機溶劑揮發後形成薄膜，承載塗布劑。

對健康的危害

1. 有機溶劑: 早期的修正液所用的有機溶劑以三氯乙烷為主,但該物質會破壞臭氧層,因此目前以甲基環己烷、環己烷、乙酸乙酯等物質來取代。這三種物質都會刺激眼睛、皮膚以及呼吸道,其中甲基環己烷經動物實驗顯示,長時間接觸會造成肝腎輕微損害。環己烷及乙酸乙酯會造成噁心、嘔吐、頭痛,並且高濃度的環己烷還可能造成急性中毒,引發意識喪失。

2. 丙烯酸樹脂: 會刺激皮膚、眼睛以及呼吸道,造成噁心、頭痛。長時間暴露則會造成肝、腎的病變。

常見危害途徑

1. 由於修正液所含的有機溶劑會揮發出具有刺激性的氣味,因此在密閉或不通風的空間內使用過量的修正液,造成短時間內吸入高濃度致毒成分,恐引起身體不適。
2. 修正液所含的有機溶劑在使用後不會立刻凝固,若使用不慎而沾到皮膚會造成刺激。
3. 修正液沾到手卻未洗手便直接接觸食物,可能使修正液的化學物質轉移到食物表面而誤食。

選購重點

1. 選購時應詳閱修正液的商品標示,建議選擇詳細說明成分、容量、產地和製造商等資訊的產品,切勿貪小便宜而選擇來路或成分不明的修正液。
2. 建議選擇愈新、有效期限愈久的產品,因為擱置較久的產品,其中的有機溶劑可能已經揮發,會讓內容物變得濃稠而不易擠出,可能會因用力過當不慎噴濺至皮膚甚至眼睛,大量滲出甚至有可能有吸入有機溶劑揮發性氣體之虞。
3. 家中有孩童的消費者,盡量不要購買外瓶具特殊造型、仿造零食等的款式,以免孩童誤食。

安全使用法則

1. 修正液大多具有揮發性有機溶劑,因此建議於通風處使用,並保持適當距離,避免接觸修正液,耐心等待修正液乾燥之後才能接觸覆蓋處。
2. 修正液應保存在陰涼處,使用後將蓋子蓋緊並讓筆尖朝上。避免日光直射,不宜放置在靠近火源之處,也不要放在孩童能拿取的地方。

家電器具

服飾織品

文具玩具

生活雜物

橡皮擦

　　橡皮擦主要用在擦拭鉛筆痕跡，早期使用天然橡膠經加工處理後製成，而後為了提升橡皮擦的功能性和便利性，合成橡膠、塑膠等原料逐漸取代天然橡膠。目前市售的橡皮擦以塑膠製品為主，擦拭後碎屑比較少、不易損傷紙張，但是此種橡皮擦多以聚氯乙烯做為原料，含有對人體有害的可塑劑，可能在使用過程進入體內，干擾人體的內分泌系統並可能導致相關疾病。

●市售常見的塑膠橡皮擦，在製造過程添加的可塑劑能軟化橡皮擦、強化擦拭功能，但可能影響內分泌的運作，導致荷爾蒙失調。

常見種類	美術用橡皮擦、原子筆用橡皮擦。
成分	1.主要原料：一般橡皮擦多採用天然橡膠或合成橡膠；塑膠橡皮擦則使用聚氯乙烯（PVC）。 2. 交聯劑：硫化物。 3. 軟化劑：植物油。 4. 浮石粉：鈉、矽、鐵等化合物的混合物。 5. 染色劑。
製造生產過程	首先需準備主要原料，天然橡膠先切成碎片或磨成粉狀，合成橡膠或聚氯乙烯則為液狀或粉狀。接著依照成品的用途，加入適量的交聯劑、軟化劑、浮石粉及染色劑以調節橡皮擦的硬度、摩擦力，加熱並攪拌均勻使其交聯成為具彈性、耐磨擦的特性，待冷卻凝固後即可裁切為所需的形狀，再經過包裝即可上市。
致毒成分及使用目的	1.鄰苯二甲酸酯：是用來製造聚氯乙烯的可塑劑，能使塑料軟化並且增加黏性，能讓橡皮擦柔軟，更容易擦拭。 2.重金屬：以鉛、鎘為主，是製造聚氯乙烯所使用的安定劑成分，能增

加聚氯乙烯的耐熱度以利高溫加工；同時也是大多數染色劑所含的成分，能美化產品外觀。

3. 交聯劑：以硫化物為主，是使橡膠成分具有彈性的添加劑，能使橡皮擦具有高彈性，並且抗腐蝕，使其耐擦拭及耐用。

對健康的危害

1. **鄰苯二甲酸酯**：是一種會干擾內分泌系統運作的環境荷爾蒙，在動物實驗中引起肝臟腫瘤，長期暴露可能會影響生殖能力以及懷孕時胎兒發育，進入人體多累積在肝、腎、膽汁等器官，過量會造成男性雌性化、增加女性罹患乳腺癌的機率。

2. **鉛、鎘**：這類重金屬進入人體便不易經代謝排出，容易累積在器官、損害器官功能。鉛的累積會造成慢性鉛中毒，傷害肝、腎、骨骼，並引起食慾不振、神經衰弱等症狀。鎘的累積會導致神經系統、生殖系統和腎臟的損害並造成骨質疏鬆。

3. **硫化物**：會影響肝、腎及中樞神經系統，症狀包括頭痛、暈眩、腹瀉、噁心等。

常見危害途徑

1. 使用塑膠橡皮擦後未清洗雙手就直接拿取食物進食，導致有害物質沾附在食物表面並進入人體。

2. 部分造型特殊的橡皮擦可能誘使孩童誤食，或是因好奇而把玩、啃食橡皮擦屑，如此將有吃下有害物質而中毒的風險。

選購重點

1. 市售橡皮擦琳琅滿目，選購前可透過商品標示區分產品所採用的成分，若選購塑膠製橡皮擦，建議避免挑選使用聚氯乙烯（PVC）做為原料的橡皮擦。

2. 橡皮擦的造型多元，應避免購買顏色過於鮮豔的款式，以避免接觸到過量的染色劑。

3. 家中有孩童的消費者不建議購買外觀仿造點心、零嘴的橡皮擦，以避免孩童誤食。

安全使用法則

1. 使用橡皮擦之後，請切實洗手後再進食，以免無意間吃下橡皮擦所含的有害物質。

2. 兒童使用橡皮擦時應注意使用情況，並應教導兒童不可將橡皮擦及碎屑當做玩具，預防吞食意外。

蠟筆

蠟筆的色彩多元，不需調色即可使用，並且可展現出畫作上獨特的質感，廣為藝術專業人士及兒童教學的應用。一般而言，蠟筆在正常使用方法下並無顯著的健康疑慮，但由於蠟筆含有重金屬的色料，若未謹慎、正確地使用，仍有不經意誤食的風險，如此則會攝入多種重金屬並累積在體內，對健康造成危害。

● 蠟筆為了製成五顏六色的款式必須使用含有重金屬的色料粉，因此使用不當而誤食，會攝入過量重金屬，傷害健康。

常見種類	粉蠟筆
成分	1.石蠟。 2.色料粉。
製造生產過程	先將石蠟加熱溶解成液體，再加入色料粉，攪拌至均勻混合後，倒入模型盒內，在盒外使用水循環使其逐漸冷卻並定型，透過冷卻定型的時間控制蠟筆的成色。最後經過裝盒、包裝便完成成品。
致毒成分及使用目的	1.色料粉：能使成品呈現不同顏色，可製成各種顏色的蠟筆。色料粉多含金屬成分，常用在蠟筆的有：鉛、鎘、汞、砷、銻、硒、鉻及鋇等。

對健康的危害

1. **鉛**：屬於重金屬的鉛進入人體不易經代謝排出，容易累積在器官，造成器官功能損害。鉛會造成中樞及周邊神經病變，影響神經傳導及孩童智能發育，累積在體內會形成慢性鉛中毒，造成慢性腎衰竭及貧血症狀。
2. **鎘**：長期食入低劑量的鎘會造成腎的病變，嚴重時會出現尿毒症；鎘會干擾骨中鈣質的沉澱，和骨膠原的正常代謝，過量將引起骨質疏鬆、軟骨症、骨骼痠痛、骨折等病症。
3. **汞**：誤食會產生腹痛、嘔吐、急性腎衰竭等現象；慢性中毒則會產生發抖、牙齦炎、記憶力衰退、情緒不穩及周邊神經病變。
4. **砷**：食入後會產生噁心、嘔吐、低血壓等症狀，嚴重時還會發生抽搐、昏迷；慢性中毒則會引起皮膚、血液、神經等病變。
5. **銻**：誤食會產生噁心、嘔吐、腹瀉，少量誤食會產生頭痛、情緒低落等症狀，過量會影響腎臟功能。
6. **硒**：過量的硒會累積在肝、腎、肺等器官，急性中毒會產生心律不整、肝臟壞死、肺水腫、腦水腫等；慢性中毒則會使指甲及頭髮容易斷裂，並出現腸胃不適、倦怠、四肢無力、肝臟損害等症狀。
7. **鉻**：若誤食六價鉻會引起暈眩、口渴、嘔吐、胃腸道出血，長期食入則可能危害血液、呼吸系統、肝、腎，並導致肺癌。
8. **鋇**：食入或吸入過量的鋇會引起呼吸困難、血壓升高、心律改變、胃部刺激、肌肉無力、神經反射改變等症狀。

常見危害途徑

1. 用蠟筆後未洗手，就直接拿取食物進食，可能將沾附在手上的蠟筆有害物質轉移到食物表面，並吃進肚子。
2. 兒童因好奇或不良習慣將蠟筆放入口中，導致吃下蠟筆所含的金屬色料，累積在體內並危害健康。

選購重點

1. 選購時應詳閱商品標示，了解該商品的產地、廠商資訊、成分、有效期限、使用方法等，切勿貪小便宜而購買來路不明的蠟筆。
2. 我國經濟部標準檢驗局曾針對蠟筆產品進行金屬含量的抽驗，可參考檢驗結果選購檢驗合格的廠牌。

安全使用法則

1. 不可邊畫蠟筆邊吃東西，以免無意間吃下蠟筆所含的金屬色料，並且使用後務必將手洗淨再進食。
2. 兒童使用蠟筆時應注意使用情況，並教導其正確使用方法，不要讓兒童將蠟筆放入口中。

家電器具

服飾織品

文具玩具

生活雜物

461

Chapter 4

白板筆

同類日用品▶ 奇異筆

　　白板筆可搭配白板書寫，容易擦拭且色彩多元，是運用在講課、簡報的便利文具，在投影機尚未普及之前廣受歡迎。然而，白板筆在製作過程必須添加色料的溶劑，以促使色料均勻混和、維持顏色濃淡的穩定度，但是色料溶劑相當容易揮發，其釋放的氣味具有刺激性，接觸後呼吸道和皮膚均有不適感，長時間反覆吸入甚至會損害肝、腎、中樞神經系統，若長期接觸色料，亦可能造成多種身體不適的症狀。

● 白板筆所含的揮發性溶劑能調和顏色的濃淡和均勻度，但其氣體可能傷害呼吸道，色料則可能傷害肝腎或神經系統。

成分	1.筆蓋及筆身前段：聚丙烯塑膠（PP）、丙烯睛-丁二烯-苯乙烯共聚物塑膠（ABS）。 2.筆身後段：鋁、聚丙烯塑膠（PP）、丙烯睛-丁二烯-苯乙烯共聚物塑膠（ABS）。 3.筆芯：棉質纖維。 4.溶劑：甲苯、二甲苯、丙酮、甲基異丁酮、乙二醇。 5.色料：天然色料、無機染料、（如：含重金屬的化合物色料，鉛、鎘、汞、砷、銻、硒、鉻及鋇等重金屬化合物）、有機染料（如：偶氮染料）。 6.樹脂：聚乙烯醇縮丁醛。
製造生產過程	白板筆的筆身前段及筆蓋是用塑膠製成，筆身後段則依照廠商的設定採用塑膠或鋁製成白板筆筆身。若以塑膠製作，必須先製成模具，再將塑膠原料灌入模具並加熱塑型，待冷卻後即製成筆身；若採用鋁製作筆身，則將鋁管裁切壓鑄成型。接著將筆身前段置入筆芯，筆身後段灌入色料及溶劑，再組裝筆身前後段及筆蓋，經過包裝、裝盒等程序後即為成品。

家電器具

服飾織品

文具玩具

生活雜物

致毒成分及 使用目的	1.甲苯、二甲苯、丙酮、甲基異丁酮、乙二醇：皆為溶劑，具有高度揮發性並能溶解許多無法溶於水的物質，用在白板筆可溶解色料、提升塗布效果，其易揮發的特性可將色料帶入筆芯，並促進墨水均勻分布。 2.色料：色料種類極多，若使用無機染料可能含有重金屬，有機染料則以偶氮染料的健康風險較高。添加後能使白板筆具備色彩，製成不同顏色的白板筆。

對健康的危害

1. **甲苯、二甲苯**：其氣體會刺激呼吸道、眼睛及黏膜部位，吸入過量會出現嗜睡、頭痛、暈眩等症狀，短時間大量吸入則可能喪失意識甚至死亡。主要會危害中樞神經系統，長期暴露會形成慢性中毒，症狀包括：四肢無力、腎小管病變、記憶力退化、動作不協調等。反覆或長期接觸到甲苯和二甲苯溶液，會造成皮膚乾裂、龜裂、慢性皮膚炎，接觸到眼睛會灼傷角膜。

2. **丙酮**：會刺激皮膚和黏膜，長期頻繁接觸會造成皮膚脫脂；其氣體刺激支氣管，高濃度會刺痛喉嚨並可能致命。

3. **甲基異丁酮**：會刺激黏膜和皮膚，造成充血、紅腫、過敏、發炎等症狀。

4. **乙二醇**：吸入乙二醇會刺激鼻、咽喉，接觸皮膚也會造成刺激，若食入則會引起噁心、嘔吐、倦怠等症狀。

5. **重金屬**：多數重金屬都具有高毒性，並需長期累積在體內才會出現病變。其中鉛會造成中樞及周邊神經病變，影響神經傳導及孩童智能發育；長期食入低劑量的鎘會造成腎的病變，過量將引起骨骼方面的病症；汞、砷的慢性中毒則會引起皮膚、血液、神經等病變；過量的硒若引起急性中毒會產生心律不整、肝臟壞死、肺水腫、腦水腫等；長期食入六價鉻則可能危害血液、呼吸系統、肝、腎，並導致肺癌。

6. **偶氮染料**：皮膚長期接觸會使得具有致癌性的芳香族胺類分子進入人體，可能導致細胞病變，誘發膀胱癌、肝癌、血癌等疾病。

常見危害途徑

1. 白板筆所含的有機溶劑具有高度揮發性，因此若在不通風的密閉空間使用，或使用完畢未蓋上筆蓋，導致溶劑的氣味散逸，容易導致吸入有害氣體，引起身體不適。

2. 使用白板筆時，若不慎沾到皮膚，長期反覆地接觸可能受溶劑刺激而造成皮膚不適。

選購重點

　　選購時應詳閱商品標示，特別注意製造成分的資訊，僅標示「有機溶劑」而無法辨識的商品不建議選購，也不建議選購含甲苯及二甲苯的白板筆，可選擇使用醇類做為溶劑的產品。

安全使用法則

1. 使用白板筆務必在通風良好的場所，或是開啟門窗、抽風設備使空氣流通。

2. 白板筆使用完畢後，應立即蓋緊筆蓋以免溶劑散逸。

3. 若使用不慎而沾染到手部，應洗淨後才可進食；若不慎沾到眼睛，則應儘速以大量清水沖洗。

強力膠

同類日用品▶

　　強力膠具有強韌的黏著力、價格低廉，廣泛適用於皮革、塑膠、木材、金屬等材質的製品，是一款使用歷史悠久的黏著劑。不過強力膠的成分含有具揮發性的溶劑、稀釋劑，若長時間使用或使用時通風不良，吸入後對於神經系統有程度不一的損害，吸入低濃度會產生亢奮、嗜睡、頭暈、疲倦，吸入過量則損害神經系統，並可能導致昏迷。

● 強力膠製成時需添加有機溶劑以調節濃度，若使用方式不當，有傷害神經系統之虞。

常見種類	強力接著劑
成分	1.主成分：以氯丁二烯橡膠較為常見。 2.稀釋劑：正己烷。 3.溶劑：甲苯。
製造生產過程	氯丁二烯經過聚合、純化、冷卻等一連串複雜的化學反應後，成為氯丁二烯橡膠，再加入稀釋劑以調節黏度，並視需求加入其他溶劑後混合均勻，便可分裝至金屬罐或管狀包裝，經包裝後即為成品。
致毒成分及使用目的	1.氯丁二烯橡膠：其化學結構可提供強大的黏合力，強力膠便是利用此特性將之當做主要成分。 2.甲苯：是一種溶解力強大的溶劑，添加在強力膠使原本極為黏稠的氯丁二烯橡膠溶於其中，降低濃稠度、形成膏狀，以方便取用及操作。 3.正己烷：市面上少數強力膠品牌加入正己烷，用來稀釋聚合後的氯丁二烯的濃度，以使強力膠便於操作。

家電器具

服飾織品

文具玩具

生活雜物

對健康的危害

1. **氯丁二烯橡膠**：短時間大量暴露會傷害中樞神經及肝、腎、肺的功能，造成呼吸困難、刺激皮膚及黏膜；長期吸入低濃度則會造成頭痛、暈眩、心悸、胸痛、結膜炎及角膜壞死，也可能會造成神經及循環系統的異常，以及中樞、末梢神經的失調。
2. **甲苯**：主要會毒害中樞神經，也是一般吸食強力膠成癮的主要物質。若在短時間內吸入大量甲苯，初期會感到興奮、輕飄，若繼續吸入，則可能會出現頭暈、疲倦、四肢無力、嗜睡、喪失意識，吸入過量甚至會昏迷、死亡。慢性的危害則包括：腎小管病變、記憶力退化、抽搐、大腦及小腦萎縮等永久性傷害。
3. **正己烷**：正己烷主要經由呼吸而進入人體，主要傷害神經組織、引起頭暈、步行困難、感覺異常等，若接觸皮膚可能有刺激性。

常見危害途徑

1. 強力膠所含的溶劑會揮發出有毒的氣體，因此若在通風不良的地方使用強力膠，或在等待黏著劑產生黏性的期間未暫時避開，或開啟產品取用後未立即蓋上瓶蓋，都會造成短時間內吸入過多的揮發性氣體。
2. 從事長時間使用強力膠的工作（如：皮革業、裝潢業等），若長期連續在空氣不流通的環境中工作，或缺乏有效的防護工具隔絕強力膠的氣味，容易對身體產生慢性危害。
3. 強力膠由於取得容易、價格低廉，形成蓄意吸食強力膠的危害途徑。一般是將強力膠倒入塑膠袋內，再從塑膠袋開口吸入其揮發的氣體。由於此舉可能上癮並中毒，切勿嘗試。

選購重點

1. 市售強力膠的廠牌及款式繁多，建議選購商品標示清楚、成分詳細的產品，並建議選購不以甲苯為溶劑的產品。
2. 一般強力膠適用於金屬、陶瓷、皮革、塑膠、合成橡膠、合成皮、木材、紙張的黏合，選購時應詳閱商品標示中的說明，確認符合所需再購買。
3. 強力膠在固定前需要較長的等待時間，適用於黏合處較不容易對準的情況。

安全使用法則

1. 請務必在通風處使用，並且取出所需的用量之後，應立即蓋上蓋子。
2. 強力膠塗在黏合的物品後，需要約數分鐘後才會凝固，之後再將另一黏合物貼合，在此等待期間，請靜置於通風處並且盡量在其他地方等待氣體揮發。
3. 強力膠應存放在陰涼處，並避免火源、直接受日光照射，同時應放置在兒童不易取得之處，以免誤食。
4. 強力膠含有有毒的有機溶劑，不可蓄意吸食以免中毒。
5. 若不小心將強力膠沾到皮膚或眼睛，應以大量清水沖洗，若誤食則不可催吐，應儘速攜帶誤食的強力膠就醫診治。

瞬間膠

　　瞬間膠的黏合速度快、黏著能力強、應用範圍廣，並且包裝輕巧、易於操作，是簡易修繕、局部裝修常用的工具。瞬間膠的原理是主成分氰基丙烯酸乙酯接觸空氣後會發生化學變化，產生強大連結力而能夠黏住物品，但是其揮發氣體會刺激眼睛、皮膚，而且其黏合力強、凝固時間短，若使用不慎可能造成皮膚、眼睛或口腔的黏合。

●瞬間膠的主成分接觸到空氣就能產生強力黏性，但對於皮膚及眼睛具有刺激性，若使用不慎甚至有黏合皮膚及眼睛的危險。

常見種類	三秒膠、快乾膠
成分	1.主成分：氰基丙烯酸乙酯。 2.有機溶劑：丙酮。 3.充填氣體：氮氣。 4.反應劑：甲醛。
製造生產過程	先將氰基丙烯酸乙酯加入甲醛，並進行兩次化學反應後，加熱使之成為易與物質黏合的狀態，接著充填惰性氣體氮氣，以隔絕膠液在使用前與周邊物質產生黏合，也阻絕空氣中的水氣以防膠體硬化，同時進行冷卻使其液化。隨後廠商會視成品所需的黏性加入其他添加物，再添加丙酮混和均勻，最後裝瓶、密封即為成品。
致毒成分及使用目的	1.氰基丙烯酸乙酯：瞬間膠的主成分，接觸空氣中的水氣後會產生反應，成為具有連結能力強大的聚合物，能夠扣住與之接觸的物質。瞬間膠的原理就是利用此一特性以黏合物品。 2.丙酮：易揮發，其作用為溶解氰基丙烯酸乙酯的溶劑，在膠體釋出後丙酮即揮發，留下氰基丙烯酸乙酯與物質黏合。

對健康的危害

1. **氰基丙烯酸乙酯**：其蒸氣對於皮膚、黏膜組織及眼睛產生刺激性，若吸入過量會導致呼吸道發炎；接觸到皮膚、眼睛及口腔則可能會黏合，並會使眼睛產生強烈的刺痛及灼傷，可能會傷害角膜。
2. **丙酮**：會刺激皮膚和黏膜，長期頻繁接觸會造成皮膚脫脂；其氣體刺激支氣管，高濃度會刺痛喉嚨並可能致命。

常見危害途徑

1. 若在通風不佳處使用瞬間膠，或使用時為了控制黏合物而過於靠近膠體，導致吸入丙酮，將造成不適感。
2. 一般市售的瞬間膠在使用前需以刀具剪開，倘若剪開時不慎，或使用時因擠壓或劑量控制不當以致接觸到皮膚，瞬間膠的主成分氰基丙烯酸乙酯會造成刺激感。
3. 部分瞬間膠與眼藥水的外瓶相似，未清楚辨識而誤滴入眼睛，會造成眼部灼傷。
4. 部分外瓶造型特殊的瞬間膠引起幼童好奇，若啃食外瓶可能造成誤食、刺激皮膚，甚至導致口腔黏合。

選購重點

1. 選購時應詳閱商品標示，瞬間膠屬於法定的特殊性文具商品，依規定應加註主要用途、使用方法、主要成分等資訊，建議選擇說明詳細的產品，並且避免選購標示不明或無法辨識成分的產品。
2. 目前市售瞬間膠種類繁多，針對不同用途、不同的黏著物而有不同的配方，選購前應仔細閱讀商品標示，挑選適合的產品，切勿貪小便宜，亦不需刻意選擇快乾、多用途等特殊功能的產品。

安全使用法則

1. 使用前先閱讀商品標示所寫的使用方法，並依照建議使用。
2. 用刀具剪開瓶口前，需確認下刀位置是否會使內容物滲出或濺出。
3. 使用時，避免過於靠近膠體。
4. 使用後，立刻緊閉瓶蓋以防流出或不慎擠壓。
5. 瞬間膠應存放在陰涼處或冰箱並避免火源，放置於老人及小孩不易取得之處。

家電器具

服飾織品

文具玩具

生活雜物

塑膠玩具

　　玩具工業廣泛地應用塑膠原料，舉凡積木、玩偶、模型、公仔等都採用塑膠原料。由於塑膠原料的可塑性佳，能製成栩栩如生的外型，並且不易碎裂而造成傷害。然而，近年來的研究發現，塑膠在製作過程所加入的可塑劑，可能殘留在成品上，接觸過量可能影響內分泌系統；另外，為了美化外觀所用的色料也對健康有著不良影響。以兒童為主要使用者的玩具用品，實應謹慎選購、留意使用情形。

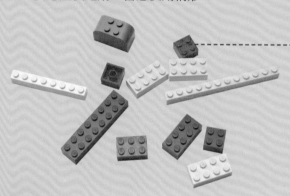

●五顏六色、生動活潑的玩具必須添加可塑劑和重金屬才可製成，但這些添加物卻可能在誤用下造成危害。

常見種類	模型玩具、塑膠積木玩具、玩具首飾、塑膠玩偶、兒童仿真飾品、玩具塑膠存錢筒、玩具建築組件、兒童用積木
成分	1.塑料：以聚氯乙烯（PVC）最常見。 2.可塑劑：鄰苯二甲酸酯類。 3.安定劑及色料：含重金屬的化合物，如：鉛、鎘等金屬鹽類。
製造生產過程	先將氯乙烯在適當的溫度、壓力下，添加可塑劑、安定劑等物質製成塑料聚氯乙烯，再將塑料加熱融化成液狀，灌注到玩具廠商所設計的模具內，待凝固、冷卻並脫模，上色後即為玩具成品。
致毒成分及使用目的	1.鄰苯二甲酸酯類：聚氯乙烯製程中的可塑劑，能使聚氯乙烯具有彈性，以利塑膠玩具塑型。 2.鉛、鎘、汞：色料和安定劑多含有重金屬化合物，其中色料能美化塑膠玩具的外觀，安定劑則能使塑膠具有耐熱度，以便塑膠玩具能承受高溫加工，製成所需的外型。

對健康的危害

1. **鄰苯二甲酸酯類**：是一種會干擾內分泌系統運作的環境荷爾蒙，經動物實驗結果顯示，長期暴露可能影響生殖能力及胎兒在母體的發育。進入人體多累積在肝、腎，過

量會造成男性雌性化、增加女性罹患乳腺癌的機率。

2. **鉛**：鉛會造成中樞及周邊神經病變，影響神經傳導及孩童智能發育，亦會造成慢性腎衰竭及貧血症狀。

3. **鎘**：長期食入低劑量鎘會累積在肝、腎，造成腎的病變，嚴重時會出現尿毒症；同時會干擾骨中鈣質的沉澱及骨膠原的正常代謝，過量將引起軟骨症、骨骼痠痛、骨折等病症。

4. **汞**：誤食會產生腹痛、嘔吐、急性腎衰竭等現象。慢性中毒則會產生發抖、牙齦炎、記憶力衰退、情緒不穩及周邊神經病變。

5. **砷**：食入後會產生噁心、嘔吐、低血壓、溶血，嚴重時會抽搐、昏迷等現象。慢性中毒則會造成皮膚、血液、神經等病變。

6. **銻**：誤食會產生噁心、嘔吐、腹瀉，少量銻會產生頭痛、情緒低落，大量會影響腎臟功能。

7. **硒**：硒雖然是人體必要的元素之一，但過量的硒會累積在肝、腎、肺等器官，急性中毒會產生心律不整、肝臟壞死、肺水腫、腦水腫等；慢性中毒則會使指甲及頭髮容易斷裂、腸胃不適、倦怠、四肢無力、肝臟損害等症狀。

8. **鉻**：若食入的鉻為六價鉻則會引起暈眩、口渴、嘔吐、胃腸道出血，長期食入則可能危害血液、呼吸系統、肝、腎，並導致肺癌。

9. **鋇**：食入過量的鋇會引起呼吸困難、血壓升高、心律改變、胃部刺激、肌肉無力、神經反射改變。

常見危害途徑 ○

1. 嬰幼兒常在把玩玩具的過程啃食玩具或將玩具放入口中，可能導致吃下可塑劑和色料所含的重金屬。

2. 部分顏色鮮豔的塑膠玩具，其色料附著性差或日久斑駁脫落，若拿過塑膠玩具後未清洗雙手，即用手直接拿取食物進食，可能攝入殘留在手上的毒物。

選購重點 ○

1. 玩具屬於我國經濟部標準檢驗局所規範的應施檢驗商品，必須通過檢驗並取得商品檢驗標識才可在國內上市販售。選購時務必購買貼有「商品檢驗標識」的產品，切勿貪小便宜購買未經檢驗的商品。

2. 玩具除了商品檢驗標識，另有「兒童安全玩具標章」可辨識，貼有此標章表示該玩具商品經過更嚴格的危險性測試，對消費者和使用的兒童更具保障。（參見P.284）

3. 選購玩具時應詳閱中文標示，特別注意各商品適用的年齡層，購買符合使用者年齡的玩具，以免發生意外。

4. 目前有許多國家已建立玩具查驗的機制以進行把關，例如歐盟規範玩具內重金屬及塑化劑含量的法令行之有年，美國、日本亦有相關標章。若是自國外購買玩具，建議認明該國的安全玩具認證。（參見P.287）

安全使用法則 ○

1. 不可讓嬰幼兒啃咬、舔食玩具，同時應儘早教導孩童不可啃食玩具，並且敦促其養成良好衛生習慣，接觸過玩具後、進食前一定要清潔雙手，以避免攝入玩具上的有害物質。

2. 提供玩具給嬰幼兒之前，應注意該玩具是否有尖角、銳邊，以免割傷；不要提供有小物件或提繩的玩具給幼兒，以免發生誤食或繞頸的意外。

乾電池

同類日用品▶ 水銀電池 鋰電池

　　乾電池具有可攜性，體積輕巧且價格便宜，能提供短期、穩定的電力，是許多電器用品的電力來源。但是，乾電池在製作過程需添加強鹼電解液、重金屬等物質，很可能在誤用或製造疏失下外漏，恐造成皮膚腐蝕或嚴重過敏的現象；此外，電力用罄的電池無法充電再利用，掩埋難以分解、焚化則會產生有毒氣體，形成不易處置的廢電池，因此實應正確使用電池以利自身安全和環保。

●部分市售乾電池內部含有重金屬如汞、鎘以及氫氧化鈉類的強鹼物質，若誤用導致外漏，會傷害皮膚，並可能進入體內造成傷害。

常見種類	主要分為碳鋅電池、鹼性電池兩類
成分	1.電極：碳棒、鋅殼、二氧化錳以及某些金屬氧化物。 2.電解質：氯化鋅、氯化銨以及強鹼物質，如鹼金屬氫氧化物類等。 3.金屬：鎘、汞等。 4.其他：金屬、塑膠外殼、內部的薄膜或膠類等。
製造生產過程	碳鋅電池以鋅殼製成陽極，以碳棒當做陰極，陰陽極之間為糊狀電解質，如氯化鋅、氯化銨，再加入維持化學反應的二氧化錳，有些生產過程會使用鎘、汞等來穩定電流；至於鹼性電池的結構和碳鋅電池相似，僅電解質部分以強鹼物質如氫氧化鉀取代。兩種乾電池的製造過程，都是先將糊狀電解質灌入鋅殼，待填滿確認無多餘空氣和水分進入，再將外殼密封，以避免影響電池正常功能，最後測試安全性和電池使用狀況，通過測試即可出售。
致毒成分及使用目的	1.二氧化錳：碳鋅電池的氧化劑，以粉末狀散布在電池內部的糊狀電解質中，用來維持電池持續產生化學反應以釋放電力。 2.氯化鋅、強鹼物質（如鹼金屬氫氧化物）：為電池內部的電解質，具有促進電流傳遞的功能。 3.鎘、汞等金屬：部分乾電池會添加導電性佳的金屬，以穩定電池的電流。

家電器具

服飾織品

文具玩具

生活雜物

對健康的危害

1. **二氧化錳**：吸入過量二氧化錳粉塵會引起錳塵肺，對於神經機能有相當程度的傷害，主要毒性作用在大腦，且此物質已證實具有致癌性、致畸胎性。
2. **氯化鋅**：直接接觸會刺激、燒灼皮膚和黏膜，接觸蒸氣會發生皮膚炎；吸入氯化鋅煙霧可能引起陣發性咳嗽以及噁心感，對上呼吸道、氣管、支氣管黏膜造成損害。
3. **強鹼物質（如鹼金屬氫氧化物類）**：皮膚接觸會有嚴重灼傷、潰瘍及永久性發紅；誤食會灼傷口腔、咽喉及食道，引起嘔吐、腹瀉、虛脫及死亡；接觸眼睛可能有水腫、潰瘍、組織瘢傷、視力損傷以及失明。
4. **鎘**：吸入過量鎘蒸氣可能會咳嗽、噁心、呼吸困難、胸悶、血痰等；食入含鎘物品，會造成腹痛、嘔吐、肌肉痙攣、眩暈、休克及抽筋，具有致癌性和致畸胎性。
5. **汞**：汞可能造成急性或是慢性中毒，腦和腎臟是汞主要分布的地方，危害神經系統最顯著的症狀，包括：顫抖、情緒不穩、肌肉衰弱、頭痛、智能反應變慢、喪失感覺和麻木等認知功能的減退。

常見危害途徑

1. 電池外殼包裝毀損或粗劣製造的電池，可能導致電解液等物質滲漏，如不慎誤觸，將造成重金屬中毒、腐蝕性傷害等危害。
2. 使用不慎或操作不當，可能接觸到電池內部的毒性化學物質，像是幼童誤食電池，或是將拋棄式電池充電，可能會使內部產生氣體，而發生外觀破裂漏液。
3. 電池若放置在潮濕高溫的環境下，或與其他金屬物品碰撞，都可能造成電池效能損失，甚至會發生漏液、發熱燃燒、爆炸等意外。

選購重點

1. 建議選購標示資訊清楚的電池，包含電池種類、規格、成分、製造廠商及產地等資訊，資訊不清的產品品質比較可疑，而廉價劣質的電池不僅使用壽命可能較短，還可能有電解液滲漏的情形。
2. 鹼性電池相對於碳鋅電池，電力壽命和電流穩定度都較佳，但是不同電器所對應的電池種類不同，因此應仔細閱讀包裝說明所建議採用的電池種類，不需刻意購買鹼性電池。

安全使用法則

1. 使用電池前，應先詳閱商品標示的注意事項、警告、危險等訊息，了解正確使用方法，以避免不當使用產生電池爆開或電解液漏出的危險。
2. 建議將電池存放在孩童不易取得的陰涼乾燥處，並遠離火源或金屬物品，以免發生危險。
3. 勿混用新舊電池或不同種類電池，乾電池電力用罄後亦不可充電，應丟棄至資源回收桶，以免破壞環境。
4. 電池在使用上有問題，應洽詢店家或參考商品標示提供的諮詢電話，勿自行拆解電池表面包材，以免造成電池內有害物質釋出。

水銀體溫計

同類日用品▶ 日光燈管

　　水銀體溫計是利用液態水銀受熱膨脹的原理來測量溫度，由於水銀對熱的敏感性高，所以水銀體溫計所測出的體溫相當精準，即便現在已有紅外線原理的耳溫槍、額溫槍，但精準性仍無法超越水銀。然而，水銀是劇毒性物質，一旦不慎摔破其玻璃外殼，就會使水銀灑落或蒸散在空氣中，不論吸入還是接觸，都可能造成神經、呼吸系統以及腎臟的損傷。

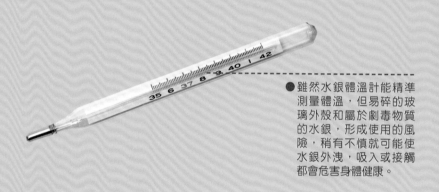

●雖然水銀體溫計能精準測量體溫，但易碎的玻璃外殼和屬於劇毒物質的水銀，形成使用的風險，稍有不慎就可能使水銀外洩，吸入或接觸都會危害身體健康。

成分	1.水銀。 2.玻璃外殼。 3.染料：鉛、鉻等重金屬、合成染料等。
製造生產過程	水銀體溫計的主要零件是隨溫度升降的水銀柱和玻璃管，首先使用壁厚、孔細而內徑均勻的玻璃管，經酸洗等過程將管內洗淨。一端加熱並吹成壁薄的球形或圓柱形的容器，在特定溫度下將水銀注入玻璃管中，將灌滿水銀玻璃管的頂端封閉，接著在玻璃管壁上刻畫溫度線，經測試確認其精準度，即完成水銀溫度計。
致毒成分及使用目的	汞：唯一在常溫下為液態的銀白色金屬，其溫度升高所需的熱能較小，且受熱後體積膨脹的比例與溫度成正比，因此利用此特殊性質做成水銀溫度計，能準確地測量出體溫。

對健康的危害

　　汞：汞不會直接刺激皮膚，但會引起皮膚過敏反應，如褪皮、紅腫、發炎、水泡等症狀。溫度計中的汞若以蒸氣形式釋出，吸入體內即產生毒性極強的有機汞（如甲基汞），進入人體後會累積在腦部和腎臟，所以體內汞含量過高會產生神經方面的病變，包括顫抖、情緒不穩、睏倦、喪失記憶、肌肉衰弱、頭痛、智能反應變慢、麻木等認知功能的減退。

常見危害途徑

　　使用不慎或幼童玩弄，造成水銀溫度計的玻璃外殼破裂，會導致水銀釋出，若經皮膚接觸或誤食吸入水銀成分，恐形成危害。

選購重點

1. 選購時，應選擇標示資訊清楚詳細的產品，以免買到劣質品或安全性不足的水銀溫度計。
2. 仔細檢查水銀溫度計的外觀是否有裂痕或為瑕疵品，避免使用時出現玻璃斷裂、水銀外漏的意外。
3. 水銀體溫計在製造及棄置所產生外溢的水銀對於環境危害甚大，所以環保署將逐漸禁止製造、輸入及販賣水銀體溫計，若買不到水銀體溫計，可選擇紅外線的耳溫槍、額溫槍、電子體溫計等體溫計來測量體溫，雖然精準性不及水銀，但仍具一定參考程

安全使用法則

1. 水銀體溫計平時應存放在孩童不易取得的地方，並避免潮濕或直接日曬，以免溫度計的玻璃外殼發生變質或破裂。
2. 使用時避免敲打玻璃管或過度用力甩，以免造成水銀體溫計底部的玻璃發生裂痕，或是失手甩出而摔破，導致玻璃管斷裂、水銀滲漏。
3. 孩童、年長者或意識不清的患者不宜使用水銀體溫計測量口腔或肛溫，恐因使用不慎而造成玻璃碎裂，可能割傷或接觸到水銀。
4. 萬一水銀流出，可先在上方灑一些麵粉，再用硬紙板刮起或針筒吸取，裝在密封容器後丟到電池回收桶，切忌用吸塵器吸，因為吸塵器內部馬達運作產生的高溫，會使水銀揮發成毒性極強的汞蒸氣。

暖暖包

　　暖暖包的體型輕巧、攜帶方便，只要拆掉外包裝、稍為搓揉，就能持續提供一段時間的熱度，是寒冷冬季裡廣受愛用的保暖用品。然而，使用暖暖包並非安全無虞，除了不慎燙傷的情形時有所聞，由於暖暖包在高溫下可能造成內容物變質或釋放出有害物質，或是暖暖包外袋破裂而接觸到內容物，都會刺激皮膚或黏膜，甚至進入人體而影響健康。

● 暖暖包的內容物具有刺激性、腐蝕性，若外袋破損出現滲漏，可能造成皮膚腐蝕、灼傷。

● 暖暖包使用過程所產生的高溫，可能使材質較差、製造粗糙的暖暖包變質而釋出有害物質。

常見種類	乾粉暖暖包、液態暖暖包
成分	1.乾粉暖暖包內成分：鐵粉、活性碳、蛭石、鹽。 2.液態暖暖包內成分：醋酸鈉、硝酸鈉。 3.不織布。 4.橡膠。 5.漂白劑：含氯漂白水、過氧化氫、螢光增白劑等。
製造生產過程	目前市售的暖暖包主要有乾粉和液態兩種型式，乾粉暖暖包是將鐵粉、活性碳、蛭石、鹽取適量均勻混和，再放入不織布密封後即完成；至於液態的暖暖包，則以橡膠袋裝填醋酸鈉、硝酸鈉等溶液，按照各種尺寸、圖案設計進行加工，即為市售的暖暖包。
致毒成分及使用目的	1.鐵粉：是乾粉暖暖包的主成分，鐵粉接觸到空氣中的水氣或氧氣會氧化並產生高溫，暖暖包就是利用此一化學反應，當空氣穿透暖暖包的不織布與鐵粉發生氧化作用，暖暖包便會發熱而有取暖的用途，活性碳、蛭石、鹽則能催化鐵粉產生氧化反應，使之加速進行氧化反應、維持熱度。 2.硝酸鈉、醋酸鈉：液態暖暖包的主成分，利用本身飽和溶液受到振動會產生結晶並放出熱量的物理變化，增加暖暖包的溫度。

家電器具

服飾織品

文具玩具

生活雜物

3.含氯漂白水、螢光增白劑等漂白劑：具增白效果，使不織布纖維呈現潔白、亮彩及鮮豔的效果。

對健康的危害

1. **鐵粉**：一般正常使用不具危險性，除非受到氧化作用產生的高溫而燙傷，或是誤食而造成重金屬中毒，可能使腸胃黏膜遭受腐蝕，出現脂肪細胞死亡、肝臟機能受損。
2. **硝酸鈉**：硝酸鹽進入體內會轉變成具有毒性的亞硝酸鹽，低血壓及心跳加速是常見的中毒症狀，也可能引發頭痛、視野缺陷、噁心、嘔吐、腹瀉等症狀；硝酸鹽經人體吸收後會被體內酵素代謝成亞硝酸鹽，而亞硝酸是致癌物質，亦具有致畸胎性。
3. **醋酸鈉**：本身具有強鹼性，所以不慎接觸可能造成皮膚黏膜、眼睛紅腫熱痛等不適現象，甚至灼傷、腐蝕。
4. **含氯漂白水**：接觸高濃度漂白水會刺激黏膜、眼睛、皮膚，吸入後會咳嗽，濃度過高會造成支氣管炎、肺水腫，大量吸入甚至會致命。
5. **螢光增白劑**：具有遷移性，可能會經由皮膚、黏膜進入人體而導致過敏。雖然目前並無明確證據顯示螢光增白劑會造成急性傷害或長期致癌性，但也無法排除此物質與膀胱癌的關連性。

常見危害途徑

1. 暖暖包長時間接觸皮膚並以被窩或衣物遮蔽，可能使溫度升高而燙傷皮膚，或高溫導致化學物質不穩定而從不織布的縫隙釋出。
2. 過度用力搓揉暖暖包而造成外袋破損，可能使乾粉或液態溶液直接接觸至人體，恐導致皮膚過敏、刺激或灼傷。
3. 嬰幼兒或老年人使用暖暖包若誤食內容物，會造成消化道腐蝕灼傷或全身性急性中毒。

選購重點

1. 國內對於暖暖包並沒有特別管理和規範，因此選購時以商品標示愈清楚、詳細愈能反應廠商負責的態度，建議詳閱原料、廠商資訊及產地、使用方法和注意事項等資訊。
2. 乾粉暖暖包外袋若顏色過於潔白，或是圖樣過於鮮豔，可能含有漂白劑、螢光增白劑，在高溫下或使用中搓揉會轉移到皮膚或衣物，最好避免選購具此特徵的商品。

安全使用法則

1. 使用時勿直接接觸皮膚以避免燙傷，可用布或薄衣物包裹、與身體隔開，並不定時移動位置為佳。
2. 避免睡覺時使用，因為暖暖包在棉被和床單的覆蓋下，容易超過一般暖暖包40度C的溫度上限，可能在熟睡過程中灼傷皮膚。
3. 孩童、年長者及殘障者可能無法立即將溫度過高的暖暖包挪開，應特別注意其使用安全。
4. 乾粉暖暖包不可重複利用，不宜打開內袋，更不可讓成分接觸口、眼等部位，應放置在幼童不易取得之處。
5. 若不慎接觸暖暖包內容物，應立即用大量清水沖洗，並攜帶暖暖包儘速就醫診治。

濕紙巾

同類日用品▶

面紙　尿布

　　市售濕紙巾不但攜帶、使用便利，還具有消毒殺菌的功能。然而，濕紙巾在製造過程必須添加抗菌劑和防腐劑以維持紙巾的品質，部分廠商因應市場需求還需添加保濕劑、香精，不肖業者甚至會加入甲醛或螢光增白劑，這些有害物質都可能在擦拭時侵入人體，引起眼睛、口鼻等部位出現過敏症狀，甚至累積在體內，增加罹癌風險。

● 濕紙巾為了具備殺菌效果並維持品質，必須添加抗菌劑、防腐劑，部分產品還會加入保濕劑、香精、螢光增白劑等化學物質以提升功能、美化外觀，接觸黏膜部位會引起不適，部分成分可能影響嬰幼兒的發育。

常見種類	嬰兒用濕紙巾、卸妝用濕紙巾
成分	1.紙巾本體：嫘縈、棉質不織布。 2.抗菌劑：酒精、甲醛、三氯沙等。 3.防腐劑：苯甲酸及其鹽類、對羥基苯甲酸等。 4.界面活性劑：硬脂醇聚醚、烷基硫酸鹽、三乙醇胺等。 5.香精：天然香料、合成香精。 6.漂白劑：螢光增白劑。 7.保濕劑：丙二醇、甘油、山梨醇等。
製造生產過程	首先調製提供紙巾保濕殺菌的溶液，溶液以過濾過的精製水、純水或RO純水等為主，並依廠商設定添加抗菌劑、防腐劑、清潔劑、保濕劑等，混和均勻後將不織布浸入調製好的溶液，再經過機器裁切和包裝即完成。
致毒成分及使用目的	1.甲醛：能使細胞蛋白質凝固，以抑制細胞功能，可做為殺菌消毒劑，添加在濕紙巾賦予殺菌功效。 2.三氯沙：破壞細菌的構造和蛋白質，常做為外用高效抗菌消毒劑，加強濕紙巾的殺菌效果。 3.苯甲酸、對羥基苯甲酸、銀、銅及亞鉛等重金屬：是能夠抑制微生物滋生的防腐劑，由於濕紙巾含有大量水分、香料、保濕劑等，容易變質、發霉，防腐劑能緩解上述情況發生。 4.硬脂醇聚醚、烷基硫酸鹽、三乙醇胺：具有去除污垢油漬的效果，添加在濕紙巾能去除髒污。

5.合成香料：增添香氣，掩蓋濕紙巾所含的其他化學物質氣味。
6.螢光增白劑：使紙巾纖維呈現潔白的效果。
7.山梨醇：可吸附水分，維持濕紙巾的濕潤度。

家電器具

服飾織品

文具玩具

生活雜物

對健康的危害

1. **甲醛**：會刺激鼻黏膜、視網膜、呼吸道、內臟器官及神經系統，長期吸入會產生中毒症狀，引發氣喘，甚至死亡。
2. **三氯沙**：過敏體質者或發育中幼兒短期接觸過量易出現過敏症狀，接觸眼睛則會引起灼燒感、流淚及結膜發紅等症狀，進入體內會累積在脂肪，長期累積是否間接致癌則尚無明確結論。
3. **安息香酸**：對微生物有強烈的毒性，但對人體並無明顯毒害，然而微晶或粉塵對皮膚、眼、鼻、咽喉等仍有刺激作用。
4. **對羥基苯甲酸**：含量過高會造成皮膚乾燥，若長期使用或殘留，會降低皮膚分泌皮脂的功能，引起接觸性皮膚炎。
5. **合成香料**：目前並無絕對證據證明香料具有毒性，不過摻雜劣質香料可能會造成頭暈、嘔吐、呼吸道過敏以及神經系統方面的損傷。
6. **螢光增白劑**：可能會經由皮膚、黏膜進入人體而導致過敏，嬰幼兒攝入過量甚至可能造成全身抽搐或窒息。雖然目前並無法確定此物質會造成急性傷害或長期致癌性，但也無法排除此物質與膀胱癌的關連性。
7. **山梨醇**：體內累積過量會引起電解質失衡、排尿困難、血栓性 脈炎、蕁麻疹、呼吸困難、過敏性休克。

常見危害途徑

1. 以濕紙巾擦拭眼睛、嘴巴，或是接觸濕紙巾的手直接拿取食物，可能會使消毒劑、防腐劑等化學物質，透過黏膜組織進入人體而造成過敏反應或腸胃不適。
2. 長期使用含有不良成分的濕紙巾擦拭嬰兒，由於嬰幼兒肌膚細嫩，極容易吸收濕紙巾所含的化學物質，可能影響生長發育。

選購重點

1. 選購濕紙巾應留意商品標示的成分及製造日期等資訊，具上述潛在風險的化學物質應避免購買；另外，過期的或距離效期很近的濕紙巾容易滋生細菌，最好不要購買。
2. 不宜選購含有酒精成分的濕紙巾，儘管酒精的殺菌效果較佳，但酒精的揮發性會在擦拭後使肌膚表面水分流失，造成肌膚緊繃乾澀的不適感。
3. 嬰幼兒用的濕紙巾通常含有潤膚成分或強調各種功效，但現行法令並未規範其添加的成分是否會透過皮膚吸收造成危害，因此建議挑選成分單純且無香味的款式，以免傷害嬰幼兒的健康。

安全使用法則

1. 切勿使用濕紙巾擦拭臉部，尤其是眼睛、嘴巴周圍，以免刺激黏膜部位並使有害物質進入體內。
2. 建議在外用餐後，最好不要使用附贈的濕紙巾擦嘴，以免刺激唇部，甚至可能將螢光物質吃下肚。
3. 不宜用濕紙巾擦拭幼兒的手部，以避免幼兒可能透過手部接觸，將有害物質吃下肚；若必須使用，建議在擦拭後再以棉質手帕或毛巾擦手，去除可能殘留的螢光增白劑。

塑膠水桶

同類日用品▶

水杓

　　塑膠水桶因為材質堅韌、價格便宜，可做為盥洗用具、食材存放容器及洗滌工具，用途相當廣泛，但是塑膠水桶是由合成塑料製成，在生產過程中多半需添加有害人體健康的可塑劑以及含有重金屬的安定劑，可能殘留在成品中並會在高溫、強酸、強鹼、強氧化的環境下釋出，經由食入、頻繁與皮膚接觸，導致有毒物質進入並累積在人體內，長期將造成神經、呼吸道、內分泌系統的功能異常。

●塑膠水桶在製作過程所添加的可塑劑和有機重金屬，在強酸、強鹼、強氧化及高溫環境下可能釋出，影響人體健康。

常見種類	餿水桶、垃圾桶。
成分	1.合成塑料：聚氯乙烯、環氧樹脂、聚碳酸酯等。 2.可塑劑：鄰苯二甲酸酯類、雙酚A等。 3.催化劑：有機鉛、汞、錫、鎘等重金屬化合物。 4.染料：天然色素、合成染色劑。 5.金屬把手：鐵、錫、鋁等。
製造生產過程	首先將塑膠在適當條件下反應聚合成高分子物質，過程中添加可塑劑、催化劑以及安定劑，再依商品需求加入染料，將液狀塑料灌入模具中，待冷卻凝固後進行表面處理，再安裝把手，便可上架出售。
致毒成分及使用目的	1.環氧樹脂：為合成樹脂，具有極高的抗拉強度，用於塑膠水桶有助於在製造過程的塑型。 2.鄰苯二甲酸酯類、雙酚A：鄰苯二甲酸酯類是製造聚氯乙烯的反應物，雙酚A是製造環氧樹脂、聚碳酸酯所使用的反應物；添加後能軟化塑膠，增加塑料的彈性及韌性，提升塑膠水桶的觸感。 3.有機鉛、汞、錫、鎘等化合物：生產水桶塑料所需添加的催化劑，同時具有安定劑的功能。

對健康的危害

1. **環氧樹脂**：接觸皮膚可能引起紅腫過敏症狀，且結構上的環氧基會在人體內產生反應，被認為是有毒或者致癌物質。
2. **鄰苯二甲酸酯類**：經由呼吸、皮膚接觸到過量的鄰苯二甲酸酯類，可能出現頭暈及皮膚方面的過敏反應，也是一種會干擾人體內分泌系統的環境荷爾蒙，多累積在肝、腎、膽汁等器官，過量會造成男性雌性化、增加女性罹患乳腺癌的機率，但人類長期暴露的影響及其致癌性仍無充分證據。
3. **雙酚A**：具有揮發性，吸入過量可能有急性症狀，進入體內可能引起皮膚紅腫過敏，同時也是環境荷爾蒙，會影響生殖系統，造成荷爾蒙失調、女性性器官早熟、男性性器官異常，可能會引發癌症和其他功能病變。
4. **有機鉛、汞、錫、鎘等化合物**：容易引起皮膚過敏反應，如搔癢、灼熱、紅腫、發炎等症狀。長期接觸會累積在體內，干擾神經、呼吸、生殖等系統的運作，並增加罹癌的風險。

常見危害途徑

1. 以塑膠水桶盛裝熱水、熱食或做為衛生盥洗器具，很可能因為粗劣製造而促使殘留毒性物質釋出，若長期累積在人體內會造成正常功能的損害。
2. 用強酸、強鹼或強氧化力的清潔劑清洗塑膠水桶（如：鹽酸、氫氧化鈉或漂白水），會溶出塑膠所含的可塑劑，增加刺激皮膚黏膜的風險。

選購重點

1. 除了留意水桶的堅固和實用性，建議消費者應選購標示清楚詳細的產品，並特別注意商品標示關於合成塑料及可塑劑的成分、製造廠商及產地等資訊，切勿購買標示不清的廉價品，以免買到黑心商品。
2. 建議避免選擇顏色鮮豔的塑膠水桶，因為其製造過程可能使用較多的合成染料，比淡色款式的商品更易溶解釋出有害物質。

安全使用法則

1. 避免使用塑膠水桶盛裝會直接接觸皮膚、經口食入以及高溫的內容物；建議使用天然材料製作的容器，如金屬、木材等，不僅能減少攝入毒性物質，同時減少塑料的使用。
2. 避免使用強酸鹼、強氧化力的清潔劑清洗，以免溶出塑膠水桶所含的可塑劑。

家電器具

服飾織品

文具玩具

生活雜物

打火機

同類日用品▶

　　打火機大多攜帶方便、價格及造型多元，並能隨時提供適量的火源，主要是透過能產生微量高壓電流的裝置，燃燒內部裝填的液化丁烷，形成穩定的火焰。目前市售打火機較為普遍的款式以塑膠外殼的簡易型打火機為主，但塑膠材質容易受到高溫、撞擊而變質或碎裂，一旦造成內部的液化丁烷釋出，可能引起異常燃燒、爆炸，同時人體也會吸入有害氣體，將影響呼吸道黏膜、神經系統等部位。

●打火機所採用易碎的塑膠外殼和易燃的液化丁烷，如果製造粗劣或使用不當，可能造成丁烷溢出、爆炸或吸入有毒氣體，危及身體健康。

常見種類	充填式打火機、拋棄式打火機、簡易型打火機。
成分	1.燃料槽：常見的有聚氯乙烯、聚乙烯、聚丙烯。 2.燃料：正丁烷、異丁烷等。 3.打火裝置：打火石、電子打火等。 4.金屬外殼：鐵、鋁等金屬。
製造生產過程	以市售最常見的拋棄式打火機為例，生產過程先製造塑膠外殼的燃料槽、充填燃料、組裝打火裝置等零件並裝配完成，再依廠商的設計加裝安全裝置或美化打火機外觀的裝置，裝配完成後需進行測試和檢驗，合格者才可包裝販售。
致毒成分及使用目的	丁烷：以高壓處理成液化丁烷，本身非常容易燃燒，做為打火機燃料便於引燃點火。

對健康的危害

丁烷：屬於易燃物，可因熱源、火花或火焰而被點燃，燃燒會產生毒性氣體，吸入會造成視覺靈敏度及視野降低、眩暈，吸入過量會造成窒息、四肢麻痺、意識模糊等神經功能異常症狀、心血管異常及嘔吐、噁心等腸胃症狀。

常見危害途徑

1. 打火機若外殼老舊或製造粗劣使得外殼產生破損，恐導致丁烷燃料飄散或滲漏，一旦濃度累積過高，可能發生爆炸或吸入性的傷害。
2. 填充式打火機填充丁烷時，若操作不慎，可能會導致燃料氣體外洩。

選購重點

1. 拋棄式和簡易型打火機屬於應施檢驗商品，必須通過標準檢驗局的測試並取得「商品檢驗標識」，才能上市販售，選購時應認明標章。
2. 建議選購外殼堅固、穩定性高的材質，避免購買拋棄式塑膠打火機，因為塑膠外殼容易受高溫、撞擊而產生變質或破損，造成使用安全性的疑慮。
3. 選購打火機應留意火焰高度，根據CNS的標準，簡易型打火機的火焰最大不得超過10公分，最小不得超過5公分；同時也應觀察熄火功能是否正常，放開打火裝置應在兩秒內完全熄滅才是安全的打火機。
4. 家中有幼童的消費者，建議選購有安全裝置的打火機，可降低幼童把玩打火機造成火災意外或燃料中毒的可能性。

安全使用法則

1. 勿將打火機放置在高溫處，特別是受到夏日曝曬的車內，因為密閉車內的溫度動輒達到部分塑膠材質可承受的臨界值，可能引起打火機燃料槽爆炸。
2. 平時應將打火機置於幼童無法拿取的位置，以避免發生危險。
3. 避免打火機掉落受到重擊，若不慎掉落應檢查是否產生隙縫，一旦有燃料外洩的疑慮，應避免使用。

家電器具

服飾織品

文具玩具

生活雜物

家事手套

　　使用家事手套不僅可以防止手滑，還可以避免直接接觸冷水或具有腐性蝕、毒性等溶液，一般家庭常用於料理飲食或清潔打掃。家事手套的材質以天然橡膠、合成橡膠和塑膠為主，其中天然橡膠會使部分體質敏感的使用者出現嚴重過敏現象，而合成橡膠使用硫化劑、塑膠材質多半添加可塑劑，使用不當可能溶出上述有害物質，進而影響人體健康。

● 家事手套所採用的原料具刺激性，長期配戴可能引起皮膚、呼吸道方面的過敏症狀。

● 家事手套若接觸高溫、高油脂環境，其所含的可塑劑可能溶出，長期誤食將影響神經系統、內分泌方面的機能。

常見種類	洗碗手套、手術手套。
成分	1.橡膠：天然橡膠（如：天然乳膠）、合成橡膠（如：苯乙烯—丁二烯、丁二烯、丙烯腈—丁二烯等橡膠）。 2.塑料：聚氯乙烯。 3.可塑劑：鄰苯二甲酸酯類、癸二酸酯類、己二酸二異丁酯等。 4.加硫劑：硫磺、過氧化物。 5.染料：天然色素、合成染劑、鉛、鉻等重金屬。
製造生產過程	以天然乳膠材料的手套為例，首先將乳狀汁液的橡膠樹生乳膠，去除雜質並純化成可用的乳膠液，再添加可塑劑和加硫劑將原料結合成極具伸縮力和彈性的產品，最後加入各式染劑，倒入模具中冷卻，即為市售用途廣泛的家事手套。
致毒成分及使用目的	1.天然乳膠：橡膠手套的主原料之一，具有良好彈性，且結構能阻隔微生物、傳染物質，做為手套能阻隔污染物。 2.鄰苯二甲酸酯類、癸二酸酯類、己二酸二異丁酯：皆為可塑劑，能軟化塑膠、增加彈性和韌性，可提升聚氯乙烯（PVC）塑料的韌性和硬度，添加後讓手套能承受搓揉擠壓。 3.硫磺：是一種加硫劑，硫磺所含的硫原子能使橡膠成為穩固的網狀構造。 4.鉛、鉻等重金屬：是染料的成分之一，用來將橡膠或塑膠材質上色，美化商品外觀。

對健康的危害

1. **天然乳膠**：具敏感體質者直接接觸天然乳膠，其所含的特定蛋白質會引起乳膠過敏反應，依體質可能在數分鐘到數個小時之間出現症狀，包括：皮膚紅腫、起疹或蕁麻疹、流鼻水、打噴嚏、喉嚨搔癢，嚴重者還會出現氣喘、休克，甚至威脅生命。
2. **鄰苯二甲酸酯類**：吸入或皮膚接觸過量，可能出現頭暈、皮膚過敏反應，長期接觸會累積在體內並干擾內分泌系統，是公認的環境荷爾蒙，但對人類長期暴露的影響及其致癌性仍無充分證據。
3. **癸二酸酯類、己二酸二異丁酯**：低毒性，但是吸入過量可能有急性呼吸系統方面症狀。
4. **硫磺**：直接接觸會引起眼結膜炎、皮膚濕疹，燃燒後所生成的二氧化硫是劇毒氣體，吸入會在腸內轉化為硫化氫，引發中樞神經系統中毒症狀，如頭痛、暈眩、嘔吐、昏迷等。
5. **鉛、鉻等重金屬**：重金屬進入人體不易經代謝排出，容易累積在器官並造成危害，鉛的累積會提高致癌風險並造成慢性鉛中毒，危害骨骼、神經、血液、腎臟及呼吸系統；鉻會刺激呼吸道及消化道，並引起皮膚慢性潰瘍。

常見危害途徑

1. 乳膠製的手套直接接觸皮膚會引起過敏，因此長時間配戴或手部在手套內因悶熱流汗，都會造成皮膚搔癢，甚至引發過敏症狀。
2. PVC塑料材質製成的手套含有可塑劑，且可能添加重金屬，在高溫、高油脂環境中可能溶出這兩種物質。

選購重點

1. 選購時應購買商品標示具備詳細資訊的商品，包含：原料、製造廠商及產地等資訊，若購買合成橡膠或塑膠製品，更應注意所添加的可塑劑成分。
2. 乳膠手套有良好隔絕感染性物質的特性，但比較可能發生乳膠過敏不適；而PVC材質不容易引起皮膚過敏，但是不具彈性且殘留可塑劑，焚化處理會產生污染空氣的戴奧辛。因此，若不確定是否對乳膠過敏，一般建議選購PVC材質的手套，除非是用在接觸感染性物質（如：針筒、紗布等醫療廢棄物），才選擇乳膠手套。
3. 建議避免選擇顏色鮮豔的手套，因為其製造過程可能使用較多的合成染料，較可能在使用過程釋出。
4. 欲選購天然乳膠製手套，應選購標示「無粉」或「低蛋白質」的款式，前者表示手套內並未添加利於穿戴的礦物粉末，後者則意指產品經特殊處理降低主要引起過敏反應的蛋白質。選擇這兩款乳膠手套較能避免發生過敏不適症狀。

安全使用法則

1. 避免戴家事手套接觸油膩食品或以熱水清洗餐具，以免讓手套所含的可塑劑殘留在食品或餐具上，可能誤食而進入身體。
2. 若需長期配戴乳膠手套，建議可先戴吸汗材質的手套，最外層再戴上乳膠手套，以防止橡膠和皮膚直接接觸。

去污泡棉

去污泡棉是一種新式的高科技清潔工具，強調不需使用清潔劑，而是利用泡棉上的微粒來去除髒污，只要在餐具、蔬果表面輕刷，就能除去污垢，雖然使用上相當便利，但它是以三聚氰胺甲醛樹脂，即俗稱的美耐皿材質製成，在高溫、油脂或酸性環境下就會溶出不利人體健康的三聚氰胺微粒或是發泡劑，可能殘留在餐具或食物上，這類有害物質會累積在體內，過量會損害器官的功能，甚至提高罹患癌症的可能性。

●高科技去污泡棉是由美耐皿合成樹脂製成的，在製造過程還添加了發泡劑，一旦誤用可能導致溶出，若沾附在餐具、食物上將危及飲食安全。

成分	1.合成樹脂：以三聚氰胺樹脂（美耐皿）為主。 2.發泡劑：氟氯烴類化合物、N-亞硝基二苯胺等亞硝基類、二異氰酸甲苯（TDI）等。 3.染料：天然色素、合成染料。
製造生產過程	先將三聚氰胺、甲醛等成分以適當溫度、壓力製成聚合物三聚氰胺樹脂（美耐皿），接著加入發泡劑和有機溶劑後，迅速將原料倒入發泡槽內，進行發泡效應，控制時間並待冷卻後進行裁切、包裝，便可上架販售。
致毒成分及使用目的	1.三聚氰胺、甲醛：是製成美耐皿合成樹脂的主要聚合原料，美耐皿製成的泡棉能達到刮除污垢粒子的效果。 2.亞硝基類化合物、二異氰酸甲苯：是一種發泡劑，加熱分解能釋放出氣體，並在聚合物組成中形成細孔，添加在去污泡棉增加美耐皿的柔軟度，能不傷及擦拭物表面。 3.鉛、鉻等重金屬：做為色素的成分，能將泡棉材質上色。

對健康的危害

1. **三聚氰胺**：本身低毒性，但可在人體消化道內轉化成三聚氰酸，與未轉化部分形成難以溶解、不易排除體外的結晶，尤其對於飲水較少且腎臟狹小的幼兒，特別容易形成結石。長期累積可能造成生殖能力損害、膀胱結石、腎結石、膀胱癌等。
2. **甲醛**：長期接觸可能引發皮膚過敏反應或導致皮膚炎；吸入過量甲醛所揮發的氣體，將導致眼睛和黏膜細胞受損、喉嚨疼痛，可能引發氣喘，甚至死亡。
3. **N-亞硝基二苯胺等亞硝基類**：對人體呼吸道及皮膚有刺激性和毒性，受熱會分解釋出有毒的氮氧化物氣體，吸入可能致癌。
4. **二異氰酸甲苯**：吸入過量會造成呼吸急促、胸迫感、咳嗽、氣喘、化學性肺炎、肺水腫、慢性支氣管炎等症狀，接觸會造成皮膚發炎、過敏，並引起眼睛疼痛、紅腫、流淚、角膜發炎等症狀。
5. **鉛、鉻等重金屬**：重金屬進入人體不易經代謝排出，容易累積在器官，造成器官功能損害。鉛累積在體內會造成慢性鉛中毒，對神經、血液、腎臟及呼吸系統造成危害；鉻會刺激呼吸道及消化道，對皮膚則會引起慢性潰瘍，累積在體內會導致神經系統、生殖系統和腎臟的損害並造成骨質疏鬆。

常見危害途徑

1. 在高溫、油脂或酸性環境下，會使去污泡棉的美耐皿成分不穩定而溶出三聚氰胺、甲醛、發泡劑等有害物質，因此像是用熱水或酸性清潔劑清洗餐具上的油污，會將有害物質溶出並殘留在餐具上，可能在使用該餐具時吃進肚子而累積在體內。
2. 去污泡棉在高溫的熱水下沖洗，會破壞其結構，使表面破動出現殘留的三聚氰胺微粒，若用來清洗餐具或生鮮食物，可能沾附在上面，若吃下會對腎臟造成危害。

選購重點

1. 建議避免選擇顏色鮮豔的泡棉，因為其製造過程可能使用較多的染料，如鉛、鉻等重金屬，表示有較高的機率會溶出。
2. 會造成此類去污泡棉的健康風險在於錯誤的使用方式，所以選購時應考慮該泡棉要用來清潔的物品，若要用來清洗餐具、蔬果則不建議購買，建議可選擇其他材質的清洗工具，如天然纖維的菜瓜布、安全合格的海綿等。

安全使用法則

1. 切忌在高溫、油脂或酸性環境下使用去污泡棉，例如：熱水、油膩的碗盤、鹽酸類洗潔劑。以此類高科技泡棉洗過的碗盤一定要用清水大量沖洗，以避免有害物質殘留。
2. 誤用去污泡棉可能溶出有害物質，因此一般建議避免使用去污泡棉做為餐具、蔬果的清洗工具。

家電器具

服飾織品

文具玩具

生活雜物

眼鏡框

同類日用品▶ 太陽眼鏡 泳鏡

　　眼鏡框的樣式五花八門，除了美觀，其主要功能是承載鏡片，讓近視患者以適當距離和舒適的配戴方式矯正視力。眼鏡框的材質主要為塑膠和金屬兩大類，塑膠鏡框造型顏色多元，但是製造過程添加了可塑劑；金屬製品則具有彈性，製作時則需電鍍，處理不當或粗劣製造可能殘留金屬電鍍廢液，長期接觸到這些有害物質會引起過敏反應，若累積在人體內，將可能影響神經、泌尿、血液等機能的異常。

● 塑膠框眼鏡在製造過程添加的可塑劑，可能在長期與皮膚接觸下釋出，可能造成皮膚過敏，甚至累積在體內影響身體健康。

● 金屬框眼鏡若製造過程採用不良的電解液，具有毒性的電解廢液會殘留在鏡框上，可能引起皮膚不適。

成分	●塑膠製 　1.塑料：醋酸纖維、聚碳酸脂、尼龍、環氧樹脂、聚甲基戊烷、塑鋼等。 　2.可塑劑：鄰苯二甲酸酯類、雙酚A（酚甲烷）等。 ●金屬製 　1.金屬：鎳鉻合金、純鈦、鎳鈦合金、不銹鋼等。 　2.電鍍金屬：鎳、氰化物、鉻化物等。 　3.染料：天然色素、合成染料。
製造生產過程	首先依設計圖製作模具，並根據設計將選定的金屬或塑料等原料灌入模具，待冷卻脫模後進入切削作業以成形，接著將部分零件依照設計需求和材質屬性進行表面處理，如：電鍍、亮光烤漆等，再將鏡片、鼻墊等零件組裝完成，部分精品還會進行手工研磨，完成後便可上市。
致毒成分及使用目的	1.鄰苯二甲酸酯類、雙酚A：添加在塑料的可塑劑，用來軟化塑膠，能使材質柔軟，增加彈性及韌性，觸感較佳，讓塑膠眼鏡框戴起來舒適。 2.鎳：抗蝕性和延展性佳，不易氧化變色，能承受外力塑型，做成鎳合金材質鏡框不易變形、外觀色澤明晰。 3.氰化物、鉻化物：並非眼鏡框本身的成分，而是部分電鍍工廠為節省成本，使用非法的電解液電鍍所產生的廢液。

對健康的危害

1. **鄰苯二甲酸酯類**：吸入或皮膚接觸過量，可能出現頭暈、皮膚過敏反應，長期接觸會累積在體內並干擾內分泌系統，是公認的環境荷爾蒙，但人類長期暴露的影響及其致癌性仍無充分證據。
2. **雙酚A**：進入體內可能引起皮膚紅腫過敏，同時也是環境荷爾蒙，會影響生殖系統，造成荷爾蒙失調、女性性器官早熟、男性性器官異常，可能會引發癌症和其他功能病變。經動物實驗發現和乳腺癌、前列腺癌有絕對的關連性。
3. **鎳**：皮膚長期接觸鎳，會造成過敏性皮膚炎，出現搔癢、灼熱、濕疹、發炎等症狀。如果長期吸入鎳的粉塵，可能有致癌的風險。
4. **氰化物**：透過呼吸、皮膚吸收而接觸少量氰化物時，短時間可能刺激眼睛及上呼吸道，慢性低濃度氰化物中毒會出現神經綜合症，如：頭暈、頭痛、呼吸加快、心跳過快、肌肉疼痛、腹痛等症狀。皮膚長期接觸可能引起帶有搔癢感的皮疹、斑疹。
5. **鉻化物**：電鍍廢液中的鉻化物以六價鉻的危害最嚴重。長期暴露在六價鉻的環境中可能引起癌症，尤其是肺癌；呼吸系統方面則有可能發生氣喘及塵肺症。

常見危害途徑

1. 眼鏡框經長時間配戴，加上汗水所含的鹽分、皮膚分泌的油脂等催化下，可能使塑膠材質中的塑化劑溶出，造成皮膚搔癢等過敏症狀。
2. 不論金屬或塑料材質的眼鏡框，如出現刮損痕跡，表示鏡框表面保護層脫落，增加內部毒性物質接觸皮膚的可能性。

選購重點

1. 選購眼鏡框時可要求店家出示鏡框的商品標示，詳閱原料、製造廠商及產地等資訊，切勿購買標示不清的鏡框，以免買到黑心商品。
2. 選擇金屬框或塑膠框，除了評估個人習慣和外型美觀之外，更應考量體質是否對特定材質過敏，另外像是眼鏡框的鼻墊、鏡腳、重量等，都是選購時的重要評估點。
3. 購買前可先聞一聞是否發現異味，若有刺鼻的化學藥物味，可能是刺激性的有機溶劑殘留，應拒絕購買。

安全使用法則

1. 避免使眼鏡框受到撞擊或刮傷，否則表層電鍍成分或亮光膠膜剝落，除了不美觀，還可能使殘留的有害物質釋出。
2. 若流汗或皮膚油脂分泌旺盛應加強眼鏡框的清潔工作，如此可減少破壞塑料材質穩定的不利因素，降低可塑劑溶出的疑慮。
3. 配戴塑膠框眼鏡的使用者，使用防蚊液時應避免噴沾到眼鏡，因為其中可能含有破壞塑膠材質的待乙妥類成分，會損害塑膠鏡框表面，增加有害物質釋出的風險。

家電器具

服飾織品

文具玩具

生活雜物

油漆

　　油漆用途廣泛，能夠用在工業機具、居家裝潢，具有防鏽、美化空間的功能。製作油漆塗料必須以大量有機溶劑溶解高分子的樹脂、顏料，以提升塗布效果，同時添加含有重金屬的色料以調色，但是這兩種物質長時間接觸、吸入呼吸道，可能影響人體健康。而近年來居家自行修繕的風氣盛行，許多民眾自行購買市售油漆粉刷牆壁，更增加接觸油漆毒性的風險，因此必須格外注意。

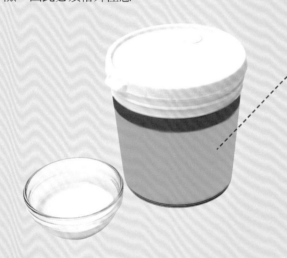

● 油漆在製造過程需添加有機溶劑以調製成各種顏色，但有機溶劑具刺激性，會揮發有害氣體，吸入或接觸會造成黏膜組織的不適，過量甚至會干擾神經系統。

常見種類	水泥漆、防鏽漆、防水塗料、防火塗料
成分	1.顏料：天然色素、化學合成顏料 2.樹脂：天然樹脂（如：松香、瀝青）、合成樹脂 3.有機溶劑：苯、甲苯（此為松香水、香蕉水的主成分之一）、二甲苯類、乙苯、甲醛等。 4.輔助劑：重金屬（如：鉛、鉻、汞等）、阻燃劑、防潮劑、可塑劑等。
製造生產過程	首先將顏料、有機溶劑和水充分混合，使樹脂粒子在水中分散，再經過粉碎分散的程序，讓粒子確實地粉碎才能得到微粒，透過適當的攪拌、過濾，接著依序添加輔助劑、阻燃劑、防潮劑、可塑劑等以調和成所需的油漆性質，最後填色裝罐，即為一般市售的油漆。
致毒成分及使用目的	1.苯、甲苯、二甲苯類、乙苯等苯類化合物：屬於有機溶劑，能夠溶解油漆所含的樹脂，以增加和其他物質的結合性，降低油漆的黏稠度以利於塗刷的順暢，也可稱為稀釋劑。

2.甲醛：廣泛用於市售水性漆和油性漆的有機溶劑，能夠抑制細菌生長，防止油漆變質。
3.鉛、鉻、汞等重金屬：本身可做為色素，也具有乾燥防鏽的功能，添加在油漆中能讓上漆的物品比較不易生鏽。

對健康的危害

1. **苯、甲苯、二甲苯類、乙苯等苯類化合物**：此類物質的揮發性很強，並具有致畸胎性和致癌性。皮膚過量接觸會造成脫屑、過敏性皮膚炎；過量吸入會刺激呼吸道、眼睛，影響中樞神經系統和循環系統，出現頭暈、頭痛、嘔吐、神智不清等症狀。
2. **甲醛**：長期接觸可能引發皮膚過敏反應或導致皮膚炎；吸入過量將導致眼睛和黏膜細胞受損、喉嚨痛、氣喘，甚至死亡。
3. **鉛、鉻、汞等重金屬**：鉛會傷害中樞神經系統，對神經、血液、腎臟及呼吸系統造成危害；鉻會刺激呼吸道及消化道，引起皮膚慢性潰瘍；汞進入人體會累積在腦和腎臟，並危害神經系統，出現顫抖、情緒不穩、肌肉衰弱、頭痛、智能反應變慢、喪失感覺和麻木等認知功能的減退。

常見危害途徑

1. 油漆含有具刺激性的成分，因此使用油漆時，未妥善穿戴防護衣物或使用不慎，造成油漆直接沾到皮膚或眼睛等部位，可能引起不適感。
2. 油漆中的有機溶劑具有揮發性，若使用油漆未戴口罩阻隔，會將油漆中的有毒揮發氣體吸入體內。
3. 若待在剛塗完油漆、通風不良的室內，可能吸入油漆所揮發的有機溶劑氣體。

選購重點

1. 建議選購商品標示資訊完整的油漆，亦可認明附有環保標章或綠建材標章的水性塗料商品，切勿購買來路不明或黑心廉價毒油漆。
2. 若要自行油漆，建議選購水性塗料，因為水性塗料能溶於水，若要調整濃度或清洗，用自來水就可處理；油性塗料不溶於水，若有稀釋、調配溶劑比例及清洗等需求，必須使用具揮發性的香蕉水、松香水，同時油性塗料的溶劑濃度含量較高，較有刺激性味道而容易造成不適。若情況特殊而必須使用油性塗料，建議由專業施工人員操作為宜。
3. 顏色愈鮮豔的油漆其含有重金屬鉛及鉻的可能性愈高，所以用在居家牆面的油漆，建議以淡色系的油漆為主，以免買到重金屬含量較高的油漆。

安全使用法則

1. 使用油漆塗料時應配戴口罩，並保持施工場所的通風，若塗刷過程有頭暈現象，表示已吸入過量有害氣體，應立即停止並至通風處休息，以免造成昏迷。
2. 使用油漆的施工處應保持通風或開啟空調設備，直到油漆的異味完全散去。
3. 建議盡量一次將油漆使用完畢，若未能用完，必須將容器緊蓋，放置陰涼處並遠離火源，以避免有機溶劑的氣體逸散或引燃火苗。
4. 防止孩童隨意啃咬漆面或撿食漆類剝落的碎屑，以防攝入油漆可能含的重金屬。

壁紙

　　現今市售壁紙的種類琳瑯滿目，材質、紋路多元，用於室內裝修可花費較少的裝潢預算便能讓空間豐富化，是現代居家常用的裝潢材料。但是壁紙在製造過程必須使用有機溶劑；為了防止受潮發霉，部分產品還會添加甲醛等防霉劑，除此之外，將壁紙黏貼於牆面所使用的黏合膠，其中同樣可能添加甲醛。這些物質都屬於具強烈揮發性的有機溶劑，其氣體會刺激呼吸道、皮膚等，接觸過量會引起不適感，長期暴露還會增加罹癌的風險。

● 壁紙本身及其使用的黏合膠，可能含有過量揮發性有機溶劑，若逸散至空氣中，長期吸入會影響人體各系統器官的正常機能，甚至罹患癌症。

常見種類	滾邊壁飾、印花貼布
成分	●壁紙本體： 　1.壁紙材料：以紙漿為最大宗，另有：聚氯乙烯（PVC）、絲絨纖維、絲綢等。 　2.有機溶劑：甲醛、苯類化合物，如：甲苯、二甲苯、乙苯等。 　3.防霉劑：甲醛、二甲基甲醯胺（DMF）等。 　4.顏料：天然、合然染料。 　5.表面加工物：阻燃塗料、香料等。 ●施工材料： 　黏合膠：天然黏合劑、合成樹脂等。
製造生產過程	壁紙材質種類繁多，以純紙材料為例，一般需要經過紙材打漿、漂白、篩選、加入適當有機溶劑等一系列加工程序，再放入造紙機上通過壓制成型、脫水、乾燥並捲成紙捲，最後依需求對紙張或表面添加防霉劑、香料、阻燃劑，或進行染料上色、壓花、表面光澤處理等多元手續後，裁切成市售規格的紙捲，即可出售。
致毒成分及使用目的	1.甲醛：是用在製造壁紙及黏合膠的有機溶劑，能改善壁紙紙材在生產過程的反應速率和效率，加快生產速度。

> 2.甲苯、二甲苯、乙苯等苯類化合物：壁紙紙材生產中所添加的有機溶劑，增加反應效率，促使產品快速、大量生產，增加獲益。
> 3.二甲基甲醯胺：防霉劑，添加在壁紙中，防止紙張受潮發霉。

對健康的危害

1. **甲醛**：對人體的鼻黏膜、視網膜、呼吸道、內臟器官及神經系統均有刺激作用，長期接觸可能引發皮膚過敏或導致皮膚炎；長期吸入會產生慢性中毒症狀，引發氣喘，甚至死亡。國際研究癌症的組織將其列為可能致癌物質。
2. **甲苯、二甲苯、乙苯等苯類化合物**：大多數苯類化合物對於皮膚都有明顯刺激作用，易引起紅腫、過敏性皮膚炎等症狀；過量吸入刺激呼吸道、眼睛，對中樞神經產生麻痺作用，引起急性中毒，如：頭痛、噁心、嘔吐等，可能引起慢性血液中毒。其中甲苯具有明顯致畸胎性和致癌性。
3. **二甲基甲醯胺**：極易揮發，人體接觸、吸入或吃下後會對皮膚、眼睛、黏膜和上呼吸道產生刺激，即使較小劑量，也會引起顯著的大面積溼疹和灼傷，並會導致新生兒缺陷。國際研究癌症的組織將其列為可能致癌物質。

常見危害途徑

1. 室內空間大量使用壁紙布置或室內通風不良，導致壁紙或黏合膠的揮發性氣體逸散。
2. 壁紙因受潮剝落或破損，內部直接接觸空氣而氧化，會使壁紙或黏合膠的化學物質變得不安定，可能增加有毒化學物質的釋出。

選購重點

1. 選購壁紙應選購商品標示內容清楚、詳細的商品，並特別注意原料、製造廠商及產地等資訊，若是委外施工，可要求商家在施工前提供商品標示以供確認。
2. 目前壁紙品質的相關證明，可參考由我國內政部建築研究所制訂的綠建材標章，代表該壁紙產品經過測試，其所含的甲醛及甲苯、二甲苯等揮發性有機化合物低於健康許可值限制含量。
3. 為了防止買到有害物質超標的壁紙，可先聞一聞壁紙，不要購買有刺鼻氣味的產品。

安全使用法則

1. 使用壁紙裝潢前，應評估該空間的通風及乾濕度情況。在台灣由於濕度普遍較高，壁紙的平均壽命大約五年，施工前應審慎評估。若條件不適合用壁紙，建議選擇壁布或其他不易受潮的材質來布置牆面，以免壁紙受潮而釋出有害物質。
2. 壁紙施工的現場應開啟門窗或空調，以保持空氣流通、乾燥，避免密閉空間導致揮發性氣體滯留在室內，或是溼度高導致使黏膠無法乾涸、壁面發霉而生成有害物質。
3. 使用壁紙時不建議將室內所有牆面都貼滿壁紙，可參考專業建議，選擇性地用於部分特定牆面，不但可發揮美化空間的效果，還可避免大量壁紙所揮發的有害氣體，污染室內空氣。
4. 張貼壁紙建議使用水性環保天然黏合膠，此類膠的原料是提煉自小麥和玉米，使用時比較沒有健康上的疑慮。
5. 壁紙若出現破損或發霉，應盡快更換或清除。

塑膠地板

同類日用品▶

塑膠地板的顏色、花紋款式多樣、價格實惠，加以拆裝步驟簡易，不需仰賴專業施工人員，是現在居家布置DIY常見的素材。但塑膠地板成分中的聚氯乙烯和填充材料石棉，都是具有潛在危險性的毒性物質，可能透過接觸或吸入影響人體正常機能。除此之外，黏貼塑膠地板所使用的黏合膠，通常是具有揮發性的有機物質，長期暴露可能增加罹癌的風險。

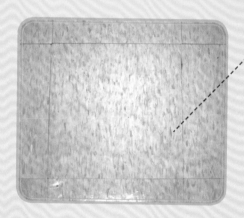

● 塑膠地板包含有機溶劑和低纖維石棉，會造成呼吸、皮膚、神經方面的傷害，形成影響居住品質的不良因子。

成分	1.塑料：主要為聚氯乙烯（PVC），可添加醋酸乙烯共聚合。 2.可塑劑：鄰苯二甲酸酯類（PAEs）。 3.填充材料：重質碳酸鈣粉、短纖維石棉粉。 4.黏合膠：天然黏合劑、合成樹脂。 5.有機溶劑：苯類化合物。 6.表面加工物：顏料、防火樹脂層。
製造生產過程	塑膠地板是以聚氯乙烯為主要原料，製造過程加入適當的可塑劑，再將聚氯乙烯以高壓方式壓制成片狀連續基材，接著依照設計需求在片狀連續基材上進行特殊處理，如：塗上耐磨塗層、印製色彩圖案或凹凸花紋等，切割後即為一般市售塑膠地板。
致毒成分及使用目的	1.鄰苯二甲酸酯類：能夠軟化塑膠，能使聚氯乙烯材質柔軟，增加塑膠地板的彈性及韌性，使其觸感較佳。 2.石棉：塑膠地板填充材料，具有耐磨、耐熱的特性，使地板的塑膠部分不易磨耗。 3.苯類化合物：有機溶劑，用於生產聚氯乙烯的製造過程，也可做為黏合膠的稀釋劑。

對健康的危害

1. **鄰苯二甲酸酯類**：經由呼吸、皮膚攝入過量可能出現噁心、嘔吐和皮膚過敏反應，同時也是一種會干擾人體內分泌系統的環境荷爾蒙，累積過量會造成男性雌性化、增加女性罹患乳腺癌的機率，但是對人類長期暴露的影響以及其致癌性，現仍無充分證據證明。
2. **石棉**：會刺激皮膚、黏膜及呼吸道，導致咳嗽、呼吸困難、胸腹痛等症狀。長期接觸可能造成肺部和胸膜的纖維化、石棉沉著症、胸膜和腹膜間皮瘤，甚至肺癌。
3. **苯類化合物**：大多數苯類化合物都會明顯地刺激皮膚，易引起紅腫、過敏性皮膚炎等症狀；吸入過量會刺激呼吸道、眼睛，麻痺中樞神經而引起急性中毒，如頭痛、噁心、嘔吐等。其中苯和甲苯具有明顯的致畸胎性和致癌性。

常見危害途徑

1. 塑膠地板所含的有機溶劑和填充材料石棉，會散發出不利人體呼吸道的有害物質，因此，若居家裝潢大量使用塑膠地板，或是使用塑膠地板的室內空間通風不良，將導致吸入揮發性毒氣或石棉微粒。
2. 自行拆裝塑膠地板或使用黏合膠黏貼時，因未配戴手套或處理不慎，導致黏合膠所含的有機溶劑直接接觸皮膚，可能造成刺激或過敏。

選購重點

1. 建議選購商品標示清楚、詳細的商品，並特別注意關於原料、製造廠商及產地等資訊，避免選購以石棉為填充材料及標示不清的商品。
2. 購買時，若發現有刺鼻氣味，可能代表產品的有機溶劑含量較高，儘量避免選購。
3. 建議避免選購顏色鮮豔的塑膠地板，尤其是家中有嬰幼兒的消費者，亮色塑膠地板的顏料含量較高，倘若其顏料的附著性不佳，可能脫落並進入人體。

安全使用法則

1. 室內空間新鋪設塑膠地板，應待揮發性物質散去，約兩週～一個月後再入住，並隨時保持通風，若仍聞到刺鼻氣味或出現頭暈、嘔吐等症狀，應立即搬離該場所，並請相關專業人員前往檢驗，確認有機溶劑的濃度。
2. 一般而言，在完整、有包覆的石棉不會釋放石棉粉塵，但是經裁切或出現破損的塑膠地板，其中易碎的石棉物質釋出就會對人體健康產生無形的潛在危機。所以建議定期更換老舊破損的塑膠地板，以避免長時間暴露在低濃度的石棉粉塵環境中。
3. 切勿在未配戴合格的呼吸面罩下進行塑膠地板的施工或拆卸，以免吸入施工過程所釋出的石棉。
4. 更換塑膠地板所殘留的黏合膠，一般會以刮刀刮除，輔以除膠劑徹底清除，應避免使用甲醛等揮發性強的除膠劑，以免吸入有毒氣體。除此之外，避免使用瓦斯噴燈以火烤的方式將塑膠地板烤軟後再剔除，因為火烤過程可能會產生戴奧辛。

合板

木心板

同類日用品▶

　　合板是現今常見的裝潢材料，因為成本低廉、容易加工，廣泛應用於各種室內裝潢和家具的製造。但是合板在製造過程必須使用黏著劑，其中含有具高毒性和揮發性的有機溶劑及甲醛，可能殘留在成品中，散發具毒性的氣體，若使用過多合板建材或室內通風不良，往往在不自覺中吸入形成中毒。除此之外，合板的加工處理過程若處理不當，還可能產生環境荷爾蒙——戴奧辛。所以應審慎選擇合板類的裝潢建材，完工後應注意通風情況，以免暴露在有害物質的環境而不自知。

●合板大多以甲醛做為黏著劑，可能透過揮發而吸入，造成呼吸道不適和其他器官的病變，甚至提高罹癌風險。

常見種類	合板製成的等裝潢和書櫃、衣櫃等家具
成分	1.木材原料：木材碎片 2.黏合膠：天然黏合劑（如：阿拉伯樹膠）、合成樹脂（如：醛樹脂、環氧樹脂等） 3.有機溶劑：甲醛、苯類化合物等。 4.表面加工物：真木貼皮、印花PVC貼紙、防火樹脂層。
製造生產過程	合成木板種類繁多，大致可分為合板、木心板、粒片板（塑合板）、纖維板等，製作的一般程序會先將木材碎片以捲切法製成單板，合板是由三片單板以有機溶劑為基底的黏合膠黏貼而成，最上層為材面較佳面板，中層為心板是較差的單板，最下層為裡板，將三層單板按木理方向垂直交叉重疊膠貼，以黏合膠貼牢，再以熱壓機壓製。最後依不同種類的需求，對面板層做加工處理，例如：貼上真木皮、印花貼紙等，即為市售常見合板建材。
致毒成分及使用目的	1.苯類化合物：有機溶劑，能夠改變合成樹脂的濃稠性及結合力，提升黏合劑黏著合板的效果。 2.甲醛：有機溶劑，是製成合成樹脂的原料，提供合成樹脂基本的結構。 3.戴奧辛：並非合板的原料，而是高溫加熱塑膠材料所產生的，可能存於木材廢棄碎片、合板高壓高溫加工處理或直接燃燒產生。

裝潢材料

家具擺飾

對健康的危害

1. **苯類化合物**：多數苯類化合物對皮膚都產生明顯的刺激作用，易引起紅腫、過敏性皮膚炎等症狀；過量吸入會刺激呼吸道、眼睛，影響中樞神經系統和循環系統，出現頭暈、頭痛、嘔吐、神智不清等症狀和免疫系統異常，甚至會心肌衰弱、休克等現象。其中苯和甲苯具有明顯致畸胎性和致癌性。

2. **甲醛**：對人體的鼻黏膜、視網膜、呼吸道、內臟器官及神經系統均有刺激作用，長期接觸可能引發皮膚過敏反應或導致皮膚炎；長期吸入會產生中毒症狀，引發氣喘，甚至死亡。

3. **戴奧辛**：短時間暴露會刺激眼睛、皮膚及呼吸道，進入人體過量會造成最常見的症狀是痤瘡、損害肝臟與免疫系統，並影響酵素運作功能而造成消化不良、肌肉或是關節疼痛。此物質可能是環境荷爾蒙，會降低男性荷爾蒙、易致流產或畸胎、以及視力受損等，也是可能的人類致癌物。

常見危害途徑

1. 由於合板所含的甲醛容易殘留或游離於黏合膠，且甲醛極易揮發有害氣體，因此居家裝潢若大量使用合板建材，或是室內通風不良，可能導致吸入過量揮發性氣體。

2. 嬰幼兒接觸合板後可能導致建材表面化學物質殘留在手上，若未洗手就進食，或誤將化學物質吃進體內，可能造成皮膚方面紅腫刺激等不適症狀，長期接觸甚至影響發育生長。

3. 合板在製造過程可能產生含有戴奧辛的廢氣，若未妥善處理或嚴格把關，可能將戴奧辛排於空氣中，再進入人體呼吸系統，也可能藉由自然環境累積而影響人體。

選購重點

1. 合板屬於經濟部標準檢驗局規範的應施檢驗商品，通過檢測表示合板的耐燃性、防焰性及甲醛釋出量符合國家標準規定，因此選購時可辨識所以選購時可認明帶有CNS國家標準及甲醛釋出量驗證F1、F2、或F3的檢驗標章（數字愈小表示劑量愈小），以免買到不符規定或甲醛含量超標的黑心合板。

2. 委外進行裝潢施工，可在裝潢前要求施工業者出示木板的甲醛檢驗報告，以保障自身權益。

3. 建議選購有綠建材標章的合板，表示該建材的重金屬溶出值符合綠建材標章的標準，並且不含石綿、放射線、無機鹵化物、環保署公告的有毒化學物質及蒙特婁公約所管制化學品，不僅能確保居住品質、保障居住者的健康，同時降低生產人工建材時對於自然環境的傷害。

安全使用法則

1. 裝潢後的空間應開啟門窗或空調設備以保持通風，待合板所揮發的氣體物質大致散去，至少兩週～一個月再搬入。若遷入後仍聞到刺鼻氣味或出現頭暈、嘔吐等症狀，應立即離開該場所，並請相關專業人員前往檢驗，確認甲醛或其他有害物質的濃度。

2. 由於嬰幼兒的肌膚、呼吸道比較敏感，易受到合板的揮發性物質刺激，所以應盡量避免讓嬰幼兒接觸新裝潢的合板建材。

3. 若非必要，建議減少使用合板建材，或使用不含塗料的實心木材，因為合板除了揮發毒性物質的潛在危害，合板的空隙還會滋生細菌，增加室內空氣過敏因子。

岩棉天花板

石膏天花板

同類日用品▶

　　岩棉天花板即舊稱「礦纖天花板」，具有隔音、隔熱的功能，並且質地輕巧、價格低廉，在現今辦公大樓樓層高、建築物不宜附加沈重的水泥天花板的情況下，廣泛地受到使用。早期大樓天花板多以石棉為建材，而後發現石棉具有致癌性，故改以危險性相對較低的岩棉來取代，但是岩棉天花板的主要原料是岩棉纖維，其纖維結構會刺激呼吸道、皮膚、眼睛等部位，長期接觸可能影響肺功能，甚至增加罹癌的風險。

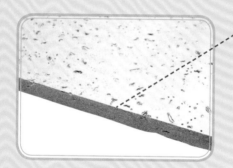

●岩棉天花板中的岩棉纖維會產生呼吸道和黏膜部位的不適感，長期暴露在此環境中會危害身體健康。

常見種類	岩棉裝飾板、岩棉隔音板、礦纖天花板
成分	1.天花板纖維：岩棉纖維。 2.漂白劑：過氧化氫、含氯漂白水等。
製造生產過程	岩棉天花板的主要原料是岩棉纖維，以玄武岩、輝長岩、白雲石、鐵礦石、鋁礬土等天然岩石，加入一定比例的礦渣（如：高爐礦渣、磷礦渣、粉煤灰），經高溫熔化、纖維化以製成人造無機質纖維，再經過高壓加工製成岩棉板，最後依照廠商的需求印上花紋並裁切成適當尺寸，即為市售岩棉天花板。
致毒成分及使用目的	1.岩棉纖維：岩棉天花板的主原料，具有良好的隔熱和隔音效果，做為石綿替代品，重量比水泥建材輕，用在人數眾多的辦公室、賣場等大樓的天花板，能改善高溫和噪音。 2.含氯漂白水：使岩棉纖維呈現潔白，美化天花板的外觀。

對健康的危害

1. **岩棉纖維**：與石棉的纖維長度、大小相似，所造成的危害易與石棉相近，但毒性較弱。吸入會影響呼吸系統，長期接觸過量（如：岩棉工人）會導致肺功能異常、肺組織出現細胞網狀纖維化、增生現象，甚至產生肺癌細胞。另外也會刺激皮膚、眼睛及黏膜組織，出現皮膚發炎、腫脹、紅疹，或導致結膜炎、角膜炎，甚至視力受損。
2. **含氯漂白水**：濃度過高會對人體的黏膜、眼睛、皮膚產生刺激性，吸入後會咳嗽，甚至造成支氣管炎、肺水腫，大量吸入甚至會致命。

常見危害途徑

1. 岩棉天花板在一般情況下就會逸散出微量的岩棉纖維和漂白水，尤其是新裝潢、濕熱環境等情況，逸散的濃度會更高些，因此若長時間待在大量使用岩棉材質裝潢的室內密閉空間，可能增加吸入岩棉粉塵和漂白水氣體的風險。
2. 岩棉天花板老舊或出現破損，可能會造成內部纖維外露，天花板的粉塵可能飄散至空氣中。

選購重點

1. 岩棉天花板屬於經濟部標準檢驗局規範的應施檢驗商品，必須通過檢驗、貼上商品檢驗標識才是合法販售的商品，因此購買前藉由「商品檢驗標識」來辨識。
2. 部分生產標準更為嚴明的岩棉天花板，會貼上內政部建築研究所的綠建材標章，貼有此標章的產品表示經過測試，其所含的甲醛及甲苯、二甲苯等揮發性有機化合物低於健康許可值限制含量。

安全使用法則

1. 建議不要長期處於以岩棉天花板裝潢的密閉空間，適時敞開門窗或空調設備，如出現咳嗽、流鼻水等不適症狀，應佩戴安全口罩以隔離粉塵。
2. 應定期清洗岩棉天花板可保持使用壽命，並可去除累積在天花板表面和縫隙的細菌、黴菌。
3. 最好適時汰換出現破損或過於老舊的岩棉板，以免吸入飄散的粉塵。
4. 建議避免使用岩棉材質的天花板，除了岩棉粉塵影響人體健康的因素，此材質的防潮性不佳，用在溼氣較重的台灣容易發霉而影響空氣品質。建議選擇其他材質的天花板，如矽酸鈣、PVC塑膠。

拼裝塑膠地墊

　　塑膠地墊具有收納使用便利、材質柔軟具防護性，加上色彩鮮豔多變能妝點室內空間，在家庭、幼兒活動場所、學生宿舍等處常可見。不過，此類泡棉地板在生產過程必須添加有機溶劑及發泡劑，若處置不當可能殘存在成品表面，使消費者在不知情下暴露在高毒性的環境中，長期攝入過量可能導致皮膚、呼吸道、神經系統方面出現機能異常，甚至誘發病變，增加罹癌風險。

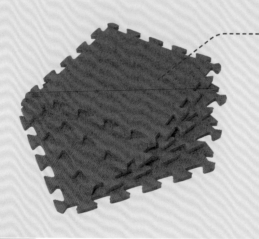

●市售塑膠地墊有可能含有過量有機溶劑和發泡劑殘留，可能經由直接接觸或呼吸而進入體內，攝入過量對健康將有負面影響。

常見種類	巧拼地墊、止滑地墊
成分	1.泡棉主成分：聚胺基甲酸酯（PU）、聚乙烯（PE） 2.發泡劑：二異氰酸甲苯（TDI） 3.有機溶劑：甲醛、苯類化合物，如苯、甲苯、二甲苯、乙苯等。 4.黏合劑：天然樹脂、合成黏合劑等。 5.顏料：天然、合成染料
製造生產過程	先依規格、密度、顏色的需求以聚胺基甲酸酯、聚乙烯等多種聚合物調配適當的泡棉主成分，加入發泡劑和適合的有機溶劑後，迅速將聚合物倒入發泡槽以進行發泡效應，控制發泡時間來決定發泡後的體積大小，待隔夜冷卻、凝固定型後，便可進行染色和裁切作業以符合圖案設計，最後完成各種圖案的切割拼組，經過分裝便可上架販售。
致毒成分及使用目的	1.甲醛：是一種能溶解油脂、樹脂等物質的有機溶劑，泡棉的製造過程和黏合膠皆可能使用，可參與泡棉材質合成的反應，使製成塑膠地墊具有適切的性質。 2.苯、甲苯、二甲苯、乙苯等苯類化合物：泡棉生產中所添加的有機溶

劑，增加反應效率，加快聚合物發泡為泡棉。
3.二異氰酸甲苯：是聚氨基甲酸酯泡綿的發泡劑，能穩定其中的氣泡結構，使完工後的塑膠地墊具有彈性。

對健康的危害

1. **甲醛**：會刺激黏膜、呼吸道，長期接觸可能引發紅腫熱痛或導致皮膚炎；長期吸入會產生慢性中毒症狀，引發氣喘，甚至死亡。國際研究癌症的組織將其列為可能致癌物質。
2. **苯、甲苯、二甲苯類、乙苯等苯類化合物**：此類物質的揮發性很強，並具有致畸胎性和致癌性。皮膚接觸過量會出現脫屑現象、過敏性皮膚炎等症狀；吸入過量會刺激呼吸道、眼睛，影響中樞神經系統、循環系統、免疫系統，出現頭暈、頭痛、嘔吐、神智不清等症狀，嚴重者可能出現心律不整、心肌衰弱、休克等症狀。
3. **二異氰酸甲苯**：是一種急毒性物質，吸入過量會造成呼吸急促、胸悶、咳嗽、氣喘化學性肺炎、肺水腫、慢性支氣管炎等症狀，接觸眼睛引起疼痛、紅腫、流淚、角膜發炎，皮膚會引起皮膚發炎及過敏。

常見危害途徑

1. 塑膠地墊的泡棉、黏合膠會釋出揮發性氣體，因此若在室內空間鋪設大量塑膠地墊，或是鋪設的室內空間狹小、通風不良，導致揮發性氣體大量累積，可能因而吸入濃度過高而危害人體健康。
2. 在塑膠地墊進行肢體活動，泡棉表面的化學物質容易沾附在直接接觸的身體部位，尤其是嬰幼兒，若用畢未洗手，可能透過間接接觸進入體內，引起不適感。

選購重點

1. 目前塑膠地墊需送交經濟部標準檢驗局檢驗的款式，只有限於兒童用塑膠彩色地墊，並且僅檢驗重金屬含量，至於甲醛及苯類有機溶劑含量則尚無相關規範，所以選購時更應謹慎，切勿購買標示不清的塑膠地墊，以免買到黑心商品。
2. 建議選購沒有刺鼻氣味的商品，同時，選擇知名品牌或在有信譽的商家購買，產品品質比較有保障。

安全使用法則

1. 新買的塑膠地墊最好在拆封後，先置於戶外通風至少一星期，待揮發性有機溶劑的氣味散去後，再移至屋內使用。
2. 鋪設塑膠地墊的空間應保持通風，以避免揮發性氣體的濃度累積在室內。若出現頭暈、嘔吐等不適症狀或皮膚、眼睛紅腫等過敏反應，都應立即離開該場所，並停止使用塑膠地墊。
3. 定期清洗地墊，可去除泡棉材質所吸附的空氣污染物，防止細菌滋生或發霉，同時，加強清洗也能降低有機溶劑的含量。
4. 家中有嬰幼兒的消費者建議少用塑膠地墊，以免嬰幼兒暴露於有毒環境。

人造皮沙發

同類日用品▶

人造皮辦公椅

　　人造皮沙發又稱合成皮沙發，相較於真皮沙發，其皮面是以聚氯乙烯（PVC）或聚氨基甲酸酯（PU）為塑膠原料製成，雖然具有悶熱、不透氣的缺點，但是價格親切、觸感及質感不亞於真皮沙發，清潔、保養又比真皮沙發來得便利，因此使用上相當普及。但是在製造過程中，必須添加有機溶劑劑、發泡劑、可塑劑及染劑，若製造粗劣而殘留過量，長期使用可能引起身體不適感。

● 人造皮沙發在製造過程必須添加多種化學製劑，難免殘留在成品表面，可能刺激皮膚、影響健康。

常見種類	合成皮沙發
組成組件	1.人造皮革：以聚氯乙烯、聚氨基甲酸酯居多 2.可塑劑：鄰苯二甲酸酯類 3.有機溶劑：富馬酸二甲酯、二甲基甲醯胺、乙酸乙酯、乙酸丁酯、苯、甲苯、二甲苯 4.催化劑：有機鉛、汞、錫、鎘等化合物 5.染劑：如：氰化鹽類、偶氮染料、苯胺等 6.內墊：高密度泡棉（三聚氰胺甲醛樹脂）、乳膠、發泡劑（如：二異氰酸甲苯） 7.支撐物：皮帶、金屬彈簧 8.框架：木材或不鏽鋼
製造生產過程	目前市售人造皮沙發皮面多以聚氯乙烯或聚氨基甲酸酯等製成。先將聚氯乙烯透過有機溶劑、有機重金屬類等催化劑的作用下，製成合成纖維皮，再添加染劑、表面紋路加工等處理，使觸感與動物皮革相似，之後依據規格剪裁成大小合適的尺寸。接著製造沙發外框架，並依照廠商的設定用皮帶或用S型彈簧做支撐物，再加上內墊，便可將剪裁好的人造皮縫合並套在沙發框架外，即可上市出售。
致毒成分及使用目的	1.鄰苯二甲酸酯類：是一種能軟化塑料的可塑劑，增加彈性及韌性，能改善人造皮沙發的皮面觸感。 2.富馬酸二甲酯、二甲基甲醯胺、乙酸乙酯、乙酸丁酯、苯、甲苯、二甲

苯：製造人工皮革所使用的有機溶劑，具有防霉、抗紫外線等效果。

3. 有機鉛、汞、錫、鎘等化合物：生產人工皮革所添加的催化劑，也具有安定劑的功能，提升沙發皮面的熱穩定性與耐酸性。

4. 氰化鹽類、偶氮染料：添加在人工皮革上做為染劑，美化人造皮沙發的外觀，增添各式色彩。

5. 三聚氰胺甲醛樹脂、二異氰酸甲苯：是製造軟硬質泡棉的原料與發泡劑，能使沙發具有彈性。

對健康的危害

1. 鄰苯二甲酸酯類：接觸過量的鄰苯二甲酸酯，可能出現頭昏、皮膚過敏，若體內累積過量，會干擾內分泌系統。

2. 富馬酸二甲酯、二甲基甲醯胺、乙酸乙酯、乙酸丁酯、苯、甲苯、二甲苯、二異氰酸甲苯：這些物質極具揮發性，其氣體會刺激呼吸道、眼睛和皮膚。若吸入過量的苯類化合物會影響中樞神經系統；吸入過量二異氰酸甲苯會引發神經系統的病變。

3. 有機鉛、汞、錫、鎘等化合物：殘留在人工皮革的量很低，但可能引起皮膚過敏反應，長期接觸亦可能干擾神經、呼吸、生殖等系統，並增加罹癌的風險。

4. 氰化鹽類、偶氮染料：氰化物會刺激鼻子、喉嚨、眼睛並腐蝕皮膚，吸入過量會中毒。長期接觸偶氮染料，會造成細胞異常，可能誘發多種癌症。

5. 三聚氰胺甲醛樹脂：製造過程中使用的甲醛、三聚氰胺、酚，對皮膚黏膜具有強烈刺激性，攝入過量會出現頭痛、腹痛、嘔吐、肌肉無力、皮膚搔癢等症狀。

常見危害途徑

1. 製造粗劣的人造皮沙發，皮面可能殘留製造過程中所用的有機溶劑、催化劑、可塑劑及染劑，導致消費者在使用過程暴露在上述化學物質中。

2. 由於人造皮沙發皮面是以聚合物製造，材質比較不透氣，並含有揮發性化學溶劑、可塑劑與催化劑，直接接觸皮膚可能引起過敏，久坐也可能抑制皮膚散熱和汗液蒸發，以致產生痱子、汗斑。

3. 若廠商採用劣質的填充泡棉或製作疏失而殘留，可能揮發有害氣體氣體，並且沙發皮面破損還會直接觸碰到三聚氰胺甲醛樹脂、二異氰酸甲苯，可能引起皮膚過敏。

選購重點

1. 購買沙發時，建議到具有信譽的店家選購，並確認皮革材質、框架與填充物成分。若聞到刺鼻氣味則可能是有機溶劑的殘留，應拒絕購買。

2. 選購沙發時，可依據空間、使用習慣、使用需求來決定款式和大小，最好與電視機距離兩公尺以上，電視機愈大距離應愈遠，以免暴露在電磁波的環境中。

安全使用法則

1. 避免將人造皮沙發放在火源及熱源附近，並且避免日光直晒，也不要將電暖爐的風口長時間對著沙發，以免人造皮布面變質。

2. 新添購的人造皮沙發若有異味，可開啟門窗或空調以加速有害物質揮發，並長期維持室內通風。

3. 建議使用皮革專用清潔劑來清潔人造皮面，避免使用化學清潔劑、濕布直接擦拭。

衣櫥

目前廣受民眾使用的衣櫥，主要是合板和塑膠兩種材質。合板衣櫥由於物美價廉外觀可與原木近似，也可經由表面加工製作成各式紋路。塑膠衣櫃則能夠反覆使用、材質輕巧等優點，廣為租屋族愛用。不過合板衣櫥可能殘留具揮發性的有機溶；而塑膠衣櫥多採用聚氯乙烯，在長期日照下則會釋出重金屬，也可能對人體健康造成威脅。

●合板衣櫥含有甲醛及苯類化合物等揮發性氣體，吸入過量將危害健康。

●塑膠衣櫥大多以聚氯乙烯製成，多添加具重金屬的安定劑，遇過熱環境會釋出，有危害健康之虞。

常見種類	合板衣櫥：木心板衣櫥、粒片板衣櫥 塑膠衣櫥：塑合板衣櫥、防塵衣櫥、鐵管布衣櫥、布衣櫥
組成組件	●合板衣櫃 1.原料：木材碎片、纖維物質（如：麻莖、稻草等）。 2.黏著劑：尿素甲醛樹脂、聚氰胺樹脂、酚樹脂。 3.有機溶劑：甲醛、苯、甲苯、二甲苯等。 4.表面加工物：真木貼皮、印花PVC貼紙、防火樹脂層。 5.門把、衣架橫桿：金屬。 ●塑膠衣櫃 1.布套原料：以聚氯乙烯（PVC）為主。 2.可塑劑：鄰苯二甲酸酯類（PAEs）。 3.安定劑：鉛、鎘。 4.支架、拉鍊：鐵、金屬。
製造生產過程	合板衣櫃：將木材碎片以捲切法製成單板，以黏著劑將三片單板按木材紋理的方向垂直交叉貼成合板，再以熱壓機壓製，接著依據衣櫃的設計進行表面加工、剪裁製成框架，加裝門把、衣架橫桿後便完成。 塑膠衣櫃：將金屬支架裁成合適的尺寸，拼裝成衣櫃主結構；另外，以聚氯乙烯製作布套，製作過程添加可塑劑、安定劑等，將之裁切、縫製成需要的版型，加上拉鍊後即可出售。

致毒成分及使用目的	1.甲醛：是黏著劑甲醛樹脂的原料，用來黏貼合板衣櫥的表面加工貼皮。 2.苯、甲苯、二甲苯：可調整合成樹脂的濃稠性及結合力，加強合板衣櫥與表面貼皮的緊密度。 3.鄰苯二甲酸酯：用來增加聚氯乙烯材質的彈性和韌性，使塑膠衣櫥的布套能符合金屬支架的尺寸。 4.鉛、鎘：安定劑可增加聚氯乙烯的耐熱度，以便高溫加工製作各種用途的產品，促進聚氯乙烯塑型為衣櫥布套所需的厚薄。 5.戴奧辛：不是製作衣櫃的原料，而是在合板衣櫥合板經高壓、高溫加工處理時，或含有聚氯乙烯的塑膠衣櫥在廢棄後，直接燃燒焚化所產生。

對健康的危害

1. **甲醛**：對皮膚、眼睛、鼻黏膜、呼吸道具有刺激性，長期接觸可能引發皮膚過敏或導致皮膚炎、甚至造成肺臟、肝臟、腎臟的損害。
2. **苯、甲苯、二甲苯**：此類物質揮發性強，其蒸氣會刺激呼吸道、眼睛及黏膜，吸入過量會引起嗜睡、頭痛、結膜炎，長期接觸會損害肝、腎、抑制中樞神經系統。
3. **鄰苯二甲酸酯**：接觸過量可能出現頭昏、皮膚過敏反應，若體內累積過量，會干擾內分泌系統，但是目前尚無研究資料可證實其致癌性。
4. **鉛、鎘**：鉛會在體內沉澱，造成慢性鉛中毒，導致消化系統、神經系統、生殖系統和腎臟的損害；鎘會造成骨質軟化和疏鬆，引起軟骨症。
5. **戴奧辛**：是致癌物質，會累積於脂肪組織中，產生痤瘡、損害肝、腎、內分泌與免疫系統，導致流產或畸胎。

常見危害途徑

1. 新品或處理草率的合成衣櫥可能有微量殘留的甲醛、苯類，若擺設在密閉空間或經常將衣櫥的門緊閉，會使揮發性有害氣體附著在衣物上或累積在室內。
2. 製造粗劣的塑膠衣櫥表面可能殘留有可塑劑，將衣櫥擺設於密閉空間中，易透過接觸、吸入危害人體。
3. 塑膠衣櫥擺設在太陽直曬的地方，容易造成安定劑釋出，易藉由吸入危害人體。
4. 燃燒含有聚氯乙烯的廢棄塑膠衣櫥，可能釋出戴奧辛，像是經過火災現場或是焚化爐附近，都可能吸入這類氣體。

選購重點

1. 選購衣櫥時，建議前往具有信譽的店家選購，最好能看到實際產品，並聞一聞是否發出異味，若聞到刺鼻氣味應拒絕購買。
2. 合板衣櫃可認明附有CNS國家標準或甲醛釋出量驗證標章，或是經由具公信力的檢驗機構認證的「低甲醛板材」。
3. 依據衣櫃預計擺設的空間選擇材質與大小，配合原本已有的家具和裝潢情況，避免使用過多合板或甲醛量高的材料。

安全使用法則

1. 為了避免衣櫥殘留的揮發性物質累積在室內空間或衣服上，新衣櫥可敞開櫥門並在通風環境下靜置一週後，再將衣服放入。每隔幾個月可將衣櫃門打開數小時，以利通風。
2. 合板衣櫥應避免放置在高溫、高濕的環境中，最好放在乾燥、涼爽的空間，並維持通風。
3. 避免將塑膠衣櫃放在太陽直射的位置及火源附近，以免有害物質釋出。

日光燈管

同類日用品▶ 省電燈泡 美術燈

　　日光燈的耗電量相對於一般燈泡來得少，且照明度則相對較亮，長時間使用燈管也不會過度發熱，廣泛用於教室、辦公室及書桌檯燈等照明設備。日光燈管發光的原理，是藉由電流刺激燈管內的汞氣體放電、釋放出紫外光，再藉由燈管的螢光物質吸收紫外光，轉成波長較長的可見光。通電時會產生電磁波，同時紫外光也是一種能量較強的電磁波，若太接近人體將影響健康。

●日光燈管內含有用來釋放紫外光的水銀，若打破燈管會釋出水銀蒸氣，吸入會對人體造成危害。

●日光燈管通電時會產生電磁波，太靠近通電中的燈管會暴露在電磁波的環境中。

組成組件	1.燈蓋、遮罩：鋁、銅線圈（電極） 2.燈管、喇叭管、心柱：玻璃、鹵化物螢光塗料（如：磷） 3.填充物：氬氣（或氖、氦）、汞 4.安定器：線圈
製造生產過程	將銅線圈固定於喇叭管的兩端，加裝燈蓋、遮罩與心柱，另外將玻璃燈管塗上螢光塗料、經過烘培後，再與喇叭管組裝。接著填裝汞滴、注入鈍性氣體（如：氬、氖、氦），密封燈管後，在燈管兩端升高電壓、加裝安定器，經檢測後加裝電線即可出售。
致毒成分及使用目的	1.電磁波：日光燈管能發亮是利用電流刺激汞蒸氣放出紫外光，此短波的光束屬於電磁波的一種；此外，電流通過安定器與電極也會產生電磁波。 2.汞：汞的導電性能佳、溫度升高所需的熱能較小，因此通電、接收電能便會形成汞氣體，當汞原子在燈管內產生能量轉換時，便會釋放出紫外光，即日光燈所利用的光源。

對健康的危害

1. **電磁波**：目前尚無醫學報告直接指出電磁波對人體的影響，但是短時間暴露在高頻電磁波環境中，可能出現頭暈、頭痛、記憶力減退、注意力不集中、抑鬱、煩躁、睡眠障礙等症狀；經研究顯示，哺乳類動物暴露於電磁波會導致下視丘素的分泌量減少，褪黑激素分泌的速度遲緩，影響神經和內分泌系統的機能。若長期暴露在高單位的電磁波環境下，可能損傷人體細胞內的基因體（DNA），而有致畸胎、致癌的可能。

2. **汞**：汞蒸氣進入體內會產生有機汞（如甲基汞），短期暴露於高濃度汞蒸氣會出現疲勞、發燒、呼吸短促、胸悶和灼熱性疼痛、肺部發炎等症狀。經由食物鏈而攝入汞，長期累積在體內，過量可能造成神經方面的病變，引起情緒不穩、睏倦、喪失記憶、肌肉衰弱、頭痛、智能反應變慢、喪失感覺和麻木等認知功能的減退。

常見危害途徑

1. 日光燈管通電時會釋放電磁波，距離日光燈管、安定器愈近，電磁波愈高，像是書桌檯燈、立燈等日光燈具通常離人體較近，長期使用容易受電磁波影響。

2. 日光燈管內有汞蒸氣，若不小心打破會使汞蒸汽外洩，吸入體內會會造成危害。

選購重點

1. 日光燈管是經濟部標準檢驗局列管為應施檢驗商品，因此建議選購通過經濟部檢測、貼有「商品安全標識」的日光燈管，以確保品質和使用安全。

2. 市售日光燈管分有各種長度、燈光顏色，長度愈長的燈管需要愈高的電壓，因此應根據需照明的範圍，選購長度合適的日光燈管，除了省電也可避免產生不必要的電磁波。

安全使用法則

1. 應注意日光燈管安裝的位置，至少保持30公分的距離，以免太靠近人體而暴露在電磁波的環境中。

2. 廢棄的日光燈管應交付清潔人員回收，並應小心勿打破日光燈管，以免汞蒸汽外洩而中毒。若不小心打破燈管，應儘速戴上口罩、手套再清理現場。

3. 日光燈管在啟動的瞬間，電磁波比較強，而且啟動數千次後電極便會失效，建議避免經常開關日光燈。

4. 日光燈管應安裝在溫度適宜的環境，在溫度低於15度C的環境中，發光效率會降低，高於40度C則易形成不發光的電流流通。

(info)　省電燈泡與LED燈的優劣

　　省電燈泡雖然名為燈泡，但其發光原理與日光燈管相同，所以耗電量較一般鎢絲燈泡少，但在電極放電時，電流刺激燈管內的汞氣體放電、釋放出紫外光，所以以電磁波比一般鎢絲燈泡強。而俗稱的LED燈（發光二極體，Light Emitting Diode，簡稱LED）是一種半導體技術製成的光源。其發光原理是將電流導入以兩種化學元素製成的發光元件，這兩種元素便會起化學作用並釋出能量，其中部分能量以光的形式激發釋出而達成發光效果。因此LED燈所釋放的電磁波較小，但是比較耗電，且發光效果較差。

窗簾

　　窗簾可以遮陽隔熱、維護隱私，同時具有美化空間的功用，是室內裝潢不可或缺的裝飾。但是窗簾在製造過程必須使用有機溶劑、染劑、阻燃劑，這些物質受到太陽直接曝曬可能釋出有害氣體而影響健康，部分製造粗劣的窗簾還會殘留過量甲醛，吊掛在不通風或高溫、高濕的環境就會釋放刺鼻氣體，因此選購時應特別注意。

● 窗簾在製造過程中必須添加有機溶劑，其中甲醛容易殘留在窗簾布料，在高溫高濕環境下會釋出有害氣體。

● 窗簾所含的阻燃劑、安定劑和染料，受陽光長時間照射會溢散，影響人體健康。

常見種類	單層窗簾、雙層窗簾、遮光簾、捲簾與羅馬簾等
成分	1.窗簾布料：棉質布料或合成布料，如：聚氯乙烯（PVC）、聚酯纖維（PE）等。 2.有機溶劑：甲醛、安定劑（如：鉛、鎘化合物）。 3.阻燃劑：多溴聯苯、多溴二苯醚等。 4.染劑：天然色素、化學染料（如：氰化鹽類、偶氮染料、聯苯胺類等）。 5.窗簾支架：金屬、塑膠等。
製造生產過程	首先製作窗簾布料，棉質布料的窗簾是抽取棉花的粗纖維，去除雜質後製成纖維較細的棉絲，再紡成布料；採用聚氯乙烯、聚酯纖維等合成布料的窗簾，則是使用溶液紡絲法，將塑料經過有機溶劑處理成液體後，再由紡嘴壓抽成絲，製成布料。布料添加有機溶劑、催化劑、阻燃劑後，經過印染及剪裁，縫製成各尺寸的窗簾，最後加裝窗簾支架即可上市販售。
致毒成分及使用目的	1.甲醛：甲醛具有防皺的特性，添加在塑料能提高棉布的硬挺度，用以加強窗簾合成布料的防皺功能，此外，甲醛也具有良好的防腐力，能提高布料防縮、阻燃、防水等功能，也可以使布料上的印花、染色較耐久。 2.鉛、鎘：安定劑可增加聚氯乙烯材質的耐熱度，使其在高溫下能加工

装潢材料

家具擺飾

製成用於窗簾的合成布料。

3. 阻燃劑：能阻止火勢蔓延，在纖維裡添加多溴聯苯、多溴二苯醚等阻燃劑，能使窗簾布料具防火功能。

4. 染劑：氰化鹽類、偶氮染料、聯苯胺類等可與纖維上的蛋白質產生反應，將織物染上顏色、印花，用在合成布料可美化外觀，使窗簾具備多種花色款式。

對健康的危害

1. **甲醛**：對皮膚、眼睛、鼻黏膜、呼吸道具有刺激性，長期接觸可能引發皮膚過敏或導致皮膚炎，甚至造成肺臟、肝臟、腎臟的損害。

2. **鉛、鎘**：鉛在體內會沉澱，造成慢性鉛中毒，導致消化、神經、生殖系統和腎臟的損害；鎘會干擾鈣的沉積，造成骨質軟化和疏鬆，引起軟骨症。吸入過量鎘，嚴重時會引起肺炎、氣管及支氣管炎、肺水腫，甚至死亡。

3. **多溴聯苯、多溴二苯醚**：目前尚無法確定此類物質對人體的危害，但經動物實驗結果顯示，高劑量的此類物質會干擾甲狀腺素分泌，影響腦部、神經系統以及胎兒的發育與出生，並且嚴重損害的肝、腎和免疫系統。

4. **氰化鹽類、偶氮染料、聯苯胺類**：氰化物具刺激性與腐蝕性，會刺激鼻黏膜、喉嚨、眼睛與皮膚，吸入過量會中毒。長期接觸偶氮染料，會使細胞的DNA發生結構與功能的變化，誘發膀胱癌、肝癌、肺癌。聯苯胺會刺激黏膜，造成口鼻、喉嚨、眼睛、皮膚的不適感，長期接觸會損害肝、腎，引起膀胱癌、輸尿管癌、胰臟癌。

常見危害途徑

1. 不論天然布料或合成布料的窗簾在製造過程中使用有機溶劑，若製造廠商未妥善處理便可能殘留在成品上，若使用環境屬高溫高溼的空間，有機溶劑會揮發出有害氣體，會透過呼吸、皮膚接觸進入人體。

2. 不論天然布料或合成布料，其所含的阻燃劑、安定劑和染料都不耐熱，經烈日長時間的照射，會使上述有害物質釋出並形成具毒性的氣體，透過吸入、皮膚接觸將危害健康。

選購重點

1. 選購窗簾建議至具有信譽的商家，並了解成分中所含的化學溶劑劑量，若有疑慮，可選購通過具公信力的驗證公司檢驗、不含甲醛的產品，並可認明通過內政部消防署檢驗、帶有防焰標章的窗簾。

2. 依據窗簾使用的環境、濕度及光照情況選購窗簾合適的材質與種類；若遮光、隔熱需求不大，建議選擇有機溶劑和染劑劑量較低的淺色窗簾，可減少化學製劑的暴露。

3. 窗簾、櫥櫃等室內裝潢家具大多含有甲醛，因此應避免選擇太多含有甲醛的家具（如：合板櫥櫃）；若家中窗戶多，也可以選擇其他材質的窗簾、百葉窗等，降低甲醛暴露量。

安全使用法則

1. 新添購的窗簾若發出刺鼻的氣味，先置於室外讓揮發氣體游離後再使用，並維持使用環境通風。

2. 合成布料製成的窗簾應盡量避免裝在太陽直曬處，以減少安定劑、染劑的溢散。

3. 新購買的窗簾可先清洗、曬乾後再使用，讓甲醛充分溢散。此外，定期清洗窗簾，也可以減少有毒物質的危害。

化纖地毯

　　地毯能夠禦寒、止滑、降低噪音及減少地磚的磨損，也能增加視覺效果，為室內空間增添設計感；而市售化纖地毯更具有防燃、防污、防蛀、抗靜電、彈性佳等優點，常用在家庭、辦公大樓的室內布置。但是化纖地毯具備上述優點，是因為製作過程添加許多化學成分，其中有機溶劑、阻燃劑、染料等都很容易釋出有害氣體，加以台灣較為炎熱、潮濕，使得地毯易孳生黴菌，這些都會影響人體健康。

●化纖地毯在製造過程所使用有機溶劑很容易殘留在成品中，其揮發的有害氣體會影響健康。

●聚丙烯腈纖維製成的地毯保暖性佳，但是相當易燃，且會生成有害氣體，使用時應小心火源。

常見種類	合成纖維地毯、各式化纖地毯
成分	1.地毯原料：聚丙烯腈纖維、聚乙烯腈（腈綸）、尼龍纖維（聚醯胺）、蔴、乙烯基、多元酯、玻璃纖維等。 2.有機溶劑：甲醛、橡膠。 3.阻燃劑：多溴聯苯、多溴二苯醚等。 4.染劑：天然色素、化學染料（如：氰化鹽類、偶氮染料、聯苯胺類等）
製造生產過程	地毯製作過程可分為手工縫製及機器加工（即利用機械進行編織、裁剪）。合成纖維是將塑料經過有機溶劑處理成液體後，再經過紡嘴壓抽成絲；根據廠商設計選擇合適的材料，經過編織後加上阻燃劑，並使用黏著劑與底層接合，再印染及剪裁，設計與縫製成各式各樣的地毯，經過檢驗測試即可出售。
致毒成分及使用目的	1.聚丙烯腈纖維：丙烯腈具有彈性好、保暖性佳，耐曬耐磨等特性，是壓克力棉的原料，用在地毯可增加保暖、止滑，並能降低地板磨損與使用年限。 2.甲醛：具有防腐、殺菌的功能，是化纖材料的合成樹脂常見成分，與織物纖維作用，可以使織品具有防皺、防縮和阻燃的效果，亦能保持印花和染料的耐久性。 3.阻燃劑：能阻止火勢蔓延，在纖維裡添加多溴聯苯、多溴二苯醚等阻

燃劑，能使地毯具備防火功能。

4.染劑：氰化鹽類、偶氮染料、聯苯胺類等，可與纖維上的蛋白質產生反應，使織物染上顏色，可讓地毯呈現多種款式的印花，增加設計。

對健康的危害

1. **聚丙烯腈纖維**：原料丙烯腈燃燒時會產生氮氧化物、氰化氫等有毒氣體，會刺激鼻子、眼睛和呼吸系統；此外地毯製造過程中，添加的溶劑二甲基甲醯胺若未處理乾淨，可能經呼吸道和皮膚吸入，造成肝臟損傷。

2. **甲醛**：易揮發至空氣中，會刺激呼吸道、眼睛等部位。濃度過高，會導致眼睛和黏膜細胞受損、引發氣喘、喉嚨疼痛、皮膚過敏，甚至死亡。

3. **多溴聯苯、多溴二苯醚**：目前尚無法確定此類物質對人體的危害，但根據動物實驗結果顯示，暴露於高劑量的此類物質會干擾甲狀腺素分泌，影響腦部、神經系統、胎兒的發育與出生，並且嚴重損害肝、腎、免疫系統，甚至致癌。

4. **氰化鹽類、偶氮染料、聯苯胺類**：氰化物具腐蝕性，會刺激鼻黏膜、喉嚨、眼睛與皮膚，吸入過量會中毒。而長期接觸偶氮染料，會使細胞的DNA發生結構與功能的變化，誘發膀胱癌、肝癌、肺癌。聯苯胺類會刺激黏膜，造成口鼻、喉嚨、眼睛、皮膚的不適感，長期接觸會損害肝、腎，引起膀胱癌、輸尿管癌、胰臟癌。

常見危害途徑

1. 地毯含有不耐熱的有機溶劑、染料和阻燃劑等化學製劑，若長時間受到烈日照射，或是在地毯上放置電熱器、電暖爐，可能導致地毯所含的化學製劑釋出並揮發成氣體，透過吸入、皮膚接觸危害健康。

2. 地毯在製作過程所添加的有機溶劑，若廠商未妥善處理便會殘留在地毯表面，若在高溫、高濕度的空間中使用，更容易讓甲醛氣體釋出，並透過皮膚接觸、吸入影響健康。

3. 使用聚丙烯腈纖維製成的地毯相當易燃，若不小心遇熱起火，燃燒時會產生有毒氣體，不但可能釀成火災，還會造成中毒。

選購重點

1. 選購時可前往具有信譽的商家，若聞到地毯有刺鼻氣味，可能是有機溶劑殘留，切勿購買。可選購通過具公信力的驗證單位檢測、不含甲醛的地毯，並可認明通過內政部消防署檢驗、貼有防焰標章的地毯。

2. 地毯的材質、款式多元，可依據空間大小、擺設色調、使用需求等因素，選擇合適的地毯，如：經過處理的羊毛地毯能夠抗靜電，可以吸收有毒氣體；椰麻地毯則具有平衡濕度的功能。

安全使用法則

1. 新買的地毯易揮發出濃度較高的甲醛，因此可先放置在通風處待揮發一週後再使用，或是保持地毯擺設處的空氣流通，並且避免放在高溫、高濕的環境中。

2. 若使用聚丙烯腈纖維製成的毛毯，切勿擺設在靠近火源處，也不要將具有熱度的電器放在地毯上。

3. 地毯易藏污納垢，應訂期保養與清潔，避免塵蟎孳生引起過敏。清潔時應避免使用化學溶劑，如：丙酮、漂白水、強力清潔劑等，以免地毯因化學反應受損、褪色。

汽車內裝

同類日用品 ▶

為提升汽車乘坐的舒適度，市售汽車在儀表板、地毯、座椅等常使用各式材質來豐富汽車內裝，但這些內裝大多採用塑料元件、著色塗料、有機黏合劑，可能在車內有限的密閉空間揮發出有害物質，若長時間乘坐或受到烈陽的曝曬，將使得汽車內裝變質，會影響乘坐者的呼吸道黏膜、皮膚和其他生理功能。

● 汽車內裝為了提升舒適度及美觀性，必須使用合成塑料及化學合成塗料，卻可能殘留在車內，若釋出過量有害物質恐影響健康。

常見種類	原廠或自行改裝的車內外觀裝置
成分	1.儀表板、隔熱紙塑料：氯乙烯、丙烯腈、苯乙烯等。 2.座椅：天然合成皮革、合成纖維布料、海綿等。 3.地毯：動物皮毛或尼龍、聚酯纖維等合成布料。 4.著色劑、塗料：氧化鐵、三聚氰胺、重金屬化合物（如：鉛、汞、鎘、銻等）。 5.阻燃劑：多溴二苯醚。 6.黏合劑：天然／合成樹脂。 7.有機溶劑：甲醛、苯類化合物。
製造生產過程	汽車內裝在不同區塊的製造過程略有不同。儀表板、車門板多為塑膠材質，生產過程依不同需求添加阻燃劑、有機溶劑、可塑劑等改善性質，依照所需的形狀分區製成，再以黏合膠組裝，依照設計在表面貼上各式仿木材、皮革塑料膜、花紋圖案或是尼龍、聚酯纖維布料，並以塗料著色。座椅部分則先以鋼體製成內部結構再鋪上泡棉，並以皮革或纖維布料縫製外層。地毯則以塑料、苯類化合物、甲醛等有機溶劑、阻燃劑等製成合成布料，再裁切成適合的尺寸，以黏合膠黏貼。最後組裝方向盤、隔熱紙、排檔面板等細部零件，汽車內裝便完成。

致毒成分及 使用目的	1.三聚氰胺、鉛、汞、鎘、銻等重金屬化合物：是著色塗料，主要用在汽車內裝的塑膠材質部分，能美化外觀。 2.多溴二苯醚：阻燃劑，添加在儀表板、地毯的塑料中，降低可燃性。 3.甲醛、苯類化合物：有機溶劑，是製造塑料、黏合劑、內裝塗料的原料。

對健康的危害

1. **三聚氰胺**：哺乳期嬰兒由於飲水較少、腎臟狹小，易形成結石，成人則在長期接觸下，可能損害生殖能力、形成膀胱或腎結石、膀胱癌等。
2. **鉛、汞、鎘、銻等重金屬化合物**：此類重金屬影響人體健康的途徑不一，但普遍容易引起皮膚過敏反應，如搔癢、灼熱、紅腫、發炎等症狀。長期接觸可能累積在體內，干擾神經、呼吸、生殖等系統的運作，並增加罹癌的風險。
3. **多溴二苯醚**：干擾甲狀腺分泌、傷害神經功能，並會損害肝臟、神經發育，已列為疑似致癌物質。
4. **有機溶劑**：其揮發性氣體會刺激呼吸道、眼睛和黏膜，若吸入過量甲醛還可能引發氣喘，甚至死亡；吸入過量苯類化合物則會影響中樞神經系統和循環系統，嚴重者可能出現心律不整、心肌衰弱、休克等症狀，此類物質具有致畸胎性和致癌性。

常見危害途徑

1. 汽車內裝在製作過程所使用的有機溶劑可能殘留在成品中，而車內為一密閉狹小的空間，極容易吸入內裝所釋出的揮發性毒性物質，若長時間待在車內可能累積成高濃度環境，導致呼吸道不適。
2. 儀表板和方向盤上使用的著色塗料，以及汽車內裝所含的阻燃劑，在駕駛、乘坐時直接與皮膚接觸，可能使微量有害物質進入體內。
3. 車體在烈日下長時間曝曬，可能造成內裝成分不穩定而導致釋出，恐透過吸入或接觸進入人體。

選購重點

1. 汽車內裝必須通過經濟部標檢局關於阻燃性的檢測，可要求商家或廠商出示通過相關檢驗單位的標章或證明，以免購買到劣質或來路不明的瑕疵品。
2. 買車時可先試乘，若乘坐時發現內部零件有明顯刺鼻氣味，可能為有毒揮發性物質，應拒絕購買。

安全使用法則

1. 新車會散發出比較濃烈的刺鼻氣味，建議在乘坐時，同時打開車窗和空調，待數分鐘空氣流通後，再將車窗關上。
2. 長途開車時，建議以開窗和開空調兩種方式交替使用，避免讓車內形成密閉空間，使有害氣體的濃度在不自覺中攀升。
3. 盡量避免讓車子長時間停在烈日下曝曬，以防內裝皮革、塑料零件受熱變質，造成有害物質釋出，影響健康。
4. 方向盤、儀表板上有可能含有重金屬類的著色劑，應避免讓嬰幼兒碰觸，以防其吸吮手指而誤食。

安全帶

　　大部分交通工具都配有安全帶，主要材質為尼龍、聚酯纖維等合成塑料，具有高韌性、能承受強大外力而不易變形的特性，因此能在突發的交通意外中降低乘客所受的傷害。但是合成纖維製的安全帶在生產過程中，經常會使用可塑劑、阻燃劑、染料等多種化學物質，若處理過程草率或違法添加禁用的染料，很可能使乘客在繫上安全帶的同時，也遭受有害物質的威脅，因此在選購和使用上務必謹慎。

●由合成纖維製成的安全帶，可能殘留生產過程中所添加的化學物質，使用不當將造成化學物質釋出，影響人體健康。

常見種類	各種交通工具所配備的安全帶
成分	1.安全帶帶身：尼龍（耐綸，又名聚醯胺）、聚酯纖維（常見的有聚對苯二甲酸乙二酯（PET）、聚對苯二甲酸丙二酯（PTT）纖維）等。 2.金屬配件：扣環、內部捲簧等。 3.可塑劑：癸二酸酯類、己二酸二異丁酯。 4.阻燃劑：三氧化二銻、醋酸銻、三（2，3—二溴丙基）磷酸酯。 5.染色劑：天然色素、化學合成染料（例如：偶氮染料、聯苯胺類、對苯二胺）。
製造生產過程	安全帶帶身部分通常以尼龍、聚酯纖維為主，纖維製造過程依聚合物的類型添加所需的輔助物質，像是尼龍需添加可塑劑、聚酯纖維則使用阻燃劑來改善其易燃性，再透過安全帶纖維編織成適當寬度並裁切，接著經過多種抗拉扯和韌性強度的測試，通過測試後，再和其他扣環、內部捲簧等零件組裝在汽車內部，再連同汽車進行其他多種試驗。

<table>
<tr><td>致毒成分及
使用目的</td><td>1.癸二酸酯類、己二酸二異丁酯：可塑劑，使尼龍纖維具高韌性、低吸濕性，適用於需要強大彈性的安全帶。
2.三氧化二銻、醋酸銻、三（2，3—二溴丙基）磷酸酯：是能夠遏止火勢蔓延的阻燃劑，使安全帶纖維與火焰接觸能燃燒不充分，並能較快自行熄滅。
3.偶氮染料、聯苯胺類、對苯二胺：這些化學合成染料能與纖維結合，使色彩附著在安全帶表面不易脫落。</td></tr>
</table>

對健康的危害

1. **癸二酸酯類、己二酸二異丁酯**：低毒性，但是吸入過量可能有急性呼吸系統方面的症狀，如：咳嗽、氣喘等。
2. **三氧化二銻、醋酸銻**：此類有機銻化合物，少量接觸導致頭痛、頭暈、情緒低落，呼吸道長期暴露會使免疫系統異常。
3. **三（2，3—二溴丙基）磷酸酯**：低毒性，但長期或反覆接觸有可能增加罹癌風險。
4. **偶氮染料、聯苯胺類、對苯二胺**：接觸偶氮染料會刺激黏膜，造成口鼻、喉嚨、眼睛、皮膚等部位的不適感，長期接觸其分解所形成的致癌物質，可能提高罹患罹癌的機率，目前已有二十多種偶氮染料遭禁用。

常見危害途徑

1. 安全帶的纖維可能殘留各式化學製劑，因此若長期使用安全帶，在流汗、悶熱或車體內密閉高溫的環境下，可能使這些化學製劑不安定而釋出，經皮膚接觸或吸入而傷害身體。
2. 嬰幼兒以手碰觸安全帶，同時又觸摸口鼻處，可能會將安全帶纖維裡的化學物質吃下肚。

選購重點

1. 目前國內對於安全帶材質內的化學物質尚未制訂規範，建議消費者應詳閱安全帶上的商品標示，並特別注意原料、製造廠商及產地等資訊，同時不要購買有刺鼻氣味的安全帶，以免買到殘留化學物質的商品。
2. 購買汽車時，不要忽略檢查原廠所配備安全帶的品質，另外，更換新的安全帶或加裝嬰幼兒安全座椅，也應確認安全帶的成分。

安全使用法則

1. 應定期清潔安全帶，清洗安全帶可用中性肥皂和微溫的水，以布或海綿沾濕後進行擦洗，切勿使用有機溶劑或漂白劑，否則會腐蝕安全帶，不僅降低安全帶的抗拉強度，也會使纖維內殘存化學物質釋出。同時，建議陰涼晾乾，避免陽光曝曬。
2. 若安全帶曾經遭受強力拉扯，即使安全帶外觀沒有任何異狀，仍應該更換新的安全帶，因為強力拉扯可能使內部捲簧變形或受損。
3. 安全帶如有卡住或失去彈力等情形，切勿自行拆卸，務必請專業人員維修。

安全帽

安全帽能在發生交通意外時，利用其堅硬的外殼及吸震、柔軟的內襯來保護頭、頸，降低撞擊力所造成的傷害。但市售安全帽款式琳瑯滿目，價格從數百元至數萬元不一而足，選購時除了考慮舒適性和美觀，還須留意內襯所用的材質，比如採用保麗龍、海綿、尼龍布料等化學合成的材質具有潛在毒性，若長期接觸，將影響皮膚、眼睛或呼吸系統的正常機能。

●安全帽內襯材質，如保麗龍、海綿、人工皮革等，可能存有生產過程中添加的化學物質，在高溫、濕熱環境下，可能釋出並經頭皮進入人體。

常見種類	全罩式安全帽、半罩式安全帽
成分	1.外殼材質：丙烯腈—丁二烯—苯乙烯（ABS）、纖維強化高分子複合材料（FRP）、碳纖維等。 2.內襯材質：保麗龍、海綿、人工皮革、尼龍、聚酯纖維等。 3.有機化合物：甲醛、苯乙烯、苯類化合物，如苯、甲苯、二甲苯、乙苯等。 4.可塑劑：鄰苯二甲酸酯類（PAEs）、癸二酸酯類、己二酸二異丁酯等 5.發泡劑：二異氰酸甲苯（TDI）。 6.黏合劑：天然樹脂、合成黏合劑等。 7.顏料：天然、合然染料。 8.表面加工物：阻燃劑、亮光漆等。
製造生產過程	全罩式安全帽的結構可分為外殼、帽體（吸震材質，如保麗龍）、內襯、頤帶、面罩，製作過程須分頭製造各個部位，再進行組裝和加工。尤其是講究的安全帽，製作過程相當繁瑣，需要人工的地方相當多，像是縫製內襯、組裝、彩繪部分，其中內襯材質多元，可為人工皮革、海綿、尼龍等，組裝後必須通過風洞測試、撞擊測試等檢測，通過後才可上市販售。
致毒成分及使用目的	1.甲醛、苯類化合物：塑膠類聚合物、人工皮革、合成纖維布料以及黏合劑中皆有可能含有此類物質，用來當做有機溶劑、催化劑等，廣泛用於安全帽各部分材料生產和加工過程。 2.苯乙烯：保麗龍單體結構成分，具有質輕、抗震、耐衝擊的特性，是

製成安全帽內襯的原料，可使安全帽具防護作用又輕便。

3. 鄰苯二甲酸酯類：是一種能軟化人工皮革的可塑劑，能使內襯的人造皮觸感較佳，增加彈性及韌性。

4. 癸二酸酯類、己二酸二異丁酯：是一種可塑劑，能使尼龍纖維具高韌性、低吸濕性，增加使用壽命，同時，也改善使用觸感。

5. 二異氰酸甲苯：是聚氨酯海綿的發泡劑，能穩定塑膠中氣泡結構，具有彈性能吸震且提高頭部的包覆性。

對健康的危害

1. **甲醛**：容易刺激皮膚，長期接觸過量的游離甲醛，可能會引起皮膚刺痛、乾燥、發紅等症狀，甚或導致皮膚炎。

2. **苯類化合物**：刺激皮膚黏膜，過量會麻痺中樞神經，引起急性中毒，長期接觸微量則會引起慢性血液中毒。

3. **苯乙烯**：目前尚無法證實此物質的致癌性和致畸胎性，但是長期暴露會損害肝臟、胰臟、及神經，並可能影響內分泌系統，是可能的環境荷爾蒙。

4. **鄰苯二甲酸酯類**：經由呼吸、皮膚攝入過量，可能出現頭暈及皮膚過敏反應，是一種會干擾人體內分泌系統的環境荷爾蒙。

5. **癸二酸酯類、己二酸二異丁酯**：低毒性，但是吸入過量可能有急性呼吸系統方面症狀。

6. **二異氰酸甲苯**：揮發性強，並具有極毒性，吸入過量會造成氣喘、化學性肺炎、肺水腫、慢性支氣管炎等症狀，並會強烈刺激眼睛和皮膚。

常見危害途徑

1. 長時間或氣候炎熱下佩戴安全帽，流汗、悶熱，或是內襯材質不透氣等因素，會使安全帽內部形成高溫潮濕的環境，可能使合成材質所殘留的發泡劑、可塑劑、有機溶劑等釋出，與皮膚接觸可能進入人體。

2. 使用不適當的強酸鹼清潔劑清洗內襯，破壞保麗龍、人工皮革等材質的內襯，使化學結構不穩定，不但會縮短使用壽命，還增加毒性物質傷害人體的可能性。

選購重點

1. 安全帽屬於經濟部標檢局列管的應施檢驗商品，所以消費者應購買貼有「商品安全標識」的安全帽，代表該產品通過國家標準的檢驗。

2. 選購時應注意頭部的舒適感、符合頭型等要點，以確保能保護頭部，並聞聞看確認內襯材質沒有刺鼻氣味。

3. 為了安全起見，建議選擇內襯材質透氣、設有通氣孔的全罩式安全帽，不過國家標準中所允許通氣孔其實效果有限，因此可搭配選購具快乾、抗菌性能的高科技材質。

安全使用法則

1. 新買的安全帽在使用前，先按照洗滌標示建議的清洗方式清洗內襯，去除可能殘留的化學物質。

2. 定期清洗或更換安全帽內襯時，避免使用不適當的強酸性清潔劑，以免溶解保麗龍、皮革、海綿、尼龍纖維等材質，並儘量在陰涼處晾曬，避免太陽直接曝曬。

3. 清洗、更換保麗龍內襯時，應小心受到保麗龍粉塵或微粒的刺激，取出內襯時須注意安全，最好配戴口罩再清洗。

4. 安全帽的使用年限約三～五年，即使沒受到撞擊，材質也會因日曬、清洗等因素而產生變化，所以建議定期更換。

汽油

　　汽油的成分具有易揮發性、易燃性，燃燒後能產生極高的能量，是用於引擎的重要燃料，也是目前絕大多數交通工具的能量來源。但汽油本身對於生物體及自然環境都有相當程度的毒性和破壞力，加上燃燒後會產生戴奧辛、多環芳香烴等有毒廢氣，這些物質不僅會刺激人體的表皮黏膜組織、神經呼吸等系統，還會累積在體內而具有致癌性和致畸胎性，所以目前各界仍在尋求新的替代能源。

● 汽油是從石油中分餾出來，主要含有長鏈烷烴、苯類、多環烷烴等多種物質，不慎接觸或吸入燃燒後的氣體，會破壞人體機能的正常運作。

常見種類	航空汽油、車用汽油、溶劑汽油
成分	1.飽和烴：直鏈烷烴（主要為5～11碳）、烯類、環烷烴等。 2.芳香烴：苯類、多環芳香烴（PAH）。 3.醚類：甲基第三丁基醚（MTBE）、乙基第三丁基醚（ETBE）、第三戊甲基醚、異丙醚等。 4.醇類：甲醇、乙醇。 5.其他：硫化物（主要為噻吩（Thiophene）類）、四乙基鉛、微量金屬（如：鎳、釩、鐵）等。
製造生產過程	從油井取得的石油，在分餾塔經過多重步驟分餾出的輕油（又稱為石油腦），經過去醇酸處理後，可做為汽油及航空燃料油使用，也可加工成其他種類的汽油，像是製成高辛烷質的汽油或甲基第三丁基醚、四乙基鉛等石油添加劑，最後再以色素標示出類別。
致毒成分及使用目的	1.烷烴、苯類、多環芳香烴等碳氫化合物：石油分餾的主產物，具有易燃性和易揮發性，是燃燒石油後產生能源的主要來源。 2.甲基第三丁基醚、四乙基鉛：抗震爆劑，能提高汽油辛烷值，促使燃料充分燃燒，減少引擎在燃燒時產生的震爆。

> 3.甲醇、噻吩類化合物：石油在分餾過程殘餘的化合物，也可能是黑心廠商添加甲醇、乙醇混充入汽油。
> 4.戴奧辛：汽油燃燒時產生的有毒氣體，屬於環境荷爾蒙及可能的致癌物質。

對健康的危害

1. **烷烴、苯類化合物**：會抑制中樞神經系統，中毒會引起頭痛、噁心、嘔吐、麻醉、昏迷、意識模糊及失去知覺等症狀，苯還會引起慢性血液中毒。
2. **多環芳香烴**：進入體內會累積在脂肪組織，未能代謝排出的部分若累積過量，會破壞體內DNA，提高加罹癌率，還會損害生殖系統、神經系統。
3. **甲基第三丁基醚**：會刺激上呼吸道、眼睛黏膜，長期接觸使皮膚乾燥。易於與水融合，可滲入土壤破壞地下水質，是高污染物。
4. **四乙基鉛**：為劇毒性物質，經皮膚、呼吸進入體內，可穿透血腦屏障傷害中樞神經系統。
5. **噻吩類化合物**：透過吸入和皮膚吸收，會刺激呼吸道黏膜，對造血系統有毒性作用，並會刺激骨髓免疫細胞的生成。
6. **甲醇**：吸入其蒸氣會刺激眼睛、呼吸道黏膜，過量會抑制中樞神經系統，出現頭痛、暈眩、肌肉無力、失眠等症狀。
7. **戴奧辛**：能透過食物鏈不斷累積在人體，累積過量的常見症狀是痤瘡、損害肝臟與免疫系統、影響酵素運作功能、造成男性荷爾蒙減少、導致流產或畸胎等。

常見危害途徑

1. 汽機車所排放的廢氣可能含有鉛粉塵、戴奧辛、多環芳香烴，吸入過量會傷害肺部構造，甚至導致癌症。
2. 自行購買汽油來做為去污用途的有機溶劑，可能因使用不慎、使用環境不通風、儲存不當等情況，造成汽油內毒性物質進入人體。
3. 從事汽油相關作業的工作地點，如加油站、化工廠等，可能因為長期接觸或吸入、防護措施不足，而體內累積過多有害物質。

選購重點

1. 應透過合法管道，選購通過國內〈車用汽柴油成分管制標準〉的汽油，表示其所排放的苯、芳香烴、烯烴、硫、氧含量等污染物質的含量在限制值之下，以避免甲醇汽油等黑心商品破壞汽車、傷害身體。不過，此規範的含量仍會損害人體機能，因此最好儘量減少接觸汽油，騎乘機車可戴口罩以免吸入過量的汽油廢氣。
2. 目前趨勢是以無鉛汽油正逐步取代含鉛汽油，但無鉛汽油僅是鉛含量較低，並有研究發現，部分類型的無鉛汽油所產生的多環芳香烴（PAH）比含鉛汽油多，所以無鉛汽油並非絕對安全，仍須謹慎使用。

安全使用法則

1. 若選購桶裝汽油，應貯存於陰涼乾燥、通風良好及陽光無法直射的地方，並遠離熱、火源的環境。如發生意外或感覺不適，應立即洽詢醫療人員。
2. 除非經過專業人員建議，否則不要恣意使用號稱可以提高引擎馬力或節省耗油的油品添加劑，以免發生油箱腐蝕、引擎零件故障現象。

汽機車烤漆

同類日用品▶ 戶外兒童遊樂設施

　　汽機車的板金烤漆除了美化車體外觀，還具有優異的耐水性、耐化學藥品性及耐候性，經日曬雨淋也不易變色、失光，使內層金屬不致氧化鏽蝕，有效保護汽機車車體的結構，延長使用壽命。一般常見的汽車烤漆屬於PU漆，主成分為壓克力樹脂、硬化劑及有機溶劑，雖然這些成分賦予PU漆良好的耐抗性和保護功能，但同時也潛藏著一定程度的毒性，若沒有良好的防護措施，直接接觸漆體可能會引發皮膚過敏、刺激眼睛黏膜，甚至造成神經、血液的機能異常。

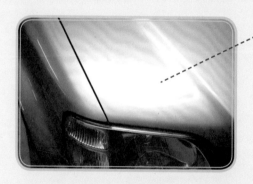

●汽車烤漆種類主要為PU漆，雖然一般情況不易有接觸烤漆的機會，但由於PU漆本身具有毒性，因此像是烤漆從業人員或自行購漆噴刷的消費者，使用時應格外注意。

常見種類	汽機車原廠、非原廠的各式板金烤漆
成分	1.樹脂：壓克力樹脂（PMMA）、多元醇樹脂。 2.有機溶劑：甲苯、甲基異丁基酮等。 3.硬化劑：聚異氰酸酯。 4.阻燃劑：二異氰酸甲苯（TDI）。 5.色素：化學合成顏料、重金屬（如：鉛、鉻、汞等）。
製造生產過程	常見汽機車烤漆為PU（Poly Urethane）漆，先將主要成分壓克力樹脂及多元醇樹脂溶於有機溶劑後，再和聚異氰酸酯類硬化劑混合並充分攪拌均勻，再依需求添加阻燃劑、色素、強化光澤或增加耐度的配方，始可進行施塗作業。 PU塗料使用時，必須依製造廠商的配比混合，並以專用調薄劑稀釋，再以噴塗方式進行塗裝，便完成烤漆。
致毒成分及使用目的	1.甲苯、甲基異丁基酮：有機溶劑，能使壓克力與PU漆中其他成分互溶。

2.聚異氰酸酯：硬化劑，本身堅韌耐磨、耐化學腐蝕、柔韌性佳，易附著於各種底材，用來輔助樹脂乾燥後能附著於表面。
3.二異氰酸甲苯：PU材料常添加阻燃劑以使漆體與火焰接觸能不燃燒，也可能來自聚異氰酸酯的分解或殘餘。
4.重金屬（如：鉛、鉻、汞等）：本身可做為色素，也具有乾燥防銹的功能。

對健康的危害

1. **甲苯**：屬於神經毒性，具有明顯致畸胎性和致癌性，長期攝入會造成中樞神經受損、記憶力減退和動作不協調，亦可能影響聽力、引起皮膚炎。
2. **甲基異丁基酮**：會刺激皮膚、眼睛並產生灼燒感，燃燒後可能產生具刺激性或毒性的氣體，吸入會引起頭昏、噁心、嘔吐，甚至窒息。
3. **二異氰酸甲苯**：吸入過量會造成呼吸急促、胸迫感、咳嗽、氣喘、化學性肺炎、肺水腫、慢性支氣管炎等症狀，會引起眼睛疼痛、紅腫、流淚、角膜發炎，以及皮膚發炎、過敏。
4. **鉛、鉻、汞等重金屬**：對神經、血液、腎臟及呼吸系統造成危害；鉻會刺激呼吸道及消化道，對皮膚則會引起慢性潰瘍；汞可能造成急性或慢性中毒，主要分布在腦和腎臟，危害神經系統並產生顫抖、情緒不穩、肌肉衰弱、喪失感覺和麻木等認知功能的減退。

常見危害途徑

1. 車齡老舊或是烤漆受到刮傷而脫落，若不慎接觸到漆體，可能產生潛在風險。
2. 使用具有腐蝕性的強酸、強鹼或強氧化性溶劑來去除烤漆表面的頑垢污漬，可能損傷烤漆保護層並釋出有害物質。
3. 烤漆從業人員或一般民眾自行DIY噴漆，若長時間接觸或防護工作不確實，可能吸入或接觸過量有機溶劑。

選購重點

目前國內對於烤漆尚無明確的相關規範，而且一般汽機車烤漆皆為含有上述有害物質的PU漆，暫無毒性較低的替代漆類，因此建議選擇有信譽或知名烤漆車廠，不僅能確保烤漆品質和使用壽命，也能避免漆體的毒性物質剝落而進入人體。

安全使用法則

1. PU漆的有機溶劑氣體會在作業過程中揮發釋出，加以進行板金烤漆必須在密閉空間，甚至無塵環境，所以無法利用通風來降低作業時的毒性氣體濃度，因此建議加強防護裝備（如面具、防護衣）或由專業技工處理。
2. 為延緩汽車烤漆剝落，平時可將車體停放在陰涼乾燥的場所，避免日曬雨淋和刮傷撞擊。清洗時，以清水和中性洗潔劑為主，勿使用強酸鹼或來路不明的去污產品。

橡膠輪胎

　　輪胎通常以橡膠製成，由於具有高韌性、耐磨性及絕佳的抓地力，能夠在高速行駛和緊急煞車各種狀況下，維持車身的穩定性並且不磨損，所以橡膠能夠應用於輪胎材質上長達百餘年而不被取代。輪胎在製造過程中，為了改善橡膠的特性而添加可塑劑、硫化促進劑、硫化劑等，這些物質不僅會影響自然環境，長時間接觸輪胎用品也可能會使人體產生呼吸道、皮膚以及眼睛方面的刺激和損傷。

●多數輪胎都以合成橡膠製成，在生產過程所添加的化學物質，很可能透過空氣、接觸或高熱磨損而釋出，若不慎進入人體將不利健康。

常見種類	自行車、汽機車、飛機等交通工具的橡膠輪胎
成分	1.橡膠：天然橡膠（主成分要為異戊二烯）、合成橡膠（種類繁多，如苯乙烯─丁二烯、丁二烯、丙烯腈─丁二烯等橡膠） 2.碳煙：從塔底油、煤焦油等中分離出的混合物。 3.可塑劑：噻吩類、芳烴油（主要為苯、甲苯和二甲苯等）、石蠟油、環烷油、鄰苯二甲酸酯類、癸二酸酯類、己二酸二異丁酯等。 4.加硫促進劑：噻唑類、秋蘭姆類等。 5.加硫劑：硫磺、過氧化物。 6.其他：活性劑、分散劑、抗氧化劑等。
製造生產過程	先把碳煙、天然合成橡膠、油、添加劑、促進劑等原材料加入反應爐裏進行加工，以產生最初步的橡膠品，再利用基本橡膠製成不同形狀部位的輪胎組件，將零組件組成輪胎後，進行硫化處理、胎紋雕刻，最後進行多重輪胎材質試驗，便是市售安全合格的橡膠輪胎。

致毒成分及 使用目的	1.煙碳：添加在橡膠中增加耐磨性，碳粒是其主要部分，被認為含有具毒性的多環芳香烴（PAH）。 2.噻吩類、芳烴油、鄰苯二甲酸酯類、癸二酸酯類、己二酸二異丁酯：皆為可塑劑，用來提升橡膠的韌性和硬度。 3.噻唑類、秋蘭姆類：加硫促進劑，使硫化反應時間縮短、溫度降低，減少硫磺使用量，改善加硫品質。 4.硫磺：加硫劑，改變橡膠結構以增強堅韌性。

對健康的危害

1. **碳煙：** 可能會刺激呼吸道黏膜、眼睛、皮膚，引發紅腫、發炎等過敏症狀，可能含有與多種癌症相關的多環芳香烴，但毒性尚未證實。
2. **噻吩類：** 強烈刺激眼睛、黏膜呼吸道及皮膚，吸入可引起喉、支氣管痙攣、化學性肺炎、肺水腫而致死。
3. **芳烴油：** 主成分為苯、甲苯和二甲苯等，對於皮膚、呼吸道都有明顯刺激作用，過量會麻痺中樞神經，其中甲苯還具有致畸胎性和致癌性。
4. **鄰苯二甲酸酯類：** 經由呼吸、皮膚攝入過量，可能出現頭暈及皮膚方面的過敏反應，會干擾人體內分泌系統，為環境荷爾蒙。
5. **癸二酸酯類、己二酸二異丁酯：** 低毒性，但是吸入過量可能有急性呼吸系統方面症狀。
6. **噻唑類、秋蘭姆類：** 低毒性，對皮膚和黏膜有刺激作用。
7. **硫磺：** 接觸會引起眼結膜炎、皮膚濕疹，燃燒後會生成具劇毒性的二氧化硫，進入體內能在腸子轉化為硫化氫，造成中樞神經系統中毒。

常見危害途徑

1. 從事與輪胎作業相關的工作者，如輪胎生產工廠工人、廢棄輪胎處理人員、輪胎保養廠、輪胎行等，可能因為長期接觸或吸入、防護措施不足，造成體內累積過多有害物質。
2. 老舊的輪胎或中古胎表面容易出現龜裂、剝離現象，可能接觸到輪胎內部有毒化學物質。

選購重點

1. 建議消費者至輪胎行或汽車修理廠更換輪胎時，應主動確認輪胎的製造日期、產地等資訊。尤其輪胎價格常與出產地、製造日期有關，應避免貪圖便宜而買到中古胎或瑕疵輪胎。
2. 選購輪胎應認明符合CNS標準的產品，表示該輪胎通過中胎唇抗脫座力、外胎強度、耐久性能及高速耐久性能等基本標準，並確認輪胎的煞車抓地性和雨地防滑排水等性能。

安全使用法則

1. 應定期檢查輪胎，最好交由專業的輪胎技師進行檢查作業。檢查重點包括：胎壓、胎紋磨損及損傷狀況、使用狀況、承載重量等。
2. 除非經專業人員的建議，否則應避免自行使用來路不明的輪胎油或保養劑，以免破壞輪胎材質結構、影響行車安全。

中文	英文	頁碼
固態過氧化氫	Sodium percarbonate	125
屈	Chrysene	195
明礬	Alunite	166
直接黑38	Direct Black 38	97
直接藍 15	Direct Blue 15	97
直接藍 6	Direct Blue 6	97
矽	Silicon	187
矽氧樹脂	Silicone	187
矽酸鈉	Sodium silicate	131
矽酸鐵鎂礦	Authophyllite	244
芝加哥天藍6B	Chicago Sky Blue 6B	97
阿尼林油	Aniline oil	100
阿摩尼亞	Aqua Ammonia	130
青石棉	Crocidolite	244
青銅	Bronze	181
青黴素	Penicillins	118
非游離輻射	Non-ionizing radiation	238
非結晶化聚對苯二甲酸乙二酯	Amorphous Polyethylene Terephthalate, APET	206
芘	Pyrene	195
芴	Fluorene	195
九劃		
持久性有機污染物	Persistent Organic Pollutants, POPs	191
染色劑	Colouring Agent	93
洗滌脫脂劑	Degreasing Agent	130
界面活性劑	Surfactant	83
氟化鉻	Chromium Fluoride	184
活氧	Ozone	116
玻璃塑鋼	Fiber Reinforced Plastic, FRP	229
玻璃纖維	Glass fiber	229
玻璃纖維	Fiberglass	229
玻璃纖維強化塑膠	Glass Reinforced Plastic	229
紅外線	Infrared rays（IR）	241
紅礬鈉	Sodium dichromate	146
紅礬銨	Ammonium dichromate	146
耐曬黃	Fast Yellow	97
苛性鈉	Sodium Hydroxide	133
苛性鉀	Potassium Hydroxide	133
苯	Benzene	53
苯	Benzole	53
苯	Benzol	53
苯	Cyclohexatriene	53
苯乙烯	Styrene	71
苯乙烯-丁二烯橡膠	Styrene-Butadiene, SBR	222
苯甲酸鹽	Benzoate	150
苯並芘	Benzo(a)pyrene	195
苯並熒蒽	Benzo(k)fluoranthene	195
苯並熒蒽	Benzo(b)fluoranthene	195
苯並蒽	Benzo(a)anthracene	195
苯胺	Aniline	100
苯胺	Aminobenzene	100
苯胺	Benzeneamine	100
苯胺	Aminophen	100
苯胺	Phenylamine	100
苯胺	Arylamine	100
重核	Heavier atomic ion	238
重氧	Ozone	116
重鉻酸鈉	Sodium dichromate	146
重鉻酸鉀	Potassium dichromate	146
重鉻酸銨	Ammonium dichromate	146
食用色素紅色二號	Amaranth	97
食用色素紅色六號	New coccine	97
香蕉油	Ethyl acetate	37
砒霜	Arsenic Trioxide	189
十劃		
脲醛樹脂	Urea-methanal	218
剛果紅	Congo Red	97
氧化三丁錫	Tributyltin Oxide	203
氧化鈦	Titanium dioxide	137
氧化鋅	Zinc oxide	138
氧化鋅	Zinc Oxide	180
氧化鐵	Ferric Oxide	178
氧系漂白水	Hydrogen Peroxide	125
氨水	Aqua Ammonia	130
氨基三唑	Aminotriazole	202
氨基糖苷類抗生素	Aminoglycoside	118
氦原子	Helium	238
砷	Arsenic	189
砷酸	Arsenic Acid	189
粉塵	Dust	241
胭脂紅	New coccine	97
臭氧	Ozone	116
草脫淨	Atrazine	202
草達津	Trietazine	202
草酸	Oxalic Acid	141
草酸鈣	Calcium ethanedioate	141
草酸鈉	Sodium Oxalate	141
草酸銨	Ammonium oxalate	141
草酸鐵鉀	Potassium ferric（III）oxalate	141
馬口鐵	Tinplate	186
高密度聚乙烯	high-density polyethylene, HDPE	208
高硼酸鈉	Sodium Perborate	124
高鹼玻璃纖維	High-alkali glass fiber	229

Acetone	二甲酮	50
Acetone	木酮	50
Acetone	丙酮	50
Acetone	醋酮	50
ACN	丙烯腈	68
Acrylamide	亞克力醯胺	69
Acrylate polymer	多丙烯酸鈉	232
Acrylic potassium salt polymer	聚丙烯酸鉀	232
Acrylic sodium salt polymer, ASAP	聚丙烯酸酯鈉	232
Acrylon	腈化乙烯	68
Acrylonitrile	丙烯腈	68
Alkali-free glass fiber	無鹼玻璃纖維	229
Alkyl Phenol, AP	烷基苯酚	83
Alkyl Phosphate Ester Salt	烷基磷酸酯鹽	89
Alpha-hydroquinone	對苯二酚	111
Aluminium Stearate	硬脂酸鋁	162
Aluminium sulfide	硫化鋁	166
Aluminum	鋁	176
Aluminum Alloys	鋁合金	176
Aluminum Chloride	氯化鋁	166
Aluminum chloride	氯化鋁	176
Aluminum chlorohydrate	氫氯酸鋁	166
Aluminum Potassium Sulfate	二十四水合硫酸鋁鉀	166
Aluminum Potassium Sulfate	十二水合硫酸鋁鉀	166
Aluminum Salts	鋁鹽	166
Aluminum Sulfate	三氯化鋁	166
Aluminum Sulfate	六水氯化鋁	166
Aluminum Sulfate	硫酸鋁	166
Alunite	明礬	166
Amaranth	食用色素紅色二號	97
Aminobenzene	苯胺	100
Aminoglycoside	氨基糖苷類抗生素	118
Aminophen	苯胺	100
Aminotriazole	氨基三唑	202
Ammonium chromate	鉻酸銨	146
Ammonium dichromate	紅礬銨	146
Ammonium dichromate	重鉻酸銨	146
Ammonium oxalate	草酸銨	141
Ammonium Perfluorooctanoate	全氟辛酸銨	80
Amorphous Polyethylene Terephthalate, APET	非結晶化聚對苯二甲酸乙二酯	206
amosite	褐石棉	244
Amyl acetate	乙酸異戊酯	37
AN	丙烯腈	68
Aniline	苯胺	100
Aniline oil	阿尼林油	100
Anthophyllite	斜方角閃石	244
Anthracene	蒽	195
Antibiotic	抗生素	117
Antioxidant	抗氧化劑	106
Antiseptic	抗菌劑	114
Antiseptic	抑菌劑	114
Aolytetramethylene Glycol Diacrylate	聚丁二醇二丙烯酸酯	217
Aqua Ammonia	阿摩尼亞	130
Aqua Ammonia	氨水	130
Arctuvin	對苯二酚	111
Arsenic	砷	189
Arsenic Acid	砷酸	189
Arsenic Trioxide	三氧化二砷	189
Arsenic Trioxide	砒霜	189
Arylamine	苯胺	100
Asbestos	石棉	244
Atactic PolyPropylene	無規聚丙烯	211
Atrazine	草脫淨	202
Authophyllite	矽酸鐵鎂礦	244
Azodyes	偶氮染料	97
B		
BBU	CI螢光增白劑 220	127
Benzene	苯	53
Benzeneamine	苯胺	100
Benzidine	聯苯胺類	99
Benzo(a)anthracene	苯並蒽	195
Benzoate	安息香酸鹽	150
Benzoate	苯甲酸鹽	150
Benzol	苯	53
Benzophenone	二苯甲酮	135
Benzophenone-1	2,4-二羥基二苯甲酮	135
Bis (2-ethylhexyl) adipate, DEHA	2-乙based己基酯	77
Bis (2-ethylhexyl) adipate, DEHA	己二酸(2-乙基己基)二酯	77

日用品索引

吳怡亭

國立台灣大學化工所碩士班畢業,就讀台灣大學化工所博士班,現任台大奈米中心儀器講師,合著有《化妝品化學》(曉園出版社)。

卓昕岑

國立台灣大學農業化學所畢業,環保技術高考及格,現任職於環境保護相關領域,並擔任荒野保護協會資深志工解說員、台灣環境保護聯盟志工。

林宏儒

中山醫大生命科學系畢業,現就讀台大化學所碩士班。曾任研究助理、國中自然科教師。曾參與胚胎基因調控研究,目前鑽研無機孔洞材料的合成製備。

林欣瑜

國立台灣大學護理系畢業,目前從事醫療相關行業。

林煜庭

國立清華大學生命科學系畢業,歐盟Erasmus Mundus學程國際醫療碩士。熟悉分子生物學及毒理學,現任醫療器材研究員。關心公共衛生議題及醫藥品法規事務,喜好旅行及接觸新事物。

孟美雲

畢業於國防醫學大學護理系,曾任職於台北榮民總醫院及其他醫療領域,臨床護理工作及教學工作超過二十年,目前於輔英科技大學擔任臨床護理教學。

柯昭儀

畢業於淡江大學化學研究所,科普寫作愛好者,現從事消費品檢測領域。

紀宗廷

私立台北醫學大學藥學系畢業,現職藥品生技公司諮詢藥師。

陳亭瑋

國立台灣師範大學生命科學系生態組碩士班畢業,現任研究助理。

陳怡儒

國立台灣大學化學系、毒理學研究所畢業，專長分子毒理學與癌症研究，長期關心生態保護、環境污染相關議題。現正創業中，希望藉此引進其他國家的健康生活概念。

陳昭明

台灣師範大學生物系畢業。曾經負責製藥、食品、醫療器材等相關行業之研發、製造、品管、法規等職，長達三十多年。目前擔任 ISO 主任稽核員，以及品質管理系統和產品認證的諮詢和輔導。

雲琇卿

國立成功大學生命科學系、陽明大學基因體科學研究所畢業，曾任台灣大學植物病理與微生物學系研究助理，現任職於生技產業。

楊和慶

長庚大學醫事技術學系放射組、國立台灣大學生理學研究所畢業，曾任實驗室助教、國中文理補習班解題輔導老師。對於生物化學、生理學、輻射安全、日用品有機化學等方面多所涉獵。

葉宗桓

國立台灣大學公共衛生學系畢業，國立陽明大學衛生資訊與決策研究所碩士，曾任文字工作者、國際脈絡網頁工程師等職。

鄭諺彌

畢業於國立中興大學生命科學系，對於生物與化學領域的相關問題深感興趣，很關心日常身體清潔與保養用品所含的成分，以及對人體健康產生的影響。

蘇怡帆

國立交通大學應用化學系學士，國立台灣大學化學系碩士，研究領域為奈米材料及其生物應用；現就讀美國威斯康辛大學麥迪遜分校大眾傳播學系博士班，主修科學傳播。

以上按姓名筆畫排列

Chapter 1 認識日用品的「有害物質」

篇名	撰稿者
1-1 日用品潛藏「有害物質」	孟美雲
1-2「有害物質」的類型和使用目的	吳怡亭
1-3「有害物質」對人體的危害	林欣瑜
1-4「有害物質」造成的潛在風險	陳怡儒
1-5 務實看待日用品的「有害物質」	陳怡儒

Chapter 2 日用品常見的「有害物質」

❶ 化學性物質

篇名	撰稿者
1.有機溶劑	
引言、丙二醇、丙酮、甲苯、甲醇、異丙醇	陳亭瑋
乙二醇醚、二氯乙烯、四氯化碳、甲醛	蘇怡帆
乙酸酯類～二硫化碳、苯、其他常見的有機溶劑	楊和慶
2.塑膠原料	
引言、氯乙烯～丙烯醯胺	吳怡亭
苯乙烯	柯昭儀
三聚氰胺	楊和慶
3.可塑劑	
引言～雙酚A、其他常見的可塑劑	柯昭儀
全氟辛酸	吳怡亭
4.界面活性劑	
引言～其他常見的界面活性劑	柯昭儀
5.染色劑	
引言～其他常見的染色劑	陳怡儒
6.抗氧化劑	
引言～其他常見的抗氧化劑	楊和慶
7.抗菌劑	
引言～其他常見的抗菌劑	卓昕岑
8.漂白劑	
引言～其他常見的漂白劑	卓昕岑
9.洗滌脫脂劑	
引言～其他常見的洗滌脫脂劑	陳怡儒
10.紫外線吸收劑	
引言～其他常見的紫外線吸收劑	楊和慶

Chapter 3 買對、用對就安心

篇名	撰稿者
3-1日用品選購原則	卓昕岑
3-2看懂商品標示	卓昕岑
3-3看懂成分標示	卓昕岑
3-4認識政府對商品的把關動作	柯昭儀
3-5認識安全合格標章	柯昭儀
3-6誘發日用品毒性的錯誤行為	陳怡儒
3-7簡易的中毒急救原則	陳怡儒

Chapter 4 日用品的選購指南與正確用法

❶ 餐具容器

篇名	撰稿者
1.鍋具及餐具	
鋁鍋	陳怡儒
鐵氟龍鍋～陶鍋	林煜庭
2.免洗餐具	
免洗塑膠碗～攪拌棒	孟美雲
免洗塑膠杯蓋	林煜庭
3.塑膠及其他餐具	
美耐皿～家用木筷	雲琇卿
4.食品外包裝	
寶特瓶、保鮮膜～塑膠袋	楊和慶
鋁箔包	陳怡儒

❷ 清潔消毒用品

篇名	撰稿者
1.清潔劑	
洗衣粉～水管疏通劑	陳昭明
2.殺蟲劑、芳香劑	
蟑螂藥～電蚊香片、空氣芳香劑～家具亮光蠟	陳怡儒
樟腦丸～精油	林宏儒

3 美容沐浴用品

篇名	撰稿者
1.身體清潔	
沐浴乳～假牙清潔劑	鄭諺彌
2.保養美妝	
乳液～止汗噴霧	雲琇卿

4 居家用品

篇名	撰稿者
1家電器具	
微波爐	楊和慶
吹風機～空氣清淨機	林欣瑜
2.衣物織品	
尼龍絲襪～枕頭	紀宗廷
3.文具玩具	
修正液～塑膠玩具	林煜庭
4.生活雜物	
乾電池～眼鏡	紀宗廷

5 生活空間

篇名	撰稿者
1.裝潢材料	
油漆～拼裝塑膠地墊	紀宗廷
2.家具擺飾	
人造皮沙發～化纖地毯	林欣瑜

6 交通用品

篇名	撰稿者
汽車內裝～橡膠輪胎	紀宗廷

國家圖書館出版品預行編目資料

圖解日用品安全全書：完整解析112種常見有害物質、110種日用品的正確用法 / 陳怡儒等作. -- 初版. -- 臺北市：易博士文化，城邦文化出版：家庭傳媒城邦分公司發行，2011.05
面；公分. --（Knowning more系列；10）
ISBN 978-986-120-761-2(精裝)
1.日用品業 2.產品 3.毒理學 4.保健常識
489.81   100006179

Knowing more 10

【圖解】日用品安全全書

作　　　　者／陳怡儒、楊和慶、紀宗廷、林欣瑜、柯昭儀、卓昕岑、雲琇卿、吳怡亭、孟美雲、林煜庭、鄭諺彌、陳亭瑋、陳昭明、葉宗桓、林宏儒、蘇怡帆、易博士編輯部
企 畫 提 案／王馨儀、蕭麗媛
企 畫 執 行／王馨儀
企 畫 監 製／蕭麗媛

業 務 副 理／羅越華
編　　　　輯／王馨儀
總 　 編 　 輯／蕭麗媛
發 　 行 　 人／何飛鵬
出　　　　版／易博士文化
　　　　　　　城邦文化事業股份有限公司
　　　　　　　台北市中山區民生東路二段141號8樓
　　　　　　　電話：(02) 2500-7008　　傳真：(02) 2502-7676
　　　　　　　E-mail：ct_easybooks@hmg.com.tw
發　　　　行／英屬蓋曼群島商家庭傳媒股份有限公司城邦分公司
　　　　　　　台北市中山區民生東路二段141號11樓
　　　　　　　書虫客服服務專線：(02)2500-7718、2500-7719
　　　　　　　服務時間：週一至週五上午09:30-12:00；下午13:30-17:00
　　　　　　　24小時傳真服務：(02) 2500-1990、2500-1991
　　　　　　　讀者服務信箱：service@readingclub.com.tw
　　　　　　　劃撥帳號：19863813
　　　　　　　戶名：書虫股份有限公司
香 港 發 行 所／城邦（香港）出版集團有限公司
　　　　　　　香港灣仔駱克道193號東超商業中心1樓
　　　　　　　電話：(852) 2508-6231　　傳真：(852) 2578-9337
　　　　　　　E-mail：hkcite@biznetvigator.com
馬 新 發 行 所／城邦（馬新）出版集團【Cite (M) Sdn. Bhd. (458372U)】
　　　　　　　11, Jalan 30D／146, Desa Tasik, Sungai Besi, 57000 Kuala Lumpur, Malaysia
　　　　　　　電話：(603) 9056-3833　　傳真：(603) 9056-2833

美 術 編 輯／陳姿秀
封 面 設 計／孫永芳
封 面 插 畫／孫永芳
圖 片 攝 影／王宏海
製 版 印 刷／凱林彩印股份有限公司

■2011年05月17日 初版
■2011年06月21日 初版6刷

定價680元　HK$ 227

城邦讀書花園
www.cite.com.tw